建筑工程施工图

实例解读

第三版

段丽萍　主编　　刘　锷　副主编　　郝　俊　主审

化学工业出版社
·北京·

本书主要围绕建筑工程施工一线需求人员编写，介绍了建筑识图的基本理论以及各专业施工图的阅读方法。从大量的建筑工程施工图中精选出典型工程实例，具体类型有混合结构、框架结构、框架剪力墙结构、钢结构，建筑工程常用体系基本覆盖，内容比较全面。在实例中具体附有读图提示，以便读者快速掌握识读建筑施工图的技巧和方法。

本书的针对性强、适用面广，充分体现了实践性、应用型和可操作性。适用于应用型本科、专科、高职高专院校的学生作为实训教材使用，也可作为建筑工程技术人员的参考用书。

图书在版编目（CIP）数据

建筑工程施工图实例解读/段丽萍主编. —3版. —北京：化学工业出版社，2018.7（2024.5重印）
ISBN 978-7-122-32180-0

Ⅰ.①建… Ⅱ.①段… Ⅲ.①建筑制图-识图
Ⅳ.①TU204

中国版本图书馆CIP数据核字（2018）第106029号

责任编辑：李仙华
责任校对：边 涛　　　装帧设计：张 辉

出版发行：化学工业出版社（北京市东城区青年湖南街13号　邮政编码100011）
印　　刷：北京云浩印刷有限责任公司
装　　订：三河市振勇印装有限公司
880mm×1230mm　1/8　印张27½　字数574千字　2024年5月北京第3版第7次印刷

购书咨询：010-64518888　　　售后服务：010-64518899
网　　址：http://www.cip.com.cn
凡购买本书，如有缺损质量问题，本社销售中心负责调换。

定　　价：59.80元

第三版前言

本书是根据高等学校建筑工程类专业领域人才培养培训目标编写而成的。编写过程中本着校企合作、企业技术人员积极参与的精神，组织建筑设计院的一线骨干工程师以及具有多年教学经验，同时长期参与工程实践的双师型教师共同编写，第一版出版使用以来，得到了广大师生和工程技术人员的好评。但随着我国2010建筑系列新规范的发行使用，新编建筑、结构标准图集的使用及我国对建筑节能的控制要求，《建筑工程施工图实例解读》（第二版）中的一些内容已显陈旧，需进行更换、修改，故此《建筑工程施工图实例解读》再版。

再版《建筑工程施工图实例解读》的主要变化有：(1) 原书逸夫楼建筑功能及结构设计不符合现行规范要求且无建筑节能设计，替换为×××建设项目办公用房，该办公用房为框架结构且设有预应力梁；原公寓楼建筑功能不符合现行规范要求，替换为×××项目生活区宿舍楼，该宿舍楼为框架剪力墙结构且体量小，非常适合教学使用。(2) 原钢结构部分的一车间、二车间替换为×××中心校足球馆（仍为轻钢结构）。本次修改、变动仍以帮助广大读者识读现阶段建筑工程施工图为出发点，将原工程实例中的05J系列标准图集内容；替换为12J系列标准图集内容；将原工程实例中结构用11G系列标准图集内容，替换为16G系列标准图集内容。桩基础与基坑支护部分取消。

本书的宗旨是让学生了解组成建筑物的建筑、结构、水、暖、电等各工种间的相互关系，熟悉并掌握建筑、结构、水、暖、电等各工种施工图；力求培养学生将工程图纸转化为建筑实体的能力；同时根据施工图进行工程量计算，编写工程量清单，确定工程造价。

编写人员从现阶段大量工程设计实例中，精心挑选出一些具有代表性的各类建筑工程施工图（框架结构、框架——剪力墙结构、砖混结构、钢结构），以此为蓝本具体指导学生从施工技术员的角度出发，识读建筑施工图；本书不仅可以帮助学生学会看图、掌握构造，同时还可用来对学生进行施工组织设计、施工图纸会审、工程概算、工程预算、招标、投标文件编制等能力的实训，具有很强的实用性和针对性。本书实践性强，内容全面，对培养学生职业岗位能力有较大帮助。

本书由段丽萍主编并负责统稿、定稿，刘锷任副主编。内蒙古机电职业技术学院郝俊主审。具体编写分工如下：土建建筑部分由内蒙古建校建筑勘察设计有限公司王玉珏、李占清和内蒙古兴泰建设集团有限公司方圆编写；土建结构部分由内蒙古建筑职业技术学院段丽萍、刘锷、于建民和内蒙古兴泰建设集团有限公司刘慧、内蒙古自治区石油化工建设工程质量监督站李剑编写，钢结构部分由内蒙古建筑职业技术学院段丽萍、于建民编写，设施部分由内蒙古建筑职业技术学院李丽春、马志广编写，电气部分由内蒙古建校建筑勘察设计有限公司张文娟、马双飞编写。

本书在编写过程中得到了内蒙古建校建筑勘察设计有限公司、内蒙古兴泰建设集团有限公司等单位及内蒙古建筑职业技术学院领导的大力支持，在此表示深切的谢意！

由于编者水平和能力所限，书中不妥之处在所难免，恳请各位读者批评指正。

编者

2018年6月

目录

第一章　建筑工程施工图的理解与阅读

第一节　建筑工程施工图基础知识

一、建筑工程施工图

建筑工程施工图纸是建筑工程设计人员的专业语言，也是指导建筑工程施工必不可少的依据。因此，每个工程技术人员在具备专业理论知识的基础上，不仅要熟悉现行的中华人民共和国国家标准《房屋建筑制图统一标准》（GB/T 50001—2010）和《建筑结构制图标准》（GB/T 50105—2010）中的内容，还必须熟悉图纸中的线型、图中符号和构件代号等的含义。这是每个工程技术人员必备的基本素质。现将建筑工程中常用的图线表示方法介绍如下，见表1-1。

表1-1　图线

名称		线型	线宽	用途
实线	粗实线		b	表示主要可见轮廓线，如： 1. 平、剖面图中被剖切的主要建筑构造（包括构配件）的轮廓线，结构图中的主钢筋线、钢木支撑及系杆线； 2. 建筑立面图或室内立面图的外轮廓线； 3. 建筑构造详图中被剖切的主要部分的轮廓线； 4. 建筑构配件详图中的外轮廓线； 5. 平、立、剖面图的剖切符号，图名下划线
	中实线		$0.5b$	表示可见轮廓线、尺寸线、变更云线，如： 1. 平、剖面图中被剖切的次要建筑构造（包括构件）的轮廓线； 2. 建筑平、立、剖面图中建筑构配件的轮廓线； 3. 建筑构造详图及建筑构配件详图中的一般轮廓线
	细实线		$0.25b$	小于$0.5b$的图形线、尺寸线、尺寸界线、图例线、索引符号、标高符号、详图材料做法引出线等
虚线	中虚线		$0.5b$	1. 建筑构造详图及建筑构配件不可见的轮廓线、图例线； 2. 平面图中的起重机（吊车）轮廓线； 3. 拟扩建的建筑物轮廓线
	细虚线		$0.25b$	图例线、小于$0.5b$的不可见轮廓线；基础平面图中的管沟轮廓线等
粗单点长划线			b	起重机（吊车）轨道线；柱间支撑、垂直支撑、设备基础轴线图中的中心线
细单点长划线			$0.25b$	中心线、对称线、定位轴线
折断线			$0.25b$	不需画全的断开界线
波浪线			$0.25b$	不需画全的断开界线、构造层次的断开界线

（一）图线

了解不同图线所代表的含义是识读建筑施工图的第一步。在建筑施工图中，被剖切的建筑物的轮廓线常用粗实线或中实线绘制，被看到的物体的轮廓线常用细实线绘制。但在总平面图中，常用粗实线表示新建的建筑物，用细实线表示原有建筑物。在建筑施工图中，凡是存在而在当前图中又看不见的物体常用虚线绘制，如建筑首层平面图中的地下管沟、空门洞、墙上预留的洞或槽以及大堂中共享空间的表示等，见图1-1、图1-2。

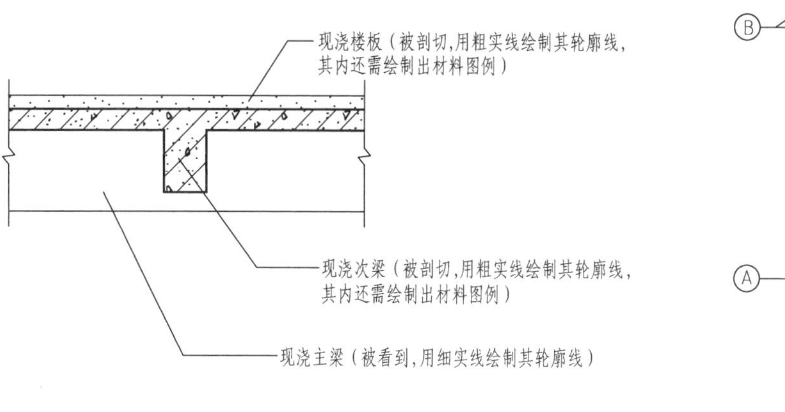

图1-1　粗实线与细实线的用法

图1-2　虚线与细单点长划线的用法

在施工图中，细单点长划线常用来表示物体的中心线或定位轴线。它们的区别在于定位轴线的尾部带有轴线编号的圆圈，而中心线的尾部没有轴线编号的圆圈，见图1-2。在施工图中，表示物体被切断时用折断线，表示物体内外的分层常用波浪线，见图1-3。

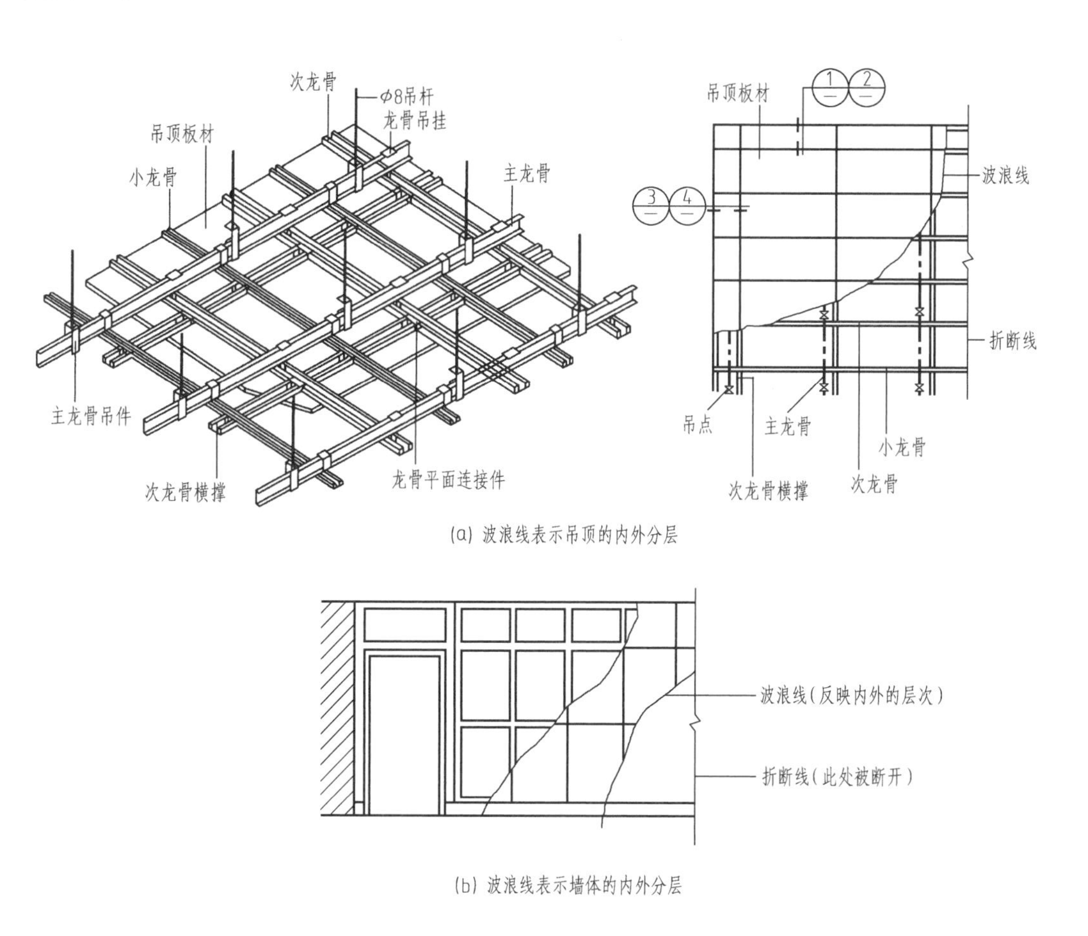

图1-3　折断线与波浪线的用法

（二）定位轴线

定位轴线是确定建筑物主要结构或构件的位置及其尺寸的线，用细单点长划线表示。在平面图上根据方向不同，它分为横向定位轴线和纵向定位轴线，一般将建筑物的短向称为横向，建筑物的长向称为纵向。横向定位轴线编号用阿拉伯数字，从左至右顺序编写。纵向定位轴线编号用大写拉丁字母从下至上顺序编写，见图 1-4，注意拉丁字母 I、O、Z 不得用作轴线编号。较复杂的图中定位轴线采用分区编号，见图 1-5。

施工图中的详图为通用时，其定位轴线应只画圆，不注写轴线编号。附加定位轴线的编号，以分数形式表示，一般按下列规定编写。

(1) 两根轴线间的附加轴线，应以分母表示前一轴线的编号，分子表示附加轴线的编号，编号宜用阿拉伯数字顺序编写，如：(1/12)表示 12 号轴线之后附加的第一根轴线；(2/B)表示 B 号轴线之后附加的第二根轴线。

(2) 1 号轴线或 A 号轴线之前的附加轴线的分母应以 01 或 0A 表示，如：(1/01)表示 1 号轴线之前附加的第一根轴线；(3/0A)表示 A 号轴线之前附加的第三根轴线。

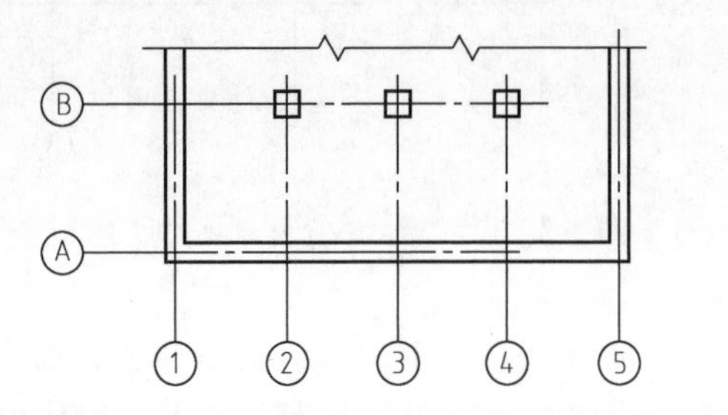

图 1-4　定位轴线的编号顺序

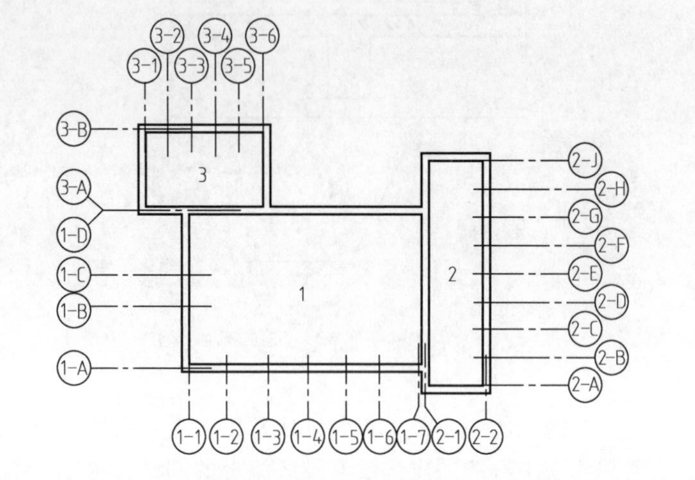

图 1-5　定位轴线的分区编号

（三）尺寸标注

图形只能表示物体的形状，其各部分的实际大小应以尺寸数字为准，不得从图上直接量取。中华人民共和国国家标准《房屋建筑制图统一标准》(GB/T 50001—2010) 中规定，图样上的尺寸标注包括尺寸界线、尺寸线、尺寸起止符号和尺寸数字，见图 1-6。图中尺寸数字的单位除总平面以米 (m) 为单位外，其他必须以毫米 (mm) 为单位。

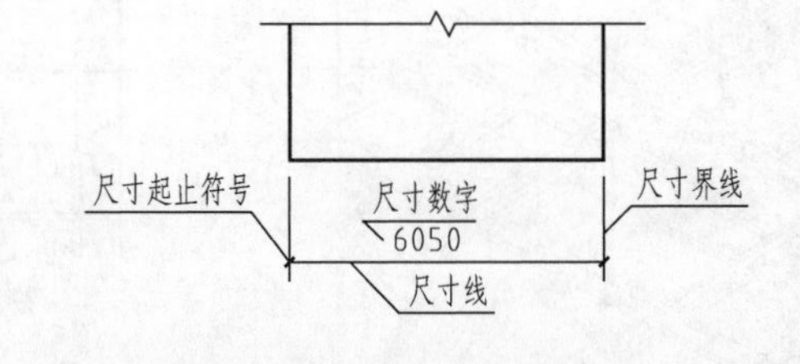

图 1-6　尺寸的组成

（四）标高

标高是用以标注建筑物某一点的高度。根据标注高度的"0"点位置不同，标高分为绝对标高和相对标高。我国规定将青岛的黄海平均海平面定为绝对标高的零点，其他各地的标高都以此为基准。为了施工时看图方便，建筑施工图一般都使用相对标高来标注建筑物某一点的高度。相对标高是指以该建筑物的首层室内地面为零点而标注的标高。标高的符号应以直角等腰三角形表示，见图 1-7 (a)。如标注位置不够，也可按图 1-7 (b) 形式表示。标高符号的尖端应指至被注高度的位置。尖端一般应向下，也可向上，见图 1-7。标高数字应以"m"为单位，注写到小数点后第三位。在总平面图中，可注写到小数点后第二位。零点标高应注写成±0.000，正数标高不注"+"，负数标高应注"-"，如 3.000、-0.600。

设计师在绘制施工图的过程中，遇到图纸内容相同而所在位置的高度不同时，为了省时省力，常采用同一位置注写多个标高数字的方法，见图 1-8。在施工图中，标高根据所标注的位置不同，又可分为建筑标高和结构标高。建筑标高常标注在构件装修以后的表面上，而结构标高则标注在构件装修以前的表面上，见图 1-9。

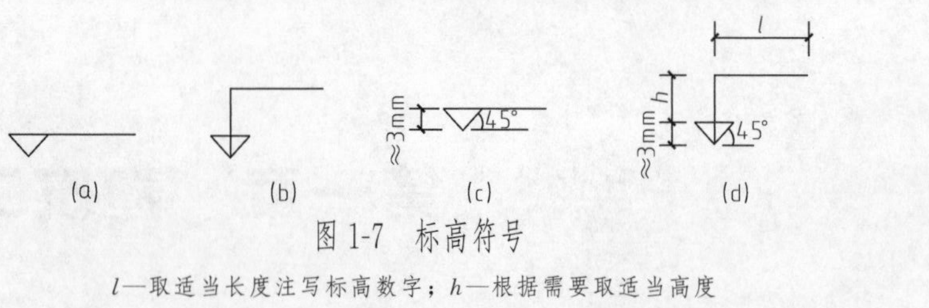

图 1-7　标高符号

l—取适当长度注写标高数字；h—根据需要取适当高度

(9.600)
(6.400)
3.200

图 1-8　同一位置注写多个标高数字

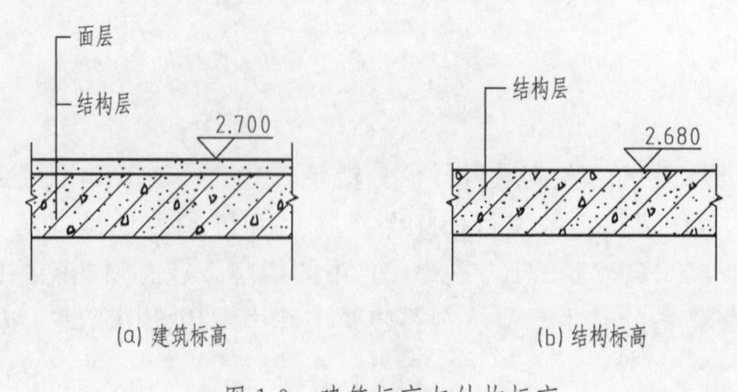

图 1-9　建筑标高与结构标高

在建筑物平面、立面和剖面图中，宜在以下部位标注出标高：室内外地坪、楼地面、地下室地面、阳台、平台、檐口、屋脊、女儿墙、雨篷、门、窗、台阶等处。平屋面等不易标明建筑标高的部位可标注结构标高，并予以说明。结构找坡的平屋面，屋面标高可标注在结构板面最低点，并注明找坡坡度。有屋架的屋面，应标注屋架下弦搁置点或柱顶标高。

（五）剖切符号

剖面图的剖切位置需查看平面图中的剖切符号。剖面图的剖切符号宜注在±0.000 标高的平面图上，即注在首层平面图上。剖视的剖切符号应由剖切位置线及投射方向线组成，其均应以粗实线绘制。投射方向线应垂直于剖切位置线，长度应短于剖切位置线。绘制时，剖视的剖切符号不应与其他图线相接触。剖视剖切符号的编号宜采用阿拉伯数字，按顺序由左至右、由下至上连续编排，并应注写在剖视方向线的端部。需要转折的剖切位置线，应在转角的外侧加注与该符号相同的编号，见图 1-10。

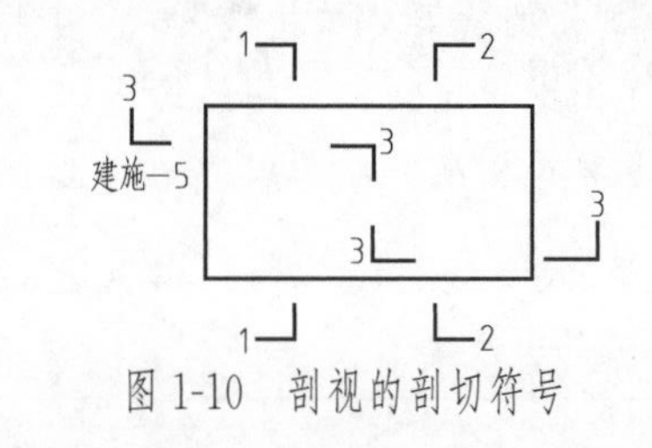

图 1-10　剖视的剖切符号

1
1
结施—8
2
2

图 1-11　断面的剖切符号

（六）索引符号与详图符号

断面图的剖切符号应只用剖切位置线表示，并以粗实线绘制。其编号采用阿拉伯数字，按顺序连续编排，并应注写在剖切位置线的一侧。编号所在的一侧应为该断面的剖视方向。剖面图或断面图，如与被剖切图样不在同一张图内，可在剖切位置线的另一侧注明其所在图纸的编号，也可以在图上集中说明，见图 1-11。

施工图纸中的某一局部或构件，如需另见详图时，应以索引符号索引，见图 1-12 (a)。索引符号是由圆及水平直径组成，均以细实线绘制。索引出的详图，如与被索引的详图同在一张图纸内，在索引符号的上半圆中用阿拉伯数字注明该详图的编号，并在下半圆中间画一段水平细实线；索引出的详图，如与被索引的详图不在同一张图纸内，在索引符号的上半圆中用阿拉伯数字注明该详图的编号，并在下半圆中用阿拉伯数字注明该详图所在图纸的编号。索引出的详图，如采用标准图时，应在索引符号水平直径的延长线上加注该标准图册的编号。见图1-12。

索引符号如用于索引剖视详图时，应在被剖切的部位绘制剖切位置线，其用粗实线绘制，并以细实线绘制的引出线引出索引符号，引出线所在的一侧应为投射方向，见图 1-13。

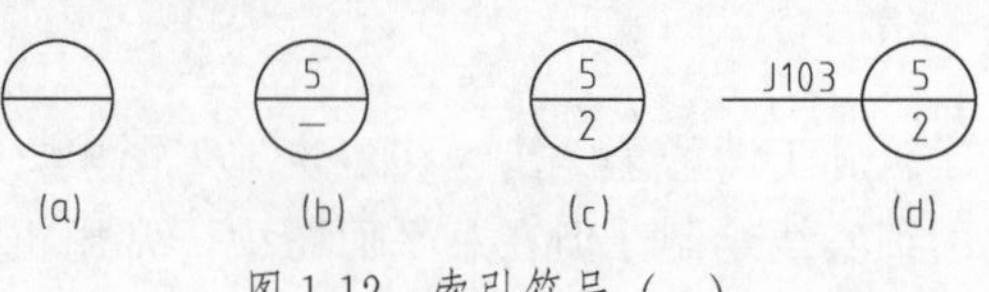

图 1-12　索引符号（一）

详图符号是用粗实线绘制的圆，并在圆内用阿拉伯数字注明详图的编号。当详图与被索引的图样不在同一张图纸内时，应用细实线在详图符号内画一水平直径，在上半圆中注明详图编号，在下半圆中注明被索引的图纸的编号，见图 1-14。

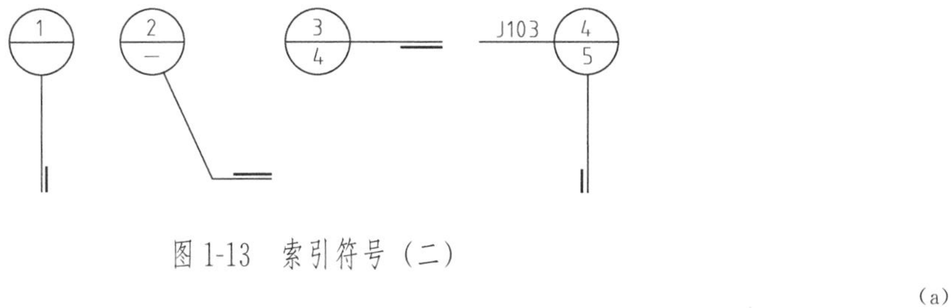

图 1-13　索引符号（二）

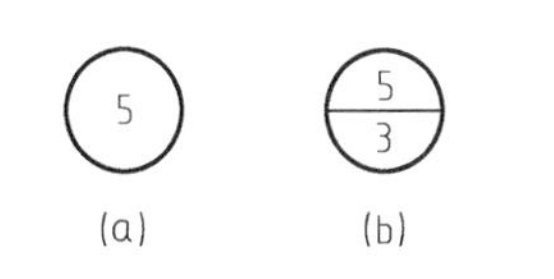

图 1-14　详图符号

（a）与被索引图样同在一张图纸内的详图符号；
（b）与被索引图样不在一张图纸内的详图符号

（七）引出线

施工图中的文字说明或索引符号等常用引出线引出。引出线用细实线绘制，见图 1-15。同时引出几个相同部分的引出线，可采取互相平行或画成集中于一点的放射线，见图 1-15。

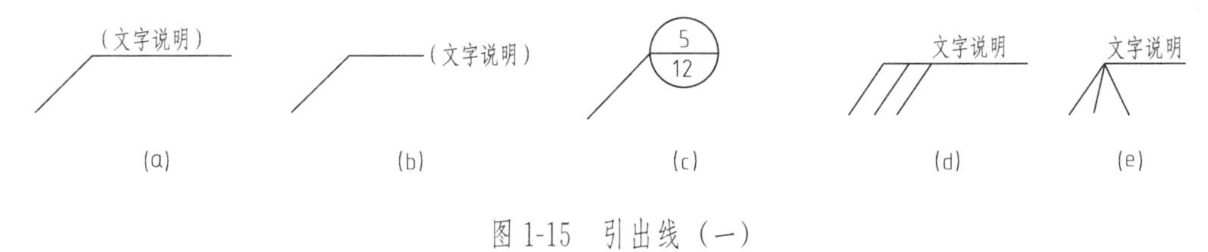

图 1-15　引出线（一）

多层构造或多层管道共用引出线时，应使引出线通过被引出的各层。说明的顺序应由上至下，并应与被说明的层次相互一致。如层次为横向排序时，则由上至下的说明顺序应与由左至右的层次相互一致，见图 1-16。

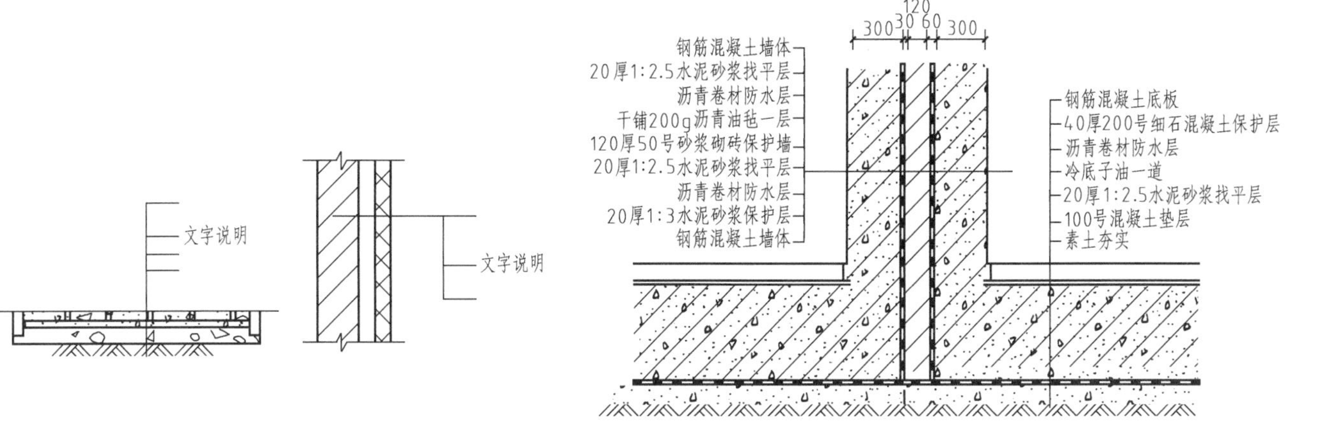

图 1-16　引出线（二）

（八）对称符号

对称符号是由对称线和两端的一对平行线组成的。当图形左右或上下对称时，为了省时省力，常在图形的中心标注对称符号，这样只需绘制出图形的一半或 1/4 即可。图形也可稍超出其对称中心线，此时可不画对称符号。对称的形体需画剖面图或断面图时，可以对称符号为界，一半画视图（外形图），一半画剖面图或断面图，见图 1-17。

（九）连接符号

因图纸的大小有限，当绘制位置不够时，可将图形分成几个部分绘制，并以连接符号表示相连。当较长的构件沿长度方向的形状相同或按一定规律变化时，可断开省略绘制，这种分段画图又要表示整体时，常采用连接符号。连接符号以两个折断线表示需连接的部位，连接符号之间的空白表示相同和连续。两部位相距过远时，折断线两端靠图样一侧应用大写拉丁字母表示连接编号，且字母相同，见图 1-18。

（十）指北针与风玫瑰

指北针与风玫瑰形状见图 1-19。其头部应注“北”或“N”字。指北针或风玫瑰应绘制在总图和建筑物±0.00 标高的平面图上（即首层平面图上）。其所指的方向两张图应一致，其他图不需再画。

风玫瑰图是根据某一地区多年平均统计的八个或十六个方向的风向、风速，按一定比例绘制成的气候统计图，因形似玫瑰花朵而命名。风玫瑰图包括风向玫瑰图和风速玫瑰图。风向玫瑰图表示各风向的频率，频率越高，表示该方向上

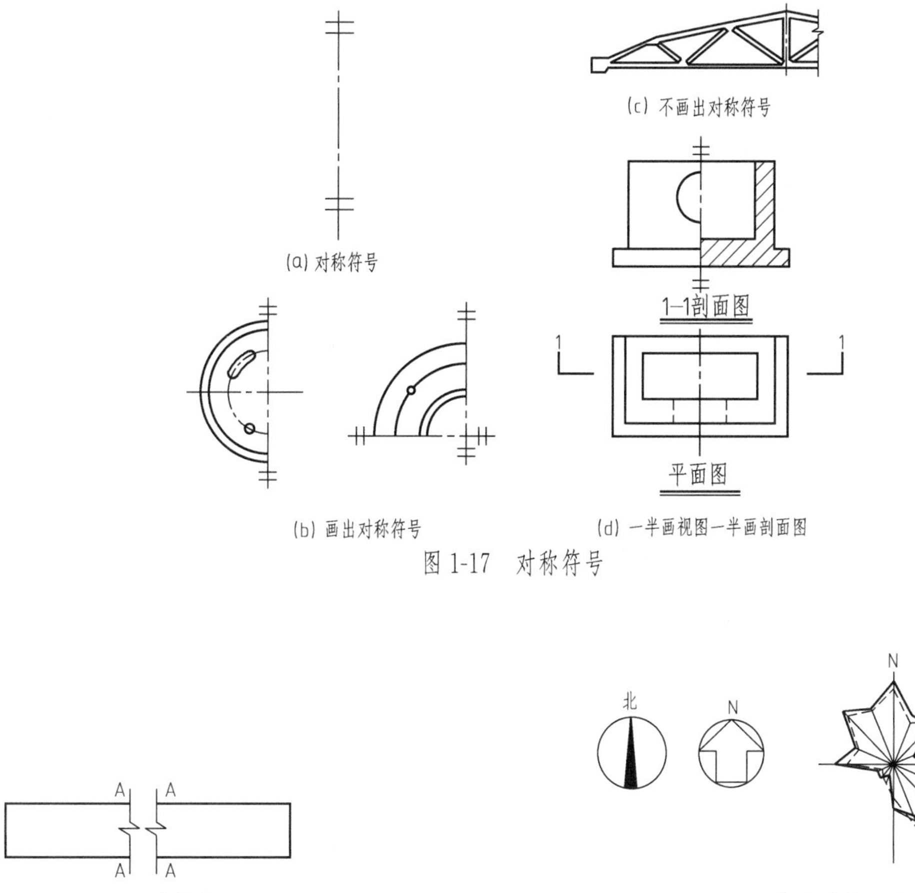

图 1-17　对称符号

图 1-18　连接符号

图 1-19　指北针与风玫瑰

的吹风次数越多。风向玫瑰图上所表示的风的吹向是指从外面吹向地区中心。风速玫瑰图表示各方向的风速分布情况。风玫瑰图有各种表示方法，通常有常年（用实线绘制）、夏季（用虚线绘制）等。它能为城市规划、建筑设计以及气象研究提供帮助。

（十一）坐标

国家标准中规定，总图应按上北下南方向绘制。根据场地形状或布局，可向左或右偏转，但不宜超过 45°。图中为确定建筑物、道路等的位置，常需绘制坐标网格，见图 1-20。

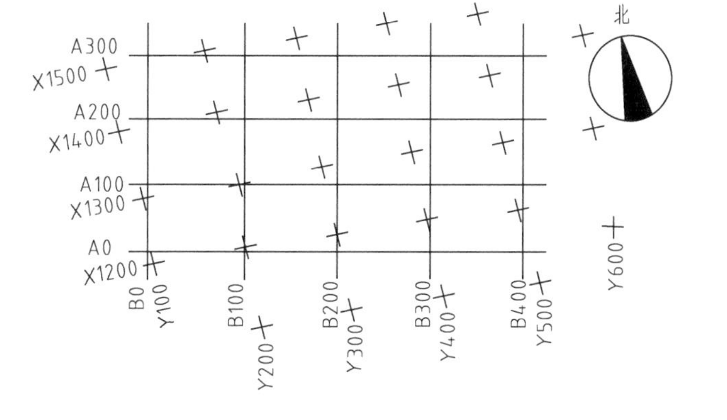

图 1-20　坐标网格

X—南北方向轴线，X 的增量在 X 轴上；Y—东西方向轴线，Y 的增量在 Y 轴上；
A 轴—相当于测量坐标网中的 X 轴；B 轴—相当于测量坐标网中的 Y 轴

坐标网格用细实线绘制，它分为测量坐标网和建筑坐标网。测量坐标网应画成交叉十字线，坐标代号宜用“X”、“Y”表示。测量坐标网是以 100m×100m 或 50m×50m 为一方格在地形图上绘制的方格网。它与地形图采用同一比例尺。建筑坐标网应画成网格通线，坐标代号宜用“A”、“B”表示，其分格的大小也是 100m×100m 或50m×50m。为了施工的方便，常将建设地区的某一点定为“0”，再用建筑物墙角距“0”点的距离确定其位置。总平面图上有测量和建筑两种坐标系统时，应在附注中注明两种坐标系统的换算公式。并在表示建筑物、构筑物位置的坐标时，宜注其三个角的坐标。如建筑物、构筑物与坐标轴线平行，可注其对角坐标。在一张图上，主要建筑物、构筑物用坐标定位时，较小

的建筑物、构筑物也可用相对尺寸定位。

二、常用的建筑名词和术语

（1）开间（柱距） 指两条相邻的横向定位轴线之间的距离。

（2）进深（跨度） 指两条相邻的纵向定位轴线之间的距离。

（3）层高 指从本层地面或楼面到相邻的上一层楼面的距离。

（4）顶层层高 指从顶层的楼面到顶层顶板结构上皮的距离。

（5）净高 指从本层的地面或楼面到本层的板底、梁底或吊顶棚底的距离，即层高减去结构和装修厚度的房间净空高度。

（6）建筑面积 指建筑物各层外墙（或外柱）外围以内水平投影面积之和。它包括使用面积、交通面积和结构面积三项。

（7）使用面积 指主要使用房间和辅助使用房间的净面积。

（8）交通面积 指作为交通联系用的空间或设备所占的面积。

（9）结构面积 指建筑结构构件所占的面积。

（10）建筑结构 简称结构，是指由构件（基础、墙、柱、梁、支撑、板等）组成的承受各种作用的整体。

（11）道路红线 简称红线，是指道路用地的边界线。在红线内不允许建任何永久性建筑。

（12）建筑红线 是指建筑的外立面所不能超出的界线。建筑红线可与道路红线重合，一般在城市中常使建筑红线退后于道路红线，以便腾出用地、改善或美化环境，常取得良好的效果。

（13）建筑系数 建筑占地系数的简称，指一定建筑用地范围内所有建筑物占地面积与用地总面积之比，以百分率（%）计。

（14）建筑物的总高度 指从室外地坪到女儿墙上皮或挑檐板上皮的距离。

（15）基础的埋置深度 简称埋深，是指从室外地坪到基础底面的距离。

（16）楼梯井 指楼梯段与休息平台所围合的空间。

（17）抗震设防烈度 按国家规定的权限批准作为一个地区建筑物抗震设防依据的地震烈度。

（18）建筑物 包括范围广泛，一般多指房屋。

（19）构筑物 一般指附属的建筑设施，如烟囱、水塔、水坝等。

表 1-2 建筑结构图常用构件代号

序号	名称	代号	序号	名称	代号	序号	名称	代号
1	板	B	15	吊车梁	DL	29	基础	J
2	屋面板	WB	16	圈梁	QL	30	设备基础	SJ
3	空心板	KB	17	过梁	GL	31	桩	ZH
4	槽形板	CB	18	连系梁	LL	32	柱间支撑	ZC
5	折板	ZB	19	基础梁	JL	33	垂直支撑	CC
6	密肋板	MB	20	楼梯梁	TL	34	水平支撑	SC
7	楼梯板	TB	21	檩条	LT	35	梯	T
8	盖板或沟盖板	GB	22	屋架	WJ	36	雨篷	YP
9	挡雨板或檐口板	YB	23	托架	TJ	37	阳台	YT
10	吊车安全走道板	DB	24	天窗架	CJ	38	梁垫	LD
11	墙板	QB	25	框架	KJ	39	预埋件	M
12	天沟板	TGB	26	刚架	GJ	40	天窗端壁	TD
13	梁	L	27	支架	ZJ	41	钢筋网	W
14	屋面梁	WL	28	柱	Z	42	钢筋骨架	G

（20）预埋件 指在构件中事先埋设好的、用于连接相邻构件的木件或铁件。

（21）强度 指材料或构件抵抗破坏的能力。

（22）刚度 指材料或构件抵抗变形的能力。

（23）耐火等级 指建筑物抵抗火灾能力的等级。共分四级，其中一级抵抗火灾能力最强。不同耐火等级的建筑物对其各类构件和配件等的耐火极限和燃烧性能均有不同的要求。

（24）耐火极限 指构件从受到火的作用时起到失掉支撑能力或发生穿透裂缝或背火一面温度升高到 220℃止的时间，用小时表示。

（25）建筑结构图常用构件代号 见表 1-2。

第二节 施工图的读图方法和步骤

一、读图的方法

建筑物由基础、墙或柱、楼层、屋顶和楼梯等主要部分组成，此外还有门窗、采光井、散水和勒脚等附属部分及上下水系统、电器、照明等组成。建筑工程施工图就是要把这些组成的构造、形状及尺寸等表示清楚。要想表示清楚这些建筑内容，就需要少则几张多则几十张或几百张的施工图纸。拿到一套施工图时，如果没有很好地掌握读识图的方法，其结果必然是盲目地看图，往往会东翻一下，西看一下，时间花费不少，尽管满脑子是图纸内容，但分不清主次，抓不住重点，不仅发现不了问题，甚至还会把错误的东西看成正确的，对正确的东西还可能产生错误的理解，从而错误指导施工，轻者造成损失，重者会发生工程质量事故。因此，必须掌握一定的识图知识，了解一定的识图方法与技巧。首先，必须清楚正投影的基本原理，熟悉建筑构造知识，了解一些结构基本原理及常用施工方法。一般识读施工图纸的方法是：先粗看后细看，先整体后局部、细部，先建筑后结构、水、电，相互对照发现问题、记录问题。

二、读图的步骤

（1）了解工程概况，为具体看图做准备 首先查找图纸目录，根据图纸目录了解全套施工图纸总量，各类图纸分别有多少张，清理检查图纸有无缺失、残损，查明原因，补齐图纸。初看各工种施工图总说明，了解本工程各工种所用标准图集，检查图集是否齐全，若不全则应及时配齐，供看图时查阅。

（2）熟悉图纸 认真理清图纸后，可先粗略地看一遍图纸，重点放在建筑图的阅读，目的是对本工程有一概略的了解，清楚本工程的修建地点，建筑物周围地形、地貌，建筑形式，建筑面积，建筑层数，结构类型及其水电配套情况，建筑物的主要特点和关键部位的特征。本工程的基本形象初步在大脑中形成，在此基础上初步构思具体建造该工程的施工方案、施工难点及需重点解决的问题。

（3）认真、细致阅读图纸 当对本工程已有基本了解之后，可以进行深入细致的阅读，一般按“建施”、“结施”、“设施”、“电施”的顺序逐张阅读。应特别注意对照阅读，如平面图与立面图、平面图与剖面图对照阅读，墙身大样图与立面图对照阅读，结构图与建筑图对照阅读，设施、电施图与建筑图对照阅读，设施、电施图与结构施工图对照阅读。只有通过反复对照、思考、核对，才能发现图纸中存在的各种问题。在整个阅读过程中，应注意与有关的技术人员进行研究和分析，并认真做好审图记录，可用铅笔在图纸上打上记号，以便查阅，但严禁擅自修改设计。

（4）图纸会审 在工程开工之前，建设单位、设计单位、施工单位和监理单位共同进行图纸会审。会审图纸是为了在开工之前全面地审查图纸，研究和讨论图纸在施工中存在的问题，提出修改意见，由建设单位或施工单位写出会审记录，设计单位负责修改，更改设计中的错误和不合理的部分。图纸会审是施工前的一次重要的技术会议，有关工程中的问题尽可能在会议上解决（重要工程可分几次会审）。施工中若再发现问题，只需由设计单位出设计变更或技术核定单即可，一般不再四方开会。会审记录、设计变更、技术核定单等均为重要的技术文件，必须妥善保管。

第三节 建筑施工图的识读

土建施工图中的建筑施工图部分，是整个工程施工图的龙头部分。它反映了整个建筑物的形状、大小、功能及立面造型等。建筑施工图由建筑总说明、总平面图、建筑平面图、建筑立面图、建筑剖面图及建筑详图六大部分组成。各部分主要反映的内容如下。

一、建筑总说明

建筑总说明主要说明：建筑工程概况，建筑物所在位置，建筑的面积、结构形式、层数、耐火等级。建筑±0.000所对应的绝对高程；设计依据（包括建设单位的设计委托书或设计任务书，设计合同及批文，设计所依据的国家现行规范）；工程的内、外装修做法；对施工的要求及工程验收所应遵循的标准、规范或规程；设计中所采用的有关标准图集及需要说明的其他内容。

二、总平面图

建筑总平面是在画有等高线或有坐标方格网的地形图上，画有原有房屋及拟建房屋的外轮廓线的水平投影图。它反映这些房屋的平面形状、位置、朝向，房屋之间的相互关系，与周围的道路、地形、地物之间的相互关系。

阅读建筑总平面图时，应注意以下几点。

① 看图样的比例、图例及有关说明。建筑总平面图所包含的地方范围较大，所以绘制建筑总平面图所采用的比例都较小（常用 1∶500，有时也用 1∶1000、1∶2000）。

② 了解工程用地范围、地形地貌，拟建建筑物的工程性质、形状、大小、层数及房屋的位置、朝向。

③ 了解拟建房屋周边地区的道路交通情况、美化及绿化情况。

三、建筑平面图

平面图是从本层门窗洞口略高处水平剖切的俯视图，反映各个房间和设施的布置、定位及其相互关系，具体内容包括以下几点。

① 纵、横向定位轴线及其编号，柱、墙的位置，房屋的使用功能、面积。

② 门窗的定位、编号，门的开启方向。

③ 楼梯、踏步、平台、栏杆扶手及上下箭头。

④ 家具、设备的布置。

⑤ 底层平面的散水、室外台阶、花池、坡道阳台等的位置及细部尺寸；二层的雨篷、阳台等的位置及细部尺寸；详图或标准图集的索引号。屋顶平面图四周的出檐尺寸、女儿墙的位置及屋面各部分的标高；屋面排水方向、坡度及各坡交线、天沟、檐口、泛水、出水口、雨水斗的位置、规格；屋面检修口、出入口、出屋面管道的位置尺寸等。

⑥ 尺寸、标高的标注。

⑦ 各工种对土建要求的坑、台、水池、地沟、电表箱、消火栓、雨水管等的位置和尺寸。

阅读每层平面图时，需注意的问题详见具体施工图实例中所附的读图提示。

四、建筑立面图

建筑立面图用于表示建筑物的外形轮廓及外装修做法。具体内容包括以下几点。

① 立面投影看到的建筑物轮廓线、构件轮廓线，门窗洞口、檐口、阳台、雨篷、雨水管等投影线，立面饰物的形状、大小、位置。

② 立面上的构配件及装饰细部做法。

③ 各部分用料及做法。如立面分格缝、檐口、勒脚的颜色做法。

④ 尺寸及标高标注。尺寸一般包括层高及总高，需要时亦包括一些其他细部尺寸；标高包括建筑物顶部标高、各不同水平高度的门窗洞口标高。

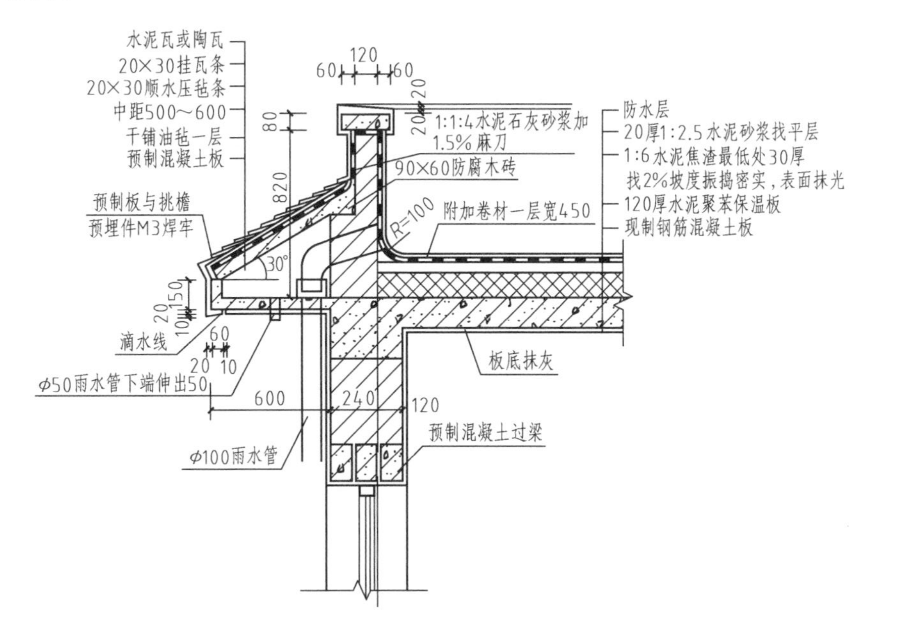

图 1-21　檐口大样图

阅读立面图，从图名或立面图两侧的轴线编号确定所读立面图是从哪个方向看到的图样，与平面图对照理解从该方向上看到的房屋的整个外貌形状，房屋的屋面、门窗、雨篷、阳台、台阶、花池及勒脚等细部的形式和位置，外墙面装修颜色、做法，一些复杂部位外墙墙身大样的剖切位置，细部做法或大样的索引标志符号等。

五、建筑剖面图

建筑剖面图是对建筑做垂直剖切后，对剩余部分的正投影图。用于表示建筑物内部的上下分层层高、梁板柱或墙之间的关系及门窗洞口的高度。

阅读建筑剖面图，首先从图名和轴线编号与平面图上的剖切号位置和轴线编号相对照，确定所读剖面图的剖切面通过位置及剖切后的投影方向，然后注意阅读房屋从地面到屋面的内部构造和结构形式。如各层梁、板、楼梯、屋面的结构形式、位置及其与墙（柱）的相互关系等，楼地面、屋面等的工程构造及其做法，楼地面、屋面及门窗等的竖向尺寸，屋面坡度等。

六、建筑详图

对建筑平面、立面、剖面图中的内容做局部放大的图。一般有单元大样详图、楼梯详图、墙身详图、门窗详图等，详图主要反映有关构件的构造关系、形状、细部尺寸及其工程做法。如图 1-21 檐口大样图及图 1-22 坡道与地面做法大样图。

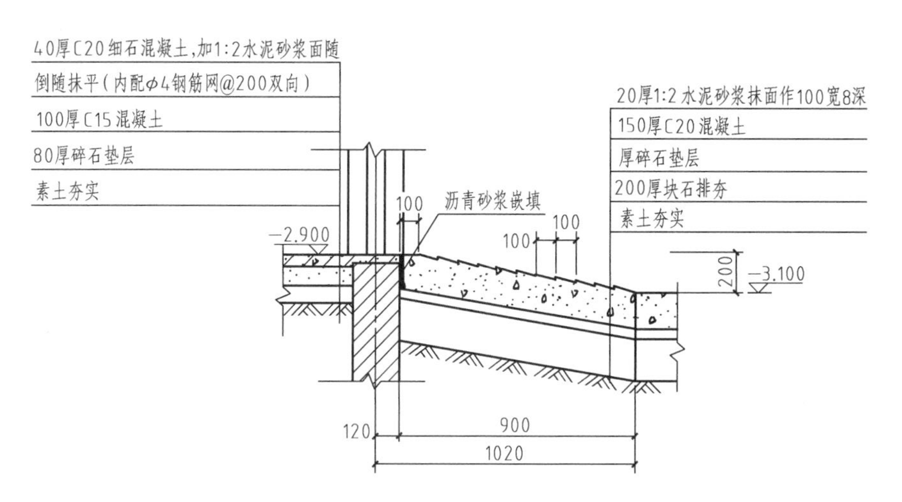

图 1-22　坡道与地面做法大样图

第四节　结构施工图的识读

结构施工图就是在建筑工程上所用的一种能十分准确地表达出建筑结构的外形轮廓、大小尺寸、结构构造和材料做法的图样。结构专业图包括以下几种。

① 结构总说明；

② 基础平面布置图；

③ 基础详图；

④ 一层结构平面图；

⑤ 标准层结构平面图；

⑥ 顶层结构平面图；

⑦ 梁、柱、剪力墙配筋图；

⑧ 楼梯配筋图。

一、结构总说明

通过阅读结构总说明，了解工程结构类型、建筑抗震等级、设计使用年限，结构设计所采用的规范、规程及所采用的标准图集，地质勘探单位、结构各部分所用材料情况，特别需注意结构说明中强调的施工注意事项。

二、基础图的阅读

基础图主要由基础说明、基础平面图和基础详图组成。其主要反映建筑物相对标高±0.000 以下的结构图。基础平面主要表示轴线号、轴线尺寸；基础的形式、大小，基础的外轮廓线与轴线间的定位关系；管沟的形式、大小、平面布置情况；基础预留洞的位置、大小与轴线的位置关系；构造柱、框架柱、剪力墙与轴线的位置关系；基础剖切面位置等。基础详图则表示具体工程所采用的基础类型、基础形状、大小及其具体做法。

阅读各部分图纸时应注意的问题如下。

（1）基础说明　通过阅读知道本工程基础底面放置在什么位置（基础持力层的位置），相应位置地基承载力特征值的大小，基础图中所采用的标准图集，基础部分所用材料情况，基础施工需注意的事项。

（2）基础平面图　首先对照建筑一层平面图，核对基础施工时定位轴线位置、尺寸是否与建筑图相符；核对房屋开间、进深尺寸是否正确；基础平面尺寸有无重叠、碰撞现象；地沟及其他设施、电施所需管沟是否与基础存在重叠、碰撞现象；确认地沟深度与基础深度之间的关系，沟盖板标高与地面标高之间的关系，地沟入口处的做法。其次注意各种管沟穿越基础的位置，相应基础部位采用的处理做法（如基础局部是否加深、具体处理方法，相应基础洞口处是否加设过梁等构件）；管沟转角等部位加设的构件类型（过梁）数量。

（3）基础详图　首先对本工程所采用基础类型的受力特点有一基本了解，各类基础的关键控制位置及需注意事项，在此基础上注意发现基础尺寸有无设计不合理的现象。如图 1-23 所示基础详图，读图后即知该基础为砖砌基础，基础下设有 300mm 厚素混凝土垫层，基础及垫层的详细尺寸，地沟与基础的关系，以及地沟宽度和做法；同时反映基础、地沟的标高。注意基础配筋有无不合理之处。如图 1-24 所示底板长向、短向配筋量标注是否有误，其上下关系是否正确。搞清复杂基础中各种受力钢筋间的关系；注意核对基础详图中所标注的尺寸、标高是否正确。与相关专业施工队伍技术人员配合，弄懂基础图中与一些专业设计（如涉及水暖、配电管沟、煤气设施等）有关的内容，进一步核对图纸内容，查漏补缺，发现问题。

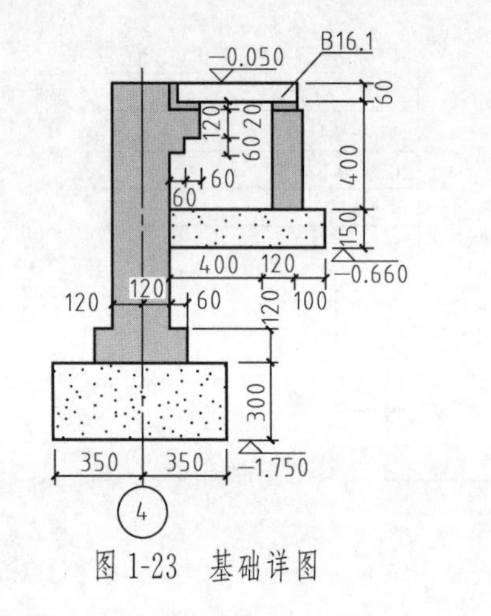

图 1-23　基础详图

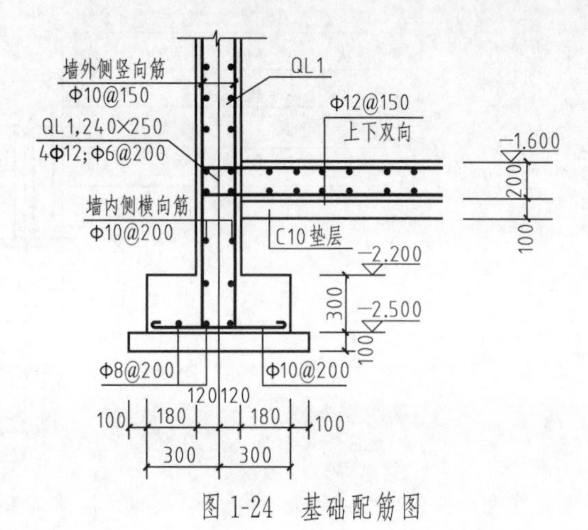

图 1-24　基础配筋图

三、结构平面图的阅读

结构平面布置图是假想沿楼板面将房屋水平剖切开俯视后所做的楼层的水平投影。故此结构平面图中的实线表示楼层平面轮廓，虚线则表示楼面下被遮挡住的墙、梁等构件的轮廓及其位置。注意查看结构平面图中各种梁、板、柱、剪力墙等构件的代号、编号和定位轴线、定位尺寸，即可了解各种构件的位置和数量，如图 1-25 所示。读图时需注意以下问题。

① 首先与建筑平面图（比相应结构层多一层的建筑平面图）相对照，理解结构平面布置图，建立相应楼层的空间概念，理解荷载传递关系、构件受力特点。同时注意发现问题。

② 现浇结构平面图。由结构平面布置图准确判断现浇楼盖的类型、楼板的主要受力部位，现浇板中受力筋的配筋方式及其大小，未标注的分布钢筋大小是否用文字说明（阅读说明时予以注意），现浇板的板厚及标高；墙、柱、梁的类型、位置及其数量；注意房间功能不同处楼板标高有无变化，相应位置梁与板在高度方向上的关系；板块大小差异较大时板厚有无变化；注意建筑造型部位梁、板的处理方法、尺寸（注意与建筑图核对）。

③ 预制装配式结构平面图。主要查看各种预制构件的代号、编号和定位轴线、定位尺寸，以了解所用预制构件的类型、位置及其数量；认真阅读图纸中预制构件的配筋图、模板图；进一步查阅图纸中预制构件所用标准图集，查阅标准图集中相关大样及说明，搞清施工安装注意事项；注意查看确定所用预埋件的做法、形式、位置、大小及其数量，并予以详细记录。

④ 板上洞口的位置、尺寸，洞口处理方法。若洞口周边加设钢筋，则需注意洞口周边钢筋间的关系、钢筋的接头方式及接头长度。

四、梁配筋图的阅读

① 注意梁的类型，各种梁的编号、数量及其标高。

② 仔细核对每根梁的立面图与剖面图的配筋关系，以准确核对梁中钢筋的型号、数量和位置，如图 1-26 所示。

③ 梁配筋图，若采用平面表示法，则需结合相应图集阅读，在阅读时要注意建立梁配筋情况的空间立体概念，必要时需将梁配筋草图勾画出来，以帮助理解梁配筋情况。

④ 注意梁中所配各类钢筋的搭接、锚固要求。注意跨度较大梁支撑部位是否设有梁垫、垫梁或构造柱，相应支撑部位梁上部钢筋的处理方法。

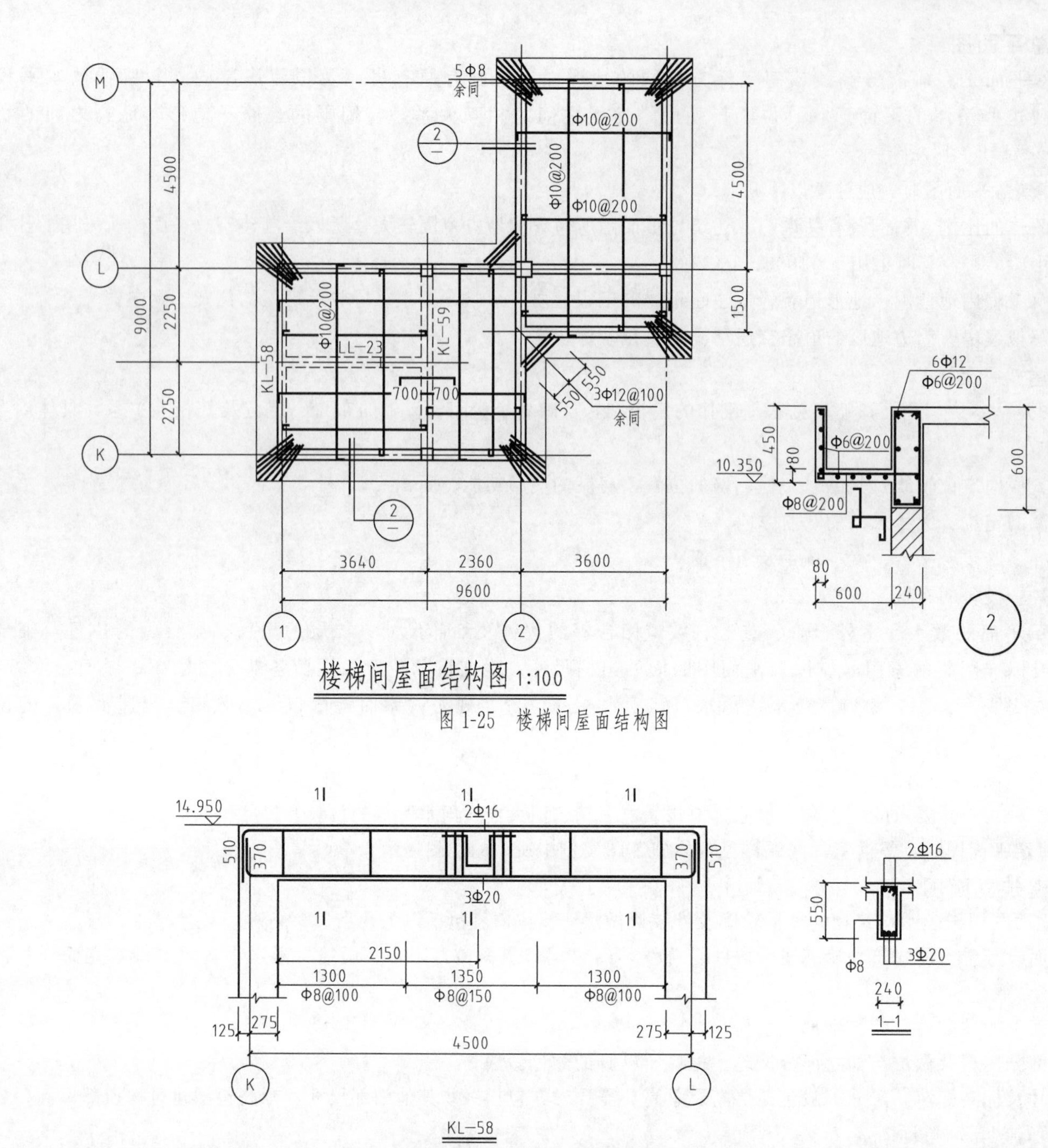

图 1-25　楼梯间屋面结构图

图 1-26　梁的配筋图

⑤ 混合结构中若设有墙梁，除注意阅读梁的尺寸和配筋外，必须注意墙梁特殊的构造要求及相应的施工注意事项。

五、柱配筋图的阅读

① 注意柱的类型，柱的编号、数量及其具体定位。

② 仔细核对每根柱的立面图与剖面图的配筋关系，以准确核对柱中钢筋的型号、数量、位置。注意柱在高度方向上截面尺寸有无变化，如何变化，柱截面尺寸变化处钢筋的处理方法。柱筋在高度方向的连接方式、连接位置、连接部位的加强措施。

③ 柱配筋图，若采用平面表示法，则需结合相应图集阅读，在阅读时要注意建立柱配筋情况的空间立体概念，必要时需将柱配筋草图勾画出来，以帮助理解柱配筋图。

六、剪力墙配筋图的阅读

① 注意剪力墙的编号、数量及其具体位置。

② 注意查看剪力墙中一些暗藏的构件，如暗梁、暗柱的位置、大小及其配筋和构造要求。注意剪力墙与构造柱及相邻墙之间的关系，相应的处理方法。

③ 注意剪力墙中开设的洞口大小、位置和数量；洞口处理方法（是否有梁、柱）、洞口四周加筋情况；对照建施图、设施图和电施图，阅读理解剪力墙中开设的洞口的作用、功能。

七、楼梯配筋图的阅读

① 楼梯结构平面图同楼梯建筑平面图一样，主要表示梯段及休息平台的具体位置、尺寸大小，上下楼梯的方向，梯段及休息平台的标高及踏步尺寸。

② 楼梯剖面图则清楚表达楼梯的结构类型（板式楼梯或梁式楼梯），更明确地表达梯段及休息平台的标高、位置。有时梯段配筋图及休息平台配筋图亦一并在剖面图中表达。

③ 楼梯构件详图具体表达梯段及楼梯梁的配筋情况，需特别注意折板或折梁在折角处的配筋处理。注意梯段板与梯段板互为支撑时受力筋间的位置关系。

八、结构大样图的阅读

① 注意与建施图中的墙身大样、节点详图相对照，核对相应部位结构大样的形状、大小尺寸、标高是否有误。注意构造柱、圈梁的配筋及构造做法。

② 在清楚掌握节点大样受力特点的基础上，搞清各种钢筋的形式及其相互关系。结构图中若有相应抽筋图，则需对照抽筋图来读图；若没有相应抽筋图则需在阅读详图时，按自己的理解画出复杂钢筋的抽筋图，在会审图纸时与设计人员交流确认正确的配筋方法。

③ 对于一些造型复杂部位，在清楚结构处理方法、读懂结构大样图的基础上，应注意思考施工操作的难易程度，若感到施工操作难度大，则需从施工操作的角度出发提出解决方案，与设计人员共同探讨、商量予以变更。

④ 对于采用金属构架做造型或装饰的情况，应注意阅读金属构架与钢筋混凝土构件连接部位的节点大样，搞清二者间的相互关系、二者衔接需注意的问题。并注意阅读金属构架本身的节点处理方法及其需注意的问题。

九、结构施工图的平面表示法识读

结构施工图的平面整体表示方法（简称平法）对我国目前混凝土结构施工图的设计表示方法做了重大改革。

平法的表达形式，概括来讲就是把结构构件的尺寸和配筋等，按照平面整体表示方法的制图规则，整体直接地表达在各类构件的结构平面布置图中相应的位置上，再与标准构造详图相配合，即构成一套新型完整的结构设计。它改变了将构件从结构平面图中索引出来，再逐个绘制配筋详图的传统而繁琐的方法。

该图集适用于非抗震和抗震设防烈度6～9度地区、抗震等级为特一级和一至四级的现浇混凝土框架、剪力墙、框架—剪力墙和框支剪力墙主体结构施工图的设计表达。

平面表示法的具体内容包括柱、墙、梁等构件。

（一）框架柱的制图规则

柱平法施工图是在柱平面布置图上采用列表注写方式或截面注写方式表达。另外还可以使用柱立面剖面表达方式。

1. 列表注写方式

列表注写方式是指在柱平面布置图上，分别在同一编号的柱中选择一个（需要时可以选择多个）截面标注柱号及几何参数代号，在柱表中注写柱号、柱段起止标高、几何尺寸与配筋的具体数值，并配以各种柱截面形式及箍筋类型的图示来表示柱施工图的方法。

柱的列表内容规定如下。

（1）注写柱编号，由柱类型代号和序号组成（见表1-3）。

表1-3 柱编号

柱类型	代 号	序 号	柱类型	代 号	序 号
框架柱	KZ	××	剪力墙上柱	QZ	××
框支柱	KZZ	××	芯柱	XZ	××
梁上柱	LZ	××			

（2）注写各段柱的起止标高，指从柱根部往上以变截面位置或截面未变但钢筋改变处为界限分段注写。框架柱或框支柱根部标高是指从基础顶面位置标高。芯柱根部标高是指根据结构实际需要而定的起始标高。梁上柱的根部标高是指梁顶面标高。剪力墙上柱的根部标高分两种：当柱纵筋锚固在墙顶部时，指墙顶部标高；当柱与剪力墙重叠一层时，是指墙顶面往下一层的结构层楼面标高。

（3）注写柱截面尺寸

① 对于矩形柱，注写柱截面尺寸$b\times h$及与轴线关系的几何参数代号b_1、b_2和h_1、h_2的具体数值，相对应的各段柱分别注写，其中$b=b_1+b_2$，$h=h_1+h_2$。当截面的某一边收缩变化至与轴线重合或偏到轴线另一侧时，b_1、b_2、h_1、h_2中的某项为零或负值。

② 对于圆柱，表中$b\times h$一栏改用在圆柱直径数字前加d表示，也可用b_1、b_2、h_1、h_2表示，$d=b_1+b_2=h_1+h_2$。

（4）注写柱纵筋，应分别注写角筋、截面b边中部钢筋和截面h边中部钢筋（不包括角筋）。当采用圆柱时，将纵筋注写在“全部钢筋”一栏。

（5）注写箍筋类型号及箍筋支数，在箍筋类型栏内注写。应根据具体工程所设计的各种箍筋形式，画在表的上部或图中适当位置，其上标注与表中对应的b、h，并且编上类型号。

（6）注写柱箍筋，包括钢筋级别、直径与间距

① 当为抗震设计时，用斜线“/”区分柱箍筋加密区与非加密区范围内箍筋的不同间距，其长度范围应根据柱的有关构造要求来确定。

② 当箍筋沿柱全高为一种间距时，则箍筋间距不使用斜线“/”。

③ 当圆柱采用螺旋箍筋时，需在箍筋前加“L”。

④ 当为非抗震设计时，在柱纵筋搭接长度范围内的箍筋加密由设计人员另注明。

2. 截面注写方式

在分标准层绘制的柱平面图的柱截面上，对柱进行编号，从相同编号的柱中选择一个截面，按另一种比例原位放大，绘制柱配筋图。在各柱配筋图上注写编号、截面与轴线关系的尺寸值、角筋数量和各边中部钢筋数量或全部钢筋数量、箍筋的数值（加密区与非加密区的间距）。当柱的截面总尺寸和配筋均相同，仅与轴线的关系不同时，可将其编为同一柱号，但应注写该柱截面与轴线关系的具体尺寸。

3. 立面剖面方式

（1）立面注写　将柱统一编号，在相同编号的柱中选择一个柱，画出柱的立面（即纵剖面），在立面上标注纵筋在基础顶面及楼层处的断点位置、断点相对于基础顶面及楼层处的长度、纵筋的对接形式、楼层处的结构标高；在柱侧注写柱的每层的高度尺寸、加密区与非加密区的尺寸、箍筋的数值；在顶层柱头处注写纵筋锚固形式和长度；在柱身根据柱截面形式及配筋形式注出断面号。

（2）剖面注写　根据柱身立面图中标注的断面号在图中画出柱的断面图，在断面中注明钢筋数量、钢筋位置、箍筋的形式及柱断面的尺寸。

（二）梁的制图规则

梁的平法施工图是在梁平面布置图上采用平面注写方式或截面注写方式表达。在梁平法施工图中，应注明各结构层的顶面标高及结构层号，对于轴线未居中的梁，应标出其偏心定位尺寸。

1. 平面注写方式

平面注写方式是在梁的平面布置图上，分别在不同编号的梁中各选一根梁，在其上注写截面尺寸和配筋具体数值的方式。

平面注写包括集中标注和原位标注，集中标注表达梁的通用数值，原位标注表达梁的特殊数值。当集中标注数值不适用于梁的某部位时，则将该项数值原位标注，施工时，原位标注取值优先。

梁的编号由梁的代号、序号、跨数及有无悬挑代号等几项组成（见表1-4）。

表1-4 梁编号

梁类型	代 号	序 号	跨数及有无悬挑
楼层框架梁	KL	××	(××),(××A),(××B)
屋面框架梁	WKL	××	(××),(××A),(××B)
框支梁	KZL	××	(××),(××A),(××B)
非框架梁	L	××	(××),(××A),(××B)
悬挑梁	XL	××	(××),(××A),(××B)

（1）集中标注。梁集中标注的内容有五项必注值和一项选注值。

① 梁编号为必注值。

② 梁截面尺寸为必注值。当为等截面梁时用$b\times h$表示；当为加腋梁时用$b\times h$　$Yc_1\times c_2$表示，其中c_1为腋长，c_2为腋高，见图1-27（a）；当有悬挑梁且根部和端部不同高时，用斜线分隔根部和端部的高度，即$b\times h_1/h_2$，见图1-27（b）。

③ 梁箍筋为必注值，包括钢筋级别、直径、加密区与非加密区间距及肢数。加密区范围见相应抗震级别的构造

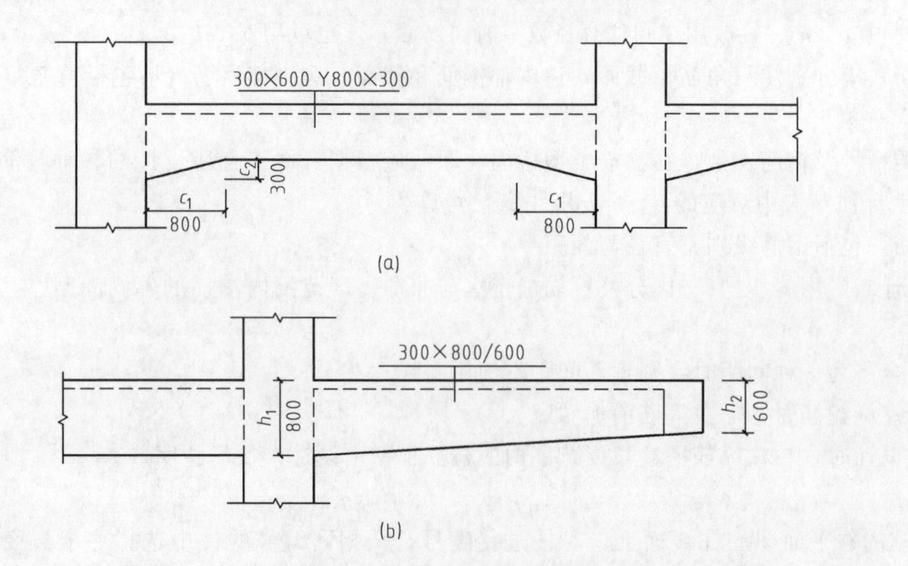

图1-27 梁截面尺寸的标注

规定。

【例1-1】 Φ10@100/200（4）表示箍筋为Ⅰ级钢筋，直径Φ10，加密区间距为100，非加密区间距为200，均为四肢箍（见图1-28）。

Φ12@100（2）表示箍筋为Ⅰ级钢筋，直径Φ12，加密区与非加密区间距均为100，两肢箍。

④ 梁上部通长钢筋或架立钢筋根数为必注值。所注根数应根据结构受力要求及箍筋肢数等构造要求确定。

【例1-2】 2Φ25表示用于双肢箍，两根通长钢筋。

2Φ25＋(2Φ12）表示用于四肢箍，2Φ25为通长钢筋，2Φ12为架立钢筋（见图1-28）。

当梁的上部纵筋和下部纵筋均为通长钢筋，且多数跨配筋相同时，此项可加注下部纵筋的配筋值，将上部与下部纵筋的配筋值用分号隔开。

【例1-3】 4Φ25；3Φ22表示梁上部配4Φ25的通长钢筋，下部配3Φ22的通长钢筋。

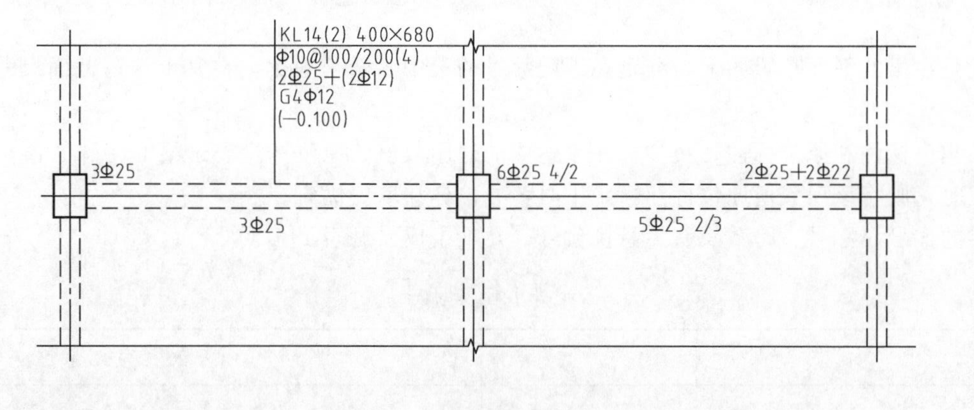

图1-28 梁的平面注写方式

⑤ 梁侧面的纵向构造钢筋或受扭钢筋配置为必注值。

【例1-4】 G4Φ12表示梁的两侧面共配置4Φ12的纵向构造钢筋，每侧各配置2Φ12（见图1-28）。

N6Φ14表示梁的两侧面共配置6Φ14的受扭纵向钢筋，每侧各配置3Φ14。

⑥ 梁顶面标高高差为选注值。此值系指相对于本层结构楼面标高的高差值，有高差时注写。

【例1-5】 （－0.100）表示比本层的结构楼面标高低0.100（见图1-28）。

（0.050）表示比本层的结构楼面标高高0.050。

（2）梁原位标注。

① 梁支座上部纵筋，该部位包含通长筋在内的所有钢筋。当上部纵筋多于一排时，用斜线“/”将各排纵筋自上而下分隔开。

【例1-6】 3Φ25表示只有一排纵筋（见图1-28）。

6Φ25 4/2表示有两排纵筋，第一排为4Φ25，第二排为2Φ25（见图1-28）。

当纵筋有两种直径时，用加号将两种直径的纵筋相连，角部纵筋写在前面。

② 梁下部纵筋多于一排时，用斜线“/”将各排纵筋自上而下分隔开。

【例1-7】 3Φ25表示只有一排纵筋（见图1-28）

5Φ25 2/3表示有两排纵筋，第一排为3Φ25，第二排为2Φ25（见图1-28）。

当纵筋有两种直径时，用加号将两种直径的纵筋相连，角部纵筋写在前面。

【例1-8】 2Φ25＋2Φ22表示有两根2Φ25的角部纵筋，2Φ22的中间纵筋（见图1-28）。

③ 当梁的腹板高大于450mm时，需配置侧面纵向构造钢筋或按计算需配置抗扭纵筋时，注写方法同梁的集中注写法。

④ 附加箍筋或吊筋，将其直接画在平面图中的梁支座处，用引线注总配筋值或在其他地方说明总配筋值。

⑤ 当在梁上集中标注的内容不适用于某跨或悬挑部位时，应将其不同数值原位标注在该跨或悬挑部位。

2. 截面注写方式

截面注写方式是在绘制的梁平面布置图上，分别选取一根不同编号的梁，先将“单边截面号”画在该梁上，再将截面配筋详图画在本图或其他图上，在截面图上注写截面尺寸和配筋具体数值。如果某根梁的顶面标高与结构层的楼层标高不同时，应在其编号后注写梁顶面标高差。截面注写的表达方式同平面注写方式。

截面注写方式既可单独使用，也可与平面注写结合使用。

（三）剪力墙的制图规则

剪力墙平法施工图是在剪力墙平面布置图上采用列表注写或截面注写方式表达。

1. 列表注写方式

剪力墙可视为由剪力墙柱、剪力墙身、剪力墙梁三类构件构成。列表注写方式列出剪力墙柱表、剪力墙身表和剪力墙梁表，在对应的剪力墙平面图上编号，用绘制截面配筋图并注写几何尺寸与配筋具体数值的方式表达剪力墙平法施工图。

（1）编号规定：将剪力墙柱、剪力墙身、剪力墙梁三类构件分别编号。

① 剪力墙柱编号由剪力墙柱类型代号和序号组成（见表1-5）。

② 剪力墙身编号由墙身代号和序号组成，表达形式为Q××。

③ 剪力墙梁编号由墙梁类型代号和序号组成（见表1-6）。

表1-5 剪力墙柱编号

墙柱类型	代号	序号	墙柱类型	代号	序号
约束边缘构件	YBZ	××	非边缘暗柱	AZ	××
构造边缘构件	GBZ	××	扶壁柱	FBZ	××

表1-6 剪力墙梁编号

墙梁类别	代号	序号	墙梁类别	代号	序号
连梁	LL	××	连梁（集中对角斜筋配筋）	LL（DX）	××
连梁（对角暗撑配筋）	LL（JC）	××	暗梁	AL	××
连梁（交叉斜筋配筋）	LL（JX）	××	边框梁	BKL	××

（2）在剪力墙柱表中表达以下内容。

① 注写墙柱编号和绘制墙柱的截面配筋图，标注几何尺寸。

② 注写各段墙柱起止标高，自墙柱根部以上变截面位置或截面未变但配筋改变处为界分段注写。墙柱根部标高指基础顶面标高（框支剪力墙结构则为框支梁顶面标高）。

③ 注写纵向钢筋和箍筋，纵向钢筋注总配筋值，墙柱箍筋的注写方式同柱箍筋的注写方式。

(3) 在剪力墙身表中表达以下内容。

① 注写墙身编号。

② 注写各段墙身起止标高，自墙身根部以上变截面位置或截面未变但配筋改变处为界分段注写。墙身根部标高指基础顶面标高（框支剪力墙结构则为框支梁顶面标高）。

③ 水平分布钢筋、竖向分布钢筋和拉结筋。

(4) 在剪力墙梁表中表达以下内容。

① 注写墙梁编号。

② 注写墙梁所在楼层号。

③ 注写墙梁顶面标高高差，指相对于墙梁所在楼层标高的高差值，高于楼层为正值，低于楼层为负值。

④ 注写墙梁截面尺寸 $b \times h$，上部纵筋，下部纵筋和箍筋的具体数值。

2. 截面注写方式

截面注写方式是指在分层绘制的剪力墙平面布置图上，直接注写墙柱、墙身、墙梁的截面尺寸和配筋具体数值的方式来表达剪力墙平法施工图。

第五节　设备施工图的识读

现代的房屋建筑都是由建筑、结构、采暖、通风、空调、给水、排水、燃气、动力照明等相关工种构成的综合体，为了满足生产生活的需要，并提供卫生、舒适的环境，要求建筑物内部装设完善的给水、排水、采暖、通风、空气调节和燃气等各种设备。因此建筑设备工程是房屋建筑不可缺少的组成部分，在建筑中占有非常重要的地位。水暖施工图主要包括以下几点。

① 设计说明；

② 给排水大样图（卫生间详图）；

③ 平面图（一层平面、标准层平面、顶层平面）；

④ 系统图。

一、水暖系统

（一）建筑给水系统

建筑给水系统的任务是根据各类用户对水量水压的要求，将水由城市给水管网（或自备水源）输送到装置在室内的各种配水龙头、生产机组和消防设备等各用水点。

建筑内部给水系统按用途不同，可分为以下三类。

(1) 生活给水系统　供给人们生活中饮用、烹调、洗涤、盥洗和淋浴等生活上的用水。生活给水系统中与人体直接接触或饮用、淋浴等部分的水的水质必须符合国家规定的饮用水质标准。

(2) 生产给水系统　供工业企业生产设备、生产工艺、加工洗涤及其他工业用水。生产用水对水质、水量、水压以及安全方面的要求，由于工艺不同，差异是很大的。

(3) 消防给水系统　供给消防设备，提供建筑扑灭火所需用的水。

上述三种给水系统实际并不一定需要单独设置，按水质、水压、水温及室内给水系统情况考虑技术、经济和安全条件组成不同的共用给水系统，如生活—生产给水系统，生活—消防给水系统，生产—消防给水系统、生活—生产—消防给水系统。

我国的水资源并不丰富，为节约用水，减少排污量及污水对环境的污染，目前各地都在积极研究和应用循环和重复利用给水系统，如冷却水经处理后循环给水及污水经处理后再用的中水系统等。

建筑给水系统一般由下列几部分组成。

(1) 引入管（进户管）　室外给水管网与室内给水管网的连接管，其作用是将水由室外给水管网引入建筑内部。建筑物的引入管一般只设一条，对不允许间断供水或为了满足消防的要求应设两条以上的引入管。

(2) 水表节点　指引入管上装设的水表及其前后设置的闸门、泄水装置等的总称。分户水表一般安装在室内给水横支管上，住宅建筑总水表安装在室外水表井中，多雨地区可在地上安装。

(3) 管道系统　指建筑内部水平干管、垂直干管、立管、横支管等。

室内给水管道的布置方式主要分为下行上给式和上行下给式。下行上给式是指给水干管敷设在地沟内，通过立管自下而上供水；上行下给式指水平干管设在顶层天花板下或吊顶层内，通过立管从上向下供水。

室内给水管道的敷设方法有明装和暗装两种。

(4) 给水附件　指管道上的闸阀、止回阀、浮球阀等。控制附件及水龙头、盥洗龙头、热水龙头等配水附件，其主要作用是控制、分配水流。

(5) 给水设备　指室内给水系统中用来贮备水量、调节用水、增加压力的各种设备，也可称为升压、贮水设备。

给水设备不是所有建筑给水系统都具有的建筑给水系统。根据建筑物的性质、高度、室内卫生器具或用水设备的分布情况，所需水压以及室外给水管网所能提供的水量、水压在一天内任何时间均能满足建筑内部用水需要时，采用直接给水方式，即室外给水管网直接向室内给水管网供水，不需设置任何给水设备。如果室外管网提供的水量和水压不能满足室内给水系统的需要，则必须设置给水设备。常用的给水设备有水箱、水泵、气压给水设备等。高层建筑中，还可进行竖向分区，经济合理地选择供水方式。

(6) 消防设备　指用来扑灭建筑物火灾时用的专用设备。按照建筑物防火要求及规定，建筑物可采用消火栓系统、自动喷水灭火系统、水幕系统等消防系统进行灭火。消火栓系统主要由水枪、水龙带、消火栓和消防管等组成。自动喷水灭火系统是一种能自动喷水灭火，并同时发出火警信号的消防灭火系统，它是由喷头、管网、报警阀及火灾探测系统等组成。水幕消防系统主要由喷头、管网和控制阀等组成。在室外管网的水量、水压不满足室内消防需要时，还需设置消防水泵、水箱和水池等升压、贮水设备。

（二）建筑排水系统

建筑排水系统的任务是将房屋内卫生器具和生产设备产生的污水及降落在屋顶上的雨雪水，通过排水管道收集后排到室外，按其所接纳污废水的性质可分为以下三类。

(1) 生活污水排水管道　用来排除人们日常生活中所产生的污水，包括洗涤污水和粪便污水。

(2) 工业废水管道　指排除工矿企业生产过程中所产生的污（废）水管道。

(3) 雨水系统　主要排除屋面的雨水和融化的雪水，可根据建筑物的结构形式、气候条件及使用要求等因素采用外排水系统或内排水系统。

上述三种排水系统如分别设置管道排出建筑物外，称为分流制排水；若将其中两类或三类在同一管道合流排出，称为合流制。

一般来说，建筑内部的生活污水与雨水采用分流体制，工业废水则视其性质、污染程度而考虑其排放体制。生活污水中也存在分流制与合流制问题，当粪便污水，洗涤污水分别采用独立的管道系统时，则称为分流体制；反之则称为合流制。当生活污水需经化粪池处理时，其粪便水宜与洗涤污水分流；当有污水处理厂时，洗涤污水宜与粪便污水合流排放。

建筑排水系统由以下几部分组成。

(1) 卫生器具或生产设备受水器　指各种卫生器具、排放工业废水的设备和雨水斗。

卫生器具的种类很多，一般可根据用途分为便溺用卫生器具，盥洗、淋浴用卫生器具，洗涤用卫生器具，专用卫生器具四类。

(2) 排水管道系统　指由器具至室外的所有管道，包括器具排水管（连接卫生器具和横支管的一段短管，除坐式大便器外，其间包括存水弯）、有一定坡度的横支管、立管、埋设在室内地下的干管和室外的排出管等。

(3) 清通设备　为疏通排水管道，保证排水系统水流畅通，在排水管系中设置的用于清通的设备，包括检查口、清扫口和检查井等。

(4) 通气系统　通气管的作用是保持排水管中有洁净的空气流动，减小排水时，排水管中的压力波动并能将有毒或有害气体排到大气中去。对于层数不多的建筑，采用将排水立管上部延伸出屋顶的通气方式，对于层数较多及高层建筑，除了伸顶通气管外，还应设专用通气立管、环形通气管、器具通气管等。

(5) 抽升设备　民用或工业用建筑的地下室高层建筑的地下技术层等，因为室内排出管标高低于室外排水管标高，污水不能自流排出室外，必须设置抽升设备，常用设备有集水坑、污水泵和气压扬液器等。

(6) 污水局部处理构筑物　当室内污水未经处理不允许直接排入城市下水道时，必须进行局部处理，常用的局部处理构筑物有化粪池、沉淀池和隔油池等。

(7) 室外排水管道　即室内排出管接出的第一个检查井至城市下水管网的管道，其任务是将室内污水排至城市下水管道中去。

（三）建筑内热水供应系统

热水供应系统的任务是将冷水在加热设备内集中加热，用管道输送到建筑物和各用水点，按照热水供应范围不同，热水供应系统分为局部热水供应系统、集中热水供应系统和区域热水供应系统。

热水供应系统由以下几部分组成。

(1) 热源　指把冷水加热成热水所需热量的来源，可采用热水锅炉加热或用锅炉产生的蒸汽进行加热，也可以利用太阳的辐射能量来作为热源。

(2) 加热设备　用来加热的设备，常用的有热水锅炉、容积式加热器、加热水箱和快速式水加热器。

(3) 热水管网　热水管网布置形式与给水系统一样，有上行下给式和下行上给式两种，热水系统按循环管道的情况不同，可布置成全循环系统、半循环系统和不循环系统。全循环系统是指立管、干管都设有循环管道，半循环系统仅干管设有循环管道，不循环系统是指不设循环管道的系统。

（四）采暖系统

采暖就是将热量以某种方式供给相应的建筑物，保持一定的室内温度，以创造适宜的生活条件或工作条件。

采暖系统主要由三部分组成，即热源（使燃料燃烧产生热能的部分）、输热部分（连接热源与散热器之间的管道）、散热部分（散发热量的部分如散热器等）。根据三个主要组成部分的相互位置关系，采暖系统可分为局部采暖系统和集中采暖系统。

热源、输热部分和散热部分三个主要组成部分在构造上都在一起的采暖系统称为局部采暖系统，如烟气采暖（火炉、火墙、火炕等）。

热源和散热部分分别设置，用输热部分的管道相连接，由热源向各个房间或各个建筑物供给热量的采暖系统称为集中式采暖系统。

采暖系统中，用来传递热量的介质为热媒，采暖系统常用的热媒是水、水蒸气等，根据热媒的不同，采暖系统可分为热水采暖系统、蒸汽采暖系统、热风采暖系统和烟气采暖系统。

热水采暖系统中，热水沿着采暖系统的管道和设备流动，热水采暖系统可按下述方法分类。

(1) 按系统循环动力的不同，可分为重力（自然）循环系统和机械循环系统。靠水的密度差进行循环的系统，称为重力循环系统；靠机械（水泵）力进行循环的系统，称为机械循环系统。

(2) 按散热器是否全部采取并联连接，可分为单管系统和双管系统，全部并联为双管系统，反之为单管系统。

(3) 按照供水干管的位置，可分为上分式（供水干管在上，由上而下供水）和下分式（供水干管在下，由下而上供水）。

(4) 按系统管道敷设方式的不同，可分为垂直式和水平式两种。

(5) 按热媒温度的不同，可分为低温水采暖系统和高温水采暖系统，室内热水采暖系统，大多采用低温水作为热媒，设计供回水温度多采用 95℃/70℃。

机械循环热水供暖系统的常用形式有以下三种。

(1) 双管系统　双管系统分别设置供回水立管，各层散热器并联在立管上，每组散热器可根据室温进行单独调节。在供暖系统中，若供水干管设置在系统所有散热器的上方，回水干管设置在所有散热器的下方，则此系统称为上供下回式；若供回水干管均位于散热器的下方，则此系统称为下供下回式。如图 1-29 所示。下供下回式系统由于干管位于地下室（建筑物有地下室）或地沟内，比较美观，故常被采用。但下供下回式系统也存在排气困难的缺点。必须设置专门的排气装置。

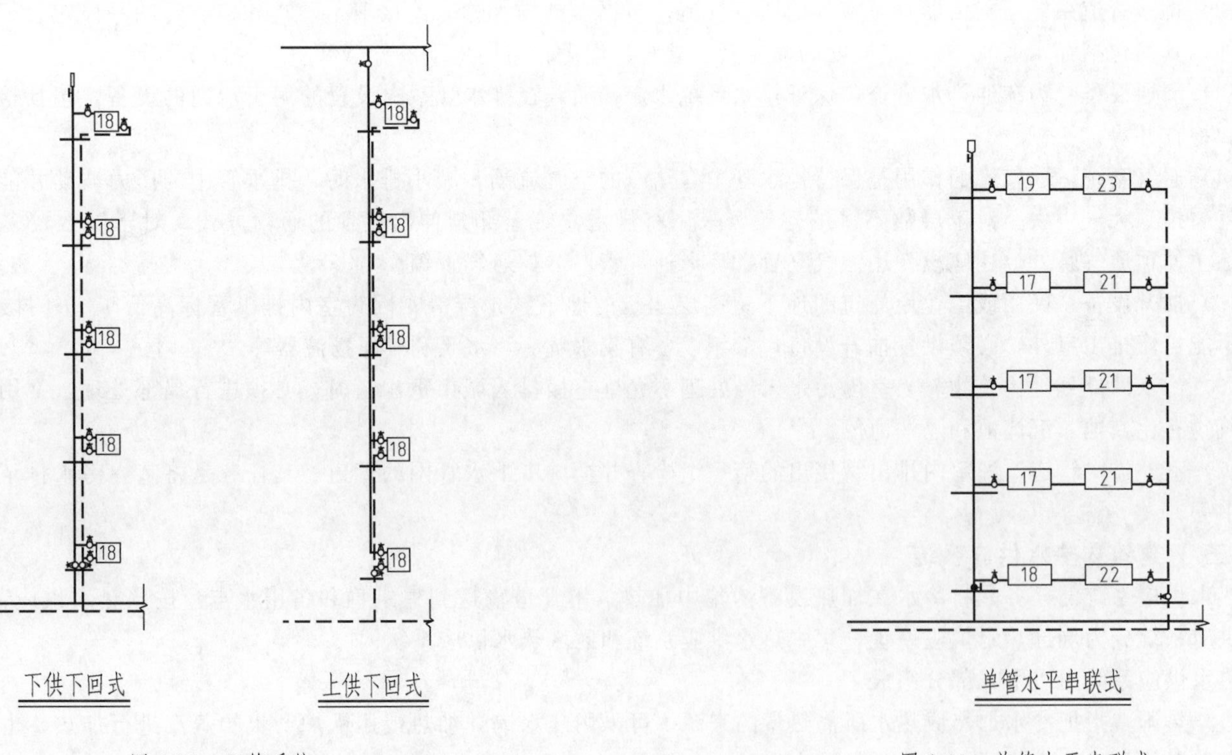

图 1-29　双管系统

图 1-30　单管水平串联式

(2) 单管水平串联式　单管常用的水平串联系统，经济美观，安装简便，但也存在一些缺点，如串联散热器很多时，运行时易出现水平失调，即前端过热和末端过冷现象。如图 1-30 所示。

(3) 单双管系统　将立管散热器分为若干组，每组包括 2～3 层，散热器按双管形式连接，而各组之间按单管式连接，该系统一般适用于八层以上的高层建筑，具有以下优点：避免垂直失调现象产生；可解决散热器立管管径过大的问题；克服单管系统不能调节的缺点。

采暖系统中，散热器的种类很多，按制作材料可分为铸铁散热器和钢制散热器。常用的散热器有柱型、翼型、串片式和板式等，其中最常用的散热器为四柱 760 型，过去也经常有 M132 型（二柱）散热器。卫生间常采用闭式钢串片式。

柱式散热器采用标注片数的方式进行标注。闭式钢串式采用标注长度的方式进行标注。另外需注意的是，铸铁散热器的组装片数不宜超过下列数值：二柱（M132 型）——20 片，柱型（四柱）——25 片，长翼型——7 片。

为使采暖系统正常、安全地工作，还需要设置一些辅助设备，主要有膨胀水箱、排气装置、循环水泵、除污器和疏水器等。膨胀水箱主要用来排除系统中的空气，自然循环热水采暖系统可用膨胀水箱排气，机械循环热水采暖系统可采用集气罐或自动排气阀排气，设置在干管最高处，除污器的作用是阻留管网中的污物，装在用户入口的供水或回水干管上。

（五）地辐射采暖系统

近年来，有很多新建住宅、饭店、展览馆和综合楼采用了地辐射采暖方式，这种采暖供热方式是将交联聚乙烯管（PE-X）或其他用作地热的管道，以温度不高于 60℃的热水为热媒，在加热管内循环流动，加热地板，通过地面以辐射和对流的传热方式向室内供热的供暖方式。

地辐射采暖的主要特点有：①舒适性强；②不占使用面积；③可按户计量收费。这也就解决几户不交暖气费，供热公司不予供暖，而使整个单元或整栋楼挨冻的局面。采用集中供热方式，地辐射采暖系统的热量流动方向：地沟入口引入⟶地沟内干管⟶房间内的立管⟶分水器⟶地辐射管（PEX 管）⟶集水器⟶房间内回水立管。

常用的地辐射采暖管材有交联铝塑复合管（PAP、XPAP）、聚丁烯（PB）管、交联聚乙烯（PEX）管和无规共聚聚丙烯（PP-R）管。

（六）通风系统

通风系统的任务就是在局部地点或整个车间把不符合卫生标准的污浊空气排至室外，把新鲜空气或经过净化符合卫生要求的空气送入室内，前者称为排风，后者称为送风，总称为通风系统。

按通风系统的作用范围不同，建筑通风可分为全面通风和局部通风。全面通风是对整个房间进行通风换气即用新鲜空气把整个房间的有害物浓度稀释到最高允许浓度以下，全面通风的风量远超过局部通风，局部通风只使室内局部保持良好的空气环境。按通风系统的通风动力不同，通风系统可分为机械通风和自然通风，自然通风依靠室外风和室内外空气温度差所造成的热压使空气流动，机械通风是依靠风机造成的风力使空气流动。

建筑通风系统一般包括室内送风口、室内排风口、风道（风管）、风机、风帽、室外进排风装置和净化处理设备。

（七）空气调节系统

空气调节系统是对室内空气环境进行控制和调节，其主要任务是对空气进行加热、冷却、加湿、干燥和净化等处理，然后将处理后的空气输送到各个房间，以保持房间内空气温度、湿度、洁净度和空气流速稳定在一定范围内，以满足房间对空气环境的要求。

空调系统根据空气处理设备的集中程度可分为集中式、半集中式和分散式。集中式空调系统，把所有空气处理设备（加热器、冷却器、过滤器、加湿器）以及通风机集中在机房。半集中式空调系统，这种空调系统除有集中在空调机房的空气处理设备可以处理一部分空气外，还有分散在被调房间内的空气处理设备。诱导器系统，风机盘管系统均属此类。分散式空调系统，将空气处理设备全分散在被调房间内，如公共场所及家庭所用的独立的空调。

空调系统根据负担室内热湿负荷所用的介质不同可分为全空气系统、全水系统、空气—水系统（风机盘管加新风）和制冷剂系统。

空调系统根据用途的不同可分为工艺性和舒适性空调系统。

空调系统根据控制精度不同可分为一般空调系统和高精度空调系统。

空调系统根据系统的运行时间不同可分为全年性空调系统和季节性系统。

空气调节系统由空气处理、空气输送、空气分配及调节系统四个基本部分组成。

（八）燃气供应系统

燃气是一种气体燃料，城市燃气供应可分为人工煤气、液化石油气和天然气三种。室内燃气供应系统由室内燃气管道、燃气计量表和燃气用具组成。

二、水暖施工图

水暖施工图主要由设计说明、给排水大样图（卫生间详图）、平面图和系统图等组成。

1. 阅读设计说明

通过阅读设计说明可了解设计依据、工程概况、所依据技术资料及规范、所采用的管材、管道的防腐和保温、支吊架的做法、管道的试压方式及建筑物验收时所依据的规范条文等。

2. 给排水大样图的阅读

阅读给排水大样图（卫生间详图）时，应注意以下几点。

① 先看给排水立管的具体位置及给排水立管的编号，如给水立管表示为 GL1、GL2 等，排水立管表示为 PL1、PL2 等。

② 再看卫生间专用通气立管的位置，通常表示为 TQ 或 TL1、TL2 等，注意其与排水立管的位置关系。

③ 进一步了解给水管道布置的具体做法，哪些地方是埋地敷设，哪些地方在地面上。

④ 地漏的设置情况，从而进一步了解排水管的具体布置。

⑤ 通过对厨房中洗涤盆的布置及给排水管的位置了解给排水管的具体布置，同时了解灶台与洗涤盆的相对位置关系。

3. 一层平面图的阅读

阅读一层平面图时，应注意以下几点。

① 首先注意一层平面图中指北针的方位，了解房屋的朝向。

② 对于采暖方式为散热器的建筑，注意一下采暖所采用的具体供暖形式是单管水平串联系统，还是双管系统或单双管系统形式。具体方式确定后，再看一下采暖立管的具体位置。

③ 对于采暖方式为地辐射采暖形式的建筑，要注意分集水器及采暖立管的具体位置。

④ 了解散热器的具体设置位置，以及所标注的片数，注意南、北朝向的房间，以及中间房间和靠边房间单位面积所需热量的不同。对于功能不同的房间也应注意这一点，如卧室和厨房的比较，以及房间与卫生间的比较。

⑤ 对于地辐射采暖方式的建筑，要注意图中所注盘管长度和间距（可用 a、b、H 等表示），可以按上述④进行比较。

⑥ 注意一下卫生间、厨房、盥洗间、给排水立管及通气立管的具体位置和编号，并与给排水大样图上的立管位置及编号相对照。

4. 一层干管平面图的阅读

阅读一层干管平面图时，对于采暖方式为散热器的建筑物来说，此图通常和一层暖卫平面图放在一起，该图包括的内容比较多，应特别注意以下几点。

① 首先注意采暖的入口位置，并与系统图上的入口位置相对照，可通过入口所选图集，了解入口的具体做法。

② 地沟在房间内的具体布置及尺寸等，通常采用半通行地沟。

③ 地沟内干管的具体布置，以及干管与支管的连接方式。地沟内干管采用同程式系统还是异程式系统，必须注意与干管相连的最近供水立管和最远供水的立管的位置。与回水干管相连的最远回水立管和最近回水立管的位置。因为通常我们采用同层式系统，供水立管位于最远端，其回水立管必为最近端。

④ 检查口的具体位置及大小。

⑤ 消防干管的具体布置及与消防立管的连接方式，消防管道的入口有几个，通常对于室内消火栓超过 10 个且室内消防用水量大于 15L/s 时，室内消防给水管道至少应有两条进水管与室外环状管网相连接，并应将室内管道连成环状或将进水管与室外道连成环状。

⑥ 与排水管相连的排出管的位置及编号，通常用 P1 表示，注意排出管应与煤气入口有一定安全距离。

5. 中间层平面图的阅读

阅读中间层（标准层）平面图应注意如下几点。

① 首先与一层平面图进行采暖立管的对比，再进行散热器片数和位置的比较，以及地辐射盘管间距和盘管长度的比较。对于相同面积、相同功能的房间来说，通常中间层（标准层）房间的暖气片数要比一层的少，盘管间距要比一层的大。

② 与一层平面图中给排水立管及通气立管的位置进行比较。

③ 与一层平面图中消防立管及消火栓的位置、手提灭火器的位置进行比较。

6. 顶层平面图的阅读

阅读顶层平面图时，应把相应的采暖给排水立管、散热器、消防立管等与一层平面、中间层平面进行比较，对于相同面积、相同功能的房间来说，通常顶层的散热器片数要比底层的多，盘管间距比底层的小。

7. 采暖系统图的阅读

阅读采暖系统图时，应注意如下几点。

① 系统图绘制时，主要根据三条轴线，水平线反映左右位置，垂直线反映上下位置，45°斜线反映前后位置。如图 1-31所示。

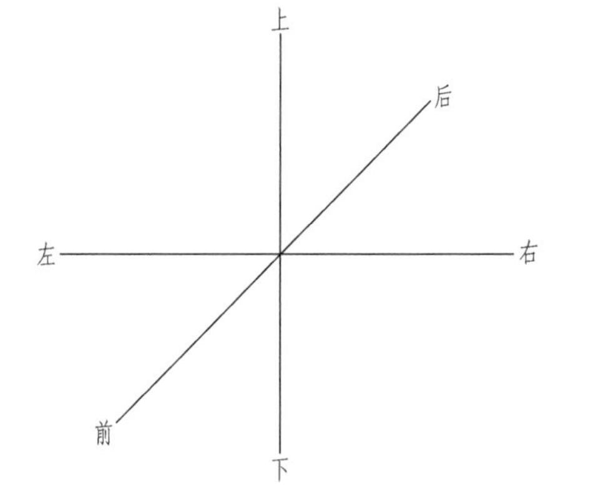

图 1-31　轴线示意

② 从采暖入口看起，并与一层平面入口相对照，进一步了解入口的具体做法。

③ 注意系统图中所标注层高及标注位置，进而确定各层地面位置及标高。

④ 与各层平面相对应的供回水立管散热器片数相对照，并把各层中的立管、散热器连接方式相对照，进一步了解立管、支管在前后、左右、上下的变化关系，注意立管的拐弯，连接散热器的支管向前、向后、向上、向下的拐弯。

⑤ 对于地辐射建筑采暖的建筑应注意供水支管设阀门、过滤器、热表，而回水支管仅设阀门。

⑥ 一层以上楼梯间散热器的放置位置及楼梯间散热器的具体采暖形式。

⑦ 散热器支管管径的标注，立管管径的标注。

⑧ 供回水干管管径的标注，从供水立管的最远端开始看起（供水干管管径最小的地方）直到供水立管最近端（供水干管管径最大的地方），回水干管也采用同样的方法。

⑨ 注意供回水干管入口处管径的大小。

⑩ 采暖系统图中附件的位置及型号，如散热器支管、供回水立管和干管上的阀门及旁通管、泄水阀等的位置，集气罐或自动排气阀的位置，管道支吊架的位置，伸缩器的位置，型号等。

8. 排水系统图的阅读

阅读给排水系统图应注意以下几点。

① 给水系统图中，市政给水的入口，给水干管的具体布置并与一层干管平面图中给水干管的具体布置相对照。

② 注意系统图中所标注层高及标注位置，进而确定各层地面位置及标高。

③ 与给排水大样图及各层平面图中立管和卫生洁具，以及立管与卫生洁具的连接方式相对照，注意给排水支管与立管的管径。

④ 水表的位置和规格。

⑤ 给水系统图中干管的管径。

⑥ 排水系统中排出管的位置方向，并与一层干管平面图相对照，注意排出管的管径、坡度以及标高等。

⑦ 排水系统图中伸顶通气管出屋面的高度。

⑧ 排水系统图中检查口、清扫口的位置。

9. 消防系统的阅读

阅读消防系统应注意以下几点。

① 消防系统入口与一层干管平面图相对照。

② 注意系统图中所标注层高及标注位置，进而确定各层地面位置及标高。

③ 把消防立管、消火栓位置与各层平面图相对照。

④ 消火栓的规格，所用水枪的大小，水龙带的长度。

⑤ 消防立管、干管的管径。

⑥ 消防立管、干管，阀门的位置以及泄水阀的位置，消防水泵结合器的位置及标高。

三、绘制水暖施工图时常用的图线及图例

水暖施工中常用的图线、图例如表 1-7 所示。

表1-7　水暖施工中常用的图线、图例

序号	名　　称	图　　例	序号	名　　称	图　　例
1	采暖供水管		13	淋浴喷头	
2	采暖回水管		14	浴盆	
3	生活给水管		15	消火栓箱	
4	消火栓给水管		16	灭火器	
5	生活排水管		17	闸阀1　截止阀	
6	坐式大便器		18	蝶阀	
7	蹲式大便器		19	自动排气阀	
8	普通洗脸盆		20	检查口	
9	台面式洗脸盆		21	清扫口	
10	拖布池		22	通气帽	
11	落地式小便器		23	散热器	
12	方形地漏				

第六节　电气施工图的识读

一、电气施工图概况

（一）建筑电气工程施工图的分类

建筑电气工程施工图是以统一规定的图形和文字符号辅以简单扼要的文字说明，把建筑中电气设备安装位置、配管配线方式、安装规格、型号，以及其他一些特征和它们相互之间的联系表示出来的一种图样。一个电气工程的规模有大有小，不同规模的电气工程，其图纸的数量和种类是不同的，常用的电气工程施工图有以下几类。

1. 目录、说明、图例和设备材料明细表

(1) 图纸目录　包括序号、图纸名称、编号和张数等。

(2) 设计说明（施工说明）　主要阐述电气工程设计的依据、施工原则和要求、建筑特点、电气安装标准、安装方法、工程等级和工艺要求等，以及有关设计的补充说明。

(3) 图例　即图形符号，一般只列出本套图纸中涉及的一些图形符号。

(4) 设备材料明细表　列出了该项电气工程所需要的设备和材料的名称、型号、规格和数量，供设计概算和施工预算时参考。

2. 电气系统图

电气系统图是用电气符号或带注释的框，概略表示该系统或分系统的基本组成，各个组成部分之间的相互关系、连接方式，各组成部分的电器元件和设备的主要特征。

通过系统图可以了解工程的全貌和规模，但它只表示电气回路中各元件的连接关系，不表示元件的具体情况、安装位置和接线方法。

系统图是电气施工图中最重要的部分，是学习识图的重点。

系统图有变配电系统图、动力系统图、照明系统图和弱电系统图等。

3. 电气平面图

电气平面图是通过一定的图形符号、文字符号具体地表示所有电气设备和线路的平面位置、安装高度，设备和线路的型号、规格，线路的走向和敷设方法、敷设部位。它是进行电气安装的主要依据。

常用的电气平面图有变配电所平面图、动力平面图、照明平面图、防雷平成图、接地平面图和弱电平面图等。平面图按工程内容的繁简每层绘制一张或数张。

4. 设备布置图

设备布置图是表示各种电气设备的平面与空间相互关系及安装方式的图纸。通常由平面图、剖面图及各种构件详图等组成。

5. 安装接线图

安装接线图又称安装配线图，是用来表示电气设备、电气元件和线路的安装位置、配线方法、接线方法、配线场所等特征的图纸，通常用来指导安装、接线和查线。

6. 电气原理图

电气原理图是表示某一具体设备或系统的电气工作原理的图纸。它是按照各个部分的动作原理采用展开法来绘制的。通过分析原理图，可以清楚地了解整个系统的动作顺序。

电气原理图不能表明电气设备和器件的实际安装位置和具体的接线，但可以用来指导电气设备和器件的安装、接线、调试、使用与维修。

7. 详图

详图是表示电气工程中某一部分或某几部分的具体安装要求和做法的图纸。

以上所列是一般工程中电气设计施工图的内容。在一个具体工程中，往往可以根据实际情况适当增加某些图或省略某些图。

（二）建筑电气工程项目的分类及简介

1. 项目分类

电气工程是指某建筑的供电、用电工程，它通常包括以下几项内容。

(1) 外线工程　室外电源供电线路，主要是架空电力线路和电缆线路。

(2) 变配电工程　由变压器、高低压配电柜、母线、电缆、继电保护与电气计量等设备构成的变配电所（室）。

(3) 室内配线工程　主要有线管配线、桥架线槽配线、瓷瓶配线、钢索配线等。

(4) 电力工程　各种风机、水泵、电梯、机床、起重机等动力设备（各种类型的电动机）及控制器与动力配电箱。

(5) 照明工程　照明灯具、开关、插座、电扇和照明配电箱等设备。

(6) 防雷工程　建筑物、电气装置和其他设备的防雷设施。

(7) 接地工程　各种电气装置的工作接地和保护接地系统。

(8) 弱电工程　消防报警系统、安保系统、广播和闭路电视系统、综合布线，以及智能化建筑系统等。

(9) 自备发电工程　一般为备用的自备柴油发电机组及EPS。

2. 项目简介

(1) 变配电工程图

① 变配电电气系统图。它表示将电能从电源输送，降压并分配到用户的电气联系图，又称为电能输送图，也称电气主接线图或一次设备接线图。它所描述的内容是系统的基本组成和主要特征，略去了其他许多环节和设备，对内容的描述是概略的，一般采用单线图表示。

② 变配电设备布置图。它是用来表明电气设备的平面位置、空间位置、安装方式、具体尺寸和线路的走向等，由平面图、立面图和剖面图等组成。

③ 二次设备原理图。它是用来反映变配电系统中二次设备的继电保护、电气测量、信号报警、控制及操作等系统工作原理的图纸。

④ 二次设备安装接线图。它主要用于对二次设备及线路的安装、接线、调试、查线、维护和故障处理等。

(2) 电力和照明工程图

① 电力和照明平面图。它是表示建筑物内电力设备、照明设备和配电线路平面布置的图纸，是一种位置简图。

它主要表现电力及照明线路的敷设位置，敷设方式，导线型号、截面、根数，线管的种类及线管管径，同时还标出各种用电设备（照明灯、吊扇、风机泵、插座）及配电设备（配电箱、控制箱、开关）的型号、数量、安装方式和相对位置。

② 电力和照明电气系统图。它表示建筑物内外的电力、照明及其他日用电器的供电与配电的图纸。电气系统图集中反映了电力及照明的安装容量、计算容量、配电方式，导线和电缆的型号、规格、敷设方式，穿管管径、开关及熔断器的型号、规格等。一般情况下，电力系统和照明系统分开绘制。

（3）电气设备控制电路图　它是为了便于阅读与分析控制线路，将电器中各个元件以展开的形式绘制而成，图中元件所处位置并不按实际位置布置，并且只画出需要的电气元件和接线端子。

（4）送电线路工程图

① 电力架空线路工程图。它既要反映架空线路的全貌，又要表明线路的某些细部结构。它由杆塔安装图、架空线路平面图、架空线路断面图、杆位明细表和电力架空线路弛度安装曲线图等组成。

② 电力电缆线路工程图。主要表现电缆敷设、安装、连接的具体位置与工艺要求。它一般由电缆敷设平面图、电缆排列剖面图和电缆施工工艺图等组成。

（5）防雷与接地工程图

① 防雷工程图。它是建筑电气工程图中不可缺少的图纸，是用来描述防雷装置的工作原理、安装位置和保护范围等内容的电气工程图。

② 电气接地工程图。它是用来描述电气接地系统的构成、接地装置的布置及其技术要求等内容的工程图。

（6）弱电工程图　弱电工程是现代建筑中不可缺的电气工程。现代建筑中都装有完善的弱电设施，包括火灾自动报警和联动控制装置、防盗报警装置、电视监视系统、电话电脑综合布线系统、共用天线有线电视系统、广播音响系统等。

弱电工程图通常由弱电平面图、弱电系统图和框图组成。

弱电平面图是决定装置、设备、元件和线路平面布置的图纸。

弱电系统图是表示弱电系统中设备和元件的组成及元件和器件之间相互的连接关系的图纸，主要用于指导安装施工。

弱电装置原理框图是说明弱电设备的功能、作用、原理的图纸，主要用于系统调试。

① 火灾自动报警和联动控制工程图。它是现代建筑电气工程图的重要组成部分。它是对建筑物内火灾进行监测、控制、报警、扑救的系统。一般在简化的土建图上用图形符号表示消防设备和器件，并标注文字说明，常用的图纸有系统图、平面图、原理框图等。

② 公共天线电视系统工程图。它主要由信号源、前端设备和传输分配网络等组成。其工程图主要描述系统的构成、原理和平面布置等。常用的图纸有系统图、框图、设备电路图、设备平面布置图、安装大样图等。

③ 防盗保安系统工程图。防盗保安系统是现代化管理、监测和控制的重要手段之一，用来防止无关人员非法侵入建筑物，防止盗窃，并对人员和设施进行安全保护。它主要有防盗报警系统和监视及安全管理系统两大内容，主要有防盗报警器、电子门锁、摄像机、监视器等，常用的图纸主要有防盗保安系统框图、电视监视系统框图、保安巡逻系统框图、出入管理系统框图、车库管理系统框图、防盗监视系统设备及线路平面图等。

④ 电话通信系统工程图。电话通信系统是现代建筑必须设置的一个弱电工程，它主要包括电话通信、电话传真、无线寻呼、电脑联网等。常用的图纸主要有电话配线系统框图、电话配线平面图、电话设备平面图等。

二、电气施工图的表示

（1）常用图线　绘制电气图所用的各种线条统称为图线。常用图线见表 1-8。

表 1-8　图线形式及应用

图线名称	图线形式	图线应用	图线名称	图线形式	图线应用
粗实线	————	电气线路，一次线路	点划线	—·—·—·—	控制线
细实线	————	二次线路，一般线路	双点划线	—··—··—	辅助图框线
虚　线	--------	屏蔽线路，机械线路			

（2）线路敷设方式文字符号　见表 1-9。

表 1-9　线路敷设方式文字符号

敷设方式	新符号	旧符号	敷设方式	新符号	旧符号
穿焊接钢管敷设	SC	G	电缆桥架敷设	CT	
穿电线管敷设	MT	DG	金属线槽敷设	MR	GC
穿硬塑料管敷设	PC	VG	塑料线槽敷设	PR	XC
穿阻燃半硬聚氯乙烯管敷设	FPC	ZYG	直埋敷设	DB	
穿聚氯乙烯塑料波纹管敷设	KPC		电缆沟敷设	TC	
穿金属软管敷设	CP		混凝土排管敷设	CE	
穿加压式薄壁钢管敷设	KBG		钢管敷设	M	

（3）线路敷设部位文字符号　见表 1-10。

表 1-10　线路敷设部位文字符号

敷设方式	新符号	旧符号	敷设方式	新符号	旧符号
沿或跨梁(屋架)敷设	AB	LM	暗敷设在墙内	WC	QA
暗敷设在梁内	BC	LA	沿天棚或顶板敷设	CE	PM
沿或跨柱敷设	AC	ZM	暗敷设在屋面或顶板内	CC	PA
暗敷设在柱内	CLC	QM	吊顶内敷设	SCE	
沿墙面敷设	WS		地板或地下面敷设	F	DA

（4）标注线路用途的文字符号　见表 1-11。

表 1-11　标注线路用途的文字符号

名称	常用文字符号			名称	常用文字符号		
	单字母	双字母	三字母		单字母	双字母	三字母
控制线路	W	WC		电力线路	W	WP	
直流线路		WD		广播线路		WS	
应急照明线路		WE	WEL	电流线路		WV	
电话线路		WF		插座线路		WX	
照明线路		WL					

线路的文字标注基本格式为：　　ab－c(d×e＋f×g)i－jh

式中　a——线缆编号；

b——型号；

c——线缆根数；

d——线缆线芯数；

e——线芯截面，mm^2；

f——PE、N 线芯数；

g——线芯截面，mm^2；

i——线路敷设方式；

j——线路敷设部位；

h——线路敷设安装高度，m。

上述字母无内容时则省略该部分。

【例 1-9】　N1　BLX-3×4-SC20-WC 表示有 3 根截面为 $4mm^2$ 的铝芯橡皮绝缘导线，穿直径为 20mm 的水煤气钢管沿墙暗敷设。

用电设备的文字标注格式为：$\frac{a}{b}$

式中 a——设备编号；

b——额定功率，kW。

动力和照明配电箱的文字标注格式为：a－b－c

式中 a——设备编号；

b——设备型号；

c——设备功率，kW。

【例 1-10】 $3\frac{XL\text{-}3\text{-}2}{35.165}$表示 3 号动力配电箱，其型号为 XL-3-2 型、功率为 35.165kW。

照明灯具的文字标注格式为：$a-b\frac{c\times d\times L}{e}f$

式中 a——同一个平面内，同种型号灯具的数量；

b——灯具的型号；

c——每盏照明灯具中光源的数量；

d——每个光源的容量，W；

e——安装高度，m；

f——安装方式；

L——光源种类（常省略不标）。

灯具安装方式文字符号见表 1-12。

表 1-12 灯具安装方式文字符号

名　称	新符号	旧符号	名　称	新符号	旧符号
线吊式	SW		顶棚内安装	CR	DR
链吊式	CS	L	墙壁内安装	WR	BR
管吊式	DS	G	支架上安装	S	J
壁装式	W	B	柱上安装	CL	Z
吸顶式	C	D	座装	HM	ZH
嵌入式	R	R			

常用电气图形符号见表 1-13。

三、电气施工图的读图提示

当对本工程已有基本了解之后，可以进行深入细致的阅读，一般按“强电”、“弱电”、“系统”、“平面”的顺序逐张阅读。应特别注意对照阅读，如平面图与系统图对照阅读，必要时可与结构施工图、建筑施工图、设备施工图对照阅读。

(1) 电气设计总说明的阅读　阅读电气设计总说明时，通过阅读总说明，了解工程概况、建筑面积、结构类型、负荷等级、供电要求、设计依据及动力、照明的内容和特点，弱电项目的配套及控制方式和集成化规模等，主要的施工方法及所用材料等。

(2) 电气总平面图的阅读　阅读电气总平面图时，应注意下列几点。

① 先看图样比例、图例及有关说明。注意电气（干线）总平面图上标注的强电、弱电进线位置、方式、标高以及各强、弱电箱体之间的连线走向、敷设方式。其次还要注意每个电源进线处的总等电位箱的位置标高以及各箱体是否有与上下层的竖向连线情况。

② 了解本工程是否室外立面照明及其电源的引出位置和敷设方式。

(3) 标准层平面图的阅读　阅读标准层平面图时，应注意下列几点。

① 了解标准层平面形状及房屋内部布局，房屋功能。

② 注意楼梯间（或竖井内）强、弱箱体的布置情况（可对照竖井大样图）。当无竖井时要注意电气与水暖系统、通风系统、消防系统预留洞口间的关系，这些洞口是否存在碰撞问题，思考施工的难易程度。

③ 注意室内灯具、开关、强、弱电控制箱、插座的位置和安装方式及标高，明确卫生间的局部等电位连接端子箱的位置标高。

(4) 顶层电气平面图的阅读　阅读顶层电气平面图时，应注意的内容如下。

① 顶层平面图不仅反映本层配电情况而且还要反映屋顶的广告照明风机、电梯及水箱间等的配电情况。

② 注意屋面的防雷平面图中避雷针（网、带）的布置情况和敷设方式，明确防雷引下线的位置，并且要求突出屋面的金属通风管、排气管等均与避雷网相连。

(5) 防雷接地平面图的阅读

① 首先搞清接地的方式，一般均为联合接地系统，即工作接地、弱电接地、防雷接地等共用一个接地系统，接地电阻要求小于 1 欧，接地极除利用自然接地极外，一般还需补做人工环网接地。进而要搞清人工接地极接地线所用的材料及规格。

② 明确各接地系统的接地干线与接地网的连接位置及在立面上防雷引下线的断接测试盒的设置位置、标高、尺寸等。

表 1-13 常用电气图形符号

序号	名　称	图例	型号、规格、做法说明	序号	名　称	图例	型号、规格、做法说明
1	变压器（双绕组）		或：	16	开关一般符号	形式一 形式二	
2	变电所、配电所	规划的：	运行的：	17	断路器		
3	杆上变电所	规划的：	运行的：	18	隔离开关		
4	移动发电站	规划的：	运行的：	19	三极熔断器式隔离开关		
5	屏、台、箱、柜一般符号			20	负荷开关		
6	电力或照明配电箱		画于墙外为明装 画于墙内为暗装	21	各种灯具一般符号		
7	照明配电箱（屏）		画于墙外为明装 画于墙内为暗装	22	球形灯		
8	交流配电盘（屏）			23	天棚灯		
9	多种电源配电箱		画于墙外为明装 画于墙内为暗装	24	荧光灯		
10	熔断器一般符号			25	弯灯		
11	电铃			26	壁灯		
12	防水防尘灯			27	在专用电路上的事故照明灯		
13	防爆灯			28	局部照明灯		
14	跌开式熔断器			29	信号灯一般符号		
				30	投光灯一般符号		
15	多极开关一般符号	单线表示 多线表示		31	单相插座	(1) (2) (3) (4)	(1)一般（明装） (2)密闭（防水） (3)防爆 (4)暗装

续表

序号	名称	图例	型号、规格、做法说明
32	带保护接点的插座(1) 单相插座带接地插孔(2)、(3)、(4)	(1) (2) (3) (4)	(1)带保护接点的插座 (2)密闭(防水) (3)防爆 (4)暗装
33	三相插座带接地插孔	(1) (2) (3) (4)	(1)一般(明装) (2)密闭(防水) (3)防爆 (4)暗装
34	单极开关	(1) (2) (3)	(1)明装 (2)暗装 (3)密闭(防水)
35	双极开关	(1) (2) (3)	(1)明装 (2)暗装 (3)密闭(防水)
36	拉线开关(单极)		
37	双控开关(单极三线)		
38	开关一般符号		
39	风扇一般符号(示出引线)		
40	绕组间有屏蔽的双绕组单相变压器	形式一	形式二
41	自耦变压器	形式一	形式二
42	交流发电机	G	
43	交流电动机	M	
44	可拆卸的端子		
45	电钟		
46	端子板(示出带线端标记的端子板)	11 12 13 14 15 16	
47	盒(箱)一般符号		
48	连接盒或接线盒		
49	配电线路一般符号		
50	架空线路,画杆时		
51	柔软导线		
52	中性线		文字符号为:N
53	保护线		文字符号为:PE
54	电缆铺砖保护		
55	滑触线		
56	接地装置(无接地极)		
57	接地装置(有接地极)		
58	电缆中间接线盒		
59	电缆穿管保护		注:可加文字符号表示其规格数量
60	配线	(1) (2) (3)	(1)向上配线 (2)向下配线 (3)垂直通过配线
61	接地一般符号		
62	避雷器		
63	避雷针		
64	50V及以下电力及照明线路		
65	控制及信号线路(电力及照明用)		
66	一般电杆	$a\frac{b}{c}$	a—编号;b—杆型;c—杆高
67	带照明灯的电杆 (1)一般画法; (2)需要表示灯具投照方向时	(1) $a\frac{b}{c}Ad$ (2) $a\frac{b}{c}Ad$	a—编号;b—杆型;c—杆高;A—连接相序;d—容量
68	带拉线电杆		
69	带撑杆电杆		
70	带高桩拉线电杆		
71	导线根数	(1) (2) (3) (4) (5) n	(1)单根 (2)2根 (3)3根 (4)4根 (5)n根
72	安装或敷设标高/m	(1) ±0.000 (2) ±0.000	(1)用于室内平面、剖面图 (2)用于总平面图上的室外地面
73	千瓦小时表	kWh	用虚线表示为表位
74	继电器、接触器和磁力启动器的线圈		
75	按钮一般符号		

第二章　工 程 实 例

第一节　实例一　×××房地产开发有限责任公司——×××住宅小区×××别墅

×××住宅小区×××别墅

工程地点　　内蒙古××县×××乡
设计编号　　××××-××
设计阶段　　施工图
设计证书编号　　××××××-××

院　　长 ________
总工程师 ________

×××××建筑勘察设计有限公司
××××年××月

建筑设计说明

一、设计依据

（一）文件依据

《委托设计合同书》及甲方提供的有关要求。

（二）设计依据

根据国家及内蒙古自治区颁发的现行规范、规程、工程设计标准：

(1)《民用建筑设计通则》GB 50352—2005
(2)《住宅设计规范》GB 50096—2011
(3)《住宅建筑规范》GB 50368—2005
(4)《无障碍设计规范》GB 50763—2012
(5)《建筑设计防火规范》GB 50016—2014
(6)《屋面工程技术规范》GB 50345—2012
(7)《建筑玻璃应用技术规程》JGJ 113—2015
(8)《建筑安全玻璃管理规定》发改运行［2003］2116 号
(9)《建筑内部装修设计防火规范》GB 50222—2015
(10)《居住建筑节能设计标准》DBJ 03—35—2011
(11) 标准作法选自内蒙古《12J 系列建筑标准设计图集》和国家建筑标准设计图集

二、设计范围

本次施工图内容不包括特殊装修构造、景观设计、高级二次精装修及智能化设计。当有其他具备资质的设计单位参与设计涉及本工程消防及建筑安全等问题时，其设计图纸必须取得我院认可。

三、工程概况

1. 工程名称：×××别墅。
2. 建设单位：×××房地产开发有限责任公司。
3. 建设地点：内蒙古××县×××乡。
4. 本（子项）工程建筑面积：372m²。
5. 建筑层数：地上 2 层。
6. 建筑高度算法（从室外地面至屋面檐口）：7.5m。
7. 建筑类别：二类。
8. 建筑使用性质：住宅。
9. 建筑设计使用年限：50 年。
10. 结构形式：砖混结构。
11. 结构抗震设防类别为丙类，抗震设防烈度：7 度。
12. 建筑耐火等级：二级。
13. 屋面防水等级：Ⅱ级。
14. 建筑设计标高：±0.000 相当于绝对标高现场定，室内外高差为 0.90m。
15. 本工程内部装修只做到初装修，装修做法详见“工程做法表”。
16. 本工程全套施工图纸须经消防、规划等政府职能部门以及施工图审查单位审查通过后方可施工。

四、尺寸标注

1. 所有尺寸均以图示标注为准，不应在图上度量。
2. 总平面图示尺寸、标高及其余尺寸均以“米”为单位。
3. 单体建筑设计中，标高以“米”为单位，其余尺寸以“毫米”为单位。
4. 除图中注明外，建筑平、剖、立面所注标高为建筑完成面标高，屋面为结构标高。
5. 门窗所注尺寸为洞口尺寸。

五、墙体工程

1. 外墙：外墙为 370 厚黏土空心砖墙；内墙：住宅户内隔墙为 240 厚黏土空心砖墙，局部隔墙为 200 厚陶粒混凝土砌块。
2. 墙身防潮层：在室内地坪下约 60 处做 20 厚 1：2.5 水泥砂浆内加 5%防水剂的墙身防潮层（在此标高为钢筋混凝土构造，或下为砌石构造时可不做），当室内地坪变化处防潮层应重叠在距相应的室内坪下约 60 处做水平防潮层，并在高低差埋土一侧墙身做 20 厚 1：2.5 水泥砂浆防潮层，埋土侧为室外的还应刷 1.5 厚聚氨酯防水涂料（或其他防潮材料）。
3. 凡水、电、暖、风管道穿墙及楼板时均需预留孔或预留套管，不得后凿，为保证设备管道留洞正确，大于 ϕ300 的预留孔均在结构图标注预留洞位置，请土建密切配合安装，核对各专业图纸预留或预埋。
4. 预留洞的封堵：混凝土墙留洞的封堵见结施，其余砌筑墙留洞待管道设备安装完毕后，用 C20 细石混凝土填实。
5. 若配电箱、消火栓等预留洞深同墙厚时，背面应做钢丝网粉刷，网宽每边大于洞口 200mm，所有管道砌筑时，应确保砂浆饱满，其内侧采用 M5 混合砂浆随砌随抹平。
6. 卫生间四周墙体下部（门洞处除外）楼地面 150 高处用与墙同宽的 C20 混凝土浇捣。
7. 不同墙体材料的连接处均应按结构构造配置，详见结构图，砌筑时应相互搭接不能留通缝，做粉刷时应加设不小于 300m 宽的钢丝网。
8. 凡墙内预埋木砖均需作防腐处理，预埋铁件均需除锈处理，刷防锈漆两道。

六、门窗工程

1. 本工程门窗采用断桥铝合金单框中空双玻窗（6＋12＋6），气密性能、水密性能、建筑外门窗抗风压性能由厂家计算，气密性能、水密性能、保温性能、隔声性能应严格执行国家有关质量规范及内蒙古自治区的有关法规。

（1）窗户的气密性能不应低于国家标准 GB/T 7106—2008 规定的 6 级水平。

（2）窗户的水密性能不应低于国家标准 GB/T 7106—2008 规定的 6 级水平。

（3）窗户的保温性能不应低于国家标准 GB/T 8484—2008 规定的 5 级水平。

2. 门窗玻璃的选用应遵照《建筑玻璃应用技术规程》JGJ 113 和《建筑安全玻璃管理规定》发改运行［2003］2116 号及地方主管部门的有关规定。
3. 本建筑需要以玻璃作为建筑材料的下列部位必须使用安全玻璃：

（1）面积大于 1.5m² 的窗玻璃或玻璃底边离最终装修面小于 500mm 的落地窗；

（2）幕墙（全玻幕除外）；

（3）室内隔断、浴室围护和屏风；

（4）建筑物的出入口、门厅等部位；

（5）易遭受撞击、冲击而造成人体伤害的其他部位。

4. 门窗立面均表示洞口尺寸，门窗加工尺寸要按照装修面厚度由承包商予以调整。
5. 门窗立樘：外门窗立樘详墙身节点图，内门窗立樘除图中另有注明者外，双向平开门及单向平开门立樘墙中，管道竖井门设 C15 混凝土门槛，高 300。
6. 当甲方要求采用特殊型号的门窗时，请提供样本及有关技术指标经设计单位确认后订货。
7. 门窗选料、颜色、玻璃见“门窗表”附注，门窗五金件由业主提供。
8. 门窗油漆除注明者外，木门均为一底二度，颜色做色板订。
9. 各类门窗必须按照当地风压情况和抗震烈度要求进行强度及安全性指标核算后，采取加强措施才能进行安装。

七、屋面防水工程

（1）本工程屋面防水等级Ⅱ级，屋面防水层采用（3＋4）SBS 防水改性沥青防水卷材。

（2）屋面构造做法见室外工程做法表；雨篷等见各层平面图及有关详图。

（3）屋面排水组织见屋顶平面图，雨水管位置见屋顶平面图，雨水管为 DN100 镀锌钢管雨水管。

（4）卫生间、厨房排气道出屋面见屋面排水图，做法参见 12J5-1-B9-3，通风应高出屋面泛水 250mm。

（5）屋面防水工程应严格按照《屋面工程技术规范》GB 50345—2012 进行施工，屋面与女儿墙转角处加≥300 宽附加防水卷材。

（6）屋面工程的防水层应由经资质审查合格的防水专业队伍进行施工。

八、外装修工程

1. 外装修设计和做法索引见“立面图”及外墙详图。
2. 承包商进行二次设计的轻钢结构、饰物等，经确认后须向建筑设计单位提供预埋件的设置要求。
3. 外装修选用的各项材料其材质、规格、颜色等，均由施工单位提供样板，经建设和设计单位确认后进行封样，并据此验收。
4. 本工程外装修材料为涂料饰面，所有材料的颜色要求提供样板，由建设单位认可。

九、内装修工程

1. 室内装修材料选用应符合《建筑内部装修设计防火规范》GB 50222—2015，楼地面部分执行《建筑地面设计规范》GB 50037—2013，有关材料均选用不燃烧材料，须经防腐、防锈和防火处理，明露及未露明的金属构配件，须经防腐、防锈处理。铝合金须做氧化镀膜处理。
2. 楼地面构造交接处和地坪高度变化处，除图中另有注明者外均位于齐平门扇开启面处。
3. 凡设有地漏房间应做防水层，图中未注明整个房间做坡度者，均在地漏周围 1.8m 范围内做 1%坡度坡向地漏；卫生间的楼地面应做闭水试验，有防水要求房间穿楼、板立管应预埋防水套管，并高出楼地面 30mm，套管与立管间用建筑密封膏填实。有水房间的楼地面应低于相邻房间≥20mm 或做挡水门槛。
4. 洗衣机地漏处 1000mm×1000mm 范围内做防水。
5. 室内混合砂浆抹灰墙面、柱和墙阳角，均做宽 100，高 2000，20 厚的 1：2 水泥砂浆护角。
6. 窗台板均为花岗岩，板厚 30，板宽伸出内墙面 50，板长同洞口宽，板端磨光。所有窗台高度低于 900 的窗均加护窗栏杆，做法详：06J403-1-78-H3 型（垂直杆件间距≤110）。
7. 内装修选用的各项材料，均由施工单位制作样板和选样，经确认后进行封样，并据此验收。
8. 建设单位欲进行精装修的房间由建设单位另行委托专业公司设计，本施工图中的材料做法仅作为参考。

十、油漆涂料工程

1. 室内装修所采用的油漆涂料部位见“室内装修表”。
2. 室内楼梯、落地窗护窗钢栏杆选用不锈钢，做法为 06J403-1-78-H3 型（垂直杆件间距≤110）。
3. 室内外各项露明金属件的油漆为刷防锈漆 2 道后再做同室内外部位相同颜色的漆，做法详见：12J1-106、107。
4. 各项油漆均由施工单位制作样板，经确认后进行封样，并据此进行验收。

十一、室外工程（室外设施）

室外台阶做法详见：12J9-1-103-1，散水做法详见：12J9-1-95-3，所有室外坡、散水、台阶下均需加设 300 厚中砂防冻胀层。

挡墙做法详见：12J9-1-105-1。

十二、其他施工中注意事项

1. 凡平面图中未注明的尺寸均见详图，且以详图为准。
2. 索引方法：剖面索引及节点详图索引注在首层平面上，墙身节点 大样索引一般注在立面上，楼梯编号一般注在首层平面上。
3. 排水及空调安装

（1）空调明装冷凝水管选用 12J6-77，ϕ30UPVC 排水管。

（2）空调室外机安装位置在挑板上，位置详见户型大样图。

（3）室内机位置及冷凝管留洞预埋在户型大样中表示。室内机安装在内墙上。

4. 本工程采用标准图集为内蒙古自治区 12 系列建筑标准设计图集和国家建筑标准设计图集。
5. 本工程所采用的建筑制品及建筑材料必须持有有关部门的质量检验证明。
6. 内外装修材料、油漆、灯具等，均应在施工前提供生产许可证及使用说明书，必要时由厂家进行施工技术指导，材料样板经建设单位确定后方可施工。
7. 由厂家负责详图设计的部分必须征得设计单位及建设单位同意后，并在施工前提供预留孔洞、预埋件位置及尺寸。
8. 工程施工必须严格执行《建筑安装工程及验收规范》及有关规定进行，施工各工种应紧密配合：如有问题应及时与设计单位协商解决。本图纸未经许可不得自行更改。
9. 所有设备留洞位置及尺寸均详见相应施工图纸，孔洞不得后凿。
10. 图中所选用标准图中有对结构工种的预埋件、预留洞，如楼梯、平台钢栏杆门窗、建筑配件等，本图所标注的各种留洞与预埋件应与各工种密切配合，确认无误后方可施工。
11. 两种材料的墙体交接处，应根据饰面材质在做饰面前加钉金属网或在施工中加贴玻璃丝网格布，防止裂缝。
12. 门窗过梁见结施。
13. 楼板留洞的封堵：待设备管线安装完毕后，用 C20 细石混凝土封堵密实，管道竖井每层在楼板处用耐火极限不低于同楼层混凝土楼板耐火极限的不燃性材料进行封堵。
14. 信报箱位置与形式由甲方自行安置。信报箱放置于楼入口处与景观、绿化统一布置。

十三、建筑防火设计

1. 本工程外墙贴 80 厚挤塑聚苯板保温材料（燃烧性能 B2 级），每层设置≥300mm 宽岩棉板（燃烧性能等级 A 级）作为水平防火隔离带。
2. 屋顶与外墙交界处，屋顶开口部位四周设置≥500mm 憎水性岩棉作为（燃烧性能等级 A 级）防火隔离带。

×××××建筑勘察设计有限公司				业主	×××房地产开发有限责任公司	建筑设计说明	工程编号	××××-××-×
							档案编号	××××-××-×
审批人		设计总负责人		校对人		工程项目	×××住宅小区		电子文件号	××××-××-×
审定人		专业负责人		设计人			比例 1：50	日期 ××××.××	图号	建施	01
				制图人		子项	×××别墅				

工程做法表

一、楼面工程

楼 1	地砖楼面 800×800	120 厚

1. 10 厚地砖铺实拍平，稀水泥浆擦缝（用户自理）
2. 撒素水泥面（洒适量清水）
3. 20 厚 1∶4 干硬性水泥砂浆结合层
4. 刷素水泥浆一道
5. 10 厚水泥砂浆找平层
6. 60 厚豆石混凝土地热采暖管卧层内设铅丝网片
7. 20 厚聚苯板保温（带隔膜）
8. 现浇钢筋混凝土基板

楼 2	防滑地砖楼面（防水）	140 厚

1. 10 厚地砖铺实拍平，稀水泥浆擦缝（用户自理）
2. 撒素水泥面（洒适量清水）
3. 20 厚 1∶4 干硬性水泥砂浆结合层
4. 60 厚豆石混凝土地热采暖管卧层内设铅丝网片
5. 20 厚聚苯板保温（带隔膜）
6. SBS 三遍涂膜防水层厚 1.5～1.8 防水层周边卷起高 150
7. 15 厚 1∶3 水泥砂浆找平层，四周抹小八字角
8. 50 厚 C15 细石混凝土找坡不小于 0.5%，最薄处不小于 30
9. 现浇钢筋混凝土基板

楼 3	大理石楼面	45 厚

1. 20 厚碎拼大理石板铺实拍平，1∶2 水泥砂浆填缝，表面磨光
2. 25 厚 1∶4 干硬性水泥砂浆
3. 素水泥浆结合层一遍
4. 钢筋混凝土板

二、地面工程

地 1	地砖地面	330 厚

1. 10 厚地砖铺实拍平，稀水泥浆擦缝（用户自理）
2. 撒素水泥面（洒适量清水）
3. 20 厚 1∶4 干硬性水泥砂浆结合层
4. 60 厚豆石混凝土地热采暖管卧层内设铅丝网片
5. 70 厚挤塑聚苯板保温（带隔膜）
6. 20 厚 1∶3 水泥砂浆找平层
7. 150 厚卵石灌浆
8. 素土夯实

地 2	防滑地砖地面	395 厚

1. 10 厚地砖铺实拍平，稀水泥浆擦缝（用户自理）
2. 撒素水泥面（洒适量清水）
3. 20 厚 1∶4 干硬性水泥砂浆结合层
4. 60 厚豆石混凝土地热采暖管卧层内设铅丝网片
5. 70 厚挤塑聚苯板保温（带隔膜）
6. SBS 三遍涂膜防水层厚 1.5～1.8 防水层周边卷起高 150
7. 15 厚 1∶3 水泥砂浆找平层，四周抹小八字角
8. 50 厚 C15 细石混凝土找坡不小于 0.5%，最薄处不小于 30
9. 20 厚 1∶3 水泥砂浆找平层
10. 150 厚卵石灌浆
11. 素土夯实

地 3	大理石地面	195 厚

1. 20 厚碎拼大理石板铺实拍平，1∶2 水泥砂浆填缝，表面磨光
2. 25 厚 1∶4 干硬性水泥砂浆
3. 素水泥结合层一遍
4. 150 厚卵石灌浆
5. 素土夯实

地 4	细石混凝土地面	260 厚

1. 50 厚 C25 细石混凝土面层，内配Φ4@200 双向钢筋
2. 水泥浆一道（内掺建筑胶）
3. 60 厚 C15 混凝土垫层
4. 150 厚卵石灌浆
5. 素土夯实

三、踢脚工程

踢 1	大理石踢脚	40 厚	120 高

1. 灌 20 厚 1∶2.5 水泥砂浆
2. 20 厚石质板材，水泥浆擦缝

踢 2	水泥砂浆踢脚（暗踢脚）	25 厚	120 高

1. 15 厚 1∶3 水泥砂浆
2. 10 厚 1∶2 水泥砂浆

四、内墙面工程

内墙 1	刮腻子墙面	17 厚

1. 刮耐水柔韧腻子二道
2. 5 厚 1∶0.3∶2.5 水泥石膏砂浆抹面压实抹光
3. 12 厚 1∶1∶6 水泥石膏砂浆打底扫毛
4. 刷混凝土界面处理剂一道（随刷随抹底灰）

内墙 2	水泥砂浆墙面	20 厚

1. 15 厚 1∶3 水泥砂浆
2. 5 厚 1∶2 水泥砂浆

内墙 3	刮腻子保温墙面	36 厚

1. 刮耐水柔韧腻子二道
2. 6 厚抗裂砂浆复合耐碱网布
3. 35 厚挤塑聚苯板
4. 黏土多孔砖墙面（满涂专用界面处理砂浆）

五、顶棚工程

棚 1	板底刮腻子	

1. 钢筋混凝土板底面清理干净
2. 刮耐水柔韧腻子二道

棚 2	条型板吊顶	

1. 配套金属龙骨
2. 铝合金条型板

六、屋面工程

屋 1	屋面	

1. 块瓦（加固措施详见 12J5-2-K2 说明）
2. 挂瓦条 30×30，中距按瓦规格。
3. 顺水条 40×20（h），中距 500。
4. 35 厚 C20 细石混凝土持钉层，内配Φ 4@100×100 钢筋网。
5. 满铺 0.4 厚聚乙烯膜一层。
6. （3+4）厚 SBS 改性沥青防水层。
7. 20 厚 1∶2.5 水泥砂浆找平层。
8. 100 厚挤塑聚苯板（30kg/m^3）保温层。
9. 钢筋混凝土屋面板，板内预埋锚筋 ϕ10@900×900，伸入持钉层 25。

七、外墙面工程

外墙 1	贴面砖外墙面	

1. 饰面砖
2. 专用面砖粘接砂浆层
3. 专用抗裂砂浆复合热镀锌电焊网一层
4. 70 厚挤塑聚苯板保温层
5. 3～5 厚聚合物粘接砂浆层
6. 20 厚 1∶3 水泥砂浆找平层
7. 黏土多孔砖墙体

外墙 2	文化石外墙面	

1. 文化石
2. 1∶2.5 抗裂砂浆
3. 镀锌钢丝网（孔距 12×12）
4. 70 厚挤塑聚苯板保温层
5. 3～5 厚聚合物粘接砂浆层
6. 20 厚 1∶3 水泥砂浆找平层
7. 黏土多孔砖墙体

注意：1. 钢筋混凝土墙体或构件抹灰前应清理干净，基层先刷一道 YJ—302 型混凝土界面处理剂，随刷随抹底灰。

2. 填充墙抹灰前应清理干净，基层先刷一道 108 胶水溶液（内掺水重 25%的 108 胶），随刷随抹底灰。

3. 结合层所刷的素水泥浆，宜在水泥浆内掺水重 5%的 108 胶。

室内装修表

序号	名　称	地　面	楼　面	内墙	顶棚	踢脚	窗台板	窗帘盒
1	客厅、卧室、餐厅	地 1　毛地面（地砖用户自理）	楼 1　毛地面（地砖用户自理）	内墙 1	棚 1	踢 2	大理石窗台板（用户自理）	成品用户自理
2	厨房	地 1　毛地面（地砖用户自理）	楼 2　毛地面（地砖用户自理）	内墙 2	棚 2（用户自理）	—	（用户自理）	成品用户自理
3	卫生间	地 2　毛地面（地砖用户自理）	楼 2　毛地面（地砖用户自理）	内墙 2	棚 2（用户自理）	—	（用户自理）	成品用户自理
4	楼梯间	地 3	楼 3	内墙 1	棚 1	踢 1	—	—
5	车库	地 4	—	内墙 3	棚 1	踢 2	—	—

×××××建筑勘察设计有限公司		业主	×××房地产开发有限责任公司	工程做法 室内装修表	工程编号	××××-××-×
审批人	设计总负责人 / 校对人				档案编号	××××-××-×
审定人	专业负责人 / 设计人	工程项目	×××住宅小区		电子文件号	××××-××-×
	制图人	子项	×××别墅	比例 1∶50　日期 ××××.××	图号	建施 02

门窗大样图

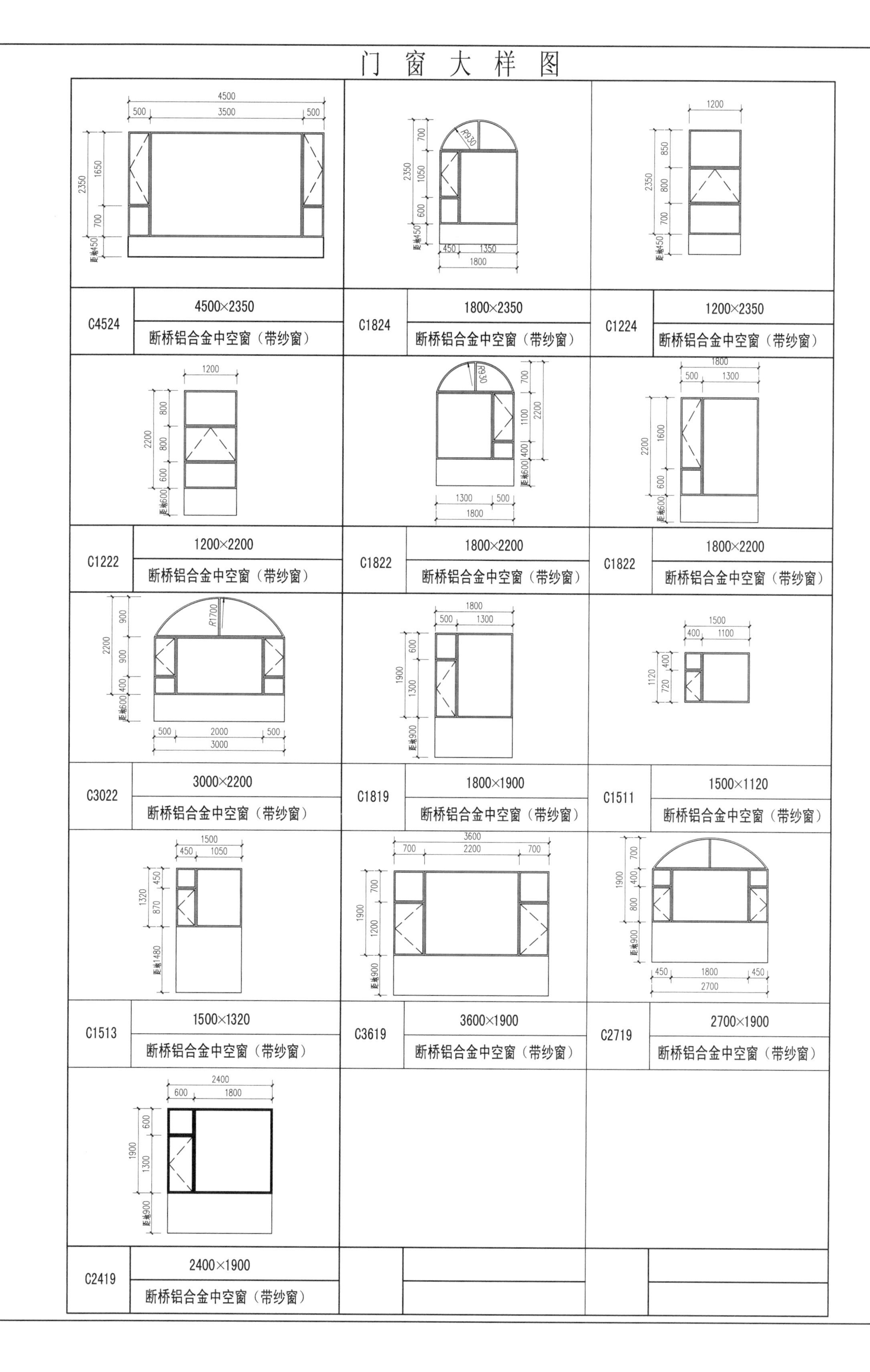

门窗表

类型	设计编号	洞口尺寸/mm	数量	图集名称	备注
门	M0821	800×2100	3	12J4-1-86-MY_1-0821	模压门
	M0921	900×2100	6	12J4-1-86-MY_1-0921	模压门
	M1521	1500×2100	1	三防门	用户自理
窗	C1222	1200×2200	1	详大样图	断桥铝合金中空窗
	C1224	1200×2350	1	详大样图	断桥铝合金中空窗
	C1511	1500×1120	1	详大样图	断桥铝合金中空窗
	C1513	1500×1320	2	详大样图	断桥铝合金中空窗
	C1819	1800×1900	2	详大样图	断桥铝合金中空窗
	C1822	1800×2200	2	详大样图	断桥铝合金中空窗
	C1824	1800×2350	1	详大样图	断桥铝合金中空窗
	C2419	2400×1900	1	详大样图	断桥铝合金中空窗
	C2719	2700×1900	1	详大样图	断桥铝合金中空窗
	C3022	3000×2200	1	详大样图	断桥铝合金中空窗
	C3619	3600×1900	1	详大样图	断桥铝合金中空窗
	C4524	4500×2350	1	详大样图	断桥铝合金中空窗

注：1. 本设计门窗所注尺寸均为结构洞口尺寸，厂商设计和安装门窗时应考虑墙体干挂石材后的实际尺寸，立面分格仅做参考。
2. 外门窗采用断桥铝合金单框中空双玻窗（6+12+6）。
3. 门窗大样的强度及安全性必须符合规范要求。

×××××建筑 勘察设计有限公司				业主	×××房地产开发有限责任公司	门窗表 门窗大样图	工程编号	××××-××-×
							档案编号	××××-××-×
审批人	设计总负责人	校对人		工程项目	×××住宅小区		电子文件号	××××-××-×
审定人	专业负责人	设计人				比例 1:50 / 日期 ××××.××	图号	建施 03
		制图人			子项 ×××别墅			

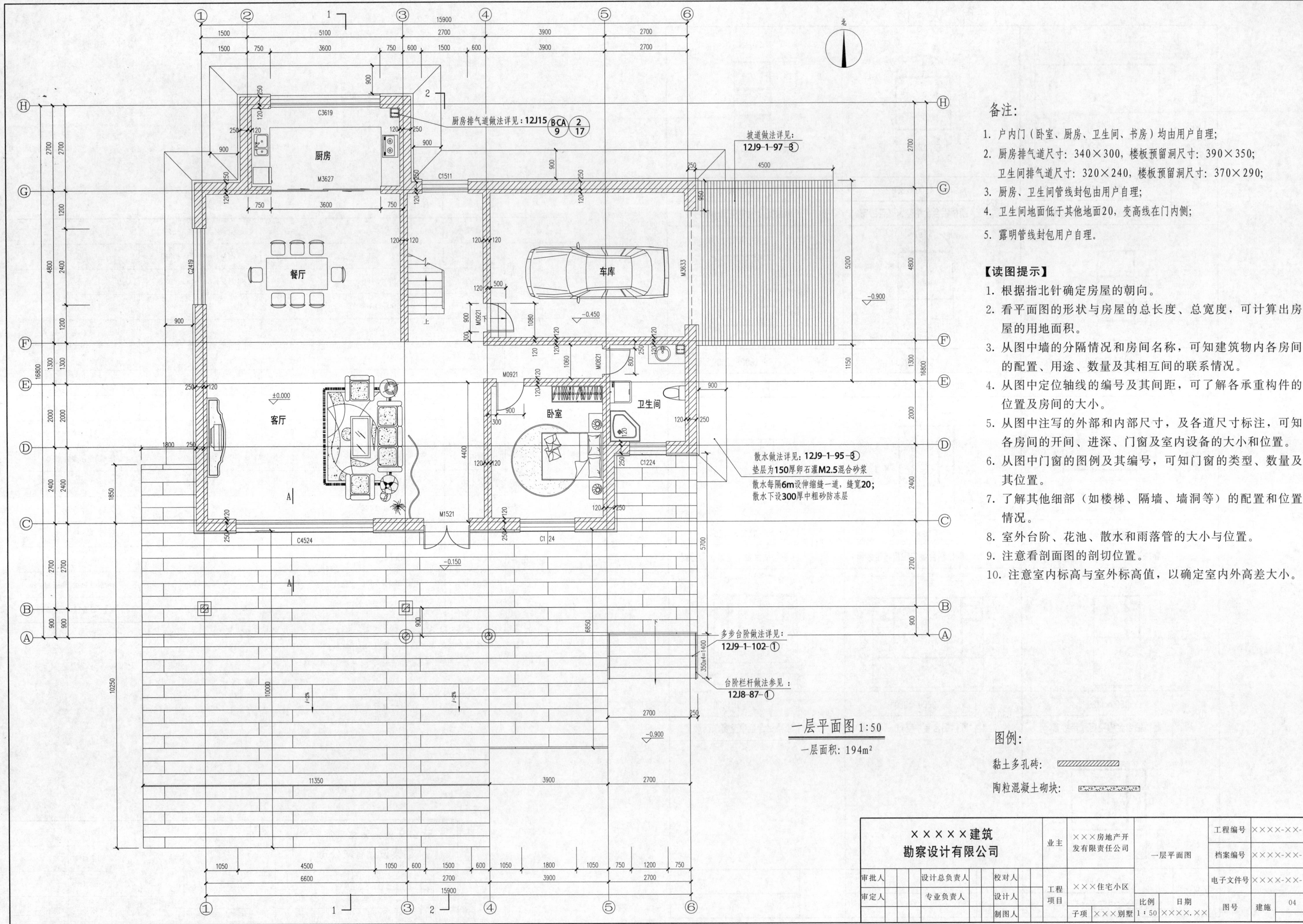

厨房
餐厅
客厅
卧室
卫生间
车库
厨房排气道做法详见：12J15 BCA 9 2 17
坡道做法详见：12J9-1-97-③
散水做法详见：12J9-1-95-③
垫层为150厚卵石灌M2.5混合砂浆
散水每隔6m设伸缩缝一道，缝宽20；
散水下设300厚中粗砂防冻层
多步台阶做法详见：12J9-1-102-①
台阶栏杆做法参见：12J8-87-①
一层平面图 1:50
一层面积：194m²
备注：
1. 户内门（卧室、厨房、卫生间、书房）均由用户自理；
2. 厨房排气道尺寸：340×300，楼板预留洞尺寸：390×350；
卫生间排气道尺寸：320×240，楼板预留洞尺寸：370×290；
3. 厨房、卫生间管线封包由用户自理；
4. 卫生间地面低于其他地面20，变高线在门内侧；
5. 露明管线封包用户自理。
【读图提示】
1. 根据指北针确定房屋的朝向。
2. 看平面图的形状与房屋的总长度、总宽度，可计算出房屋的用地面积。
3. 从图中墙的分隔情况和房间名称，可知建筑物内各房间的配置、用途、数量及其相互间的联系情况。
4. 从图中定位轴线的编号及其间距，可了解各承重构件的位置及房间的大小。
5. 从图中注写的外部和内部尺寸，及各道尺寸标注，可知各房间的开间、进深、门窗及室内设备的大小和位置。
6. 从图中门窗的图例及其编号，可知门窗的类型、数量及其位置。
7. 了解其他细部（如楼梯、隔墙、墙洞等）的配置和位置情况。
8. 室外台阶、花池、散水和雨落管的大小与位置。
9. 注意看剖面图的剖切位置。
10. 注意室内标高与室外标高值，以确定室内外高差大小。
图例：
黏土多孔砖：
陶粒混凝土砌块：
×××××建筑
勘察设计有限公司
审批人
审定人
设计总负责人
专业负责人
校对人
设计人
制图人
业主
×××房地产开发有限责任公司
工程项目
×××住宅小区
子项
×××别墅
一层平面图
比例 1:50
日期 ××××.××
工程编号 ××××-××-×
档案编号 ××××-××-×
电子文件号 ××××-××-×
图号 建施 04

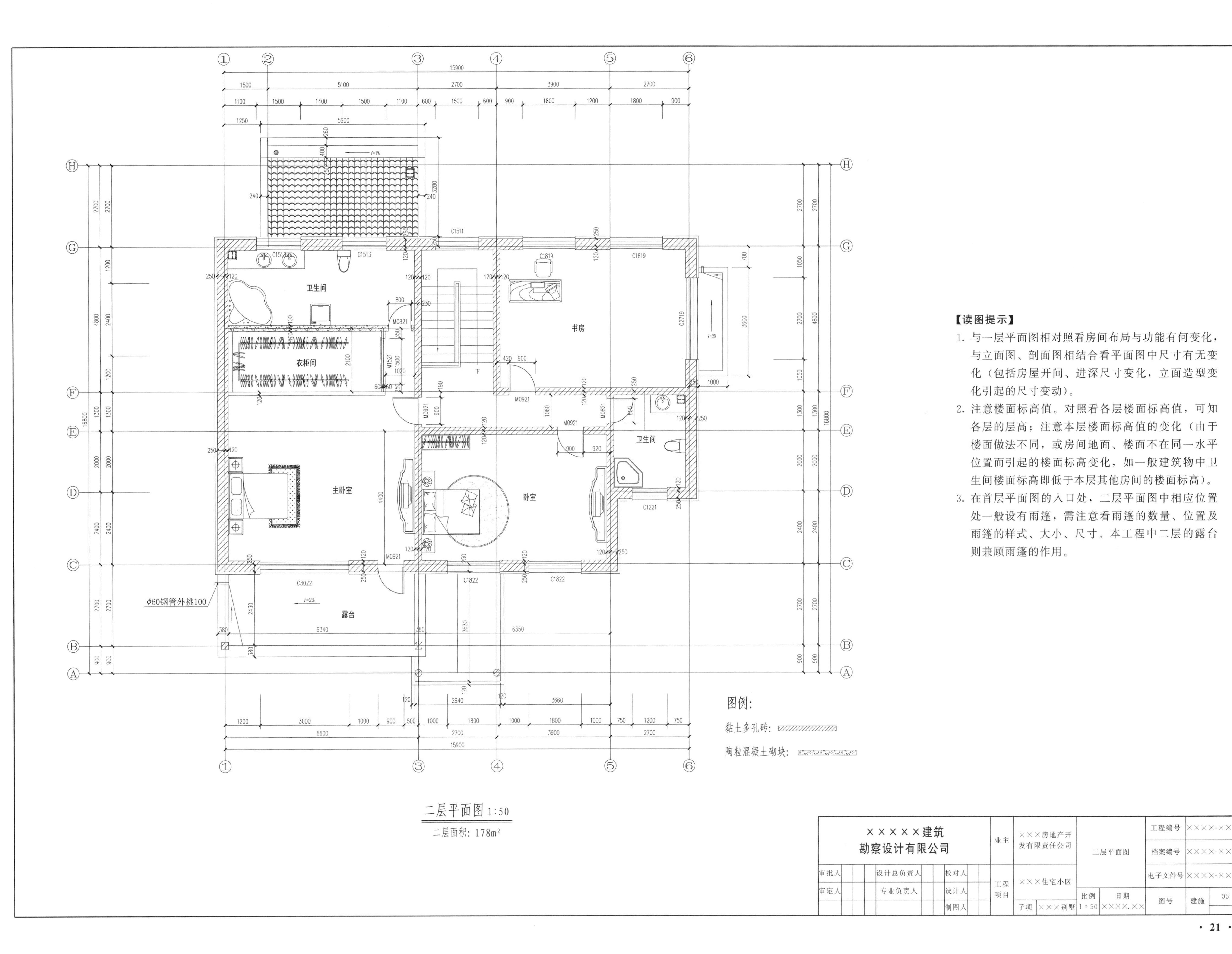

二层平面图 1:50

二层面积: 178m²

【读图提示】

1. 与一层平面图相对照看房间布局与功能有何变化，与立面图、剖面图相结合看平面图中尺寸有无变化（包括房屋开间、进深尺寸变化，立面造型变化引起的尺寸变动）。
2. 注意楼面标高值。对照看各层楼面标高值，可知各层的层高；注意本层楼面标高值的变化（由于楼面做法不同，或房间地面、楼面不在同一水平位置而引起的楼面标高变化，如一般建筑物中卫生间楼面标高即低于本层其他房间的楼面标高）。
3. 在首层平面图的入口处，二层平面图中相应位置处一般设有雨篷，需注意看雨篷的数量、位置及雨篷的样式、大小、尺寸。本工程中二层的露台则兼顾雨篷的作用。

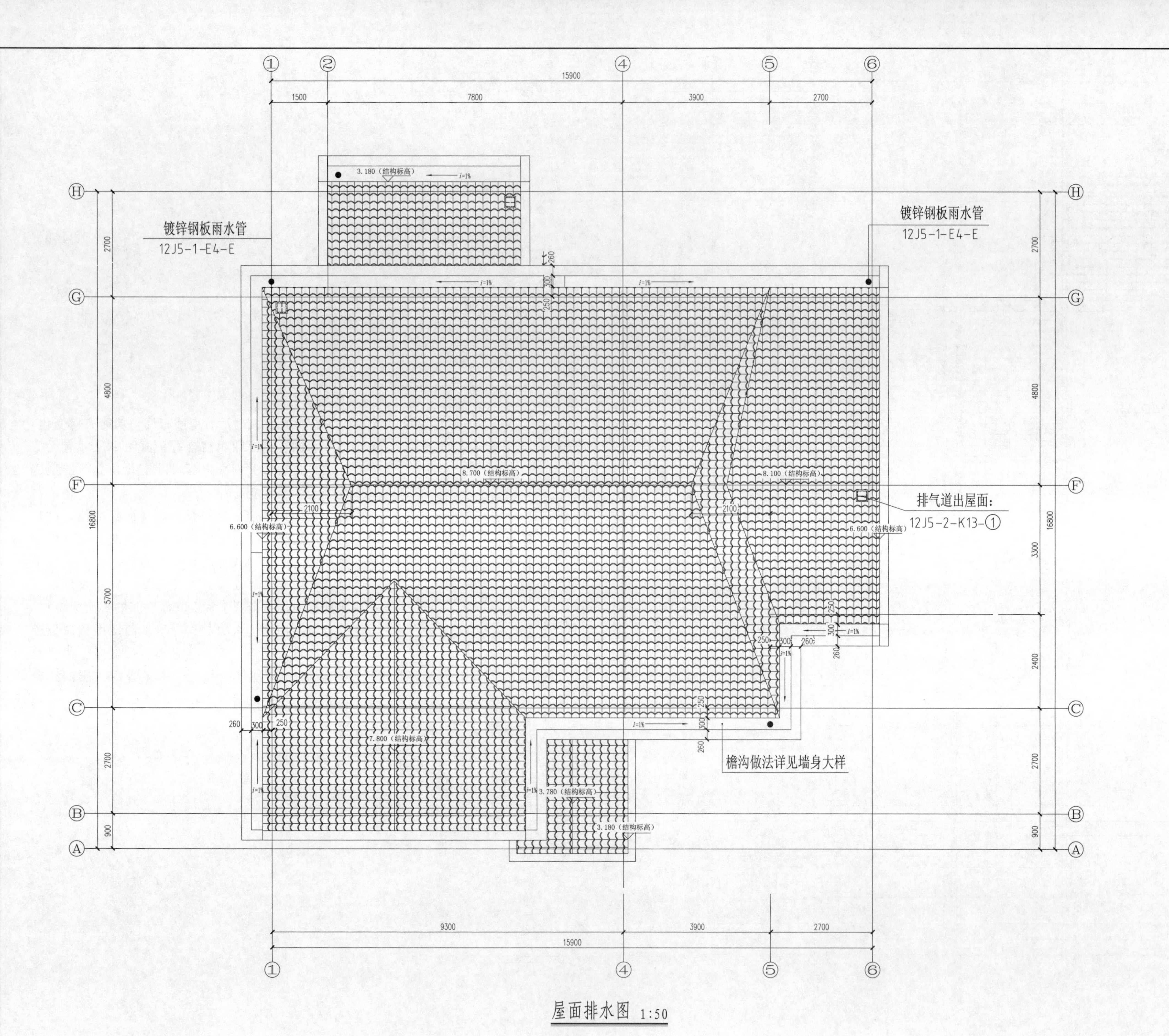

屋面排水图 1:50

【读图提示】

1. 屋面排水图主要反映屋顶形状和排水情况。通过看图可知屋顶形状和屋面排水方式（是有组织排水还是无组织排水），雨落管的数量及其具体位置，屋面排水坡度大小。
2. 应注意看突出屋面的楼梯间、水箱间、电梯间等的位置、布局及其大小；通风道、检查孔、排气道或透气孔、变形缝的位置和大小。
3. 出屋面的排气孔、雨落管等设施的构造做法、详图索引。

×××××建筑勘察设计有限公司			业主	×××房地产开发有限责任公司	屋面排水图	工程编号	××××-××-×
						档案编号	××××-××-×
审批人	设计总负责人	校对人	工程项目	×××住宅小区		电子文件号	××××-××-×
审定人	专业负责人	设计人			比例 1:50 日期 ××××.××	图号	建施 06
		制图人		子项 ×××别墅			

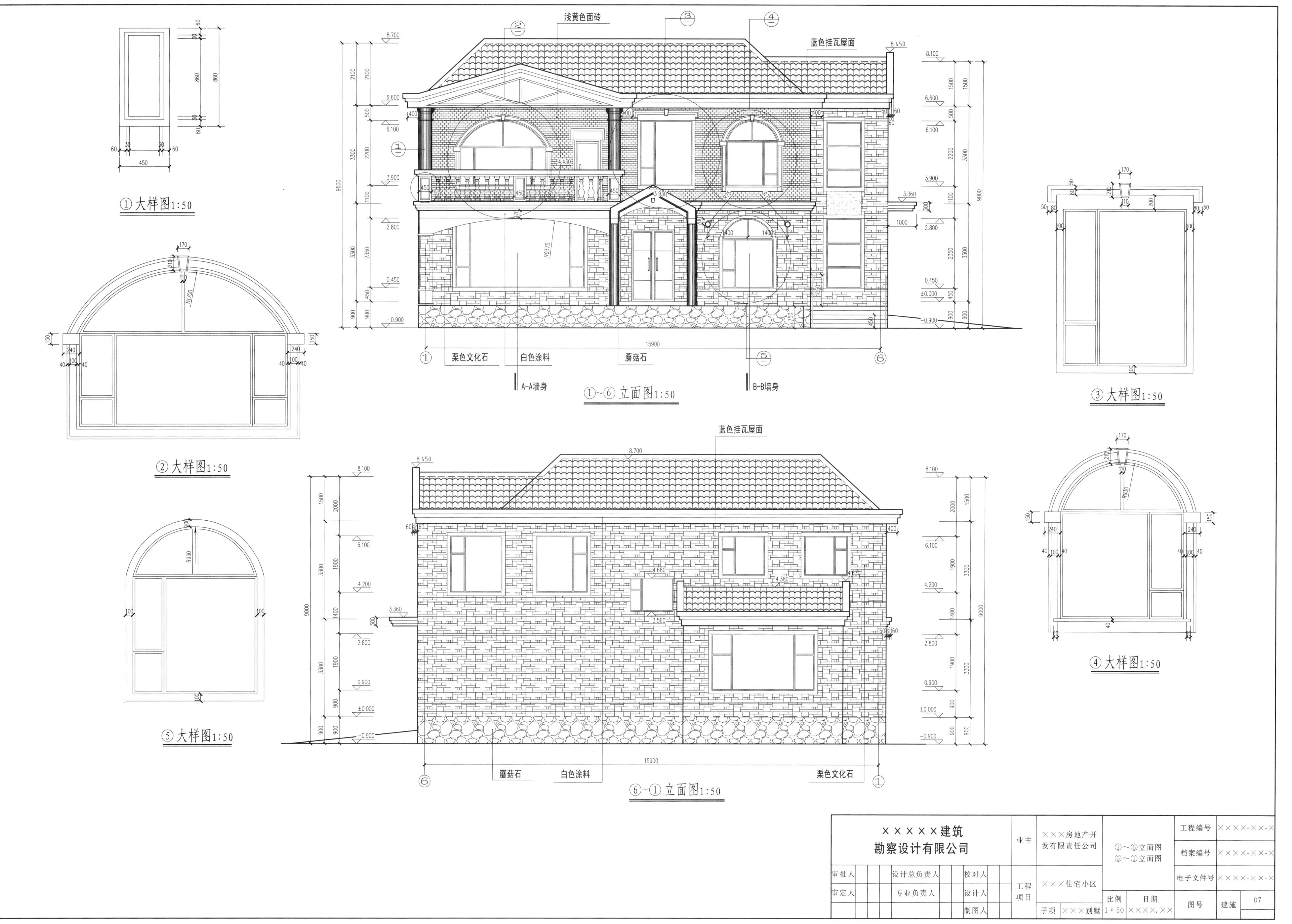
① 大样图1:50
② 大样图1:50
⑤ 大样图1:50
浅黄色面砖
蓝色挂瓦屋面
栗色文化石
白色涂料
蘑菇石
A-A墙身
B-B墙身
①~⑥ 立面图1:50
③ 大样图1:50
④ 大样图1:50
⑥~① 立面图1:50
×××××建筑
勘察设计有限公司
审批人
审定人
设计总负责人
专业负责人
校对人
设计人
制图人
业主
×××房地产开发有限责任公司
工程项目
×××住宅小区
子项
×××别墅
①~⑥立面图
⑥~①立面图
比例
1:50
日期
××××.××
工程编号
××××-××-×
档案编号
××××-××-×
电子文件号
××××-××-×
图号
建施
07

【读图提示】

建筑立面图主要表示建筑物的外貌，反映建筑各立面的造型、门窗形式和位置，各部分的标高、外墙面的装修材料和做法。具体应注意阅读以下内容：

1. 首先从图名可知所看立面图的朝向。相应方向房屋的整个外貌形状、造型、数量及其相互间的联系情况。该方向房屋的屋面、门窗、雨篷、阳台、台阶花池、勒脚、出屋面的楼梯间、电梯间等细部的形式和位置（可参照立面效果图来看）。
2. 阅读立面标高、立面尺寸。应注意室外地坪标高，出入口地面标高，门窗顶部、底部标高，檐口标高及雨篷、勒脚等处的标高。立面尺寸主要有表明建筑物外形高度方向的三道尺寸。即建筑物总高度、分层高度和细部高度。
3. 结合立面效果图看立面装修颜色、装修材料做法，建筑装饰物的形状、大小、位置及其做法。
4. 表明局部或外墙索引。

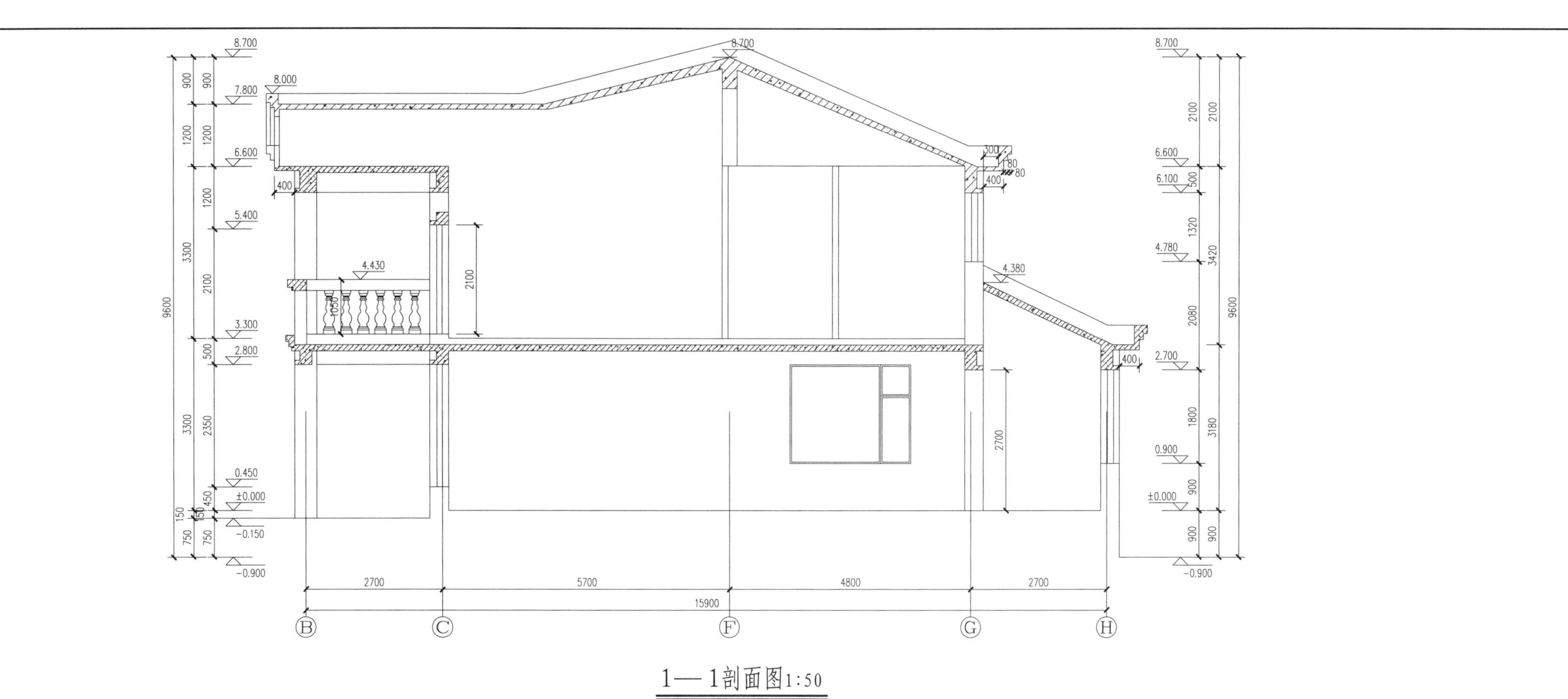

1—1剖面图1:50

2—2剖面图1:50

【读图提示】

建筑剖面图主要表示房屋内部的结构或构造形式、分层情况和各部位的联系、材料及其高度等，是与平面图、立面图相互配合不可缺少的图形。看剖面图需注意以下方面：

1. 将剖面图的图名和轴线编号与平面图上的剖切位置、轴线编号相对照，并根据平面图上所标注剖切符号位置、剖切符号所表达的视图方向来看图。
2. 由剖面图看房屋从地面到屋面的内部构造和结构形式，梁、板、柱、墙之间的关系，屋面形式、构成。
3. 阅读尺寸需注意以下问题：

（1）剖面图所表示标高与平面图、立面图及墙身大样图所表示标高是否一致。

（2）剖面图所标注高度方向的细部尺寸与立面图细部尺寸是否相符。

（3）楼梯休息平台间尺寸、入口部位地面与楼梯休息平台间的尺寸是否满足要求，是否存在净高不足的问题（碰头问题）。

（4）注意详图索引，逐个查阅详图以理解详图索引处细部构造及做法。

（5）结合标准图集或室内、室外装修表详知室内各部位构造做法。

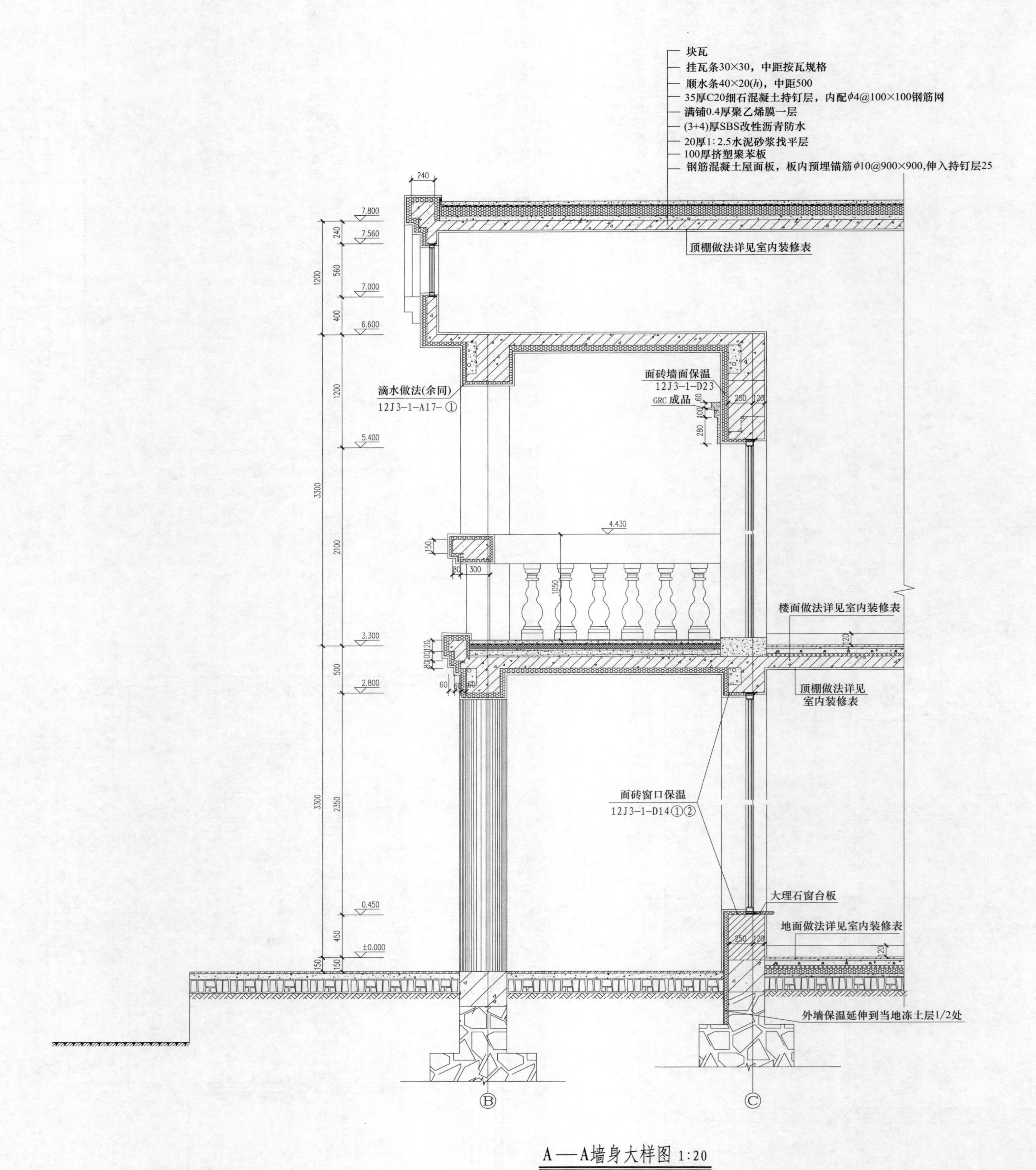

A—A墙身大样图 1:20

注：读图提示同建施 11。

×××××建筑勘察设计有限公司					业主	×××房地产开发有限责任公司	A—A 墙身大样图		工程编号	××××-××-×
									档案编号	××××-××-×
审批人		设计总负责人		校对人	工程项目	×××住宅小区			电子文件号	××××-××-×
审定人		专业负责人		设计人			比例 1∶20	日期 ××××.××	图号	建施 10
				制图人		子项 ×××别墅				

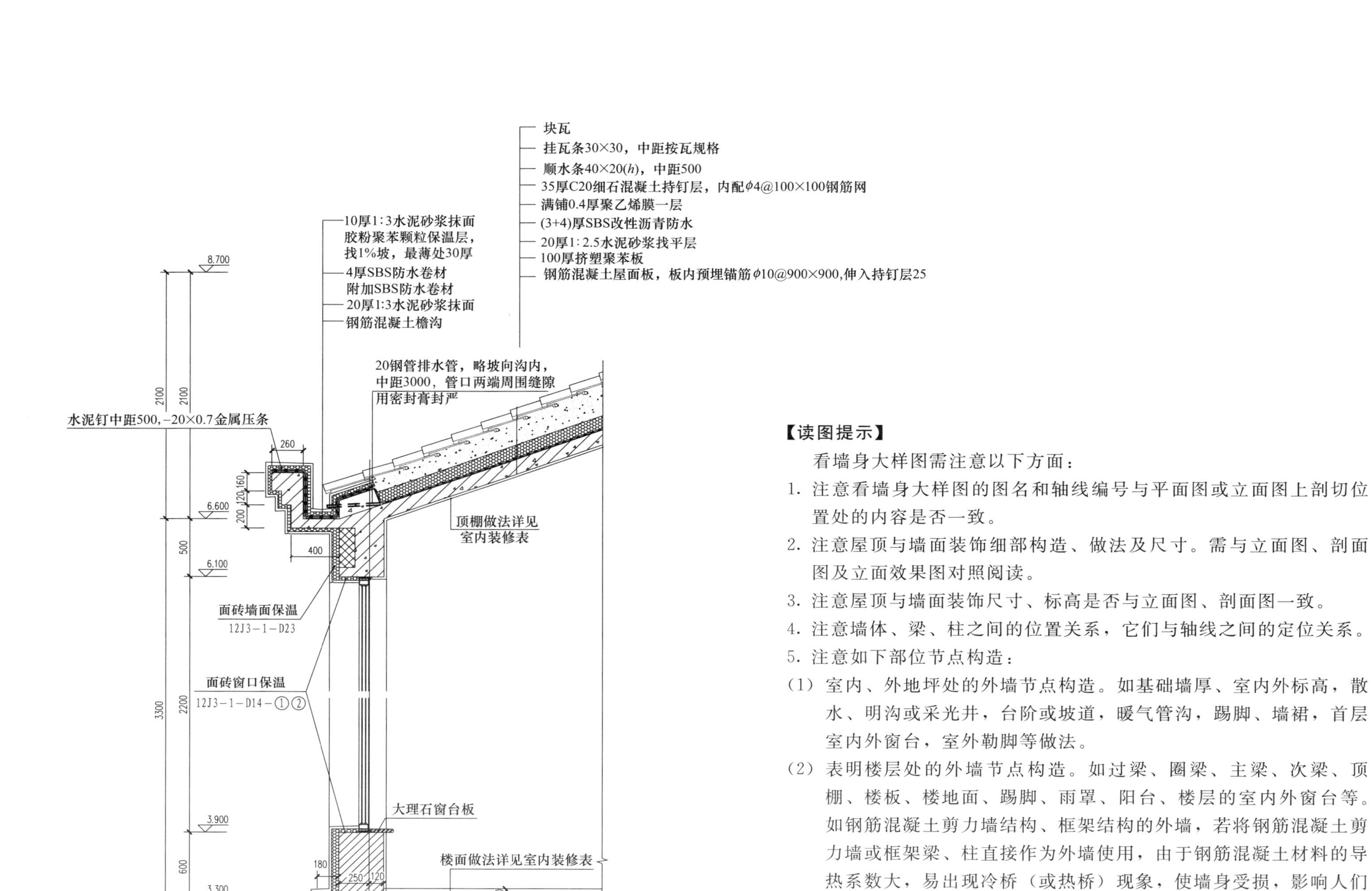

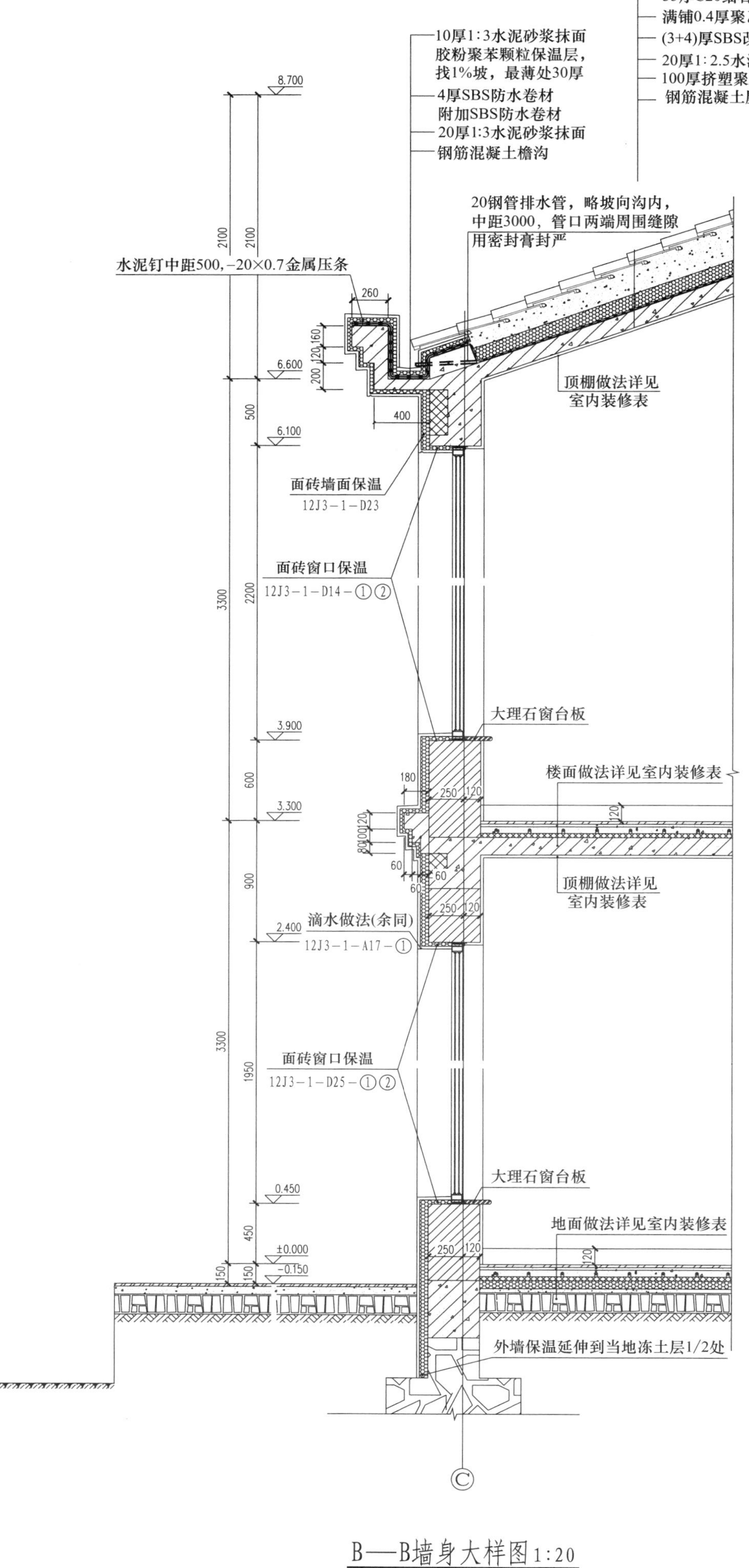

B—B墙身大样图1:20

【读图提示】

看墙身大样图需注意以下方面：

1. 注意看墙身大样图的图名和轴线编号与平面图或立面图上剖切位置处的内容是否一致。
2. 注意屋顶与墙面装饰细部构造、做法及尺寸。需与立面图、剖面图及立面效果图对照阅读。
3. 注意屋顶与墙面装饰尺寸、标高是否与立面图、剖面图一致。
4. 注意墙体、梁、柱之间的位置关系，它们与轴线之间的定位关系。
5. 注意如下部位节点构造：

(1) 室内、外地坪处的外墙节点构造。如基础墙厚、室内外标高，散水、明沟或采光井，台阶或坡道，暖气管沟，踢脚、墙裙，首层室内外窗台，室外勒脚等做法。

(2) 表明楼层处的外墙节点构造。如过梁、圈梁、主梁、次梁、顶棚、楼板、楼地面、踢脚、雨罩、阳台、楼层的室内外窗台等。如钢筋混凝土剪力墙结构、框架结构的外墙，若将钢筋混凝土剪力墙或框架梁、柱直接作为外墙使用，由于钢筋混凝土材料的导热系数大，易出现冷桥（或热桥）现象，使墙身受损，影响人们的正常使用，故常需要在钢筋混凝土外墙或框架梁的外侧或内侧作保温处理。具体做法一般在墙身大样图中表述，需注意阅读。

(3) 表明屋顶处的外墙节点构造，如过梁、圈梁、主梁、次梁、顶棚、楼板、屋面、挑檐板、女儿墙、天沟、下水口、雨水斗、雨水管等做法。

(4) 表明各处材料的做法，如内墙、外墙做法、地面、楼面、屋面做法等。

×××××建筑勘察设计有限公司						业主	×××房地产开发有限责任公司	B—B墙身大样图	工程编号	××××-××-×
									档案编号	××××-××-×
审批人		设计总负责人		校对人		工程项目	×××住宅小区		电子文件号	××××-××-×
审定人		专业负责人		设计人				比例 1:20	日期 ××××.××	图号 建施 11
				制图人			子项 ×××别墅			

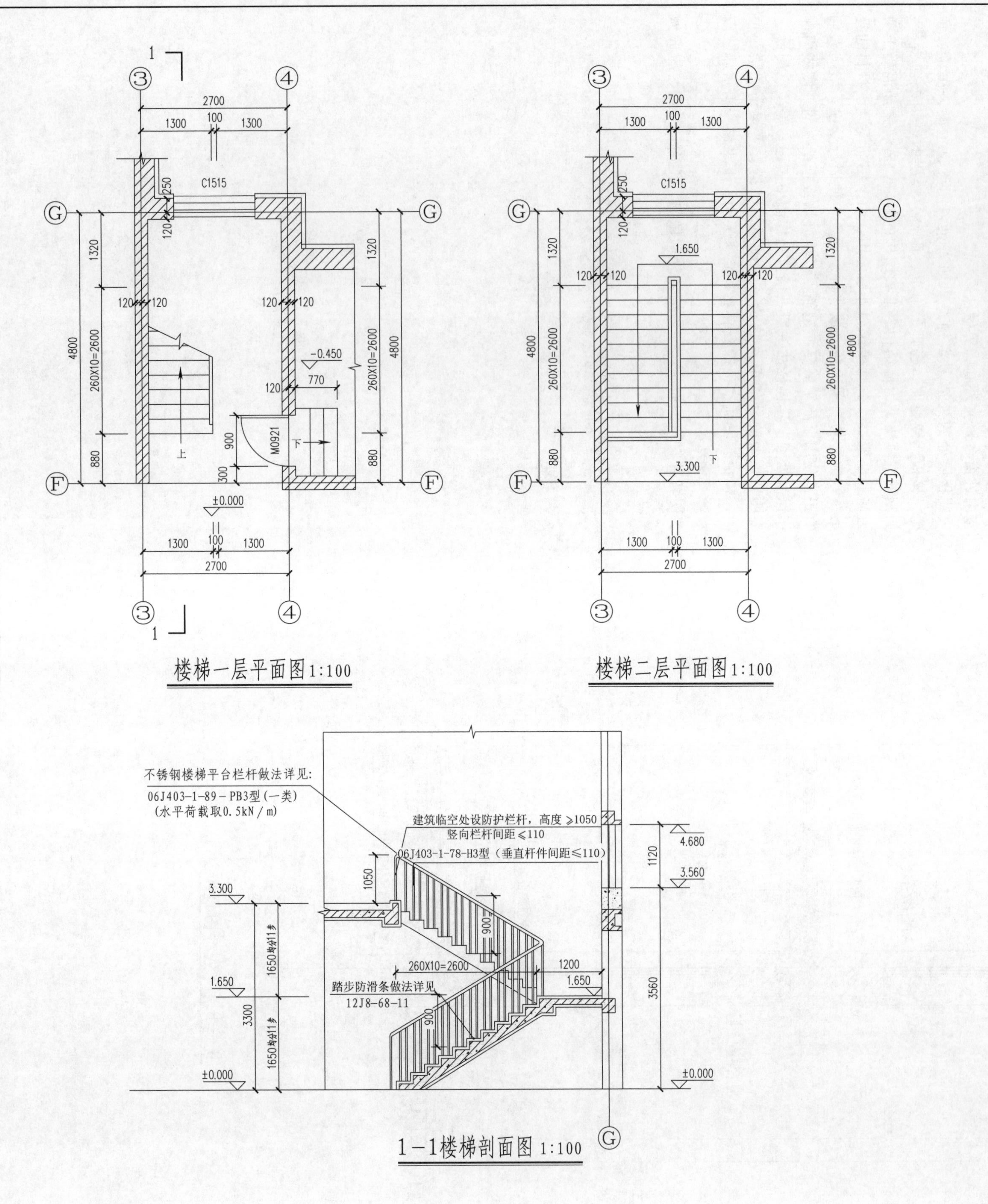

楼梯一层平面图1:100

楼梯二层平面图1:100

1−1楼梯剖面图1:100

【读图提示】

1. 从平面图中楼梯的布置，首先理清本工程楼梯的种类，各种楼梯的数量，具体布置在哪一层、什么位置。然后再具体看每一种楼梯的具体构成形式及做法。

2. 阅读每种楼梯详图的方法、步骤及需注意的问题：
首先阅读楼梯平面图，读图时主要注意各层楼梯平面图的特点。底层平面图被剖切到的梯段栏板只有一个，主要反映上楼梯的方向，以及室内地面与楼梯入口地面间的关系（是否设有台阶，如何设置）；楼梯剖面图剖切符号的位置。顶层平面图可看到的梯段及栏板（栏杆）有两个或三个，主要反映下楼的方向；另中间层及顶层平面图还反映楼梯休息平台的形状、大小，楼梯井的形状、大小。阅读时注意核对休息平台宽度与梯段宽度之间的关系，看其是否满足强制性条文：梯段改变方向时，平台扶手处的最小宽度不应小于梯段净宽的要求。注意有儿童经常使用的楼梯的梯井净宽大于 0.2m 时，采取的安全措施、做法。

3. 楼梯剖面图主要反映楼梯梯段数、步级数以及楼梯的类型及其结构形式。阅读楼梯剖面图主要注意：

（1）梯段数及地面、休息平台面、楼面等处所标注的标高与房屋的层数、地面、楼面标高是否一致。

（2）栏杆的高度是否满足强制性条文：水平栏杆高度不应小于 1.05m，高层建筑的栏杆高度应再适当提高，但不宜超过 1.2m 要求；以及楼梯平台上部及下部过道处的净高不应小于 2m，梯段净高不应小于 2.2m 的要求。

（3）注意核对梯段的步级数与平面图中相应梯段的踏步数间的关系是否正确。

（4）注意详图索引，逐个查阅详图以理解详图索引处细部构造及其做法。

×××××建筑勘察设计有限公司						业主	×××房地产开发有限责任公司	楼梯详图		工程编号	××××-××-×
										档案编号	××××-××-×
审批人		设计总负责人		校对人		工程项目	×××住宅小区			电子文件号	××××-××-×
审定人		专业负责人		设计人				比例	日期	图号	建施 12
				制图人			子项 ×××别墅	1∶50	××××.××		

结构设计总说明

一、工程概况

1. 本工程为二层砖混住宅楼，设计使用年限50年。
2. 本工程抗震设防烈度为7度（加速度0.15g），地震设计分组为第一组，抗震设防类别为丙类。砌体结构施工质量控制等级为B级。
3. 本工程混凝土环境类别：室内部分为一类，室外部分为二b类。
4. 建筑物应按图中注明的使用功能使用，未经技术部门鉴定或设计单位许可，不得改变结构的用途和使用环境。

二、设计依据

1. 本工程按以下规范或规程进行设计：

《建筑结构可靠度设计统一标准》（GB 50068—2001）
《建筑工程抗震设防分类标准》（GB 50223—2008）
《建筑结构荷载规范》（GB 50009—2012）
《砌体结构设计规范》（GB 50003—2011）
《建筑地基基础设计规范》（GB 50007—2011）
《混凝土结构设计规范》（GB 50010—2010）（2015年版）
《建筑抗震设计规范》（GB 50011—2010）（2016年版）

2. 结构抗震验算采用中国建筑科学研究院PKPM软件。
3. 活荷载标准值

楼梯：2.0kN/m²
客厅、卧室：2.0kN/m²
卫生间：2.5kN/m²
不上人屋面均布活荷载：0.5kN/m²
上人屋面均布活荷载：2.0kN/m²

三、材料选用及要求

1. 混凝土：现浇混凝土构件均采用C25，外露构件C25。
2. 钢筋和型材：钢筋的选用必须符合现行国家标准《混凝土结构工程施工质量验收规范》（GB 50204—2002）（2010年版）及其他相关规范的要求。

HPB300：f_y=270N/mm²；HRB335：f_y=300N/mm²。

注：钢筋的强度标准值应具有不小于95%的保证率。

3. 砌体

墙体均采用M10混合砂浆砌筑MU10黏土多孔砖。
地下墙体均采用M10水泥砂浆砌筑MU10机砖。

四、构件选用

地沟构件：16MG03
钢筋混凝土过梁：16MG04

五、选用过梁

图中所有未标注门窗洞口（l≥300mm）过梁选用：
内墙：GLX-2A；外墙：GLX-3B

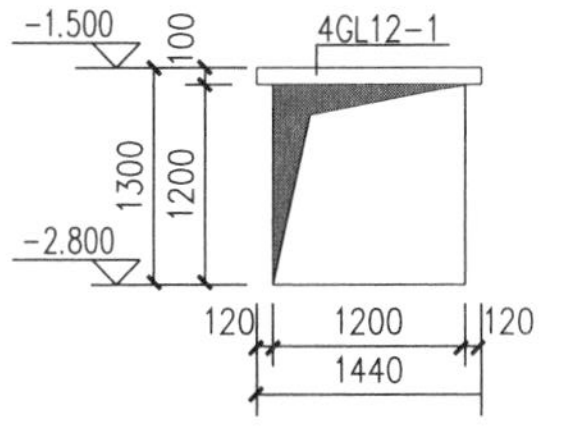

地沟入口做法

六、构造要求

1. 纵向受力钢筋保护层厚度按下表要求设置，且不应小于主筋直径。

环境类别		板、墙/mm	梁、柱/mm
一		15	20
二	a	20	25
	b	25	35

注：1. 表中保护层厚度指最外层钢筋（包括箍筋、构造筋、分布筋等）外边缘至混凝土表面的距离。
2. 混凝土强度等级不大于C25时，表中保护层厚度数值增加5mm。
3. 悬臂板上部钢筋的保护层厚度不应小于20mm。梁、柱中箍筋和构造钢筋的保护层厚度不应小于15mm。

2. 钢筋锚固

纵向受拉钢筋的基本锚固长度（l_{ab}）详见下表。

钢筋种类 \ 混凝土强度等级	钢筋直径/mm	C20	C25	C30	C35	C40
光面钢筋(HPB300)	d=6～25	39d	34d	30d	28d	25d
带肋钢筋(HRB335)	d≤25	38d	33d	29d	27d	25d

纵向受拉钢筋的锚固长度 $l_a=\zeta_a l_{ab}$

纵向受拉钢筋锚固长度修正系数ζ_a

锚固条件		ζ_a		备注
环氧树脂涂层带肋钢筋		1.25		修正系数多于一项时，可按连乘计算，但不应小于0.6
施工过程中易受扰动的钢筋		1.10		
锚固区保护层厚度	3d	0.80	中间时按内插值	
	5d	0.70	d为锚固钢筋直径	

3. 纵向受拉钢筋搭接接头

纵向受拉钢筋绑扎搭接长度应根据位于同一连接区段内的钢筋搭接接头面积百分率按下列公式计算：

纵向受拉钢筋搭接长度 $l=\zeta l_a$

纵向受拉钢筋搭接长度修正系数ζ

纵向受拉钢筋搭接接头面积百分率/%	≤25	50	100
纵向受拉钢筋搭接长度修正系数ζ	1.20	1.40	1.60

注：在任何情况下，纵向受拉钢筋绑扎搭接接头的搭接长度均不应小于300mm。

4. 钢筋混凝土构造柱、圈梁抗震节点按16MG02中有关节点大样进行施工。
5. 女儿墙每≤12m留10mm缝，用油浸麻丝填缝外贴米厘条，钢筋不断，混凝土断。
6. 图中梁、板（短跨方向）≥4m时宜按0.2%起拱，悬挑构件按悬挑长度的0.3%起拱。
7. 未注明板分布筋均为Φ6@200。
8. 预制过梁遇现浇构件时均改为现浇。
9. 为防止或减轻房屋墙体的裂缝，应采取以下措施：

（1）屋面保温（隔热）层及砂浆找平层应设置分隔缝，分隔缝间距不宜大于6m，并与女儿墙隔开，其缝宽不小于30mm。

（2）底层及顶层外纵墙窗台标高处通设60厚C20混凝土现浇带，内配纵向钢筋4Φ8，横向钢筋Φ6@150。

10. 楼梯栏杆预设埋件详见建施所选标准图；所有承重墙均设置钢筋混凝土圈梁（QL），圈梁兼过梁时按相应过梁施工。
11. ≤500mm的墙垛，独立柱不得留洞埋设管线。与构造柱相连≤240mm的墙垛与构造柱同时浇注。
12. 现浇板内预埋管线的直径不得大于板厚的三分之一，且避免集中。
13. 主次梁相交处，主梁设吊筋U2Φ16同时，次梁两侧另设三组附加箍筋，间距为50mm，箍筋直径肢数同相应梁。
14. 楼梯间休息平台处墙中通设60厚C25混凝土现浇带，配筋见P-P大样。
15. 顶层楼梯间墙体沿墙高每隔500mm设2Φ6通长钢筋和Φ4分布短钢筋平面内点焊组成的拉结网片。

七、施工须知

1. 本工程须经施工单位、建设单位、设计单位三方图纸会审后方可正式开工建设。
2. 现浇预留孔洞按附图a施工。
3. 所有现浇板上的垫层和面层厚度必须控制在设计允许值以内，如果某些部位实际施工确有困难时必须预先向设计单位提出。未经设计单位许可不得在施工中变更设计。
4. 本工程未考虑冬季施工，如冬季施工必须严格按照冬季施工的有关现行规范和规程执行。
5. 除总说明外，其他各单项补充说明均须对照执行，且应遵循各有关施工验收规范的具体规定。
6. 埋件大小、位置施工方需与厂家共同预留。
7. 本图必须经过审图机构审验后方可施工。

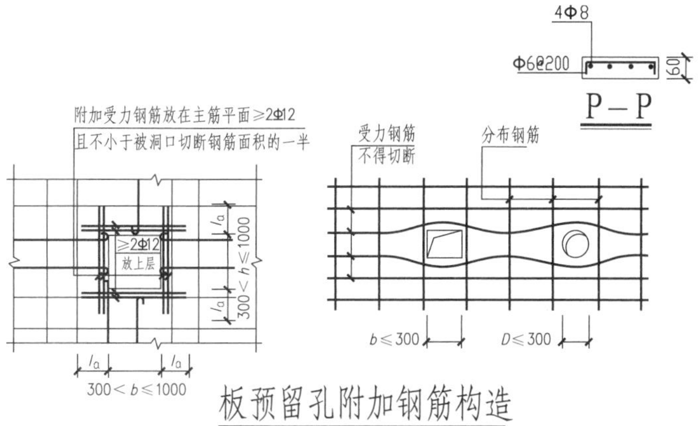

P—P

板预留孔附加钢筋构造

附图a

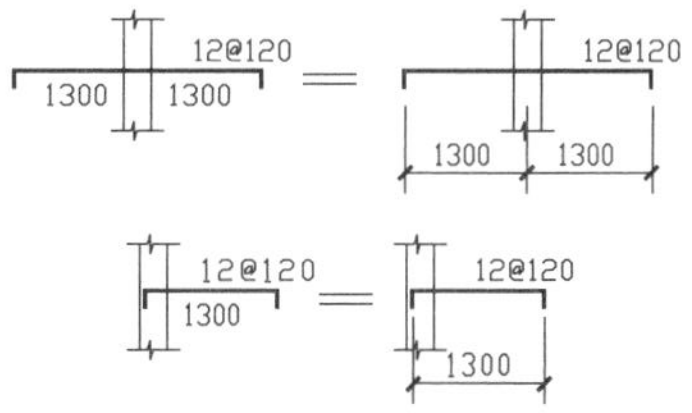

板上筋尺寸标注方式

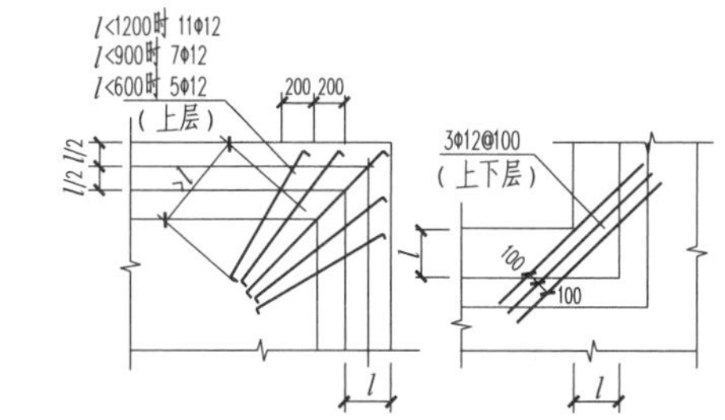

悬挑板转角加筋大样

×××××建筑勘察设计有限公司	业主	×××房地产开发有限责任公司	结构设计总说明	工程编号	××××-××-×
审批人 / 审定人 / 设计总负责人 / 专业负责人 / 校对人 / 设计人 / 制图人	工程项目	×××住宅小区		档案编号	××××-××-×
	子项	×××别墅	比例 1:100 日期 ××××.××	电子文件号	××××-××-×
				图号	结施 1

基础设计说明

1. 本工程基础设计等级为丙级，根据岩土工程勘察报告，场地为人工回填砂土，基础需做换填处理，具体处理要求如下：

（1）基底下设 1.0m 厚砂夹石垫层，承载力特征值 f_{ak} 要求达到 200kPa。

（2）基础大开挖清除杂填土后，做砂夹石垫层（其中碎石卵石占全重的 30%～50%，粒径≤50mm，含土量≤5%。含水量 15%左右），砂夹石应级配良好，不含植物残体、垃圾等杂物。要求压实系数≥0.96。

（3）垫层做至毛石基础底面，压实有效宽度不小于基础边线以外 1m 的距离。

2. 应采用现场原位测试，如动力触探试验评价场地的承载力；采用钎探评价场地的均匀性。
3. 基槽开挖后通知设计单位、勘探单位共同验槽后方可施工。
4. 毛石条形基础，采用 M5 水泥砂浆砌筑 Mu30 毛石。
5. 构造柱、地圈梁采用 C25 混凝土，未标注的构造柱为 GZ-1。
6. 本图采用 16MG03《地沟构件》，地沟尺寸为 1000mm × 1200mm，1200mm×1200mm 型号为 GZ1012-1 及 GZ1212-1，地沟盖板采用 GB 10-1 及 GB 12-1，板顶标高为－0.150m。
7. 地圈梁兼过梁处梁底加筋 2ϕ16，每边伸出洞口 300mm。
8. 基础下返高度大于 500mm 时须以 1：2 阶形过渡，每阶高小于等于 500mm。
9. 图中粗点划线表示地圈梁。
10. 楼梯地梁位置及配筋详见楼梯大样图。
11. 不明之处须与设计单位协商解决。

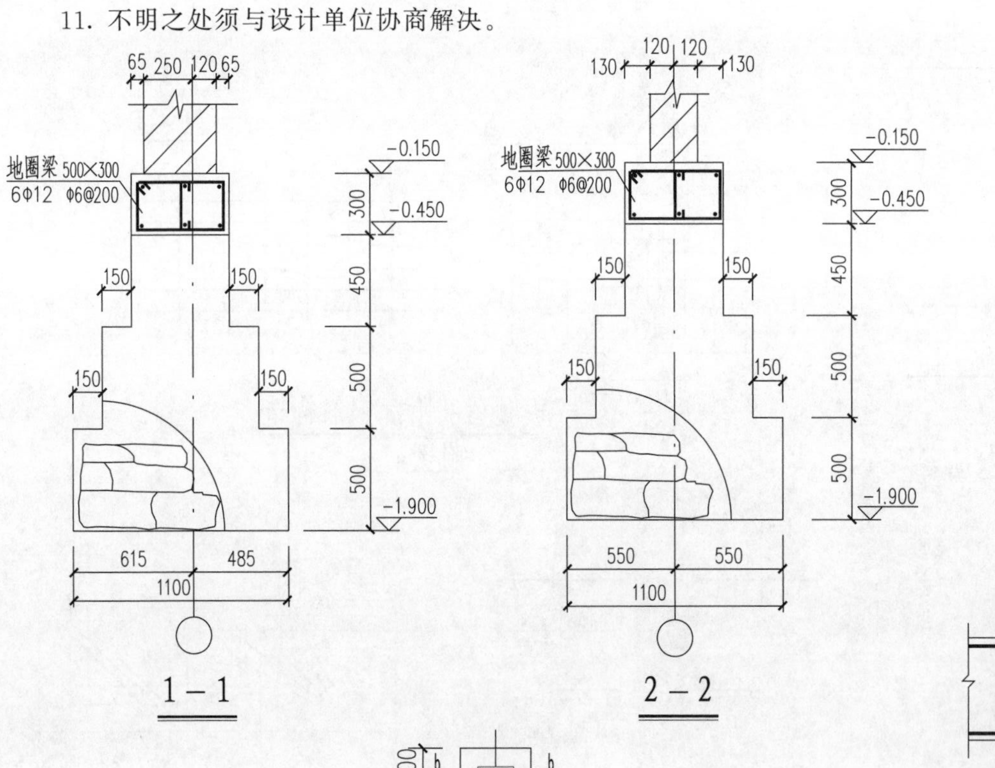

1－1　2－2　Z2　ZJ2

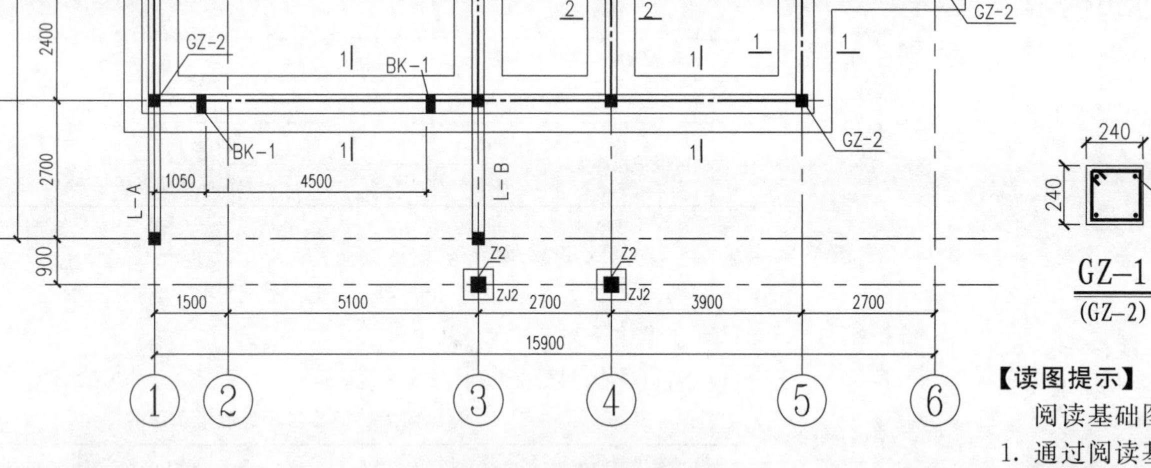

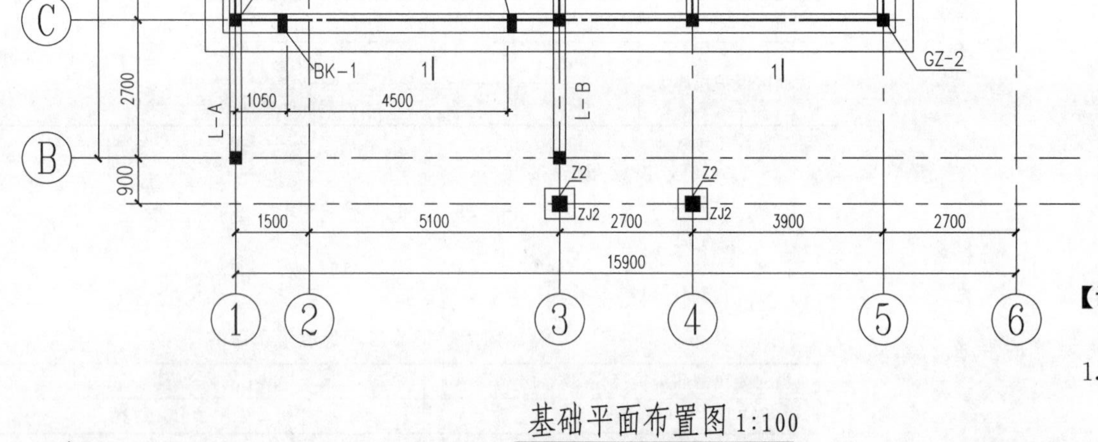

基础平面布置图 1:100

构造柱在梁内插筋详图

L－A (L－B)

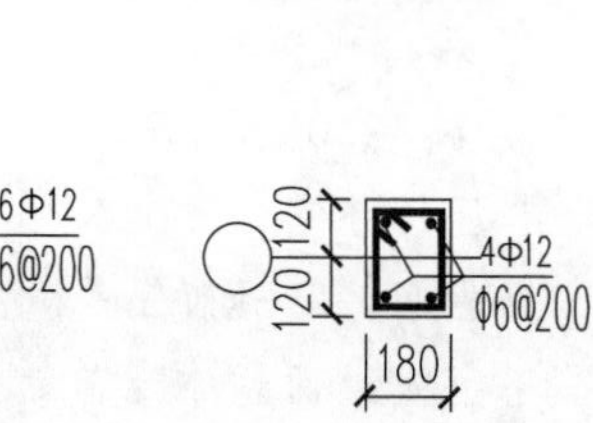

a－a

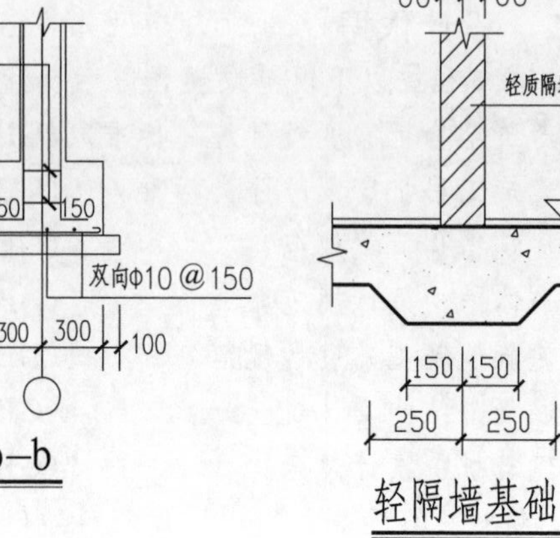

b－b　轻隔墙基础

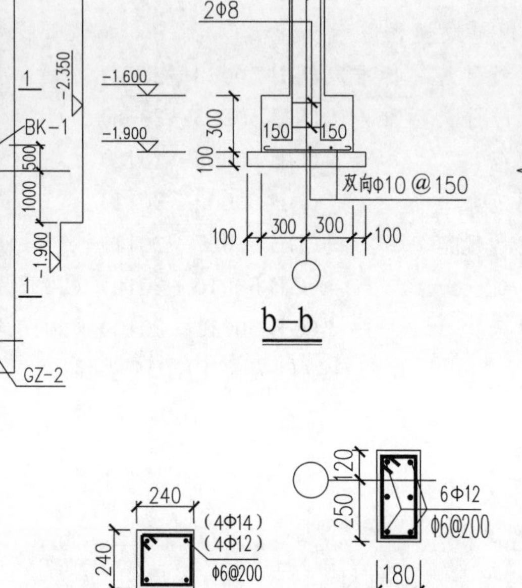

GZ－1 (GZ－2)　BK－1　BK－2

【读图提示】

阅读基础图应注意的问题如下：

1. 通过阅读基础设计说明知道本工程基础底面放置在什么位置（基础持力层的位置），相应位置地基承载力特征值的大小。基础图中所采用的标准图集，基础部分所用材料情况，基础施工需注意事项。
2. 阅读基础平面布置图时，首先对照建筑一层平面图，核对基础施工时定位轴线位置、尺寸是否正确；核对房屋开间、进深尺寸是否正确；基础平面尺寸有无重叠、碰撞现象；地沟及其他设施、电施所需管沟是否与基础存在重叠、碰撞现象。其次注意各种管沟穿越基础的位置，相应基础部位采用的处理方法（如基础局部是否加深、具体处理方法，相应基础洞口处是否加设过梁等构件）；管沟转角等部位加设的构件类型及其数量。
3. 注意地沟深度与基础深度之间的关系，沟盖板标高与地面标高的关系及地沟入口作法。

×××××建筑勘察设计有限公司				业主	×××房地产开发有限责任公司	基础图	工程编号	××××-××-×
							档案编号	××××-××-×
审批人		设计总负责人		校对人	工程项目	×××住宅小区	电子文件号	××××-××-×
审定人		专业负责人		设计人		比例 1：100 日期 ××××.××	图号	结施 2
				制图人		子项 ×××别墅		

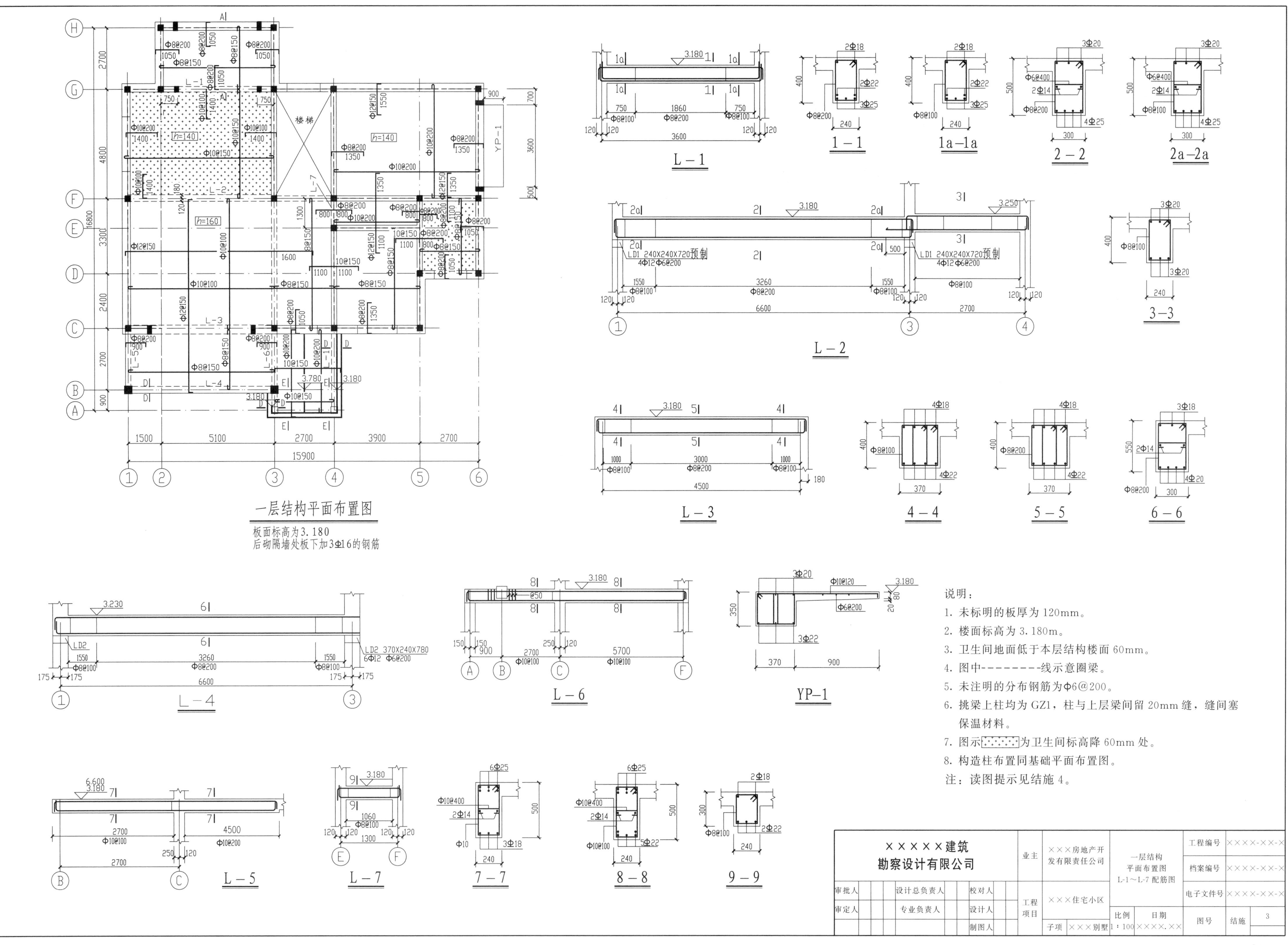

说明：

1. 未标明的板厚为120mm。
2. 楼面标高为3.180m。
3. 卫生间地面低于本层结构楼面60mm。
4. 图中--------线示意圈梁。
5. 未注明的分布钢筋为Φ6@200。
6. 挑梁上柱均为GZ1，柱与上层梁间留20mm缝，缝间塞保温材料。
7. 图示[斑点图例]为卫生间标高降60mm处。
8. 构造柱布置同基础平面布置图。

注：读图提示见结施4。

×××××建筑 勘察设计有限公司				业主	×××房地产开发有限责任公司	一层结构 平面布置图 L-1～L-7 配筋图		工程编号	××××-××-×
								档案编号	××××-××-×
审批人		设计总负责人	校对人	工程项目	×××住宅小区			电子文件号	××××-××-×
审定人		专业负责人	设计人			比例	日期	图号	结施 3
			制图人		子项 ×××别墅	1：100	××××.××		

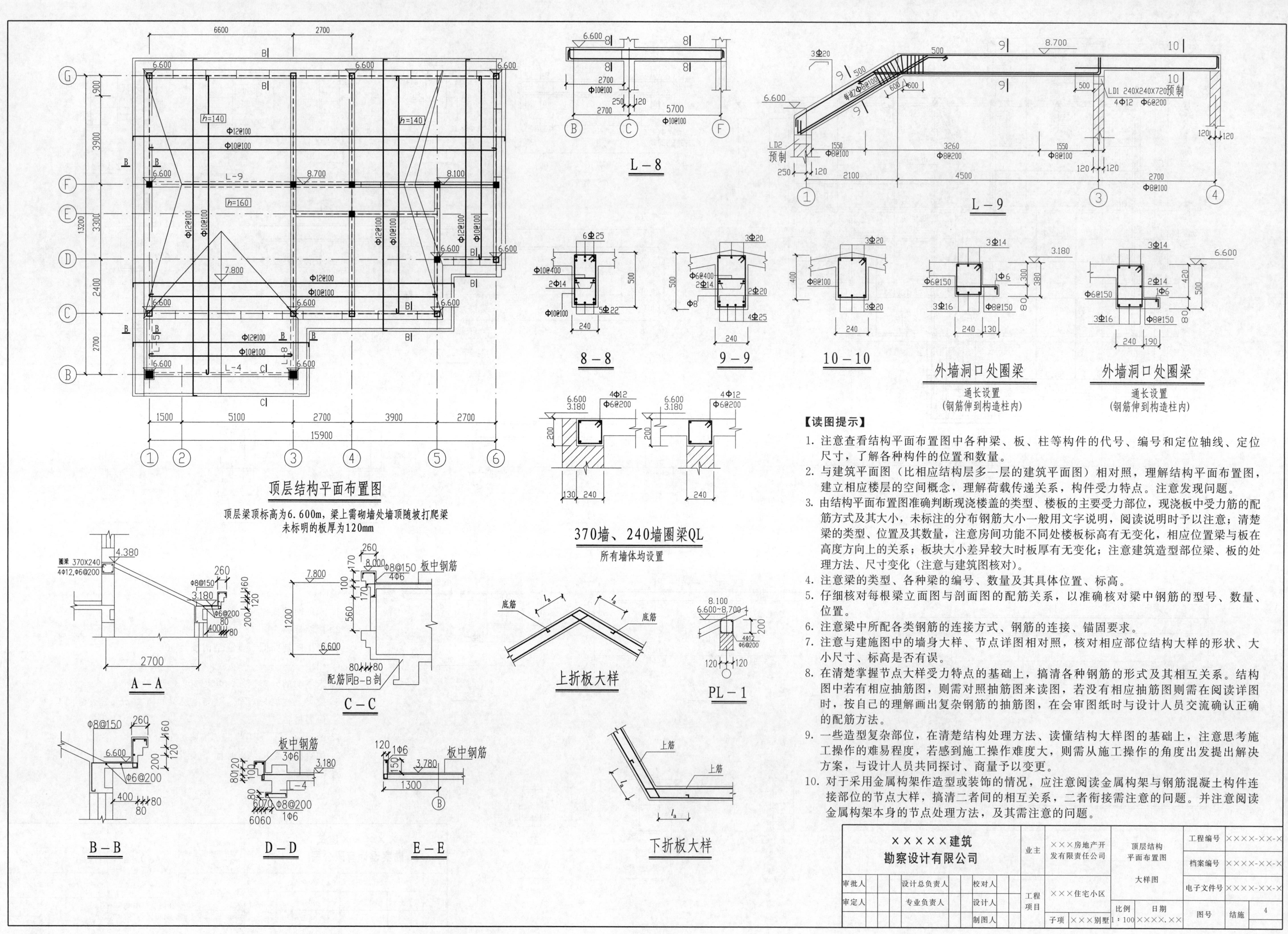

【读图提示】

1. 注意查看结构平面布置图中各种梁、板、柱等构件的代号、编号和定位轴线、定位尺寸，了解各种构件的位置和数量。
2. 与建筑平面图（比相应结构层多一层的建筑平面图）相对照，理解结构平面布置图，建立相应楼层的空间概念，理解荷载传递关系，构件受力特点。注意发现问题。
3. 由结构平面布置图准确判断现浇楼盖的类型、楼板的主要受力部位，现浇板中受力筋的配筋方式及其大小，未标注的分布钢筋大小一般用文字说明，阅读说明时予以注意；清楚梁的类型、位置及其数量，注意房间功能不同处楼板标高有无变化，相应位置梁与板在高度方向上的关系；板块大小差异较大时板厚有无变化；注意建筑造型部位梁、板的处理方法、尺寸变化（注意与建筑图核对）。
4. 注意梁的类型、各种梁的编号、数量及其具体位置、标高。
5. 仔细核对每根梁立面图与剖面图的配筋关系，以准确核对梁中钢筋的型号、数量、位置。
6. 注意梁中所配各类钢筋的连接方式、钢筋的连接、锚固要求。
7. 注意与建施图中的墙身大样、节点详图相对照，核对相应部位结构大样的形状、大小尺寸、标高是否有误。
8. 在清楚掌握节点大样受力特点的基础上，搞清各种钢筋的形式及其相互关系。结构图中若有相应抽筋图，则需对照抽筋图来读图，若没有相应抽筋图则需在阅读详图时，按自己的理解画出复杂钢筋的抽筋图，在会审图纸时与设计人员交流确认正确的配筋方法。
9. 一些造型复杂部位，在清楚结构处理方法、读懂结构大样图的基础上，注意思考施工操作的难易程度，若感到施工操作难度大，则需从施工操作的角度出发提出解决方案，与设计人员共同探讨、商量予以变更。
10. 对于采用金属构架作造型或装饰的情况，应注意阅读金属构架与钢筋混凝土构件连接部位的节点大样，搞清二者间的相互关系，二者衔接需注意的问题。并注意阅读金属构架本身的节点处理方法，及其需注意的问题。

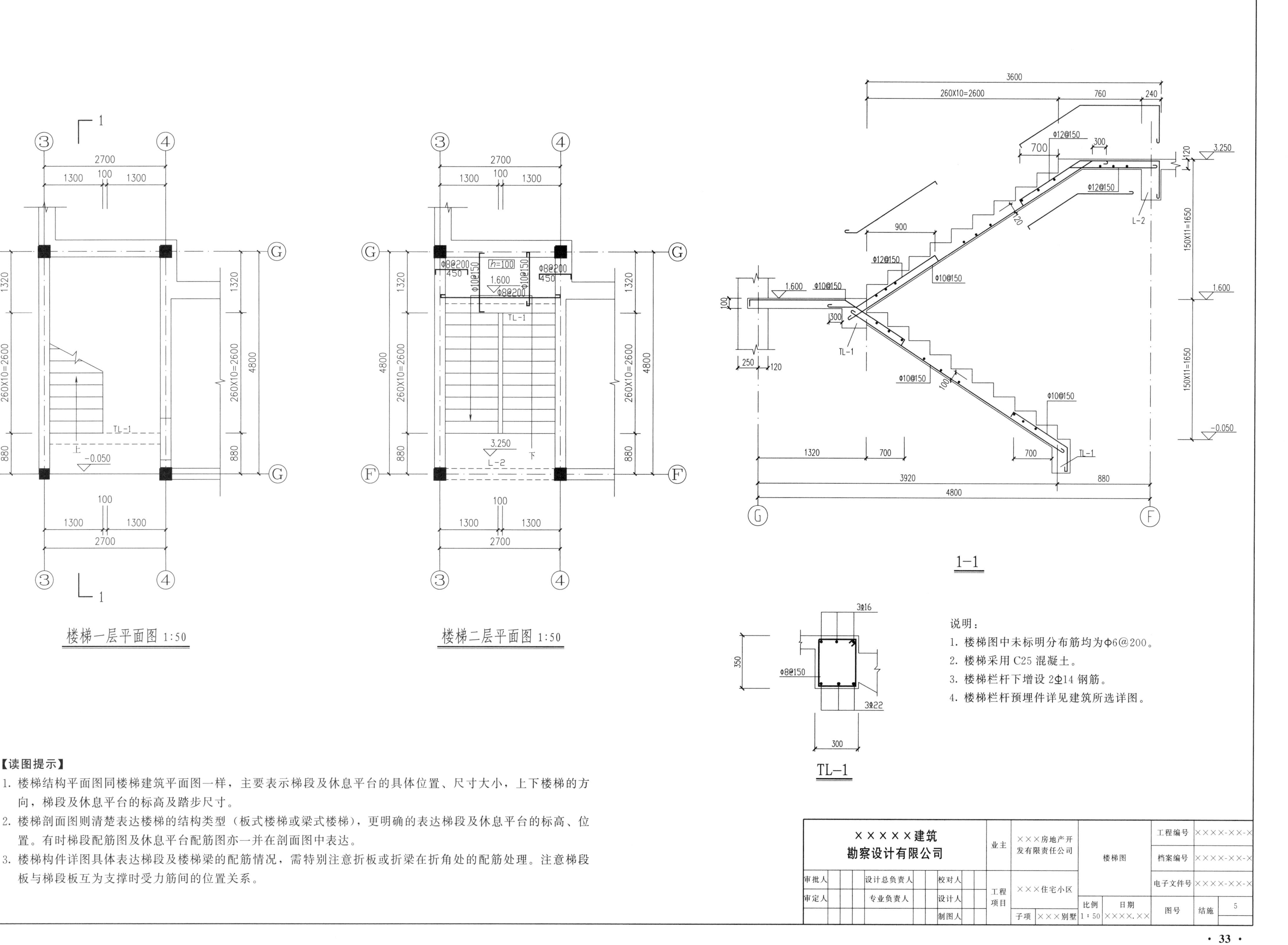

【读图提示】

1. 楼梯结构平面图同楼梯建筑平面图一样，主要表示梯段及休息平台的具体位置、尺寸大小，上下楼梯的方向，梯段及休息平台的标高及踏步尺寸。
2. 楼梯剖面图则清楚表达楼梯的结构类型（板式楼梯或梁式楼梯），更明确的表达梯段及休息平台的标高、位置。有时梯段配筋图及休息平台配筋图亦一并在剖面图中表达。
3. 楼梯构件详图具体表达梯段及楼梯梁的配筋情况，需特别注意折板或折梁在折角处的配筋处理。注意梯段板与梯段板互为支撑时受力筋间的位置关系。

电气设计总说明

一、设计依据

1. 建筑概况：本工程是二层砖混结构住宅楼。

2. 相关专业提供的技术资料。

3. 建设单位提供的设计任务书及设计要求。

4. 中华人民共和国现行主要标准及法规：

《民用建筑电气设计规范》JGJ 16—2008

《住宅设计规范》GB 50096—2011

《综合布线系统工程设计规范》GB 50311—2007

《建筑物防雷设计规范》GB 50057—2010

《有线广播电视管网工程设计、施工及验收规范》DBJ-42—2011

12D 系列建筑标准设计图集

其他有关国家及地方的现行规程、规范及标准

二、设计范围

本工程设计包括红线内的以下电气系统：

380/220V 配电系统；有线电视系统；电话系统；网络布线系统。

三、380/220V 配电系统

1. 负荷分类：三级负荷。

2. 本工程从小区变电所引来一路 380/220V 电源，引至楼内总配电箱，电缆埋深为距室外地坪－0.8m 以下，过墙处穿管保护。楼内采用 TN-C-S 系统。

3. 计费：各户的计量分别由设置在一层的计量表箱计量。

4. 住宅用电指标：根据《住宅设计规范》及本工程住宅用电标准每户为 20kW。

5. 供电方式：采用放射式供电。

6. 照明配电：户内照明、插座均由不同的支路供电；除空调插座外，所有插座回路均设漏电断路器保护。除注明外照明回路均采用 BV-3X2.5 的导线，插座回路均采用 BV-3X4 的导线。

四、设备安装

1. 电源总进线箱设于一层楼梯间，距地 1.5m 暗装。

2. 除注明外，开关、插座分别距地 1.4m、0.3m 暗装。卫生间内插座选用防潮、防溅型面板；有淋浴、浴缸的卫生间插座须设在 2 区以外。安装高度小于 1.8m 的插座选用安全型。

五、弱电系统

1. 电视信号由室外有线电视网的市政接口引来，进楼处预埋一根 SC320 钢管。系统采用 750MHz 邻频传输，要求用户电平满足 (64±4)dB 图像清晰度不低于 4 级。

2. 本工程市政电话，网络电缆直埋引入楼内。

3. 所有弱电进户处均设 SPD 浪涌保护器。

4. 有线电视、电话、网络只做方案设计，穿管预留，施工时，请与专业部门联系，深化设计后，方可施工。

六、接地及安全措施

本工程采用总等电位联结，总等电位板由紫铜板制成，应将建筑物内保护干线、设备进线总管等进行联结，总等电位联结线采用 BVR-1×25mm^2 PVC25，总等电位联结均采用等电位卡子，禁止在金属管道上焊接。有淋浴室的卫生间采用局部等电位联结，从适当地方引出两根大于 ϕ12 结构钢筋至局部等电位箱（LEB），局部等电位箱暗装，底边距地 0.3m。将卫生间内所有金属管道金属构件联结。具体做法参见图集 12D10-141～142、151～162。本工程采用 TN-C-S 系统，要求接地电阻不大于 1Ω。

备注

节能措施

1. 照明光源的电源电压采用 220V。照明配电干线和分支线均采用铜芯绝缘电线（电缆）。

2. 建议住户亦选用节能高效灯具用于家装照明。

主要设备材料表

序号	图例	名称	型号规格	备注
1		配电箱	见系统图	暗装底边距地 1.5m，户内箱暗装底边距地 1.8m
2		住宅户内灯	甲方自选 28W	吸顶安装节能灯
3		排气扇	28W	通气管上安装具体位置详见暖卫
4		三联单控跷板开关	250V 10A	暗装底边距地 1.4m
5		双联单控跷板开关	250V 10A	暗装底边距地 1.4m
6		单联单控跷板开关	250V 10A	暗装底边距地 1.4m
7		单相带接地五孔插座(安全型)	250V 10A	暗装底边距地 0.3m
8		油烟机-单相带接地三孔插座(安全型)	250V 16A	暗装底边距地 2.0m
9		油烟机-单相带接地三孔插座(安全型)	250V 16A	暗装底边距地 1.8m
10		单相带接地防溅型五孔插座(安全型)	250V 16A	暗装底边距地 1.5m
11		壁挂式空调单相带接地三孔插座(安全型)	250V 16A	暗装底边距地 2m
12		信息箱	见系统图	暗装底边距地 0.5m
13	TO	双口信息插座		暗装底边距地 0.3m
14	TV	电视插座		暗装底边距地 0.3m
15	MEB	总等电位端接箱	300×200×200	暗装底边距地 0.5m
16	LEB	局部总等电位端接箱	200×100×120	暗装底边距地 0.5m
17		立式三相空调插座	380V 16A	暗装底边距地 0.3m

×××××建筑勘察设计有限公司			业主	×××房地产开发有限责任公司	电气设计总说明	工程编号	××××-××-×
审批人	设计总负责人	校对人	工程项目	×××住宅小区		档案编号	××××-××-×
审定人	专业负责人	设计人				电子文件号	××××-××-×
		制图人		子项 ×××别墅	比例 1:50 日期 ××××.××	图号 电施	01

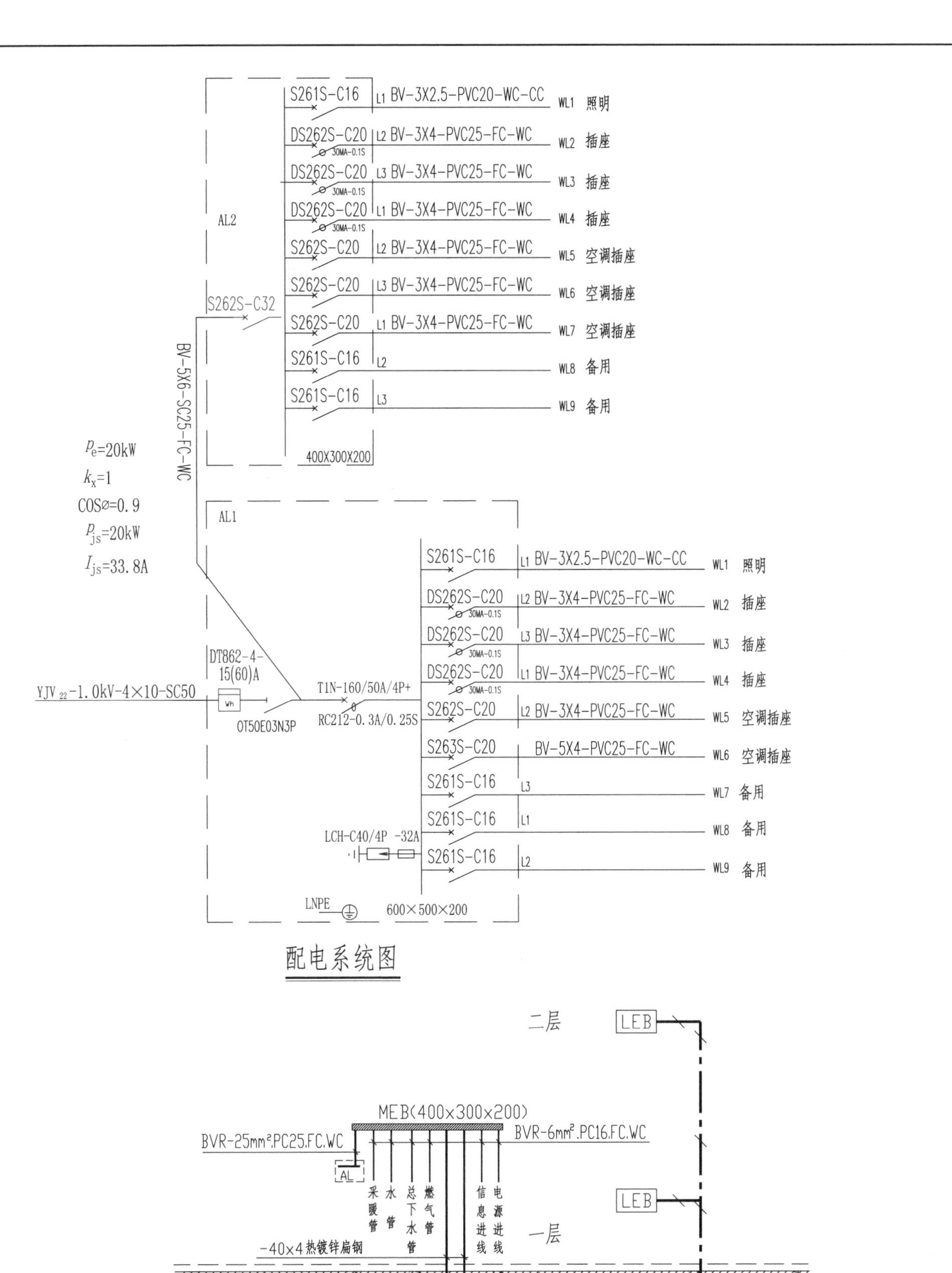

配电系统图

等电位联结示意图

【系统图读图提示】

1. 配电系统的接地形式采用 TN-C-S 系统，进线为三相四线，在总进线开关前做重复接地变为三相五线制，保护导体与中性导体分开后不应再合并，而且中性导体不应再接地。
2. 注意总开关与分路开关的漏电电流要有选择性。
3. 有洗浴设备的卫生间必须做局部等电位联结。

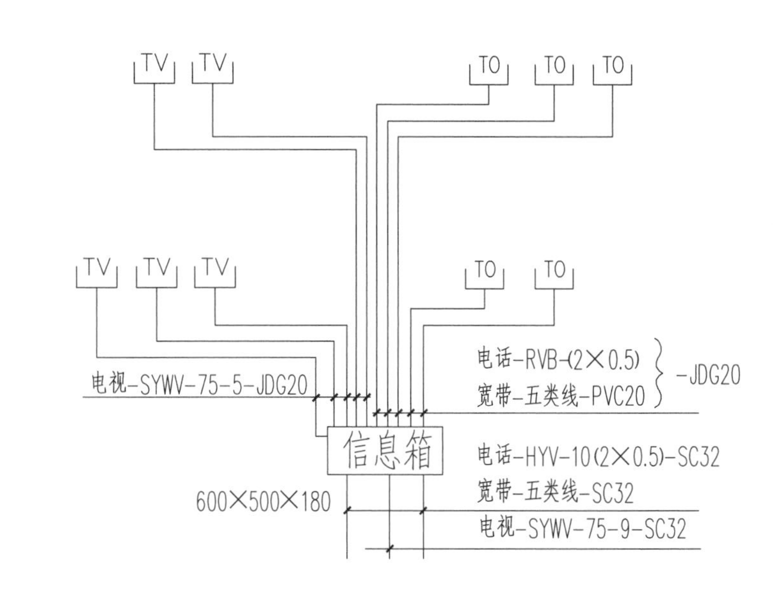

弱电系统图

【弱电系统图读图提示】

弱电信息箱一般选用成品箱，箱内设备包括电话、网络分线用的HUB，有线电视的分配分支器。

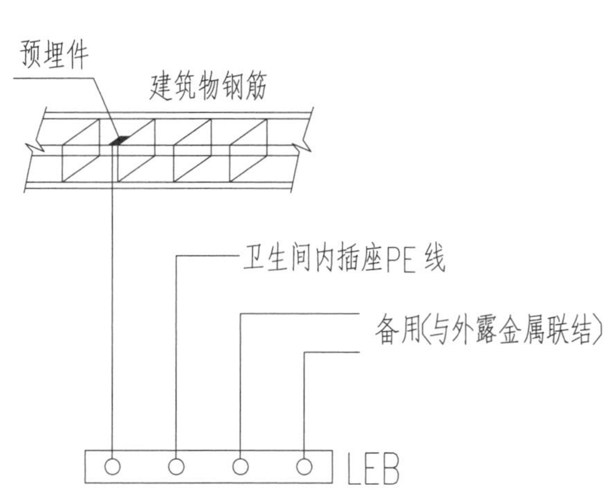

卫生间局部等电位联结示意图

卫生间等电位说明：所有的卫生间采用局部等电位联结，从柱子适当地方引出两根大于 ϕ12 结构钢筋至局部等电位联结。LEB：(长) 200mm×(高) 100mm×(厚) 120mm 箱体暗装，底边距地 0.3m，将卫生间内所有金属管道，金属构件及卫生间内插座的联结线均采用 BVR-1×4mm^2・PC16。预埋件各种管道的连接及端子板的做法参见图集 12D10。

×××××建筑勘察设计有限公司				业主	×××房地产开发有限责任公司	电气系统图		工程编号	××××-××-×
								档案编号	××××-××-×
审批人		设计总负责人	校对人	工程项目	×××住宅小区			电子文件号	××××-××-×
审定人		专业负责人	设计人			比例 1:50	日期 ××××.××	图号	电施 02
			制图人		子项 ×××别墅				

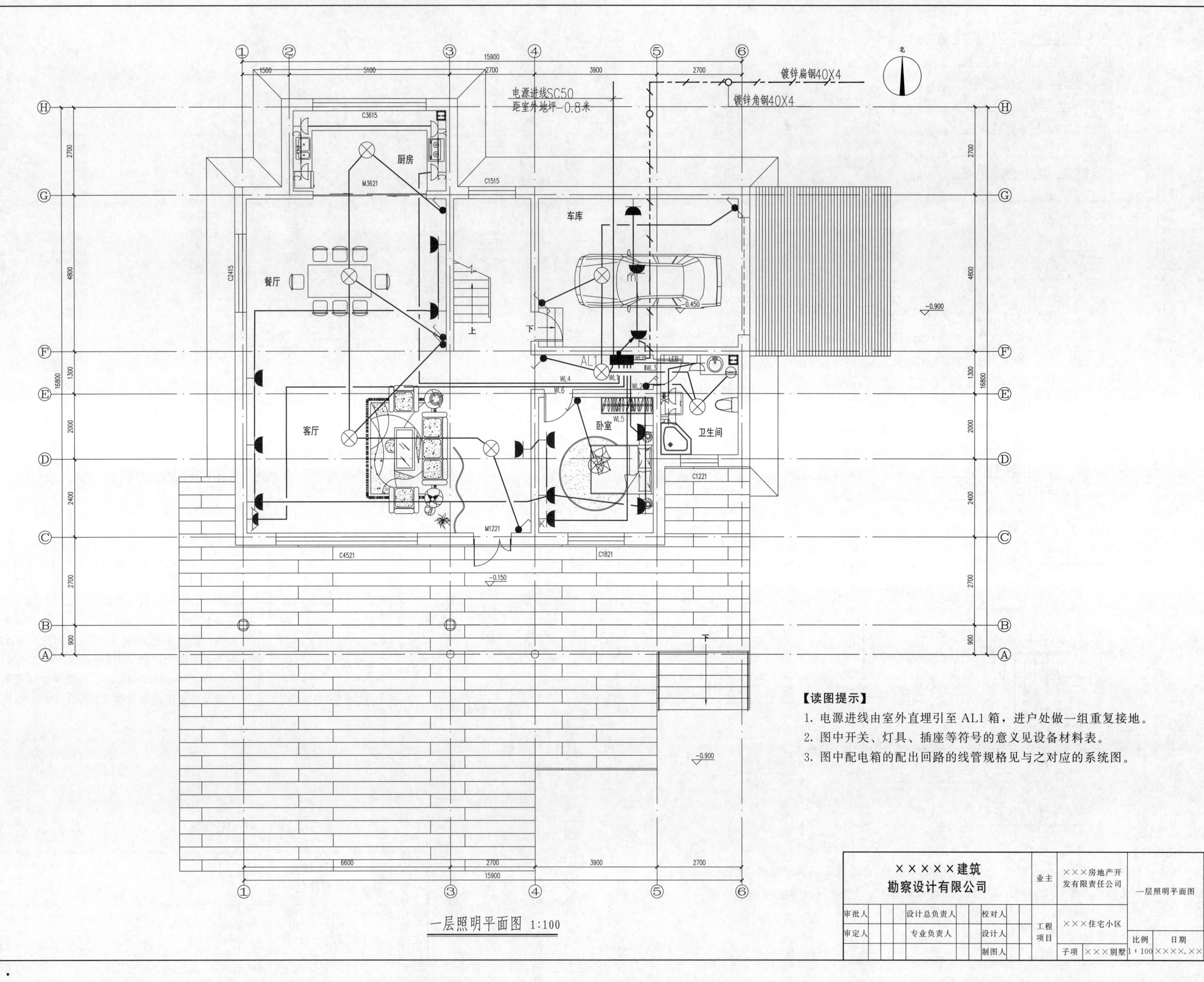

一层照明平面图 1:100

【读图提示】

1. 电源进线由室外直埋引至 AL1 箱，进户处做一组重复接地。
2. 图中开关、灯具、插座等符号的意义见设备材料表。
3. 图中配电箱的配出回路的线管规格见与之对应的系统图。

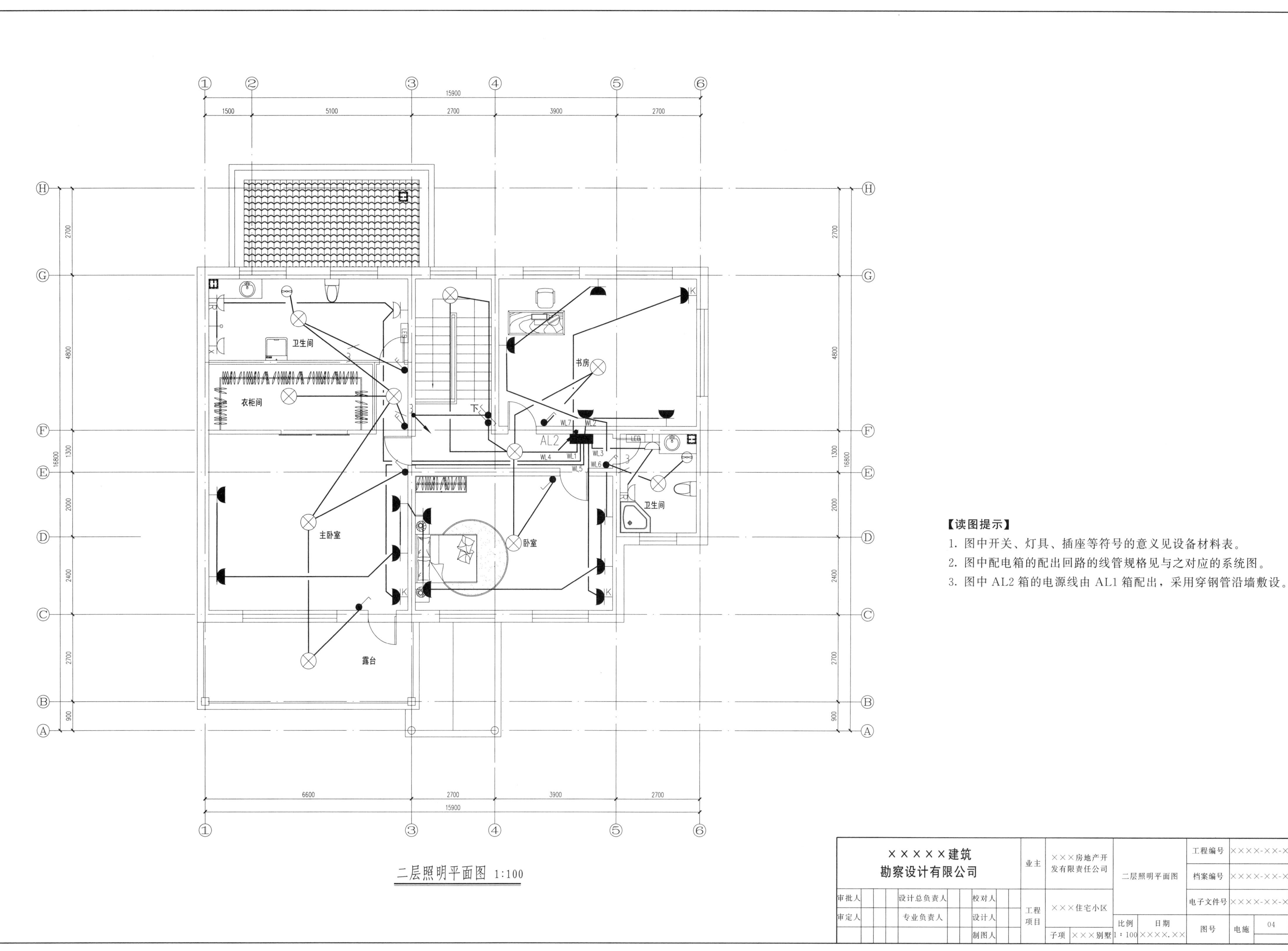

二层照明平面图 1:100

【读图提示】

1. 图中开关、灯具、插座等符号的意义见设备材料表。
2. 图中配电箱的配出回路的线管规格见与之对应的系统图。
3. 图中 AL2 箱的电源线由 AL1 箱配出，采用穿钢管沿墙敷设。

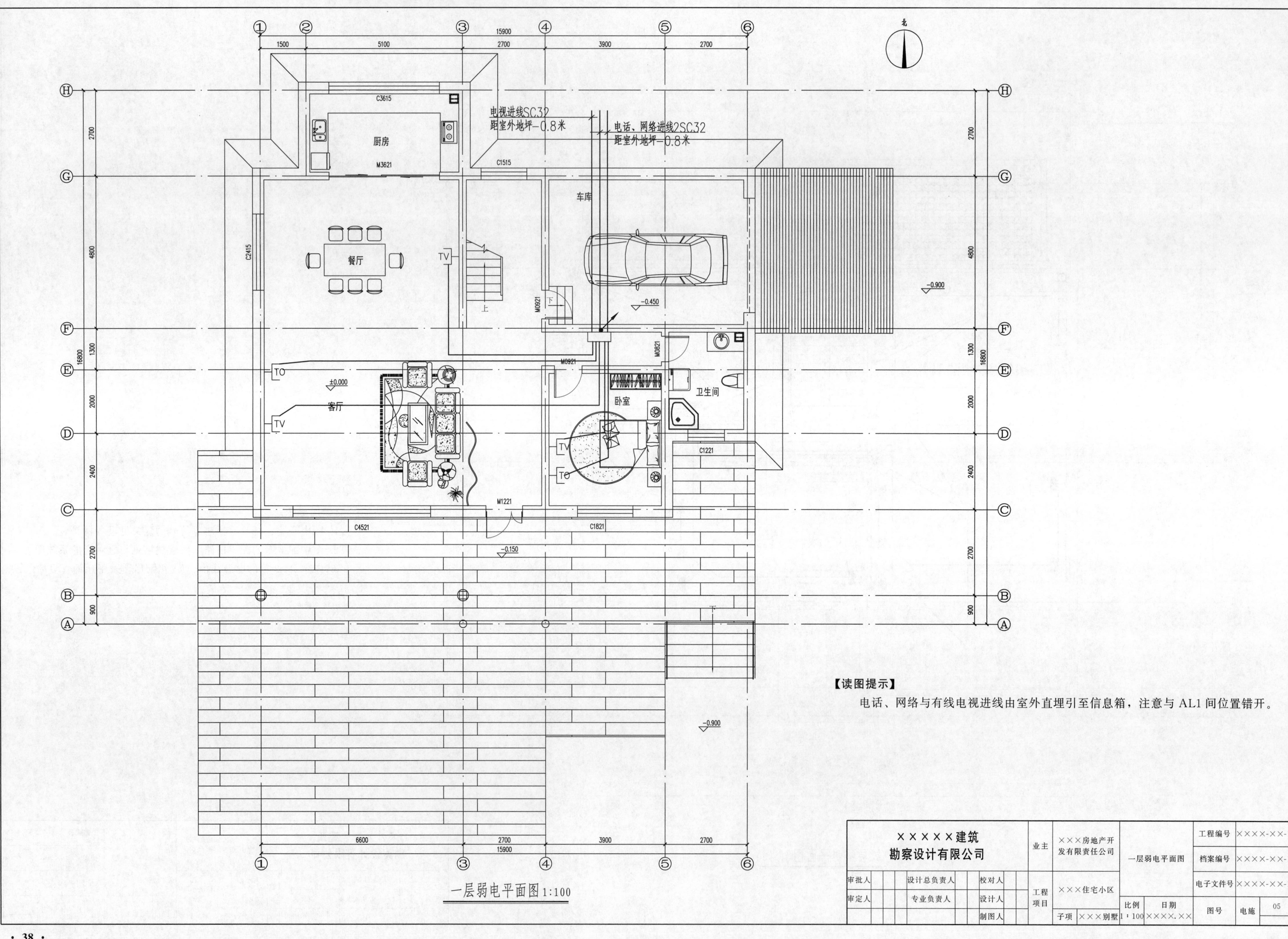

【读图提示】

电话、网络与有线电视进线由室外直埋引至信息箱，注意与 AL1 间位置错开。

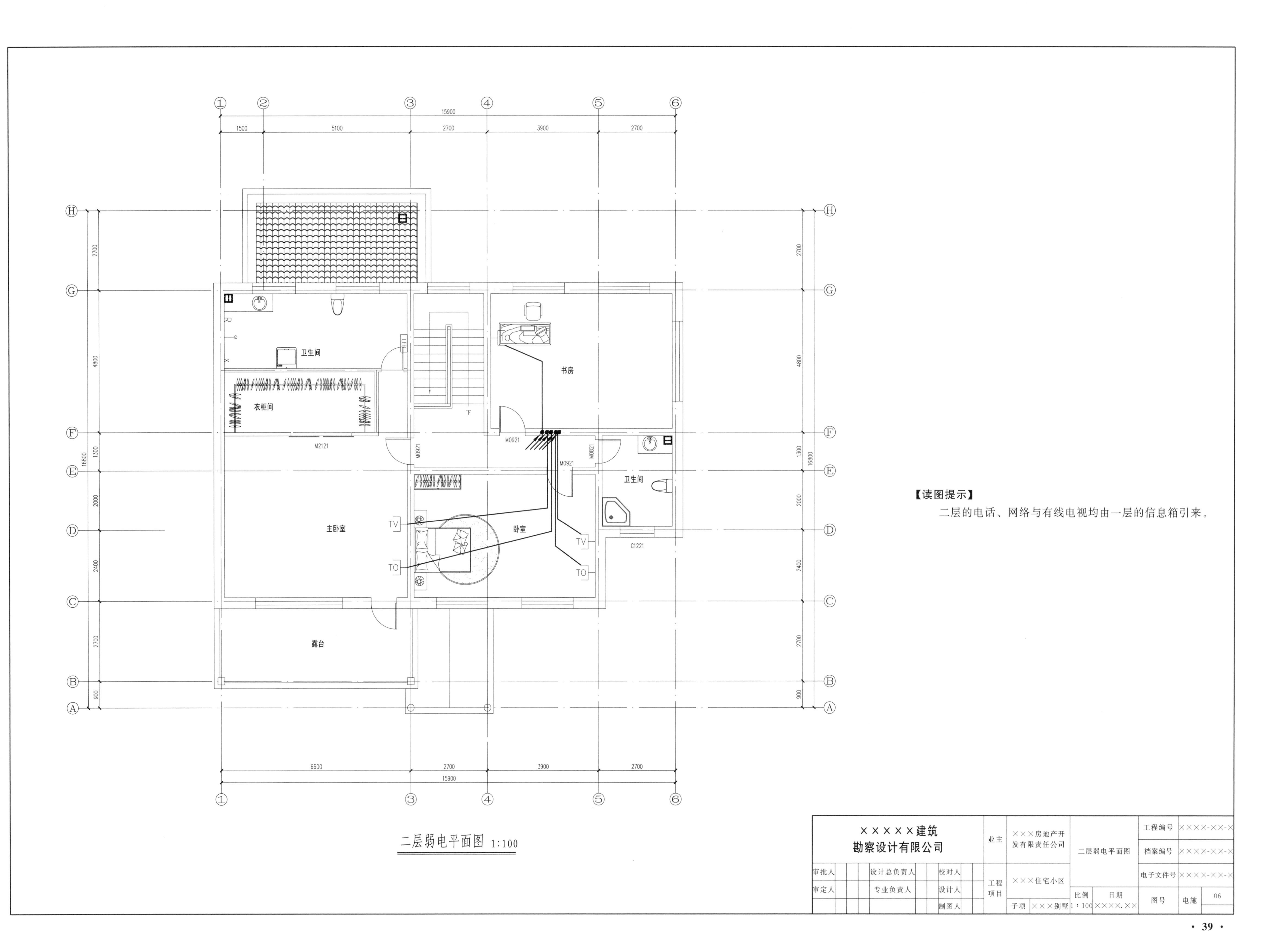

二层弱电平面图 1:100

【读图提示】

二层的电话、网络与有线电视均由一层的信息箱引来。

采暖给排水设计说明

一、设计依据

1. 建筑专业提供的工种图纸。

2. 规范与措施

《采暖通风与空气调节设计规范》GB 50736—2012

《建筑给水排水设计规范》GB 50015—2003（2009 年版）

《辐射供暖供冷技术规程》JGJ 142—2012

《严寒和寒冷地区居住建筑节能设计标准》JGJ 26—2010

《住宅性能评定技术标准》GB/T 50362—2005

《住宅设计规范》GB 50096—2011

《住宅建筑规范》GB 50368—2005

《民用建筑热工设计规范》GB 50176—2016

二、采暖

1. 本工程为低温热水地板辐射采暖设计供回水温度 55/45℃。

车库采用散热器采暖，散热器采用椭四柱 760 型铸铁散热器（内腔无黏砂型）。

本工程系统水阻力 40kPa。地沟入口作法见 12N1-13。

2. 本工程在地沟入口处设热计量表，实行分户控制与计量。

3. 地热管道采用 PEX 交联聚乙烯管（交联度：过氧化物>92%，硅烷>65%）管径 $\phi=20$mm，壁厚 2.0mm。

4. 加热管固定点的间距，直管段宜为 500～700mm，弯曲管段宜大于200～300mm。

5. 在各房间门口处，房间面积超过 30m² 或边长超过 6m 时，填充层和面层设置宽度≥8mm 的伸缩缝。

6. 加热管始末端的适当距离内或密集处，当管间距≤100mm，采取设置柔性套管等保温措施。

7. 地板采暖施工应在室内初装修后与地面施工同时进行，入冬前完成，禁止冬季施工，施工环境在 5℃以上。

8. 施工现场应进行清理，清除垃圾、杂物，要求地面平整无凹凸不平及砂石。

9. 回填混凝土时不允许踩压已铺设好的管路，豆石混凝土中应加入 5%防龟裂添加剂，卫生间应在豆石混凝土层上作防水层。

10. 施工过程中不允许重压已铺设好的塑料管，系统正式通水前先将管网系统进行冲洗打压后再与分集水器接通。

11. 系统安装完毕，关闭分集水器主阀门，打开旁通阀冲洗管道，待管道出水为五色透明后再运行地板辐射采暖系统。

12. 初始加热时，热水缓慢升温，供水温度控制在比当时环境温度高 10℃左右，且不高于 32℃，并连续运行 48h，以后每隔 24h，水温升高 3℃，直到达到供水温度。

13. 分集水器的各分环管道上采用铜制球阀。

14. 分集水器安装见 12N1-77，管道密集处隔热做法见 12N1-87～88。

三、设备与材料

1. 本工程所使用的设备、材料与制品均应符合国家的现行标准并具有合格证。

2. 本工程所使用的设备、材料与制品均应符合本设计的技术要求。

3. 本工程所使用的设备、材料与制品到货后均应检查并确认符合上述要求后方可进行安装。

4. 卫生洁具应选用住建部指定节水产品。

四、施工说明

1. 管材及接口

（1）地沟及采暖立管、分集水器前采暖管道采用焊接钢管，$DN>32$ 焊接，$DN\leqslant32$ 丝接。

（2）室内冷水管采用 PP-R 塑料给水管，热熔连接。

（3）室内生活排水管采用 UPVC 双壁隔音管，承插粘接。埋地及出屋面部分采用柔性机制排水铸铁管，密封橡胶圈捻口。UPVC 管伸缩节设置详见 12S9-95。

2. 阀门及附件

（1）采暖管道上的阀门 $DN\geqslant50$ 采用 Z41H-16 型闸阀，$DN<50$ 采用 J11W-16 型截止阀。

（2）冷水管上的阀门采用 PP-R 截止阀。

（3）阀门使用前均应逐个做强度和严密性试验。

3. 管道敷设

（1）本套图纸中所注标高为相对标高，为管中心标高，均以“m”记；所注尺寸为管中心尺寸。

（2）管道布置除注明外，应根据施工现场尽量沿墙、梁、柱直线敷设。

（3）横管敷设须在牢固的构件上设置支架或吊架，做法参照 12S10。

（4）排水立管用管卡定位，管卡间距不得超过 3.0m，排水立管检查口中心距地 1.0m。排水横管敷设坡度除注明外按 3.0%安装施工，所有排水横管与横管、横管与立管均采用 45°三通连接。

4. 管道防腐、保温及预埋管

（1）地沟内采暖管道除锈后刷防锈漆两道，采用超细玻璃棉管套保温 $\sigma=50$mm，外缠玻璃丝布保护层两道；明装管道及支吊架除锈后刷防锈漆两道，调和漆两道。

（2）排水管地下直埋部分刷沥青漆两道，出屋面部分刷防锈漆一道，调和漆两道。

（3）立管穿越楼面及侧墙时预埋钢制套管，钢套管管径比立管管径大两号。

5. 系统试压、冲洗及调试

（1）采暖系统安装完毕，应进行系统水压试验。试验压力为 0.60MPa，在试验压力下 10min 内压力降不大于 0.02MPa，外观检查不渗不漏为合格。

（2）给水管道安装完毕后，以 0.6MPa 水压进行试验，稳压 1h，外观检查不渗不漏，然后补压至工作压力的 15 倍，15min 内压力降不大于 0.05MPa 为合格。

（3）排水管道安装完毕后做闭水试验，注水高度以本楼层高为准，30min 内不渗不漏为合格。

（4）系统试压合格后，应对系统冲洗，直至排出水中不含泥沙、铁杂质且水色不浑浊为合格。

五、管道孔洞预留

1. 所有管道穿过承重墙，混凝土梁板或基础时应与土建配合施工，预留孔洞和预埋防水套管。

2. 所有预留孔洞和预埋防水套管须在混凝土浇筑前检查和核对。

六、施工与验收

本工程按《建筑给水排水及采暖工程施工质量验收规范》（GB 50242—2002）进行施工与验收。

卫生设备表

1	洗脸盆		作法参见 12S1-16
2	厨房洗涤盆		作法参见 12S1-6
3	坐式大便器		作法参见 12S1-91
4	淋浴器		作法参见 12S1-75
5	地漏		作法参见 12S1-219

图纸目录

图号	图名	规格
设施 1	采暖、给排水设计说明 图纸目录 图例	1#
设施 2	一层暖卫干管平面图	1#
设施 3	一层采暖平面图	1#
设施 4	二层采暖平面图	1#
设施 5	一层给排水平面图	1#
设施 6	二层给排水平面图	1#
设施 7	采暖、给排水系统图	2#

图例

序号	名称	图例
1	采暖供水管	
2	采暖回水管	
3	生活给水管	
4	排水管	
5	闸阀	
6	止回阀	
7	自动排气阀	
8	检查口	650×650
9	分集水器	
10	过滤器	

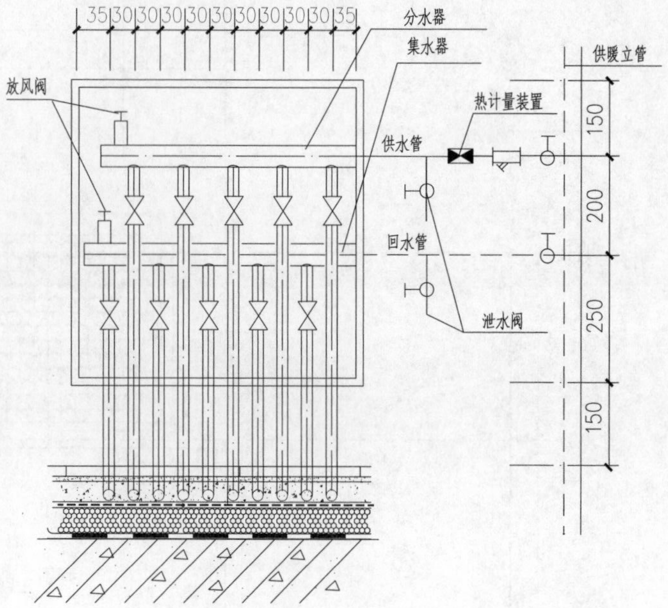

分集水器正视图

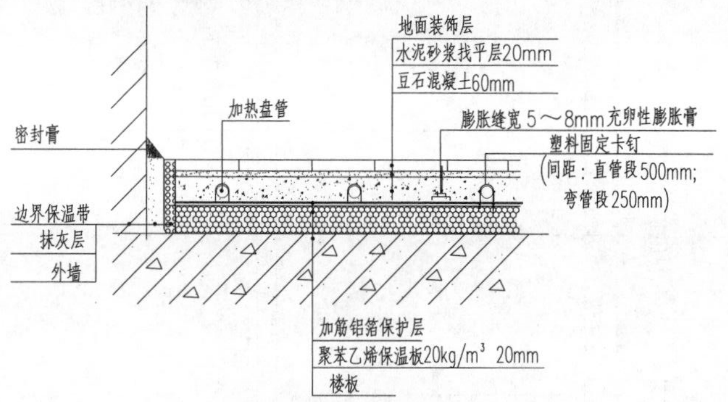

楼层热水辐射采暖地板构成

注：卫生间、厨房加热管覆盖层上设防水层防水层上翻高度按土建要求

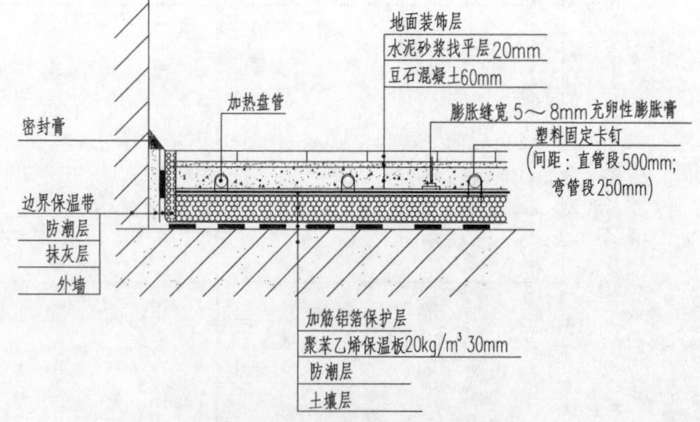

地面层热水辐射采暖地板构成

注：卫生间、厨房加热管覆盖层上设防水层防水层上翻高度按土建要求

×××××建筑勘察设计有限公司				业主	×××房地产开发有限责任公司	采暖、给排水设计说明 图纸目录 图例	工程编号	××××-××-××
审批人	设计总负责人	校对人		工程项目	×××住宅小区		档案编号	××××-××-××
审定人	专业负责人	设计人					电子文件号	××××-××-××
		制图人		子项	×××别墅	比例 1∶50 日期 ××××.××	图号 设施	01

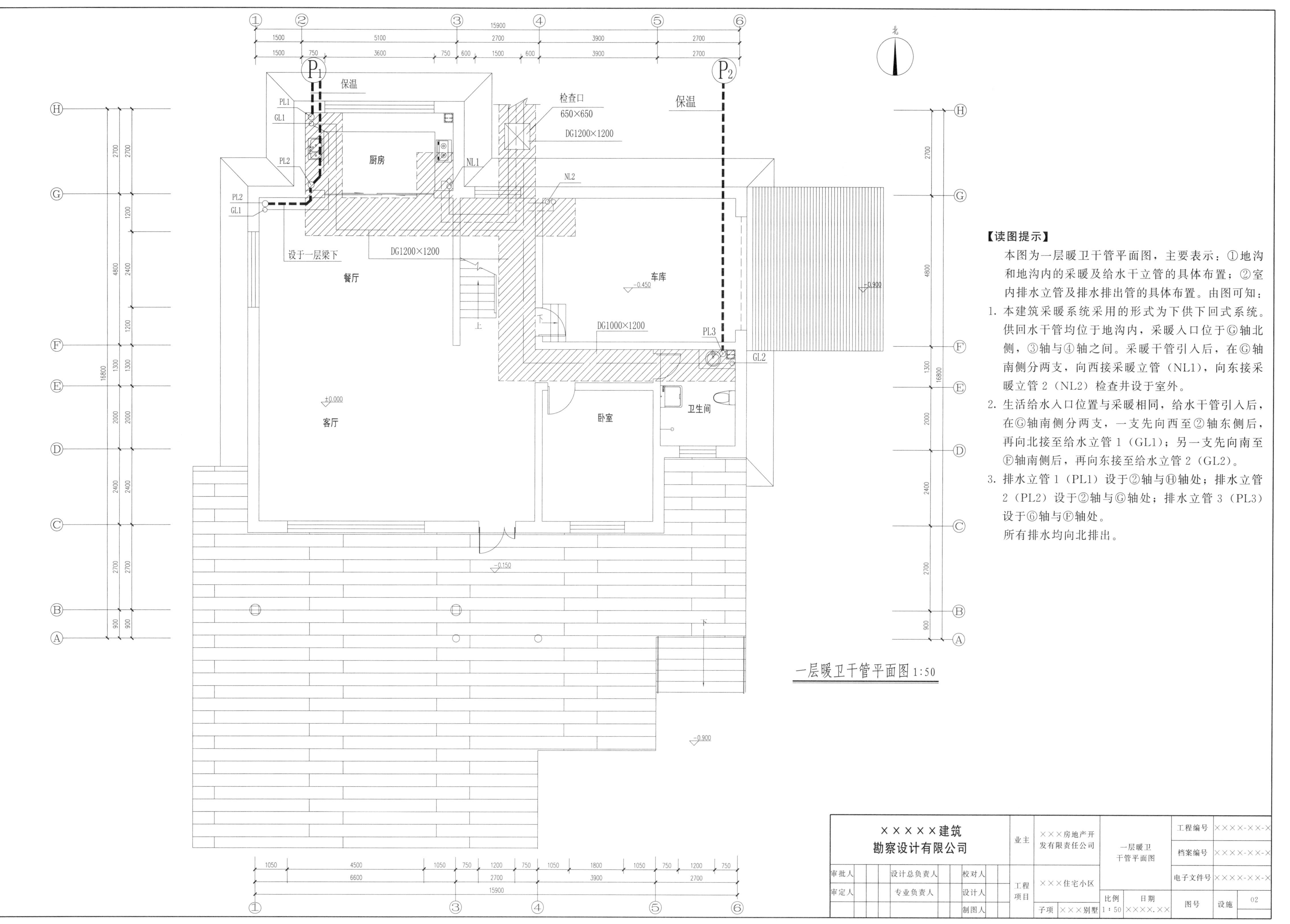

一层暖卫干管平面图 1:50

【读图提示】

本图为一层暖卫干管平面图，主要表示：①地沟和地沟内的采暖及给水干立管的具体布置；②室内排水立管及排水排出管的具体布置。由图可知：

1. 本建筑采暖系统采用的形式为下供下回式系统。供回水干管均位于地沟内，采暖入口位于Ⓖ轴北侧，③轴与④轴之间。采暖干管引入后，在Ⓖ轴南侧分两支，向西接采暖立管（NL1），向东接采暖立管 2（NL2）检查井设于室外。
2. 生活给水入口位置与采暖相同，给水干管引入后，在Ⓖ轴南侧分两支，一支先向西至②轴东侧后，再向北接至给水立管 1（GL1）；另一支先向南至Ⓕ轴南侧后，再向东接至给水立管 2（GL2）。
3. 排水立管 1（PL1）设于②轴与Ⓗ轴处；排水立管 2（PL2）设于②轴与Ⓖ轴处；排水立管 3（PL3）设于⑥轴与Ⓕ轴处。

所有排水均向北排出。

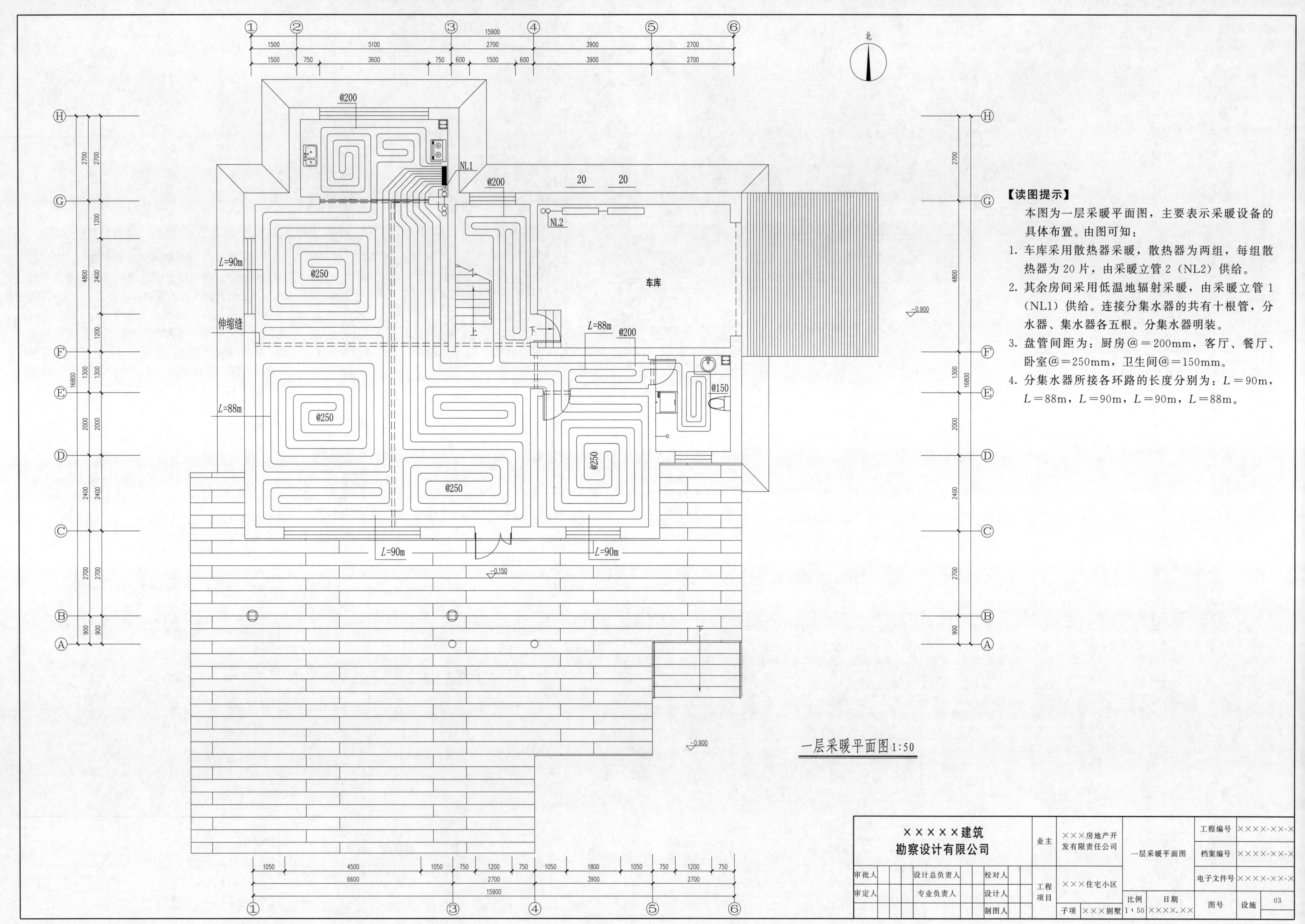

一层采暖平面图 1∶50

【读图提示】

本图为一层采暖平面图，主要表示采暖设备的具体布置。由图可知：

1. 车库采用散热器采暖，散热器为两组，每组散热器为20片，由采暖立管2（NL2）供给。
2. 其余房间采用低温地辐射采暖，由采暖立管1（NL1）供给。连接分集水器的共有十根管，分水器、集水器各五根。分集水器明装。
3. 盘管间距为：厨房@＝200mm，客厅、餐厅、卧室@＝250mm，卫生间@＝150mm。
4. 分集水器所接各环路的长度分别为：$L=90$m，$L=88$m，$L=90$m，$L=90$m，$L=88$m。

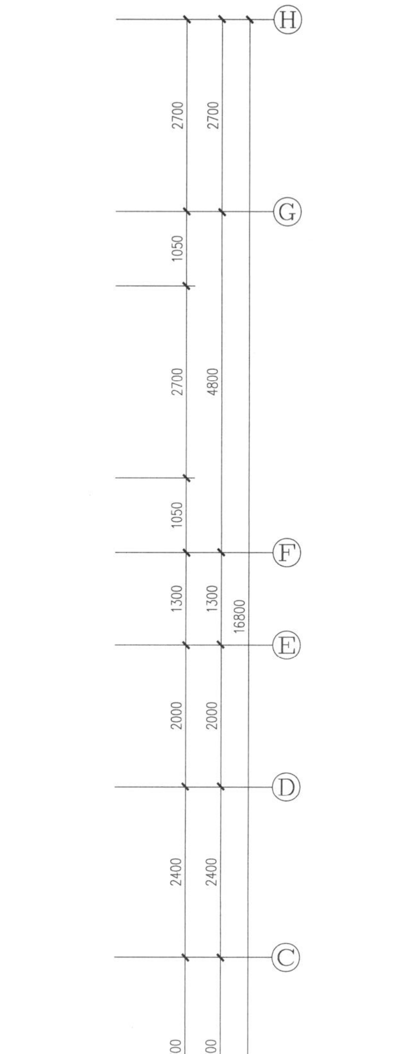

二层采暖平面图 1:50

【读图提示】

本图为二层采暖平面图，主要表示采暖设备的具体布置。由图可知：

1. 各房间采用低温地辐射采暖，由采暖立管1（NL1）供给。连接分集水器的共有十根管，分水器、集水器各五根。分集水器明装。
2. 盘管间距为：主卧室@＝225mm，书房@＝200mm，卫生间@＝150mm。卧室、衣柜间@＝250mm。
3. 分集水器所接各环路的长度分别为：$L=102\text{m}$，$L=101\text{m}$，$L=102\text{m}$，$L=100\text{m}$，$L=100\text{m}$。

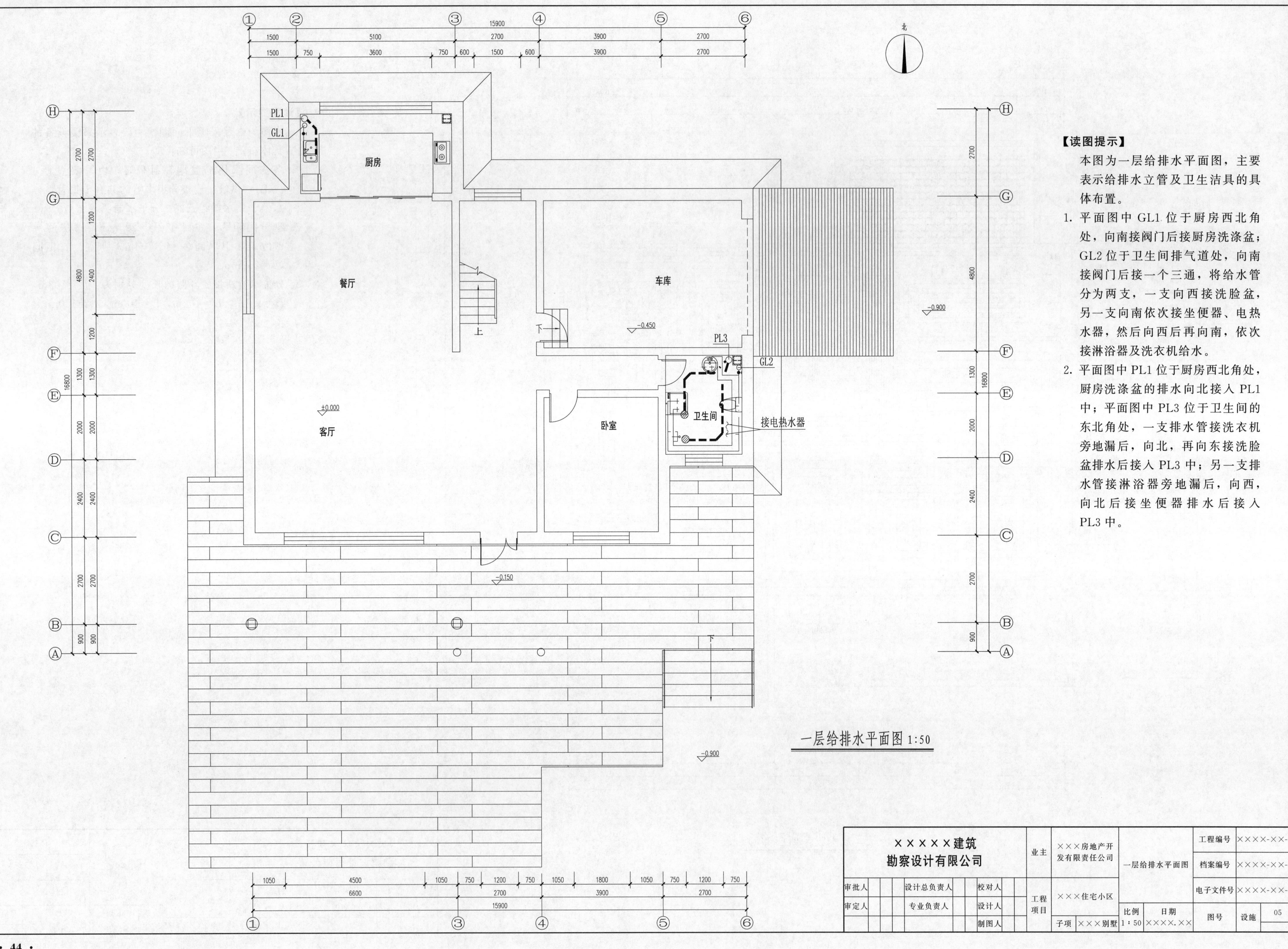

【读图提示】

本图为一层给排水平面图，主要表示给排水立管及卫生洁具的具体布置。

1. 平面图中 GL1 位于厨房西北角处，向南接阀门后接厨房洗涤盆；GL2 位于卫生间排气道处，向南接阀门后接一个三通，将给水管分为两支，一支向西接洗脸盆，另一支向南依次接坐便器、电热水器，然后向西后再向南，依次接淋浴器及洗衣机给水。
2. 平面图中 PL1 位于厨房西北角处，厨房洗涤盆的排水向北接入 PL1 中；平面图中 PL3 位于卫生间的东北角处，一支排水管接洗衣机旁地漏后，向北，再向东接洗脸盆排水后接入 PL3 中；另一支排水管接淋浴器旁地漏后，向西，向北后接坐便器排水后接入 PL3 中。

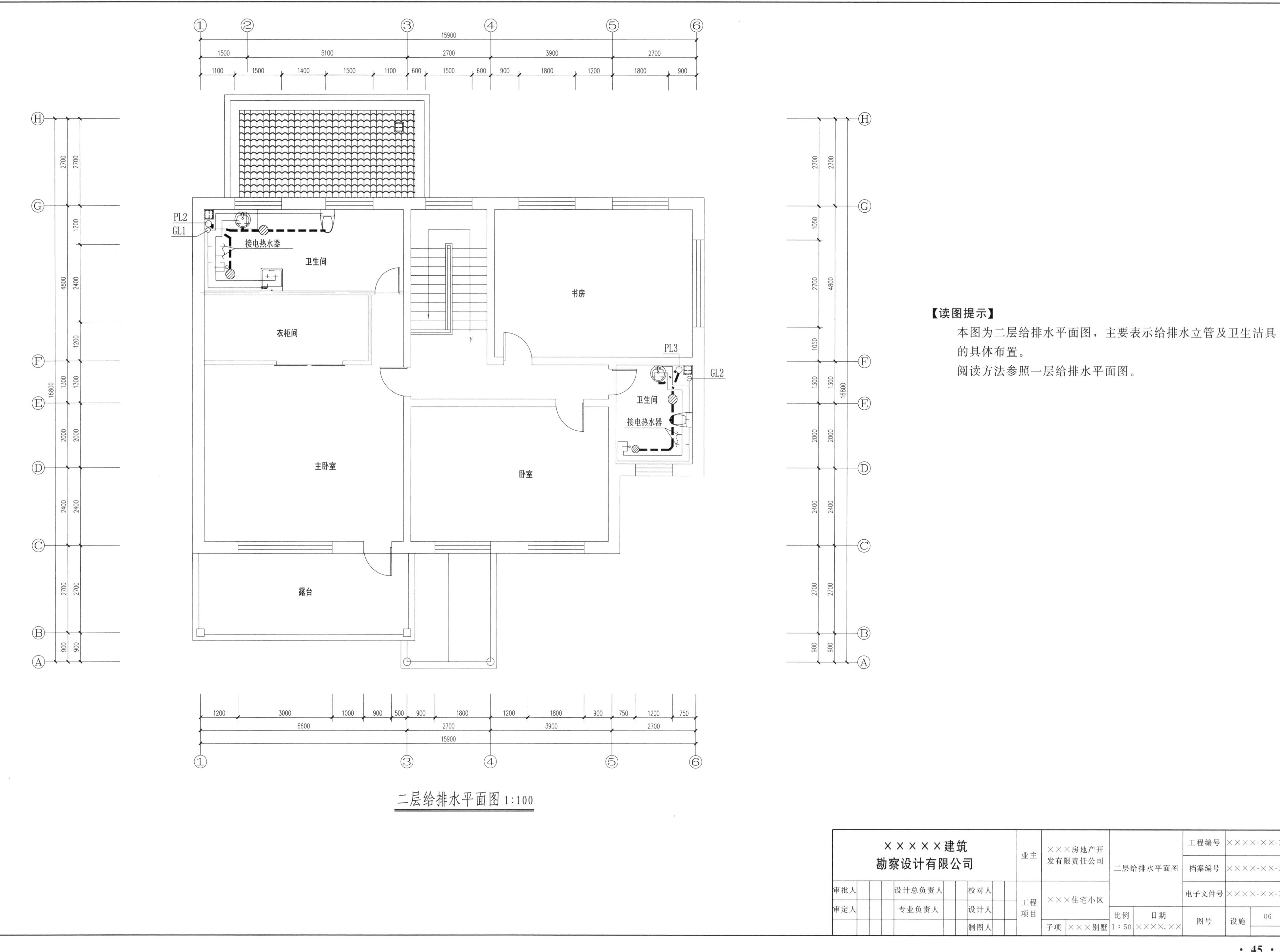

二层给排水平面图 1:100

【读图提示】

本图为二层给排水平面图，主要表示给排水立管及卫生洁具的具体布置。

阅读方法参照一层给排水平面图。

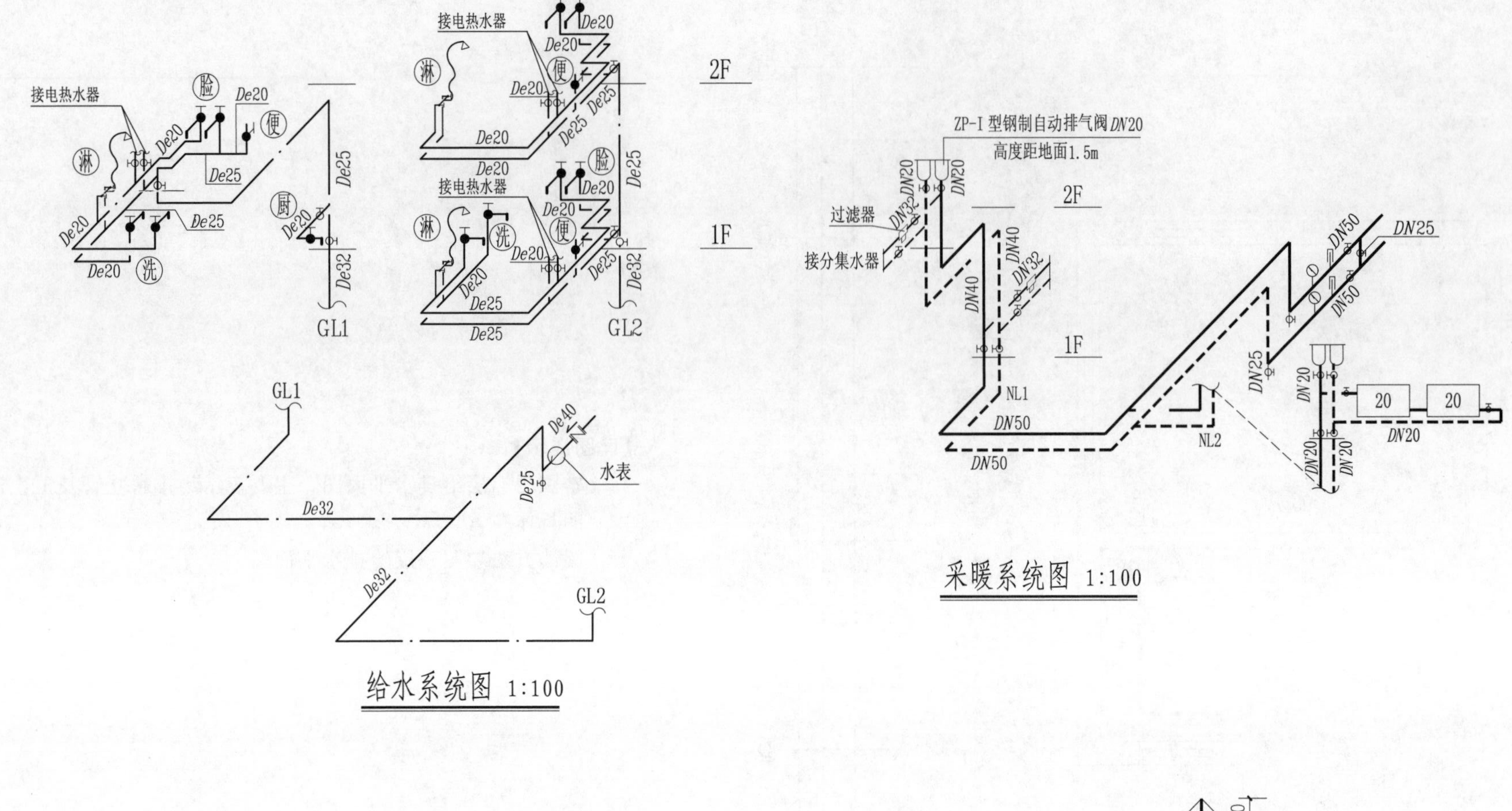

给水系统图 1:100

采暖系统图 1:100

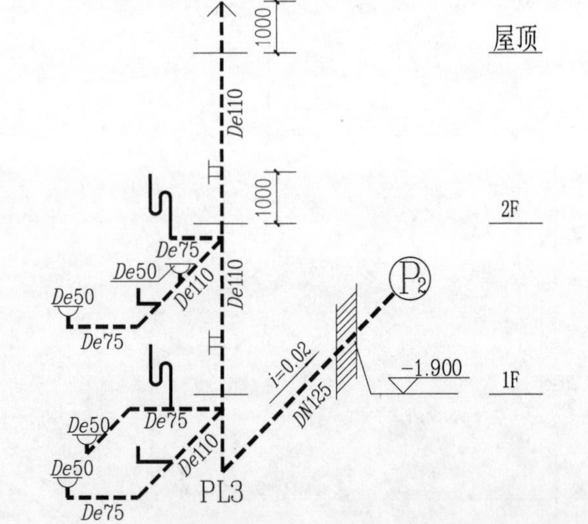

排水系统图 1:100

【读图提示】

本图为采暖及给排水系统图，表示各干立管空间位置及详细布置。由图可知：

1. 采暖入口干管接阀门、温度计、压力表等后（具体见 12N1-13），上返进入室内地沟，在地沟内分为东西两支，一支向西接采暖立管（NL1），另一支向东接采暖立管 2（NL2）。NL1 在接阀门后，向上走在一层及二层接分集水器后，再向上走接阀门及自动排气阀。NL2 在接阀门后，向上走在一层接散热器后，再向上走接阀门及自动排气阀。从图中能看出各管道管径的大小。
2. 给水干管接止回阀、水表后上返进入室内地沟，在地沟内分为两支，一支先向西后，再向北接至给水立管 1（GL1）；另一支先向南后，再向东接至给水立管 2（GL2）。以 GL1 为例进行阅读，从地沟干管接出后，向上在一层地面接阀门后，接一个三通，一支向南接阀门后接一层厨房洗涤盆给水；另一支向上接至二层卫生间，接阀门后接一个三通，一支向南依次接电热水器及淋浴器后，向东接洗衣机给水；另一支向东依次接洗脸盆及坐便器给水。从图中能看出管道管径的大小。同理可阅读 GL2。
3. 排水系统图以 PL3 为例进行阅读，二层卫生间的排水横支管为两支，一支向西接洗脸盆排水；另一支向南依次接地漏及坐便器排水，再向西接地漏。一层卫生间的排水横支管为两支，一支向西接洗脸盆排水，向南接地漏；另一支向南接坐便器排水，再向西接地漏。各层卫生间排水均汇入排水立管，管径 $De110$，排水立管向下至地面以下排出室外，排出管管径为 $DN125$，坡度为 0.02，管中心标高为−1.900m，排水立管出屋顶 1.00m，排水立管一、二层设检查口，高度距地面 1.00m。

从图中能看出各管道管径的大小。同理可阅读 PL1 及 PL2。

注：排水排出管标高需与室外排水标高核实后方可施工。

×××××建筑勘察设计有限公司				业主	×××房地产开发有限责任公司	采暖、给排水系统图		工程编号	××××-××-×
								档案编号	××××-××-×
审批人		设计总负责人	校对人	工程项目	×××住宅小区			电子文件号	××××-××-×
审定人		专业负责人	设计人			比例 1:50	日期 ××××.××	图号	设施 07
			制图人		子项 ×××别墅				

×××建设项目办公用房

工程地点　　×××市
设计编号　　××××-××
设计阶段　　施工图
设计证书编号　　×××

院　　长 ________

×××建筑勘察设计有限公司
×××年×月

建筑施工图设计说明（一）

1 设计依据

1.1 建设单位提供的设计要求及建设方认可的建筑设计方案
1.2 建设单位提交的现场总平面图及有关高程数据、地质勘探资料
1.3 当地政府相关部门的批文、批件、批复等政府文件
1.4 国家及当地颁发的现行有关规范、规程、工程建设标准：

《民用建筑设计通则》	(GB 50352—2005)
《建筑设计防火规范》	(GB 50016—2014)
《办公建筑设计规范》	(JGJ 67—2006)
《工程建设标准强制性条文》(房屋建筑部分)	2013 年版
《屋面工程技术规范》	(GB 50345—2012)
《无障碍设计规范》	(GB 50763—2012)
《建筑内部装修设计防火规范》	(GB 50222—2017)
《建筑玻璃应用技术规程》	(JGJ 113—2015)
《玻璃幕墙工程技术规范》	(JGJ 102—2013)
《建筑工程建筑面积计算规范》	(GB/T 50353—2013)
《公共建筑节能设计标准》	(GB 50189—2015)
12 系列建筑标准设计图集（内蒙古）	(DBJT 03—22—2014)
国家建筑标准设计图集	国家及内蒙古自治区颁布现行有关规范、规定、技术措施与制图标准

2 工程概况

2.1 工程名称：×××投资开发集团有限责任公司×××建设项目办公用房。
2.2 建设单位：×××投资开发集团有限责任公司。
2.3 建设地点：×××市。
2.4 项目概况：本工程为多层公共建筑，使用功能为办公用房。
2.5 主要技术经济指标
2.5.1 总建筑面积：4006.36m²。
2.5.2 建筑层数、层高及高度：地上 4 层；一层 4.50m，二、三层 4.20m，四层 4.80m，局部 6.30m；建筑总高度为 18.60m。
2.6 建筑类别及耐火等级：本工程为多层民用建筑；建筑的耐火等级为二级。
2.7 设计标高
2.7.1 本工程绝对标高根据甲方提供的实测标高，±0.000（一层地面标高）为 1065.65m。
2.7.2 各图标注标高凡在标高后标注（结构标高）字的为结构面标高，其他均为建筑标高。
2.8 结构形式及抗震设防：本工程抗震设防烈度为 8 度。结构形式为钢筋混凝土框架结构。
2.9 设计使用年限：本工程设计合理使用年限为 50 年。

3 主要建筑构造及材料做法说明

3.1 墙体工程
3.1.1 墙体的基础部分详见结施图。
3.1.2 地上部分非承重的填充墙墙体材料（除特别注明外）为 B06 级蒸压加气混凝土砌块，加气块的强度等级不低于 A5.0，砌筑砂浆用不低于 Ma5.0 的砂浆。
3.1.3 墙身防潮层：在室内地坪下约 60mm 处做 1：2 水泥砂浆内加 5%防水剂的墙身防潮层（在此标高为钢筋混凝土构造或为砌石构造时可不做）。
3.1.4 防火墙、防火隔墙为 200mm 厚加气混凝土砌块，位置详见建筑平面图标注，防火墙、防火隔墙均应从基础、梁、板的基层砌筑至梁、楼板底面基层。
3.1.5 排风道处 100mm 厚隔墙为加气混凝土砌块墙，砌筑用砂浆为不低于 Ma5.0 的砂浆。
3.1.6 卫生间轻质墙体四周除门洞外，做 200mm 高现浇 C20 混凝土带，宽度同墙厚。
3.1.7 墙体砌筑构造和技术要求见 12 系列建筑标准设计图集《蒸压加气混凝土砌块墙》12J3-3 图集及《混凝土小型空心砌块填充墙建筑、结构构造》14J102-2、14G-614 图集说明和有关节点。

3.2 墙体留洞及封堵
3.2.1 砌筑墙预留洞见建施和设备图，砌筑墙体预留洞过梁见结施说明。
3.2.2 预留洞的封堵：留洞待管道设备安装完毕后，用 C20 细石混凝土填实，加钢板网，耐火极限不小于 2h。
3.3 室内所设排风道、竖井、电缆井等墙壁砌筑时灰缝砂浆必须饱满，采用 1：2.5 水泥砂浆随砌随抹光，确保井道不漏风，保证其密闭性；管道井门洞口均做 300mm 高门槛。
3.4 砌体隔墙一律砌至板底或梁底满足抗震要求，防火墙上有穿管的一律加防火套管，剩余空隙必须用 C20 细石混凝土填实补严、抹平。
3.5 当钢结构采用防火涂料保护时，可采用膨胀型或非膨胀型防火涂料，露天钢结构，应选用适合室外用的钢结构防火涂料。

4 防水工程

4.1 屋面防水工程
4.1.1 屋面防水工程应严格按照《屋面工程技术规范》（GB 50345—2012）进行施工。
4.1.2 屋面防水工程：本工程屋面排水采用有组织内排水系统，屋面防水等级Ⅰ级，屋面防水层采用（4+3）厚自粘聚合物改性沥青防水卷材（聚酯胎），详见工程做法及大样图。
4.1.3 屋面构造做法见室外工程做法表；雨篷等见各层平面图及有关详图。
4.1.4 屋面排雨水见屋顶平面图，内排水雨水管见水施图，外排雨水斗、雨水管见屋顶平面图标注。
4.1.5 雨水管的公称直径详见水施相关图纸，无特别注明外均为 $DN100$。
4.1.6 出屋面管道做法见：12J5-1-A21，卫生间通风道出屋面做法见：12J5-1-A18，屋面设备基础应高出防水层 250mm，做法见：12J5-1-A14-4。
4.1.7 屋面细部构造包括檐口、檐沟和天沟、女儿墙和山墙、水落口、变形缝、伸出屋面管道、屋面出入口、反梁过水孔、设施基座、屋顶窗等部位均应满足《屋面工程技术规范》2012 版 4.11.1 条中的相关构造要求进行加强。
4.1.8 细部构造设计应做到多道设防、复合用材、连续密封、局部增强，并应满足《屋面工程技术规范》2012 版 4.11.2 条关于使用功能、温差变形、施工环境条件和可操作性等要求。
4.1.9 细部构造所用密封材料的选择应符合如下规定：
1）应根据当地历年最高气温、最低气温、屋面构造特点和使用条件等因素，选择耐热度、低温柔性相适应的密封材料。
2）应根据屋面接缝变形的大小以及接缝的宽度，选择位移能力相适应的密封材料。
3）应根据屋面接缝黏结性要求，选择与基层材料相容的密封材料。
4）应根据屋面接缝的暴露程度，选择耐高低温、耐紫外线、耐老化和耐潮湿等性能相适应的密封材料。
4.1.10 细部构造中容易形成热桥的部位均应进行保温处理。
4.1.11 檐口、檐沟外侧下端及女儿墙压顶内侧下端等部位均应做滴水处理，滴水槽宽度和深度不宜小于 10mm。
4.2 其他防水
4.2.1 卫生间防水层均为 1.5mm 厚单组分聚氨酯防水涂膜两道，楼、地面防水涂膜 1.5mm 厚，墙面 1.5mm 厚，具体做法详见工程做法表，墙面上翻 300mm 高。
4.2.2 配电室、消防控制室等房间的楼地面、墙面均设置防水层，防水层均为 4mm 厚 SBS 改性沥青防水卷材（聚酯胎）。
4.2.3 管道穿过有防水要求的楼面应按规定做防水套管，套管突出面层 30mm，管道与套管间隙采用油麻灰填塞密实。
4.2.4 屋面防水层和楼面（卫生间）防水层做完后应按要求做闭水实验，确认合格后再进行下道工序施工。
4.2.5 本工程中所选用的防水材料需采用项目所在地有关部门认证的合格产品，防水施工应严格执行有关施工验收规范。

5 门窗工程

5.1 本工程外门采用铝合金型材保温门，外窗采用断桥铝合金中空双玻窗，建筑外门窗的气密性能、水密性能、保温性能、隔声性能、抗风压性能由厂家计算，且均应严格执行国家有关质量规范及地方的有关法规。
5.2 外门窗、玻璃幕墙的细部设计应符合以下规定：
5.2.1 门窗、幕墙的面板缝隙应采取良好的密封措施。玻璃或非透明面板四周应采用弹性好且耐久的密封条或密封胶密封。
5.2.2 开启扇应采用双道或多道密封，并采用弹性好且耐久的密封条。
5.2.3 门窗和幕墙周边与墙体或其他维护结构连接处应为弹性材料，采用防潮型保温材料填塞，缝隙应采用密封剂或密封胶密封。
5.2.4 外窗和幕墙应进行结露验算，在设计计算条件下，其内表面温度不宜低于室内的露点温度。外窗、玻璃幕墙的结露验算应符合《建筑门窗玻璃幕墙热工计算规程》的规定。
5.2.5 玻璃幕墙与隔墙、楼板或梁之间的缝隙以及幕墙的非透明部分内侧，应采用高效、耐久且防火性能好的保温材料（岩棉）进行保温。保温材料所在的空间应充分隔气密封，防止冷凝水进入保温材料中。
5.3 本工程建筑外门窗抗风压性能≥3000Pa，不应低于《建筑外门窗气密、水密、抗风压性能分级及检测方法》（GB/T 7106—2008）规定的 5 级；且应满足×××地区重现期 50 年风压要求，承包厂家须通过设计计算并符合规范规定值。
5.4 外窗的气密性不应低于《建筑外门窗气密、水密、抗风压性能分级及检测方法》《GB/T 7106—2008》规定的 6 级。
5.5 外门的气密性能不应低于《建筑外门窗气密、水密、抗风压性能分级及检测方法》《GB/T 7106—2008》规定的 4 级。
5.6 外窗的保温性能不应低于《建筑外门窗保温性能分级及检测方法》（GB/T 8484—2008）规定的 5 级。
5.7 门窗玻璃的选用应遵照《建筑玻璃应用技术规程》（JGJ 113—2015）和《建筑安全玻璃管理规定》发改运行［2003］主管部门有关规定。外门窗玻璃采用 6mm 透明玻璃+12 空气+6mm 透明玻璃+12 空气+6mm 透明玻璃，玻璃厚度最终由门窗厂家计算复核，满足规范要求。窗框为隔热断桥铝合金，表面氟碳喷涂。窗开启扇设置隐形纱窗，窗框颜色和玻璃颜色见厂家二次设计。
5.8 本工程下列部位所用玻璃均采用安全玻璃：
a. 玻璃栏板以及玻璃幕墙；室内隔断；
b. 建筑内外各入口及门厅处的玻璃门；
c. 单块大于 1.5m² 窗所用的玻璃和窗台低于装修面 500mm 处窗所用的玻璃；
d. 落地窗及易遭受撞击、冲击而造成人体伤害的其他部位的门窗玻璃。
5.9 门窗立樘：外门窗立樘详见墙身节点图，内门窗立樘除图中另有注明者外，门窗立樘均居于墙中，门窗安装方式和加工制作见《常用门窗》12J4-1 的有关节点和说明；防火门、防火窗、安全门的安装和制作见《专业门窗》12J4-2 的有关节点和说明。
5.10 防火墙和公共走廊上疏散用的平开防火门应设闭门器，双扇平开防火门安装闭门器和顺序器。
5.11 门窗立面均表示洞口尺寸，门窗加工尺寸要按照装修面厚度由承包商予以调整。

6 幕墙工程

6.1 本工程局部设有玻璃幕墙；采用中空安全玻璃（6mm 安全玻璃+12 空气+6mm Low-E），Low-E 玻璃镀膜位于内层玻璃的外侧。
6.2 玻璃幕墙的设计、制作和安装应执行《玻璃幕墙工程技术规范》（JGJ 102—2013）。

建设单位	×××投资开发集团有限责任公司		图名	建筑施工图设计说明（一）		工程编号	××××-××
						档案编号	
						电子文件号	
工程项目	×××建设项目					图号	建施
	子项	办公用房	比例	1∶100	日期 ××××.××		01

建筑施工图设计说明（二）

6.3　本工程的幕墙立面图仅表示立面形式、分格、开启方式、颜色和材质要求，其中玻璃部分应执行《建筑玻璃应用技术规程》JGJ 113、《建筑安全玻璃管理规定》发改运行［2003］2116 号。

6.4　玻璃幕墙气密性依《建筑幕墙》（GB/T 21086—2017）规定不低于3级。

6.5　室外玻璃幕墙做法见 12J3-1-M1～M8 的相关构造及要求。

6.6　幕墙工程及首层全玻门窗、楼层的铝合金门窗须由具有相应设计施工资质的专业厂家与设计人员配合进行图纸二次设计。

6.7　幕墙工程应满足防火墙两侧、窗间墙、窗槛墙的防火要求，同时应满足预埋件和受力部位的其它相关要求，结构施工图中表达清楚，以便施工中及时预埋；满足外围护结构的各项物理、力学性能要求。

6.8　幕墙所选材料应符合国家现行产品标准的规定，同时应有出厂合格证。

6.9　幕墙所选材料的物理力学及耐气候性能应符合设计要求。

6.10　同一幕墙工程应采用同一品牌的硅酮结构密封胶和硅酮耐候密封胶配套使用。

6.11　基层墙体应平整结实，不能有突出物，墙面不能有影响粘接的污染物，做到墙面清洁整齐。

6.12　胶黏剂应保证质量、技术性能满足要求，应均能承受外墙各层构造中的荷载。

6.13　幕墙所用所有龙骨除不锈钢外，所有角钢、钢板均应热镀锌或刷防锈漆。

6.14　幕墙安装时与龙骨连接时要牢固，防止松动、掉落。

6.15　室外幕墙工程需具有设计资质的单位二次设计提供图纸并负责施工或现场指导进行施工。

6.16　幕墙工程应配合土建、机电、擦窗设备、景观照明工程的各项要求。

7　外装修工程

7.1　外装修设计和做法索引见“立面图”及外墙详图。

7.2　本工程外立面装饰材料、颜色见立面注释。

7.3　承包商进行二次设计的轻钢结构、装饰物等，经确认后，应向建筑设计单位提供预埋件的设置要求。

7.4　外装修选用的各项材料其材质、规格、颜色等，均由施工单位提供样板，经甲方和建筑设计方确认后进行封样，并据此验收。

8　内装修工程

8.1　内装修工程执行《建筑内部装修设计防火规范》（GB 50222—1995）。楼地面部分执行《建筑地面设计规范》（GB 50037—2013）。一般装修见“室内装修做法表”。

8.2　楼地面构造交接处和地坪高度变化处，除图中另有注明者外均位于齐平门扇开启面处。

8.3　室内混合砂浆抹灰墙面、柱和墙阳角，均做宽 100、2000 高 20 厚 1∶2水泥砂浆护角。

8.4　凡靠墙木构件、预埋木砖应先刷防腐剂两道，木装修需在衬板和木龙骨刷防火涂料。

8.5　所有露明铁件、管道挂件、预埋铁件、屋面雨水口等均刷防锈漆两道。

8.6　凡设有地漏的房间均做防水层（同卫生间），图中除特别注明者外，均找 0.5%坡度坡向地漏，图中未注明地漏者见水施。卫生间的楼地面除标注者外，均低于相邻房间 20mm。

8.7　楼板留洞、留孔应与专业施工密切配合，避免后凿后打，影响质量。

8.8　内装修选用的各项材料应按照本图提供的材料做法、重量、厚度进行，且制作样板，经确认后进行封样，并据此进行验收。施工中应严格执行国家各项施工质量验收规范。

9　油漆工程

9.1　室内装修所采用的油漆涂料见“室内装修做法表”。

9.2　本工程木做活油漆选用浅灰色磁漆，做法详见 12J1。

9.3　室内外各项露明金属件的油漆为刷防锈漆 2 道后再做同室内外部位相同颜色的调和漆三遍，做法详见 12J1。

9.4　凡靠墙木构件、预埋木砖应先刷防腐剂两道，木装修需在衬板和木龙骨刷防火涂料。

9.5　各项油漆均由施工单位制作样板，经确认后进行封样，并据此进行验收。

10　室外工程、玻璃采光顶工程

10.1　室外台阶、坡道、散水等工程做法见一层平面图及墙身大样图中相关注释并增设 300 厚中砂防冻胀层。

10.2　高出屋面结构板的玻璃女儿墙，采用的安全玻璃为夹层玻璃，其胶片厚度不应小于 0.76mm。

10.3　玻璃雨棚应符合《建筑玻璃应用技术规程》（JGJ 113—2015）中的相关规定。

10.4　玻璃雨棚支承结构选用的金属材料应做防腐处理，金属型材应做表面处理；不同金属构件接触面之间应采取隔离措施。

10.5　玻璃雨棚的玻璃采用夹层中空玻璃，其胶片厚度不应小于 0.76mm。

11　建筑设备、设施工程

11.1　卫生洁具、成品隔断由建设单位与设计单位商定，并应与施工配合。

11.2　灯具、送风口、回风口等影响美观的器具须经建设单位与设计单位确认样品后，方可批量加工、安装。

11.3　窗帘杆轨见二次装修设计，部分高大空间的窗帘为电动窗帘，具体部位详见室内装修表。

11.4　二次结构砌筑时，所有的设备洞口详见建筑、设备及电气施工图纸，如有疑问及时与设计人员沟通。

12　无障碍设计

12.1　首层设有无障碍出入口，具体位置详见一层平面图。

12.2　建筑首层坡道均按要求设置并在装修时设置无障碍标志。

12.3　一层卫生间设有无障碍卫生间隔间。

12.4　有一部电梯（DT1）为无障碍电梯。

13　墙体图例

比例	1∶150　1∶100	1∶50	≥1∶25
混凝土墙柱			
加气混凝土砌块墙			

14　建筑消防设计说明

14.1　本工程属多层民用建筑，按《建筑设计防火规范》（GB 50016—2014）设计；建筑耐火等级：本工程建筑耐火等级为二级。

14.2　建筑高度：18.60m。

14.3　总平面布局

14.3.1　总平面设计建筑四周设有 6m、4.5m 宽度的消防环路，消防车道转弯半径为 12.0m；与周边建筑之间距离满足消防间距要求。

14.3.2　消防车道的路面、地下面的管道和暗沟等应能承受重型消防车的压力（33t）。

14.4　防火分区

14.4.1　本工程防火分区划分为：一、二层为一个防火分区，面积为 1884.01m²；三层为一个防火分区，面积为 995.08m²；四层为一个防火分区，面积为 1025.1m²。

14.4.2　防火分区之间采用耐火极限不低于 3.0h 的防火墙和甲级防火门。

14.5　平面布置

14.5.1　本工程大会议室（120 人）设置在四层，建筑面积为 245.43m²，设有两个疏散门，满足《建筑设计防火规范》（GB 50016—2014）中第 5.4.8 条的规定。

14.5.2　配电室布置在一层，配电室与相邻空间采用耐火极限不低于 2.0h 的防火隔墙和 1.5h 楼板分隔，门为甲级防火门。

14.6　安全疏散

14.6.1　本工程共设有 2 部安全疏散楼梯，且分散布置，均靠外墙设置，均有可开启外窗；有一部楼梯（LT1）通向屋面，门向外开启。

14.6.2　每部疏散楼梯间在首层均能直通室外，且距离室外疏散距离均小于 15m。

14.6.3　每个防火分区均有两部安全疏散楼梯。位于两个安全出口之间的疏散门均小于 40m，位于袋形走道两侧或尽端的疏散门均小于 22m，符合《建筑设计防火规范》（GB 50016—2014）中第 5.5.17 的相关规定。

14.6.4　楼梯间的设置符合《建筑设计防火规范》（GB 50016—2014）中第 6.4 中的相关规定。

14.6.5　安全疏散距离均满足《建筑设计防火规范》（GB 50016—2014）中第 5.5.17 中的相关规定。

14.6.6　建筑首层安全疏散外门口上方均设有挑出宽度不小于 1.0m 的防护挑檐。

14.6.7　每个防火分区、设有两个安全疏散门的房间上的两个疏散门最近边缘之间的水平距离不小于 5m。

14.7　防火门、防火窗

14.7.1　防火门、防火窗、防火卷帘均满足《建筑设计防火规范》（GB 50016—2014）中第 6.5 中的规定。

14.7.2　设置在建筑内经常有人通行处的防火门宜采用常开防火门，常开防火门应能在火灾时自行关闭，并应具有信号反馈的功能。除允许设置常开防火门的位置外，其他位置的防火门均应采用常闭防火门。常闭防火门应在其明显位置设置“保持防火门关闭”等提示标识。

建设单位	×××投资开发集团有限责任公司		图名		工程编号	××××-××
			建筑施工图设计说明（二）		档案编号	
					电子文件号	
工程项目	×××建设项目				图号	建施
	子项	办公用房	比例 1∶100	日期 ××××.××		02

建筑施工图设计说明（三）

14.7.3　防火门设有自行关闭装置，双扇防火门设有按顺序自行关闭装置。

14.7.4　防火门在内外两侧均能手动开启。

14.7.5　防火门在关闭后具有防烟性能。

14.7.6　防火门应符合现行国家标准《防火门》（GB 12955—2008）的规定。

14.7.7　设置在防火墙、防火隔墙上的防火窗，设有在火灾时能自行关闭的装置。

14.7.8　防火窗应符合现行国家标准《防火窗》（GB 16809—2008）的规定。

14.8　其他构造及措施：

14.8.1　防火墙、防火隔墙为200mm厚加气混凝土砌块墙，位置详见建筑平面图标注，防火墙、防火隔墙均应从基础、梁、板的基层砌筑至梁、楼板底面基层；上人屋面的屋面板为现浇钢筋混凝土板，耐火极限不小于1.0h。

14.8.2　本工程防火墙为200厚加气混凝土砌块墙，防火墙上的门、窗为甲级防火门、窗。

14.8.3　本工程窗槛墙高度均不小于1.2m，防火墙两侧外窗洞口之间最近边缘水平距离小于2.0m的，设置乙级防火门、窗，可开启的防火门、窗在发生火灾时应能自行关闭。

14.8.4　建筑内的电缆井、管道井应在每层楼板处采用不低于楼板耐火极限的不燃材料或防火封堵材料封堵。建筑内的电缆井、管道井与房间、走道等相连通的孔隙应采用防火封堵材料封堵。

14.8.5　所有管道在穿越防火隔墙、楼板和防火墙处的缝隙用专用防火材料封堵。

14.8.6　所有暗装于墙上的消火栓、分集水器、配电箱等洞口，安装完毕后背侧均应做防火处理，其构造材料耐火极限不小于2.0h。

14.8.7　外墙保温材料为100厚憎水型岩棉板，为A级保温材料，幕墙与每层楼板、隔墙处的缝隙采用100厚岩棉封堵。

14.8.8　钢结构（玻璃雨棚）表面刷防火涂料两遍耐火极限不小于1.0h。

14.8.9　电梯层门的耐火极限不应低于1.00h，并应符合现行国家标准《电梯层门耐火试验　完整性、隔热性和热通量测定法》（GB/T 27903—2011）规定的完整性和隔热性要求。

14.8.10　建筑装修：本工程内装修墙地面材料均为不燃或难燃，燃烧性能达到A级或B1级，符合《建筑内部装修设计防火规范》（GB 50222—1995）的相关规定。

14.8.11　室内装修材料选用时应按规范要求由供货商提供燃烧性能报告，经监理、建设单位确认再行订货和施工。

15　其他注意事项

15.1　本工程施工图需经消防及图纸审查中心审查通过后方可施工，施工中应严格执行国家各项施工质量验收规范。

15.2　施工单位应根据本设计所注尺寸进行施工，不得从图中直接量取，如有问题请及时与设计方联系解决。

15.3　施工单位须严格遵照本设计图纸并密切配合其他专业施工图纸进行施工，各专业如有不一致，请及时与设计方联系解决。

15.4　本工程围护结构的空气声隔声量及楼板撞击声隔声量应符合现行国家标准《民用建筑隔声设计规范》（GB 50118—2010）的规定。

15.5　室内外装修材料选择、门窗选择及电气、设备、电梯选择应会同建设、设计、监理单位共同确认再行订货施工。

15.6　两种材料的墙体交接处，应根据饰面材质在做饰面前加钉金属网或在施工中加贴玻璃丝网格布防止裂缝。

15.7　本图施工时应与其他专业设计密切配合，如果发现各专业设计与本图有矛盾之处应与设计单位联系研究，修改补充后方可施工。

15.8　本工程所选的材料尽可能采用环保节能型材料。

15.9　室内环境污染物控制应满足《民用建筑工程室内环境污染控制规范》（GB 50325—2010）中的相关条款规定，具体详见下表：

污染物	Ⅰ类民用建筑工程	Ⅱ类民用建筑工程
氡/(Bq/m³)	d200	d400
甲醛/(mg/m³)	d0.08	d0.1
苯/(mg/m³)	d0.09	d0.09
氨/(mg/m³)	d0.2	d0.2
TVOC/(mg/m³)	d0.5	d0.6

16　建筑节能设计说明

16.1　工程名称：×××投资开发集团有限责任公司×××建设项目办公用房。

建筑类型：本工程为多层民用建筑；结构类型：钢筋混凝土框架结构。

16.2　总建筑面积：4006.36m²。建筑层数：地上4层；建筑总高度为18.60m。

16.3　本工程为甲类公建，地处气候分区严寒区的C区；采暖期室外计算温度−4.4℃；采暖度日数4186℃·d。

16.4　建筑维护结构各部分的节能措施与热工性能详见下表：

<table>
<tr><th colspan="2">建筑维护结构</th><th>采用的节能措施与构造</th><th colspan="2"></th><th>传热系数/[W/(m²·K)]</th><th colspan="3">备注</th></tr>
<tr><td colspan="2">屋面</td><td>采用130厚挤塑聚苯板保温层</td><td colspan="2"></td><td>0.25</td><td colspan="3">燃烧性能等级B1级；容重30kg/m³</td></tr>
<tr><td colspan="2">外墙</td><td>采用100厚岩棉板保温层</td><td colspan="2"></td><td>0.43</td><td colspan="3">燃烧性能等级A1级；容重120kg/m³</td></tr>
<tr><td colspan="2">底面接触室外空气的架空层或外挑楼板</td><td>采用85厚超细无机纤维保温层</td><td colspan="2"></td><td>0.42</td><td colspan="3">燃烧性能等级A1级；容重38kg/m³</td></tr>
<tr><td rowspan="4">单一朝向外窗（包括透明幕墙）</td><td>东</td><td>断桥铝合金中空窗</td><td rowspan="4">窗墙面积比</td><td>0.28</td><td>2.22</td><td rowspan="4">气密性</td><td>6</td><td rowspan="4">外窗：6mm透明玻璃+12空气+6mm透明玻璃+12空气+6mm透明玻璃
玻璃幕：6mm透明玻璃+12空气+6mm Low-E高透光
镀膜面位于内层玻璃的外侧</td></tr>
<tr><td>西</td><td>断桥铝合金中空窗</td><td>0.31</td><td>2.31</td><td>6</td></tr>
<tr><td>南</td><td>断桥铝合金中空窗</td><td>0.51</td><td>2.26</td><td>6</td></tr>
<tr><td>北</td><td>断桥铝合金中空窗</td><td>0.35</td><td>2.21</td><td>6</td></tr>
<tr><td>地面</td><td>周边</td><td colspan="4">采用50厚挤塑聚苯板保温层（燃烧性能等级B1级；容重30kg/m³）</td><td colspan="3">热阻值：139(m²·K)/W</td></tr>
</table>

注：外窗采用中空三玻窗，传热系数：2.20W/(m²·K)，玻璃幕采用中空Low-E双玻窗，传热系数2.50W/(m²·K)。

16.5　本工程所用保温材料要求：

超细无机纤维保温（A1），容重38kg/m³，标准导热系数0.035W/(m·K)，计算导热系数0.0385W/(m·K)。

岩棉保温板（A），容重120kg/m³，标准导热系数0.045W/(m·K)，计算导热系数0.0585W/(m·K)。

挤塑聚苯板（B1），容重30kg/m³，标准导热系数0.03W/(m·K)，计算导热系数0.036W/(m·K)。

加气混凝土砌块，容重700kg/m³，标准导热系数0.22W/(m·K)，计算导热系数0.275W/(m·K)。

16.6　外窗（包括玻璃幕墙）均为断桥铝合金中空双玻窗（6透明+12空气+6Low-E），镀膜面位于外层玻璃的内侧。玻璃幕墙可见光反射比不大于0.2。

16.7　甲类公共建筑单一立面窗墙面积比小于0.40时，透光材料的可见光透射比不应小于0.60；甲类公共建筑单一立面窗墙面积比大于等于0.40时，透光材料的可见光透射比不应小于0.40；甲类公共建筑外窗（包括透光幕墙）应设可开启窗扇，其有效通风换气面积不宜小于所在房间外墙面积的10%；当透光幕墙受条件限制无法设置可开启窗扇时，应设置通风换气装置。

16.8　玻璃外门采用铝合金型材保温门（6透明+12空气+6Low-E），镀膜面位于外层玻璃的内侧，导热系数为2.5W/(m²·K)。

16.9　出屋面的外门采用金属三防门，导热系数为1.35W/(m²·K)。

16.10　出屋面的楼梯间外墙采用60厚岩棉板（容重120kg/m³）。

16.11　外墙挑出及附墙构件如：女儿墙内侧、风道管井、外门窗洞口等做30mm厚岩棉板（容重120kg/m³）。

16.12　外墙的门窗细部构造详见建筑设计总说明中5门窗工程中的要求。

16.13　在正确使用和正常维护的条件下，外墙外保温工程的使用年限不少于25年。

16.14　围护结构保温应严格按照成套保温体系技术标准施工，以保证保温系统的质量。节能工程除按以上设计要求施工外，围护结构选用的保温材料进场后需检验合格方可施工，其构造做法及节点细部等竣工后进行检验，按照现行的节能验收标准验收以保证施工质量达到节能的要求。

建设单位	×××投资开发集团有限责任公司		图名	建筑施工图设计说明（三）		工程编号	××××-××
						档案编号	
						电子文件号	
工程项目	×××建设项目					图号	建施
	子项	办公用房	比例	1∶100	日期 ××××.××		03

工程做法表（一）

一、地面工程

地1　地砖地面

1. 10厚地砖铺实拍平，稀水泥浆擦缝
2. 30厚1∶3干硬性水泥砂浆
3. 素水泥浆一道
4. 100厚C20细石混凝土垫层
5. 50厚挤塑聚苯乙烯泡沫塑料板（距外墙内皮2m以内范围设置此层，密度：30kg/m³）
6. 0.4厚塑料膜浮铺防潮层（室内距外墙内皮2m范围外此做法取消）
7. 20厚1∶3水泥砂浆找平层
8. 素水泥浆一道
9. 60厚C20细石混凝土垫层
10. 150厚卵石灌浆
11. 素土夯实

地2　防滑地砖地面（有水房间）

1. 10厚防滑地砖铺实拍平，稀水泥浆擦缝
2. 30厚1∶3干硬性水泥砂浆
3. 素水泥浆一道
4. 40厚细石混凝土找平层
5. 1.5厚单组分聚氨酯防水涂膜两道，四周沿墙上翻300mm高（淋浴室2500高）
6. 最薄处20厚1∶3水泥砂浆或C20细石混凝土找坡层抹平
7. 素水泥浆一道
8. 100厚C15混凝土垫层
9. 50厚挤塑聚苯乙烯泡沫塑料板（距外墙内皮2m以内范围设置此层，密度：30kg/m³）
10. 0.4厚塑料膜浮铺防潮层（室内距外墙内皮2m范围外此做法取消）
11. 20厚1∶3水泥砂浆找平层
12. 素水泥浆一道
13. 60厚C20细石混凝土垫层
14. 150厚卵石灌浆
15. 素土夯实

二、楼面工程

楼1　地砖楼面

1. 10厚地砖铺实拍平，稀水泥浆擦缝
2. 40厚1∶3干硬性水泥砂浆
3. 素水泥浆一道
4. 现浇钢筋混凝土楼板

楼2　花岗石楼面

1. 20厚花岗石铺实拍平，稀水泥浆擦缝
2. 30厚1∶3干硬性水泥砂浆
3. 素水泥浆一道
4. 现浇钢筋混凝土楼板

楼3　防滑地砖楼面（有水房间）

1. 10厚防滑地砖铺实拍平，稀水泥浆擦缝
2. 素水泥浆一道
3. 40厚细石混凝土找平层
4. 1.5厚单组分聚氨酯防水涂膜两道，四周沿墙上翻1800mm高（高度为装饰完成面）
5. 最薄处30厚C20细石混凝土找坡层抹平
6. 素水泥浆一道
7. 现浇钢筋混凝土楼板

三、踢脚工程

踢1　面砖踢脚

1. 钢筋混凝土墙柱或加气混凝土砌块墙体
2. 刷专用界面剂一遍
3. 9厚1∶3水泥砂浆
4. 6厚1∶2水泥砂浆
5. 素水泥浆一道
6. 3～4厚1∶1水泥砂浆加水重20%建筑胶黏结层
7. 5～7厚面砖，稀水泥浆擦缝

踢2　花岗岩踢脚

1. 钢筋混凝土墙柱或加气混凝土砌块墙体
2. 刷专用界面剂一遍
3. 9厚1∶3水泥砂浆
4. 6厚1∶2水泥砂浆
5. 素水泥浆一道
6. 4～5厚1∶1水泥砂浆加水重20%建筑胶黏结层
7. 8～10厚石材面层，稀水泥浆擦缝

四、内墙面工程

内墙1　乳胶漆墙面

1. 钢筋混凝土墙柱或加气混凝土砌块墙体
2. 素水泥浆一道甩毛（内掺建筑胶）
3. 15厚1∶3水泥砂浆打底扫毛
4. 5厚1∶2水泥砂浆罩面，压实赶光
5. 满刮2～3厚腻子，打磨平整刷乳胶漆两道

内墙2　刮腻子墙面

1. 钢筋混凝土墙柱或加气混凝土砌块墙体
2. 素水泥浆一道甩毛（内掺建筑胶）
3. 15厚1∶3水泥砂浆打底扫毛
4. 5厚1∶0.5∶2.5水泥石膏砂浆找平
5. 2～3厚柔性耐水腻子分遍刮平

内墙3　釉面砖防水墙面

1. 钢筋混凝土墙柱或加气混凝土砌块墙体
2. 刷专用界面剂一遍
3. 15厚1∶3水泥砂浆打底扫毛
4. 1.5聚合物水泥防水涂料
5. 素水泥浆一道
6. 3～4厚1∶1水泥砂浆加水重20%建筑胶黏结层
7. 5～7厚釉面砖，白水泥浆擦缝

五、顶棚工程

棚1　乳胶漆涂料顶棚

1. 钢筋混凝土板底面清理干净
2. 满刮2～3厚腻子，打磨平整刷乳胶漆两道

棚2　板底刮腻子顶棚

1. 钢筋混凝土板底面清理干净
2. 2～3厚柔性耐水腻子分遍刮平

棚3　铝合金板吊顶

1. 配套金属龙骨
2. 铝合金方（矩）形板

棚4　纸面石膏板吊板

1. 轻钢龙骨双层骨架：主龙骨中距900～1000mm，次龙骨中距450mm，横撑龙骨中距900mm。
2. 9.5厚900mm×2700mm纸面石膏板，自攻螺钉拧牢，孔眼用腻子填平
3. 满刮2～3厚腻子，打磨平整刷乳胶漆两道

棚5　矿棉板吊顶

1. 铝合金配套龙骨，主龙骨中距900～1000mm，T形龙骨中距503或603，横撑中距503或603
2. 15厚500mm×500mm或600mm×600mm矿棉板装饰板

棚6　保温顶棚（用于室外挑空、架空楼板）

1. 钢筋混凝土板底面清理干净
2. 固定连接件
3. 喷涂专用界面剂
4. 喷涂85厚超细无机纤维保温层（分层喷涂）
5. 喷专用面胶
6. 配套龙骨固定于连接件
7. 2.5厚铝板

六、外墙面工程

外墙1　真石漆或质感漆墙面

1. 钢筋混凝土墙柱或加气混凝土砌块墙体
2. 刷专用界面剂一遍
3. 9厚1∶3水泥砂浆
4. 6厚1∶2.5水泥砂浆找平层
5. 100厚岩棉板保温层（容重120kg/m³，燃烧性能等级A级）
6. 5厚干粉类聚合物水泥防水砂浆，中间压入一层耐碱玻璃纤维网布
7. 喷或滚刷底涂料一遍
8. 喷或滚刷面层涂料（漆）两遍

外墙2　石材（25厚）、铝板（3.5厚）墙面

1. 钢筋混凝土墙柱或加气混凝土砌块墙体
2. 15厚1∶3水泥砂浆找平层
3. 墙体固定连接件及竖向龙骨
4. 100厚岩棉板保温层，板两表面及侧面涂刷界面剂，配套胶黏剂粘贴（岩棉容重120kg/m³）
5. 锚栓锚固岩棉板
6. 铺设防水透气膜
7. 按石材高度安装配套不锈钢挂件
8. 25厚石材板或3.5厚铝板，用硅酮密封胶填缝

七、屋面工程

屋面1　地砖保护层屋面（上人屋面）

1. 面层：8～10厚防滑地砖铺平拍实，缝宽5～8mm，1∶1水泥砂浆填缝
2. 结合层：30厚1∶3干硬性水泥砂浆
3. 隔离层：0.4厚聚乙烯膜一层
4. 防水层：(3+4)厚自粘聚合物改性沥青防水卷材（聚酯胎）
5. 找平层：30厚C20细石混凝土
6. 保温层：130厚挤塑聚苯板保温层（容重30kg/m³，燃烧性能B1级）
7. 找平层：20厚1∶2.5水泥砂浆
8. 找坡层：最薄处30厚火山灰找3%坡

建设单位	×××投资开发集团有限责任公司		图名	工程做法表（一）		工程编号	××××-××
						档案编号	
工程项目	×××建设项目					电子文件号	
	子项	办公用房	比例	1∶100	日期 ××××.××	图号	建施 04

工程做法表（二）

9. 隔气层：1.2 厚聚氨酯隔气层

10. 找平层：20 厚 1∶2.5 水泥砂浆

11. 结构层：钢筋混凝土现浇屋面板（耐火极限不小于 1.0h）

屋面 2　细石混凝土保护层屋面

1. 保护层：40 厚 C20 细石混凝土
2. 隔离层：0.4 厚聚乙烯膜一层
3. 防水层：（3+4）厚自粘聚合物改性沥青防水卷材（聚酯胎）
4. 找平层：30 厚 C20 细石混凝土
5. 保温层：130 厚挤塑聚苯乙烯板保温层（容重 $30kg/m^3$，燃烧性能 B1 级）
6. 找平层：20 厚 1∶2.5 水泥砂浆
7. 找坡层：最薄处 30 厚火山灰找 3%坡
8. 隔气层：1.2 厚聚氨酯隔气层
9. 找平层：20 厚 1∶2.5 水泥砂浆
10. 结构层：钢筋混凝土现浇屋面板（耐火极限不小于 1.0h）

八、说明

1. 钢筋混凝土墙体或构件抹灰前应清理干净，基层先刷一道 1∶1 水泥浆（内掺水重 25%的建筑胶），随刷随抹底灰。
2. 填充墙抹灰前墙面含水率控制在 15%～20%。
3. 填充墙抹灰前应清理干净，素水泥浆中掺水重 5%～10%的建筑胶。
4. 块材结合层所撒的素水泥面，其重量配合比为，水泥∶建筑胶∶水＝1∶0.175∶0.4。
5. 外装修工程时，陶板、铝板幕墙总厚度严格按照工程做法施工，如超出设计厚度，需与设计方沟通。
6. 建筑物内设有上下层相连通的中庭、开敞楼梯，其连通部位的顶棚、墙面应采用 A 级装修材料，其他部位应采用不低于 B1 级的装修材料。
7. 建筑内部的配电箱不应直接安装在低于 B1 级的装修材料上。
8. 建筑内部装修不应遮挡消防设施，疏散指示标志及安全出口，并不应妨碍消防设施和疏散走道的正常使用。
9. 建筑内部消火栓的门不应被装饰物遮掩，消火栓门四周的装修材料颜色应与消火栓门的颜色有明显区别。
10. 照明灯具的高温部位，当靠近非 A 级装修材料时，应采取隔热、散热等防火保护措施。灯饰所用材料的燃烧性能等级不应低于 B1 级。

室内装修表

楼层	房间名称	楼地面		踢脚		内墙		顶棚		窗台板	窗帘盒	备注
一层	大厅、电梯厅、走道	地 1	地砖地面	踢 1	面砖踢脚	内墙 1	乳胶漆	棚 4	纸面石膏板	大理石		
	技术档案室	地 1	地砖地面	踢 1	面砖踢脚	内墙 1	乳胶漆	棚 5	矿棉板	大理石	成品	
	阅览室	地 1	地砖地面	踢 1	面砖踢脚	内墙 1	乳胶漆	棚 5	矿棉板	大理石	成品	
	技术用房	地 1	地砖地面	踢 1	面砖踢脚	内墙 1	乳胶漆	棚 5	矿棉板	大理石	成品	
	值班室	地 1	地砖地面	踢 1	面砖踢脚	内墙 1	乳胶漆	棚 5	矿棉板	大理石	成品	
	弱电机房	地 1	地砖地面	踢 1	面砖踢脚	内墙 2	刮腻子	棚 2	刮腻子	大理石		
	配电室	地 1	地砖地面	踢 1	面砖踢脚	内墙 2	刮腻子	棚 2	刮腻子	大理石		
	管理用房	地 1	地砖地面	踢 1	面砖踢脚	内墙 1	乳胶漆	棚 5	矿棉板	大理石	成品	
	审图	地 1	地砖地面	踢 1	面砖踢脚	内墙 1	乳胶漆	棚 5	矿棉板	大理石	成品	
	楼梯间	地 1	地砖地面	踢 1	面砖踢脚	内墙 1	乳胶漆	棚 1	乳胶漆	大理石		
	卫生间、保洁室、开水间	地 2	防滑地砖			内墙 3	釉面砖	棚 3	铝合金			
二～四层	电梯厅、走道	楼 1	地砖地面	踢 1	面砖踢脚	内墙 1	乳胶漆	棚 4	纸面石膏板	大理石		
	质监档案室	楼 1	地砖地面	踢 1	面砖踢脚	内墙 1	乳胶漆	棚 5	矿棉板	大理石	成品	
	质监用房	楼 1	地砖地面	踢 1	面砖踢脚	内墙 1	乳胶漆	棚 5	矿棉板	大理石	成品	
	能效测评中心	楼 1	地砖地面	踢 1	面砖踢脚	内墙 1	乳胶漆	棚 5	矿棉板	大理石	成品	
	安监用房	楼 1	地砖地面	踢 1	面砖踢脚	内墙 1	乳胶漆	棚 5	矿棉板	大理石	成品	
	小会议室	楼 1	地砖地面	踢 1	面砖踢脚	内墙 1	乳胶漆	棚 4	纸面石膏板	大理石	成品	
	工程档案室、档案室	楼 1	地砖地面	踢 1	面砖踢脚	内墙 1	乳胶漆	棚 5	矿棉板	大理石	成品	
	工程技术用房	楼 1	地砖地面	踢 1	面砖踢脚	内墙 1	乳胶漆	棚 5	矿棉板	大理石	成品	
	技术用房	楼 1	地砖地面	踢 1	面砖踢脚	内墙 1	乳胶漆	棚 5	矿棉板	大理石	成品	
	生产技术用房	楼 1	地砖地面	踢 1	面砖踢脚	内墙 1	乳胶漆	棚 5	矿棉板	大理石	成品	
	综合技术用房	楼 1	地砖地面	踢 1	面砖踢脚	内墙 1	乳胶漆	棚 5	矿棉板	大理石	成品	
	财务室	楼 1	地砖地面	踢 1	面砖踢脚	内墙 1	乳胶漆	棚 5	矿棉板	大理石	成品	
	大会议室	楼 1	地砖地面	踢 1	面砖踢脚	内墙 1	乳胶漆	棚 4	纸面石膏板	大理石	成品	
	会议准备室	楼 1	地砖地面	踢 1	面砖踢脚	内墙 1	乳胶漆	棚 5	矿棉板	大理石	成品	
	控制室	楼 1	地砖地面	踢 1	面砖踢脚	内墙 1	乳胶漆	棚 5	矿棉板	大理石	成品	
	保洁管理室	楼 1	地砖地面	踢 1	面砖踢脚	内墙 1	乳胶漆	棚 5	矿棉板	大理石	成品	
	卫生间、保洁室、开水间	楼 3	防滑地砖			内墙 3	釉面砖	棚 3	铝合金			
机房层	楼梯间	楼 2	花岗石	踢 2	花岗石	内墙 1	乳胶漆	棚 1	乳胶漆	大理石		
	电梯机房	楼 1	地砖地面	踢 1	面砖踢脚	内墙 2	刮腻子	棚 2	刮腻子			
	水箱间	楼 1	地砖地面	踢 1	面砖踢脚	内墙 2	刮腻子	棚 2	刮腻子			

建设单位	×××投资开发集团有限责任公司		图名				工程编号	××××-××
			工程做法表（二）室内装修表				档案编号	
							电子文件号	
工程项目	×××建设项目						图号	建施
	子项	办公用房	比例	1∶100	日期	××××.××		05

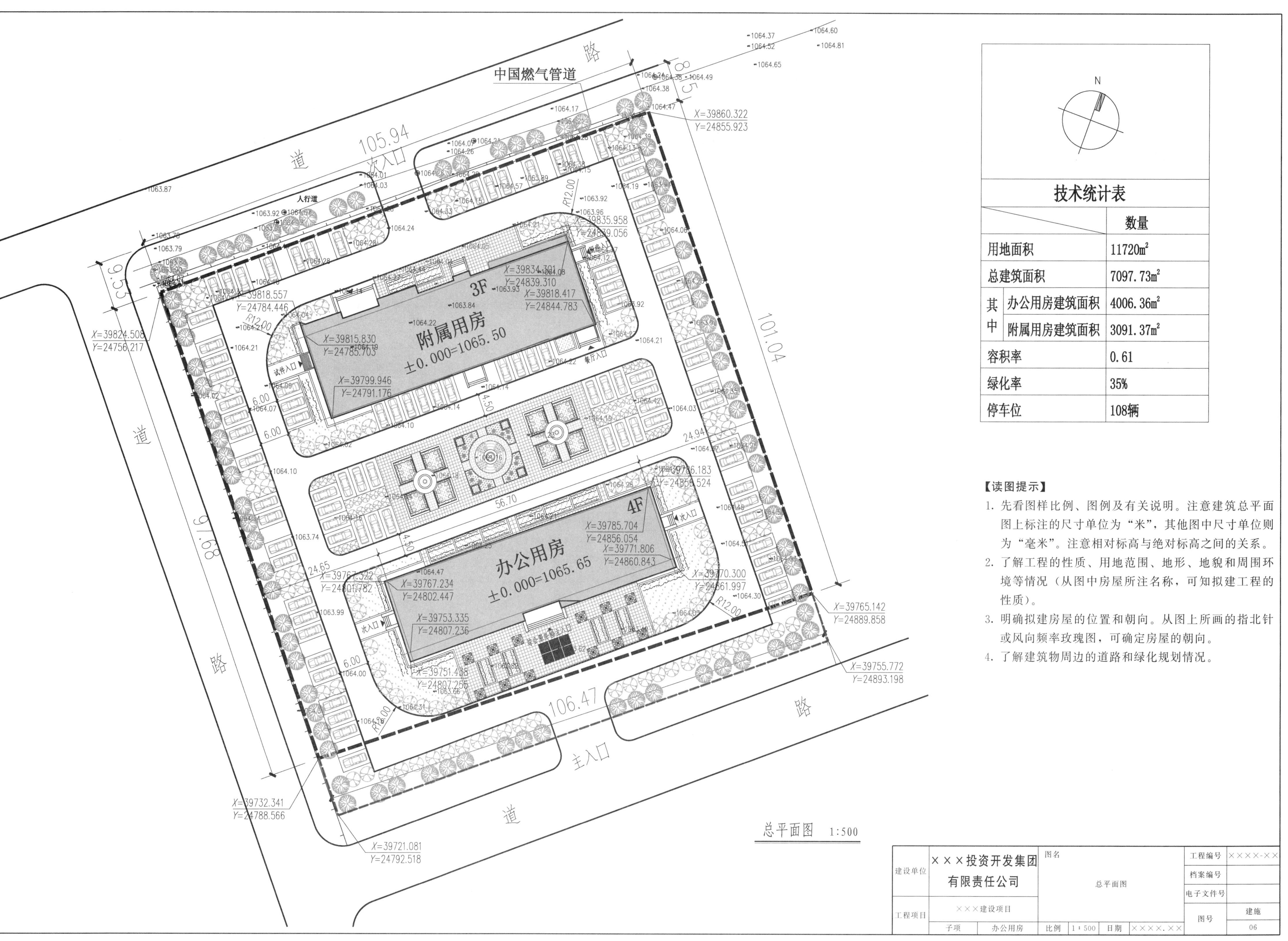

技术统计表

	数量
用地面积	11720m²
总建筑面积	7097.73m²
其中 办公用房建筑面积	4006.36m²
其中 附属用房建筑面积	3091.37m²
容积率	0.61
绿化率	35%
停车位	108辆

【读图提示】

1. 先看图样比例、图例及有关说明。注意建筑总平面图上标注的尺寸单位为“米”，其他图中尺寸单位则为“毫米”。注意相对标高与绝对标高之间的关系。
2. 了解工程的性质、用地范围、地形、地貌和周围环境等情况（从图中房屋所注名称，可知拟建工程的性质）。
3. 明确拟建房屋的位置和朝向。从图上所画的指北针或风向频率玫瑰图，可确定房屋的朝向。
4. 了解建筑物周边的道路和绿化规划情况。

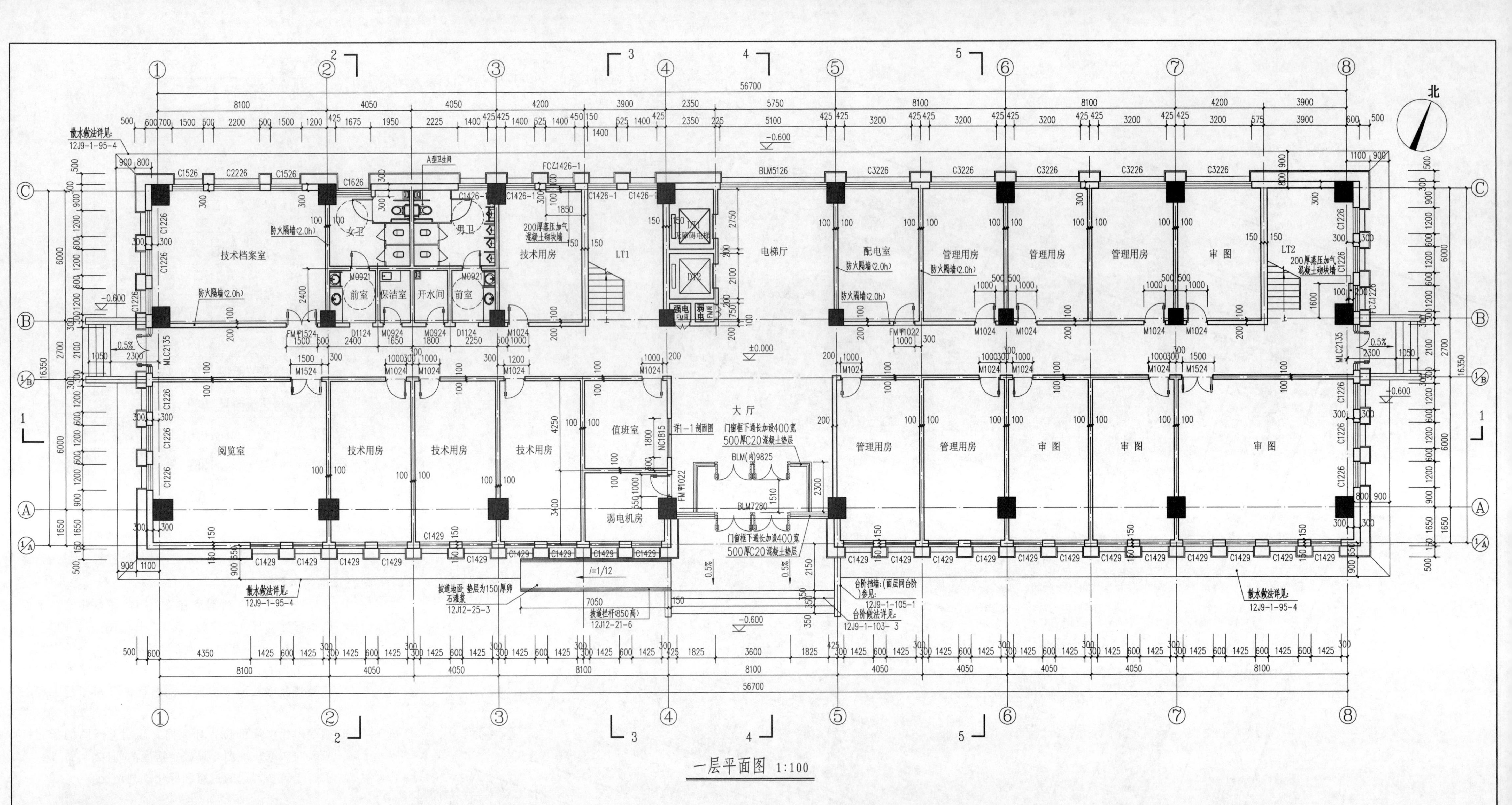

【读图提示】

1. 看平面图的形状与房屋的总长度、总宽度，可计算出房屋的用地面积。
2. 从图中墙的分隔情况和房间名称，可知建筑物内各房间的配置、用途数量及其相互间的联系情况。
3. 从图中定位轴线的编号及其间距，可了解各承重构件的位置及房间的大小。
4. 从图中注写的外部和内部尺寸，以及各道尺寸标注，可知各层间的开间、进深、门窗及室内设备的大小和位置。
5. 从图中门窗的图例及其编号，可知门窗的类型、数量及其位置。
6. 了解其他细部（如楼梯、隔墙、墙洞等）的配置和位置情况。
7. 室外台阶、花池、散水和雨落管的大小与位置。
8. 注意看剖面图的剖切位置及剖切方向。
9. 注意室内标高与室外标高值，以确定室内外高差大小。

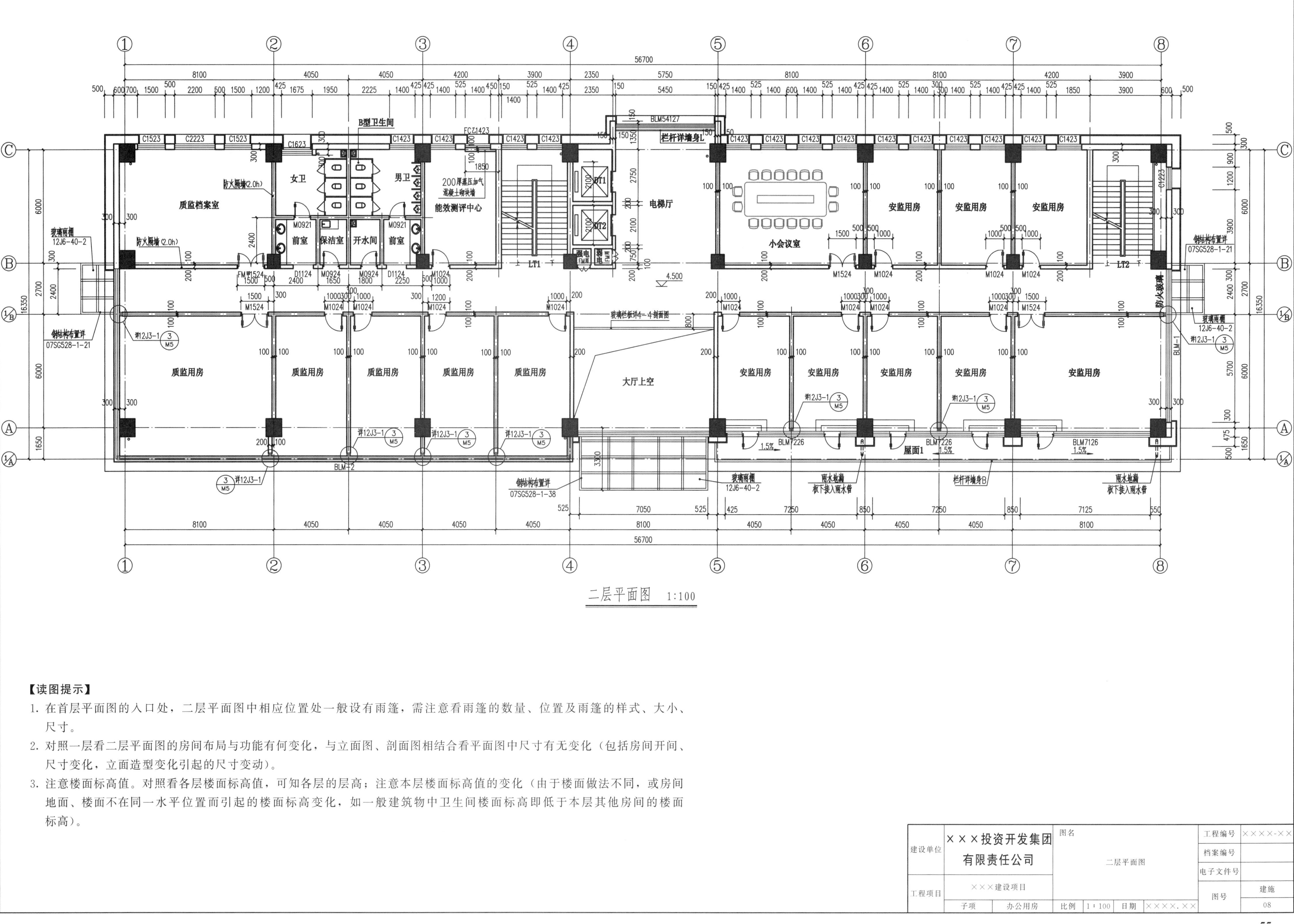

【读图提示】

1. 在首层平面图的入口处，二层平面图中相应位置处一般设有雨篷，需注意看雨篷的数量、位置及雨篷的样式、大小、尺寸。
2. 对照一层看二层平面图的房间布局与功能有何变化，与立面图、剖面图相结合看平面图中尺寸有无变化（包括房间开间、尺寸变化，立面造型变化引起的尺寸变动）。
3. 注意楼面标高值。对照看各层楼面标高值，可知各层的层高；注意本层楼面标高值的变化（由于楼面做法不同，或房间地面、楼面不在同一水平位置而引起的楼面标高变化，如一般建筑物中卫生间楼面标高即低于本层其他房间的楼面标高）。

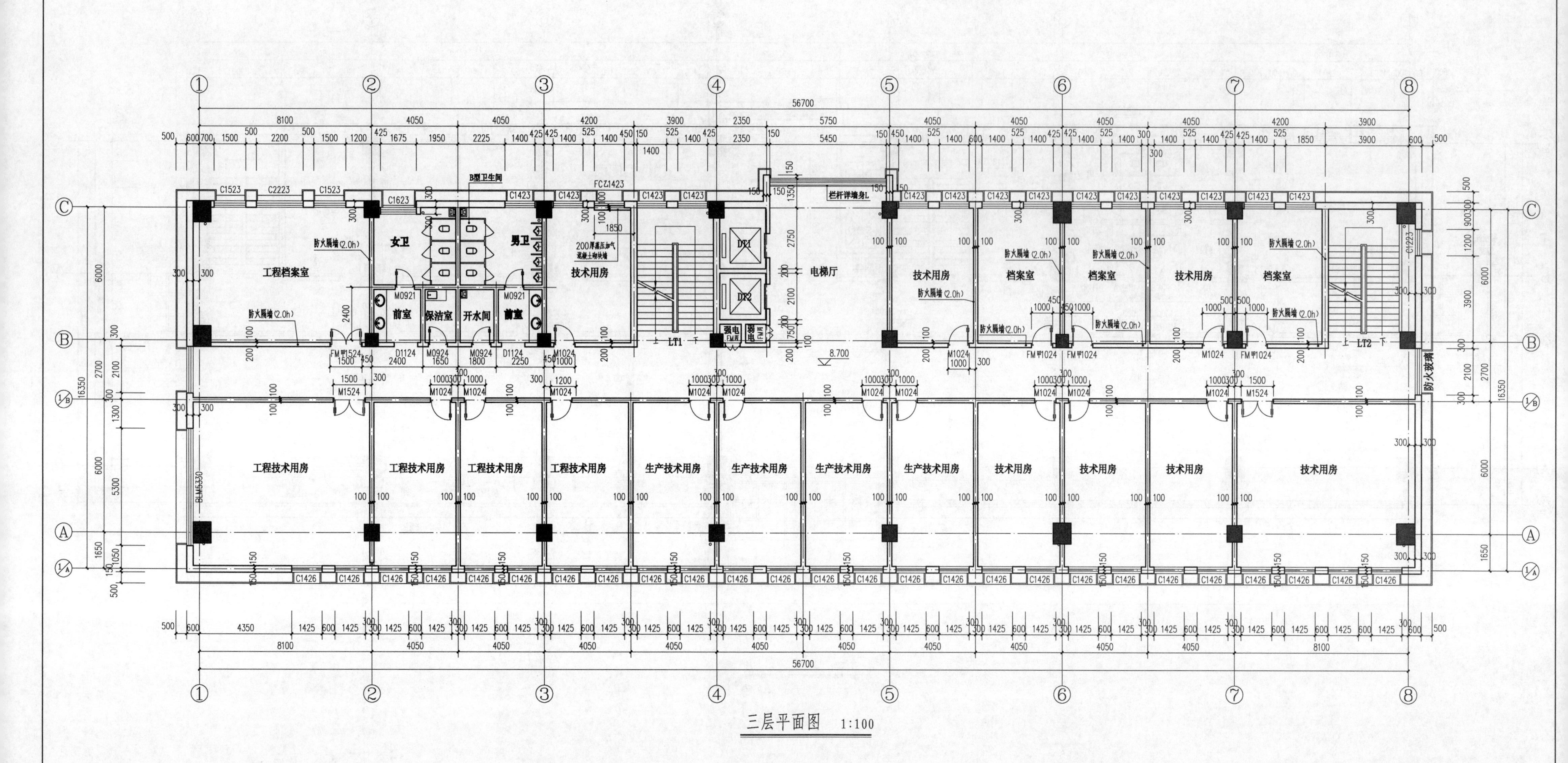

三层平面图 1:100

【读图提示】

1. 与一、二层平面图相对照看房间布局与功能有何变化，与立面图、剖面图相结合看平面图中尺寸有无变化（包括房屋开间、进深尺寸变化，立面造型变化引起的尺寸变动）。
2. 注意楼面标高值。对照看各层楼面标高值，可知各层的层高；注意本层楼面标高值的变化（由于楼面做法不同，或房间地面、楼面不在同一水平位置而引起的楼面标高变化，如一般洗衣房、卫生间楼面标高即低于本层其他房间的楼面标高）。

建设单位	×××投资开发集团有限责任公司		图名	三层平面图	工程编号	××××-××
					档案编号	
					电子文件号	
工程项目	×××建设项目				图号	建施 09
子项	办公用房		比例 1:100	日期 ××××.××		

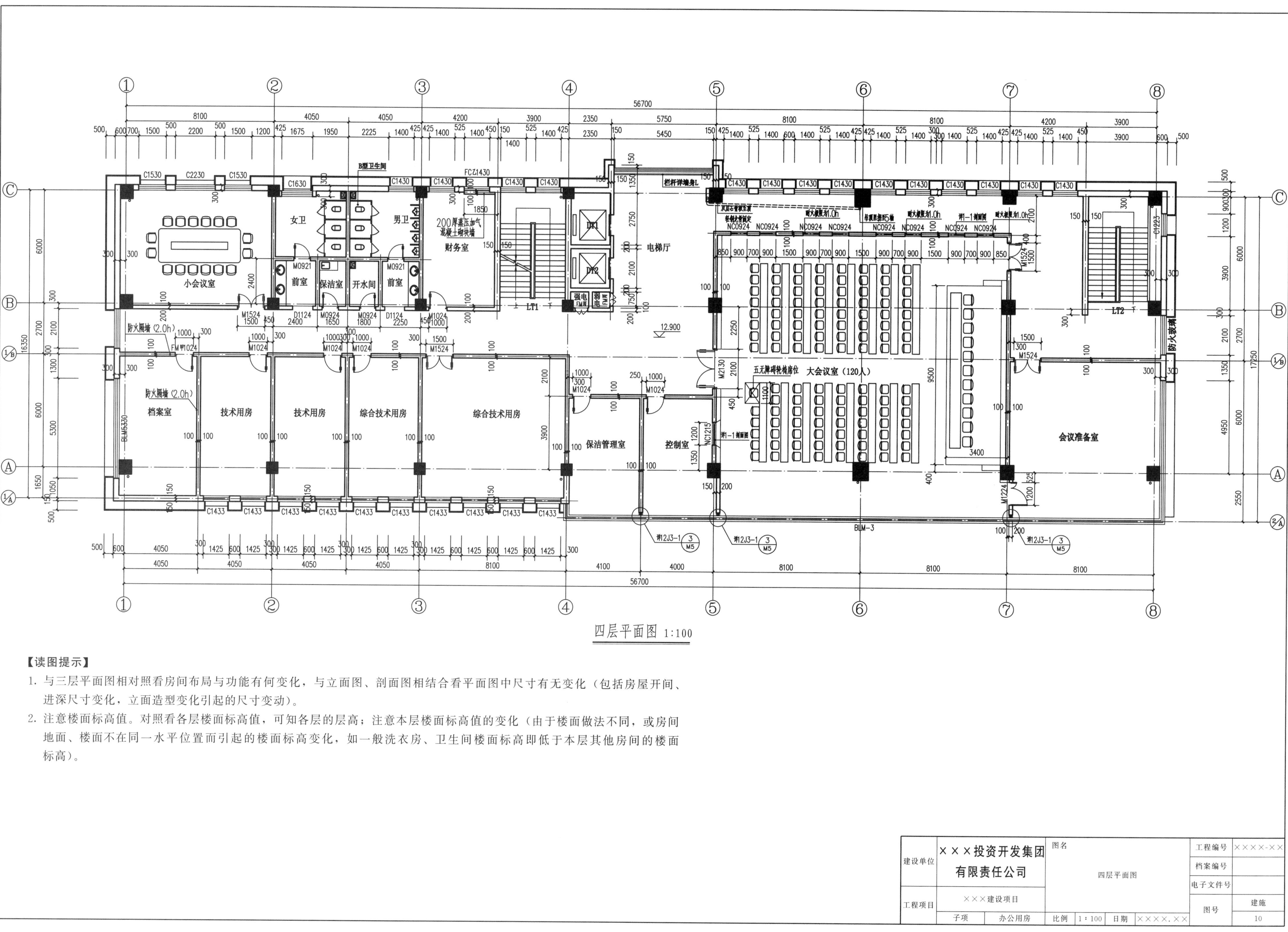

四层平面图 1:100

【读图提示】

1. 与三层平面图相对照看房间布局与功能有何变化，与立面图、剖面图相结合看平面图中尺寸有无变化（包括房屋开间、进深尺寸变化，立面造型变化引起的尺寸变动）。
2. 注意楼面标高值。对照看各层楼面标高值，可知各层的层高；注意本层楼面标高值的变化（由于楼面做法不同，或房间地面、楼面不在同一水平位置而引起的楼面标高变化，如一般洗衣房、卫生间楼面标高即低于本层其他房间的楼面标高）。

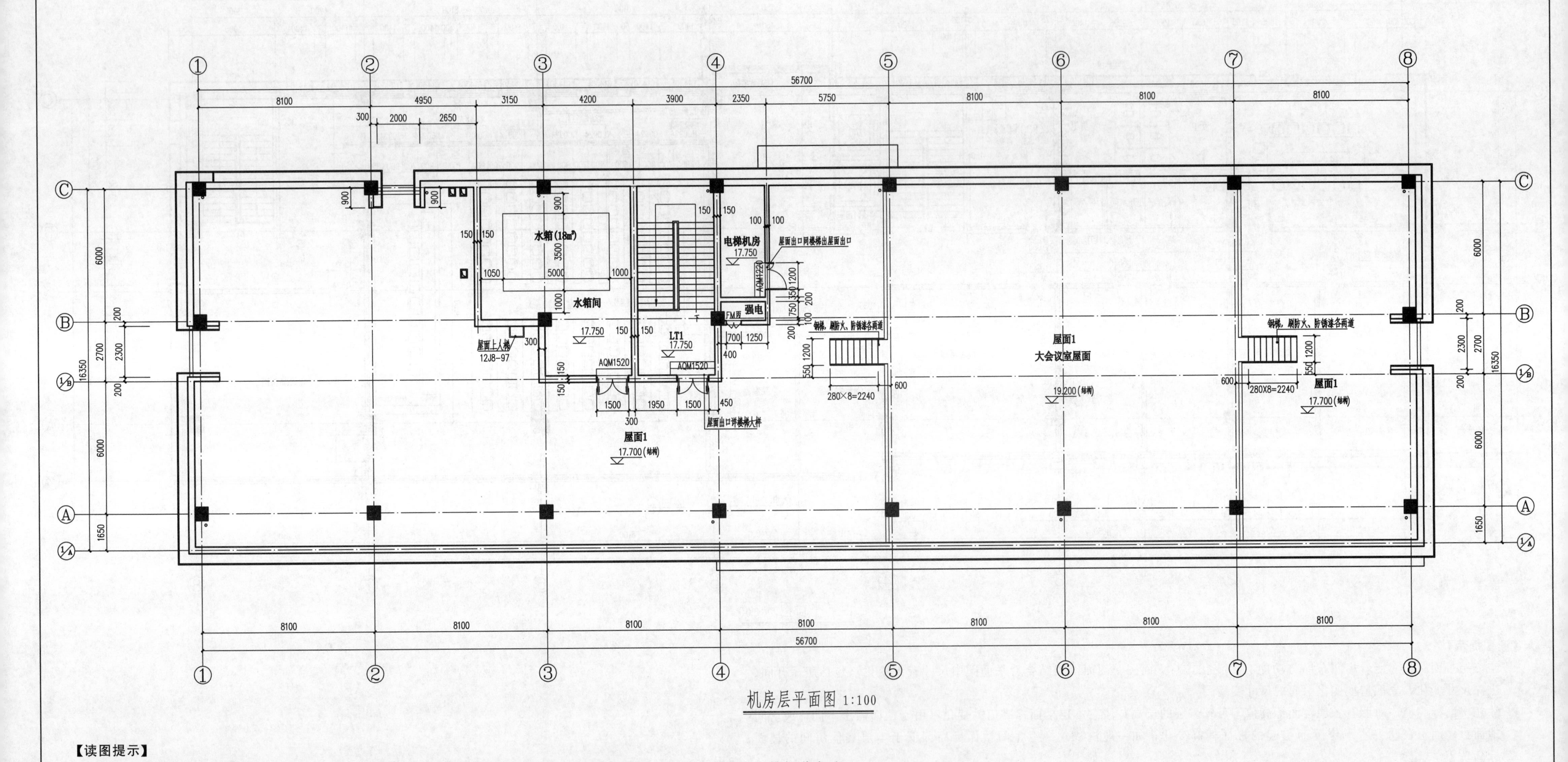

机房层平面图 1:100

【读图提示】

1. 应注意看突出屋面的楼梯间、水箱间、电梯机房等的位置、布局及其大小；屋面检修梯、通风道、检查孔、排气道或透气孔、变形缝的位置和大小。
2. 应注意看突出屋面的楼梯间、水箱间、电梯间（电梯机房）与屋面的高差大小及处理方法。

建设单位	×××投资开发集团有限责任公司		图名	机房层平面图		工程编号	××××-××
						档案编号	
						电子文件号	
工程项目	×××建设项目					图号	建施
子项	办公用房		比例	1：100	日期 ××××.××		11

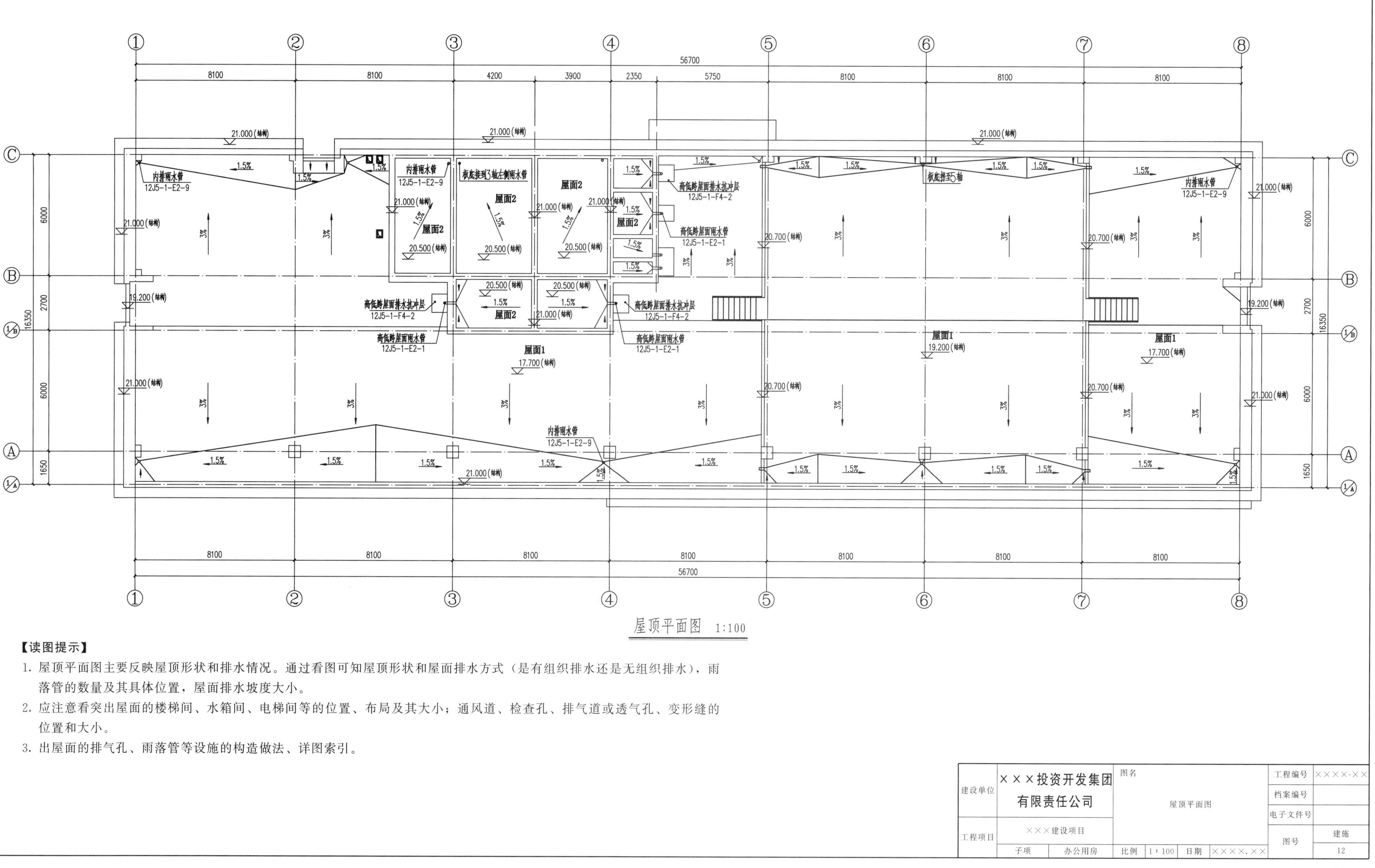

屋顶平面图 1:100

【读图提示】

1. 屋顶平面图主要反映屋顶形状和排水情况。通过看图可知屋顶形状和屋面排水方式（是有组织排水还是无组织排水），雨落管的数量及其具体位置，屋面排水坡度大小。
2. 应注意看突出屋面的楼梯间、水箱间、电梯间等的位置、布局及其大小；通风道、检查孔、排气道或透气孔、变形缝的位置和大小。
3. 出屋面的排气孔、雨落管等设施的构造做法、详图索引。

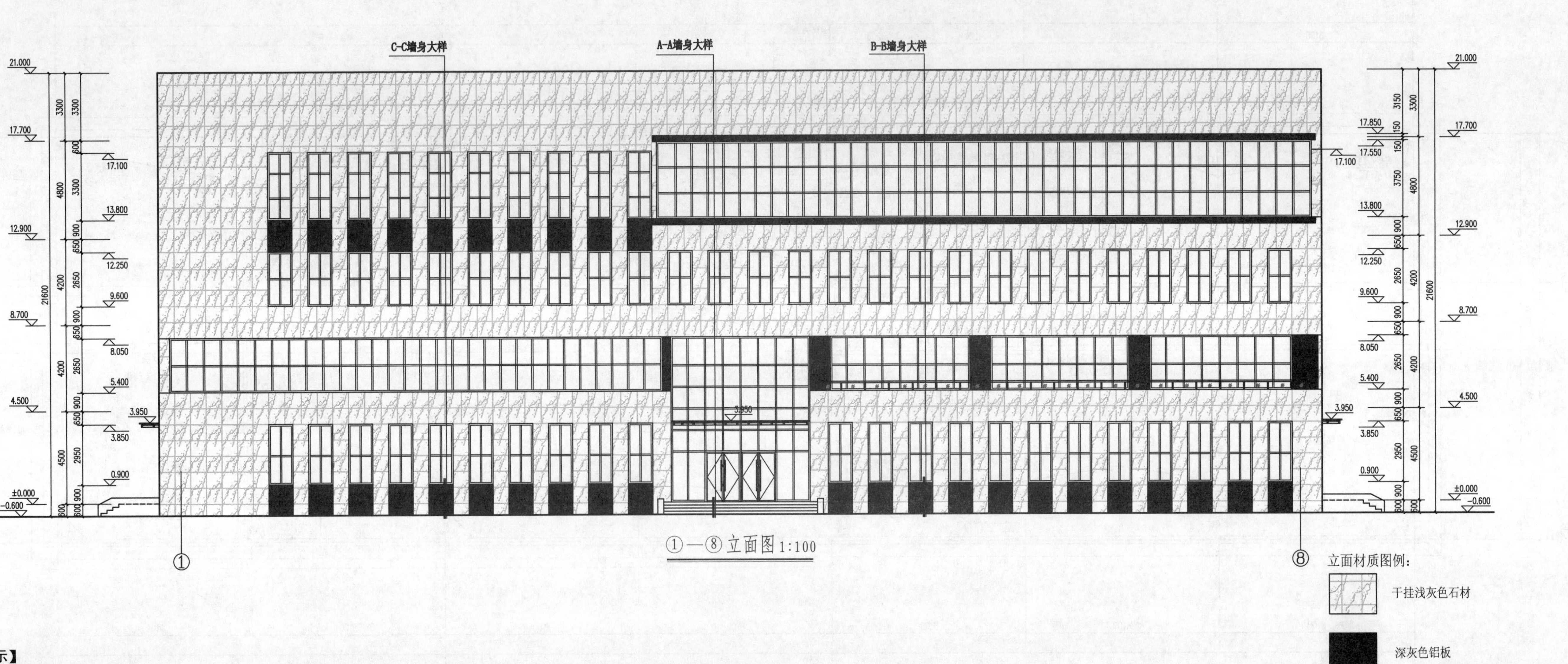

【读图提示】

建筑立面图主要表示建筑物的外貌，反映建筑各立面的造型、门窗形式和位置，各部分的标高、外墙面的装修材料和做法。具体应注意阅读以下内容。

1. 首先从图名可知所看立面图的朝向，相应方向房屋的整个外貌形状、造型，凸凹及其相互间的联系情况，该方向房屋的屋面、门窗、雨篷、阳台、台阶、花池、勒脚、出屋面的楼梯间、电梯间等细部的形式和位置（可参照立面效果图来看）。
2. 阅读立面标高、立面尺寸。应注意室外地坪标高，出入口地面标高，门窗顶部、底部标高，檐口标高及雨篷、勒脚等处的标高。立面尺寸主要有表明建筑物外形高度方向的三道尺寸。即建筑物总高度、分层高度和细部高度。
3. 结合立面效果图看立面装修颜色、装修材料做法，建筑装饰物的形状、大小、位置及其做法。
4. 表明局部或外墙索引。

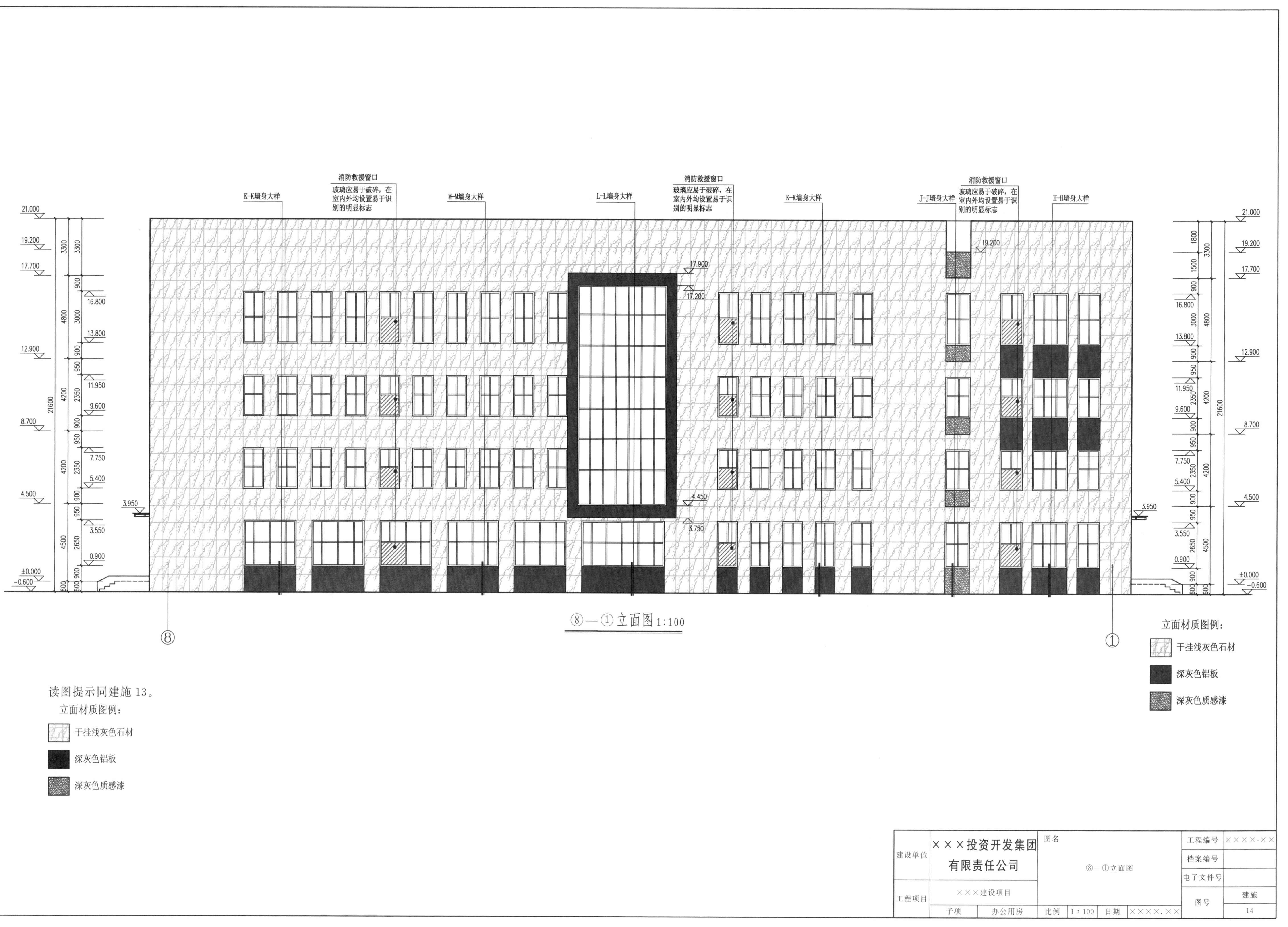
K-K墙身大样
消防救援窗口
玻璃应易于破碎，在室内外均设置易于识别的明显标志
M-M墙身大样
L-L墙身大样
J-J墙身大样
H-H墙身大样
21.000
19.200
17.700
17.900
17.200
16.800
13.800
12.900
11.950
9.600
8.700
7.750
5.400
4.500
4.450
3.950
3.750
3.550
0.900
±0.000
-0.600
21600
⑧—①立面图 1:100
立面材质图例:
干挂浅灰色石材
深灰色铝板
深灰色质感漆
建设单位
×××投资开发集团有限责任公司
工程项目
×××建设项目
子项
办公用房
图名
⑧—①立面图
比例
1:100
日期
××××.××
工程编号
××××-××
档案编号
电子文件号
图号
建施
14

读图提示同建施 13。

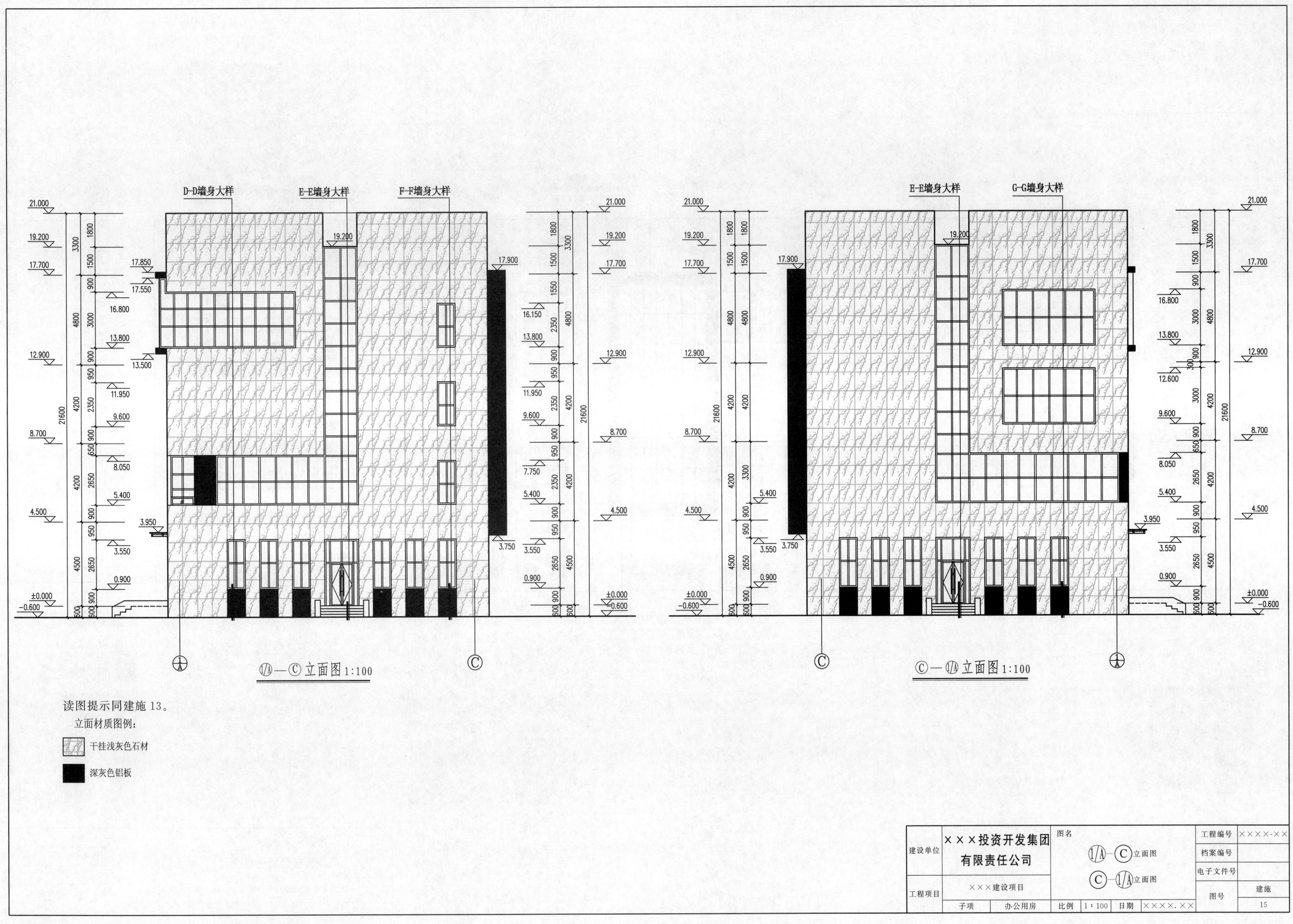
D-D墙身大样
E-E墙身大样
F-F墙身大样
G-G墙身大样
1/A—C 立面图 1:100
C—1/A 立面图 1:100
读图提示同建施 13。
立面材质图例：
干挂浅灰色石材
深灰色铝板
建设单位
×××投资开发集团有限责任公司
工程项目
×××建设项目
子项
办公用房
图名
1/A—C 立面图
C—1/A 立面图
比例 1:100
日期 ××××.××
工程编号 ××××-××
档案编号
电子文件号
图号 建施 15

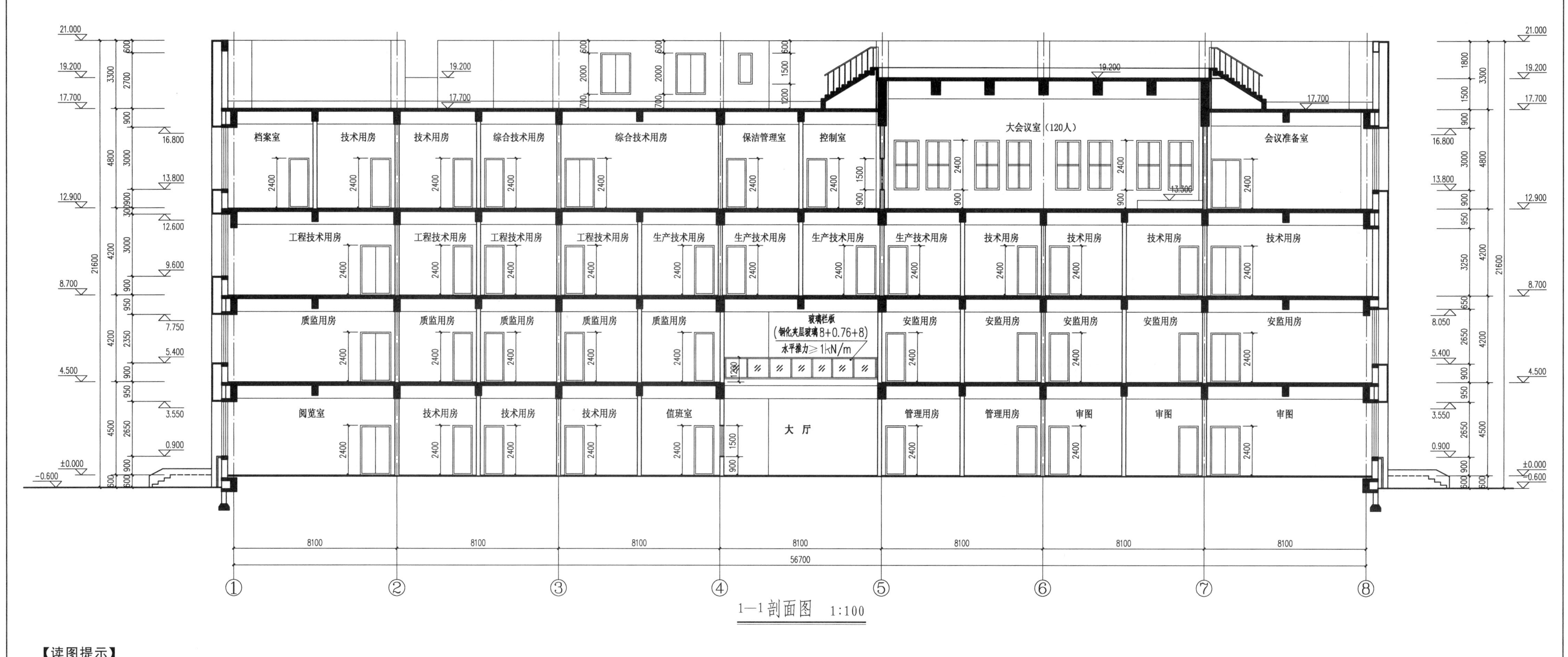

1—1剖面图　1:100

【读图提示】

建筑剖面图主要表示房屋内部的结构或构造形式、分层情况和各部位的联系、材料及其高度等，是与平面图、立面图相互配合不可缺少的图形。看剖面图需注意以下方面。

1. 从剖面图的图名和轴线编号与平面图上的剖切位置、轴线编号相对照，并根据平面图上所标注剖切符号位置、剖切符号所表达的视图方向来看图。
2. 由剖面图看房屋从地面到屋面的内部构造和结构形式，梁、板、柱、墙之间的关系，屋面形式、构成。
3. 阅读尺寸需注意以下问题：

① 剖面图所表示标高与平面图、立面图及墙身大样图所表示标高是否一致。
② 剖面图所标注高度方向的细部尺寸与立面图细部尺寸是否相符。
③ 楼梯休息平台间尺寸、入口部位地面与楼梯休息平台间的尺寸是否满足要求，是否存在净高不足的问题（碰头问题）。
④ 注意详图索引，逐个查阅详图以理解详图索引处细部构造及做法。
⑤ 结合标准图集或室内、室外装修表详见室内各部位构造做法。

建设单位	×××投资开发集团有限责任公司		图名		工程编号	××××-××
			1—1剖面图		档案编号	
					电子文件号	
工程项目	×××建设项目				图号	建施
	子项	办公用房	比例	1:100	日期	××××.××	16

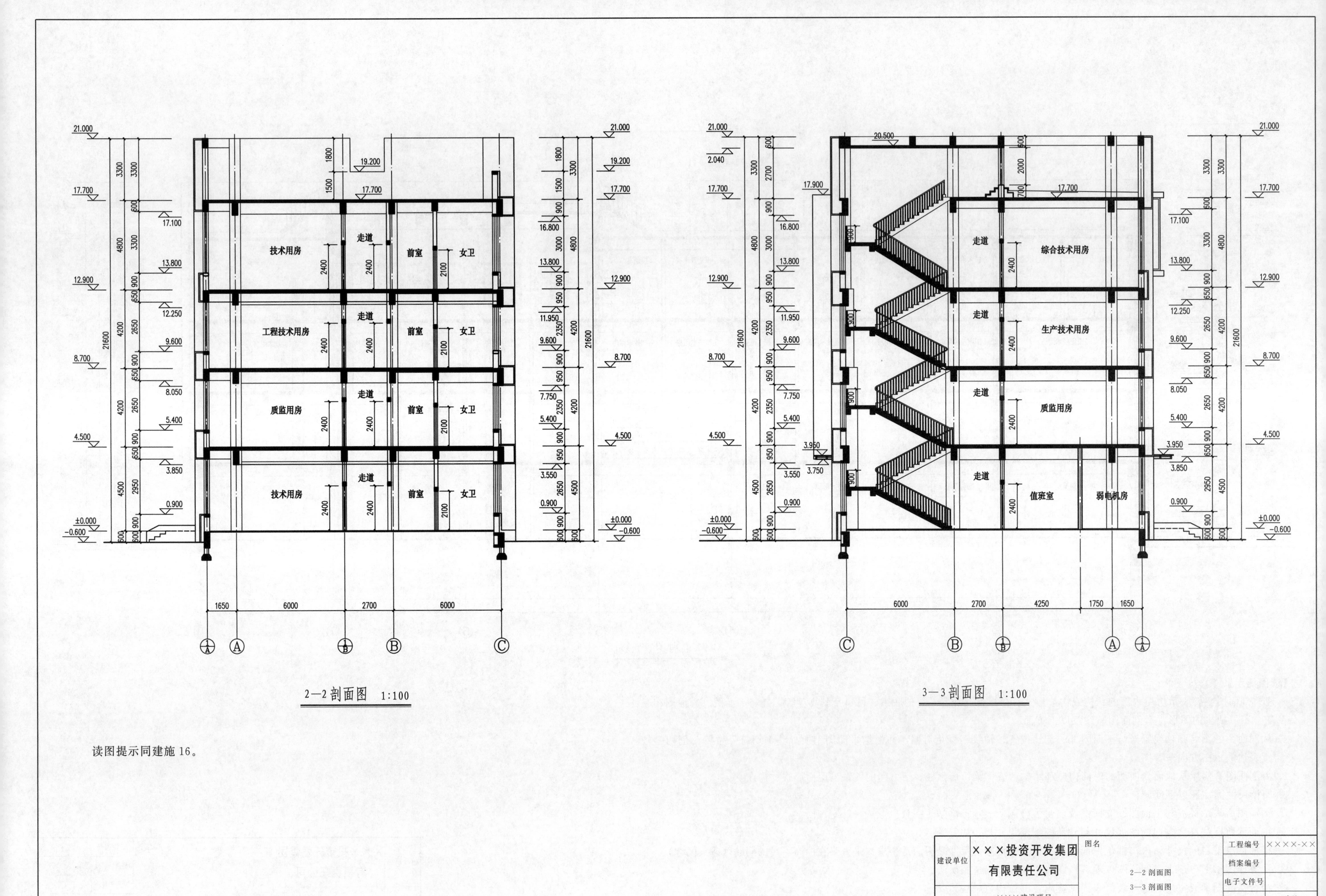
技术用房
工程技术用房
质监用房
走道
前室
女卫
综合技术用房
生产技术用房
值班室
弱电机房
2—2剖面图 1:100
3—3剖面图 1:100
建设单位
×××投资开发集团有限责任公司
工程项目
×××建设项目
子项
办公用房
图名
2—2剖面图
3—3剖面图
比例 1:100
日期 ××××.××
工程编号 ××××-××
档案编号
电子文件号
图号
建施 17

读图提示同建施16。

21.000 17.700 17.550 13.800 12.900 12.250 9.600 8.700 8.050 4.500 3.950 ±0.000 −0.600

3300 3300 150 4800 3750 900 650 4200 2650 900 650 8700 8050 600 600 21600

控制室 走道 电梯厅 生产技术用房 走道 电梯厅 走道 电梯厅 大 厅 门斗 电梯厅

玻璃栏板

(钢化夹层玻璃 8+0.76+8)

水平推力≥1kN/m

2400 2400 1800 400 2200 300 650 2000 800 1200 150

17.700 17.200 13.550 12.350 9.350 8.150 5.150 3.550 0.900 ±0.000 −0.600 21.000 12.900 8.700 4.500

500 3650 650 550 3000 650 550 3000 650 550 400 2650 900 600 3300 4800 4200 4200 4500 600 21600

1650 6000 2700 6000

A A B B C

4—4剖面图 1:100

21.000 17.700 17.550 13.800 12.900 12.250 9.600 8.700 8.050 5.400 4.500 3.850 0.900 ±0.000 −0.600

1800 1800 1650 6300 3750 900 650 4200 2650 900 650 4200 2650 900 650 4500 2950 900 600 600 21600

19.200 1650 1050 3000

技术用房 走道 档案室 安监用房 走道 小会议室 管理用房 走道 管理用房

2400 2400

21.000 19.200 17.700 16.800 13.800 12.900 11.950 9.600 8.700 7.750 5.400 4.500 3.550 0.900 ±0.000 −0.600

1800 1800 2400 6300 3000 900 950 4200 2350 900 950 4200 2350 900 950 4500 2650 900 600 600 21600

1650 6000 2700 6000

A A B B C

5—5剖面图 1:100

读图提示同建施 16。

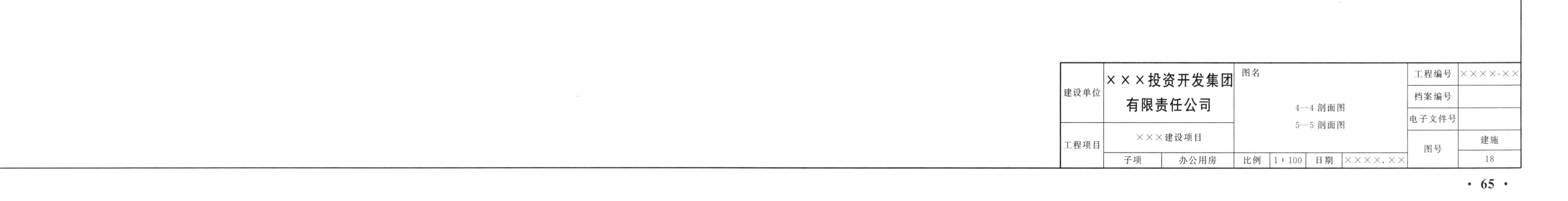

建设单位	×××投资开发集团有限责任公司	图名	4—4 剖面图 5—5 剖面图	工程编号	××××-××
				档案编号	
工程项目	×××建设项目			电子文件号	
				图号	建施 18
子项	办公用房	比例	1∶100	日期	××××.××

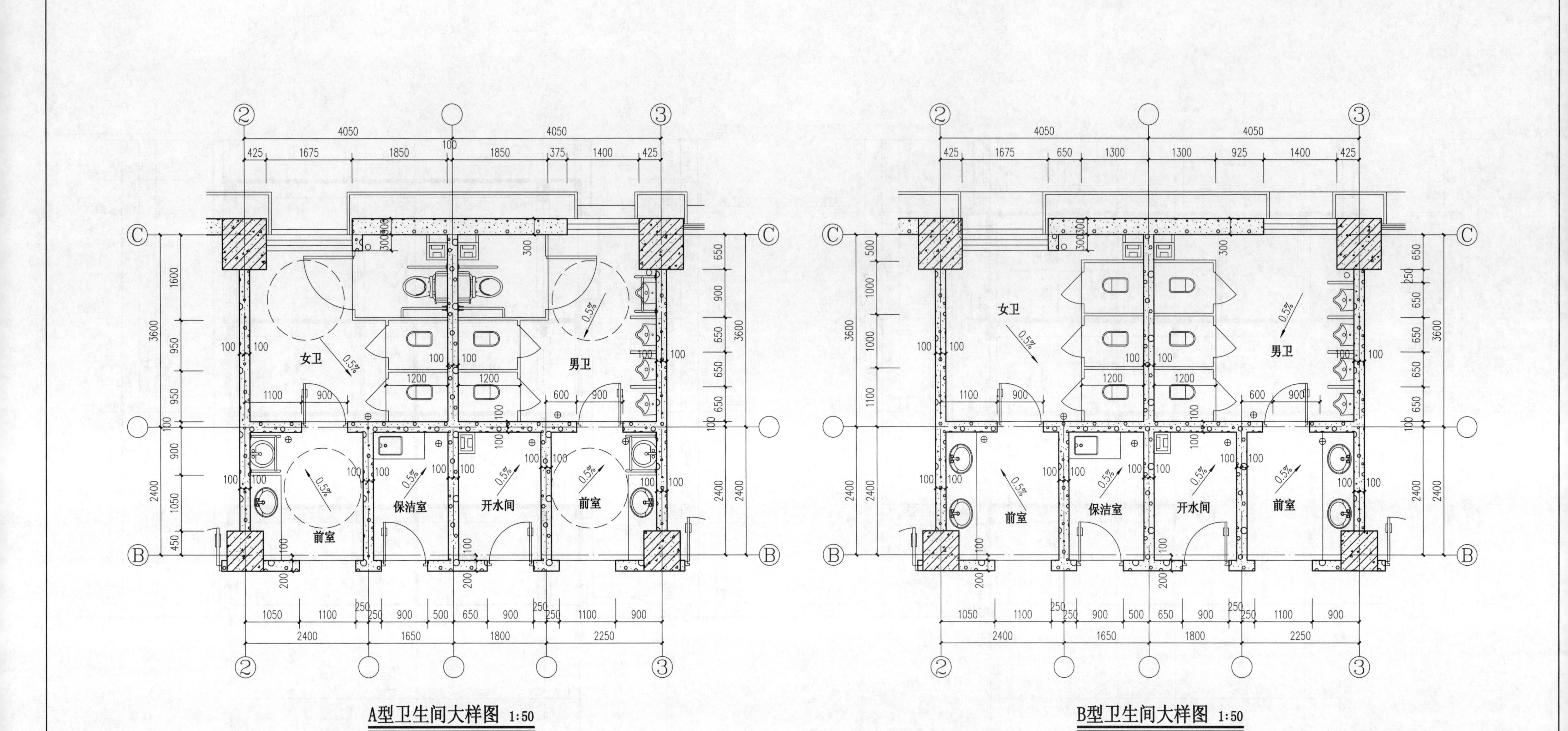

注：

1. 卫生间排气道做法：12J5-1-A20-2
卫生间排气道尺寸：340×300
2. 楼板预留洞尺寸：390×350
3. 卫生间隔断：12J11-103
4. 地漏安装做法：12J11-72-A、B
5. 小便器隔断：12J11-106
6. 拖布池：12J11-126-3
7. 洗面台：12J11-53-A
8. 无障碍洗手盆：12J12-44-13
9. 无障碍坐便：12J12-47-2
10. 无障碍小便器：12J12-45-1
11. 无障碍厕位参见：12J12-39
12. 没有标注排气道的详见设施相关图纸
13. 开水间排气详见设施图

【读图提示】

1. 大样图是对某一特定区域进行特殊放大，表达更加详细，布置更加具体。
2. 需注意阅读详细的尺寸标注、工程做法、索引等。

建设单位	×××投资开发集团有限责任公司		图名	卫生间大样		工程编号	××××-××
						档案编号	
						电子文件号	
工程项目	×××建设项目					图号	建施 19
子项	办公用房		比例	1:50	日期	××××.××	

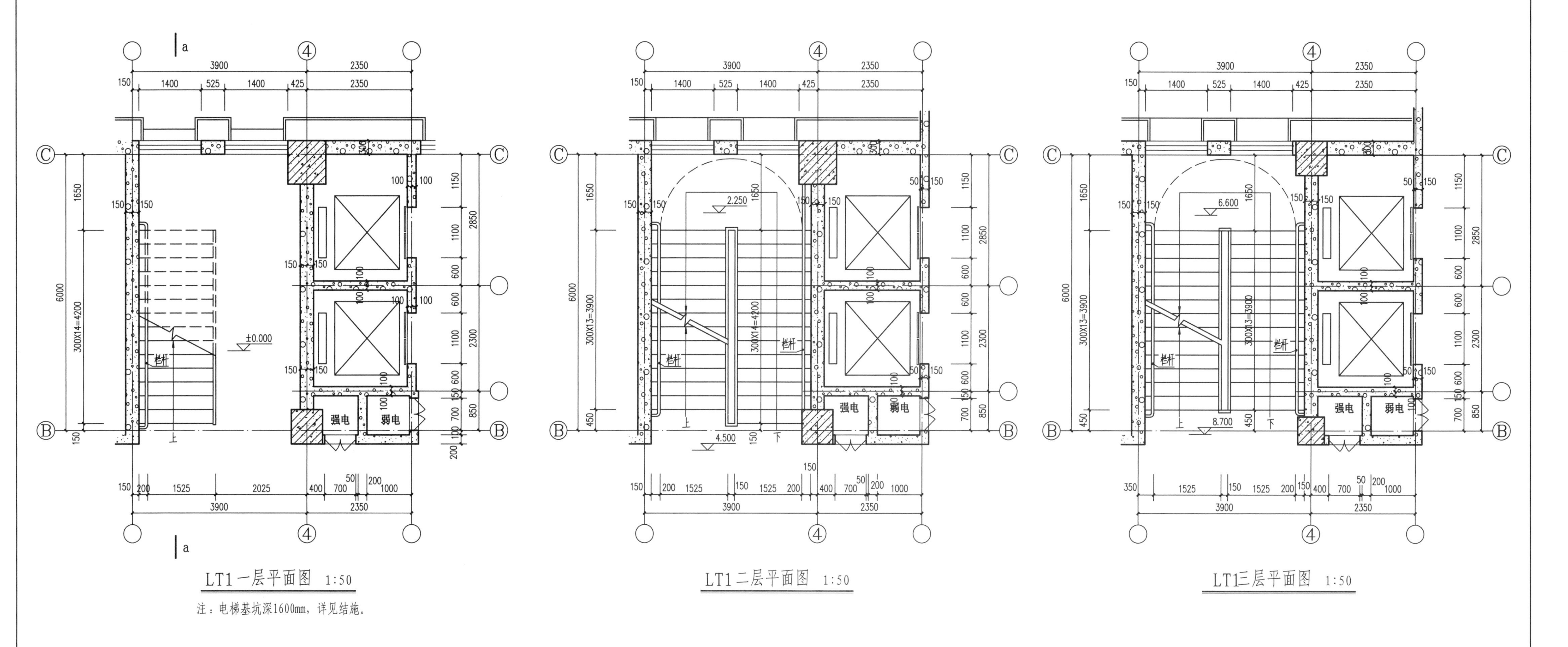

LT1一层平面图 1:50

注：电梯基坑深1600mm，详见结施。

LT1二层平面图 1:50

LT1三层平面图 1:50

读图提示见建施24。

建设单位	×××投资开发集团有限责任公司	图名	工程编号	××××-××
		LT1大样图（一）	档案编号	
			电子文件号	
工程项目	×××建设项目		图号	建施
子项	办公用房	比例 1:50 日期 ××××.××		20

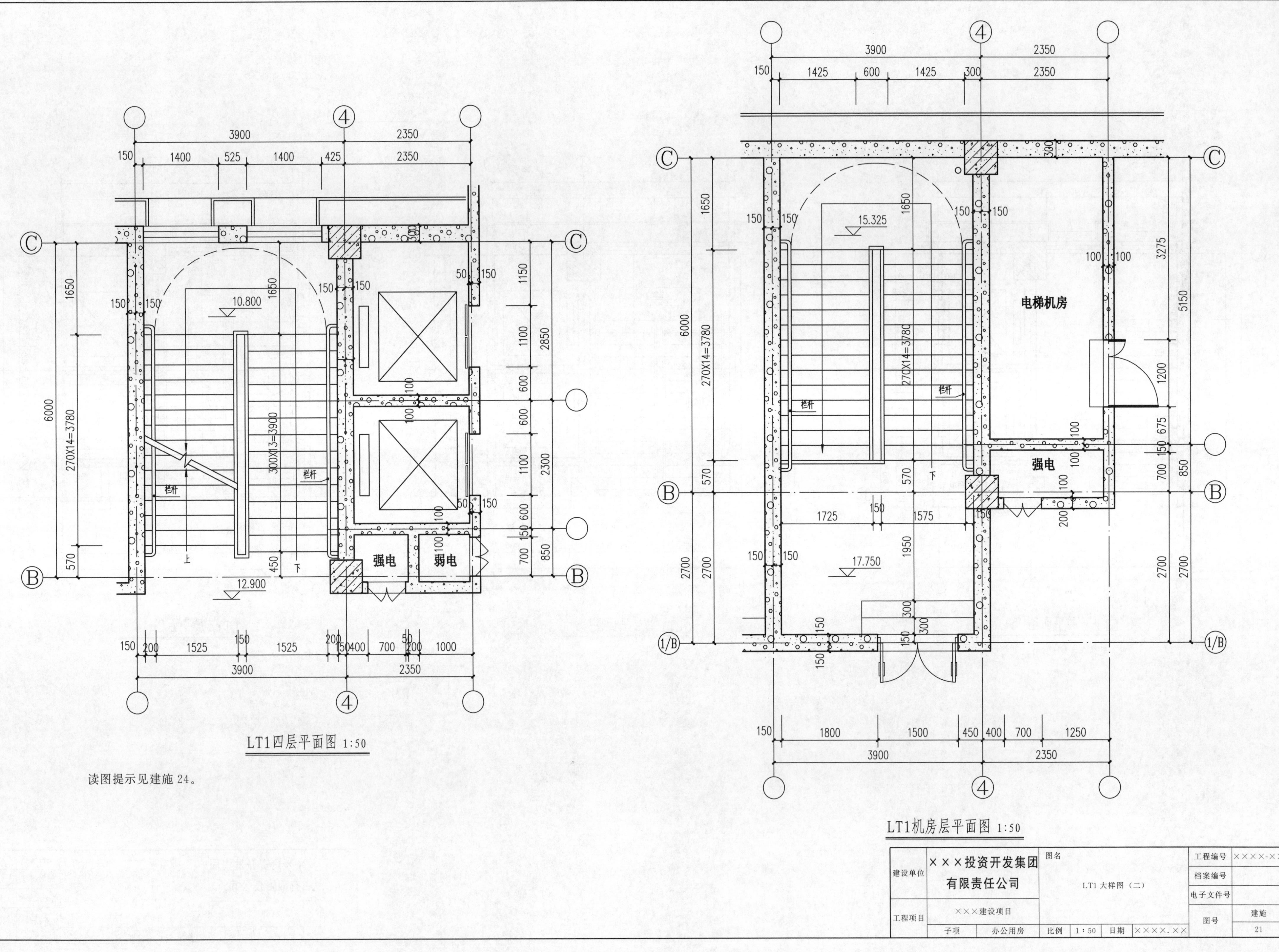
LT1四层平面图 1:50
读图提示见建施 24。
10.800
12.900
300X13=3900
270X14=3780
栏杆
上
下
强电
弱电
LT1机房层平面图 1:50
电梯机房
强电
15.325
17.750
建设单位
×××投资开发集团有限责任公司
工程项目
×××建设项目
子项
办公用房
图名
LT1 大样图（二）
比例
1:50
日期
××××.××
工程编号
××××-××
档案编号
电子文件号
图号
建施
21

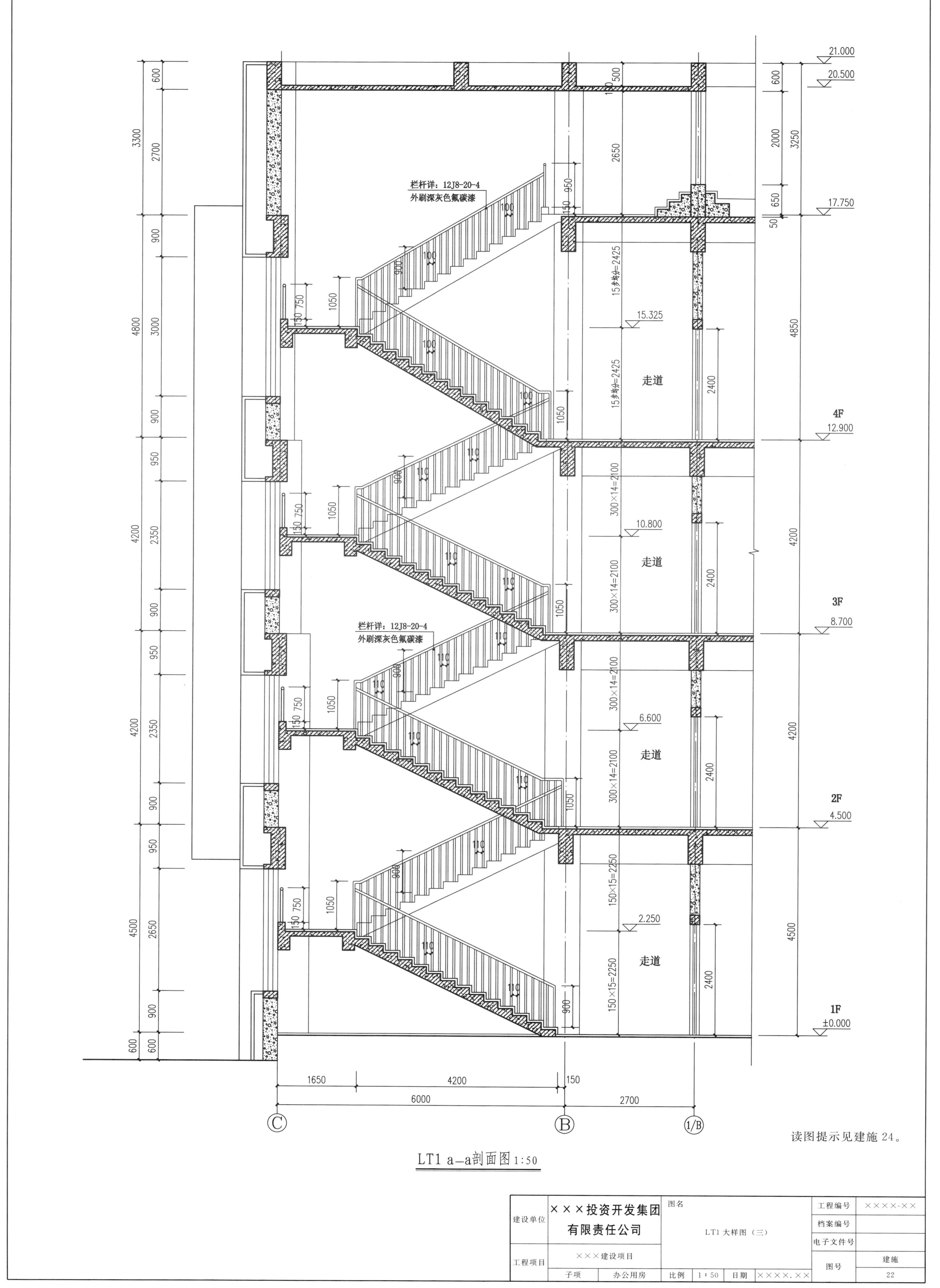

建设单位	×××投资开发集团有限责任公司	图名 LT1 大样图（三）	工程编号	××××-××
			档案编号	
			电子文件号	
工程项目	×××建设项目		图号	建施 22
子项	办公用房	比例 1:50　日期 ××××.××		

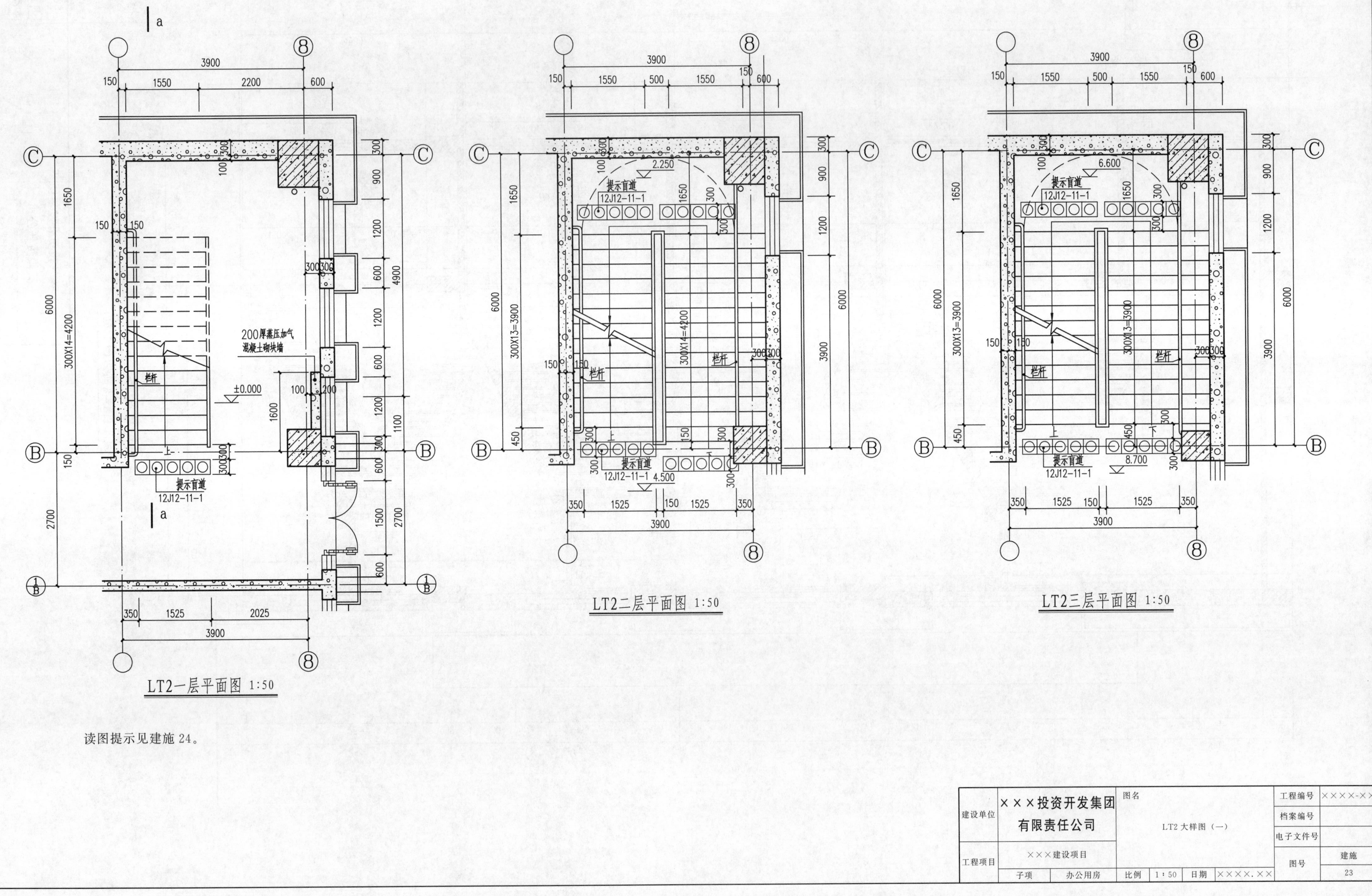

读图提示见建施 24。

建设单位	×××投资开发集团有限责任公司		图名	LT2 大样图（一）		工程编号	××××-××
						档案编号	
						电子文件号	
工程项目	×××建设项目					图号	建施 23
子项	办公用房		比例	1∶50	日期	××××.××	

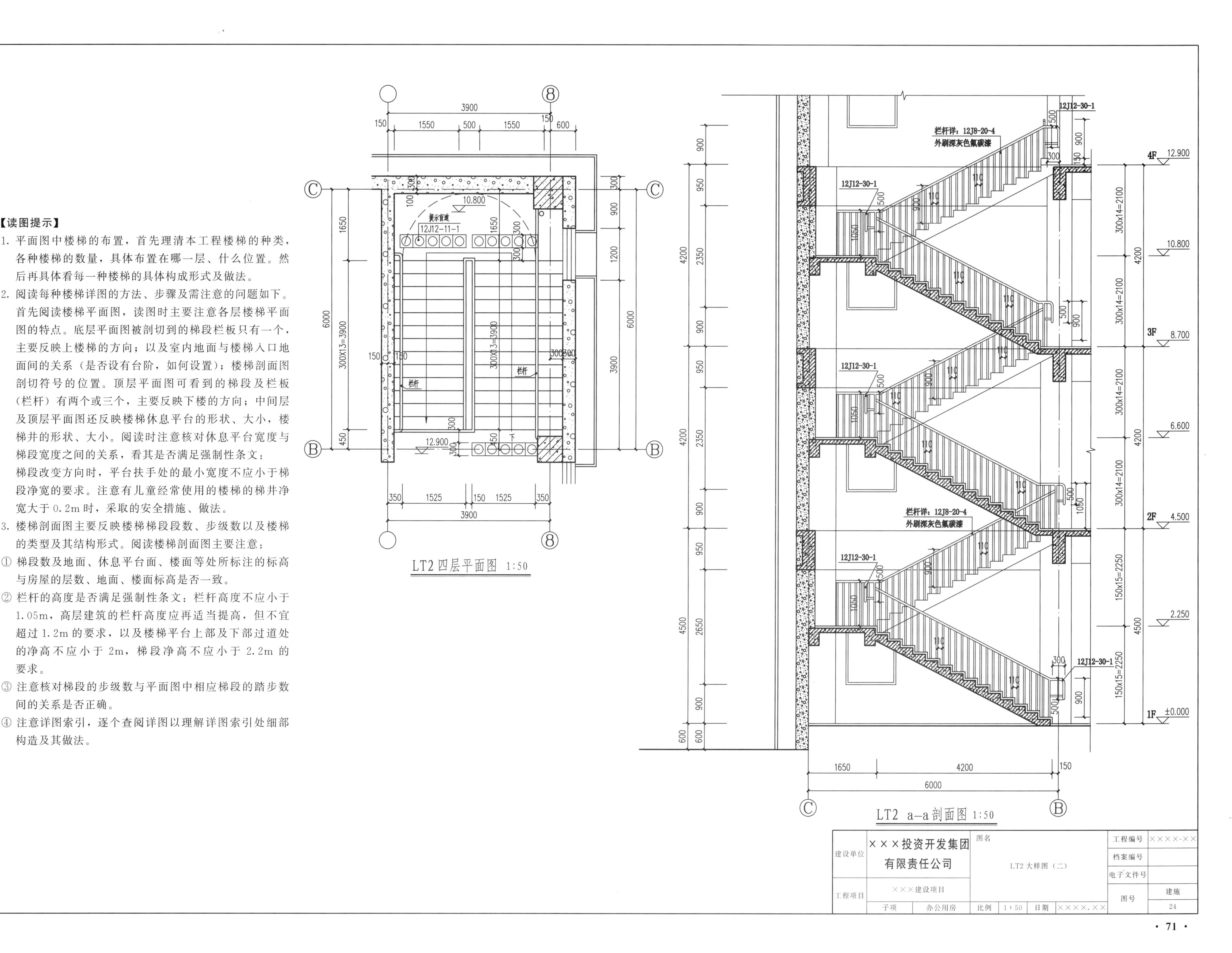

【读图提示】

1. 平面图中楼梯的布置，首先理清本工程楼梯的种类，各种楼梯的数量，具体布置在哪一层、什么位置。然后再具体看每一种楼梯的具体构成形式及做法。
2. 阅读每种楼梯详图的方法、步骤及需注意的问题如下。首先阅读楼梯平面图，读图时主要注意各层楼梯平面图的特点。底层平面图被剖切到的梯段栏板只有一个，主要反映上楼梯的方向；以及室内地面与楼梯入口地面间的关系（是否设有台阶，如何设置）；楼梯剖面图剖切符号的位置。顶层平面图可看到的梯段及栏板（栏杆）有两个或三个，主要反映下楼的方向；中间层及顶层平面图还反映楼梯休息平台的形状、大小，楼梯井的形状、大小。阅读时注意核对休息平台宽度与梯段宽度之间的关系，看其是否满足强制性条文：梯段改变方向时，平台扶手处的最小宽度不应小于梯段净宽的要求。注意有儿童经常使用的楼梯的梯井净宽大于 0.2m 时，采取的安全措施、做法。
3. 楼梯剖面图主要反映楼梯梯段段数、步级数以及楼梯的类型及其结构形式。阅读楼梯剖面图主要注意：

① 梯段数及地面、休息平台面、楼面等处所标注的标高与房屋的层数、地面、楼面标高是否一致。

② 栏杆的高度是否满足强制性条文：栏杆高度不应小于 1.05m，高层建筑的栏杆高度应再适当提高，但不宜超过 1.2m 的要求，以及楼梯平台上部及下部过道处的净高不应小于 2m，梯段净高不应小于 2.2m 的要求。

③ 注意核对梯段的步级数与平面图中相应梯段的踏步数间的关系是否正确。

④ 注意详图索引，逐个查阅详图以理解详图索引处细部构造及其做法。

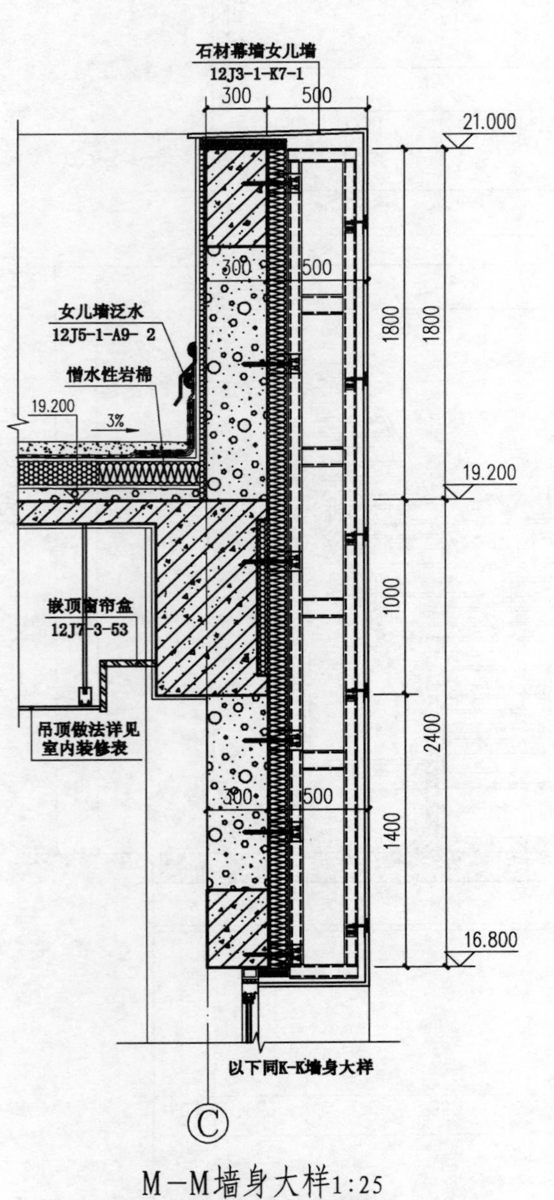

M—M墙身大样1:25

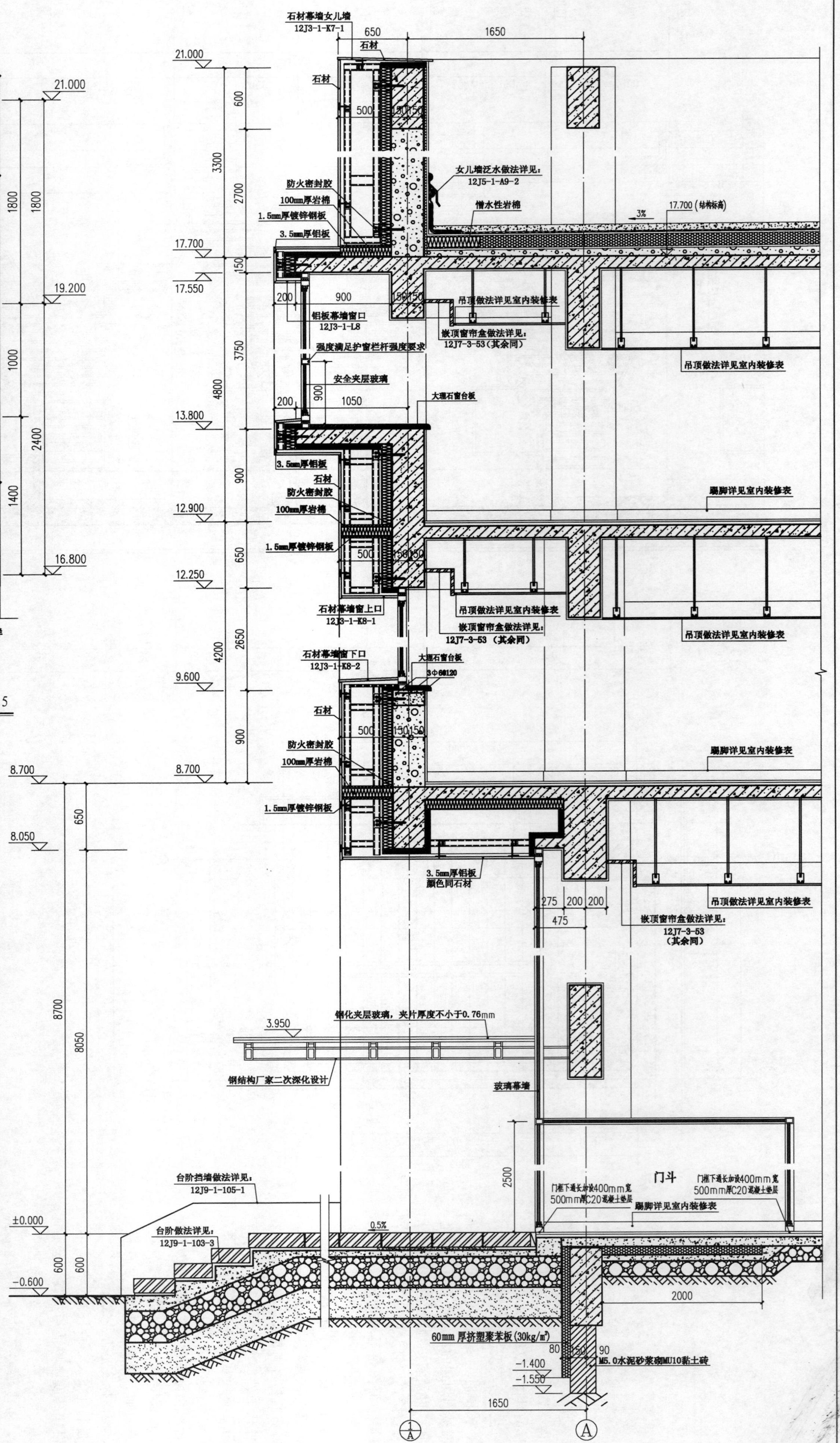

【读图提示】

看墙身大样图需注意以下几方面。

1. 注意看墙身大样图的图名和轴线编号与平面图或立面图上剖切位置处的内容是否一致。
2. 注意屋顶与墙面装饰细部构造、做法及尺寸。需与立面图及剖面图及立面效果图对照阅读。
3. 注意屋顶与墙面装饰尺寸、标高是否与立面图、剖面图一致。
4. 注意墙体、梁、柱之间的位置关系，它们与轴线之间的定位关系。
5. 注意如下部位节点构造：

① 室内、外地坪处的外墙节点构造。如基础墙厚、室内外标高，散水、明沟或采光井，台阶或坡道，暖气管沟，踢脚、墙裙，首层室内外窗台，室外勒脚等做法。

② 表明楼层处的外墙节点构造。如过梁、圈梁、主梁、次梁、顶棚、楼板、楼地面、踢脚、雨篷、阳台、楼层的室内外窗台等做法。如钢筋混凝土剪力墙结构、框架结构的外墙，若将钢筋混凝土剪力墙或框架梁、柱直接作为外墙使用，由于钢筋混凝土材料的导热系数大，易出现冷桥（或热桥）现象，使墙身受损，影响人们的正常使用，故常需要在钢筋混凝土外墙或框架梁的外侧或内侧做保温处理。具体做法一般在墙身大样图中表述，需注意阅读。

③ 表明屋顶处的外墙节点构造，如过梁、圈梁、主梁、次梁、顶棚、楼板、屋面、挑檐板、女儿墙、天沟、下水口、雨水斗、雨水管等做法。

④ 表明各处材料的做法，如内墙、外墙做法、地面、楼面、屋面做法等。

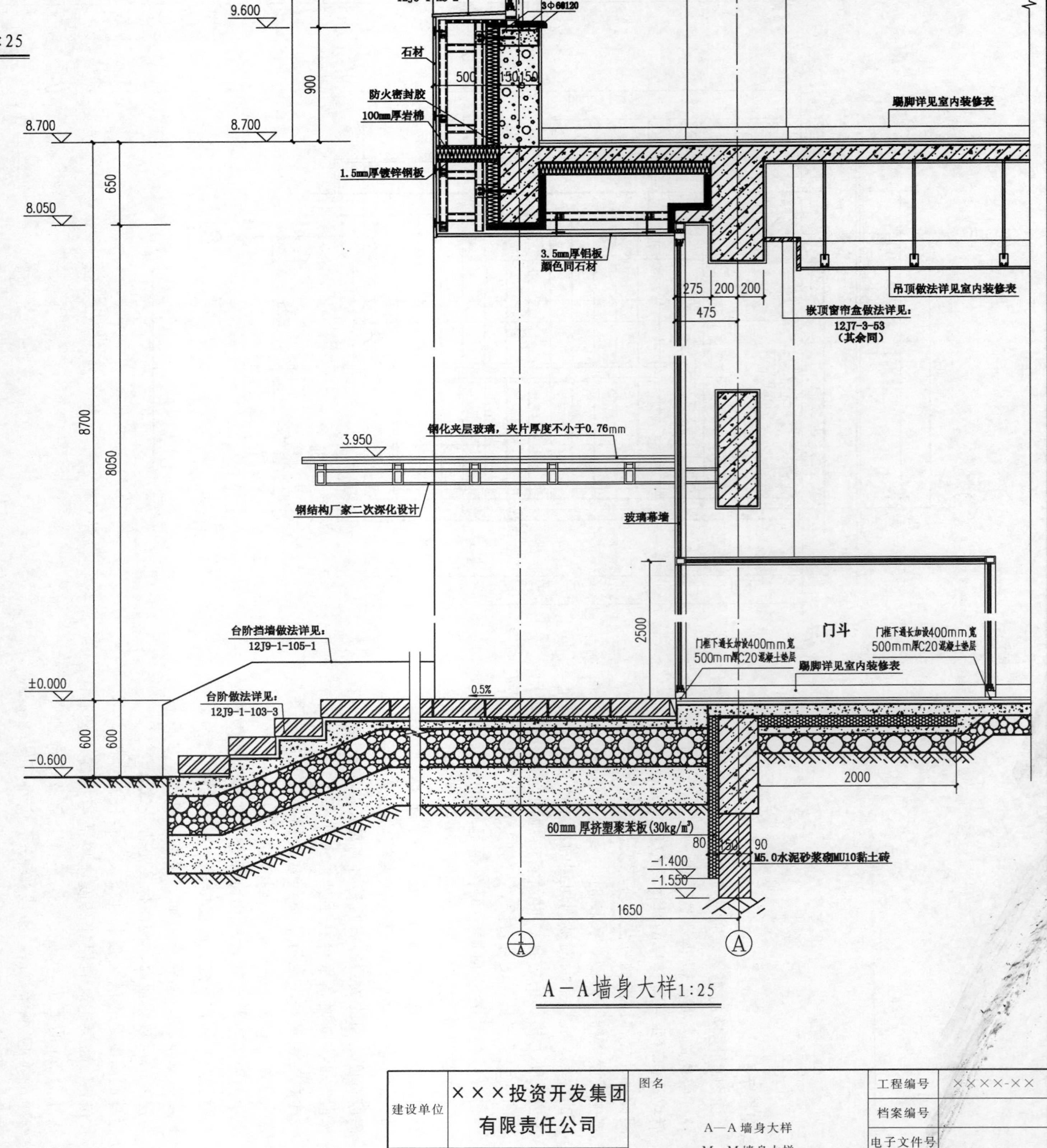

A—A墙身大样1:25

建设单位	×××投资开发集团有限责任公司	图名 A—A墙身大样 M—M墙身大样		工程编号	××××-××
				档案编号	
				电子文件号	
工程项目	×××建设项目			图号	建施 25
子项	办公用房	比例	1:25	日期	××××.××

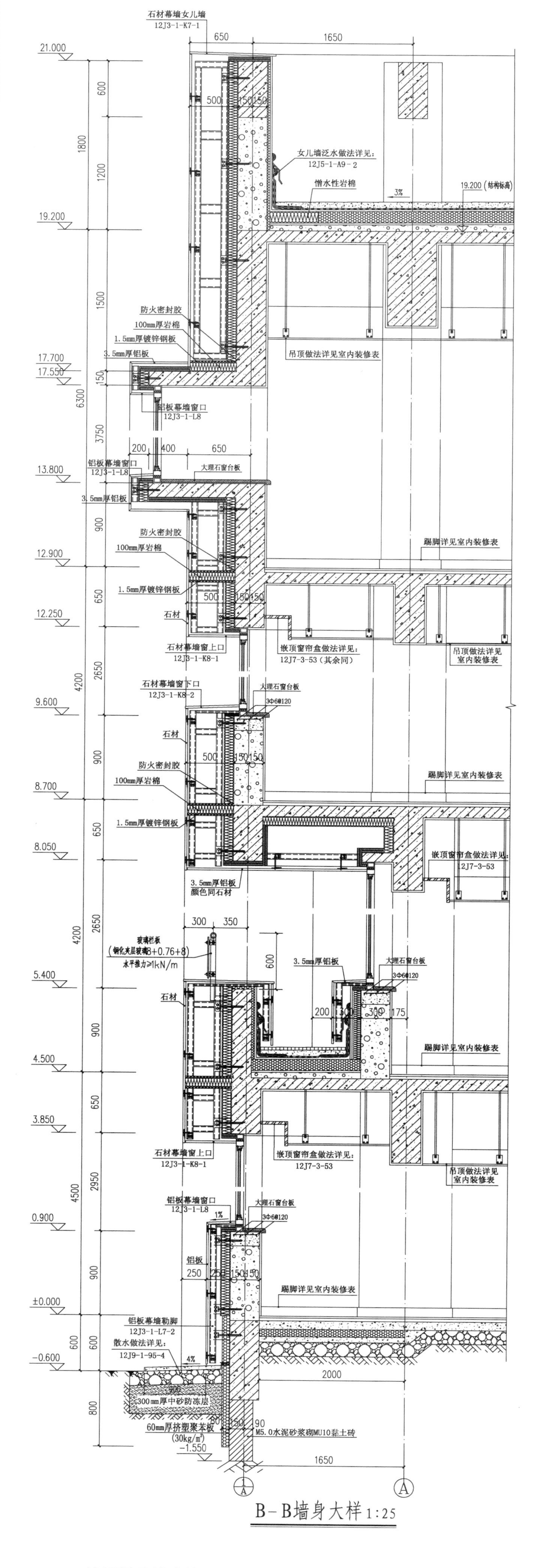

B-B墙身大样 1:25

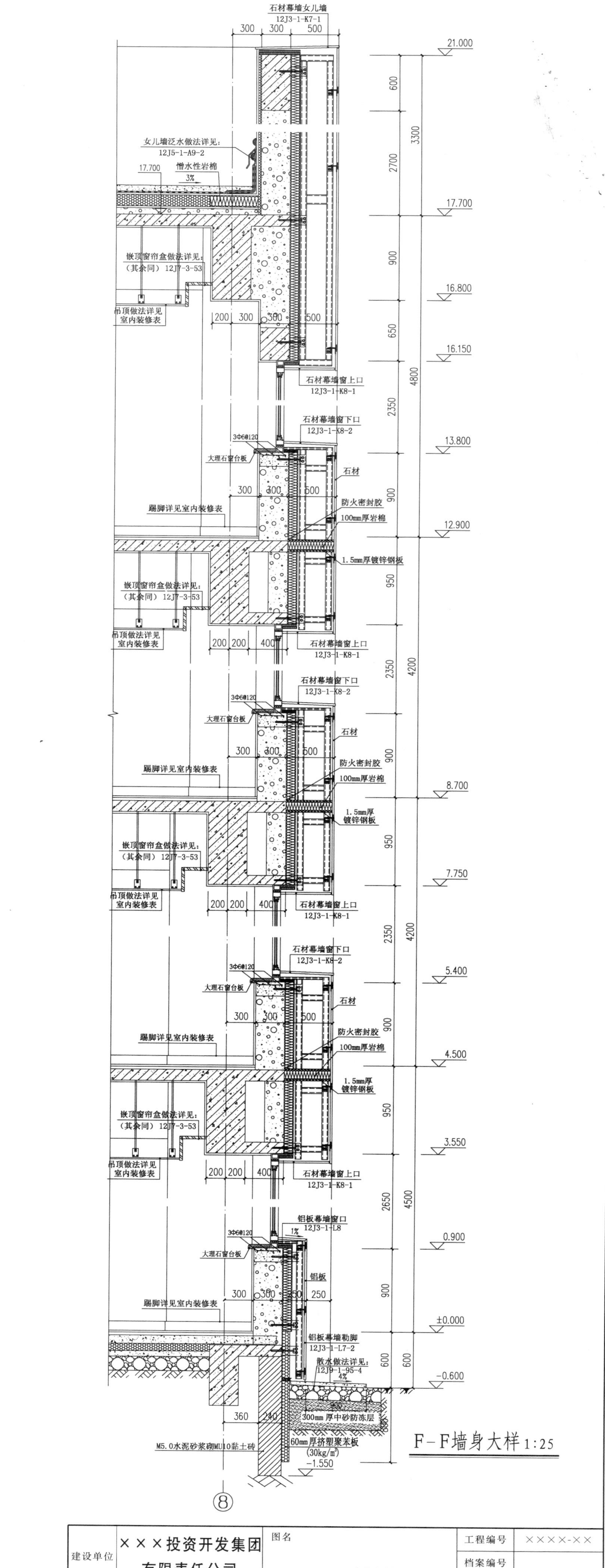

F-F墙身大样 1:25

读图提示见建施 25。

建设单位	×××投资开发集团有限责任公司	图名		工程编号	××××-××
		B—B 墙身大样 F—F 墙身大样		档案编号	
				电子文件号	
工程项目	×××建设项目			图号	建施 26
子项	办公用房	比例	1：25	日期	××××.××

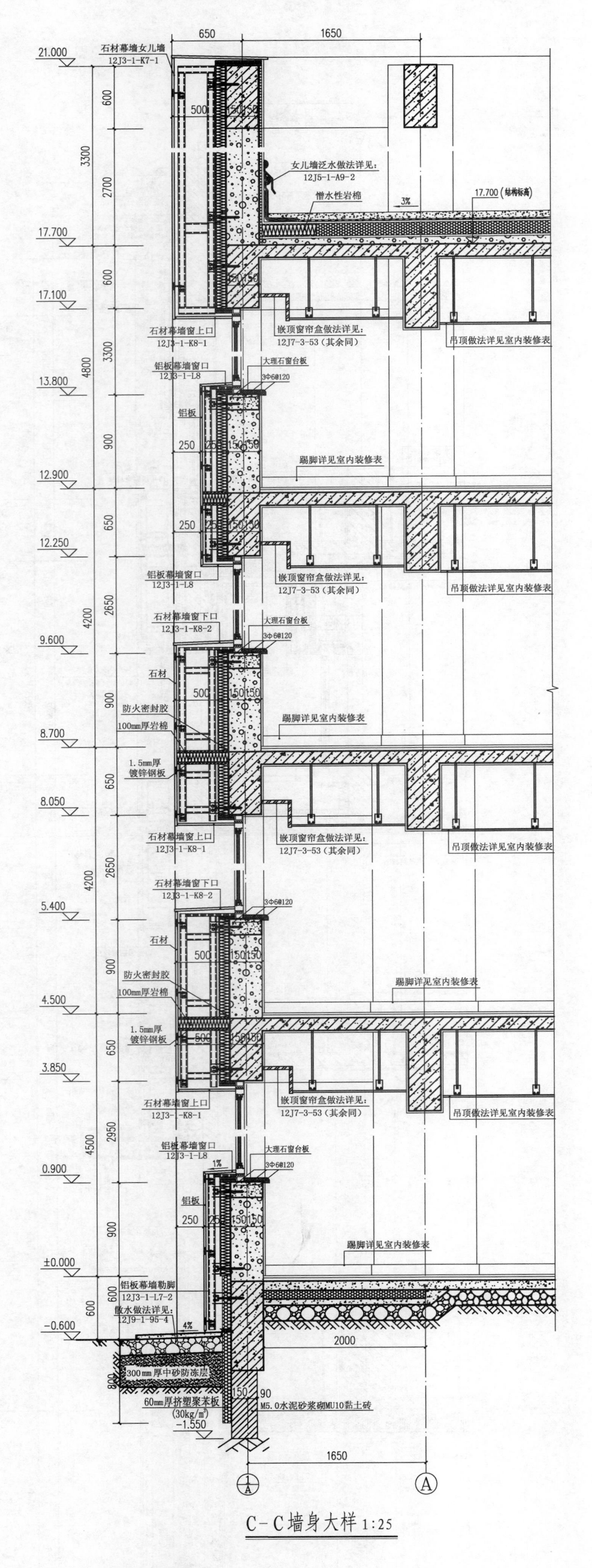

C-C墙身大样 1:25

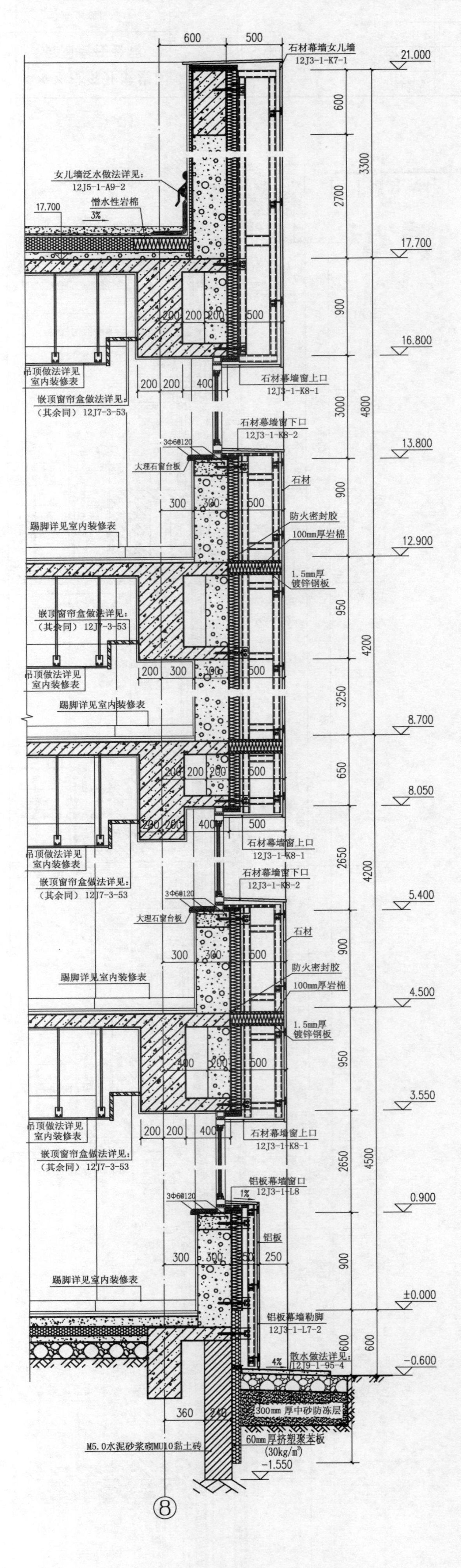

D-D墙身大样 1:25

读图提示见建施 25。

建设单位	×××投资开发集团有限责任公司	图名	C—C 墙身大样 D—D 墙身大样	工程编号	××××-××
				档案编号	
				电子文件号	
工程项目	×××建设项目			图号	建施 27
子项	办公用房	比例	1：25 日期 ××××.××		

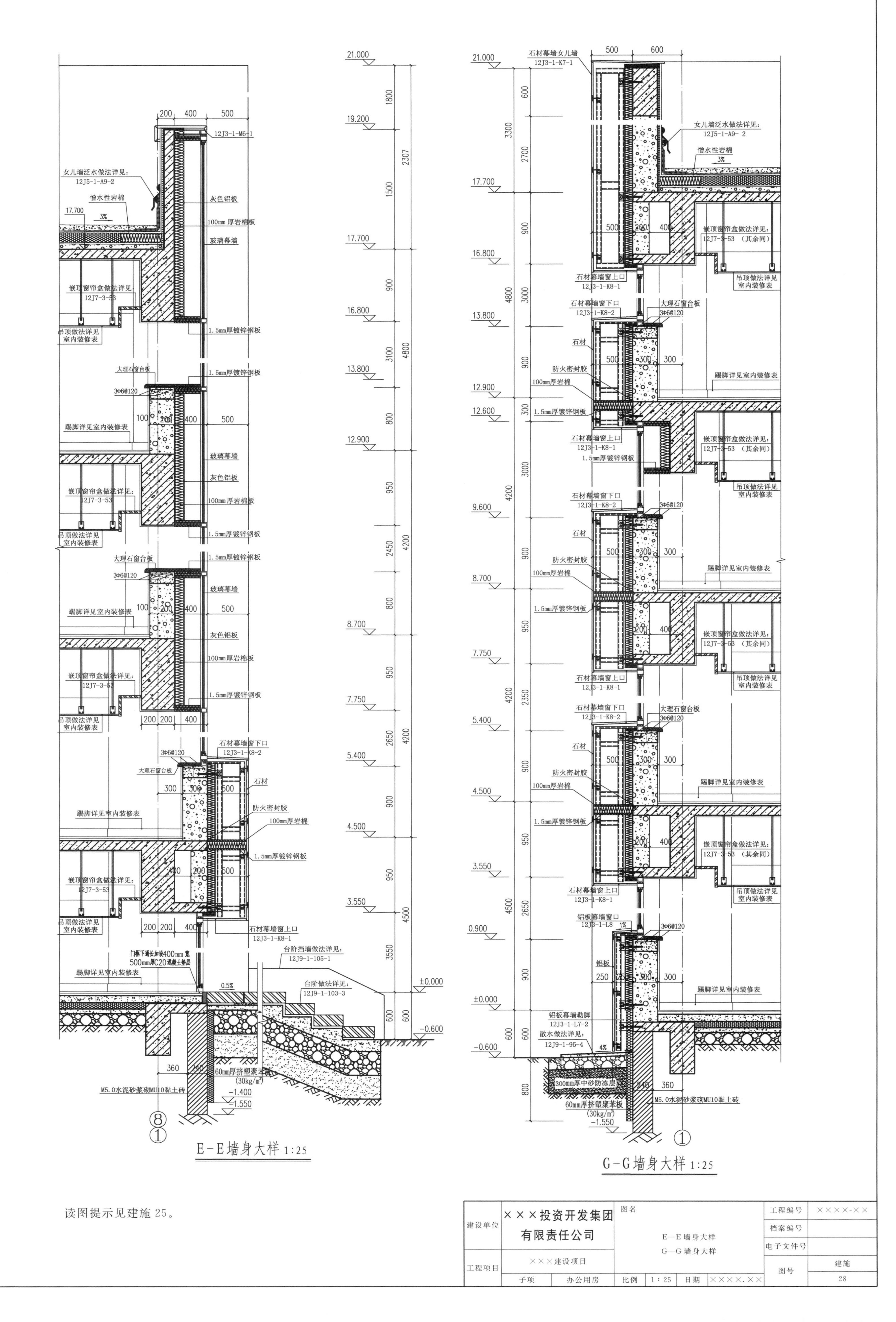

E-E墙身大样 1:25

G-G墙身大样 1:25

读图提示见建施 25。

建设单位	×××投资开发集团有限责任公司	图名 E—E墙身大样 G—G墙身大样	工程编号	××××-××
			档案编号	
			电子文件号	
工程项目	×××建设项目		图号	建施
子项	办公用房	比例 1∶25 日期 ××××.××		28

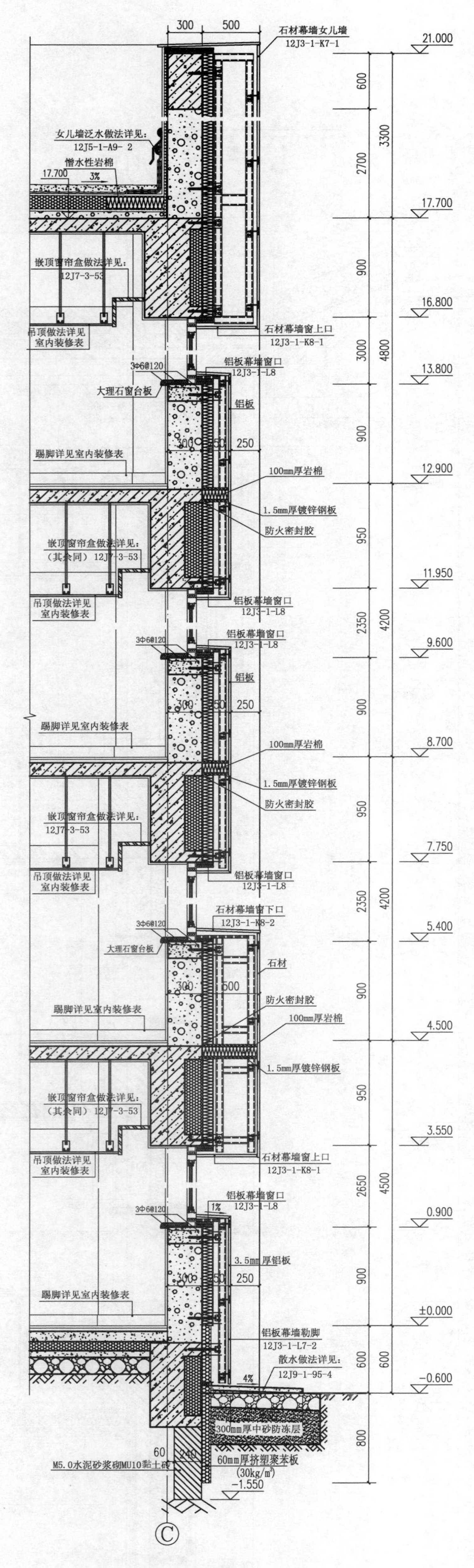

H-H 墙身大样 1:25

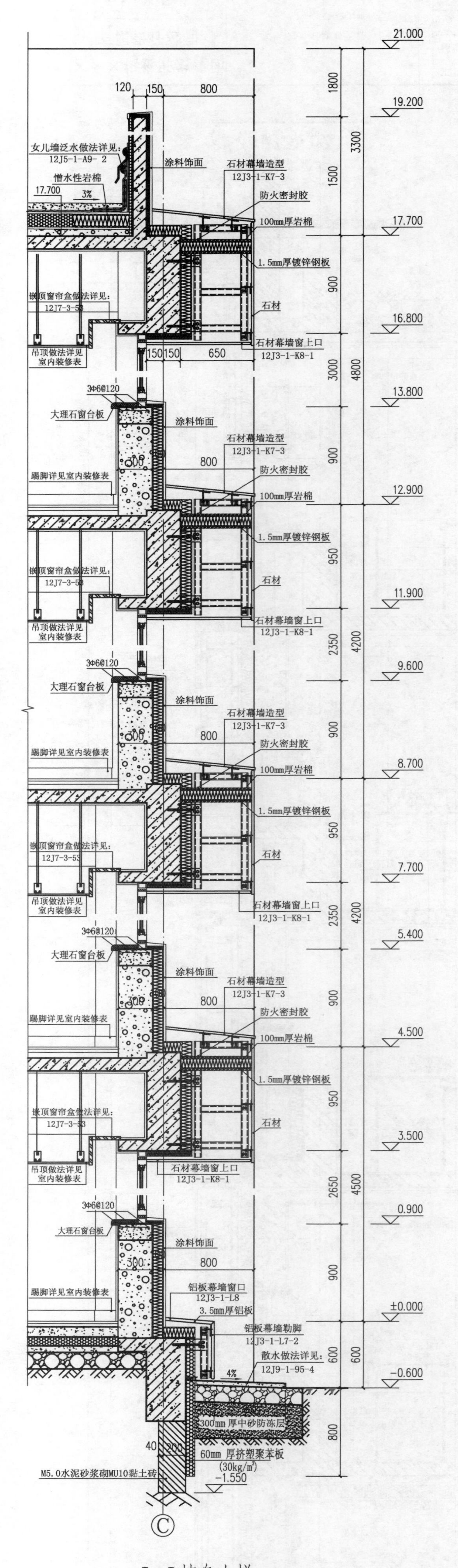

J-J 墙身大样 1:25

读图提示见建施 25。

建设单位	×××投资开发集团有限责任公司	图名	H—H 墙身大样 J—J 墙身大样	工程编号	××××-××
				档案编号	
				电子文件号	
工程项目	×××建设项目			图号	建施 29
子项	办公用房	比例 1∶25	日期 ××××.××		

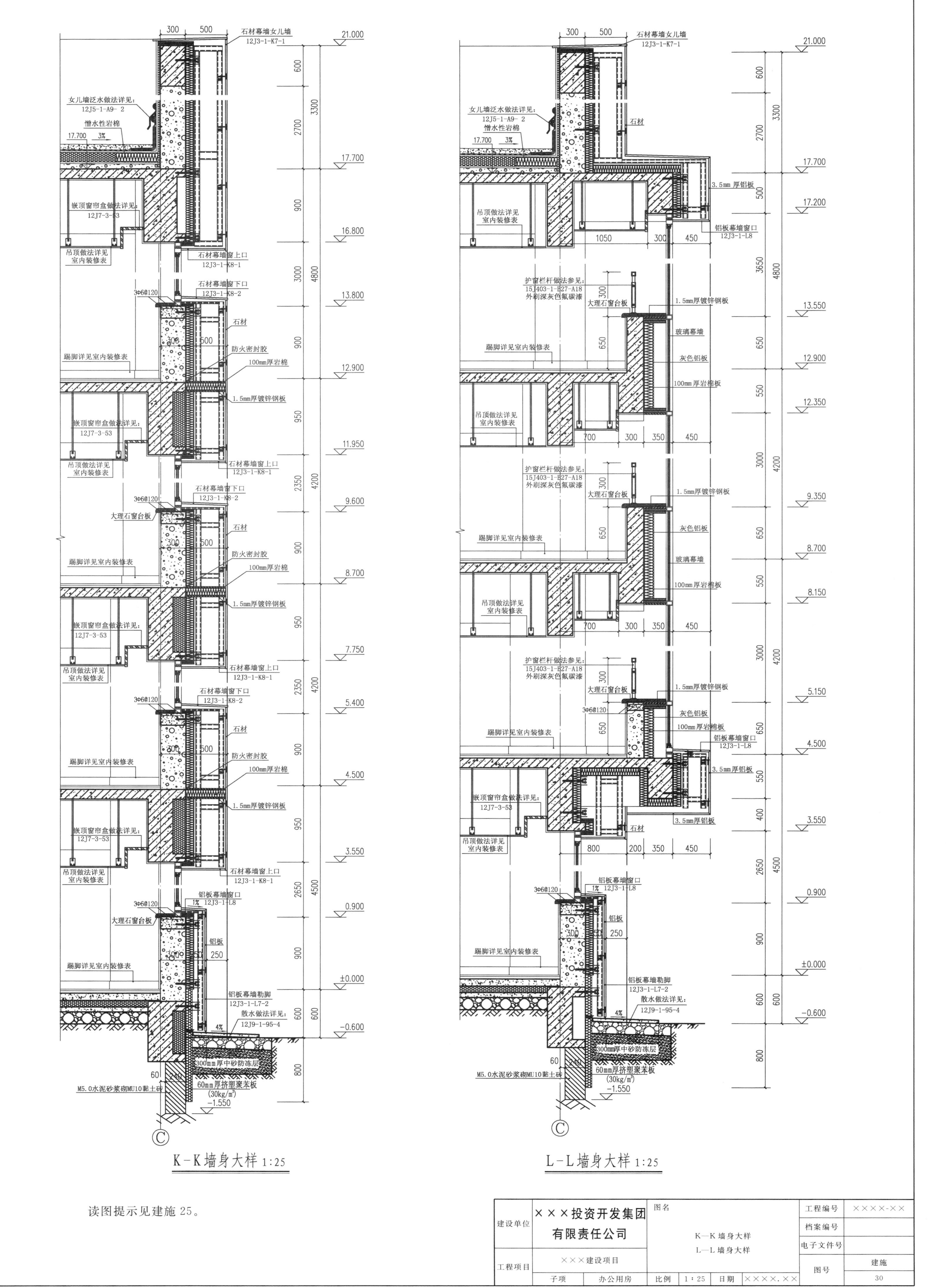

K-K墙身大样 1:25

L-L墙身大样 1:25

读图提示见建施25。

建设单位	×××投资开发集团有限责任公司	图名	K—K墙身大样 L—L墙身大样	工程编号	××××-××
				档案编号	
				电子文件号	
工程项目	×××建设项目			图号	建施
子项	办公用房	比例 1:25	日期 ××××.××		30

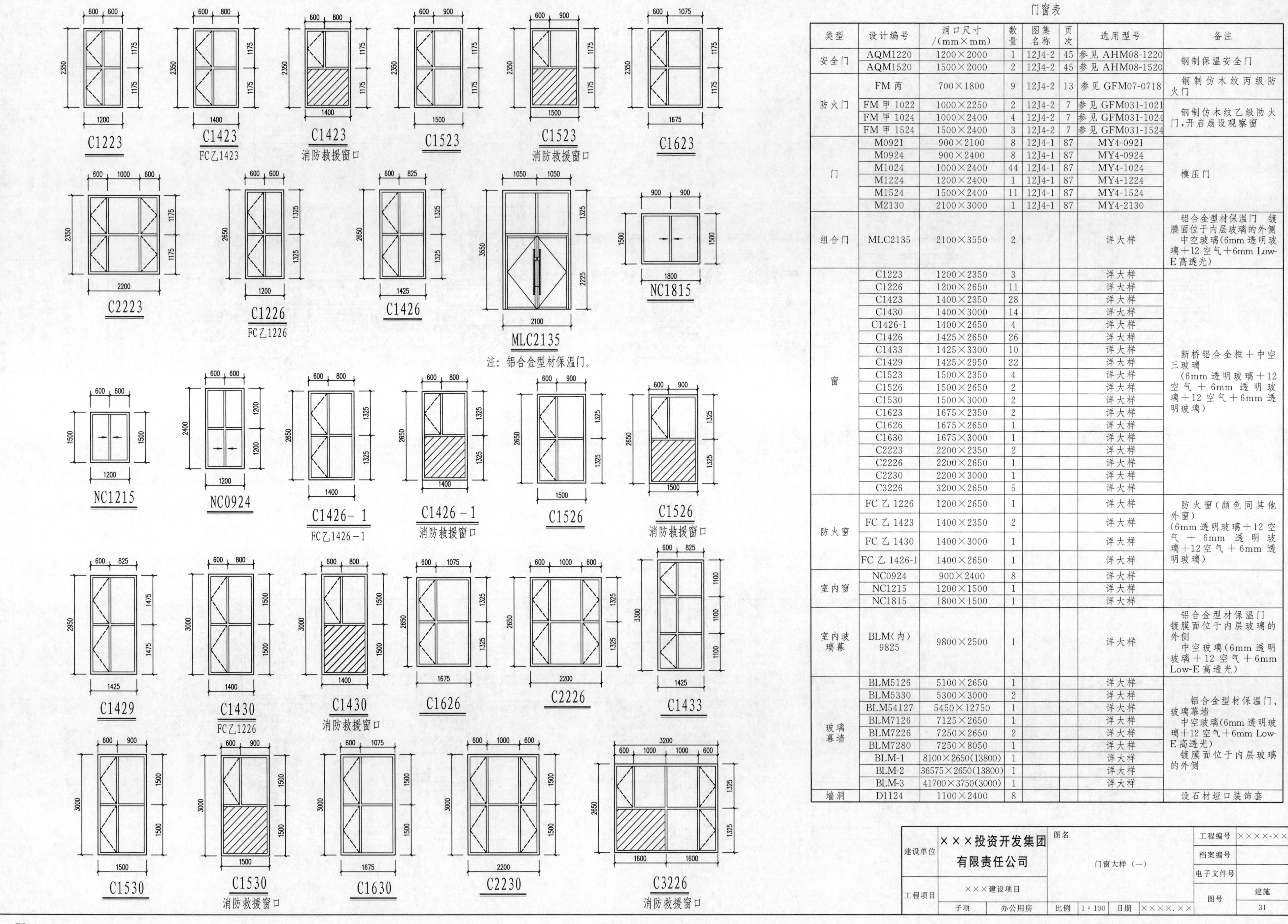

门窗表

类型	设计编号	洞口尺寸/(mm×mm)	数量	图集名称	页次	选用型号	备注
安全门	AQM1220	1200×2000	1	12J4-2	45	参见 AHM08-1220	钢制保温安全门
	AQM1520	1500×2000	2	12J4-2	45	参见 AHM08-1520	
防火门	FM 丙	700×1800	9	12J4-2	13	参见 GFM07-0718	钢制仿木纹丙级防火门
	FM 甲 1022	1000×2250	2	12J4-2	7	参见 GFM031-1021	钢制仿木纹乙级防火门，开启扇设观察窗
	FM 甲 1024	1000×2400	4	12J4-2	7	参见 GFM031-1024	
	FM 甲 1524	1500×2400	3	12J4-2	7	参见 GFM031-1524	
门	M0921	900×2100	8	12J4-1	87	MY4-0921	模压门
	M0924	900×2400	8	12J4-1	87	MY4-0924	
	M1024	1000×2400	44	12J4-1	87	MY4-1024	
	M1224	1200×2400	1	12J4-1	87	MY4-1224	
	M1524	1500×2400	11	12J4-1	87	MY4-1524	
	M2130	2100×3000	1	12J4-1	87	MY4-2130	
组合门	MLC2135	2100×3550	2			详大样	铝合金型材保温门　镀膜面位于内层玻璃的外侧　中空玻璃(6mm透明玻璃+12空气+6mm Low-E高透光)
窗	C1223	1200×2350	3			详大样	断桥铝合金框+中空三玻璃（6mm透明玻璃+12空气+6mm透明玻璃+12空气+6mm透明玻璃）
	C1226	1200×2650	11			详大样	
	C1423	1400×2350	28			详大样	
	C1430	1400×3000	14			详大样	
	C1426-1	1400×2650	4			详大样	
	C1426	1425×2650	26			详大样	
	C1433	1425×3300	10			详大样	
	C1429	1425×2950	22			详大样	
	C1523	1500×2350	4			详大样	
	C1526	1500×2650	2			详大样	
	C1530	1500×3000	2			详大样	
	C1623	1675×2350	2			详大样	
	C1626	1675×2650	1			详大样	
	C1630	1675×3000	1			详大样	
	C2223	2200×2350	2			详大样	
	C2226	2200×2650	1			详大样	
	C2230	2200×3000	1			详大样	
	C3226	3200×2650	5			详大样	
防火窗	FC 乙 1226	1200×2650	1			详大样	防火窗（颜色同其他外窗）（6mm透明玻璃+12空气+6mm透明玻璃+12空气+6mm透明玻璃）
	FC 乙 1423	1400×2350	2			详大样	
	FC 乙 1430	1400×3000	1			详大样	
	FC 乙 1426-1	1400×2650	1			详大样	
室内窗	NC0924	900×2400	8			详大样	
	NC1215	1200×1500	1			详大样	
	NC1815	1800×1500	1			详大样	
室内玻璃幕	BLM(内)9825	9800×2500	1			详大样	铝合金型材保温门　镀膜面位于内层玻璃的外侧　中空玻璃(6mm透明玻璃+12空气+6mm Low-E高透光)
玻璃幕墙	BLM5126	5100×2650	1			详大样	铝合金型材保温门、玻璃幕墙　中空玻璃(6mm透明玻璃+12空气+6mm Low-E高透光)　镀膜面位于内层玻璃的外侧
	BLM5330	5300×3000	2			详大样	
	BLM54127	5450×12750	1			详大样	
	BLM7126	7125×2650	1			详大样	
	BLM7226	7250×2650	2			详大样	
	BLM7280	7250×8050	1			详大样	
	BLM-1	8100×2650(13800)	1			详大样	
	BLM-2	36575×2650(13800)	1			详大样	
	BLM-3	41700×3750(3000)	1			详大样	
墙洞	D1124	1100×2400	8				设石材垭口装饰套

建设单位	×××投资开发集团有限责任公司	图名	门窗大样（一）	工程编号	××××-××
工程项目	×××建设项目			档案编号	
				电子文件号	
子项	办公用房	比例 1∶100	日期 ××××.××	图号	建施 31

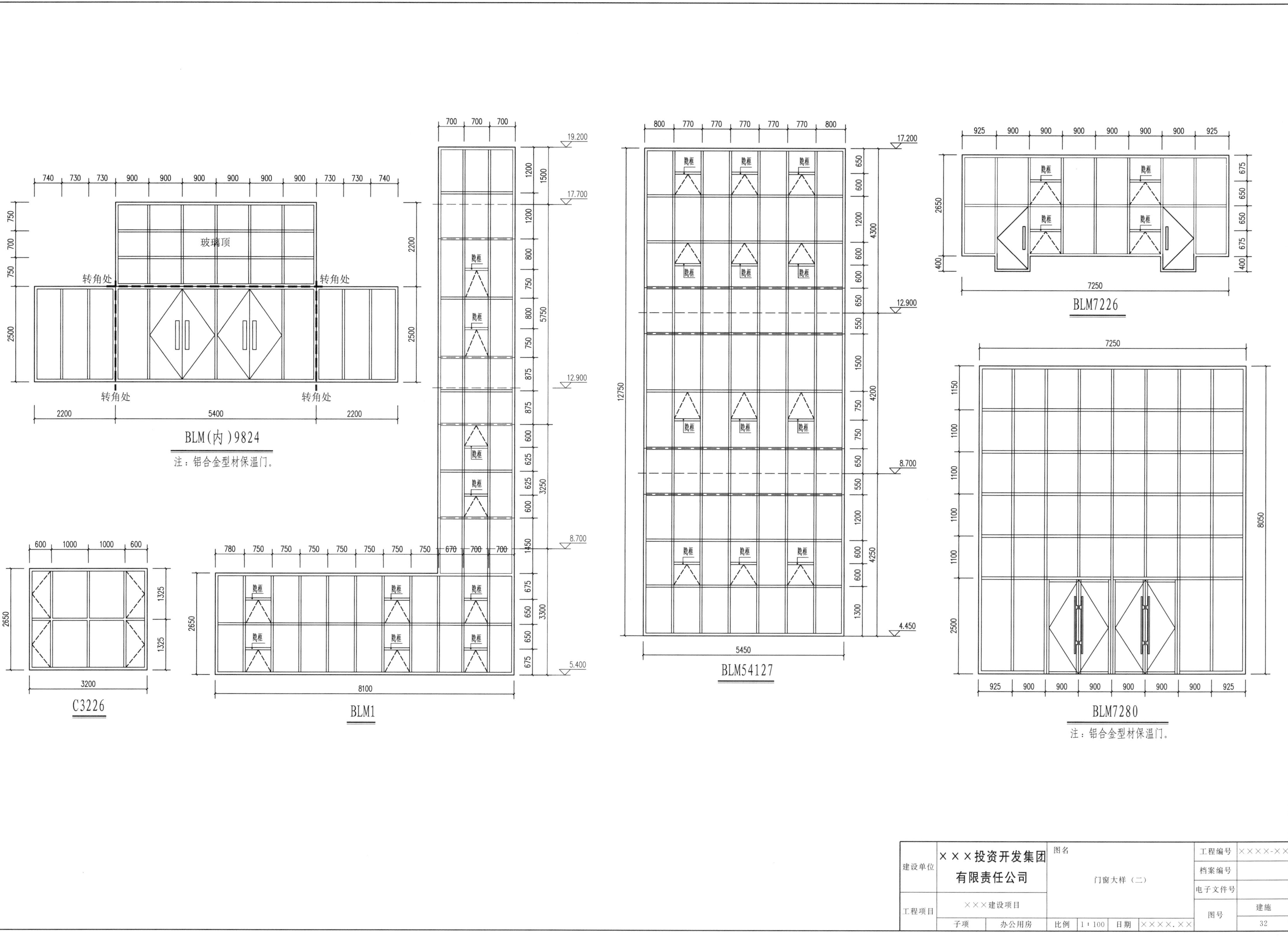
玻璃顶
转角处
转角处
转角处
转角处
BLM(内)9824
注：铝合金型材保温门。
C3226
BLM1
BLM54127
BLM7226
BLM7280
注：铝合金型材保温门。
隐框
建设单位
×××投资开发集团有限责任公司
图名
门窗大样（二）
工程编号
××××-××
档案编号
电子文件号
工程项目
×××建设项目
图号
建施
32
子项
办公用房
比例
1∶100
日期
××××.××

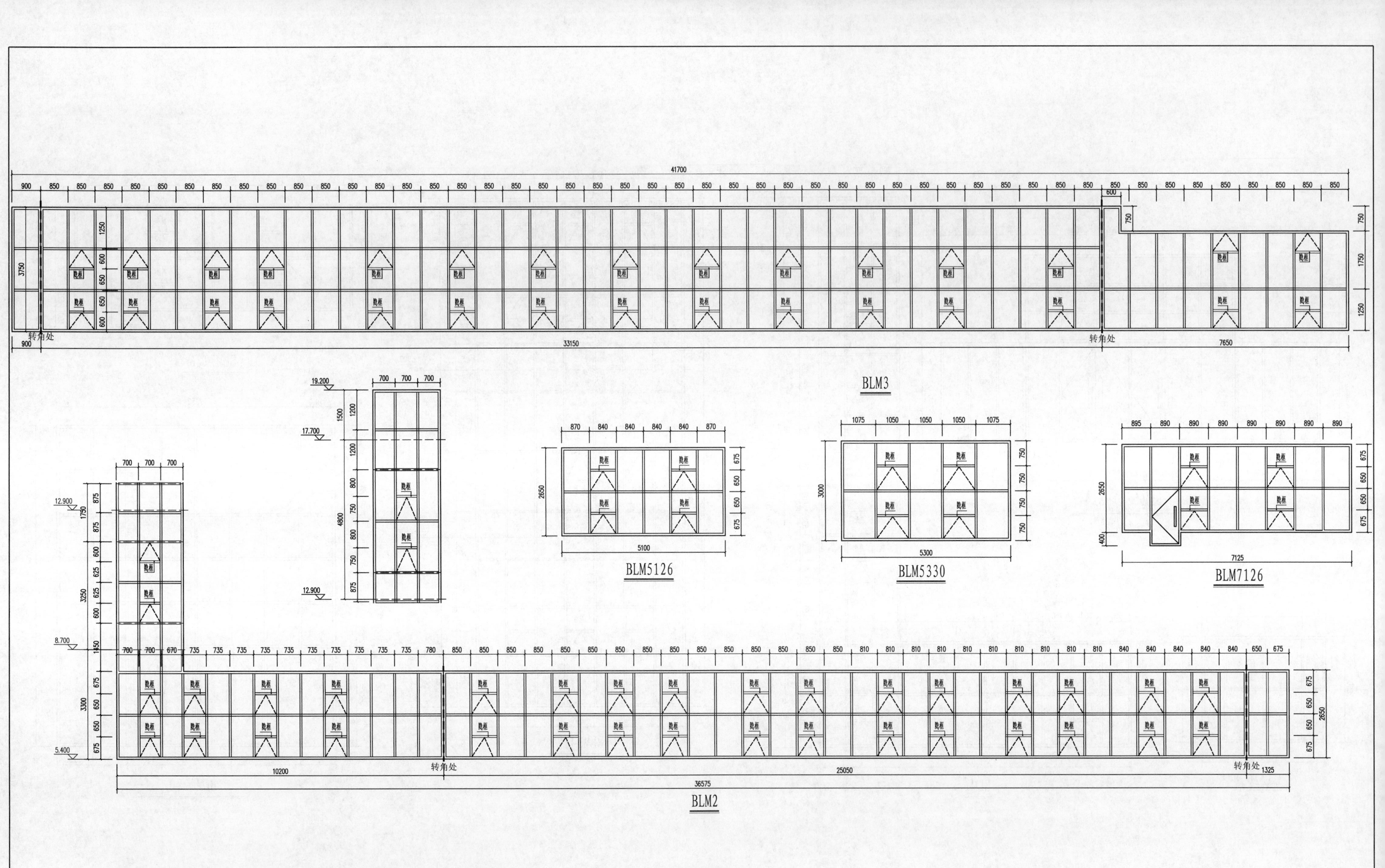

注：1. 门窗大样仅为洞口尺寸，加工制作时，必须与实际进行复核，并考虑加工及材料尺寸。
2. 门窗大样的强度及安全性必须符合规范要求。
3. 门窗玻璃的选用应遵照《建筑玻璃应用技术规程》。
4. 外窗窗框材料为 60 系列断桥铝合金，框料外侧为深灰色，内侧为白色。
5. 门窗加工制作时仔细查看各层平面图，凡是平面图中标注为防火窗的严格按照防火窗要求制作。
6. 以下玻璃使用钢化安全玻璃：
① 单块大于 1.5m² 的玻璃；
② 窗台低于装修面 500mm 的玻璃；
③ 玻璃栏板以及玻璃幕墙；
④ 建筑内外各出入口及门厅处的玻璃门；
⑤ 落地窗及易遭受撞击、冲击而造成人体伤害的其他部位的门窗玻璃。

建设单位	×××投资开发集团有限责任公司		图名	门窗大样（三）		工程编号	××××-××
						档案编号	
						电子文件号	
工程项目	×××建设项目					图号	建施
子项	办公用房	比例	1∶100	日期	××××.××		33

结构设计总说明（一）

1 工程概况

1.1 本工程为四层框架结构，建筑安全等级为二级。

1.2 本建筑物的结构设计合理使用年限为50年。

1.3 地基基础设计等级为丙级；标准冻深为−1.60m。

1.4 本工程建筑场地类别为Ⅲ类，液化等级判定为不液化，地基土对混凝土具微腐蚀性。

1.5 抗震设防类别为丙类，抗震设防烈度为8度第二组，设计基本地震加速度为0.20g；
抗震等级：二级。

1.6 未经技术鉴定或设计许可，不得改变结构的用途和使用环境。

2 图中所注设计尺寸及标高

本工程图中所注标高均以“米”（m）为单位；所注尺寸均以“毫米”（mm）为单位。

3 设计依据及选用图集

《建筑结构可靠度设计统一标准》（GB 50068—2010）

《建筑工程抗震设防分类标准》（GB 50223—2008）

《建筑结构荷载规范》（GB 50009—2012）

《建筑地基基础设计规范》（GB 50007—2011）

《混凝土结构设计规范》（2015年版）（GB 50010—2010）

《建筑抗震设计规范》（2016年版）（GB 50011—2010）

《混凝土结构施工图平面整体表示方法制图规则和构造详图》（16G101—1～16G101—3）

内蒙古自治区工程建设标准图集16系列结构标准设计图集

《岩土工程勘察报告》由×××岩土工程有限责任公司提供

4 设计基本数据及计算软件

4.1 楼面、屋面均布活荷载标准值

房间名称	一般房间	质监档案室 工程档案室	电梯机房	消防楼梯	卫生间
使用荷载/(kN/m²)	2.0	2.5	7.0	3.5	4.0
房间名称	门厅走廊 普通档案室	上人屋面	非上人屋面	大会议室	
使用荷载/(kN/m²)	2.5	2.0	0.5	3.0	

楼梯和上人屋面栏杆顶部水平荷载标准值取1.0kN/m；

雨篷施工或检修集中荷载标准值不小于1.0kN。

4.2 基本风压值：0.55kN/m²；基本雪压值：0.40kN/m²；地面粗糙度类别：B类。

4.3 结构计算软件：中国建筑科学研究院PKPM CAD工程部编制的结构系列软件（2014年10月版本）。

5 主要结构材料

5.1 混凝土强度等级

5.1.1 基础垫层：C15；基础：C30。

5.1.2 板、梁、柱、楼梯、女儿墙：C30。预应力梁：C40。

5.1.3 构造柱、圈梁等其余非抗震结构构件：C25。

5.2 结构混凝土耐久性的基本要求：

部位	环境类别	最大水胶比	最低强度等级	最大氯离子含量	最大碱含量
地上结构构件	一类	0.60	C20	0.3%	不限制
基础	二a类	0.55	C25	0.2%	3.0kg/m³

注：1. 氯离子含量系指其占水泥用量的百分率；
2. 预应力构件混凝土中的最大氯离子含量为0.60%。

5.3 混凝土结构构件及预应力构件裂缝控制等级为三级。

5.4 钢筋及型钢种类

5.4.1 钢筋的强度标准值应具有不小于95%的保证率。

5.4.2 抗震等级为一、二、三级的框架和斜撑构件（含梯段），其纵向受力钢筋采用普通钢筋时：
钢筋的抗拉强度实测值与屈服强度实测值的比值不应小于1.25；
钢筋的屈服强度实测值与强度标准值的比值不应大于1.30。
且钢筋在最大拉力下的总伸长率实测值不应小于9%。
HPB300级钢筋在最大力的总伸长率不应小于10%。

5.4.3 预埋件锚筋及吊钩钢筋均采用热轧钢筋，不得采用冷加工钢筋。

5.5 砌体填充墙采用M5混合砂浆砌筑空心陶粒混凝土空心砌块（容重≤800kg/m³），砌块强度等级为MU3.5。

6 钢筋的锚固、连接和混凝土保护层厚度

6.1 纵向受力钢筋的混凝土保护层厚度（最外层钢筋外边缘至混凝土表面的距离）不应小于钢筋公称直径，且应符合下表规定：

环境类别		板、墙	梁、柱、杆
一		15	20
二	a	20	25
	b	25	35

注：基础中钢筋的混凝土保护层厚度应从垫层顶面算起，且不小于40mm。

6.2 纵向受力钢筋的连接

6.2.1 受力钢筋的连接接头设置在受力较小处。

6.2.2 轴心受拉及小偏心受拉的构件，纵向钢筋不得采用绑扎搭接接头。

6.2.3 位于同一连接区段内的受拉钢筋焊接接头百分率不大于50%。搭接接头面积百分率：梁类、板类及墙类构件，不宜大于25%；对柱类构件，不宜大于50%。

6.2.4 在搭接区段范围内，箍筋必须加密，间距取搭接钢筋较小直径的5倍和100mm两者之中的较小值。

6.2.5 直径$d \geqslant 25$的受力钢筋应采用机械连接。

6.2.6 机械连接接头面积百分率不应大于50%。

6.2.7 纵向受力钢筋的连接接头采用Ⅱ级接头。应符合《钢筋机械连接技术规程》（JGJ 107—2016）中的规定。

6.2.8 楼层梁和板纵筋需要连接时，上部纵筋一般在跨度1/3范围以外连接，下部纵筋一般在跨中1/3范围之外弯矩较小处连接或锚固在支座内。

6.2.9 纵向受拉钢筋的基本锚固长度（抗震L_{abE} 非抗震L_{ab}）详见16G101-1第57页。

6.2.10 纵向受拉钢筋的绑扎搭接长度（抗震L_{CE}“非抗震”L_L）详见16G101-1第60、61页。

6.2.11 框架（KL、KZ）、梯段的纵向受力钢筋应采用带E牌号的抗震钢筋。

7 钢筋混凝土柱、梁

7.1 柱

7.1.1 框架柱纵筋宜采用机械连接或焊接；纵向钢筋直径≥25mm的柱纵向钢筋，应采用机械连接或焊接。

7.1.2 柱纵向钢筋连接构造详见图集16G101-1第57～58页。

7.1.3 边柱和角柱柱顶纵向钢筋构造详见图集16G101-1第59页。

7.1.4 中柱柱顶纵向钢筋构造及柱变截面位置纵向钢筋构造详见图集16G101-1第60页。

7.1.5 梁上柱纵向钢筋构造详见图集16G101-1第61页。

7.1.6 框架柱箍筋加密区构造详见图集16G101-1第61页。

7.2 梁

7.2.1 框架梁纵向钢筋可采用绑扎搭接、机械连接或焊接接头。

7.2.2 楼层框架梁KL纵向钢筋构造详见图集16G101-1第79页。

7.2.3 屋面框架梁WKL纵向钢筋构造按照图集16G101-1第80页。

7.2.4 楼层框架梁KL、屋面框架梁WKL中间支座纵向钢筋构造详见图集16G101-1第84页。

7.2.5 框架梁、屋面框架梁箍筋构造详见图集16G101-1第85页。

7.2.6 非框架梁配筋构造详见图集16G101-1第85、86页。

7.2.7 梁与柱混凝土强度等级不同时的做法详见附图1。

梁与柱(墙)混凝土等级不同的接头大样

附图1

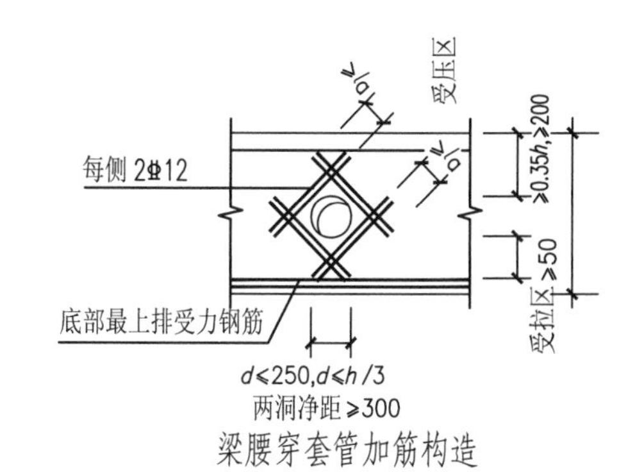

梁腰穿套管加筋构造

附图2

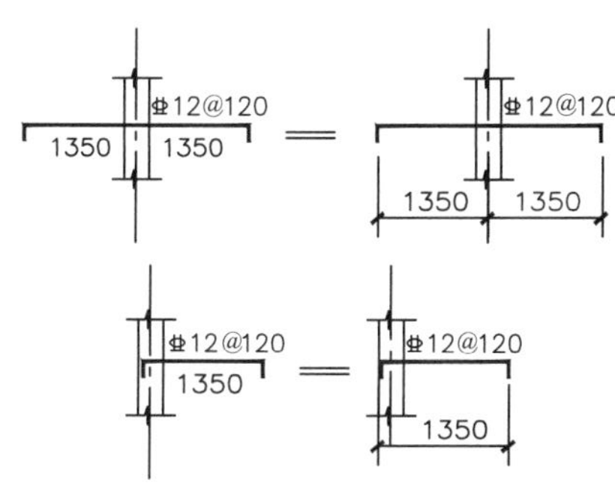
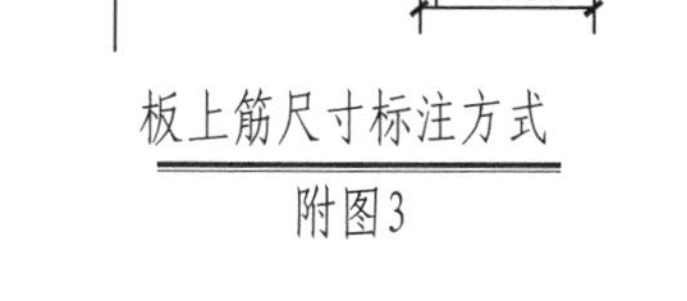

板上筋尺寸标注方式

附图3

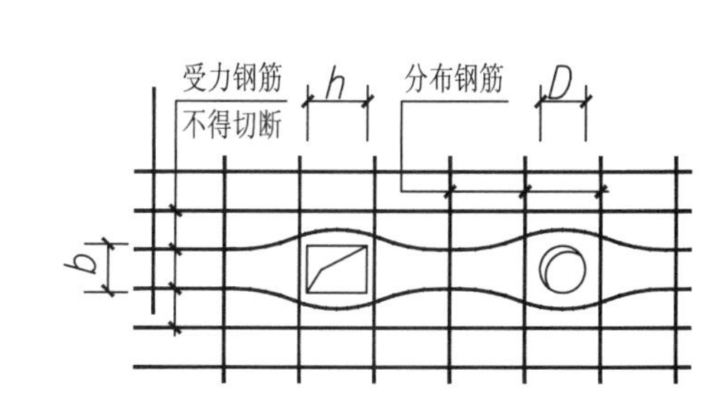

孔洞≤300板钢筋布置构造

（$b \leqslant 300$，$D \leqslant 300$；双向受力板：h应≤300）

附图4(a)

建设单位	×××投资开发集团有限责任公司	图名	工程编号	××××-××
		结构设计总说明（一）	档案编号	
工程项目	×××建设项目		电子文件号	
			图号	结施 1/20
子项	办公用房	比例	日期	××××.××

结构设计总说明（二）

7.2.8 梁上穿设备套管做法详见附图2，套管规格及具体位置详见相关专业图纸，施工过程中不得遗漏和后凿混凝土。

7.2.9 梁图中未标注腰筋的梁，当梁高＞450mm时增设腰筋G2⌀12；当梁高＞550mm时，增设腰筋G4⌀12。

8 钢筋混凝土结构板

8.1 现浇板配筋平面图中未注明分布钢筋为⌀6@200。

8.2 双向板底部钢筋短跨钢筋放在下侧，长跨钢筋放在上侧；上部钢筋短跨放在上侧，长跨放在下侧，板中钢筋标注方式详见附图3。

8.3 板面受力钢筋锚固详见16G101-1中第93～95页。

8.4 现浇板设有≤300mm洞口时，主筋应绕过而不切断；当洞口尺寸大于300mm且不大于1000mm时，按附图4设置洞口附加钢筋。

8.5 电梯井道顶板留洞位置及预埋件由电梯厂家配合预留，不得后凿板。

9 填充墙

9.1 填充墙平面位置、门窗洞口尺寸及墙厚均以建筑施工图为准，未经设计人员书面允许不得随意修改。

9.2 砌体填充墙沿墙体高度每隔500mm设通长拉筋2⌀6。

9.3 当砌体填充墙长度超过8m或大于层高2倍时，应在墙中部附近位置或丁字墙和L形墙纵横墙交接处设置钢筋混凝土构造柱（附图5）。

9.4 砌体填充墙自由端处设置钢筋混凝土构造柱（附图5）。

9.5 当砌体填充墙高度大于4m时应在墙体半高处设置与柱连接且沿墙全长贯通的钢筋混凝土圈梁（附图6）。

9.6 填充墙长大于5m时，墙顶与梁板连接见附图7。

9.7 填充墙应在主体结构施工完毕后，由上到下逐层砌筑；将填充墙砌筑至梁、板底附近，待砌体沉实后再用斜砌法砌筑。

9.8 门窗洞口过梁选用（16MG04）：内墙GL-E，外墙GL-F。

9.9 尺寸小于200mm的墙垛，当砌块砌筑确有困难时，可采用C20素混凝土现浇。

9.10 楼梯间和人流通道处的填充墙，采用Φ4@10×10的成品钢丝网砂浆面层加强。

9.11 女儿墙每隔20m留缝，缝宽20mm，混凝土断开，钢筋不断，缝隙用油膏麻丝嵌缝。

9.12 不小于2100mm的填充墙门、窗等洞口两侧均应设置构造柱（附图5）。

10 施工注意事项

10.1 施工单位应严格遵守国家及地方现行的各项规范和规程。

10.2 土建施工过程中，应与建筑、设备、电气等相关专业进行密切配合，对各专业所需的预埋件、预留孔洞应做到准确预埋、预留，核对无误后，方可浇注混凝土，以免造成返工或浪费。

10.3 设计未考虑冬、雨季施工，施工单位应根据有关施工及验收规范的规定执行。

10.4 设计未考虑塔式起重机、施工用电梯等大型施工设备对结构的任何影响，施工中采用这些设备时，施工单位均应根据具体情况对相应的结构及构件进行验算。

10.5 基础施工完毕后，应及时进行基坑回填，回填基坑时，应先清除基坑中的杂物，再分层回填，分层厚度不大于300mm，压实系数不应小于0.94。

10.6 本说明及图纸未尽之处，均必须按照现行国家、地方有关规范和图集执行。

10.7 本工程图须经审图中心审核后方可施工。

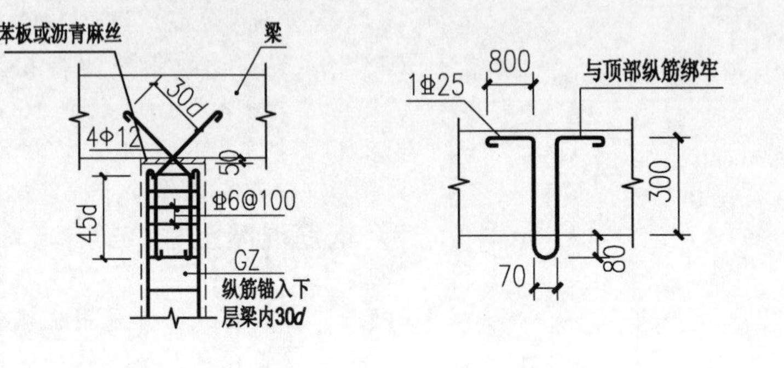

构造柱与主梁连接

电梯吊钩大样

（载荷≤30kN）

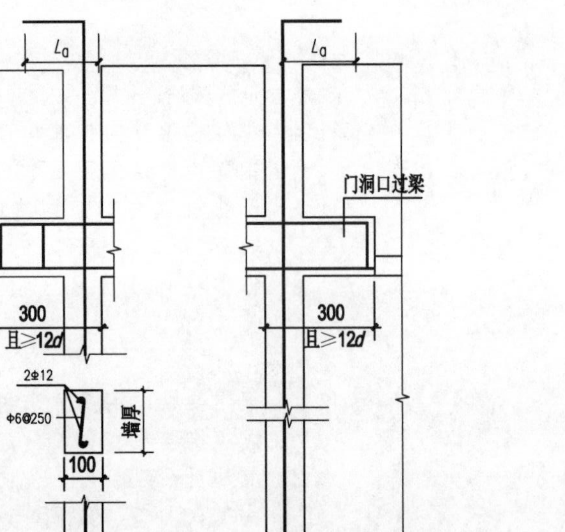

洞口抱框做法

注：1. 钢筋混凝土抱框立柱根部预留2Φ12钢筋，伸入楼地面混凝土内500mm，钢筋搭接长度600mm。

2. 门洞口靠近柱边时，柱中应在过梁与柱交接处预留过梁钢筋。

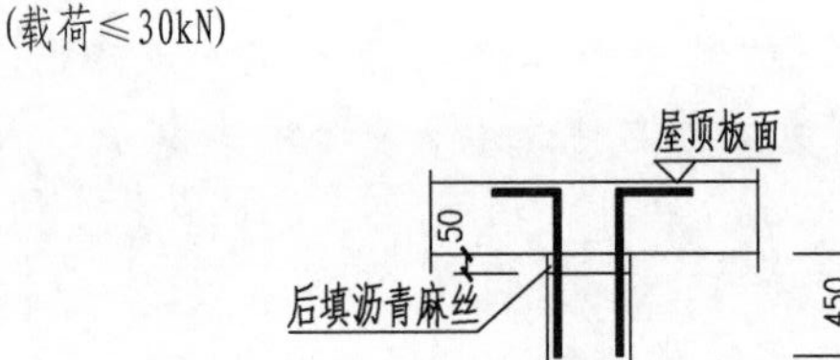
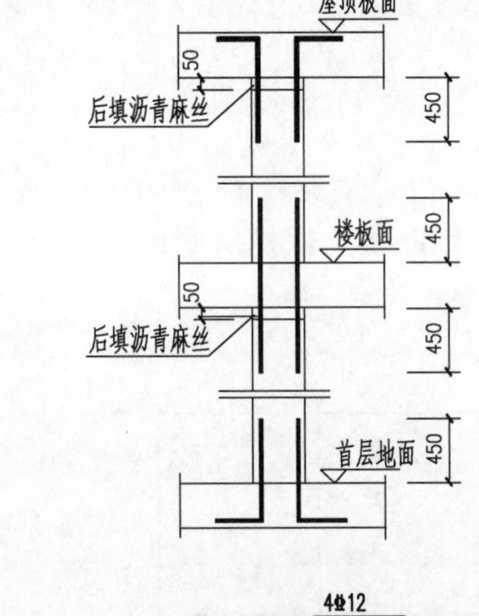
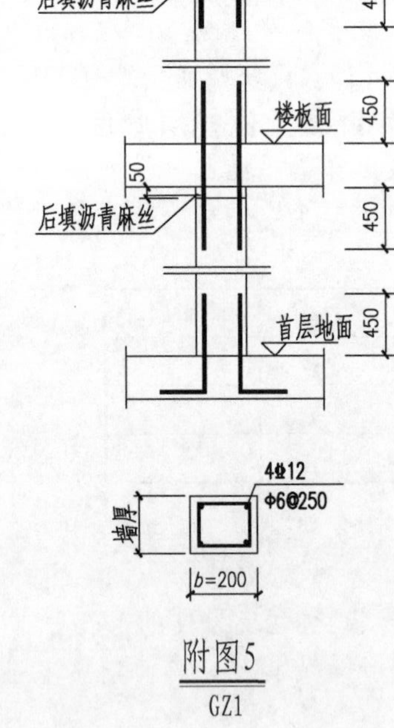
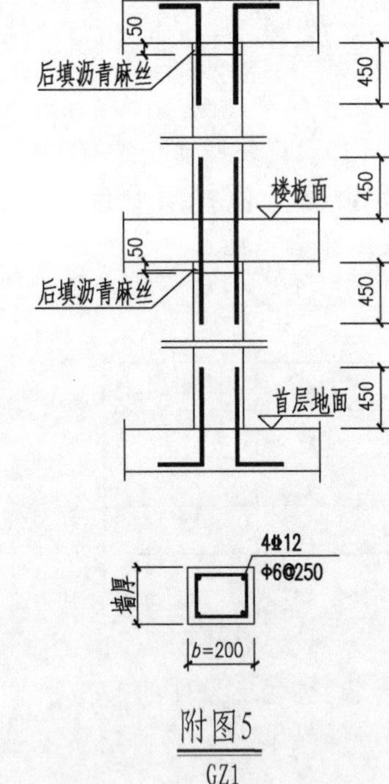

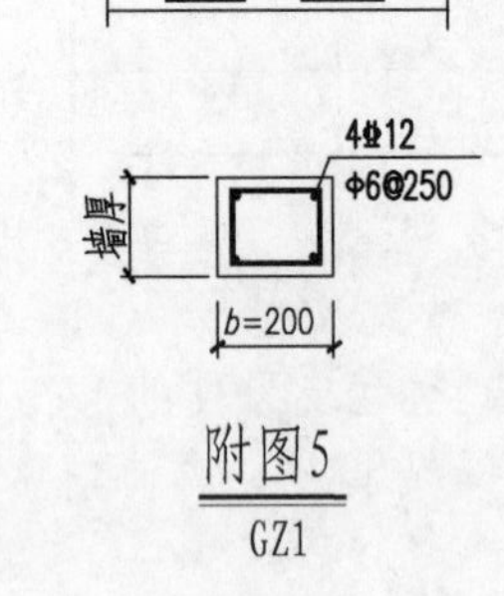

附图5

GZ1

附加受力钢筋放在主筋平面 2⌀12 且不小于被洞口切断钢筋面积的一半

≥b_1+b_2

$300<b_1,b_2\le800$

矩形孔洞板附加钢筋构造

（加强层板及厚度≥150mm的板，洞口最大尺寸为800mm）

附图4(b)

4⌀12 ⌀6@250 180 200　　4⌀12 ⌀6@250 180 300

附图6

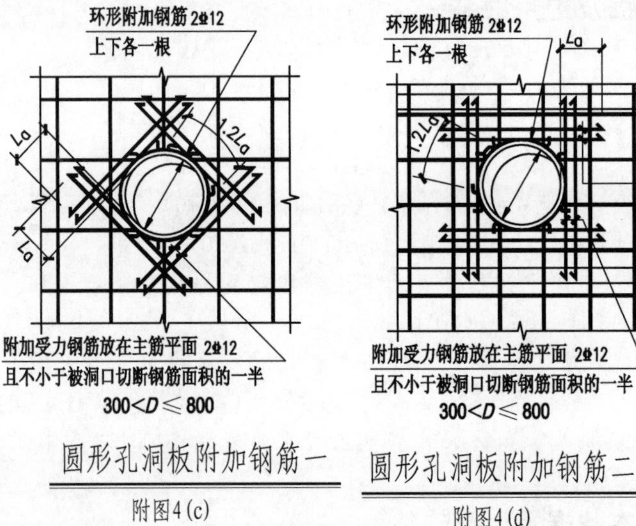

圆形孔洞板附加钢筋一

附图4(c)

圆形孔洞板附加钢筋二

附图4(d)

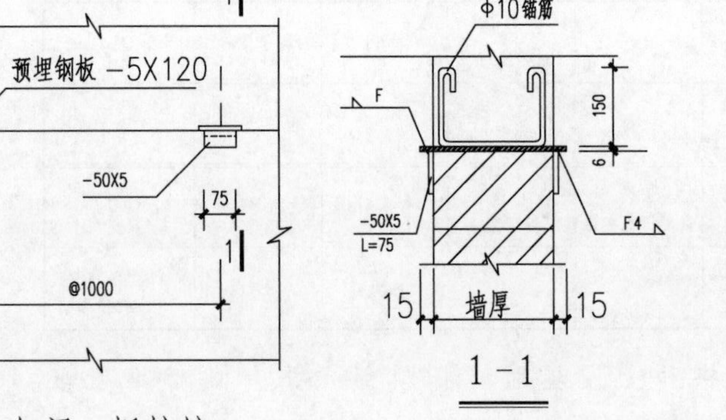

墙与梁、板拉接

附图7

注：当墙上端与楼板相连或墙不与梁一侧齐平时，预埋钢板居墙中对称放置

建设单位	×××投资开发集团有限责任公司	图名	结构设计总说明（二）	工程编号	××××-××
				档案编号	
				电子文件号	
工程项目	×××建设项目			图号	结施 2/20
子项	办公用房	比例		日期	××××.××

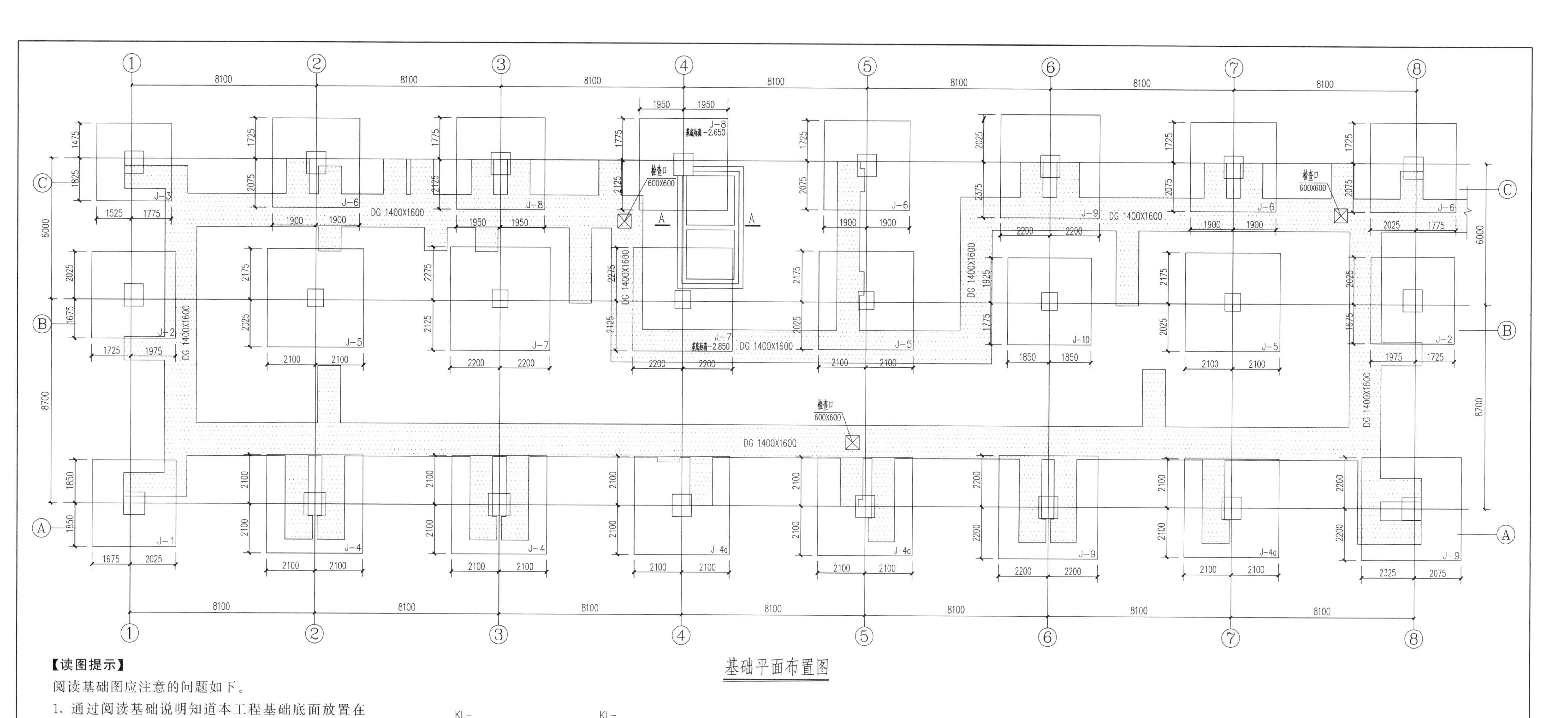

注：1. 本工程基础依据《内蒙古工大岩土工程有限责任公司》（2011—055）提供的岩土工程勘察报告设计。建筑场地土类别为Ⅲ类，地基基础设计等级为丙级。基础持力层为第二层粉砂层，地基承载力特征值为150kPa。
2. 基槽开挖完毕需经设计和勘探单位共同验槽后才可施工基础。
3. 基础混凝土为C30，垫层细石混凝土为C15。
4. 柱插筋构造详见16G101-3第66页。
5. 地沟及地沟构件详见16MG03

主地沟1500×1500；　支地沟1200×1200；
地沟选用GC1515-1　地沟选用GZ1212-1
地沟盖板选用GB 15-1　地沟盖板选用GB12-1
地沟梁选用GL15-1　地沟梁选用GL12-1
检查井板选用16MG03-40

【读图提示】

阅读基础图应注意的问题如下。

1. 通过阅读基础说明知道本工程基础底面放置在什么位置（基础持力层的位置），相应位置地基承载力特征值的大小；基础图中所采用的标准图集，基础部分所用材料情况，基础施工需注意的事项。
2. 阅读基础平面图时，首先对照建筑一层平面图，核对基础施工时定位轴线位置、尺寸是否正确；柱、剪力墙等构件的数量、位置是否正确；核对房屋开间、进深尺寸是否正确；基础平面尺寸有无重叠、碰撞现象；地沟及其他设施、电施所需管沟是否与基础存在重叠、碰撞现象。
3. 注意各种管沟穿越基础的位置，相应基础部位采用的处理方法（如基础局部是否加深、具体处理方法，相应基础洞口处是否加设过梁等构件）；管沟转角等部位加设的构件类型及其数量。

建设单位	×××投资开发集团有限责任公司	图名	基础平面布置图	工程编号	××××-××
				档案编号	
工程项目	×××建设项目			电子文件号	
	子项	办公用房	比例	日期 ××××.××	图号 结施 3/20

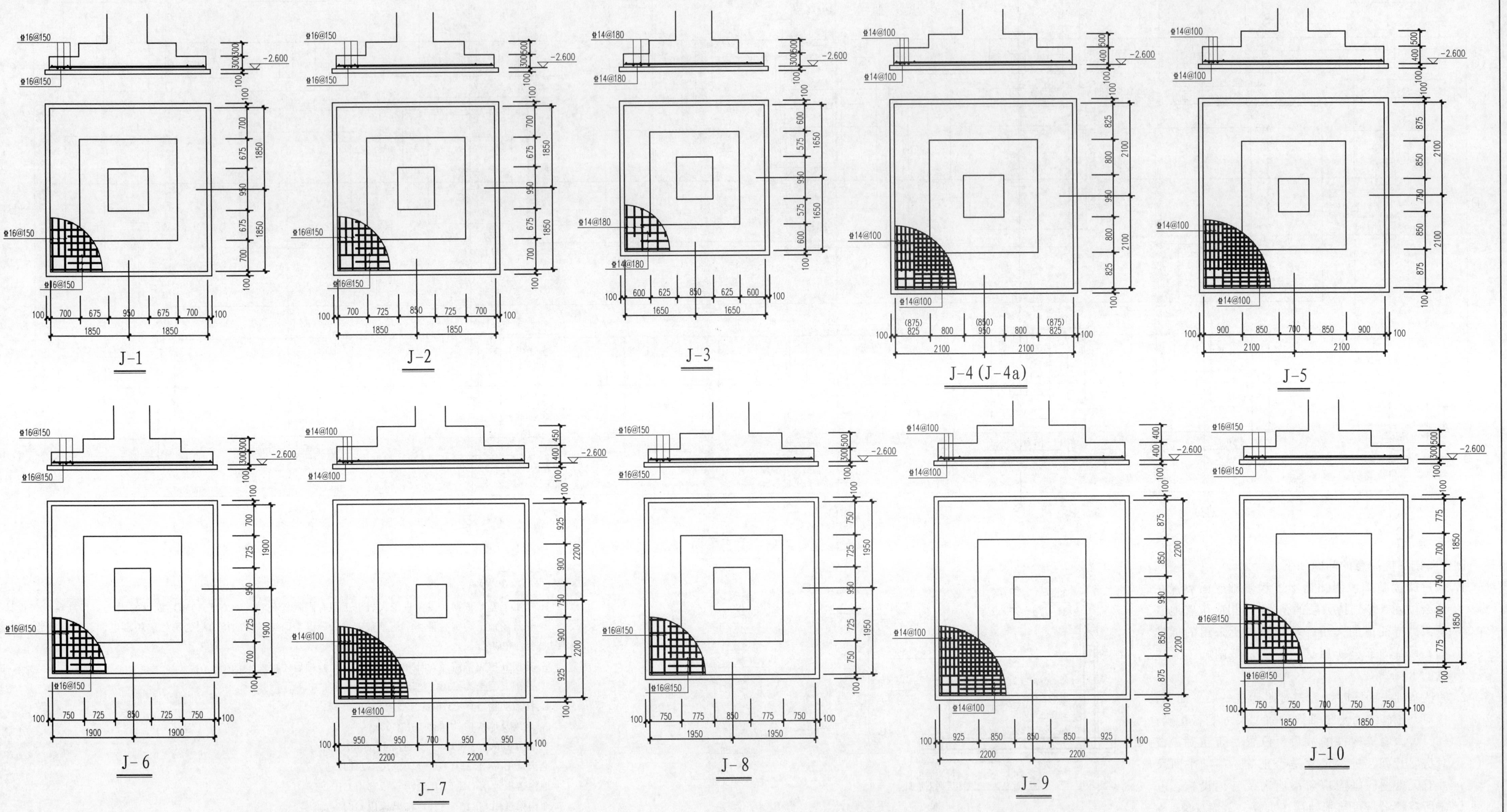

J-1

J-2

J-3

J-4 (J-4a)

J-5

J-6

J-7

J-8

J-9

J-10

建设单位	×××投资开发集团有限责任公司		图名	基础详图		工程编号	××××-××
						档案编号	
						电子文件号	
工程项目	×××项目					图号	结施
	子项	办公用房	比例	日期	××××.××		4/20

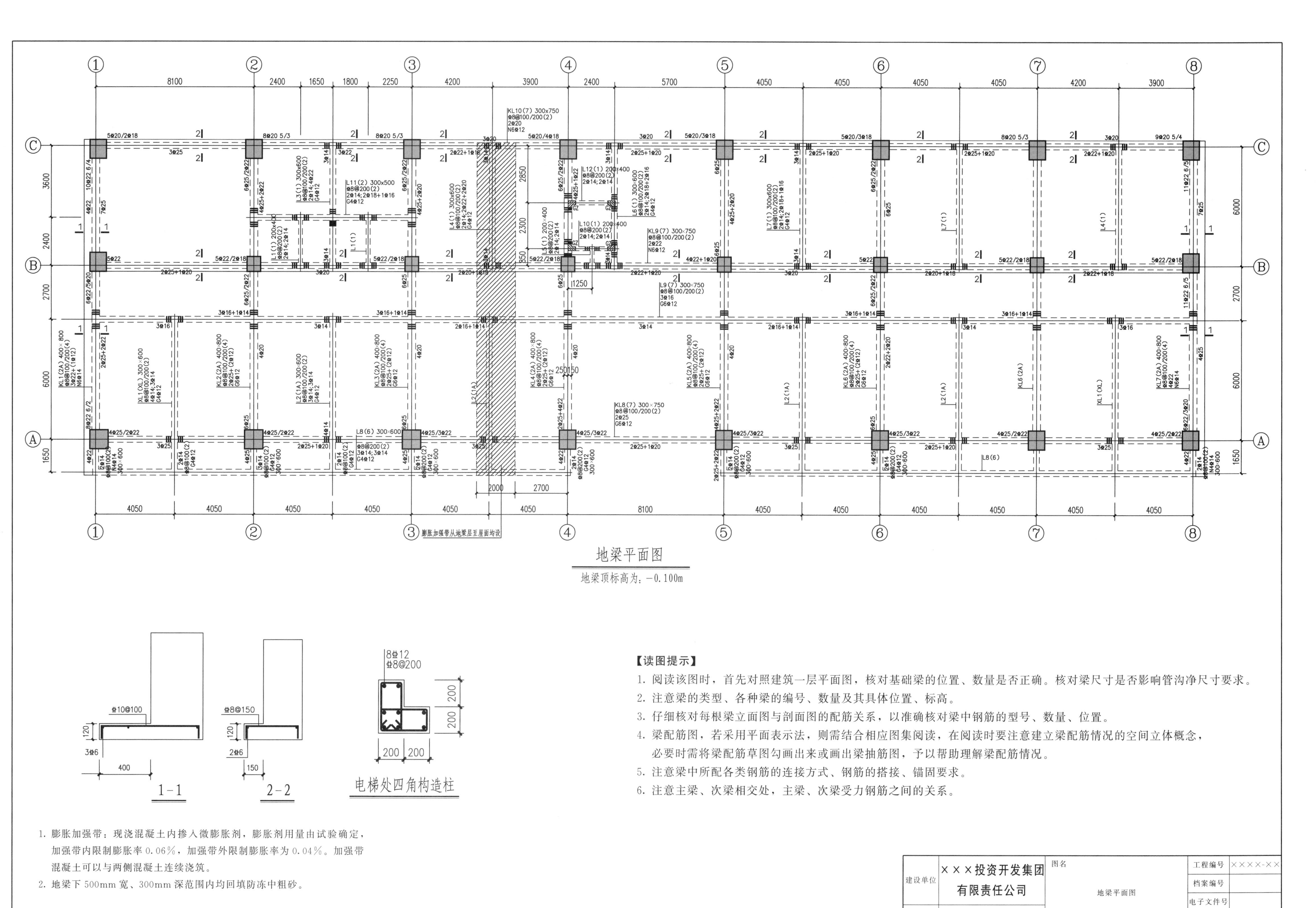

地梁平面图
地梁顶标高为：-0.100m
膨胀加强带从地梁层至屋面均设
1-1
2-2
电梯处四角构造柱
【读图提示】
1. 阅读该图时，首先对照建筑一层平面图，核对基础梁的位置、数量是否正确。核对梁尺寸是否影响管沟净尺寸要求。
2. 注意梁的类型、各种梁的编号、数量及其具体位置、标高。
3. 仔细核对每根梁立面图与剖面图的配筋关系，以准确核对梁中钢筋的型号、数量、位置。
4. 梁配筋图，若采用平面表示法，则需结合相应图集阅读，在阅读时要注意建立梁配筋情况的空间立体概念，必要时需将梁配筋草图勾画出来或画出梁抽筋图，予以帮助理解梁配筋情况。
5. 注意梁中所配各类钢筋的连接方式、钢筋的搭接、锚固要求。
6. 注意主梁、次梁相交处，主梁、次梁受力钢筋之间的关系。
1. 膨胀加强带：现浇混凝土内掺入微膨胀剂，膨胀剂用量由试验确定，加强带内限制膨胀率 0.06%，加强带外限制膨胀率为 0.04%。加强带混凝土可以与两侧混凝土连续浇筑。
2. 地梁下 500mm 宽、300mm 深范围内均回填防冻中粗砂。
建设单位
×××投资开发集团有限责任公司
工程项目
×××项目
子项
办公用房
图名
地梁平面图
比例
日期
××××.××
工程编号
××××-××
档案编号
电子文件号
图号
结施
5/20

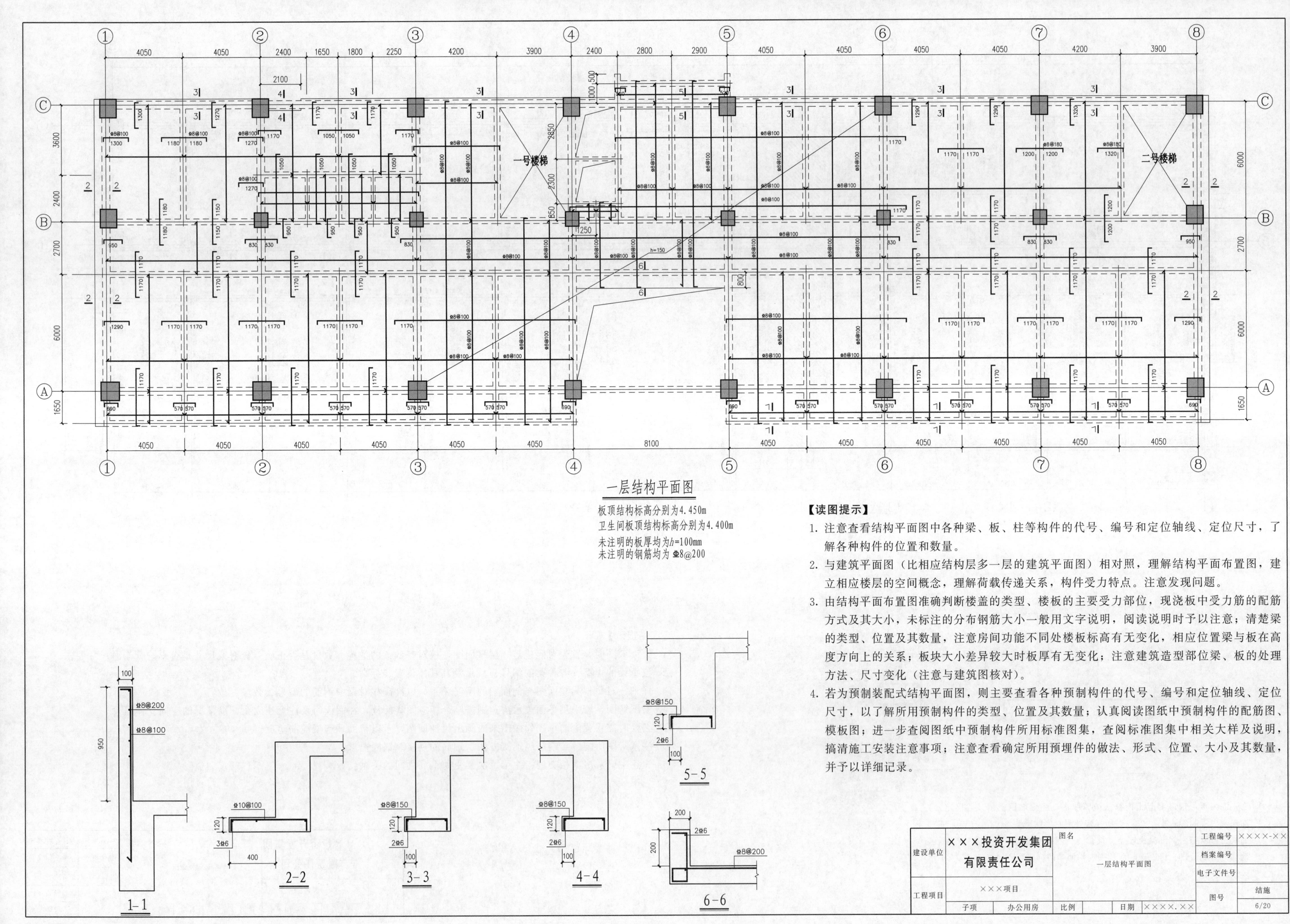

【读图提示】

1. 注意查看结构平面图中各种梁、板、柱等构件的代号、编号和定位轴线、定位尺寸，了解各种构件的位置和数量。
2. 与建筑平面图（比相应结构层多一层的建筑平面图）相对照，理解结构平面布置图，建立相应楼层的空间概念，理解荷载传递关系，构件受力特点。注意发现问题。
3. 由结构平面布置图准确判断楼盖的类型、楼板的主要受力部位，现浇板中受力筋的配筋方式及其大小，未标注的分布钢筋大小一般用文字说明，阅读说明时予以注意；清楚梁的类型、位置及其数量，注意房间功能不同处楼板标高有无变化，相应位置梁与板在高度方向上的关系；板块大小差异较大时板厚有无变化；注意建筑造型部位梁、板的处理方法、尺寸变化（注意与建筑图核对）。
4. 若为预制装配式结构平面图，则主要查看各种预制构件的代号、编号和定位轴线、定位尺寸，以了解所用预制构件的类型、位置及其数量；认真阅读图纸中预制构件的配筋图、模板图；进一步查阅图纸中预制构件所用标准图集，查阅标准图集中相关大样及说明，搞清施工安装注意事项；注意查看确定所用预埋件的做法、形式、位置、大小及其数量，并予以详细记录。

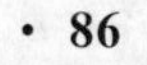

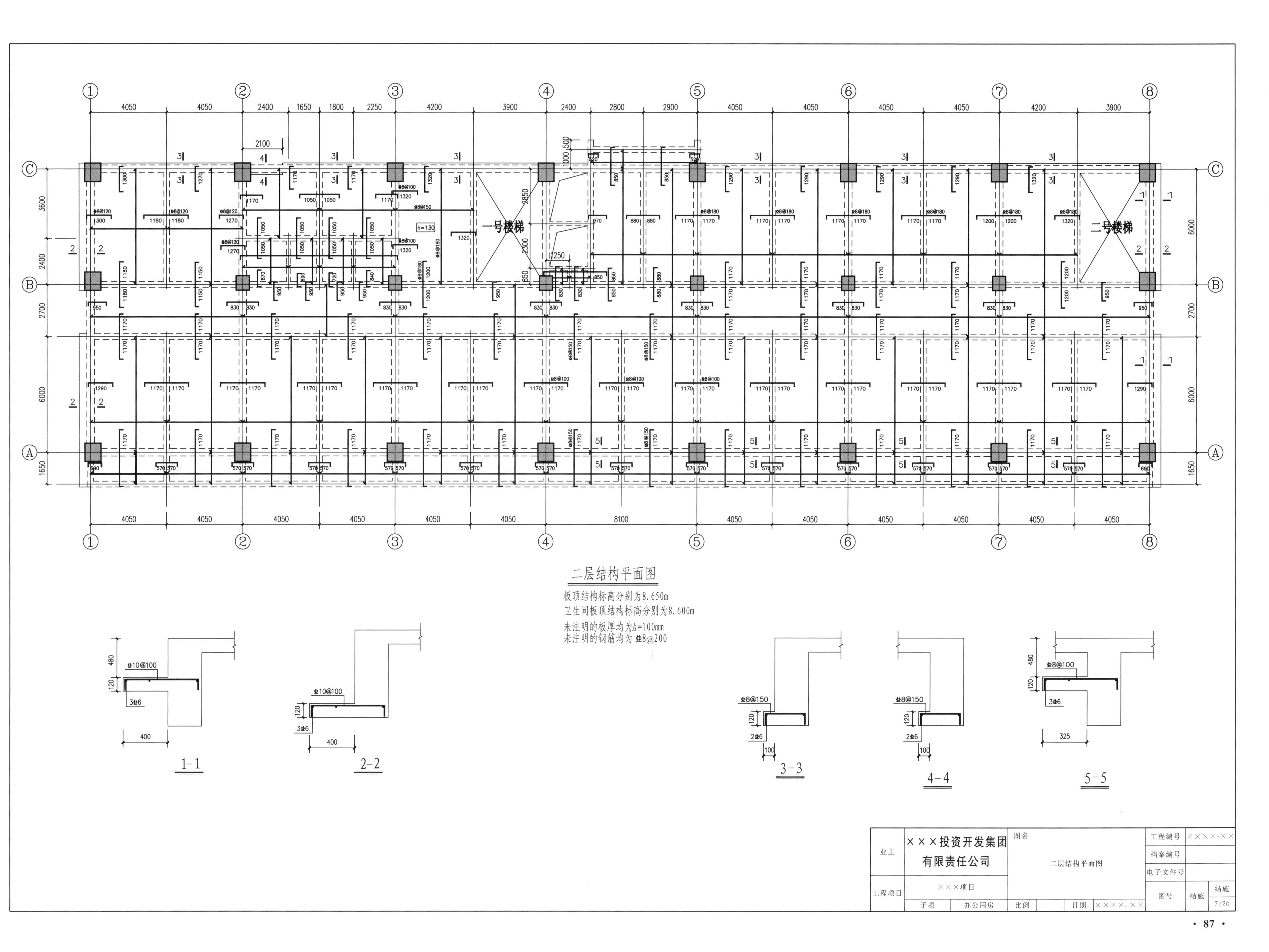
二层结构平面图
板顶结构标高分别为8.650m
卫生间板顶结构标高分别为8.600m
未注明的板厚均为h=100mm
未注明的钢筋均为 ⌀8@200
一号楼梯
二号楼梯
1-1
2-2
3-3
4-4
5-5
业主
×××投资开发集团有限责任公司
工程项目
×××项目
子项
办公用房
图名
二层结构平面图
比例
日期
××××.××
工程编号
××××-××
档案编号
电子文件号
图号
结施
结施
7/20

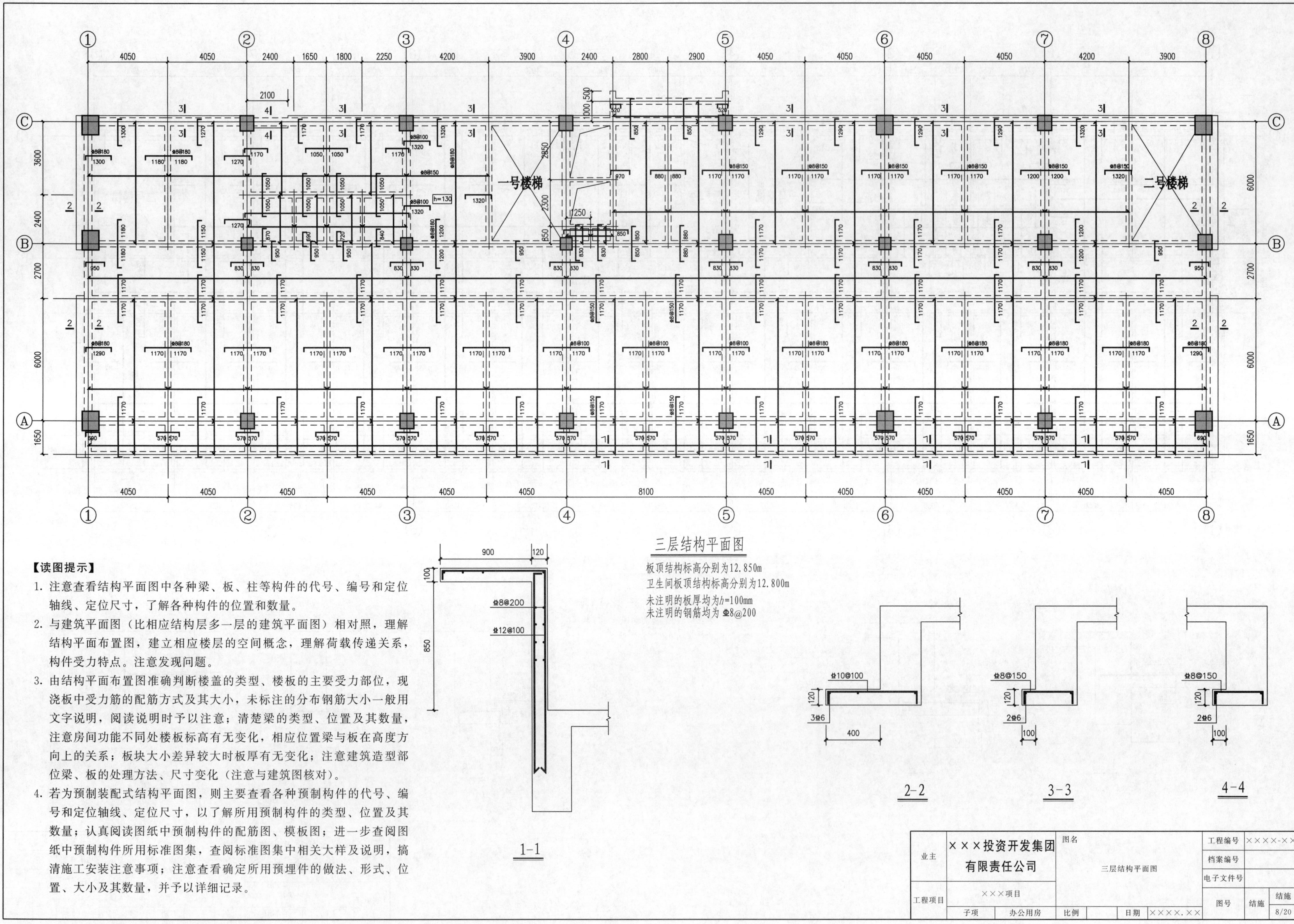

【读图提示】

1. 注意查看结构平面图中各种梁、板、柱等构件的代号、编号和定位轴线、定位尺寸，了解各种构件的位置和数量。
2. 与建筑平面图（比相应结构层多一层的建筑平面图）相对照，理解结构平面布置图，建立相应楼层的空间概念，理解荷载传递关系，构件受力特点。注意发现问题。
3. 由结构平面布置图准确判断楼盖的类型、楼板的主要受力部位，现浇板中受力筋的配筋方式及其大小，未标注的分布钢筋大小一般用文字说明，阅读说明时予以注意；清楚梁的类型、位置及其数量，注意房间功能不同处楼板标高有无变化，相应位置梁与板在高度方向上的关系；板块大小差异较大时板厚有无变化；注意建筑造型部位梁、板的处理方法、尺寸变化（注意与建筑图核对）。
4. 若为预制装配式结构平面图，则主要查看各种预制构件的代号、编号和定位轴线、定位尺寸，以了解所用预制构件的类型、位置及其数量；认真阅读图纸中预制构件的配筋图、模板图；进一步查阅图纸中预制构件所用标准图集，查阅标准图集中相关大样及说明，搞清施工安装注意事项；注意查看确定所用预埋件的做法、形式、位置、大小及其数量，并予以详细记录。

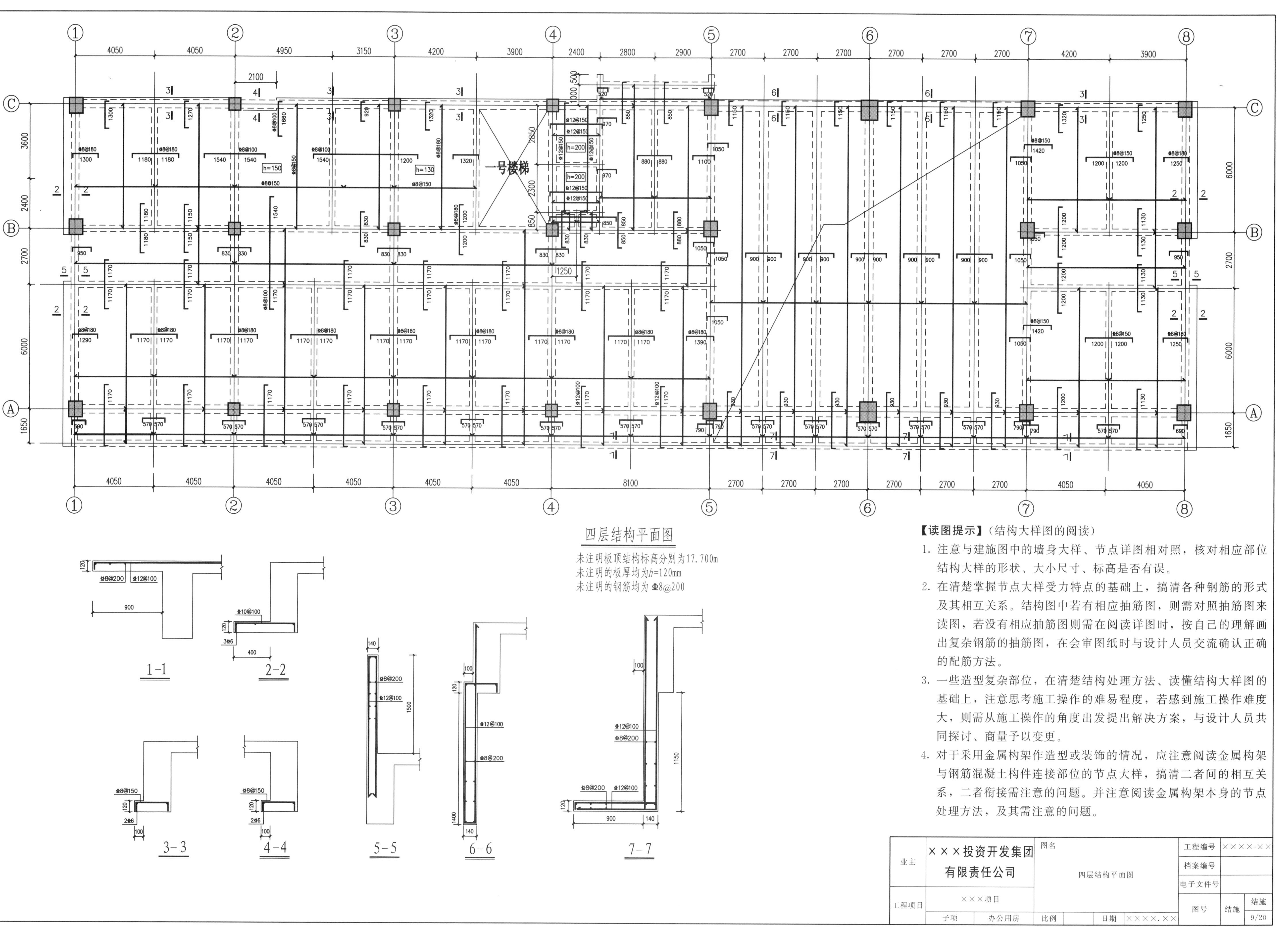

【读图提示】（结构大样图的阅读）

1. 注意与建施图中的墙身大样、节点详图相对照，核对相应部位结构大样的形状、大小尺寸、标高是否有误。
2. 在清楚掌握节点大样受力特点的基础上，搞清各种钢筋的形式及其相互关系。结构图中若有相应抽筋图，则需对照抽筋图来读图，若没有相应抽筋图则需在阅读详图时，按自己的理解画出复杂钢筋的抽筋图，在会审图纸时与设计人员交流确认正确的配筋方法。
3. 一些造型复杂部位，在清楚结构处理方法、读懂结构大样图的基础上，注意思考施工操作的难易程度，若感到施工操作难度大，则需从施工操作的角度出发提出解决方案，与设计人员共同探讨、商量予以变更。
4. 对于采用金属构架作造型或装饰的情况，应注意阅读金属构架与钢筋混凝土构件连接部位的节点大样，搞清二者间的相互关系，二者衔接需注意的问题。并注意阅读金属构架本身的节点处理方法，及其需注意的问题。

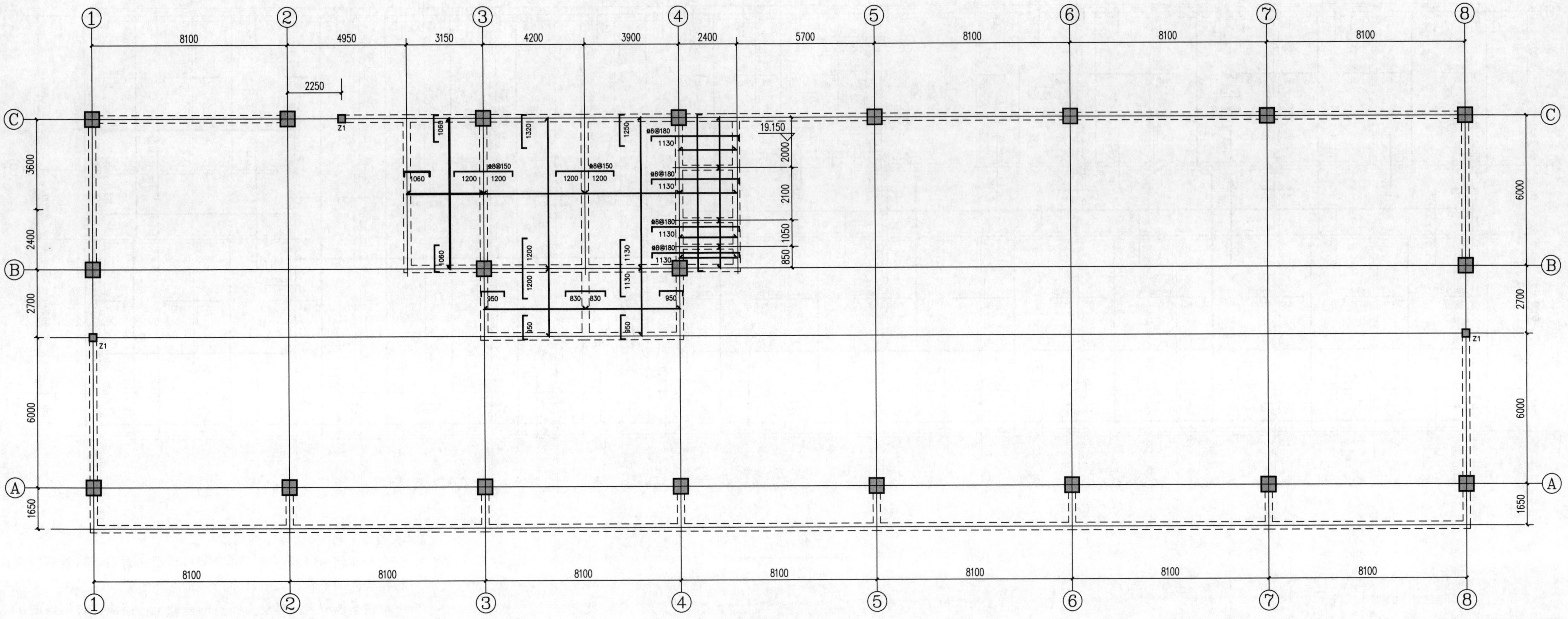

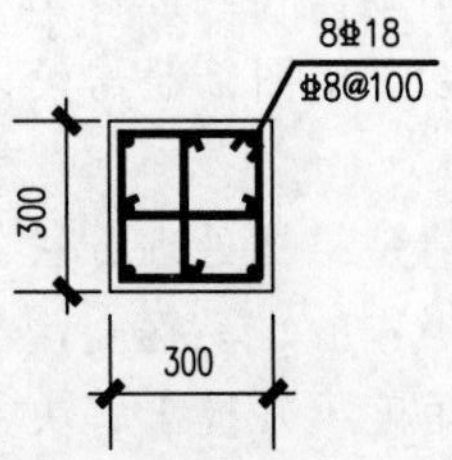

Z1

8⌀18

⌀8@100

300

300

机房结构平面图

板底结构标高分别为 20.400m

未注明的板厚均为h=100mm

未注明的钢筋均为⌀8@200

业主	×××投资开发集团有限责任公司		图名	机房结构平面图		工程编号	××××-××
						档案编号	
						电子文件号	
工程项目	×××项目					图号	结施 结施 10/20
	子项	办公用房	比例	日期	××××.××		

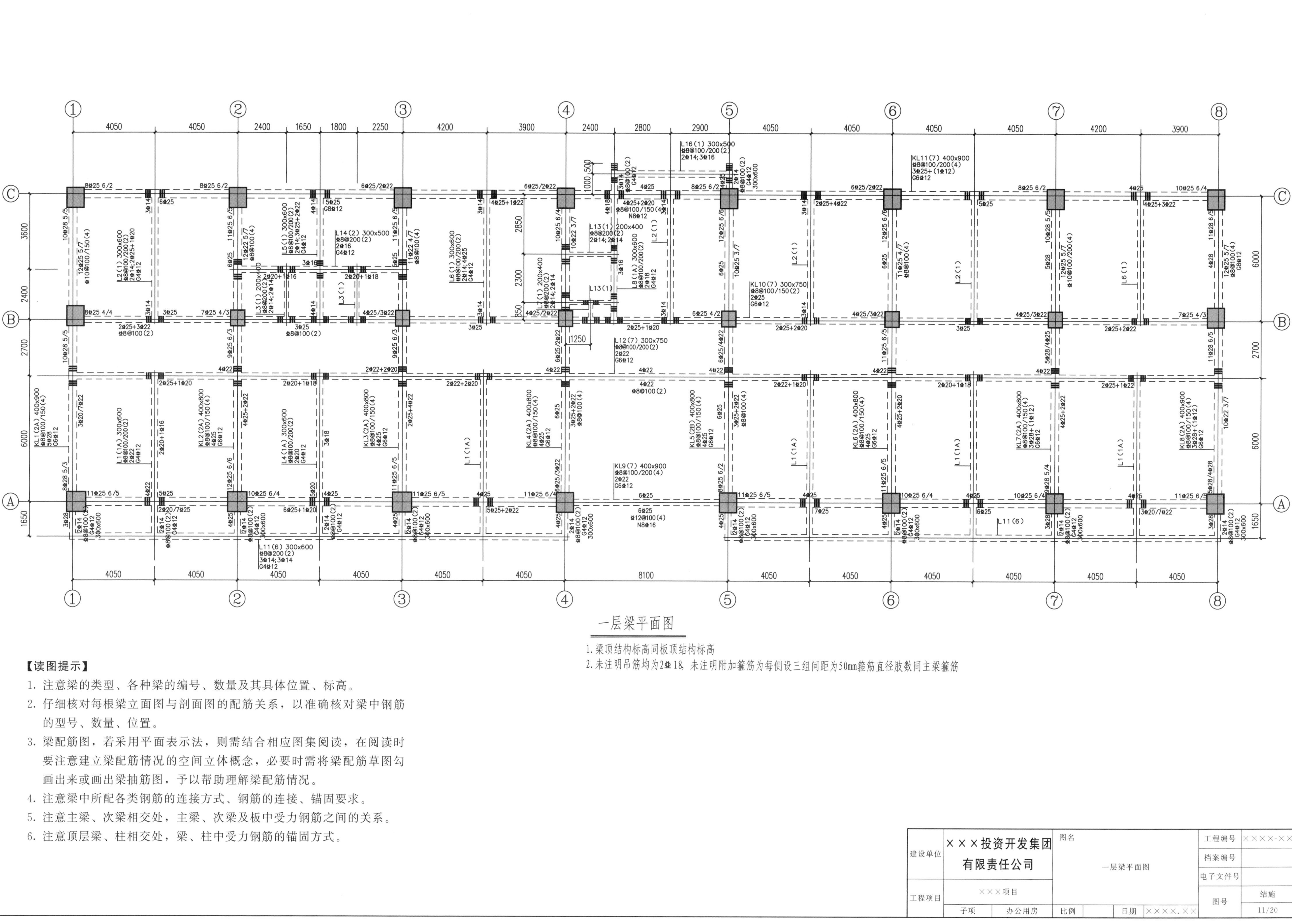

【读图提示】

1. 注意梁的类型、各种梁的编号、数量及其具体位置、标高。
2. 仔细核对每根梁立面图与剖面图的配筋关系，以准确核对梁中钢筋的型号、数量、位置。
3. 梁配筋图，若采用平面表示法，则需结合相应图集阅读，在阅读时要注意建立梁配筋情况的空间立体概念，必要时需将梁配筋草图勾画出来或画出梁抽筋图，予以帮助理解梁配筋情况。
4. 注意梁中所配各类钢筋的连接方式、钢筋的连接、锚固要求。
5. 注意主梁、次梁相交处，主梁、次梁及板中受力钢筋之间的关系。
6. 注意顶层梁、柱相交处，梁、柱中受力钢筋的锚固方式。

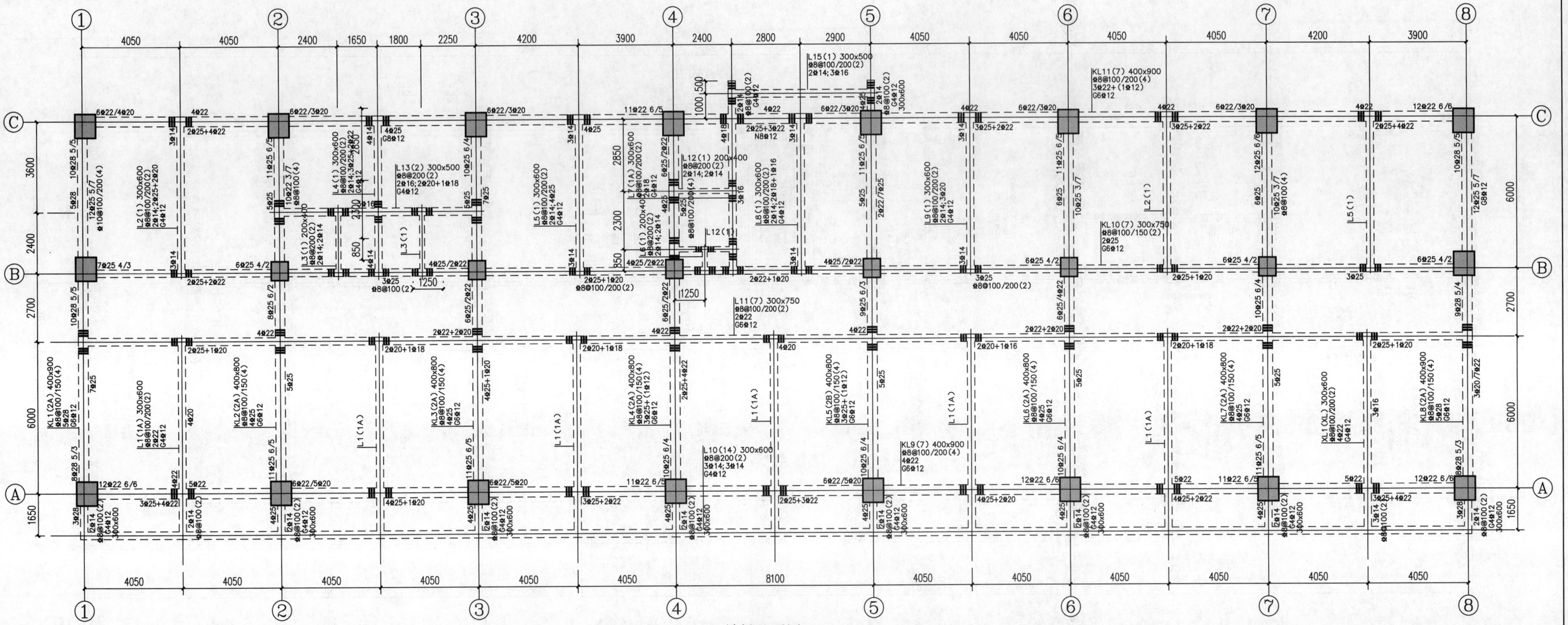

二层梁平面图

1. 梁顶结构标高同板顶结构标高
2. 未注明吊筋均为2⌀18，未注明附加箍筋为每侧设三组间距为50mm，箍筋直径肢数同主梁箍筋

读图提示同结施 11。

建设单位	×××投资开发集团有限责任公司		图名	二层梁平面图	工程编号	××××-××
					档案编号	
					电子文件号	
工程项目	×××项目				图号	结施 12/20
子项	办公用房	比例		日期 ××××.××		

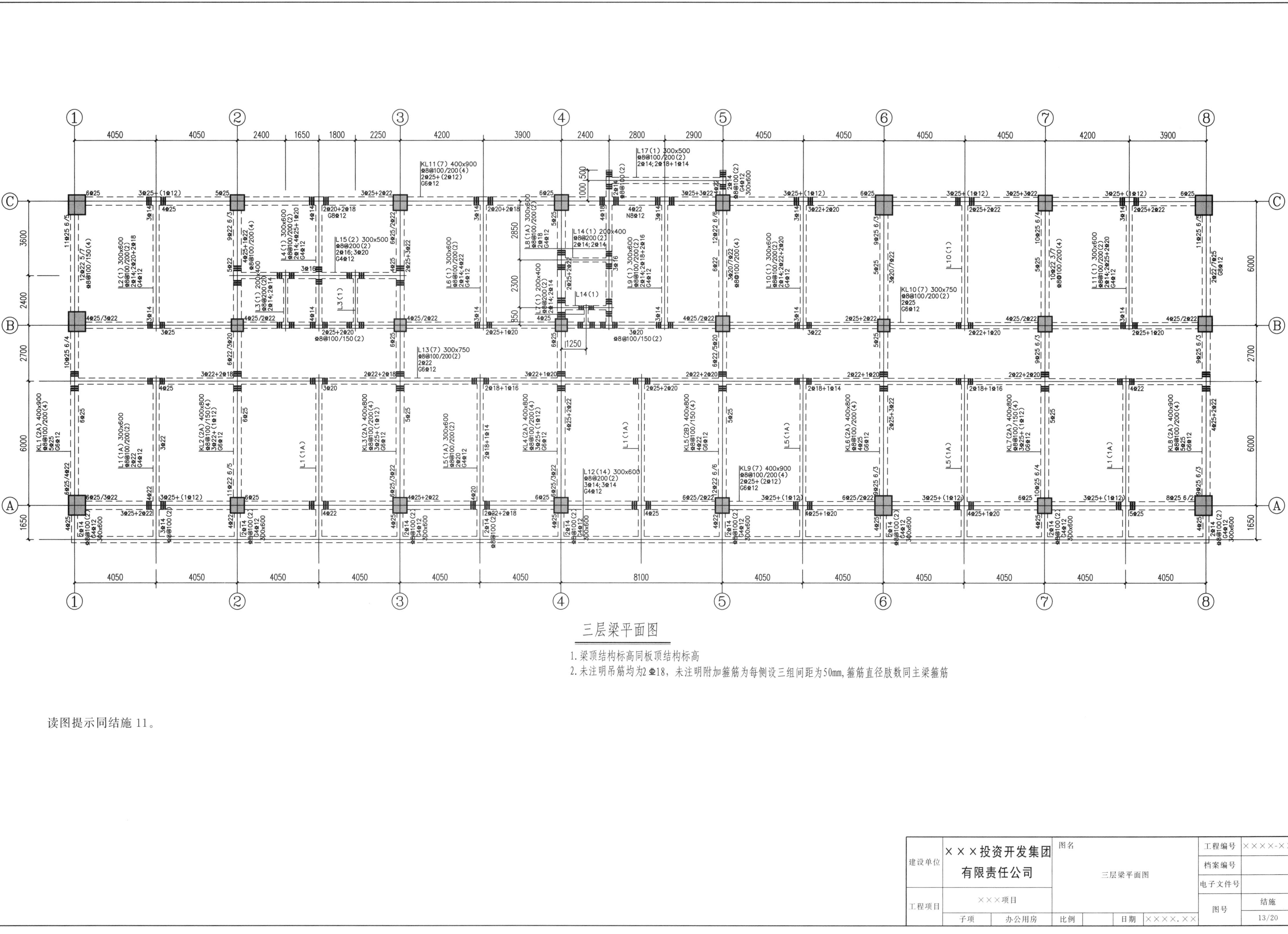

三层梁平面图
1.梁顶结构标高同板顶结构标高
2.未注明吊筋均为2⌀18，未注明附加箍筋为每侧设三组间距为50mm，箍筋直径肢数同主梁箍筋
建设单位
×××投资开发集团有限责任公司
工程项目
×××项目
子项
办公用房
图名
三层梁平面图
比例
日期
××××.××
工程编号
××××-××
档案编号
电子文件号
图号
结施
13/20

读图提示同结施 11。

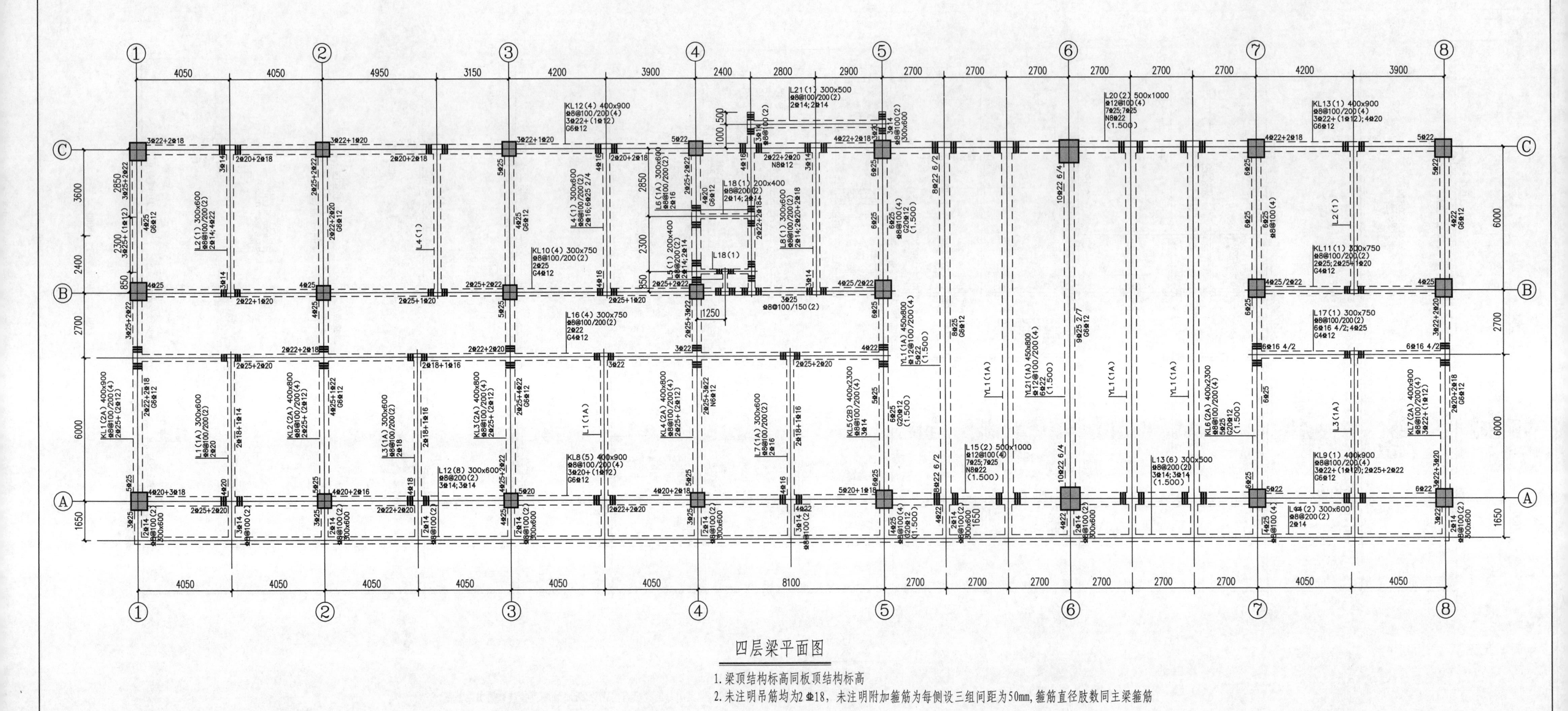

四层梁平面图

1. 梁顶结构标高同板顶结构标高
2. 未注明吊筋均为2 Φ18，未注明附加箍筋为每侧设三组间距为50mm，箍筋直径肢数同主梁箍筋

读图提示同结施 11。

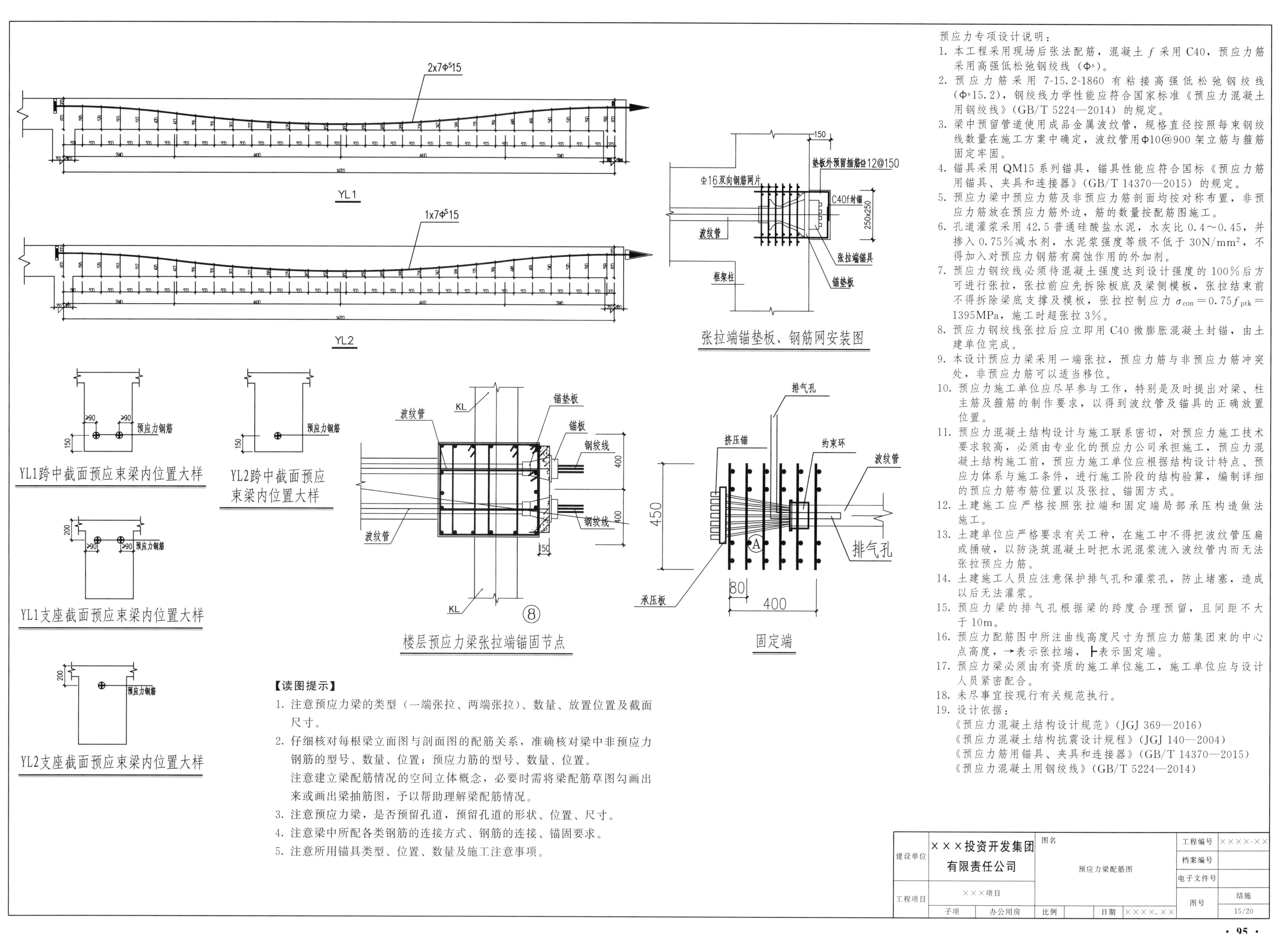

【读图提示】

1. 注意预应力梁的类型（一端张拉、两端张拉）、数量、放置位置及截面尺寸。
2. 仔细核对每根梁立面图与剖面图的配筋关系，准确核对梁中非预应力钢筋的型号、数量、位置；预应力筋的型号、数量、位置。
   注意建立梁配筋情况的空间立体概念，必要时需将梁配筋草图勾画出来或画出梁抽筋图，予以帮助理解梁配筋情况。
3. 注意预应力梁，是否预留孔道，预留孔道的形状、位置、尺寸。
4. 注意梁中所配各类钢筋的连接方式、钢筋的连接、锚固要求。
5. 注意所用锚具类型、位置、数量及施工注意事项。

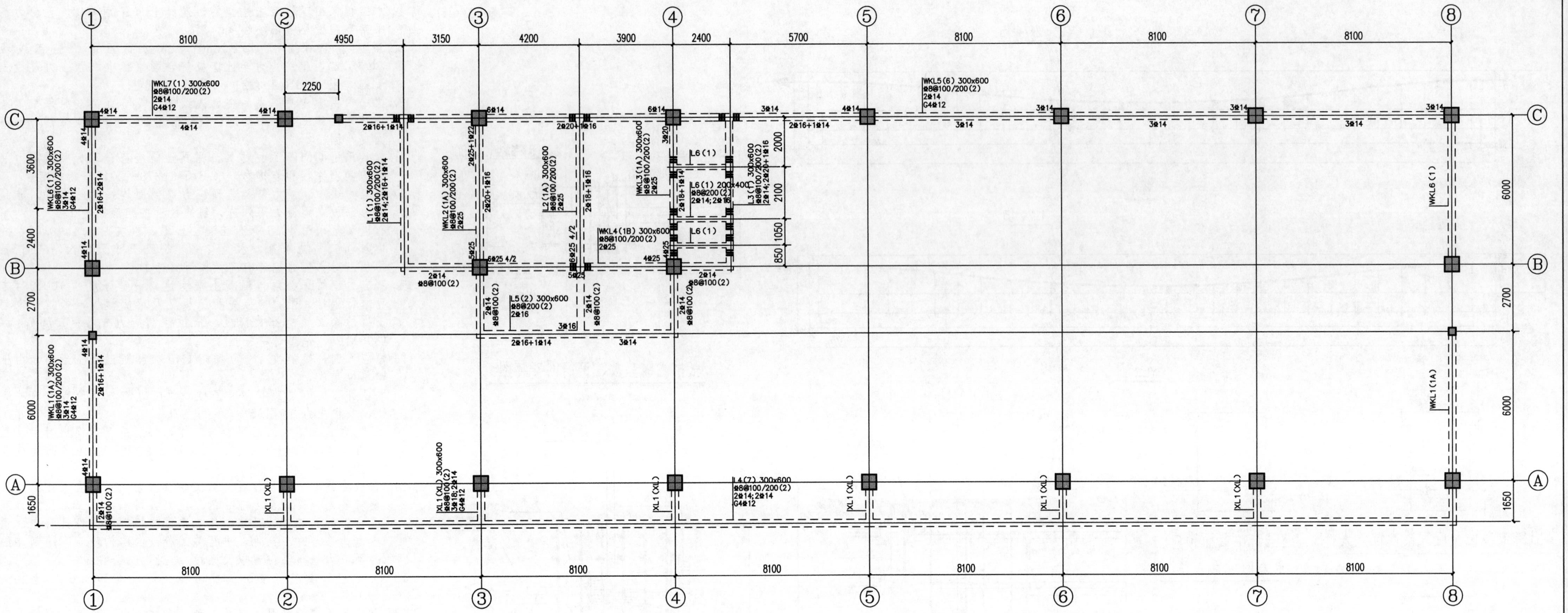

屋顶梁平面图

1. 梁顶结构标高同板顶结构标高
2. 未注明吊筋均为2⊈18，未注明附加箍筋为每侧设三组间距为50mm，
   箍筋直径肢数同主梁箍筋

读图提示同结施 11。

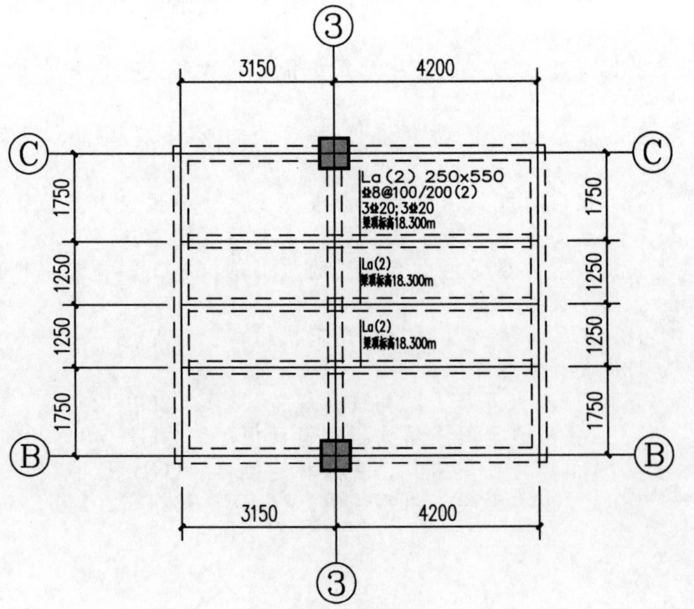

水箱梁配筋图

建设单位	×××投资开发集团有限责任公司		图名	屋顶梁平面图		工程编号	××××-××
						档案编号	
						电子文件号	
工程项目	×××项目					图号	结施 16/20
子项	倒班宿舍		比例		日期	××××.××	

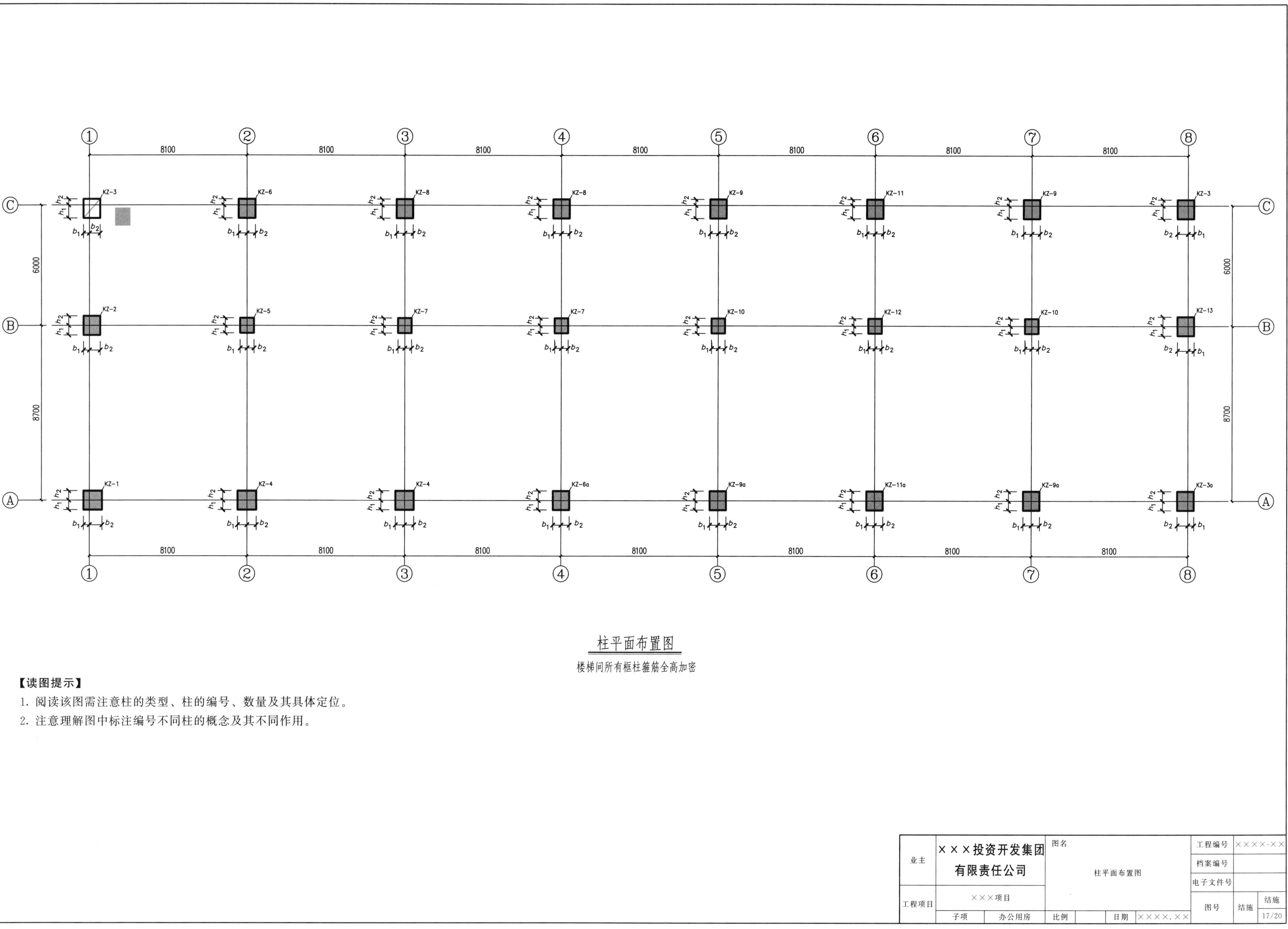

柱平面布置图

楼梯间所有框柱箍筋全高加密

【读图提示】

1. 阅读该图需注意柱的类型、柱的编号、数量及其具体定位。
2. 注意理解图中标注编号不同柱的概念及其不同作用。

柱配筋表（一）

柱号	标高	$b\times h$ ($b_i\times h_i$)（圆柱直径 D）	b_1	b_2	h_1	h_2	全部纵筋	角筋	b 边一侧中部筋	h 边一侧中部筋	箍筋类型号	箍筋	节点核心区
KZ-1	基础顶面～－0.150	950×950	300	650	475	475		4Φ25	9Φ25	9Φ25	1.(6×6)	Φ12@100	
	－0.150～4.450	950×950	300	650	475	475		4Φ25	7Φ25	6Φ25	1.(6×6)	Φ8@100	Φ12@100
	4.450～8.650	850×950	300	550	475	475		4Φ25	7Φ25	4Φ25	1.(6×6)	Φ8@100	Φ12@100
	8.650～12.850	850×950	300	550	475	475		4Φ25	7Φ25	4Φ25	1.(5×6)	Φ8@100	Φ10@100
	12.850～17.700	700×750	300	400	375	375		4Φ25	7Φ25	3Φ22	1.(5×4)	Φ8@100	
	17.700～21.000	600×600	300	300	300	300	12Φ20				1.(4×4)	Φ8@100	
KZ-2	基础顶面～－0.150	850×950	300	550	300	650		4Φ32	7Φ32	6Φ25	1.(6×6)	Φ12@100	
	－0.150～4.450	850×950	300	550	300	650		4Φ32	6Φ32	4Φ22	1.(6×6)	Φ10@100	Φ14@100
	4.450～8.650	850×950	300	550	300	650		4Φ28	6Φ28	4Φ20	1.(6×6)	Φ8@100	Φ14@100
	8.650～12.850	850×950	300	550	300	650		4Φ28	6Φ25	4Φ18	1.(6×6)	Φ8@100	Φ12@100
	12.850～17.700	700×750	300	400	300	450		4Φ25	5Φ25	4Φ18	1.(4×4)	Φ8@100/150	
	17.700～21.000	600×600	300	300	300	300		4Φ18	3Φ18	3Φ18	1.(4×4)	Φ8@100/150	
KZ-3 (KZ-3a)	基础顶面～－0.150	850×950	300	550	650(475)	300(475)		4Φ32	6Φ32	8Φ32	1.(6×6)	Φ12@100	
	－0.150～4.450	850×950	300	550	650(475)	300(475)		4Φ28	8Φ28	6Φ28	1.(6×6)	Φ10@100	Φ12@100
	4.450～8.650	850×950	300	550	650(475)	300(475)		4Φ25	8Φ25	4Φ22	1.(6×6)	Φ8@100	Φ12@100
	8.650～12.850	850×950	300	550	650(475)	300(475)		4Φ25	8Φ25	4Φ22	1.(6×6)	Φ8@100	Φ10@100
	12.850～17.700	700×750	300	400	450(375)	300(375)		4Φ25	6Φ25	4Φ22	1.(4×4)	Φ8@100	
	17.700～21.000	600×600	300	300	300	300		4Φ22	2Φ18	2Φ22	1.(4×4)	Φ8@100	
KZ-4	基础顶面～－0.150	950×950	475	475	475	475		4Φ28	8Φ25	8Φ28	1.(6×6)	Φ12@100	
	－0.150～4.450	950×950	475	475	475	475		4Φ25	5Φ25	8Φ25	1.(6×6)	Φ8@100	Φ12@100
	4.450～8.650	850×950	425	425	475	475		4Φ25	5Φ25	8Φ25	1.(6×6)	Φ8@100	Φ10@100
	8.650～12.850	700×750	350	350	375	375		4Φ25	5Φ25	7Φ25	1.(4×5)	Φ10@100/150	
	12.850～17.700	600×600	300	300	300	300		4Φ25	5Φ25	4Φ25	1.(4×4)	Φ8@100/150	
	17.700～21.000	600×600	300	300	300	300		4Φ18	3Φ18	4Φ18	1.(4×4)	Φ8@100/150	
KZ-5	基础顶面～－0.150	700×750	350	350	300	450		4Φ28	7Φ28	4Φ20	1.(6×6)	Φ12@100	
	－0.150～4.450	700×750	350	350	300	450		4Φ28	7Φ28	4Φ20	1.(6×6)	Φ8@100	Φ12@100
	4.450～8.650	700×750	350	350	300	450		4Φ28	7Φ28	4Φ20	1.(6×6)	Φ10@100	Φ12@100
	8.650～12.850	600×600	300	300	300	300		4Φ25	6Φ25	4Φ20	1.(4×4)	Φ10@100	Φ12@100
	12.850～17.700	600×600	300	300	300	300		4Φ25	4Φ25	2Φ20	1.(4×4)	Φ8@100/200	
KZ-6 (KZ-6a)	基础顶面～－0.150	850×950	425	425	650(475)	300(475)		4Φ28	8Φ28	7Φ28	1.(6×8)	Φ12@100	
	－0.150～4.450	850×950	425	425	650(475)	300(475)		4Φ28	6Φ28	6Φ28	1.(6×6)	Φ8@100	Φ12@100
	4.450～8.650	850×950	425	425	650(475)	300(475)		4Φ25	5Φ25	7Φ25	1.(6×6)	Φ8@100	Φ10@100
	8.650～12.850	700×750	350	350	450(375)	300(375)		4Φ25	5Φ25	7Φ25	1.(6×6)	Φ8@100	
	12.850～17.700	600×600	300	300	300	300		4Φ25	5Φ25	4Φ25	1.(4×4)	Φ8@100/200	
	17.700～21.000	600×600	300	300	300	300		4Φ18	3Φ18	4Φ18	1.(4×4)	Φ18@100/150	

柱配筋表（二）

柱号	标高	$b\times h$ ($b_i\times h_i$)（圆柱直径 D）	b_1	b_2	h_1	h_2	全部纵筋	角筋	b 边一侧中部筋	h 边一侧中部筋	箍筋类型号	箍筋	节点核心区
KZ-7	基础顶面～－0.150	700×750	350	350	300	450		4Φ32	5Φ32	4Φ16	1.(6×6)	Φ12@100	
	－0.150～4.450	700×750	350	350	300	450		4Φ32	5Φ32	4Φ16	1.(6×6)	Φ8@100	Φ12@100
	4.450～8.650	700×750	350	350	300	450		4Φ32	5Φ32	4Φ16	1.(6×6)	Φ10@100	
	8.650～12.850	600×600	300	300	300	300		4Φ25	6Φ25	4Φ16	1.(4×4)	Φ8@100	Φ10@100
	12.850～17.700	600×600	300	300	300	300		4Φ25	6Φ25	2Φ22	1.(4×4)	Φ8@100	
	17.700～21.000	600×600	300	300	300	300		4Φ18	3Φ18	4Φ18	1.(4×4)	Φ8@100/150	
KZ-8	基础顶面～－0.150	850×950	425	425	650	300		4Φ28	7Φ28	7Φ28	1.(6×6)	Φ12@100	
	－0.150～4.450	850×950	425	425	650	300		4Φ25	7Φ25	6Φ25	1.(6×6)	Φ8#100	Φ10@100
	4.450～8.650	850×950	425	425	650	300		4Φ25	4Φ22	6Φ25	1.(6×6)	Φ8@100	Φ10@100
	8.650～12.850	700×750	350	350	450	300		4Φ25	4Φ22	5Φ25	1.(4×4)	Φ8@100	
	12.850～17.700	600×600	300	300	300	300		4Φ25	4Φ22	4Φ22	1.(4×4)	Φ8@100/200	
	17.700～21.000	600×600	300	300	300	300		4Φ18	3Φ18	4Φ18	1.(4×4)	Φ8@100/150	
KZ-9 (KZ-9a)	基础顶面～－0.150	850×950	425	425	650(475)	300(475)		4Φ32	6Φ32	5Φ32	1.(6×6)	Φ12@100	
	－0.150～4.450	850×950	425	425	650(475)	300(475)		4Φ28	7Φ28	7Φ28	1.(6×6)	Φ8@100	Φ12@100
	4.450～8.650	850×950	425	425	650(475)	300(475)		4Φ28	7Φ28	7Φ28	1.(6×6)	Φ8@100	Φ10@100
	8.650～12.850	700×750	350	350	450(475)	300(475)		4Φ28	7Φ28	5Φ28	1.(6×6)	Φ8@100	Φ10@100
	12.850～19.500	700×750	350	350	450(375)	300(375)		4Φ28	7Φ28	5Φ28	1.(6×6)	Φ12@100	
	19.500～21.000	600×600	300	300	300	300		4Φ18	3Φ18	4Φ18	1.(4×4)	Φ12@100/150	
KZ-100	基础顶面～－0.150	700×750	350	350	375	375		4Φ32	5Φ32	4Φ18	1.(6×6)	Φ12@100	
	－0.150～4.450	700×750	350	350	375	375		4Φ32	5Φ32	4Φ18	1.(6×6)	Φ8@100	Φ14@100
	4.450～8.650	700×750	350	350	375	375		4Φ32	5Φ32	4Φ18	1.(6×6)	Φ10@100	Φ14@100
	8.650～12.850	700×750	350	350	375	375		4Φ32	5Φ32	4Φ18	1.(6×6)	Φ10@100	Φ12@100
	12.850～19.500	700×750	350	350	375	375		4Φ25	5Φ25	4Φ18	1.(4×4)	Φ12@100	
KZ-11 (KZ-11a)	基础顶面～－0.150	850×950	425	425	650(475)	300(475)		4Φ32	6Φ32	9Φ25	1.(6×6)	Φ12@100	
	－0.150～4.450	850×950	425	425	650(475)	300(475)		4Φ32	6Φ32	6Φ25	1.(6×6)	Φ8@100	Φ12@100
	4.450～8.650	850×950	425	425	650(475)	300(475)		4Φ32	6Φ32	5Φ25	1.(6×6)	Φ8@100	Φ10@100
	8.650～12.850	850×950	425	425	650(475)	300(475)		4Φ32	6Φ32	5Φ25	1.(6×6)	Φ8@100	Φ10@100
	12.850～19.500	850×950	425	425	650(475)	300(475)		4Φ32	6Φ32	4Φ18	1.(6×6)	Φ12@100/200	
	19.500～21.000	600×600	300	300	300	300		4Φ18	3Φ18	4Φ18	1.(4×4)	Φ12@100/150	
KZ-12	基础顶面～－0.150	700×750	350	350	375	375		4Φ32	6Φ32	4Φ20	1.(6×6)	Φ12@100	
	－0.150～4.450	700×750	350	350	375	375		4Φ32	6Φ32	4Φ18	1.(6×6)	Φ10@100	Φ14@100
	4.450～8.650	700×750	350	350	375	375		4Φ32	6Φ32	4Φ18	1.(6×6)	Φ10@100	Φ12@100
	8.650～12.850	600×600	300	300	300	300		4Φ28	4Φ28	4Φ18	1.(4×4)	Φ8@100	Φ10@100
KZ-13	基础顶面～－0.150	850×950	300	550	300	650		4Φ32	7Φ32	6Φ25	1.(6×6)	Φ12@100	
	－0.150～4.450	850×950	300	550	300	650		4Φ32	6Φ32	4Φ22	1.(6×6)	Φ10@100	Φ14@100
	4.450～8.650	850×950	300	550	300	650		4Φ28	6Φ28	4Φ20	1.(6×6)	Φ8@100	Φ14@100
	8.650～12.850	700×750	300	400	300	450		4Φ28	6Φ28	4Φ18	1.(6×6)	Φ8@100	Φ12@100
	12.850～17.700	700×750	300	400	300	450		4Φ25	4Φ25	4Φ18	1.(4×4)	Φ8@100/150	
	17.700～21.000	600×600	300	300	300	300		4Φ18	3Φ18	3Φ18	1.(4×4)	Φ8@100/150	

【读图提示】

1. 对照柱平面布置图，仔细核对每根柱在 b 方向、h 方向钢筋具体用量；柱中钢筋的型号、数量、位置；注意柱在高度方向上截面尺寸有无变化，如何变化，柱截面尺寸变化处钢筋的处理方法；柱筋在高度方向的连接方式、连接位置、连接部位的加强措施。
2. 柱配筋图，若采用平面表示法，则需结合相应图集阅读，在阅读时要注意建立柱配筋情况的空间立体概念，必要时需将柱配筋草图勾画出来，予以帮助理解柱配筋图。

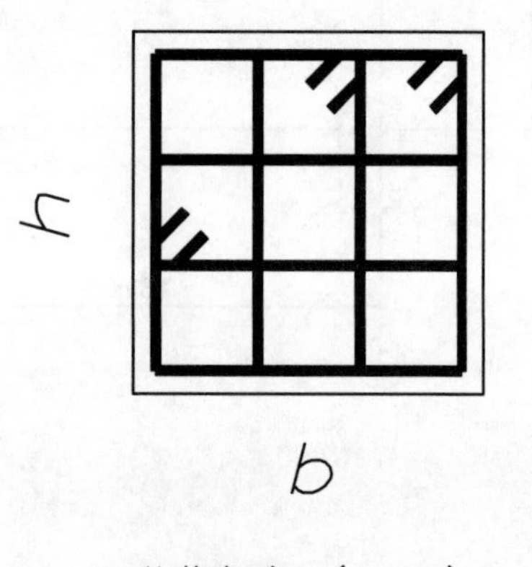

箍筋类型1.($m\times n$)

业主	×××投资开发集团有限责任公司	图名	柱配筋表	工程编号	××××-××
工程项目	×××项目			档案编号	
				电子文件号	
子项	办公用房	比例	日期 ××××.××	图号	结施 18/20

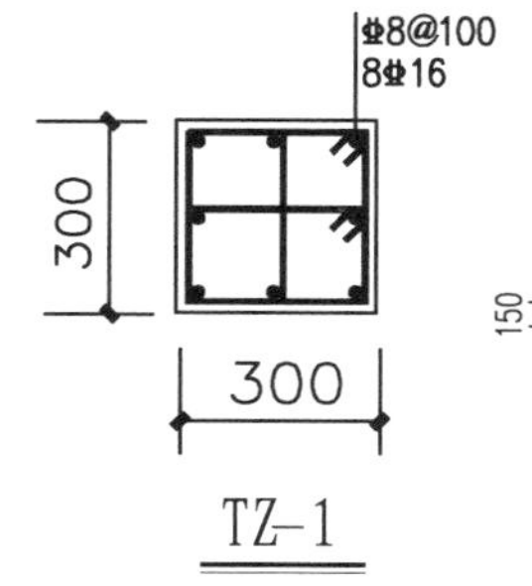

TZ-1

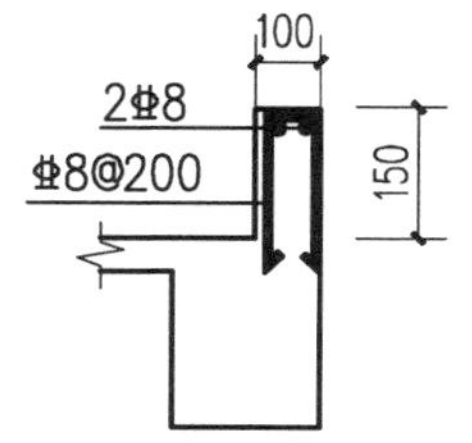

TL-1的翻檐做法

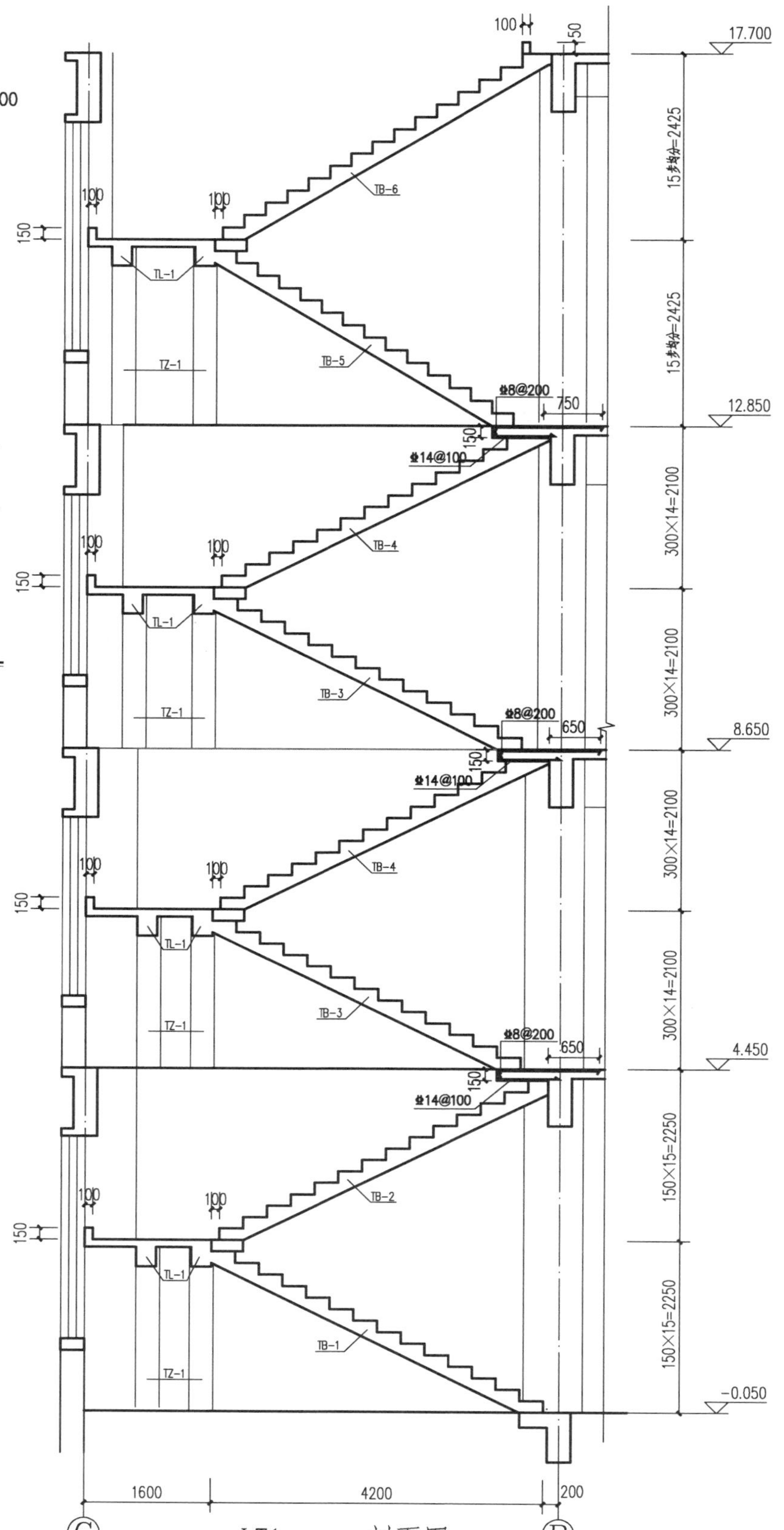

LT1 a—a剖面图

注：1.楼梯栏杆扶手埋件详见建施。

2.未注明的板分布钢筋均为ф6@250。

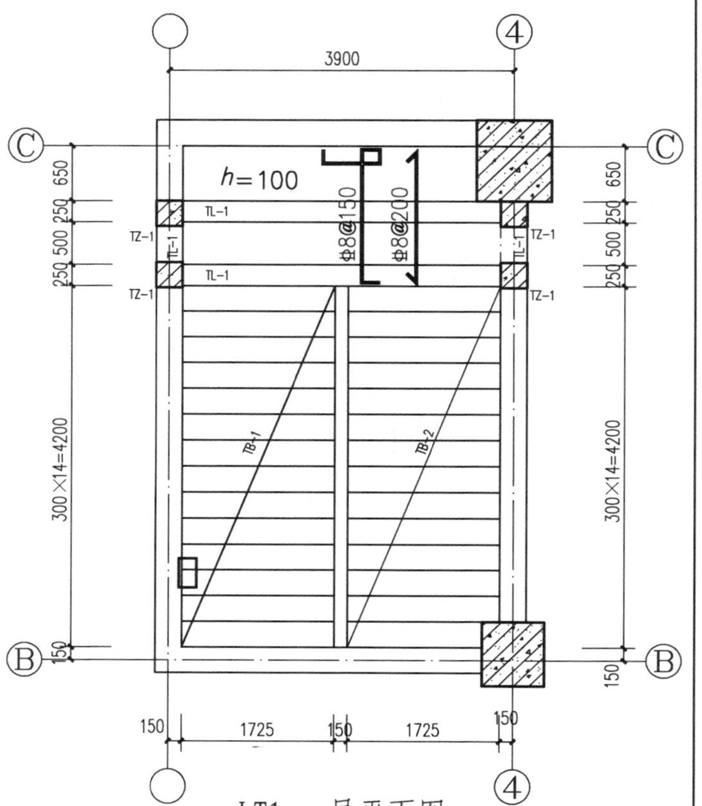

LT1 一层平面图

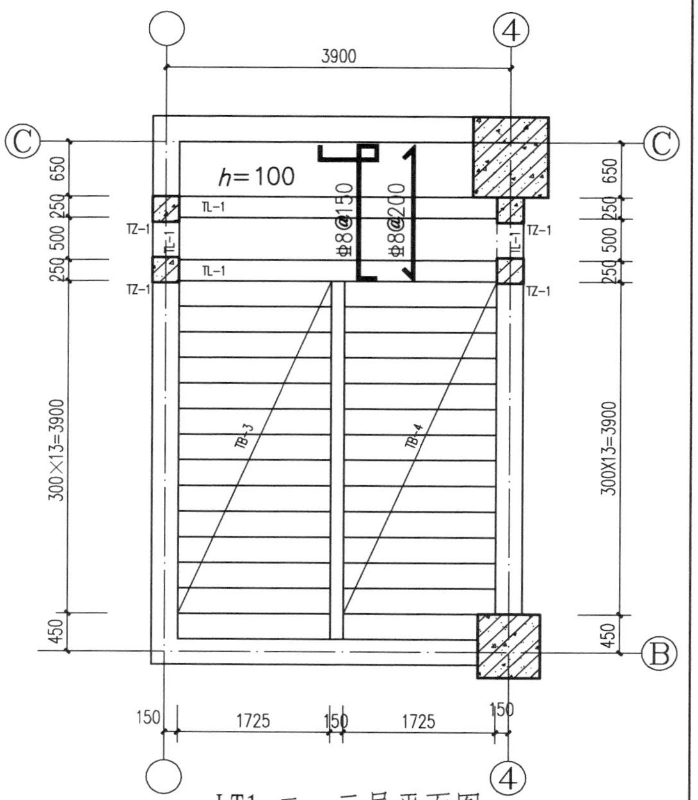

LT1 二、三层平面图

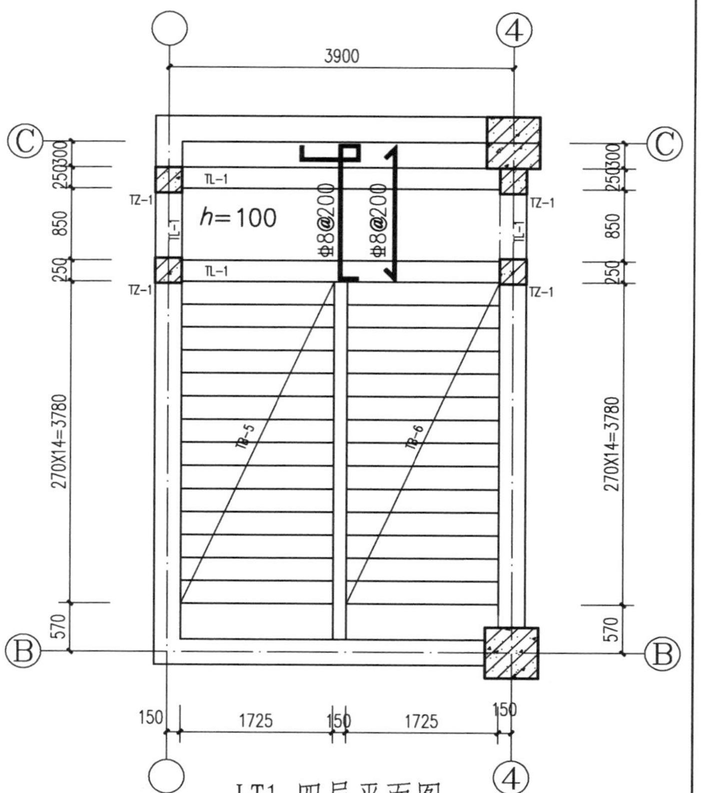

LT1 四层平面图

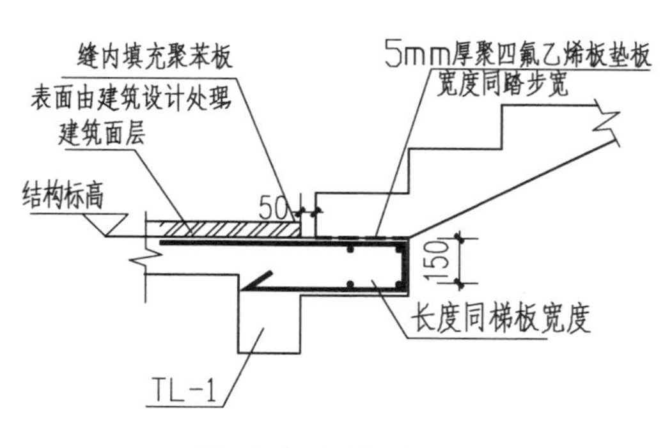

滑动支座构造

梯段浇筑时应在垫板上铺塑料薄膜

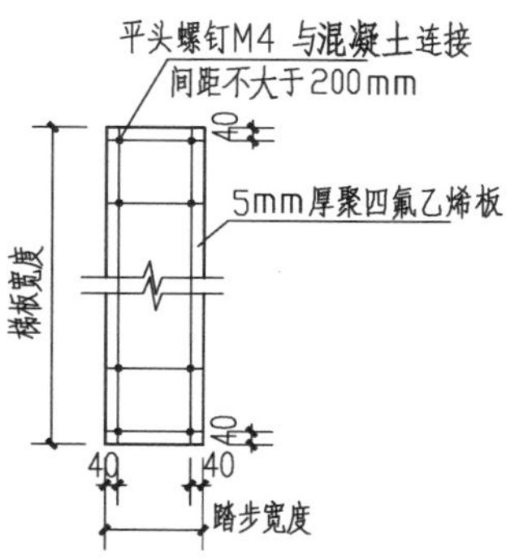

聚四氟乙烯板

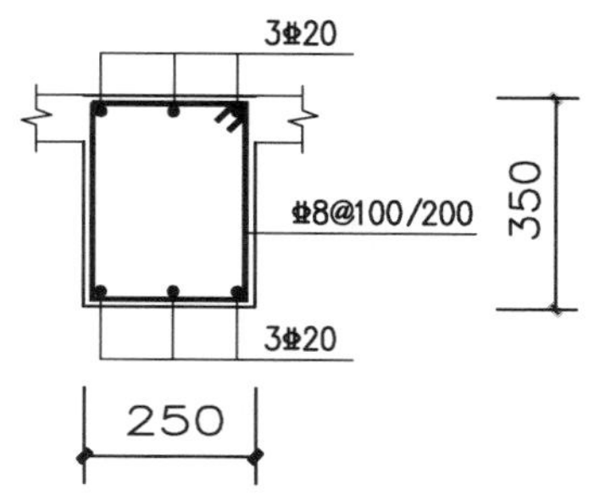

LT1-1

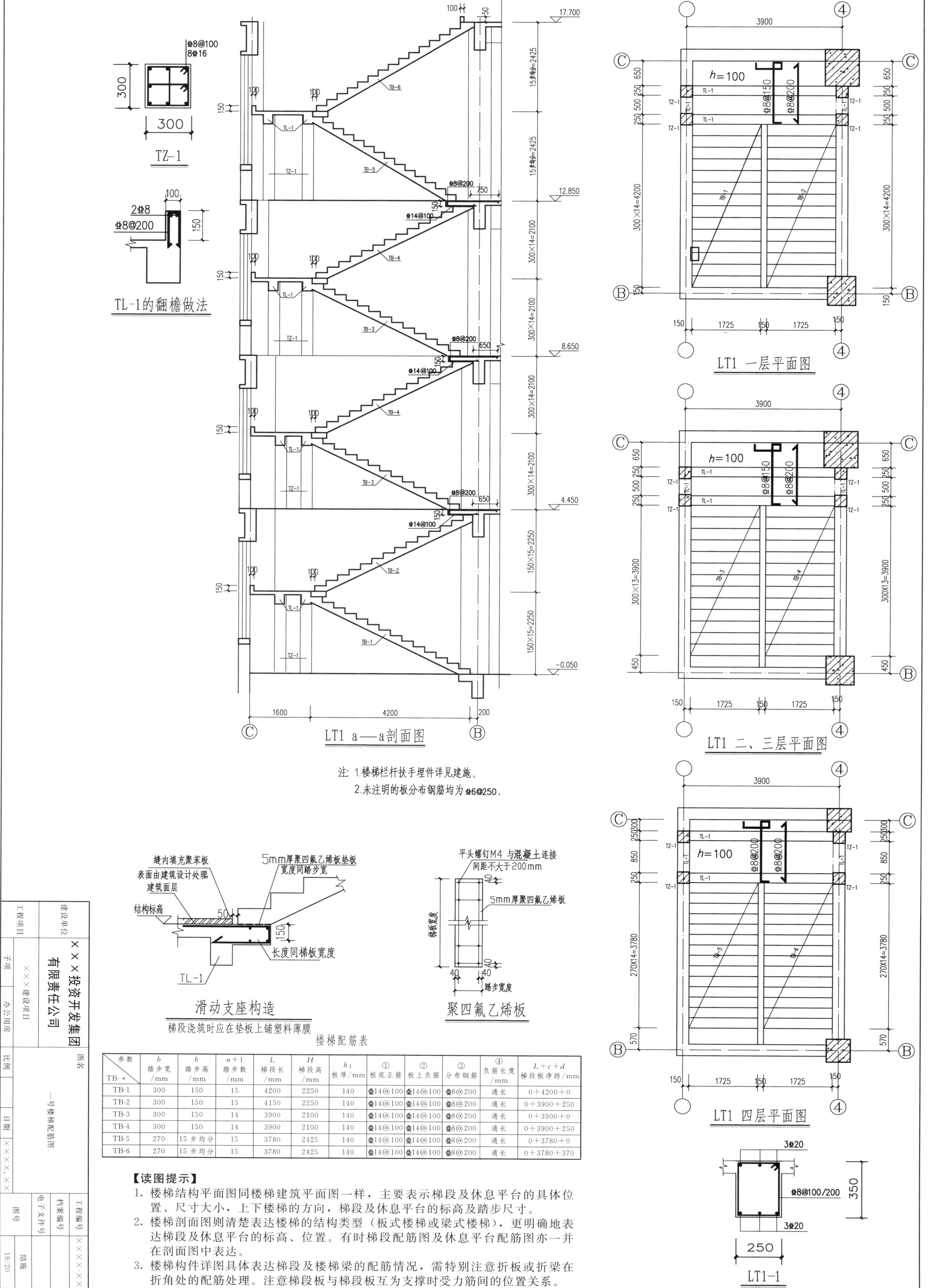

楼梯配筋表

参数 TB-*	b 踏步宽/mm	h 踏步高/mm	n+1 踏步数/mm	L 梯段长/mm	H 梯段高/mm	h_1 板厚/mm	① 板底正筋	② 板上负筋	③ 分布钢筋	④ 负筋长度/mm	L+c+d 梯段板净跨/mm
TB-1	300	150	15	4200	2250	140	ф14@100	ф14@100	ф8@200	通长	0+4200+0
TB-2	300	150	15	4150	2250	140	ф14@100	ф14@100	ф8@200	通长	0+3900+250
TB-3	300	150	14	3900	2100	140	ф14@100	ф14@100	ф8@200	通长	0+3900+0
TB-4	300	150	14	3900	2100	140	ф14@100	ф14@100	ф8@200	通长	0+3900+250
TB-5	270	15步均分	15	3780	2425	140	ф14@100	ф14@100	ф8@200	通长	0+3780+0
TB-6	270	15步均分	15	3780	2425	140	ф14@100	ф14@100	ф8@200	通长	0+3780+370

【读图提示】

1. 楼梯结构平面图同楼梯建筑平面图一样，主要表示梯段及休息平台的具体位置、尺寸大小，上下楼梯的方向，梯段及休息平台的标高及踏步尺寸。
2. 楼梯剖面图则清楚表达楼梯的结构类型（板式楼梯或梁式楼梯），更明确地表达梯段及休息平台的标高、位置。有时梯段配筋图及休息平台配筋图亦一并在剖面图中表达。
3. 楼梯构件详图具体表达梯段及楼梯梁的配筋情况，需特别注意折板或折梁在折角处的配筋处理。注意梯段板与梯段板互为支撑时受力筋间的位置关系。

建设单位	×××投资开发集团有限责任公司	图名	一号楼梯配筋图
工程项目	×××建设项目	比例	
子项	办公用房	日期	××××.××
工程编号	×××-××	档案编号	
电子文件号		图号	结施 19/20

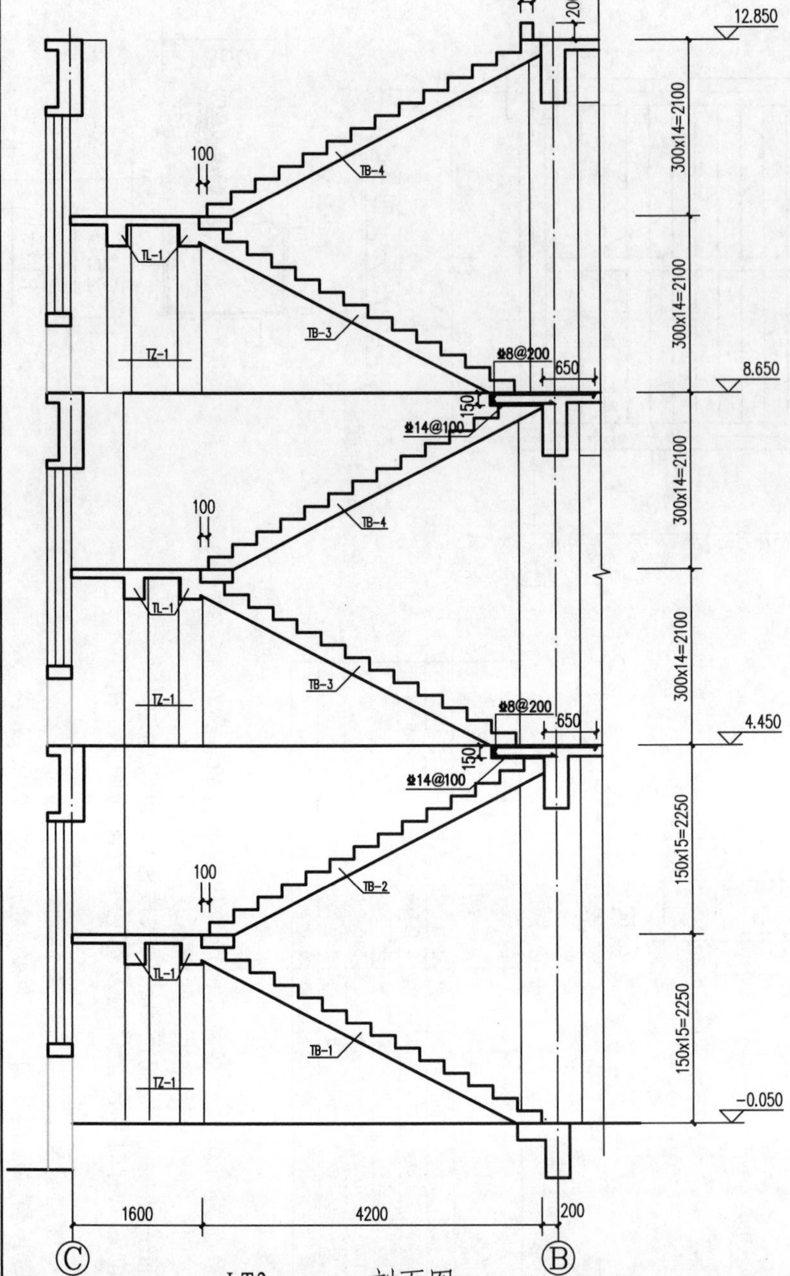

LT2 a — a剖面图

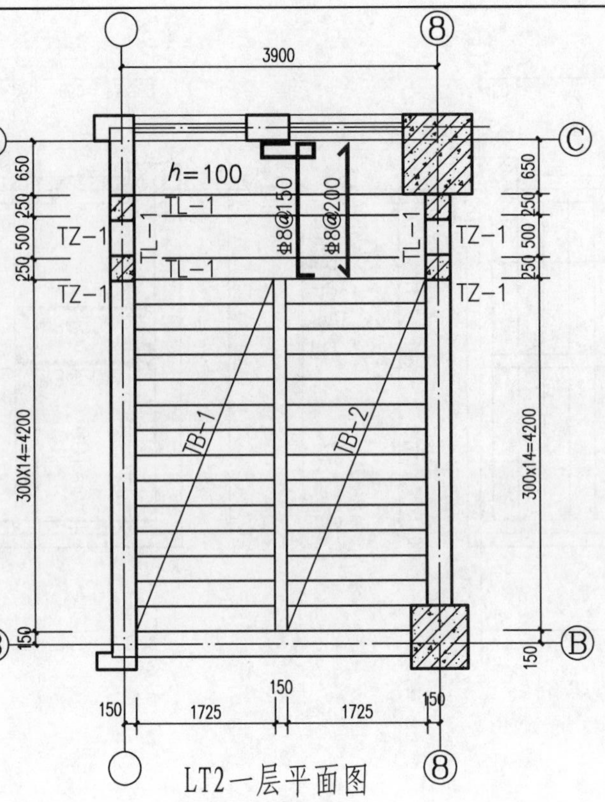

LT2一层平面图

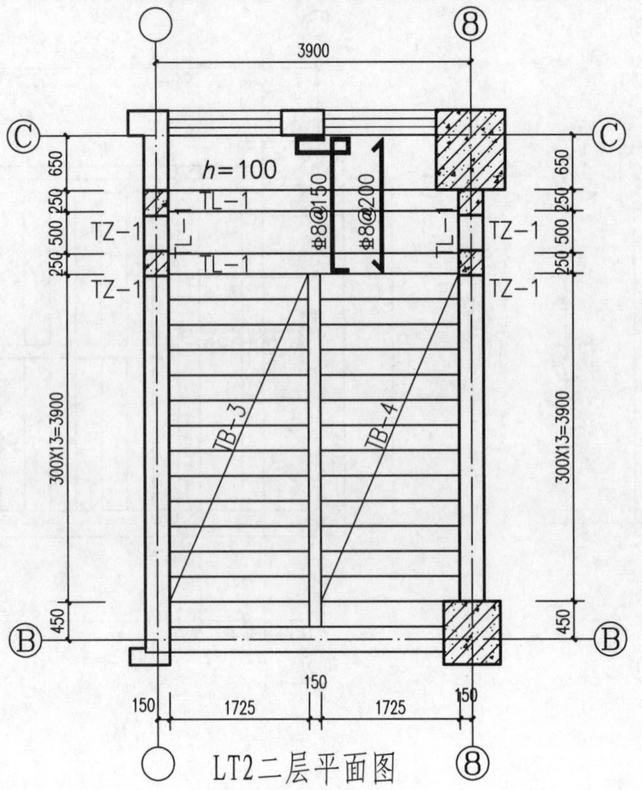

LT2二层平面图

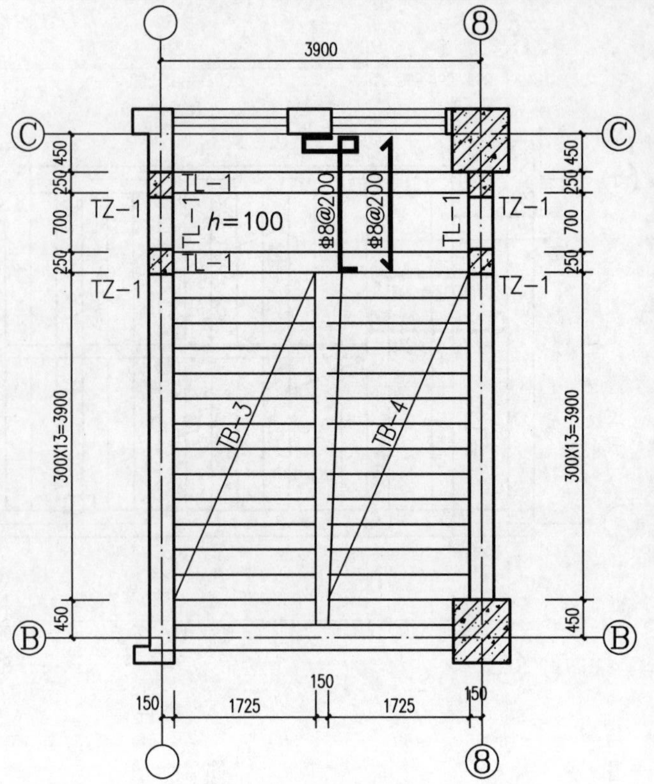

LT2三层平面图

楼梯配筋表

TB-* \ 参数	b 踏步宽/mm	h 踏步高/mm	$n+1$ 踏步数/mm	L 梯段长/mm	H 梯段高/mm	h_1 板厚/mm	① 板底正筋	② 板上负筋	③ 分布钢筋	④ 负筋长度/mm	$L+c+d$ 梯段板净跨/mm
TB-1	300	150	14	4200	2250	140	Φ14@100	Φ14@100	Φ8@200	通长	0+4200+0
TB-2	300	150	14	4150	2250	140	Φ14@100	Φ14@100	Φ8@200	通长	0+3900+250
TB-3	300	150	13	3900	2100	140	Φ14@100	Φ14@100	Φ8@200	通长	0+3900+0
TB-4	300	150	13	3900	2100	140	Φ14@100	Φ14@100	Φ8@200	通长	0+3900+250

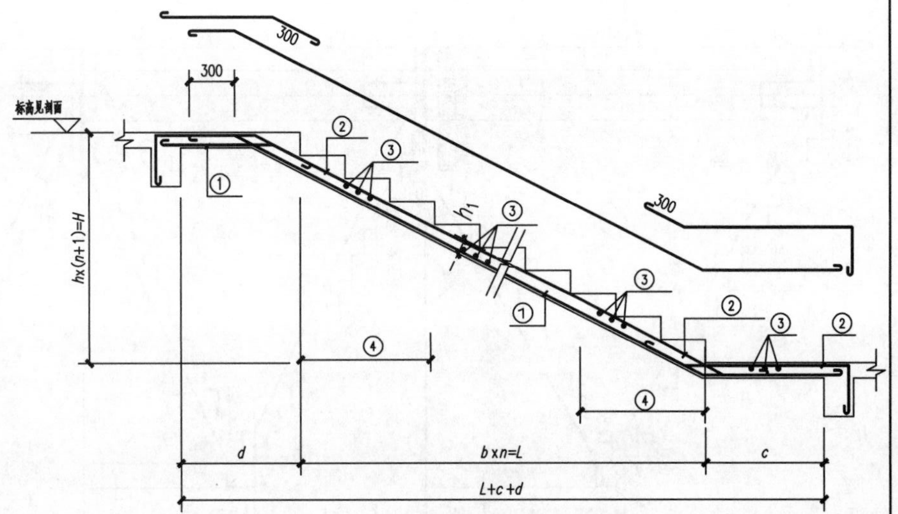

TB

注：1. 楼梯栏杆扶手埋件详见建施。

2. 未注明的板分布钢筋均为Φ6@250。

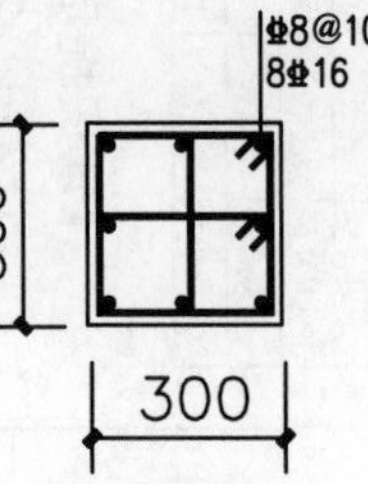

TZ-1

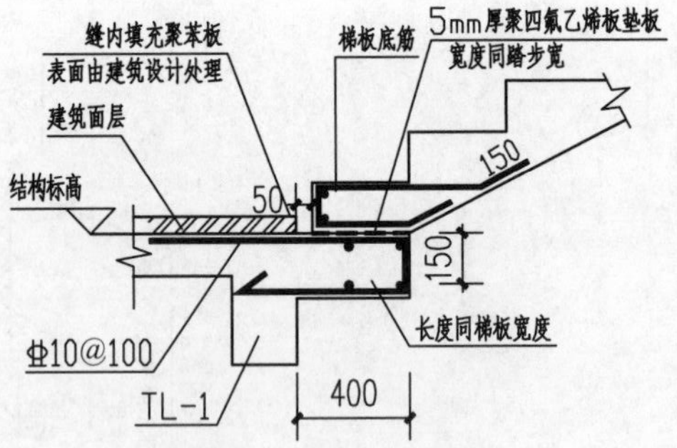

滑动支座构造

梯段浇筑时应在垫板上铺塑料薄膜

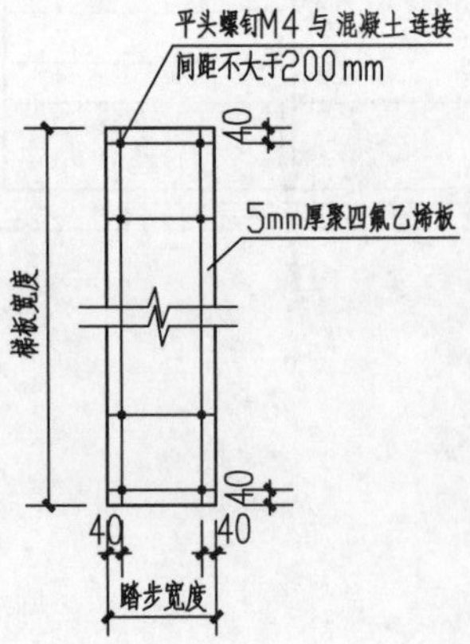

聚四氟乙烯板

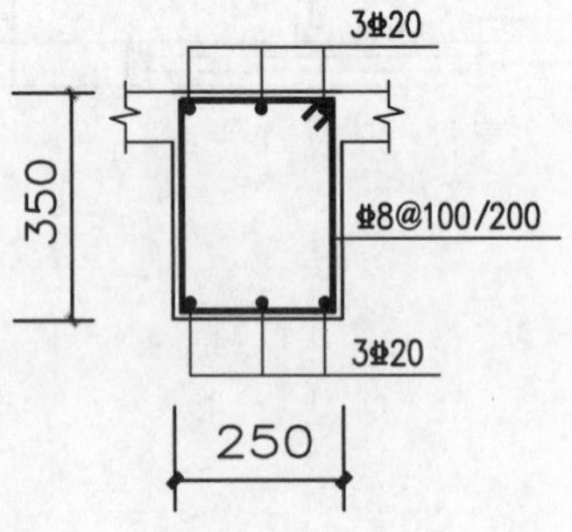

TL-1

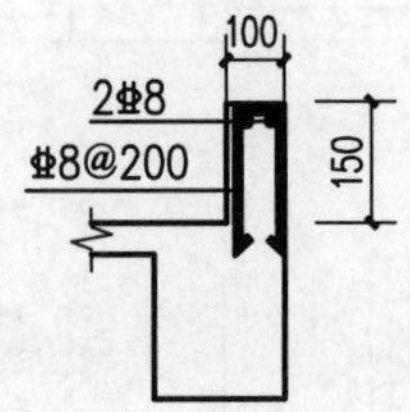

TL-1的翻檐做法

建设单位	×××投资开发集团有限责任公司	图名	二号楼梯配筋图	工程编号	××××-××
				档案编号	
				电子文件号	
工程项目	×××项目			图号	结施 20/20
子项	办公用房	比例	日期 ××××.××		

图纸目录

序号	图纸编号	图纸名称	备注
1	设施-01/20	图纸目录　图例	A2+1/4
2	设施-02/20	暖通设计说明	A2+1/4
3	设施-03/20	给排水设计说明	A2+1/4
4	设施-04/20	一层采暖平面图	A2+1/4
5	设施-05/20	二层采暖平面图	A2+1/4
6	设施-06/20	三层采暖平面图	A2+1/4
7	设施-07/20	四层采暖平面图	A2+1/4
8	设施-08/20	机房层采暖平面图	A2+1/4
9	设施-09/20	一层给排水消防平面图	A2+1/4
10	设施-10/20	二层给排水消防平面图	A2+1/4
11	设施-11/20	三层给排水消防平面图	A2+1/4
12	设施-12/20	四层给排水消防平面图	A2+1/4
13	设施-13/20	屋顶给排水消防平面图	A2+1/4
14	设施-14/20	卫生间一～四层给排水大样图 卫生间给排水系统图	A2+1/4
15	设施-15/20	供暖系统图(一)	A2+1/2
16	设施-16/20	供暖系统图(二)	A2+1/2
17	设施-17/20	消火栓系统图	A2+1/4
18	设施-18/20	给排水系统图	A2+1/4
19	设施-19/20	雨水系统图	A2+1/4
20	设施-20/20	屋顶消防水箱间设备位置平面图 屋顶消防水箱间配管平面图 消防水箱间系统图	A2+1/4

图　例

序号	名称	图例	图集号
1	冷水供水管	——J——	
2	采暖供水管		
3	采暖回水管		
4	消防供水管	——X——	
5	污水排水管	——W——	
6	雨水管	——Y——	
7	消火栓		消火栓箱安装见 12S4-24
8	淋浴器		做法参见 12S1-75
9	感应式小便器		做法参见 12S1-133
10	脚踏式蹲式大便器		做法参见 12S1-106～107
11	坐式大便器		做法参见 12S1-91
12	感应式洗脸盆		做法参见 12S1-29
13	拖布池		参见 12S1-1 乙型
14	厨房洗池		做法参见 12S1-4～7
15	地漏		做法参见 12S1-219～222
16	清扫口		做法参见 12S1-244～252
17	闸阀		
18	止回阀		
19	蝶阀		
20	水表		做法参见 12S2-1
21	波纹管伸缩器		
22	平衡阀		
23	温控阀		
24	散热器		
25	管道固定支架		

建设单位	×××投资开发集团有限责任公司	图名	工程编号	××××-××
		图纸目录　图例	档案编号	
			电子文件号	
工程项目	×××项目		图号	设施
子项	办公用房	比例 1:100　日期 ××××.××		01/20

暖通设计说明

一、工程概况

本工程为×××投资开发集团有限责任公司×××建设项目办公用房，总建筑面积：4006.36m²，建筑层数：地上四层，建筑总高度：18.60m。

二、设计依据

（1）本工程设计任务书

（2）建设单位提供的市政资料

（3）国家现行的设计规范

《民用建筑供暖通风与空气调节设计规范》　（GB 50736—2012）

《建筑给水排水及采暖工程施工质量验收规范》（GB 50242—2002）

《建筑设计防火规范》　（GB 50016—2014）

《公共建筑节能设计标准》　（GB 50189—2015）

《内蒙古自治区建筑消防设施验收规程》　（DB 15/T 353—2009）

《民用建筑设计通则》　（GB 50352—2005）

三、设计范围

本设计范围为建筑内供暖系统、通风系统。

四、设计参数

1. 室外设计参数

冬季采暖室外计算参数：−17℃；冬季室外平均风速：1.5m/s。

2. 冬季采暖室内设计温度

技术用房：18℃；卫生间：16℃。

五、供暖系统

（1）根据业主要求采暖为散热器采暖系统，热源为集中供热管网热水经换热站换热后供给。设计供回水温度80/55℃。

（2）本工程供暖入口处资用压力为148W/片。

（3）本工程采暖耗热量233kW。

（4）本工程在地沟入口处设置热计量表。

（5）散热器采用内腔无粘砂辐射对流700型铸铁散热器，标准温度散热量148℃/片。

（6）管材：采暖管道采用焊接钢管，$DN \leqslant 32$mm为丝接；$DN > 32$mm为焊接连接。

（7）每组散热器设手动跑风门，供水支管设置温控调节阀、回水支管设阀门。

（8）采暖供回水立管顶端设自动排气阀。

（9）采暖入口做法详见12N1-13，采暖干管需设坡，供水逆坡回水顺坡，坡度均为$i=0.003$。

六、管材及阀门

（1）采暖管道采用焊接钢管，$DN \leqslant 32$mm为丝接；$DN > 32$mm为焊接连接。

（2）采暖管道上的阀门$DN \geqslant 50$mm采用Z41H-16型闸阀，$DN <$ 50mm采用J11W-16T型铜制截止阀。

七、管道防腐、保温

地沟内采暖管道除锈后刷防锈漆两道，明装采暖管道及支吊架除锈后刷防锈漆两道，调和漆两道。地沟、吊顶及管道井内采暖管道采用离心玻璃棉保温，外缠玻璃丝布，保护层两道。保温厚度（供水管）：$\leqslant DN50$时，$\delta=50$mm；$DN70 \sim DN150$时，$\delta=60$mm。

八、试压

（1）散热器组对后，以及整组出厂的散热器在安装之前应做水压试验。试验压力应为工作压力的1.5倍，但不小于0.60MPa，试验时间2～3min，压力不降且不渗不漏为合格。

（2）采暖系统安装完毕，应进行系统水压试验，试验压力为0.60MPa，在试验压力下10min内压力降不大于0.02MPa，外观检查不渗漏为合格。

（3）系统试压合格后，应对系统冲洗，直至排出水中不含泥沙、铁杂质且水色不浑浊为合格。

九、通风

1. 系统设置

（1）所有有窗房间均采用自然通风。

（2）卫生间设置排气扇进行排风，换气次数为10次。

2. 风系统防火措施

（1）房间通风器支管上均设置70℃熔断的防火阀。

（2）防火阀距离防火分隔物大于200mm时，防火阀防火分隔物间的风管采用耐火极限大于2h的防火板包覆。

3. 施工安装

风管材料，本工程通风（排烟）系统风管采用镀锌钢板制作，风管规格见下表：

矩形风管大边长/mm	壁厚/mm	法兰规格（角钢）
$b \leqslant 630$	0.75	25×3
$630 < b \leqslant 1250$	1.0	30×3

管道支吊架间距、管道焊接、管道穿楼板的防水做法，风管所用钢板厚度及法兰配用等均应按照国家标准《通风与空调工程施工质量验收规范》（GB 50243—2016）、《建筑给水排水及采暖工程施工质量验收规范》（GB 50242—2002），进行施工。

十、其他

（1）所有管道穿过承重墙、混凝土梁板或基础时应与土建配合施工，预留孔洞和预埋防水套管。所有预留孔洞和预埋防水套管须在混凝土浇筑前检查和核对。管道穿过楼板、墙壁时应埋设钢制套管，套管直径比管道直径大2号；环缝用不燃材料填实堵严。安装在楼板内的套管其顶部应高出地面50mm，底部与楼板平齐；安装在墙壁内的套管其顶部应与饰面相平。

（2）管道及支架间距及做法参见“12S9管道支架、吊架”。

（3）未说明之处参照相关施工及验收规范。

（4）管道穿防火墙应做防火处理，做法详见：12N1-233。

（5）设计文件必须经当地消防审查主管部门审查后方可生效。

十一、节能部分

（1）传热系数：

围护结构	外墙				外窗	地面	屋面
	东	南	西	北			
传热系数/[W/(m²·℃)]	0.43	0.43	0.43	0.43	2.2	0.72	0.27

（2）采暖入口设热计量装置。

（3）散热器外表面刷非金属涂料。

（4）散热器供水支管设温控阀。

（5）所有管材的耐久、压力等满足国家相应技术标准。

建设单位	×××投资开发集团有限责任公司		图名	暖通设计说明			工程编号	××××-××
							档案编号	
							电子文件号	
工程项目	×××项目						图号	设施
	子项	办公用房	比例	1∶100	日期	××××.××		02/20

给排水设计说明

一、工程概况

本工程为×××投资开发集团有限责任公司×××建设项目办公用房，总建筑面积：4006.36m²，建筑层数：地上四层，建筑总高度：18.60m。

二、设计依据

(1) 本工程设计任务书

(2) 建设单位提供的市政资料

(3) 国家现行的设计规范

《建筑给水排水设计规范》(2009年版)　(GB 50015—2003)

《建筑给水排水及采暖工程施工质量验收规范》　(GB 50242—2002)

《给水排水管道工程施工及验收规范》　(GB 50268—2008)

《建筑设计防火规范》　(GB 50016—2014)

《消防给水及消火栓系统技术规范》　(GB 50974—2014)

《建筑灭火器配置设计规范》　(GB 50140—2005)

《内蒙古自治区建筑消防设施验收规程》　(DB15/T 353—2009)

《民用建筑设计通则》　(GB 50352—2005)

三、设计范围

生活给水、污水、消火栓、手提式灭火器设置。

四、给水排水管道系统

本建筑的最高日用水量为：6m³/h，最高日排水量为5.4m³/h。

(一) 生活给水系统

1. 生活水源由市政水源供给，入口压力0.30MPa。
2. 入口部分设置计量表。
3. 管材及阀门：

(1) 室内给水管道采用PP-R冷热水塑料管，热熔连接。
　与开水器连接的给水管采用不锈钢管。

(2) 生活给水管管径$DN \leqslant 50$mm时采用钢制截止阀；$DN > 50$mm时采用钢制闸阀。

(二) 排水系统

1. 生活污水系统污、废合流，由排水系统管道排至室外，经化粪池处理后排入市政管道。
2. 室内生活排水管采用UPVC螺旋消音管，粘接。埋地及出屋面部分采用柔性机制排水铸铁管，密封橡胶圈捻口。
3. UPVC管伸缩节设置详见12S9-93～95。凡管径大于等于110的UPVC排水立管每层均设阻火圈，UPVC管阻火圈做法见12S9-99～101。
4. 排水地漏的顶面应低于净地面10mm，地面应有不小于0.005的坡度坡向地漏。地漏水封深度不小于50mm，卫生器具存水弯水封深度不小于50mm。

(三) 雨水系统

1. 暴雨强度$q_s = 3.33$L/(s·100m²)，设计重现期$p = 3$年，降雨历时：5min。
2. 雨水管道采用焊接钢管，焊接连接。
3. 雨水斗采用87雨水斗，规格为DN100。
4. 雨水立管安装后应做灌水试验，灌水高度为每根立管上部的雨水斗。

(四) 管道试压

管道安装完毕后按《建筑给水排水及采暖工程施工质量验收规范》(GB 50242—2002) 规定对管道系统进行强度及严密性试验，以检查管道系统及各连接部位的工程质量。

1. 室内给水管道试验压力为0.6MPa。管道在试验压力下观察10min，压力降不大于0.02MPa，然后降到工作压力检查，压力应不降，且不渗不漏为合格。塑料管在试验压力下稳压1h，压力降不得超过0.05MPa，然后在工作压力的1.5倍状态下稳压2h，压力降不得超过0.03MPa，同时检查各连接处不得渗漏。
2. 排水管道试压，注水高度以一楼层的高度为标准。在30min内不漏为合格。隐蔽或埋地的排水管道在隐蔽前必须做灌水试验，其灌水高度应不低于底层卫生器具的上边缘或底层地面高度。满水15min水面下降后，再观察5min，液面不降，管道及接口无渗漏为合格。排水应做通球实验，通球球径不小于排水管道管径的2/3，通球率必须达到100%。

(五) 管道冲洗

1. 生活给水管在交付使用前须用水冲洗和消毒，并经有关部门取样检验，符合国家《生活饮用水卫生标准》，方可使用。
2. 排水管在交付使用前须用水冲洗。
3. 生活给水管冲洗时，以系统内最大设计流量为冲洗流量或不小于1.5m/s的流速冲洗，直到出口水色和透明度与入口目测一致为合格。

五、消防管道系统

(一) 消防用水量

序号	系统类别	流量/(L/s)	火灾延续时间/h
1	室外消火栓系统	25	2
2	室内消火栓系统	15	2

(二) 消防储水池

1. 消防水池：和消防泵房一起建在室外。
2. 消防水箱：在院区最高层屋顶设置高位水箱。设置一套成套稳压设备，供室内消火栓系统使用。

(三) 消火栓系统

1. 室内消火栓系统采用临时高压系统。入口压力0.54MPa。
2. 消火栓按规范要求安装于各楼层，室内消火栓间距不超过25m，并保证同一平面内两个消火栓的水枪充实水柱同时到达被保护范围的任何部位，充实水柱不小于10m，每支水枪流量为5L/s。
3. 消火栓箱采用单阀单出口，衬胶水龙带DN65，$L = 25$m，水枪口径ϕ19，消防按钮、指示灯各1个。甲型组合式消防柜做法详见12S4-21，消火栓栓口距地面1.1m，每个消火栓箱内设两具MF5型磷酸铵盐干粉式手提式灭火器。
4. 消火栓给水系统水泵控制要求：

① 各层消火栓箱内的消防按钮，作为发出报警信号的开关，并向消防控制室报警。

② 消防控制中心可直接开、停泵且有水泵运行信号。

③ 水泵房控制室可直接开、停加压泵。

④ 主备泵自动切换，互为备用。

⑤ 为了避免消防泵因长期不运转而锈蚀，因此设定每月对消火栓加压主泵进行人工巡检一次，每次水泵运行60min，主泵运行时先关闭供水环管上的闸阀再打开试水阀管路上的闸阀。

(四) 管材及阀门

消火栓系统采用内外壁热镀锌钢管，$DN \leqslant 50$者采用螺纹连接，$DN > 50$者采用沟槽连接。消火栓系统采用蝶阀，D71J-16，应有明显的启闭标志。

(五) 冲洗及试压

1. 消防管网安装完毕后，应进行强度试验，冲洗及严密性试验。
2. 消火栓管道试验压力为1.4MPa，达到试验压力后，稳压30min后，管网应无泄漏、无变形，且压力降不应大于0.05MPa。试验压力表应位于系统或试验部分的最低部位。
3. 消防系统水源干管、进户管和室内架空管道应在回填掩蔽前单独或与系统一起进行水压试验。
4. 室内消火栓系统在交付使用前应将管道冲洗干净，其冲洗量应为消防时最大设计流量。

六、防腐及保温

1. 管道、管件、支架、容器等涂底漆前必须清除表面灰尘污垢、锈斑及焊渣等物，必须清除内部污垢和杂物，再进行刷漆作业。涂刷油漆厚度均匀，不得脱皮、起泡流淌。
2. 焊接钢管、无缝钢管管件、支架容器等除锈后均涂防锈漆两道，第一道应在安装时涂好，试压合格后再涂第二道；明设镀锌钢管及衬塑复合钢管不刷防锈底漆，镀锌层破坏部分及管螺纹露出部分刷防锈底漆两道，明装管道、管件、支架等再涂调和漆两道。
3. 埋设和暗设的排水铸铁管、镀锌钢管均刷沥青漆两道。
4. 不同材质金属管道连接时应考虑防腐绝缘措施。
5. 吊顶内生活给排水、消防管道做30mm离心玻璃棉，外缠玻璃丝布两道。

七、其他

1. 所有管道穿过承重墙、混凝土梁板或基础时应与土建配合施工，预留孔洞和预埋防水套管。所有预留孔洞和预埋防水套管须在混凝土浇筑前检查和核对。管道穿过楼板、墙壁时应埋设钢制套管，套管直径比管道直径大2号；环缝用不燃材料填实堵严。安装在楼板内的套管其顶部应高出地面50mm，底部与楼板平齐；安装在墙壁内的套管其顶部应与饰面相平。
2. 管道及支架间距及做法参见“12S9管道支架、吊架”。
3. 未说明之处参照相关施工及验收规范。
4. 设计文件必须经当地消防审查主管部门审查后方可生效。

八、节能、节水专篇

1. 卫生器具采用节水产品。
2. 入口处设计水表。
3. 所有管材的耐久、压力等满足国家相应技术标准。

建设单位	×××投资开发集团有限责任公司	图名	工程编号	××××-××
		给排水设计说明	档案编号	
			电子文件号	
工程项目	×××项目		图号	设施
	子项	办公用房	比例 1∶100 日期 ××××.××	03/20

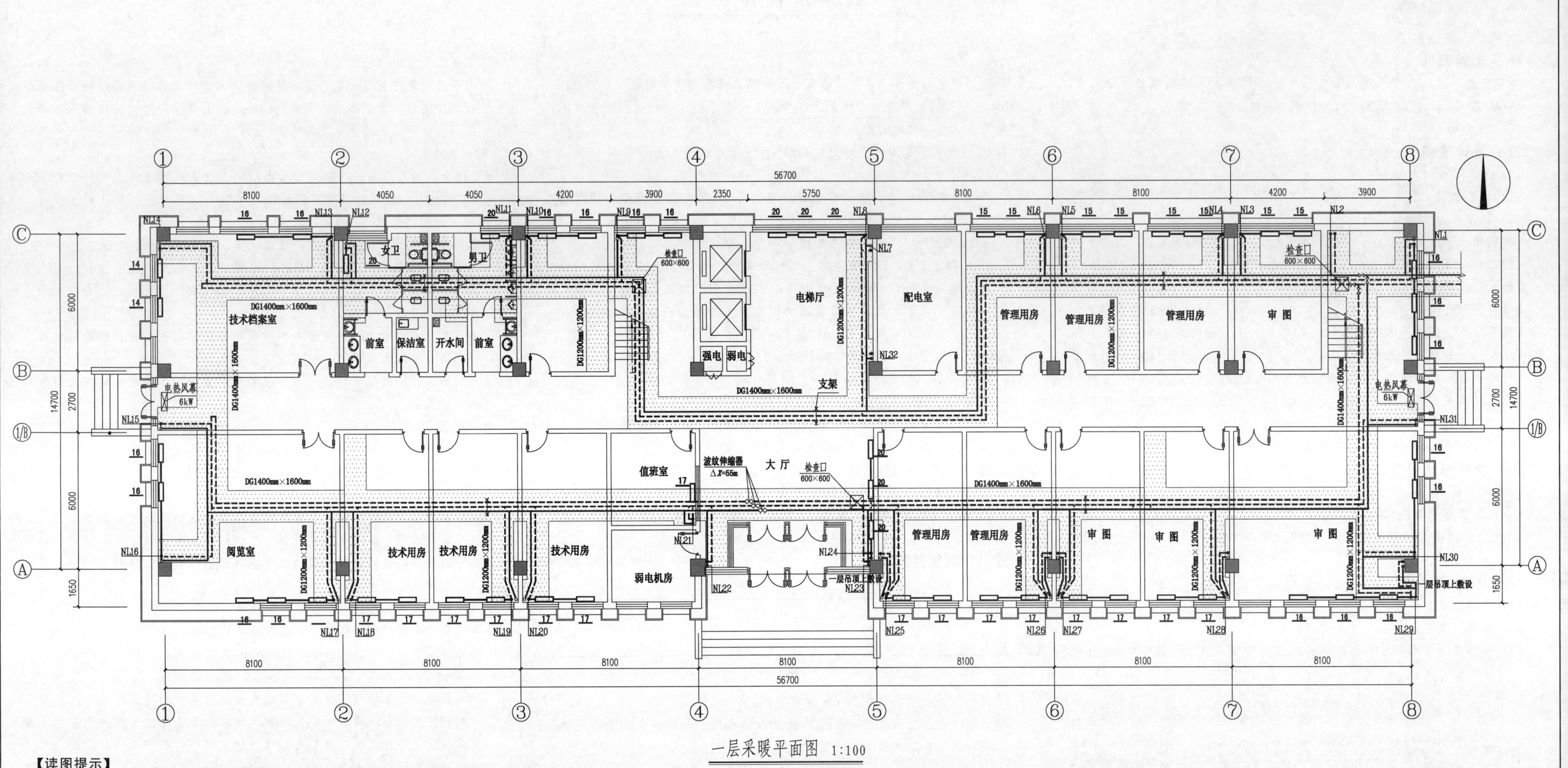

一层采暖平面图 1:100

【读图提示】

本图为一层采暖平面图，主要表示采暖立管、支管、散热器的布置及地沟和其中的采暖干管的具体位置。由图可知：

（1）本建筑采暖系统采用的形式为下供下回式系统。供、回水干管均位于地沟内，地沟内主干管采用同程式系统。采暖入口位于Ⓒ轴南侧，⑧轴东侧，采暖总干管引入后，分两个分支，沿着⑧轴一直向西，至①轴处；另一分支沿着Ⓒ轴一直到Ⓐ轴北侧，再向西一直到①轴。本建筑的室内采暖系统形式为垂直双管式。由于地沟内采暖总干管位置与室内各采暖立管位置有一定距离，为使采暖立管与采暖干管相连，在有采暖立管的地方设支沟。

（2）本图纸中，还表示出一层散热器的连接、布置。大部分散热器位于靠近外墙的窗台下，其余的位于侧墙处，并在旁边标出散热器的片数；未接支管和散热器，表示该立管在一层不接散热器，为二层或二层以上其他层的散热器而设的立管，如 NL32。

（3）图中表示出主地沟尺寸为 1400mm×1600mm，支地沟尺寸为 1200mm×1200mm，检查口尺寸为 600mm×600mm。

（4）图中表示出了管道上所设支架位置及个数，管道上所设伸缩器位置及个数。

建设单位	×××投资开发集团有限责任公司		图名	一层采暖平面图		工程编号	××××-××
						档案编号	
						电子文件号	
工程项目	×××项目					图号	设施 04/20
子项	办公用房	比例	1:100	日期	××××.××		

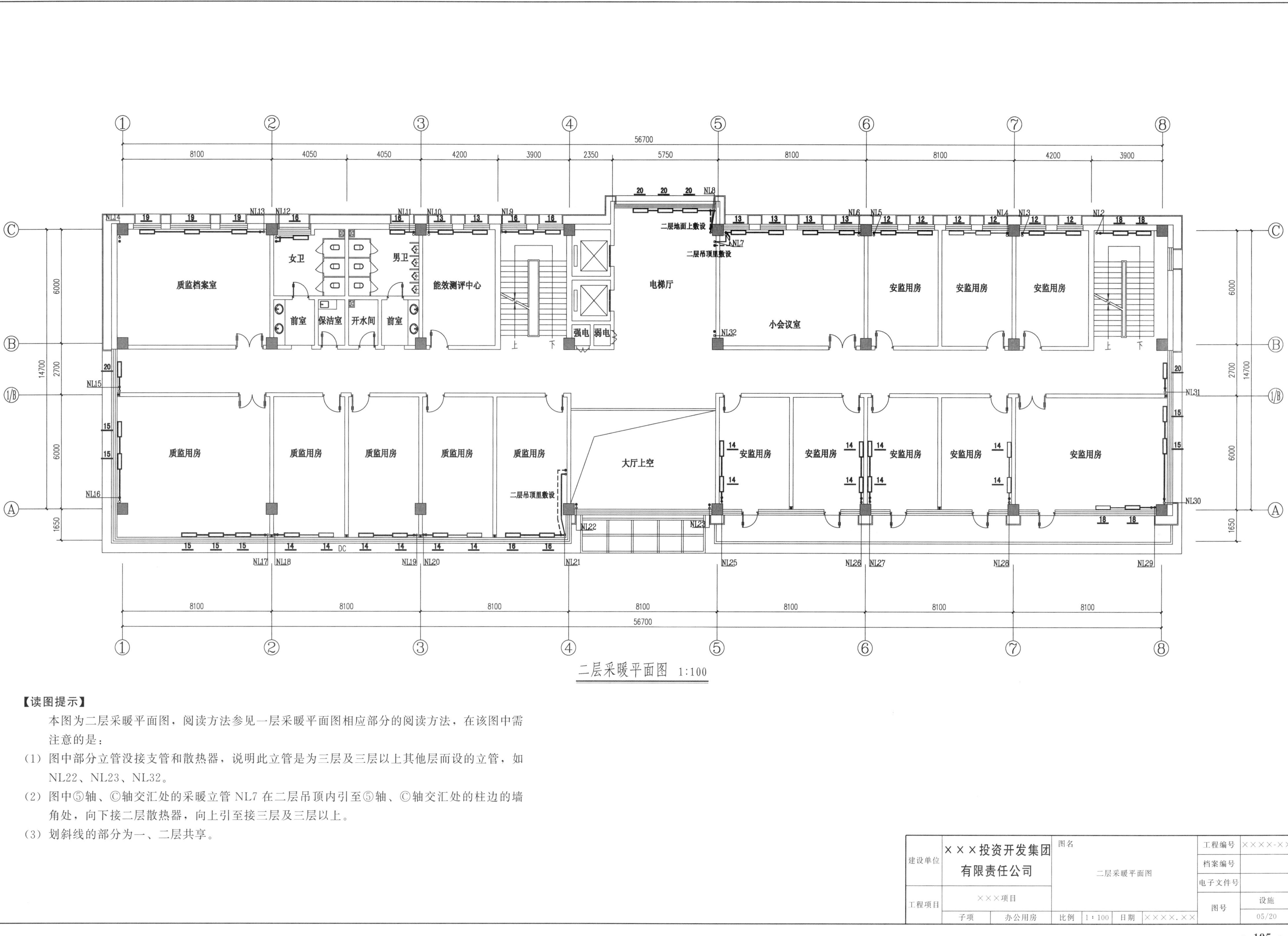

二层采暖平面图 1:100

【读图提示】

本图为二层采暖平面图，阅读方法参见一层采暖平面图相应部分的阅读方法，在该图中需注意的是：

（1）图中部分立管没接支管和散热器，说明此立管是为三层及三层以上其他层面设的立管，如NL22、NL23、NL32。

（2）图中⑤轴、Ⓒ轴交汇处的采暖立管NL7在二层吊顶内引至⑤轴、Ⓒ轴交汇处的柱边的墙角处，向下接二层散热器，向上引至接三层及三层以上。

（3）划斜线的部分为一、二层共享。

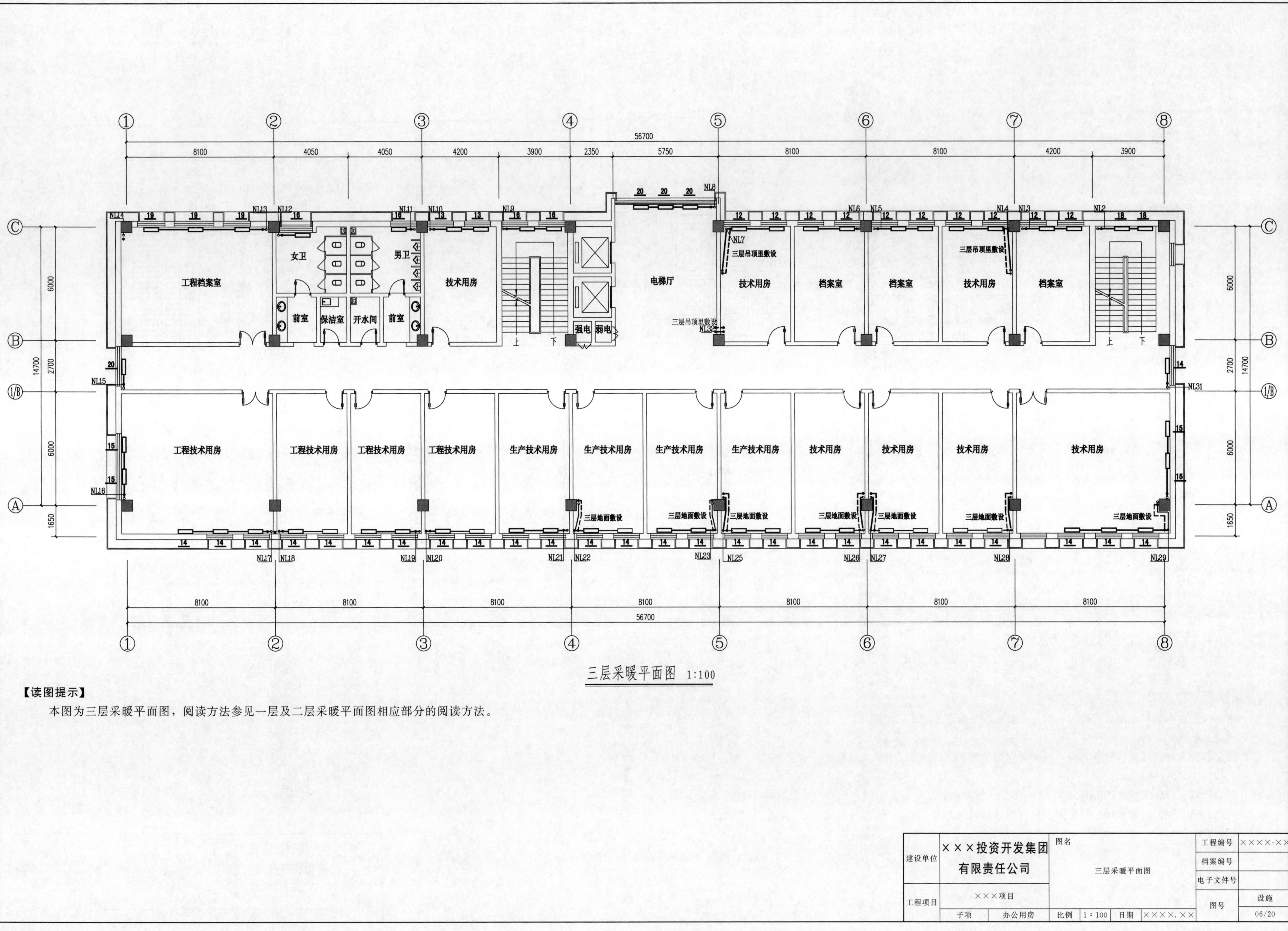

三层采暖平面图 1:100

【读图提示】

本图为三层采暖平面图，阅读方法参见一层及二层采暖平面图相应部分的阅读方法。

建设单位	×××投资开发集团有限责任公司	图名		工程编号	××××-××
		三层采暖平面图		档案编号	
				电子文件号	
工程项目	×××项目			图号	设施
子项	办公用房	比例	1∶100	日期	××××.××
					06/20

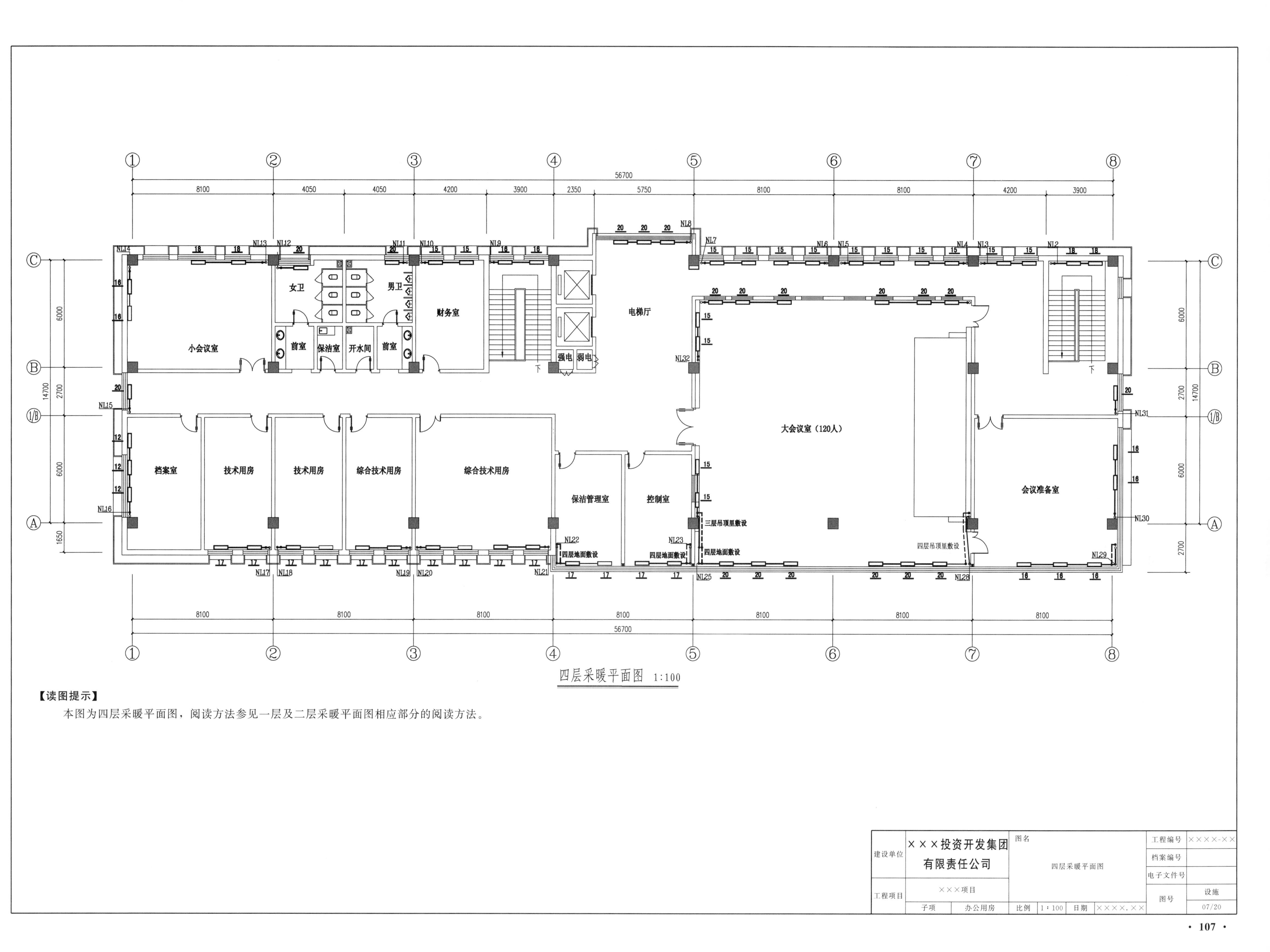

四层采暖平面图 1:100

【读图提示】

本图为四层采暖平面图，阅读方法参见一层及二层采暖平面图相应部分的阅读方法。

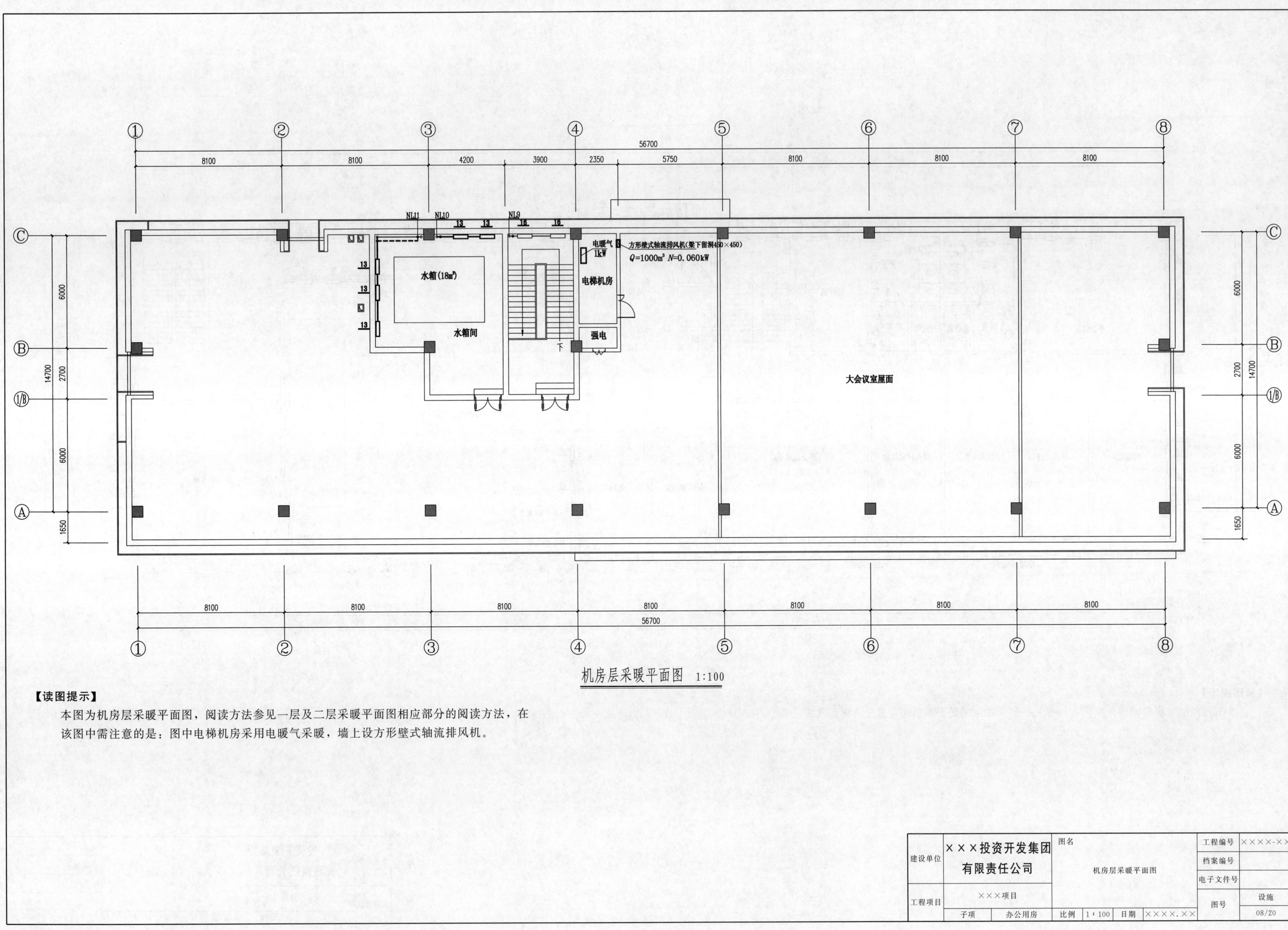

机房层采暖平面图 1:100

【读图提示】

本图为机房层采暖平面图，阅读方法参见一层及二层采暖平面图相应部分的阅读方法，在该图中需注意的是：图中电梯机房采用电暖气采暖，墙上设方形壁式轴流排风机。

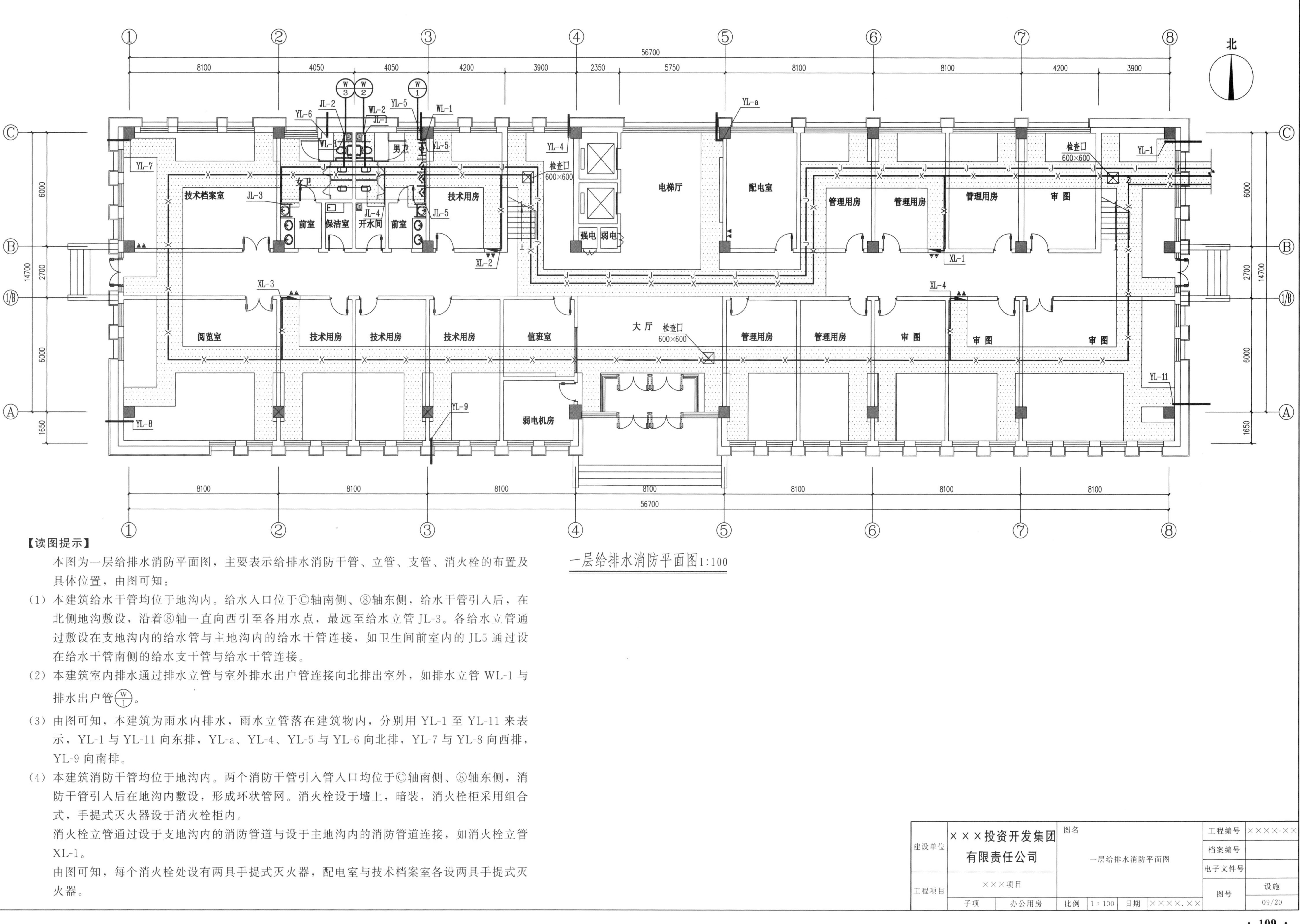

一层给排水消防平面图1:100

【读图提示】

本图为一层给排水消防平面图，主要表示给排水消防干管、立管、支管、消火栓的布置及具体位置，由图可知：

（1）本建筑给水干管均位于地沟内。给水入口位于Ⓒ轴南侧、⑧轴东侧，给水干管引入后，在北侧地沟敷设，沿着⑧轴一直向西引至各用水点，最远至给水立管 JL-3。各给水立管通过敷设在支地沟内的给水管与主地沟内的给水干管连接，如卫生间前室内的 JL5 通过设在给水干管南侧的给水支干管与给水干管连接。

（2）本建筑室内排水通过排水立管与室外排水出户管连接向北排出室外，如排水立管 WL-1 与排水出户管 W/1。

（3）由图可知，本建筑为雨水内排水，雨水立管落在建筑物内，分别用 YL-1 至 YL-11 来表示，YL-1 与 YL-11 向东排，YL-a、YL-4、YL-5 与 YL-6 向北排，YL-7 与 YL-8 向西排，YL-9 向南排。

（4）本建筑消防干管均位于地沟内。两个消防干管引入管入口均位于Ⓒ轴南侧、⑧轴东侧，消防干管引入后在地沟内敷设，形成环状管网。消火栓设于墙上，暗装，消火栓柜采用组合式，手提式灭火器设于消火栓柜内。

消火栓立管通过设于支地沟内的消防管道与设于主地沟内的消防管道连接，如消火栓立管 XL-1。

由图可知，每个消火栓处设有两具手提式灭火器，配电室与技术档案室各设两具手提式灭火器。

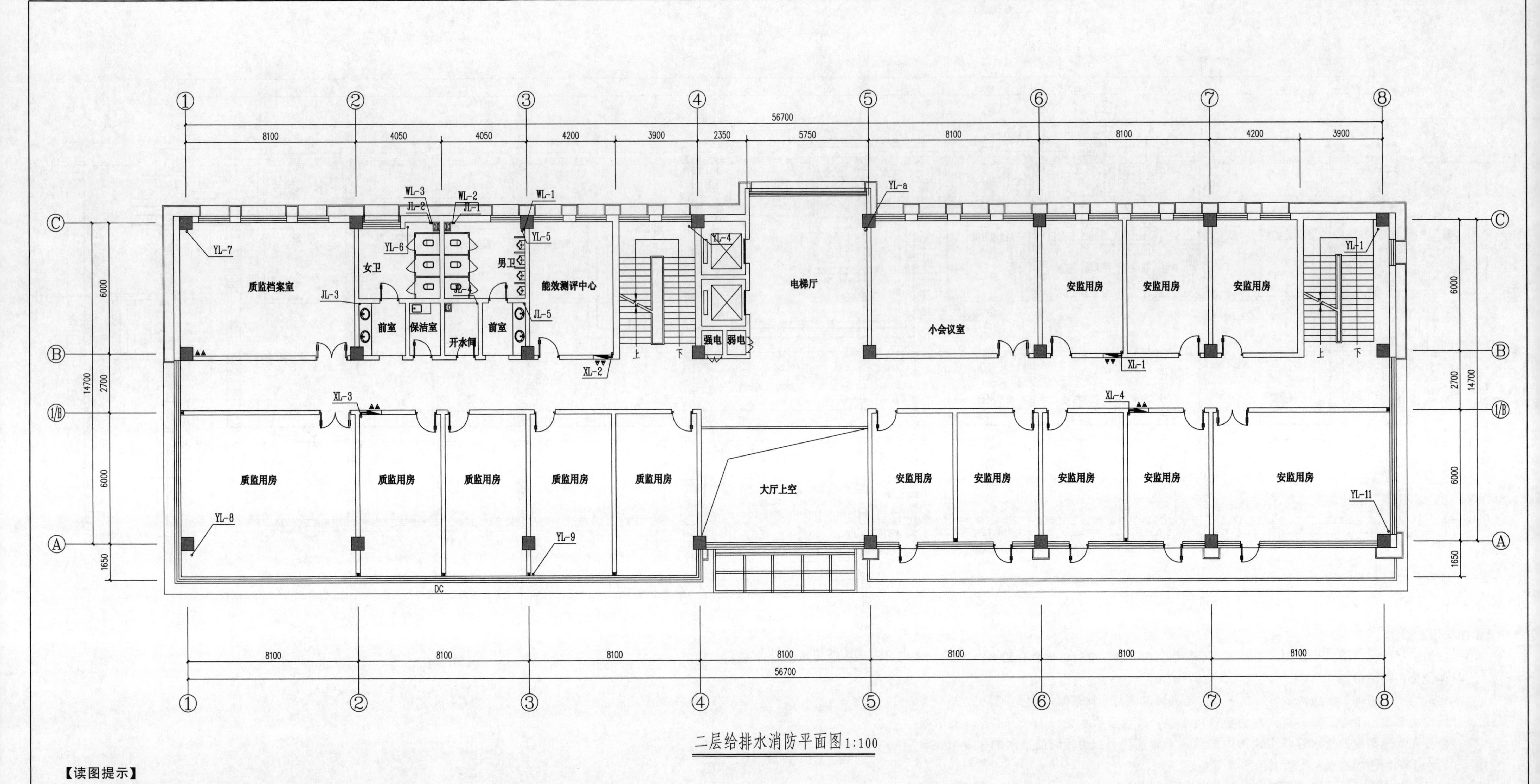

二层给排水消防平面图1:100

建设单位	×××投资开发集团有限责任公司	图名	二层给排水消防平面图	工程编号	××××-××
				档案编号	
				电子文件号	
工程项目	×××项目			图号	设施
子项	办公用房	比例	1:100	日期	××××.××	10/20

【读图提示】

本图为二层给排水消防平面图，主要表示给排水消防立管、支管、消火栓及灭火器的布置及具体位置。

阅读方法参见一层给排水消防平面图相应部分的阅读方法。

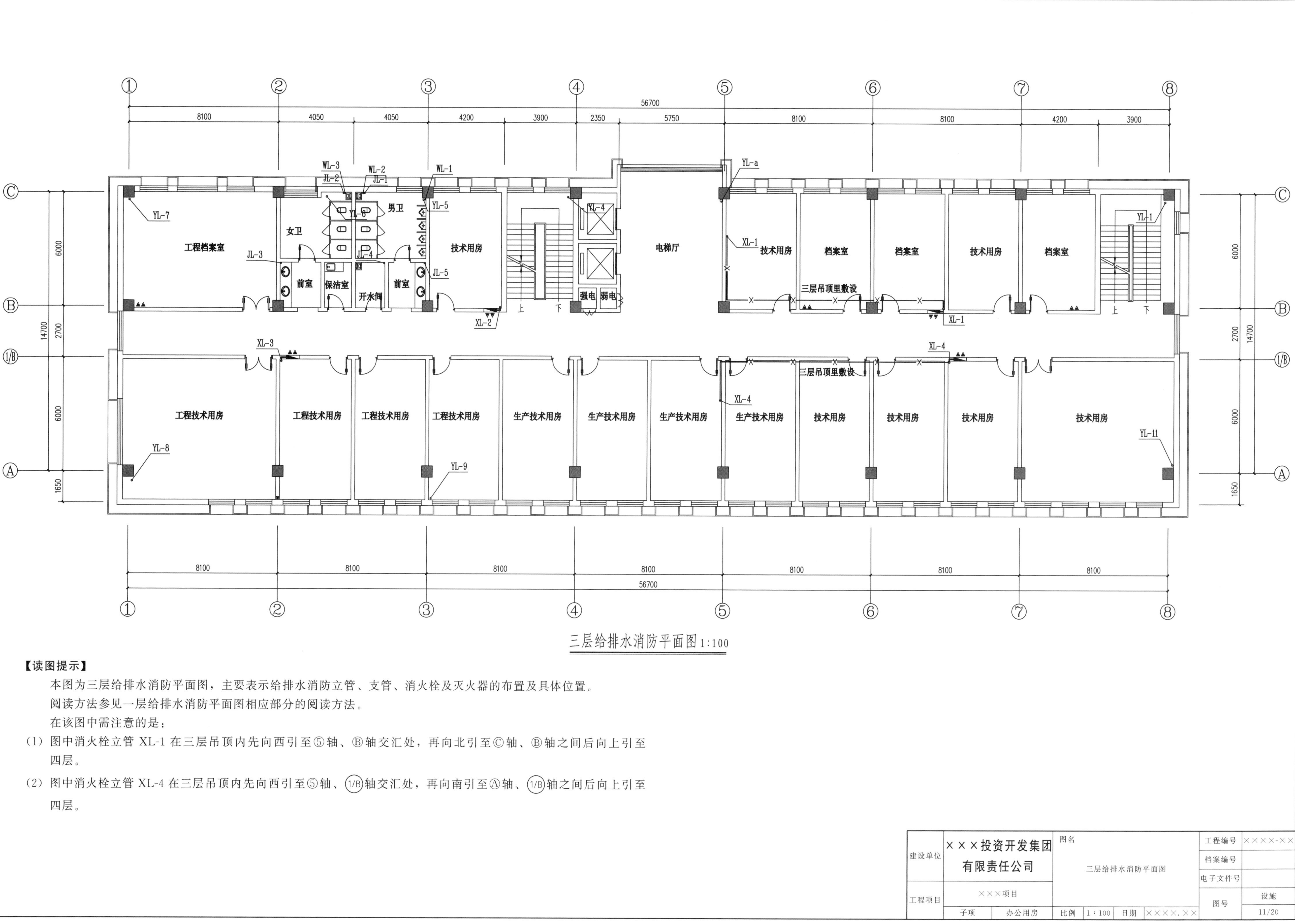

三层给排水消防平面图 1:100

【读图提示】

本图为三层给排水消防平面图，主要表示给排水消防立管、支管、消火栓及灭火器的布置及具体位置。

阅读方法参见一层给排水消防平面图相应部分的阅读方法。

在该图中需注意的是：

（1）图中消火栓立管 XL-1 在三层吊顶内先向西引至⑤轴、Ⓑ轴交汇处，再向北引至Ⓒ轴、Ⓑ轴之间后向上引至四层。

（2）图中消火栓立管 XL-4 在三层吊顶内先向西引至⑤轴、(1/B)轴交汇处，再向南引至Ⓐ轴、(1/B)轴之间后向上引至四层。

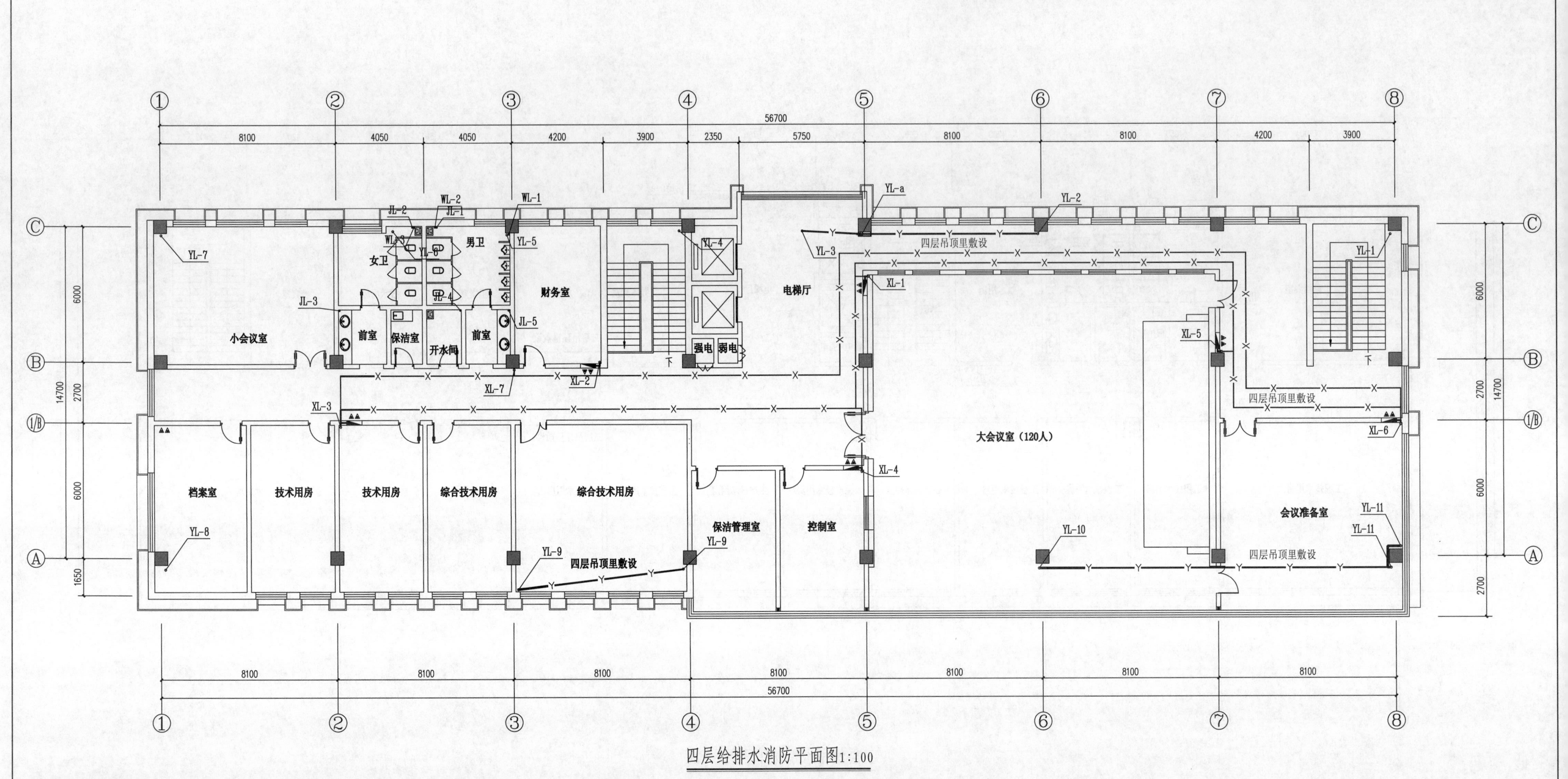

四层给排水消防平面图1:100

【读图提示】

本图为四层给排水消防平面图，主要表示给排水消防立管、支管、消火栓及灭火器的布置及具体位置。

阅读方法参见一层给排水消防平面图相应部分的阅读方法。

在该图中需注意的是：

(1) 图中各消火栓立管通过设于四层吊顶内的消防管道连成环状管网。

(2) 图中雨水立管 YL-2 与 YL-3 通过设于四层吊顶内的雨水管道汇集到⑤轴、Ⓒ轴处的 YL-a 集中排出。

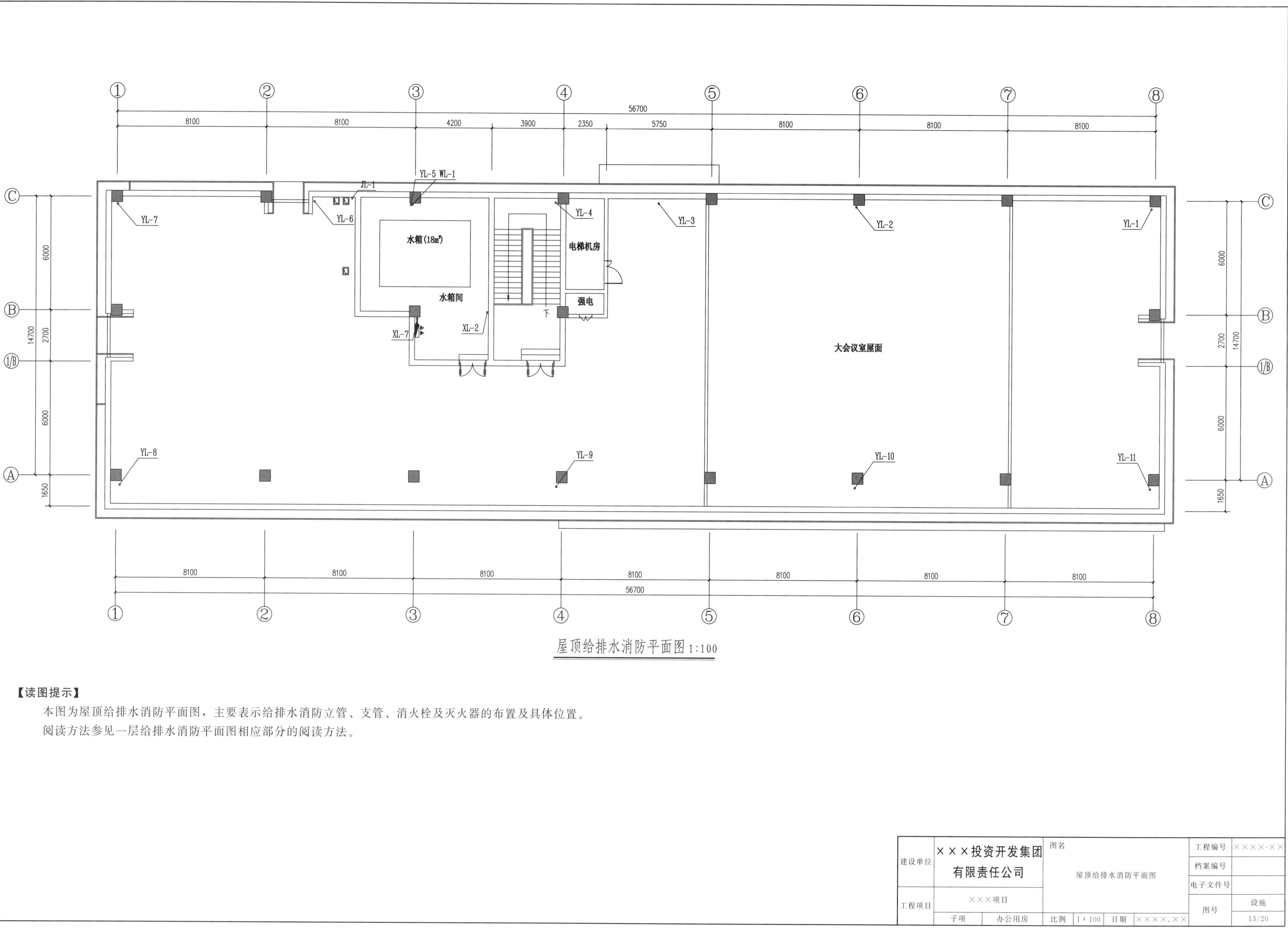

屋顶给排水消防平面图 1:100

【读图提示】

本图为屋顶给排水消防平面图，主要表示给排水消防立管、支管、消火栓及灭火器的布置及具体位置。

阅读方法参见一层给排水消防平面图相应部分的阅读方法。

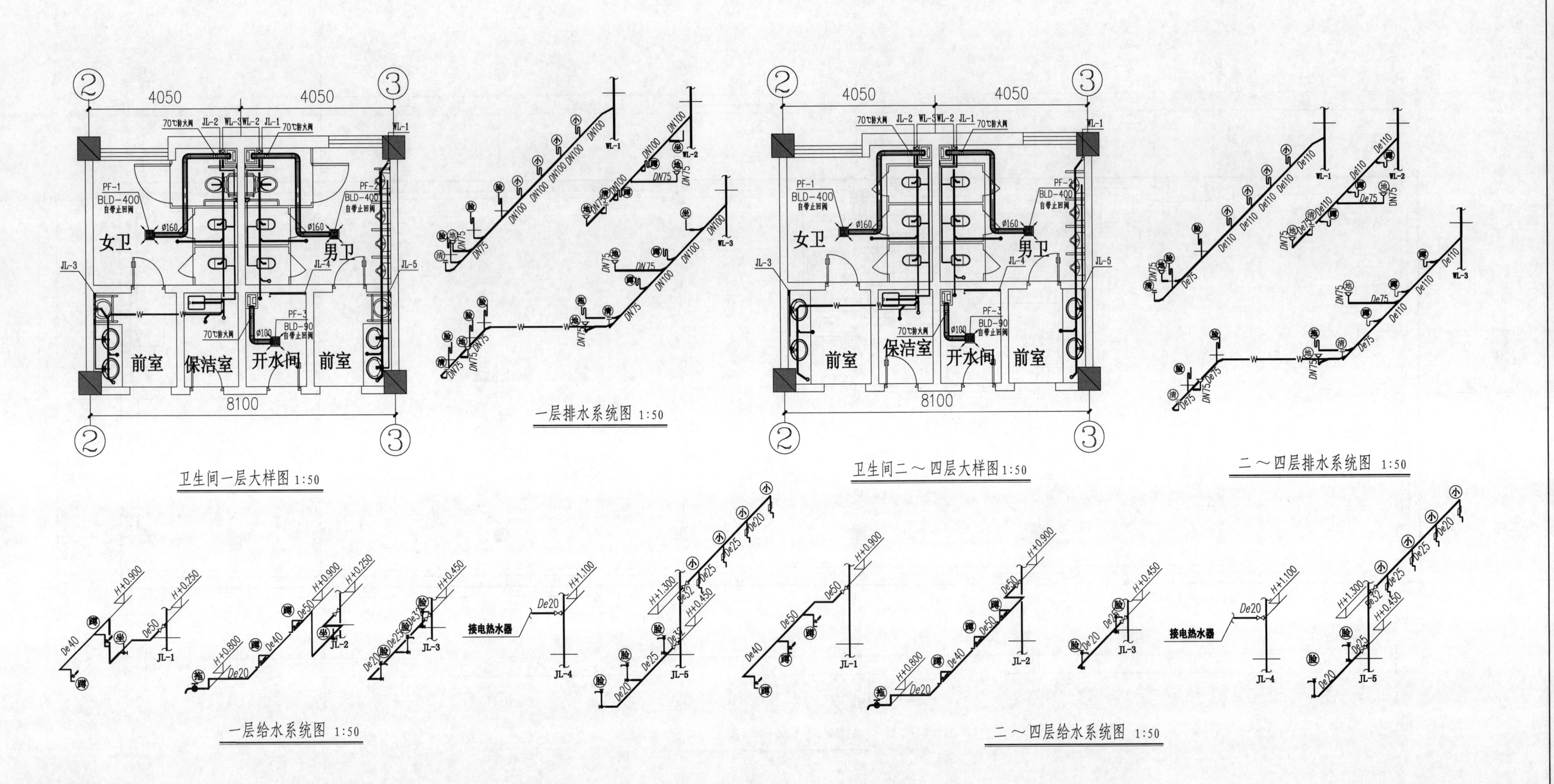

卫生间一层大样图 1:50

一层排水系统图 1:50

卫生间二～四层大样图 1:50

二～四层排水系统图 1:50

一层给水系统图 1:50

二～四层给水系统图 1:50

【读图提示】

本图为卫生间给排水大样及系统图，主要表示卫生间内给排水立管在平面及空间的布置，排气扇的布置及型号。

(1) 由卫生间一层大样图可知：以 JL-1、WL-2 为例，给水立管 JL-1 位于该卫生间左上角，支管依次接一个阀门、一个坐式大便器、两个蹲式大便器，管径依次为 *De*50、*De*40。开水间的排水、两个蹲式大便器、一个坐式大便器的污水依次汇入排水立管 WL-2。其中在蹲式大便器与墙的拐角处设置清扫口，管径依次为 *DN*75、*DN*100、*DN*100、*DN*100。

(2) 卫生间内设有排气扇，自带止回阀，在卫生间排风支管与排风道连接处设 70℃防火阀。

建设单位	×××投资开发集团有限责任公司		图名		工程编号	××××-××
			卫生间一～四层给排水大样图 卫生间给排水系统图		档案编号	
					电子文件号	
工程项目	×××项目				图号	设施
	子项	办公用房	比例 1∶100	日期 ××××.××		14/20

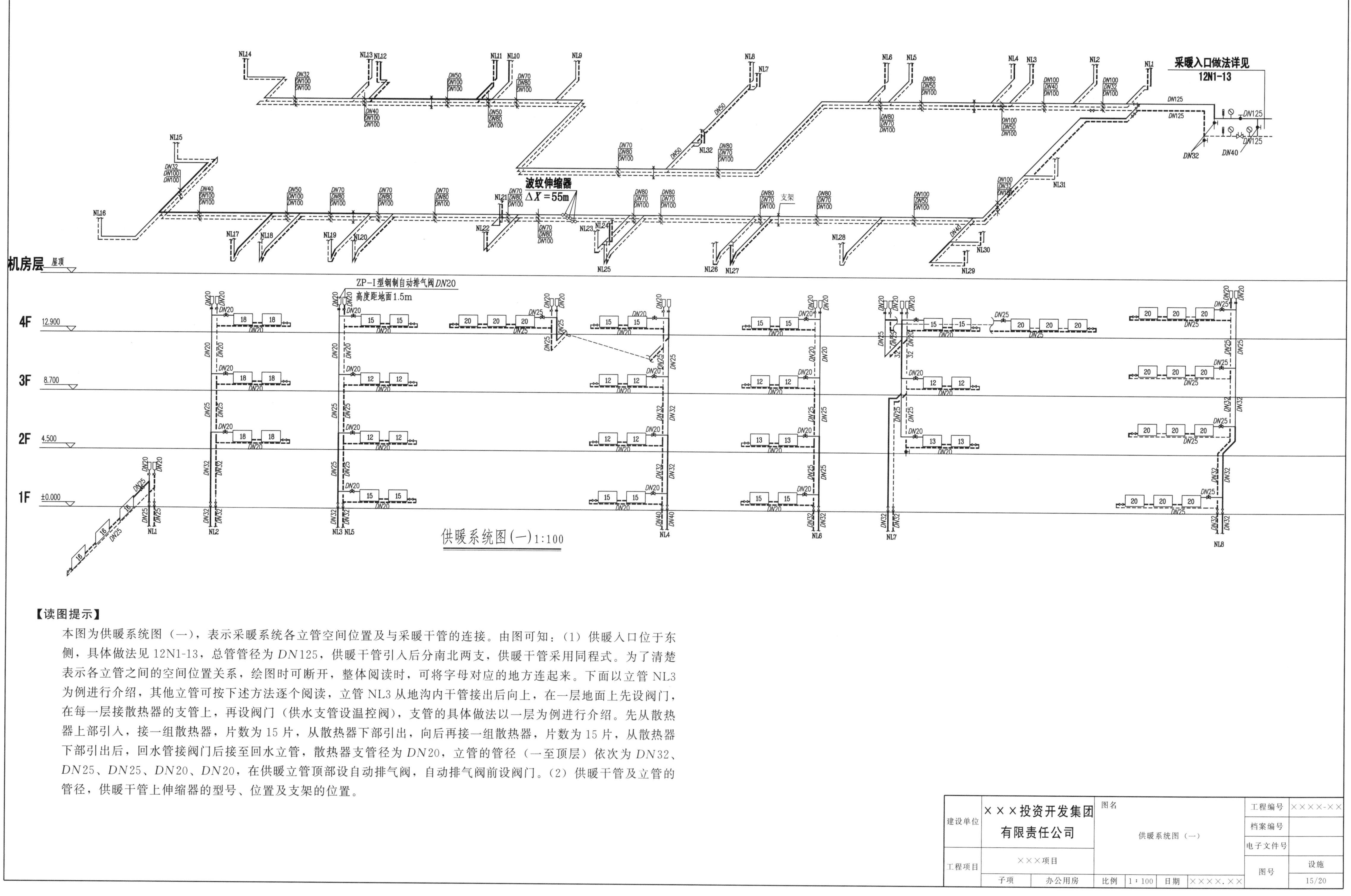

供暖系统图(一)1:100

【读图提示】

本图为供暖系统图（一），表示采暖系统各立管空间位置及与采暖干管的连接。由图可知：(1) 供暖入口位于东侧，具体做法见 12N1-13，总管管径为 *DN*125，供暖干管引入后分南北两支，供暖干管采用同程式。为了清楚表示各立管之间的空间位置关系，绘图时可断开，整体阅读时，可将字母对应的地方连起来。下面以立管 NL3 为例进行介绍，其他立管可按下述方法逐个阅读，立管 NL3 从地沟内干管接出后向上，在一层地面上先设阀门，在每一层接散热器的支管上，再设阀门（供水支管设温控阀），支管的具体做法以一层为例进行介绍。先从散热器上部引入，接一组散热器，片数为 15 片，从散热器下部引出，向后再接一组散热器，片数为 15 片，从散热器下部引出后，回水管接阀门后接至回水立管，散热器支管径为 *DN*20，立管的管径（一至顶层）依次为 *DN*32、*DN*25、*DN*25、*DN*20、*DN*20，在供暖立管顶部设自动排气阀，自动排气阀前设阀门。(2) 供暖干管及立管的管径，供暖干管上伸缩器的型号、位置及支架的位置。

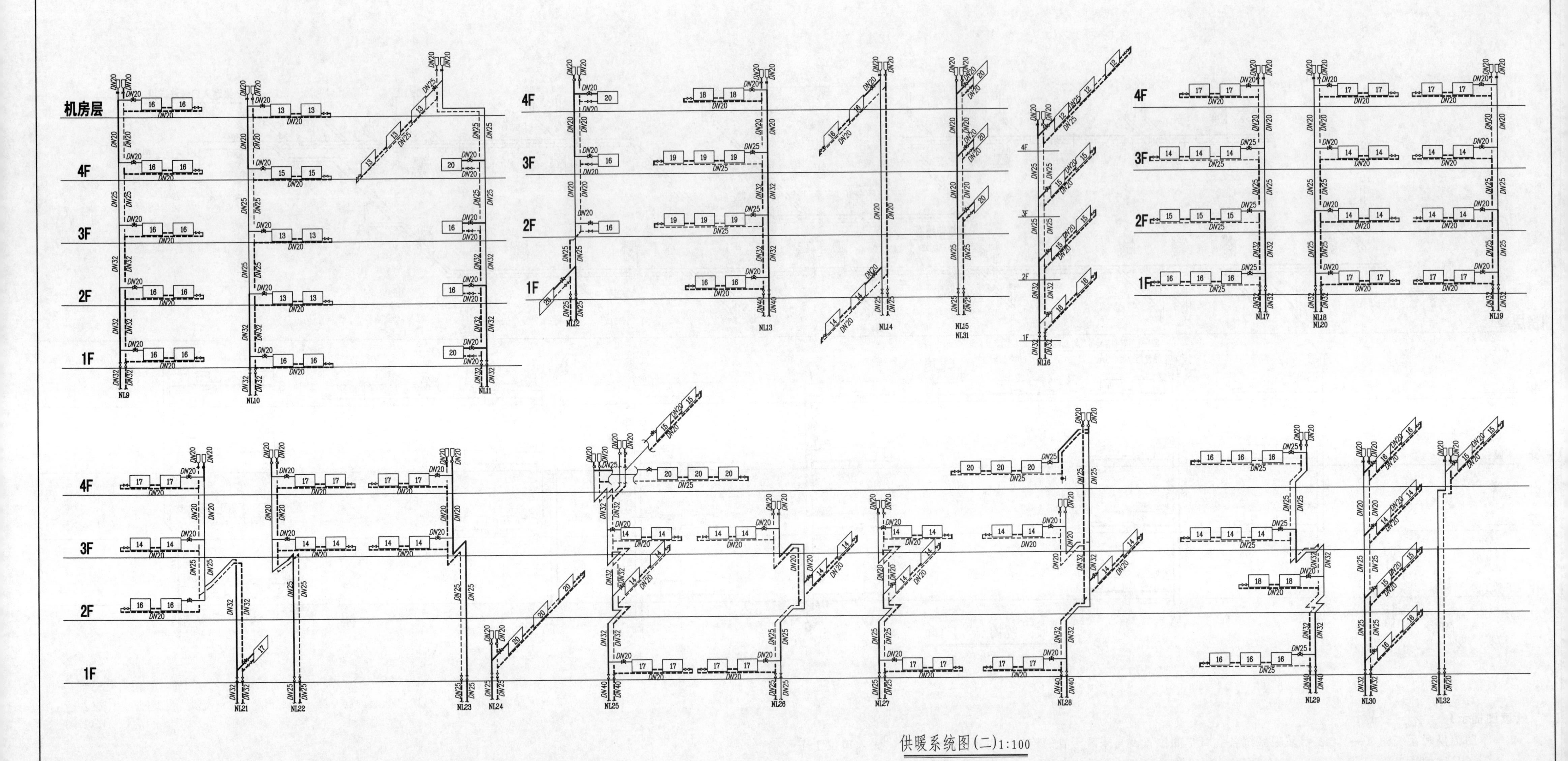

供暖系统图(二)1:100

【读图提示】

本图为供暖系统图（二），表示采暖系统各立管空间位置及与采暖干管的连接。

阅读方法参见供暖系统图（一）相应部分的阅读方法。

建设单位	×××投资开发集团有限责任公司	图名	供暖系统图（二）	工程编号	××××-××
				档案编号	
				电子文件号	
工程项目	×××项目			图号	设施 16/20
子项	办公用房	比例	1:100	日期	××××.××

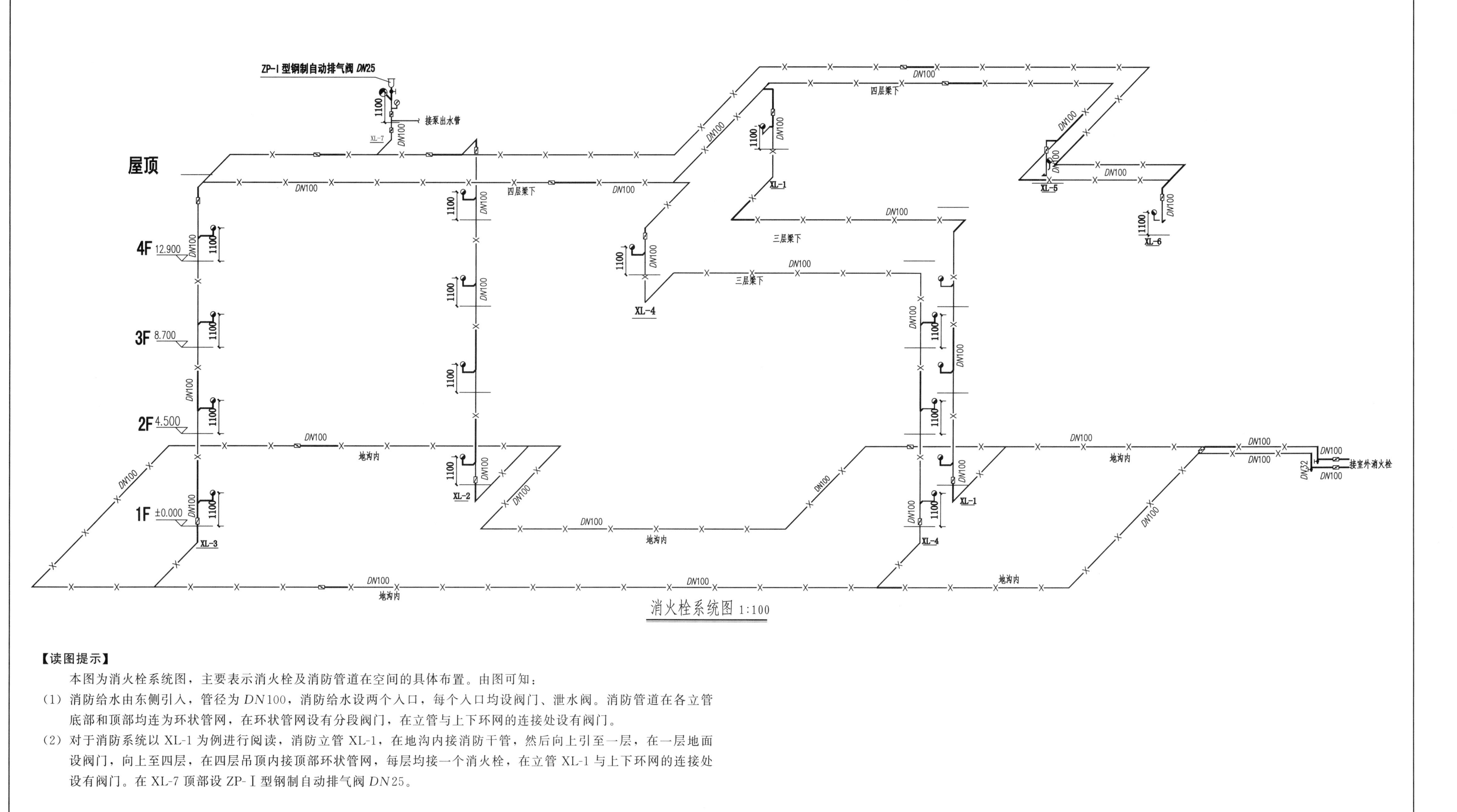

消火栓系统图 1:100

【读图提示】

本图为消火栓系统图，主要表示消火栓及消防管道在空间的具体布置。由图可知：

（1）消防给水由东侧引入，管径为 DN100，消防给水设两个入口，每个入口均设阀门、泄水阀。消防管道在各立管底部和顶部均连为环状管网，在环状管网设有分段阀门，在立管与上下环网的连接处设有阀门。

（2）对于消防系统以 XL-1 为例进行阅读，消防立管 XL-1，在地沟内接消防干管，然后向上引至一层，在一层地面设阀门，向上至四层，在四层吊顶内接顶部环状管网，每层均接一个消火栓，在立管 XL-1 与上下环网的连接处设有阀门。在 XL-7 顶部设 ZP-Ⅰ型钢制自动排气阀 DN25。

建设单位	×××投资开发集团有限责任公司	图名	消火栓系统图			工程编号	××××-××
						档案编号	
						电子文件号	
工程项目	×××项目					图号	设施
子项	办公用房	比例	1∶100	日期	××××.××		17/20

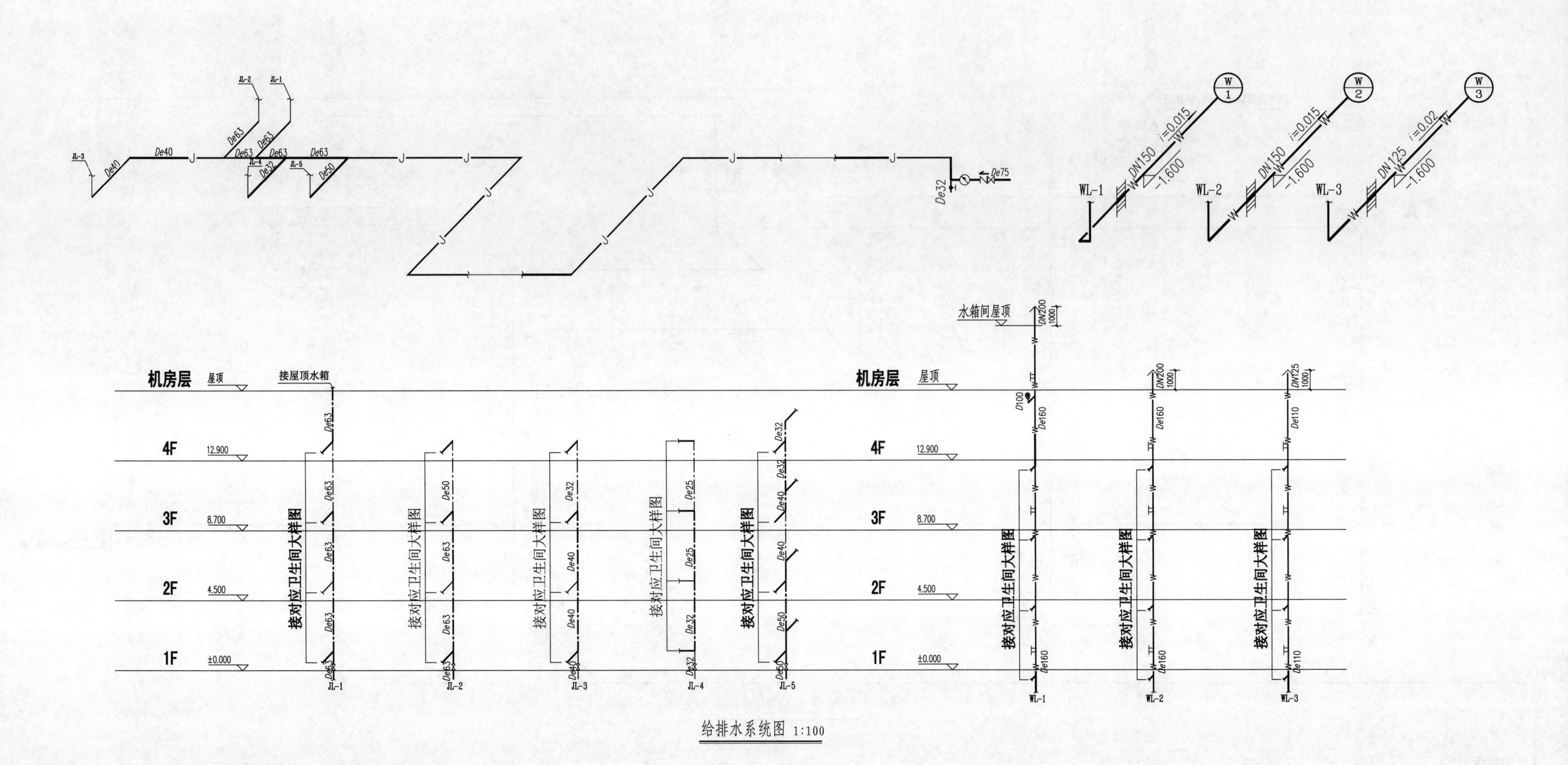

【读图提示】

本图为给排水系统图，主要表示给排水立管在平面及空间的布置。从图中可知：

（1）给水干管从室外引入，在入口处设阀门、压力表，并设泄水阀，入口处管径为 De75，从图中可知，给水干管引入后，依次接 JL-5、JL-4、JL-1、JL-2、JL-3，给水干管引入后，管径依次为 De75、De63、De63、De63、De40。各给水立管在各层通过支管接各用水点。

（2）排水管的管径、坡度、标高、检查口位置、排出方向及各排水立管与各层排水管的连接。

87型雨水斗 DN100 钢板　87型雨水斗 DN100 钢板　87型雨水斗 DN100 钢板　87型雨水斗 DN100 钢板　87型雨水斗 DN100 钢板　87型雨水斗 DN100 钢板　87型雨水斗 DN100 钢板　87型 雨水斗 DN100 钢板　87型雨水斗 DN100 钢板　87型雨水斗 DN100 钢板　87型雨水斗 DN100 钢板

屋顶 屋顶

4F 12.900

3F 8.700

2F 4.500

1F ±0.000

DN100　DN150　DN100　DN100　DN100　DN100　DN100　DN100　DN100　DN100　DN150

YL-3　YL-2　YL-9　YL-10

±0.300　1000

YL-1　YL-a　YL-4　YL-5　YL-6　YL-7　YL-8　YL-9　YL-11

雨水系统图 1:100

【读图提示】

本图为雨水系统图，主要表示雨水立管的个数及管径，屋面雨水斗的型号及材质，雨水的排出方向。

对于雨水系统以 YL-9 为例进行阅读，该雨水管接完雨水斗后在四层顶部向左，再向下，直至室内地面 0.3m 处时从侧墙排出室外，排出管管径为 $DN100$，排出管标高为＋0.300，雨水斗采用 87 型雨水斗，同理，可阅读 YL-1 等。

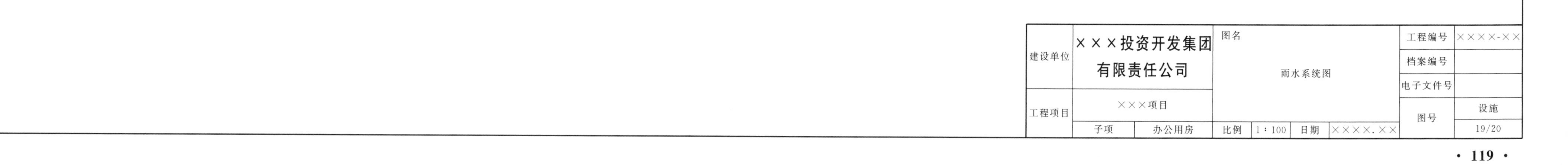

建设单位	×××投资开发集团有限责任公司		图名	雨水系统图			工程编号	××××-××
							档案编号	
							电子文件号	
工程项目	×××项目						图号	设施
	子项	办公用房	比例	1:100	日期	××××.××		19/20

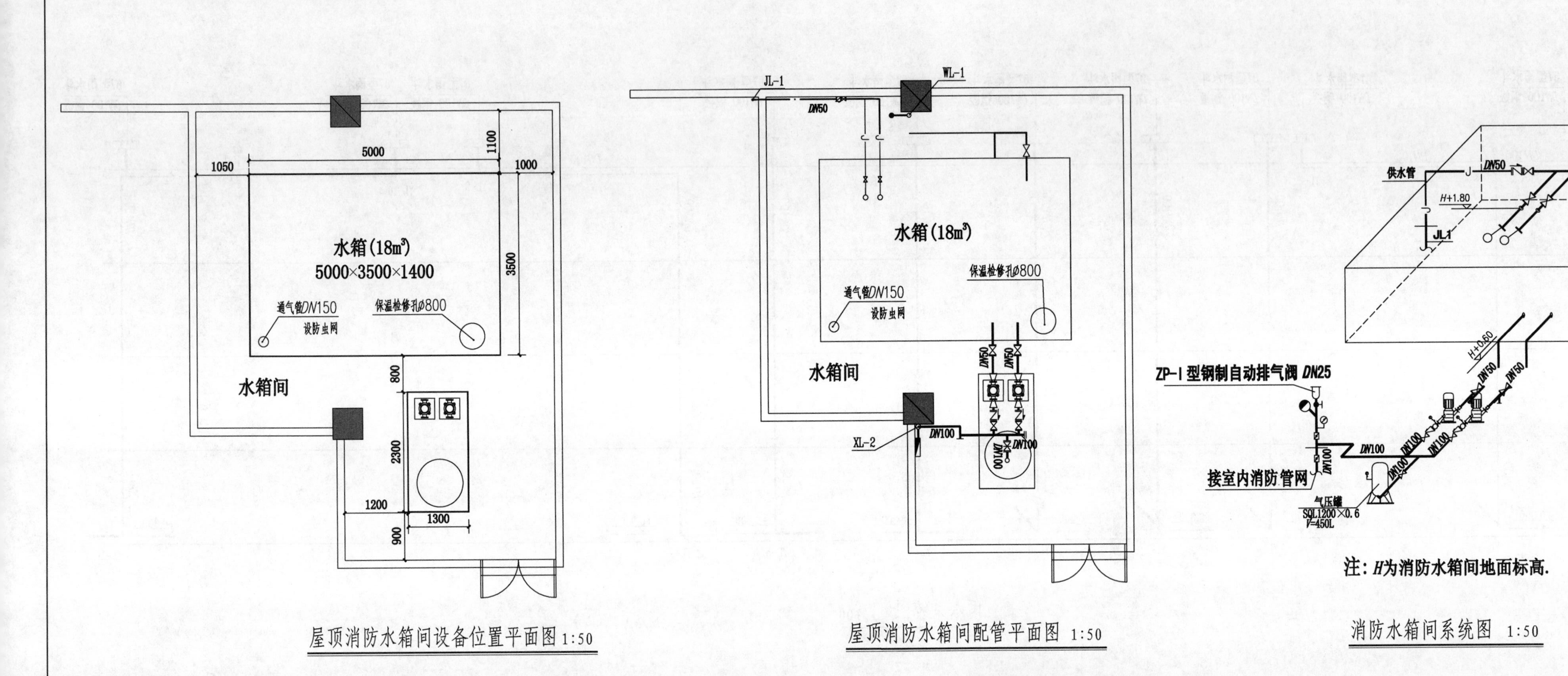

屋顶消防水箱间设备位置平面图 1:50

屋顶消防水箱间配管平面图 1:50

消防水箱间系统图 1:50

主要设备表

编号	名称	规格	数量	备注
1	不锈钢板水箱	有效容积 $V=18m^3$ $L\times B\times H=5.0m\times3.5m\times1.4m$	1只	采用组合式不锈钢板给水箱 做法参见 12S2-114～116
2	消火栓系统稳压设备	增压稳压泵　两台　一用一备 ($Q=5L/s, H=25m, N=3.0kW$)	一套	成套产品
		气压罐 1只　SQL1200×0.6　$V=450L$		

【读图提示】

本图为屋顶消防水箱间设备位置及配管平面图、消防水箱间系统图，主要表示水箱间给排水消防立管的位置，消防水箱与增压稳压设备的定位及管道的连接。由图可知：

（1）由屋顶消防水箱间设备位置平面图可知消防水箱与增压稳压设备的定位尺寸，消防水箱和增压稳压设备与水箱间墙的定位尺寸。

（2）由屋顶消防水箱间配管平面图可知消防水箱和增压稳压设备与各管道的连接。

（3）由消防水箱间系统图可知消防水箱上所连接供水管、溢流管、泄水管、出水管的管径及标高。增压稳压设备与消防水箱间管道的连接，增压稳压设备与室内消防管道的连接。

（4）由设备表可知消防水箱的尺寸和型号；增压稳压设备的型号（泵、气压罐）。

建设单位	×××投资开发集团有限责任公司		图名	屋顶消防水箱间设备位置平面图 屋顶消防水箱间配管平面图 消防水箱间系统图		工程编号	××××-××
						档案编号	
						电子文件号	
工程项目	×××项目					图号	设施
	子项	办公用房	比例	1:50	日期 ××××.××		20/20

电气设计说明（一）

一、设计概况

1. 工程名称：×××投资开发集团有限责任公司×××建设项目办公用房等配套设施。

2. 建设单位：×××投资开发集团有限责任公司。

3. 建设地点：×××市。

4. 工程概括：本工程为多层公共建筑，使用功能为办公用房。

5. 建筑层数：地上4层，建筑总高度为18.60m。

6. 建筑面积：4006.36m²。

7. 耐火等级：本工程为多层民用建筑；建筑的耐火等级为二级。

二、设计依据

1. 甲方设计任务书及设计要求；

2. 中华人民共和国现行有关设计规程、规范及标准，主要包括：

(1)《民用建筑电气设计规范》(JGJ 16—2008)

(2)《供配电系统设计规范》(GB 50052—2009)

(3)《低压配电设计规范》(GB 50054—2011)

(4)《建筑防雷设计规范》(GB 50057—2010)

(5)《建筑照明设计标准》(GB 50034—2013)

(6)《建筑设计防火规范》(GB 50016—2014)

(7)《综合布线系统工程设计规范》(GB 50311—2016)

(8)《智能建筑设计标准》(GB 50314—2015)

(9)《有线广播电视管网工程设计、施工及验收规范》(DBJ 03-42-2011)

(10)《视频安防监控系统工程设计规范》(GB 50395—2007)

(11)《安全防范工程技术规范》(GB 50348—2004)

(12)《20kV及以下变电所设计规范》(GB 50053—2013)

(13)《办公建筑设计规范》(JGJ 67—2006)

(14)《建筑机电工程抗震设计规范》(GB 50981—2014)

(15) 土建、水、暖等专业提供的方案设计要求

三、设计范围

1. 本工程设计包括的内容：

(1) 380/220低压配电系统　(2) 照明及动力系统

(3) 闭路电视监控系统　(4) 有线电视系统

(5) 综合布线系统　(6) 防雷接地系统

(7) 火灾自动报警系统

2. 与其他专业设计的分工：

综合布线、闭路电视监控系统、有线电视系统、宿舍呼叫系统应由建设单位选定集成（供应）商后，由具有相应资质的专业公司完成各弱电系统的深化设计，并征得建设及设计单位认可后方可施工。

四、供电电源与系统

1. 负荷等级：本工程为二级负荷。楼内消防设备、应急疏散照明为二级负荷并采用双路供电，末端设互投电源装置；其余负荷均为三级负荷。

2. 供电系统：采用铠装直埋电缆，埋深室外地面－1.0m，入户处穿SC钢管，出建筑散水1m（钢管要做防腐处理），施工做法详见15D8-114做法。

本工程采用两路电源以电缆直埋方式引入，供电电压为380/220V供电。两路电源应引自校区室外箱变两个不同的变压器。室外低压配电动力照明分别供电，二级负荷末端互投。配电室进线处加装计量装置。

3. 各配电柜基础采用10#槽钢螺栓固定。柜子采用下进上出式配电柜。互投箱接线图、水泵控制柜见厂家资料。

4. 柜子出线：(WDZA-) YJY线沿桥架引至各层配电箱。未注明配电箱采用JD2000C系列暗装箱。室外风机设检修开关，落地安装，外加防雨罩，各类水泵、风机及空调设备的安装位置及出线口以设备详图为准。

5. 控制电缆与电源电缆共用一个桥架时，应用隔板隔开。

6. 所有消防设备的过载保护只报警，热继及断路器不动作，火灾时由消防控制联动控制或手动优先控制。

五、照明系统

1. 主要场所照明照度值及照明功率密度值见下表：

场所	照度标准	标准功率密度	备注	场所	照度标准	标准功率密度	备注
管理用房	300lx	9W/m²	灯具效率>75%	配电室	200lx	7.0W/m²	灯具效率>75%
走廊	100lx	4.0W/m²	灯具效率>75%	弱电机房	200lx	7.0W/m²	灯具效率>75%
技术用房	300lx	9W/m²	灯具效率>75%	消防值班室	300lx	9W/m²	灯具效率>75%

2. 光源要求

(1) 所有场所为节能高效荧光灯或其他节能光源。光源显色指数 $Ra \geq 80$，色温应在3300～5300K之间。

(2) 荧光灯为三基色节能型（T8、T5）灯管，光通量为3350（2400）Lm以上，电子式镇流器（电感式节能镇流器加电容补偿使 $\cos\phi \geq 0.90$）。

(3) 应急照明必须选用能瞬时点亮的光源。安全出口标志灯、疏散指示灯采用LED灯。建筑内设置的消防疏散指示标志和应急照明灯具，还应符合现行国家标准《消防安全标志》(GB 13495.1—2015) 和《消防应急照明和疏散指示系统》(GB 17945—2010) 的有关规定。

3. 照明配电系统

(1) 正常照明采用单电源放射式与树干式结合方式。

(2) 照明配电箱、应急照明配电箱按防火分区及功能要求设置。

(3) 所有插座回路（2.2m以上空调插座除外）均设漏电断路器保护。漏电断路器动作电流不大于30mA，动作时间不大于0.1s。

(4) 安全出口标志灯、疏散指示灯、走道应急照明采用双电源末端互投供电，双电源转换时间≤5s。

(5) 在门厅、配电房、水箱间、疏散楼梯间及其前室、主要通道、主要出入口等场所设置应急照明及消防疏散指示照明。

4. 灯具要求及安装方式

(1) 荧光灯灯具的效率，开敞式不低于75%，格栅式不低于60%，带透明保护罩的不低于70%，带磨砂、棱镜保护罩的不低于55%。

(2) 有吊顶的场所，选用嵌入式格栅荧光灯（反射器为雾面合金铝贴膜）。

(3) 灯具的可接近裸露导体必须接地（PF）可靠，并应有专用接地螺栓，且有标识。

(4) 普通场所选用国产高效灯具（Ⅰ型），开关、插座、照明灯具靠近可燃物时，应采取隔热、散热等防火保护措施，所以灯具需将补偿电容放入灯具内，或配L级电子镇流器，其功率因数不小于0.90。

(5) 有吊顶的场所，嵌入式安装荧光灯、筒灯。无吊顶场所选用控照式（或盒式）荧光灯，链吊（管吊）式安装，距地3.0m。灯具形式由甲方确定。

(6) 出口标志灯在门上方安装时，底边距门框0.2m；若门上无法安装时，在门旁墙上安装，顶距吊顶50mm；疏散指示灯暗装，底边距地0.5m。应急照明灯、出口标志灯、疏散诱导灯等应设玻璃或其他不燃材料制作的保护罩。消防应急灯具应符合《消防应急照明和疏散指示系统》(GB 17945—2010) 及《消防安全标志》(GB 13495.1—2015) 的相关要求。

六、设备选择及安装

1. 0.4kV低压柜选用GCK型组合抽出式；进出线方式为上进上出，柜上部设电缆桥架。母线分段处设置防火隔板。

2. 各层照明配电箱，除竖井、防火分区隔墙上明装外，其他均为暗装（剪力墙上除外）；安装高度为底边距地1.5m。应急照明箱、消防设备配电箱箱体应有明显标志，并做防火处理。

3. 动力箱、控制箱除竖井、机房、防火分区隔墙上明装外，其他均为暗装，箱体安装高度为底边距地1.5m；各类电气设备应可靠地固定在基础或者支座上。消防用电设备配电箱柜应有明显标志，并涂5.5mm薄涂型防火涂料进行防火处理。

4. 设备安装满足的抗震措施

(1) 配电箱（柜）、通信设备的安装应符合以下规定：

① 配电箱（柜）、通信设备的安装螺栓或焊接强度应满足抗震要求。

② 靠墙安装的配电柜、通信设备机柜底部安装应牢固，当底部安装螺栓或焊接强度不够时，应将顶部与墙壁进行连接。

③ 当配电箱（柜）、通信设备等非靠墙落地安装时，根部应采用金属膨胀栓或焊接的固定方式，当8度或9度时可将几个柜在重心位置以上连成整体。

④ 壁式安装的配电箱与墙壁之间应采用金属膨胀螺栓连接。

⑤ 配电箱（柜）、通信设备机柜内的元器件应考虑与支承结构间的相互作用，元器件之间采用软连接，连接处应做防震处理。

⑥ 配电箱（柜）面上的仪表应与柜体组装牢固。

(2) 设在水平操作面上的消防、安防设备应采取防止滑动措施。

(3) 安装在吊顶上的灯具，应考虑地震时吊顶与楼板的相对位移。

5. 电缆梯架、托盘和槽盒：

(1) 电缆梯架采用防火保护型封闭电缆槽盒，耐火极限不小于1h。

(2) 电缆梯架、托盘或槽盒直线长度大于30m时，设置伸缩节。跨越建筑物变形缝时，设置补偿装置。

(3) 电缆梯架、托盘或槽盒水平安装时，支架间距不大于1.5m；垂直安装时，支架间距不大于2m。

(4) 平面中电缆梯架、托盘和槽盒所注安装高度为最低高度，安装时需根据现场情况，若上部无设备应尽量往上抬，但要满足安装电缆所需空间，在吊顶内安装时，底距吊顶应大于50mm。

(5) 桥架施工时应注意与其他专业的配合。

6. 本工程所有控制箱由生产厂家根据设计要求及平面位置，参照国标完成原理图、设备材料表等，方可订货、加工。

7. 竖井内设备布置以竖井放大图为准。

七、电缆、导线的选型及敷设

1. 室内敷设塑料绝缘电线不应低于0.45/0.75kV，电缆不应低于0.6/1kV。

2. 低压出线非消防设备的电缆选用WDZ-YJY-1kV低烟无卤A类阻燃电力电缆，工作温度：90℃。

3. 低压出线的消防双电源出线，采用BTTZ重型铜芯铜护套氧化镁绝缘防火电缆，温升：105℃。

4. 照明、插座分别由不同的支路供电，照明、插座均为单相三线，除应急照明配电箱出线应采用WDZN-BYJ-750V-3×2.5mm²-JDG 20低烟无卤耐火型导线外，其他均为BV-750V-3×2.5m² PVC20导线。应急照明、疏散照明指示灯支线应穿热镀锌钢管暗敷在楼板或墙内，且保护层厚度不应小于30mm，由顶板接线盒至吊顶灯具一段线路，长度不超过1.5m，穿可挠金属管，普通照明支线穿硬质塑料电线管暗敷在楼板或吊顶内。

5. 明敷在电缆梯架、托盘或槽盘上，普通电缆与消防设备电缆应分设电缆梯架、托盘或槽盒路由或采取隔离措施，若不敷设在电缆梯架、托盘或槽盒应增设隔板将电缆分开。

<table>
<tr><td>建设单位</td><td colspan="3">×××投资开发集团有限责任公司</td><td>图名</td><td colspan="3">电气设计说明（一）</td><td>工程编号</td><td>××××-××</td></tr>
<tr><td rowspan="2">工程项目</td><td colspan="3" rowspan="2">×××项目</td><td colspan="4" rowspan="2"></td><td>档案编号</td><td></td></tr>
<tr><td>电子文件号</td><td></td></tr>
<tr><td></td><td>子项</td><td colspan="2">办公用房</td><td>比例</td><td>1：100</td><td>日期</td><td>××××.××</td><td>图号</td><td>电施 01</td></tr>
</table>

电气设计说明（二）

6. 消防用电设备供电管线，当暗敷设时，应敷设在不燃烧体结构内，且保护层厚度不宜小于30mm，当明敷时，应采用金属管或电缆槽盒上涂防火薄涂型防火涂料保护。当采用绝缘护套为不延燃材料电缆时，可不穿金属管，但应敷设在电缆井内。

7. 在楼板、混凝土结构内暗敷的SC管均为热镀锌钢管。在吊顶内敷设的直径为40mm以下的镀锌钢管可为冷镀锌套接紧定式壁厚1.6～1.75mm的JDG钢导管电线管。强弱电户内敷设金属保护管壁厚度不小于1.5mm，塑料管壁厚度不小于2.00mm。

8. PE线必须用绿/黄导线或标识。

9. 平面图中所有回路均按回路单独穿管，不同支路不应共管敷设。各回路N、PE线均从箱内引出。

10. 所有穿过建筑物伸缩缝、沉降缝、后浇带的管线应按《12系列建筑标准设计图集》中有关做法施工。

11. 电气线路不应穿越或敷设在燃烧性能为B1或B2级的保温材料中；确需穿越或敷设时，应采取穿金属管并在金属管周围采用不燃隔热材料进行防火隔离等防火保护措施。设置开关、插座等电器配件的部位周围应采取不燃隔热材料进行防火隔离等防火保护措施。

八、建筑物防雷、接地及安全

1. 建筑物防雷

（1）本工程防雷等级为三类。建筑的防雷装置满足防直击雷、防雷电波的侵入的要求。

（2）接闪器：在屋顶采用 ϕ16 热镀锌圆钢作避雷带，屋顶避雷连接线网格不大于20m×20m或24m×16m。

（3）引下线：利用建筑物钢筋混凝土柱子或剪力墙内两根 ϕ16 以上主筋通长焊接、绑扎作为引下线，间距不大于25m，引下线上端与避雷带焊接，下端与建筑物基础底梁及基础底板轴线上的上下两层钢筋内的两根主筋焊接。外墙引下线在室外地面下1m处引出40mm×4mm热镀锌扁钢，以备补打接地极。

（4）电气、电信竖井内的接地干线应与每层或每三层的楼板钢筋做等电位连接。

（5）接地极：接地极为建筑物桩基基础底板轴线上的上下两层主筋中的两根通长焊接、绑扎形成的基础接地网并连接室外人工接地装置（护坡桩）组成。室外接地极距建筑物大于3m，距室外地面2.5m。用40×4热镀锌扁钢连接成水平接地装置，垂直接地极为50mm×4mm镀锌钢管，长2.5m，每5m设一根。

（6）建筑物的外墙引下线在距室外地面上0.8m处设测试卡子，见平面图引下线标注点。

（7）凡突出屋面的所有金属构件，如金属通风管、屋顶风机、金属屋面、金属屋架等均应与避雷带可靠焊接。

（8）室外接地凡焊接处均应刷沥青防腐。

（9）防雷电波侵入措施：①对电缆进出线，应在进出端将电缆的金属外皮、金属导管等与电气设备接地相连。架空线转换为电缆时，电缆长度不宜小于15m，并应在转换处装设避雷器。避雷器、电缆金属外皮和绝缘子铁脚、金具应连在一起接地，其冲击接地电阻不宜大于30Ω。②对低压架空进出线，应在进出处装设避雷器，并应与绝缘子铁脚、金具连在一起接到电气设备的接地网上。当多回路进出线时，可仅在母线或总配电箱处装设避雷器或其他形式的浪涌保护器，但绝缘子铁脚、金具仍应接到接地网上。③进出建筑物的架空金属管道，在进出处应就近接到防雷或电气设备的接地网上或独自接地，其冲击接地电阻不宜大于30Ω。

2. 接地及安全

（1）本工程配电系统接地形式为TN-C-S系统，本工程防雷接地、电气设备的保护接地、消防控制室、计算机房等的接地共用统一接地极，要求接地电阻不大于1Ω，实测不满足要求时，增设人工接地极。

（2）电缆桥架及其支架全长应不少于两处与接地干线连接。弱电竖井内的接地线其下端应与接地网可靠连接。所有强、弱电竖井内均垂直敷设1条，水平敷设一圈40mm×4mm热镀锌扁钢。

（3）强、弱电竖井内的接地干线及垂直敷设的金属管道及金属物与每层楼板钢筋做等电位联结，另外垂直敷设的金属管道及金属物的底端及顶端应与防雷装置连接。

（4）在配电室做总等电位端子箱。有弱电机房、消防控制室、浴室、带淋浴的卫生间做局部等电位联结。

（5）凡正常不带电，而当绝缘破坏有可能呈现电压的一切电气设备金属外壳均应可靠接地。

（6）本工程采用总等电位联结，总等电位板由紫铜板制成，应将建筑物内保护干线、设备进线总管、建筑物金属构件进行连接，总等电位联结线采用BV-1×25mm PC32，总等电位联结均采用各种型号的等电位卡子，不允许在金属管道上焊接。有洗浴设备的卫生间、淋浴间采用局部等电位联结，从适当的地方引出两根大于25mm×4mm扁钢至局部等电位箱LEB，局部等电位箱暗装，底距地0.3m。将卫生间内所有金属管道、构件联结。具体做法参考建筑标准设计12D10-130、131、141、142。

（7）防雷电电涌侵入保护的措施：在进线柜上装一级电涌保护器（SPD），二级配电箱内装二级电涌保护器，末端配电箱及弱电机房配电箱内装三级电涌保护器。屋顶室外风机、室外照明配电箱内装二级电涌保护器。

（8）计算机电源系统、有线电视系统引入端、卫星接收天线引入端、电信引入端设过电压保护装置。

（9）本工程接地形式采用TN-C-S系统，其专用接地线（即PE线）的截面规定为：

相线的截面积 S/mm²	PE线的最小截面积/mm²
$S\leqslant16$	S
$16<S\leqslant35$	16
$35<S$	$S/2$

九、有线电视系统

1. 电视信号由室外有线电视信号引来，采用862MHz邻频传输系统。

2. 室外干线引入端设置过电压保护装置。前端设备设在地下一层弱电机房内。

3. 系统输出口频道间载波电平差：任意频道间≤10dB，相邻频道间≤3dB，频道频率稳定度±25kHz，图像/伴音频率间隔稳定度±5kHz，系统输出口的模拟电视信号输出电平要求69+6dBμV，图像清晰度应在四级以上。

4. 干线电缆选用SYWV-75-9-P4（单向系统两屏蔽、双向系统四屏蔽电缆）。支线电缆选用SYWV-75-5-P4（两屏蔽、四屏蔽电缆）。

5. 用户出线口暗装，底边距地0.3m安装。竖井内电视分配器分支器箱底边距地1.5m明装。

6. 系统所有器件、设备均由承包商负责成套供货、安装、调试。

7. 系统的深化设计由承包商负责，设计院负责审核及与其他系统接口的协调事宜。

十、视频监控系统

1. 本工程统一设置闭路电视监控系统。

2. 本工程各出入口及电梯均设闭路监视摄像机，走道内保安监视摄像机吸顶安装，电梯轿箱内保安监视摄像机吊顶内暗藏。

3. 所有摄像机的电源，均由主机供给。主机自带UPS电源，工作时间≥60min。

4. 系统控制方式为编码控制。

5. 摄像机采用CCD电荷耦合式摄像机，带自动增益控制、逆光补偿、电子高亮度控制摄像机带、声音监测、容貌识别功能。

6. 中心主机系统采用全矩阵系统，所有视频信号可手动/自动切换。

7. 所有摄像点能同时录像，录像选用2台数字硬盘录像机，内置高速硬盘，容量不低于动态录像一个月的空间，并可随时提供调阅及快速检索，图像应包含摄像机机位、日期、时间等。图像分辨储存率不低于320像素，配光盘刻录机。

8. 在重要场所设紧急报警装置，该装置设在工作人员宜接触的地方，报警信号送至闭路监视机房。

9. 要求每路存储的图像分辨率必须不低于352×288，每路存储的时间必须不少于7×24h。

10. 要求监控（分）中心的显示设备的分辨率必须不低于系统对采集规定的分辨率。

11. 监视图像信息和声音信息应具有原始完整性。

12. 视频安防监控系统中使用的设备必须符合国家法律法规和现行强制性标准的要求，并经法定机构检验或认证合格。

13. 系统记录的图像信息应包含图像编号/地址、记录时的时间和日期。

14. 矩阵切换和数字视频网络虚拟交换/切换模式的系统应具有系统信息存储功能，在供电中断或关机后，对所有编程信息和时间信息均应保持。

15. 监控中心应设置为禁区，应有保证自身安全的防护措施和进行内外联络的通信手段，并应设置紧急报警装置和留有向上一级中心报警的通信接口。

16. 系统的深化设计由承包商负责，设计院负责审核及与其他系统的接口的协调事宜。

十一、综合布线系统

1. 综合布线系统是将语音信号、数字信号的配线，经过统一的规范设计，综合在一套标准的配线系统上，此系统为开放式网络平台，方便用户在需要时，形成各自独立的子系统。本设计仅考虑布线不涉及网络设备。

2. 本工程计算机和电话采用非屏蔽综合布线系统，水平选用六类电缆，穿PVC暗敷。计算机垂直干线选择4芯室内多模光纤，配线架在竖井内落地明装。竖井内竖向线槽应与水平线槽连接。

3. 出线插座采用RJ45模块型，暗装，底边距地0.3m。

4. 由弱电井内配线架配五类电缆至数据信息终端、语音终端。

5. 由市政引来电话电缆，进入一层楼梯间模块设备，模块设备由电信部门设计，本设计仅负责总配线架以下的配线系统。光纤到户通信设施工程必须满足多家电信业务经营者平等接入、用户可自由选择电信业务经营者的要求。

6. 本系统所有器件均由承包厂商成套供货，并负责安装、调试。

7. 系统的深化设计由承包商负责，设计院负责审核及与其他系统的接口的协调事宜。

十二、其他

1. 配电室内所有金属构件均应做好防锈处理。竖井内安装完毕后进行防火封堵。

2. 入户电缆应做好防火措施，母排接触面加工后必须保持平整，并涂以电力复合脂。

3. 接地体的连接采用焊接，接至电气设备上的接地线应采用螺栓连接。

4. 管线过长之处，在适当位置加过线盒。各系统入设备前加防雷浪涌抑制器，由 ϕ16 镀锌钢丝引至最近建筑柱子主筋接地，强弱电水平桥架之间保持最小350mm间距，图中未注明部分请按照12D系列建筑标准设计图集及现行施工验收有关规定施工。

5. 配电室、电梯机房等设备用房内增加接地端子盒，并与柱内主筋、基础钢筋牢固焊接。

6. 电缆桥架穿越防火分区时做防火分隔。

7. 本设计给出的配电箱尺寸为参考，中标单位应提供深化设计并提供安装尺寸。

建设单位	×××投资开发集团有限责任公司		图名	电气设计说明（二）			工程编号	××××-××
							档案编号	
							电子文件号	
工程项目	×××项目						图号	电施
	子项	办公用房	比例	1∶100	日期	××××.××		02

电气设计说明（三）

节能设计专篇

一、电气照明的节能

1. 选择光源时，满足显色性、启动时间等要求，并根据光源、灯具及镇流器等的效率或效能、寿命等再进行综合技术经济分析比较后确定。

2. 本工程内部灯具均采用高效节能灯具，光源采用节能灯和T5、T8三基色光源，并自带补偿，确保功率因数大于0.9。镇流器应符合该产品国家标准及常用设备节能措施。

3. 建筑内部指示灯均采用LED型光源灯具。

4. 走廊、楼梯间采用声光控自熄开关，采取分区、感应控制，灯具均采用高效节能型灯具。

5. 镇流器的选择应符合下列规定：

（1）荧光灯配用节能型电子镇流器；（2）镇流器的谐波、电磁兼容应符合现行国家标准《电磁兼容 限值 谐波电流发射限值（设备每相输入电流≤16A）》（GB 17625.1—2012）和《电气照明和类似设备的无线电骚扰特性的限值和测量方法》（GB 17743—2007）的有关规定。

6. 本工程选择的照明灯具、镇流器应通过国家强制性产品认证。在满足眩光限制和配光要求条件下，应选用灯具效率或效能高的灯具，并应符合下表的要求。

直管形荧光灯灯具的效率

灯具出光口形式	开敞式	保护罩（玻璃或塑料）		格栅
		透明	棱镜	
荧光灯灯具	75%	70%	55%	65%

二、供配电系统的节能

1. 三相单相负荷尽可能均衡地分配在三相上，使三相负荷保持基本平衡，最大相负荷不超过三相负荷平均值的115%，最小相负荷不小于三相负荷平均值的85%。

2. 在室外箱变处做集中补偿，确保功率因数大于0.95。变压器采用节能型变压器，变配电室位置选择合理，合理选择导线截面，降低线路损耗。

三、建筑设备的能效标准以及电气节能

1. 本工程室外箱变选用的变压器为SCB11型及以上的非晶合金、节能、环保、低损耗的产品，其空载损耗和负载损耗符合《三相配电变压器能效限定值及能效等级》（GB 20052—2013）中规定的节能评价值的要求。

2. 建筑内的电梯等设备应采取节能节电措施。满足相关现行标准的节能评价要求。

补充图例符号及文字说明

序号	图例	名称	规格	安装方式高度	备注
01	AL	照明配电箱	见系统图	墙上暗装，距地1.5m	竖井内明装
02	AP	动力配电箱	见系统图	墙上暗装，距地1.5m	竖井内明装
03	ALE	应急照明配电箱	见系统图	墙上暗装，距地1.5m	竖井内明装
04	AT	双电源自动切换箱	见系统图	墙上暗装，距地1.5m	竖井内明装
05		单、二、三、四联开关	250V 10A	墙上暗装，距地1.4m	
06		带有指示灯开关	250V 10A	墙上暗装，距地1.4m	
07	t	声光控开关	250V 10A	墙上暗装，距地1.4m	
08		单管荧光灯	1×36W	吸顶安装	节能型
09		双管荧光灯	2×36W	吸顶安装	节能型
10		吸顶灯	32W	吸顶安装	节能型
11		吸顶应急照明灯	32W	吸顶安装	节能型
12		IP54防水防尘灯	32W	吸顶安装	节能型
13		墙上座灯	18W	壁装，距地2.5m	节能型
14		单向疏散指示灯	8W	壁装，距地0.3m	LED光源
15		双向疏散指示灯	8W	壁装，距地0.3m	LED光源
16	E	安全出口标志灯	8W	门框上方安装，距门框0.3m	LED光源
17		五孔插座	250V 10A	壁装，距地0.3m	安全型
18		IP54五孔密闭插座(防溅型)	250V 10A	壁装，距地1.5m	安全型
19	H	IP54小便器感应电源(防溅型)	250V 10A	壁装，距地1.0m	安全型
20	G	IP54洗手池感应电源(防溅型)	250V 10A	壁装，距地0.8m	安全型
21	Y	银幕插座	250V 10A	壁装，距地3.0m	
22	T	投影机插座	250V 10A	吸顶安装	
23	MEB	总等电位联结端子箱	300mm×200mm×200mm	墙上暗装，距地0.3m	
24	LEB	局部等电位联结端子箱	200mm×100mm×200mm	墙上暗装，距地0.3m	
25		轴流风扇	20W	具体位置见设施	
26		综合布线配线架		竖井内明装	
27	VH	电视前端箱	300mm×400mm×200mm	竖井内明装，距地0.5m	
28	VP	电视设备箱	300mm×400mm×200mm	竖井内明装，距地0.5m	
29	TO	双口信息插座		墙上暗装，距地0.3m	
30	TV	电视插座		墙上暗装，距地0.3m	
31		彩色电视摄像机		墙上明装，距地2.5m或吸顶安装	
32		紧急求救按钮		墙上暗装，距地1.5m	
33		电铃		墙上暗装，距地2.8m	

图纸目录

序号	图号	图纸名称	规格
01	电施-01	电气设计说明(一)	A2+1/4#
02	电施-02	电气设计说明(二)	A2+1/4#
03	电施-03	电气设计说明(三) 补充图例符号及文字说明 图纸目录	A2+1/4#
04	电施-04	弱电系统图 低压配电竖向图	A2+1/4#
05	电施-05	配电箱系统图(一)	A2+1/4#
06	电施-06	配电箱系统图(二)	A2+1/4#
07	电施-07	一层动力干线平面图	A2+1/4#
08	电施-08	二层动力干线平面图	A2+1/4#
09	电施-09	三层动力干线平面图	A2+1/4#
10	电施-10	四层动力干线平面图	A2+1/4#
11	电施-11	机房层动力干线平面图	A2+1/4#
12	电施-12	一层照明平面图	A2+1/4#
13	电施-13	二层照明平面图	A2+1/4#
14	电施-14	三层照明平面图	A2+1/4#
15	电施-15	四层照明平面图	A2+1/4#
16	电施-16	机房层照明平面图	A2+1/4#
17	电施-17	一层弱电平面图	A2+1/4#
18	电施-18	二层弱电平面图	A2+1/4#
19	电施-19	三层弱电平面图	A2+1/4#
20	电施-20	四层弱电平面图	A2+1/4#
21	电施-21	火灾自动报警及联动控制系统设计说明	A2+1/4#
22	电施-22	火灾自动报警及联动控制系统图 消防设备图例	A2+1/4#
23	电施-23	一层火灾自动报警平面图	A2+1/4#
24	电施-24	二层火灾自动报警平面图	A2+1/4#
25	电施-25	三层火灾自动报警平面图	A2+1/4#
26	电施-26	四层火灾自动报警平面图	A2+1/4#
27	电施-27	机房层火灾自动报警平面图	A2+1/4#
28	电施-28	屋顶防雷平面图	A2+1/4#
29	电施-29	一层接地平面图	A2+1/4#
30			

建设单位	×××投资开发集团有限责任公司		图名	电气设计说明（三） 补充图例符号及文字说明 图纸目录		工程编号	××××-××
						档案编号	
工程项目	×××项目					电子文件号	
	子项	办公用房	比例	1:100	日期 ××××.××	图号	电施 03

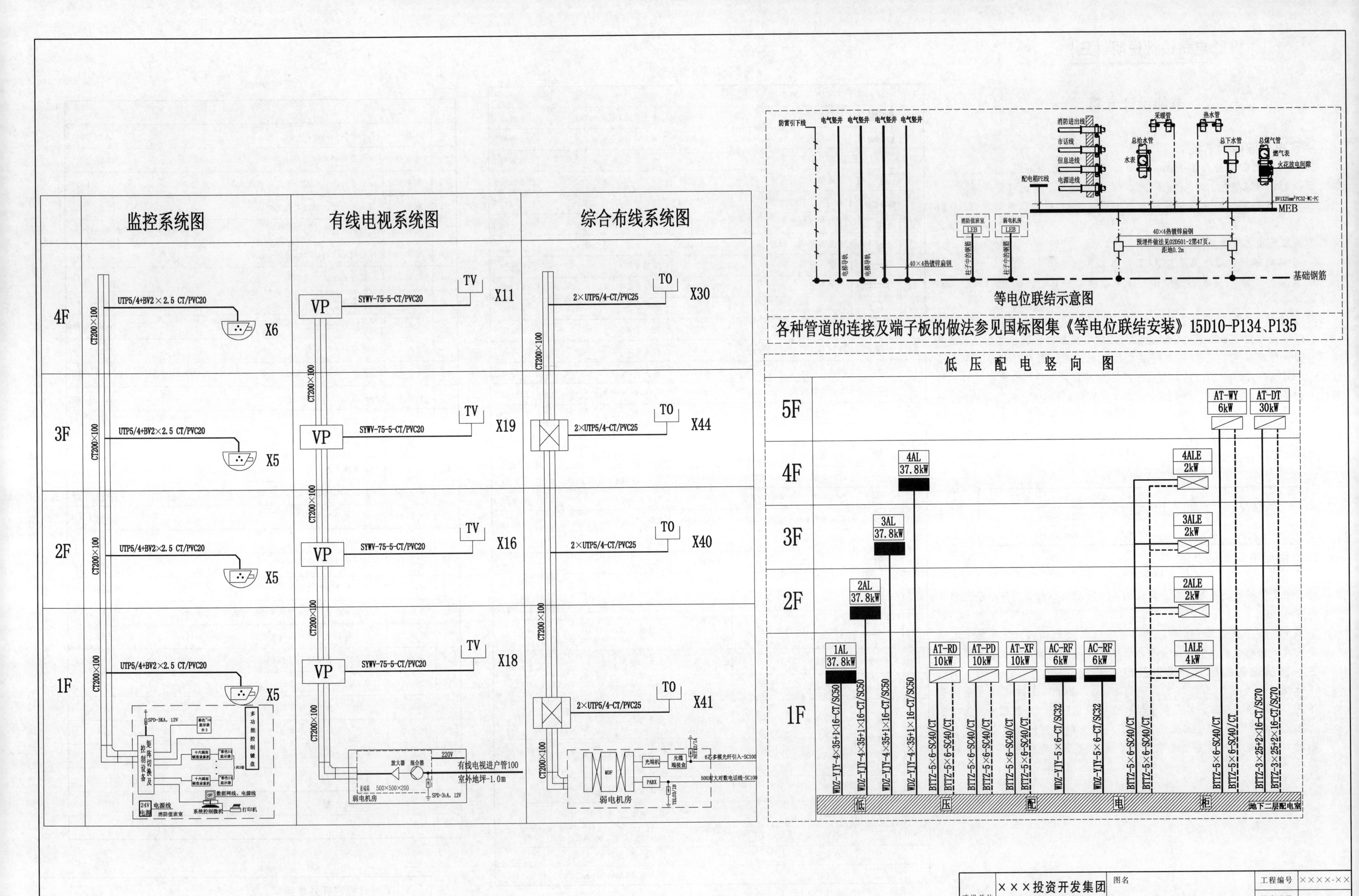

监控系统图
有线电视系统图
综合布线系统图
4F
3F
2F
1F
CT200×100
UTP5/4+BV2×2.5 CT/PVC20
X6
X5
X5
X5
SYWV-75-5-CT/PVC20
VP
TV
X11
X19
X16
X18
有线电视进户管100
室外地坪-1.0m
弱电机房
2×UTP5/4-CT/PVC25
TO
X30
X44
X40
X41
等电位联结示意图
各种管道的连接及端子板的做法参见国标图集《等电位联结安装》15D10-P134、P135
MEB
基础钢筋
低 压 配 电 竖 向 图
5F
1AL 37.8kW
2AL 37.8kW
3AL 37.8kW
4AL 37.8kW
AT-RD 10kW
AT-PD 10kW
AT-XF 10kW
AC-RF 6kW
AC-RF 6kW
1ALE 4kW
2ALE 2kW
3ALE 2kW
4ALE 2kW
AT-WY 6kW
AT-DT 30kW
WDZ-YJY-4×35+1×16-CT/SC50
BTTZ-5×6-SC40/CT
WDZ-YJY-5×6-CT/SC32
BTTZ-3×25+2×16-CT/SC70
低 压 配 电 柜
地下二层配电室
建设单位
×××投资开发集团有限责任公司
工程项目
×××项目
子项
办公用房
图名
弱电系统图 低压配电竖向图
比例 1:100
日期 ××××.××
工程编号 ××××-××
档案编号
电子文件号
图号 电施 04

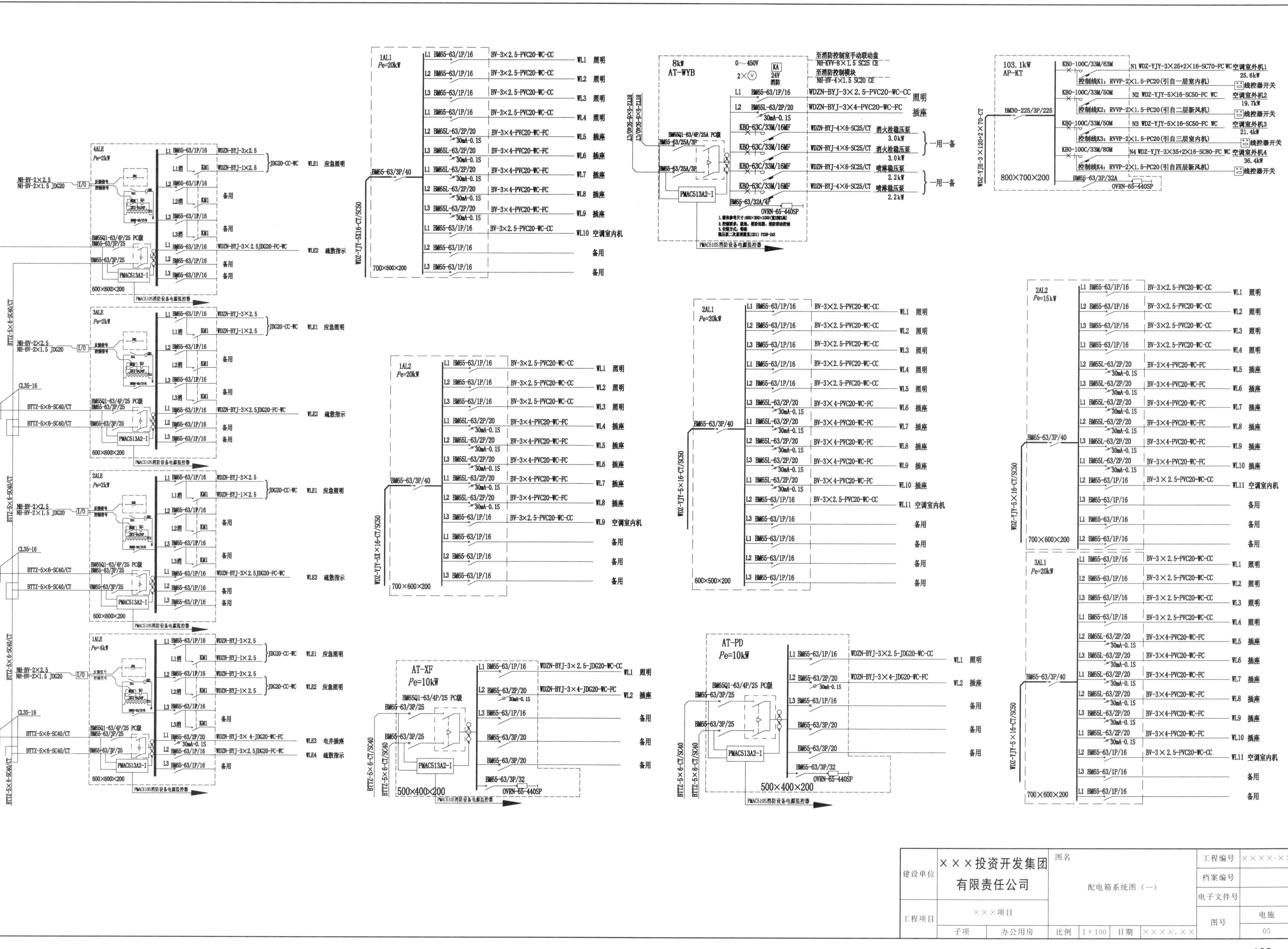
1AL1
Pe=20kW
2AL1
Pe=20kW
1AL2
Pe=20kW
2AL2
Pe=15kW
3AL1
Pe=20kW
8kW
AT-WYB
103.1kW
AP-KT
AT-XF
Pe=10kW
AT-PD
Pe=10kW
4ALE
3ALE
2ALE
1ALE
×××投资开发集团
有限责任公司
建设单位
图名
配电箱系统图（一）
工程编号
××××-××
档案编号
电子文件号
工程项目
×××项目
图号
电施
05
子项
办公用房
比例
1：100
日期
××××.××

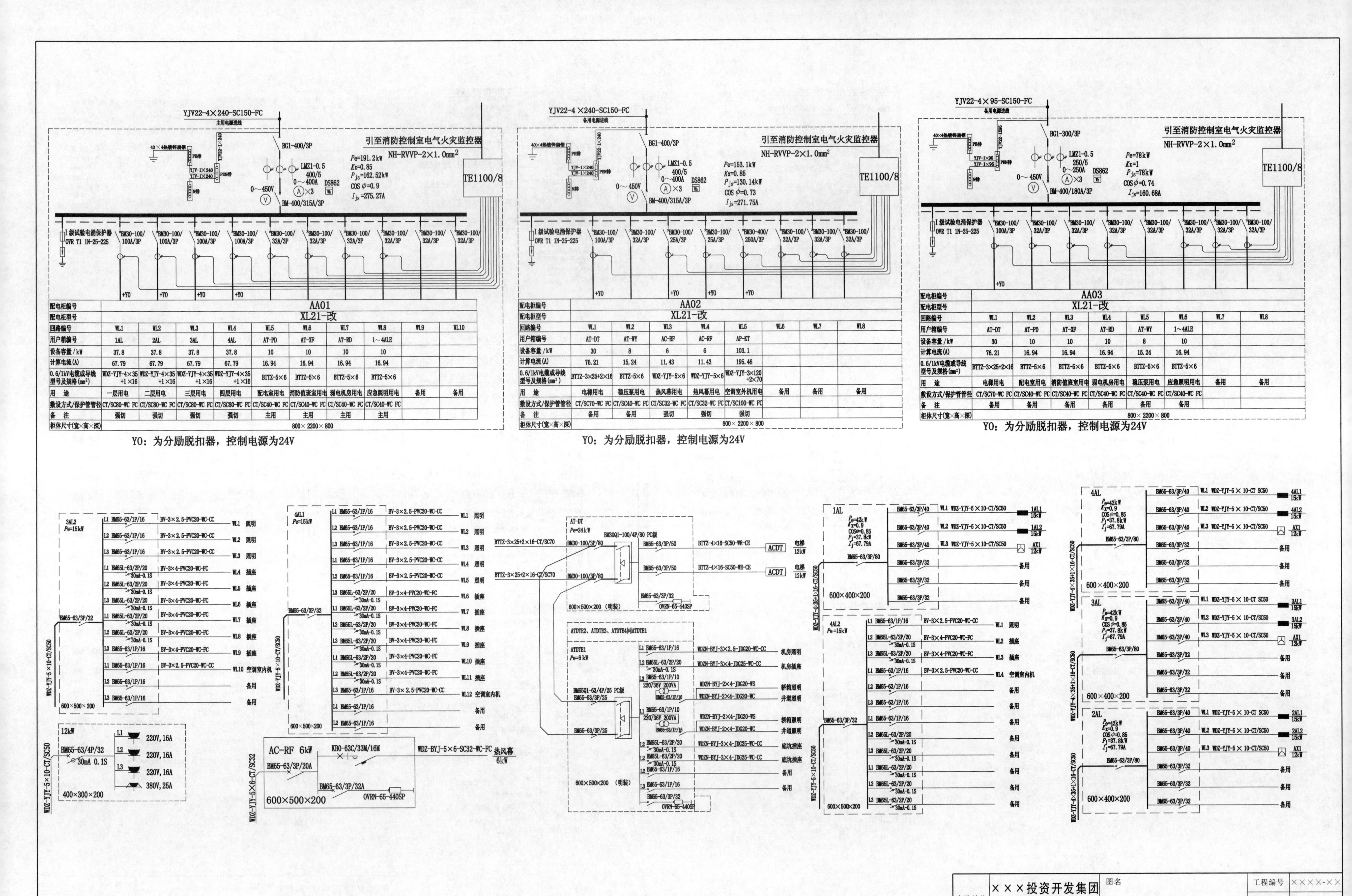
YJV22-4×240-SC150-FC
主用电源进线
引至消防控制室电气火灾监控器
NH-RVVP-2×1.0mm²
TE1100/8
BG1-400/3P
LMZ1-0.5
400/5
0～400A
0～450V
DS862
BM-400/315A/3P
P_e=191.2kW
K_x=0.85
P_{js}=162.52kW
COS ϕ=0.9
I_{js}=275.27A
I级试验电涌保护器
OVR T1 1N-25-225
AA01
XL21-改
YO：为分励脱扣器，控制电源为24V
YJV22-4×240-SC150-FC
备用电源进线
P_e=153.1kW
K_x=0.85
P_{js}=130.14kW
COS ϕ=0.73
I_{js}=271.75A
AA02
XL21-改
YO：为分励脱扣器，控制电源为24V
YJV22-4×95-SC150-FC
BG1-300/3P
BM-400/180A/3P
P_e=78kW
K_x=1
P_{js}=78kW
COS ϕ=0.74
I_{js}=160.68A
AA03
XL21-改
YO：为分励脱扣器，控制电源为24V
3AL2
4AL1
AT-DT
ATDTE1
AC-RF 6kW
600×500×200
1AL
4AL2
4AL
3AL
2AL
600×400×200
400×300×200
建设单位
×××投资开发集团
有限责任公司
图名
配电箱系统图（二）
工程编号
××××-××
档案编号
电子文件号
工程项目
×××项目
图号
电施
06
子项
办公用房
比例
1:100
日期
××××.××

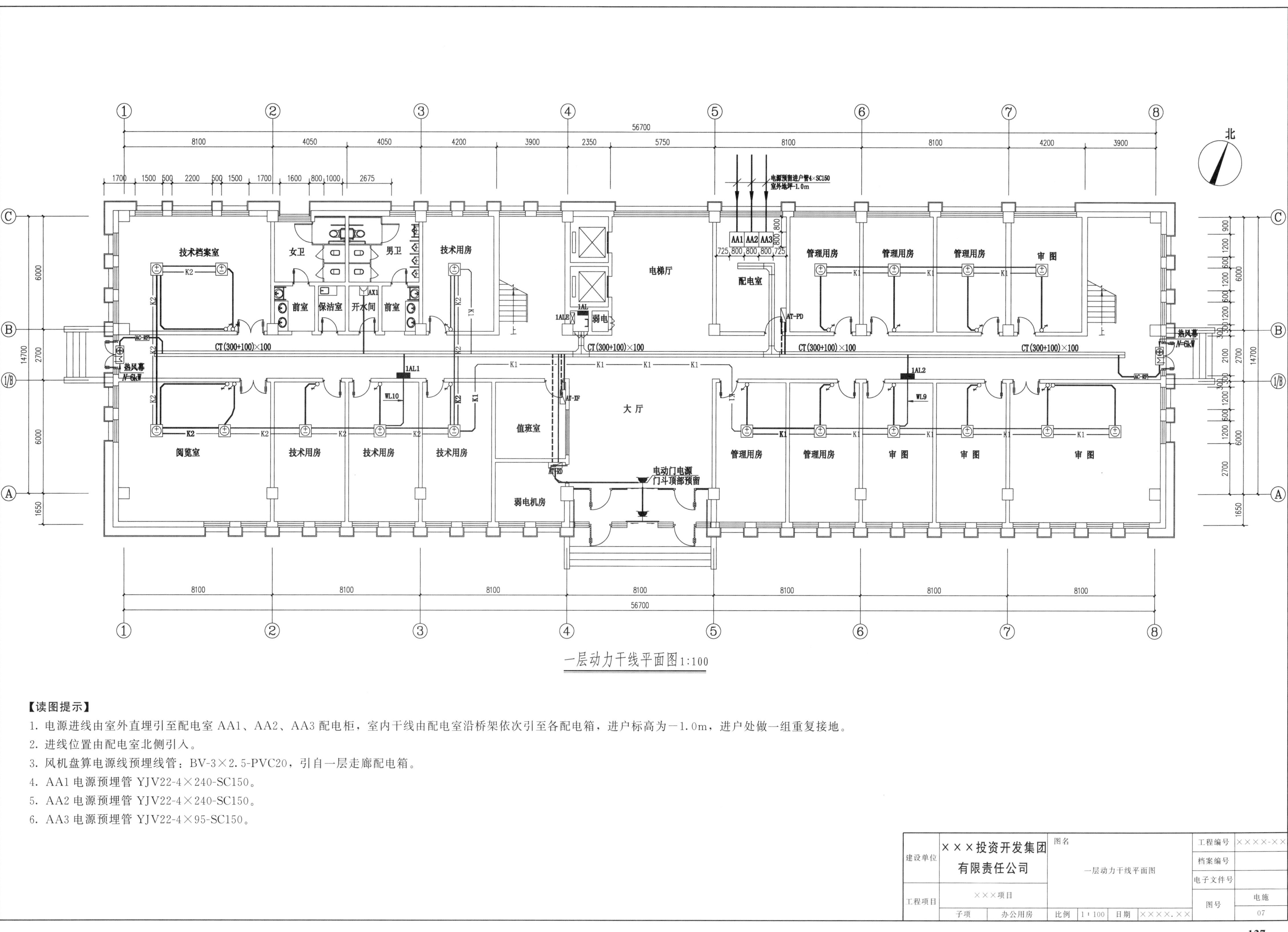

一层动力干线平面图1:100

【读图提示】

1. 电源进线由室外直埋引至配电室 AA1、AA2、AA3 配电柜，室内干线由配电室沿桥架依次引至各配电箱，进户标高为－1.0m，进户处做一组重复接地。
2. 进线位置由配电室北侧引入。
3. 风机盘算电源线预埋线管：BV-3×2.5-PVC20，引自一层走廊配电箱。
4. AA1 电源预埋管 YJV22-4×240-SC150。
5. AA2 电源预埋管 YJV22-4×240-SC150。
6. AA3 电源预埋管 YJV22-4×95-SC150。

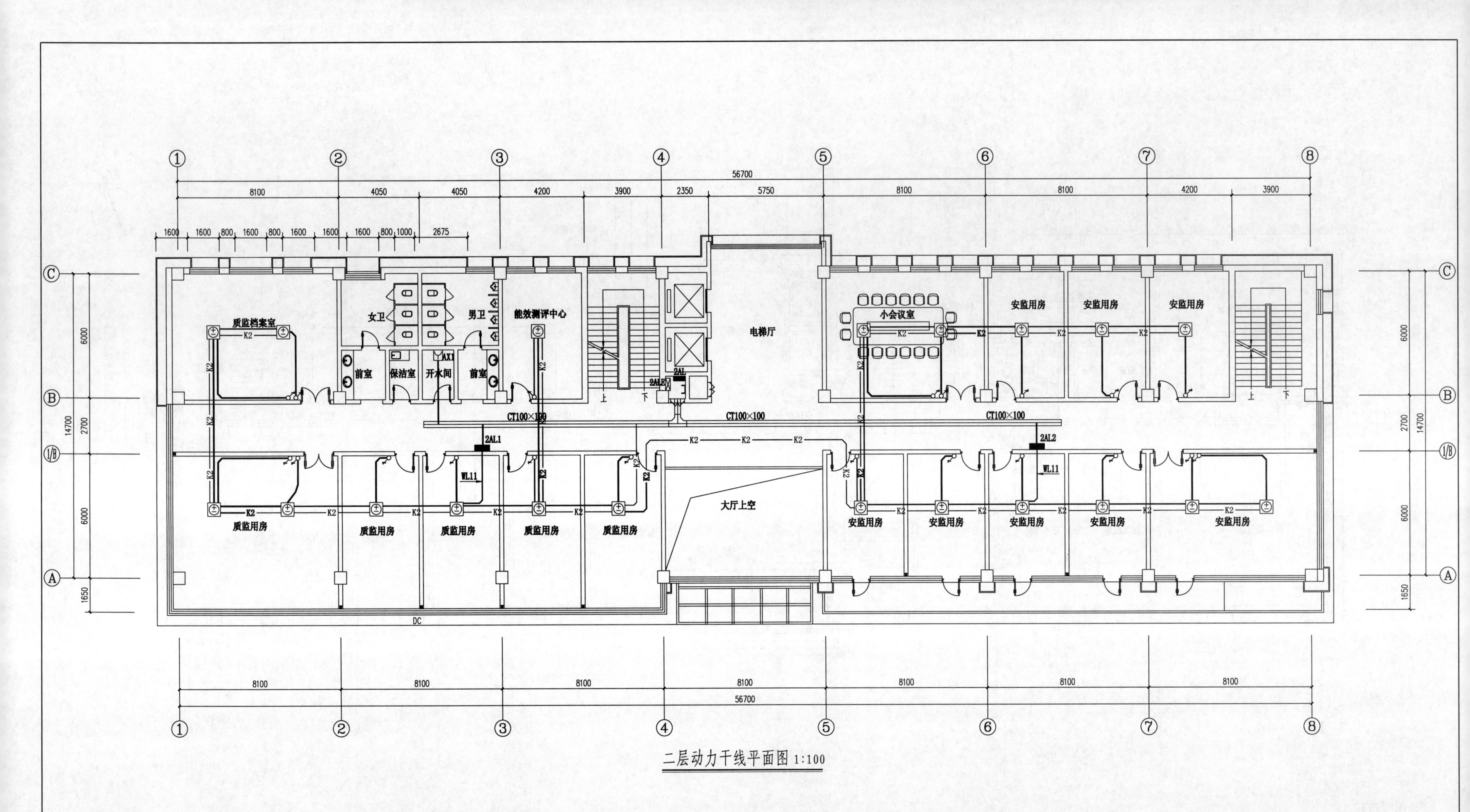

二层动力干线平面图 1:100

【读图提示】

1. 2AL 电源线 WDZ-YJY-4×35+5×16-CT 引至一层配电室配电柜 AA01。
2. 2AL1 电源线预埋线管 WDZ-YJY-5×16-CT/SC50 引至二层 2AL。
3. 2AL2 电源线预埋线管 WDZ-YJY-5×16-CT/SC50 引至二层 2AL。
4. 风机盘管电源线预埋线管：BV-3×2.5-PVC20，引自二层走廊配电箱。

建设单位	×××投资开发集团有限责任公司	图名	工程编号	××××-××
		二层动力干线平面图	档案编号	
			电子文件号	
工程项目	×××项目		图号	电施 08
子项	办公用房	比例 1:100	日期	××××.××

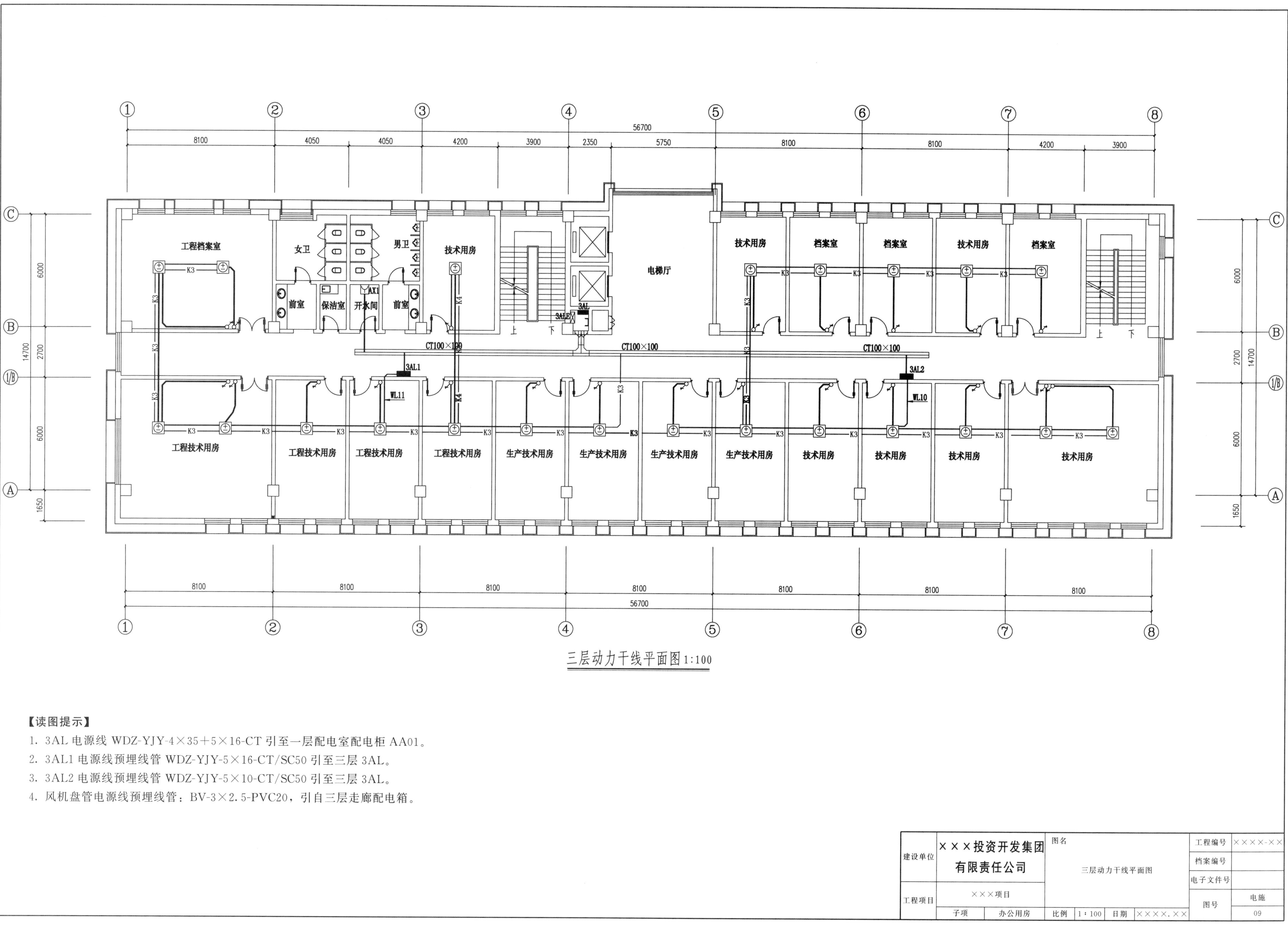
工程档案室
女卫
男卫
前室
保洁室
开水间
AX1
技术用房
电梯厅
3AL
3ALE
档案室
CT100×100
3AL1
3AL2
WL11
WL10
K3
K4
工程技术用房
生产技术用房
上
下
56700
8100
4050
4200
3900
2350
5750
14700
6000
2700
1650
三层动力干线平面图 1:100
【读图提示】
1. 3AL 电源线 WDZ-YJY-4×35+5×16-CT 引至一层配电室配电柜 AA01。
2. 3AL1 电源线预埋线管 WDZ-YJY-5×16-CT/SC50 引至三层 3AL。
3. 3AL2 电源线预埋线管 WDZ-YJY-5×10-CT/SC50 引至三层 3AL。
4. 风机盘管电源线预埋线管：BV-3×2.5-PVC20，引自三层走廊配电箱。
建设单位
×××投资开发集团有限责任公司
工程项目
×××项目
子项
办公用房
图名
三层动力干线平面图
比例
1:100
日期
××××.××
工程编号
××××-××
档案编号
电子文件号
图号
电施
09

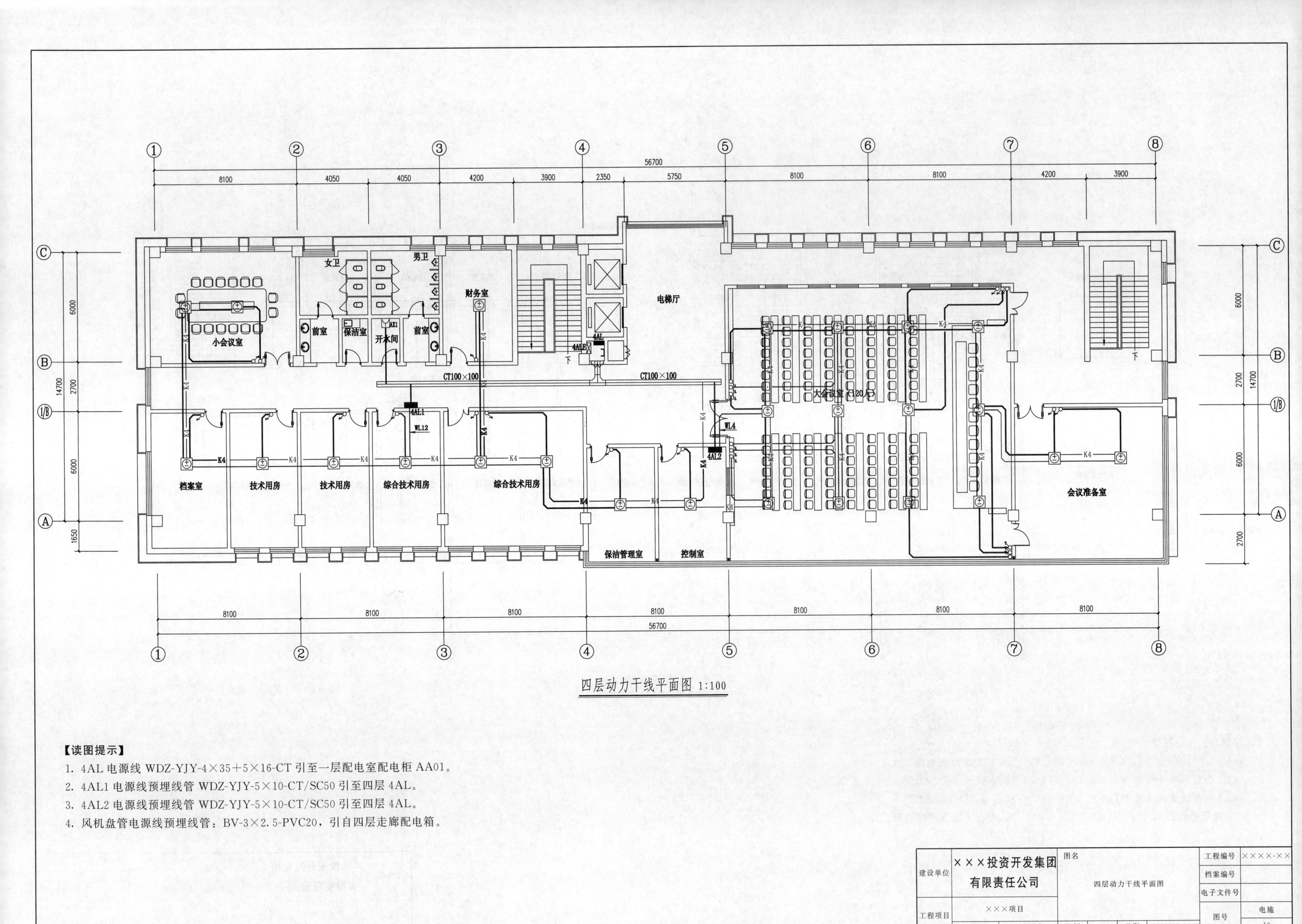

四层动力干线平面图 1:100

【读图提示】

1. 4AL 电源线 WDZ-YJY-4×35+5×16-CT 引至一层配电室配电柜 AA01。
2. 4AL1 电源线预埋线管 WDZ-YJY-5×10-CT/SC50 引至四层 4AL。
3. 4AL2 电源线预埋线管 WDZ-YJY-5×10-CT/SC50 引至四层 4AL。
4. 风机盘管电源线预埋线管：BV-3×2.5-PVC20，引自四层走廊配电箱。

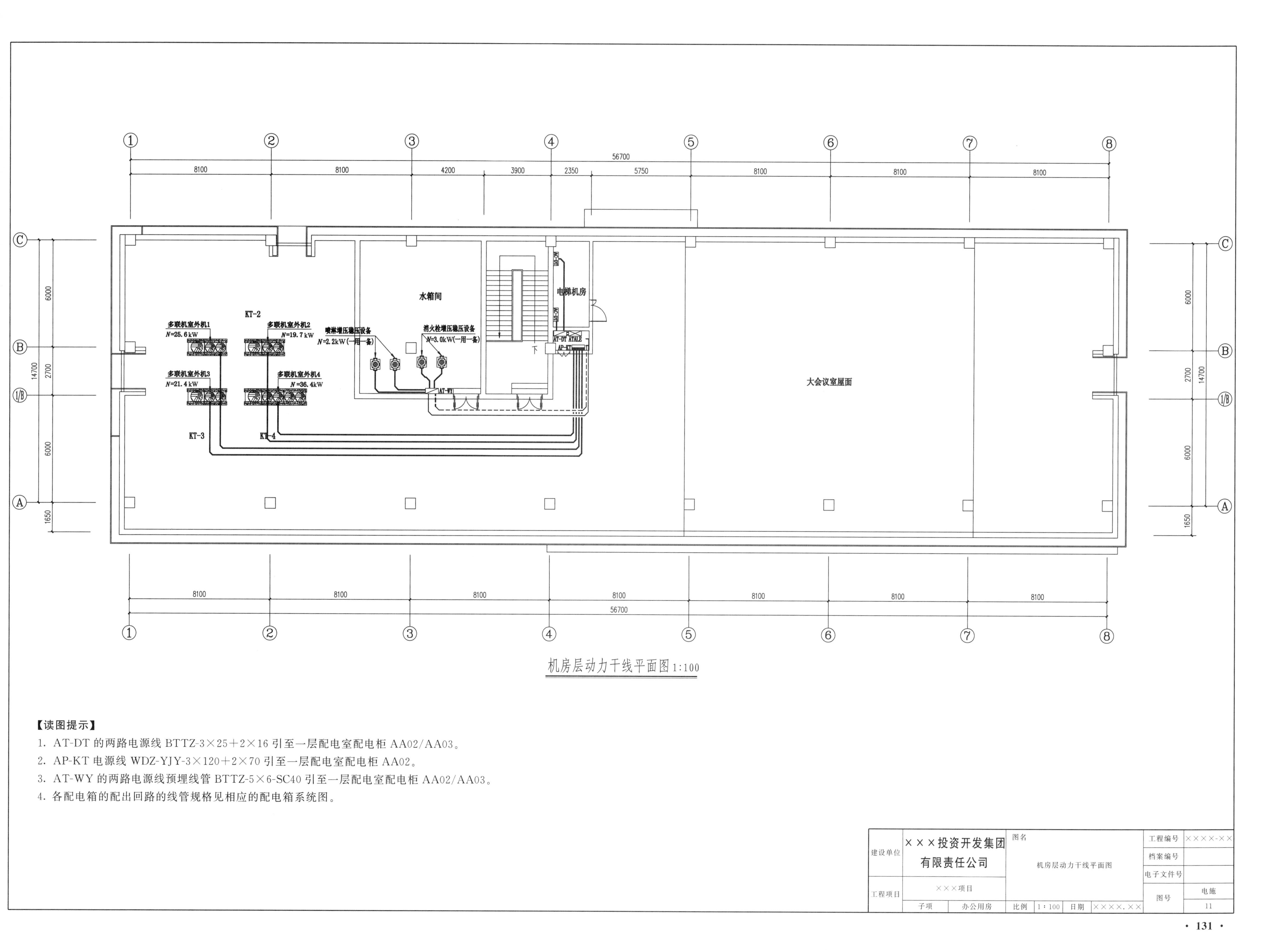

机房层动力干线平面图 1:100

【读图提示】

1. AT-DT 的两路电源线 BTTZ-3×25+2×16 引至一层配电室配电柜 AA02/AA03。
2. AP-KT 电源线 WDZ-YJY-3×120+2×70 引至一层配电室配电柜 AA02。
3. AT-WY 的两路电源线预埋线管 BTTZ-5×6-SC40 引至一层配电室配电柜 AA02/AA03。
4. 各配电箱的配出回路的线管规格见相应的配电箱系统图。

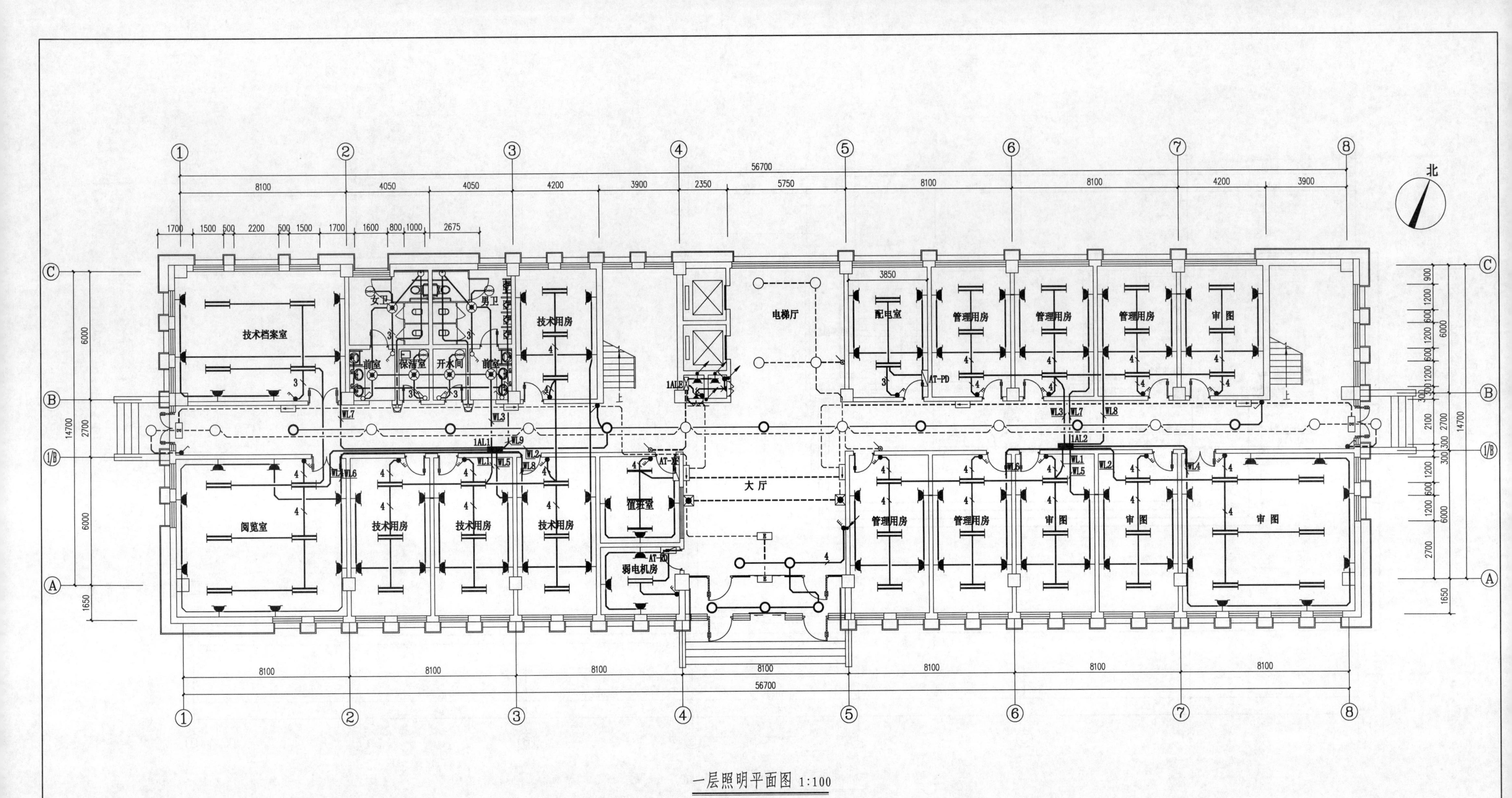

一层照明平面图 1:100

【读图提示】

1. 电源线预埋线管 WDZ-YJY-5×16-CT/SC50 引至四层 1AL1。
2. 电源线预埋线管 WDZ-YJY-5×16-CT/SC50 引至四层 1AL2。
3. 各灯具、开关、插座符号的意义见设备材料表。
4. 各配电箱的配出回路的线管规格见相应的配电箱系统图。

建设单位	×××投资开发集团有限责任公司		图名	一层照明平面图		工程编号	××××-××
						档案编号	
						电子文件号	
工程项目	×××项目					图号	电施 12
	子项	办公用房	比例	1:100	日期	××××.××	

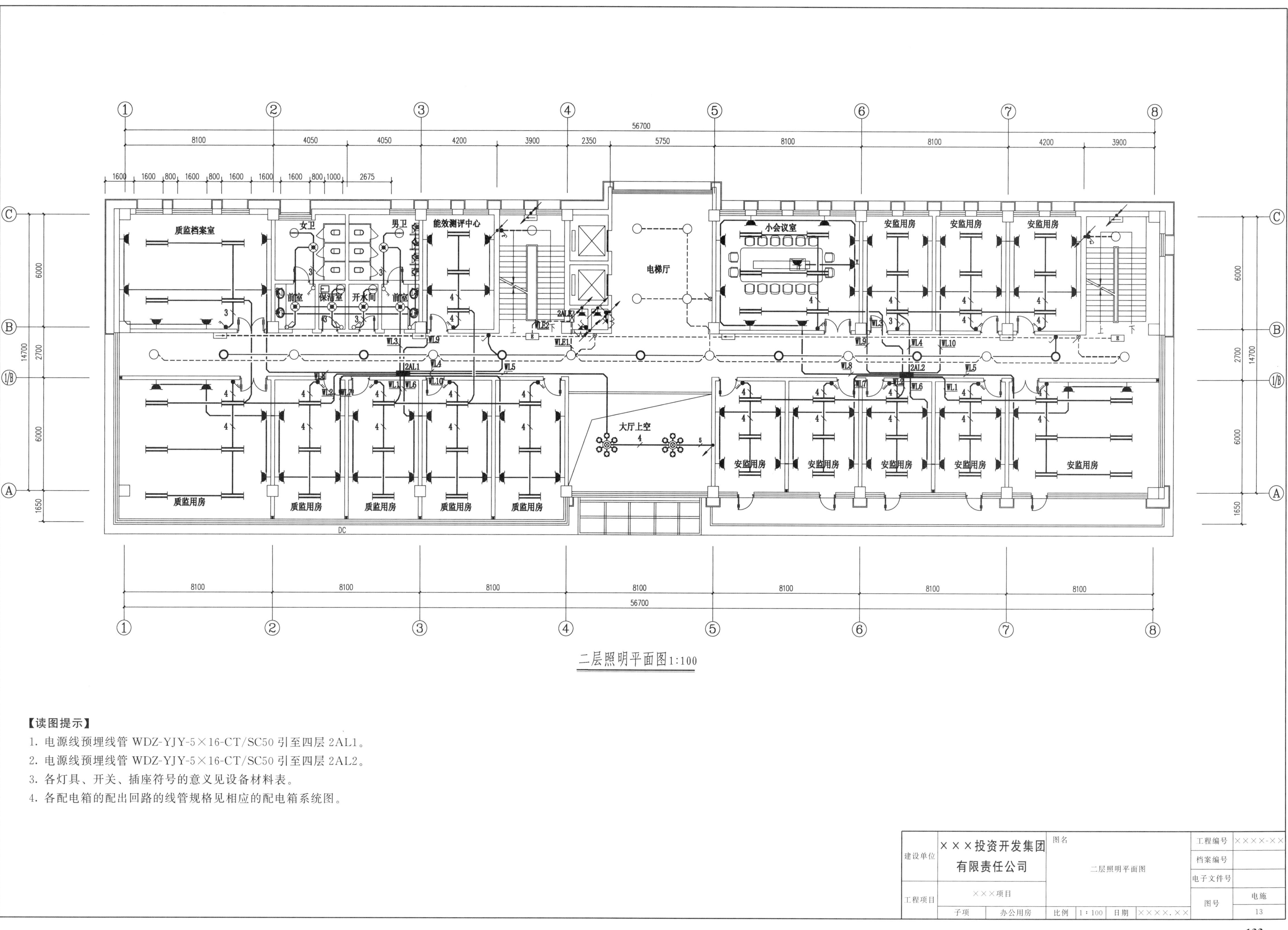

二层照明平面图1:100

【读图提示】

1. 电源线预埋线管 WDZ-YJY-5×16-CT/SC50 引至四层 2AL1。
2. 电源线预埋线管 WDZ-YJY-5×16-CT/SC50 引至四层 2AL2。
3. 各灯具、开关、插座符号的意义见设备材料表。
4. 各配电箱的配出回路的线管规格见相应的配电箱系统图。

建设单位	×××投资开发集团有限责任公司		图名	二层照明平面图		工程编号	××××-××
						档案编号	
工程项目	×××项目					电子文件号	
	子项	办公用房	比例	1:100	日期 ××××.××	图号	电施 13

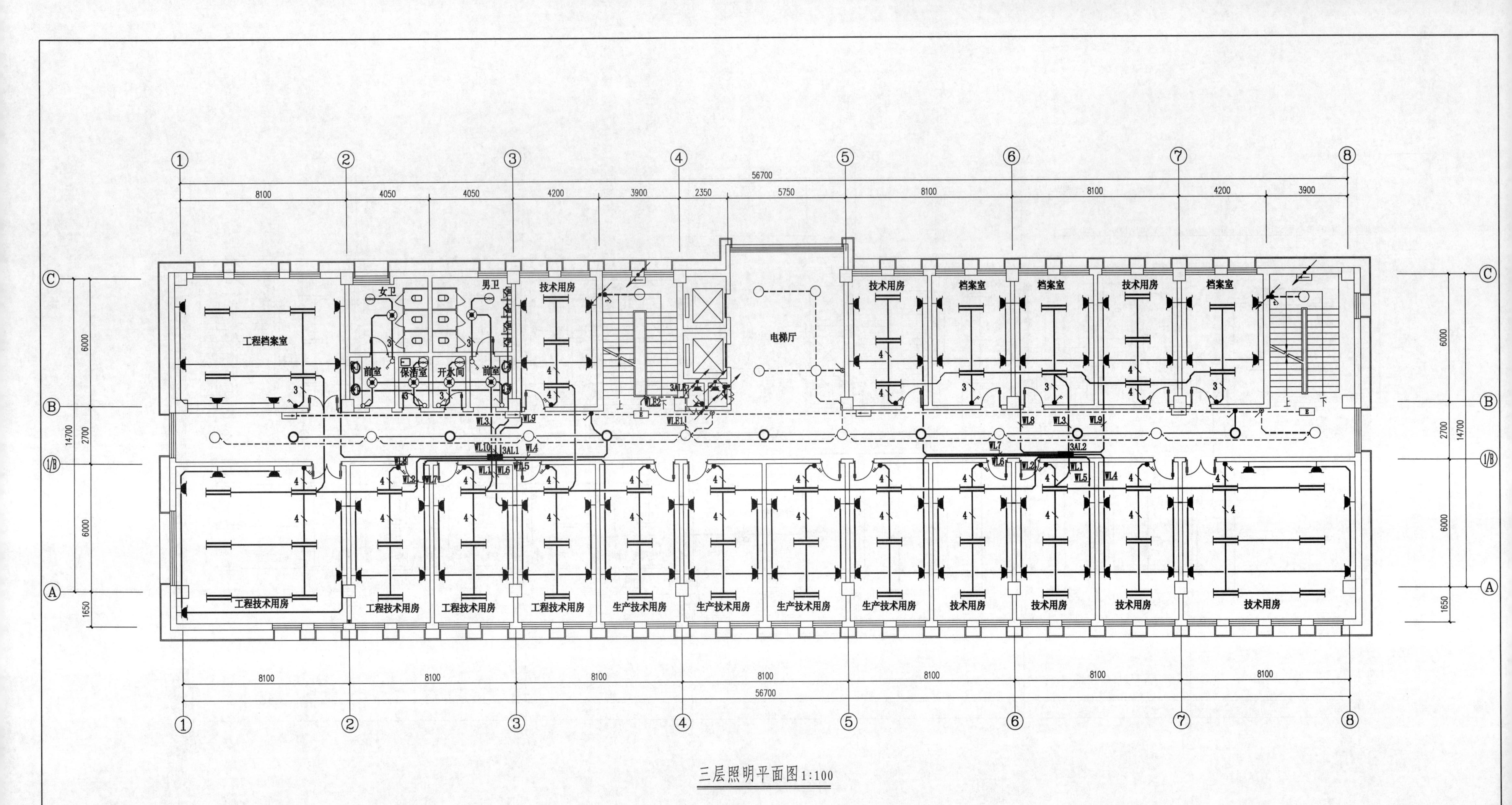

三层照明平面图1:100

【读图提示】

1. 电源线预埋线管 WDZ-YJY-5×16-CT/SC50 引至三层 3AL1。
2. 电源线预埋线管 WDZ-YJY-5×10-CT/SC50 引至三层 3AL2。
3. 各灯具、开关、插座符号的意义见设备材料表。
4. 各配电箱的配出回路的线管规格见相应的配电箱系统图。

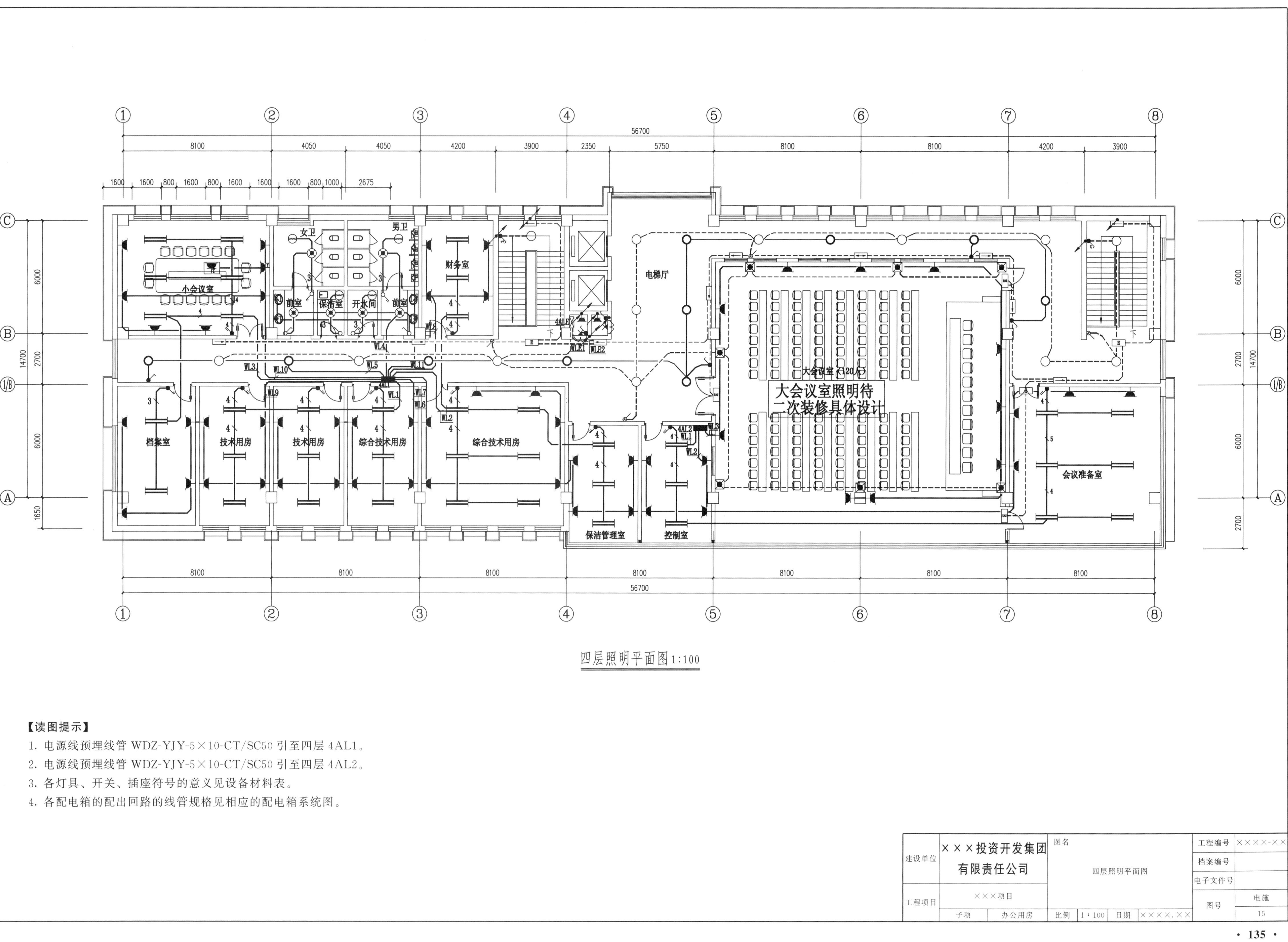

四层照明平面图 1∶100

【读图提示】

1. 电源线预埋线管 WDZ-YJY-5×10-CT/SC50 引至四层 4AL1。
2. 电源线预埋线管 WDZ-YJY-5×10-CT/SC50 引至四层 4AL2。
3. 各灯具、开关、插座符号的意义见设备材料表。
4. 各配电箱的配出回路的线管规格见相应的配电箱系统图。

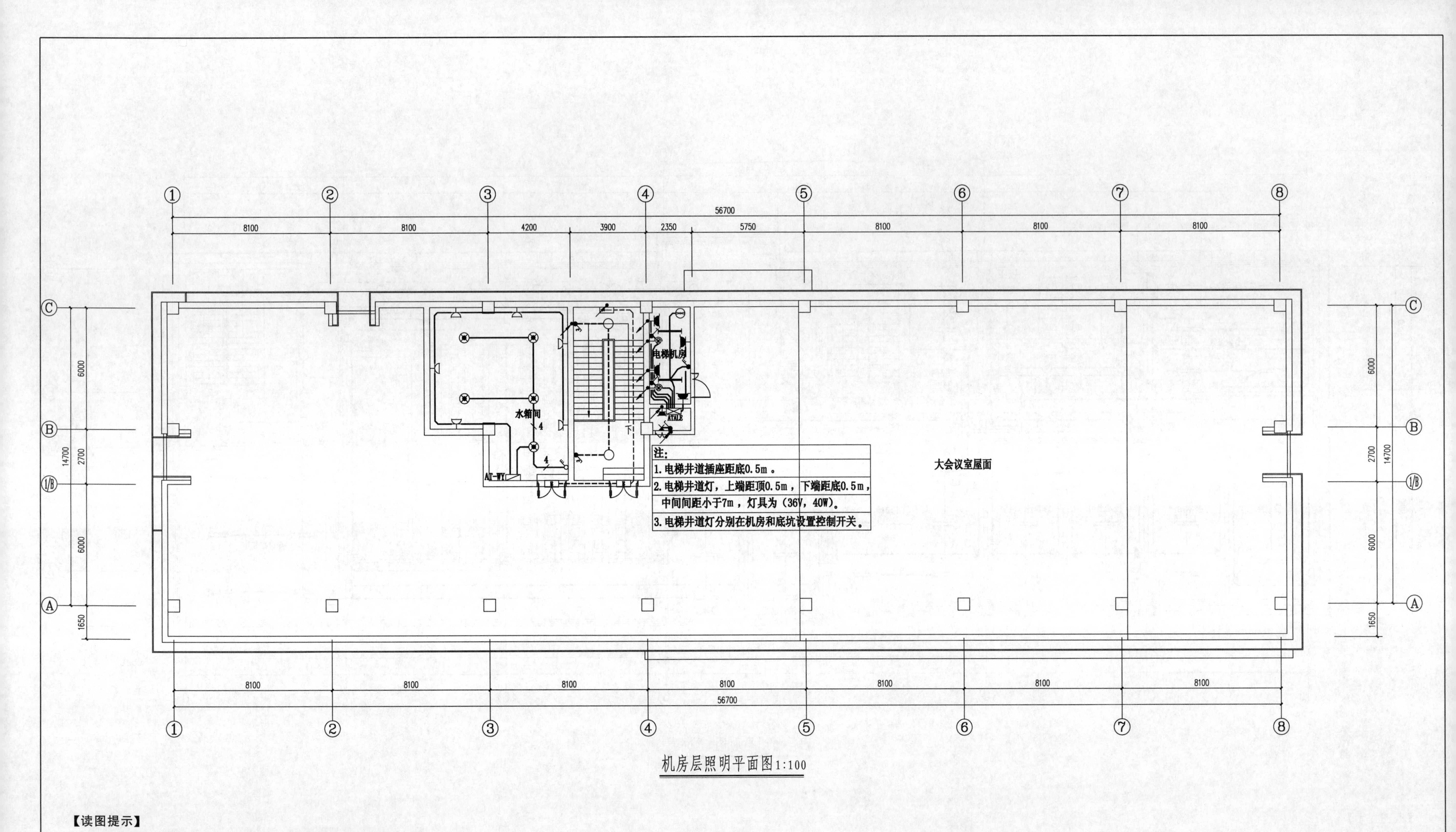

【读图提示】

1. 电源线预埋线管 BTTZ-5×6-SC40 引至机房层 AT-WY。
2. 电源线预埋线管 BTTZ-3×25+2×16-CT/SC70 引至机房层 ATALE。
3. 各灯具、开关、插座符号的意义见设备材料表。
4. 各配电箱的配出回路的线管规格见相应的配电箱系统图。

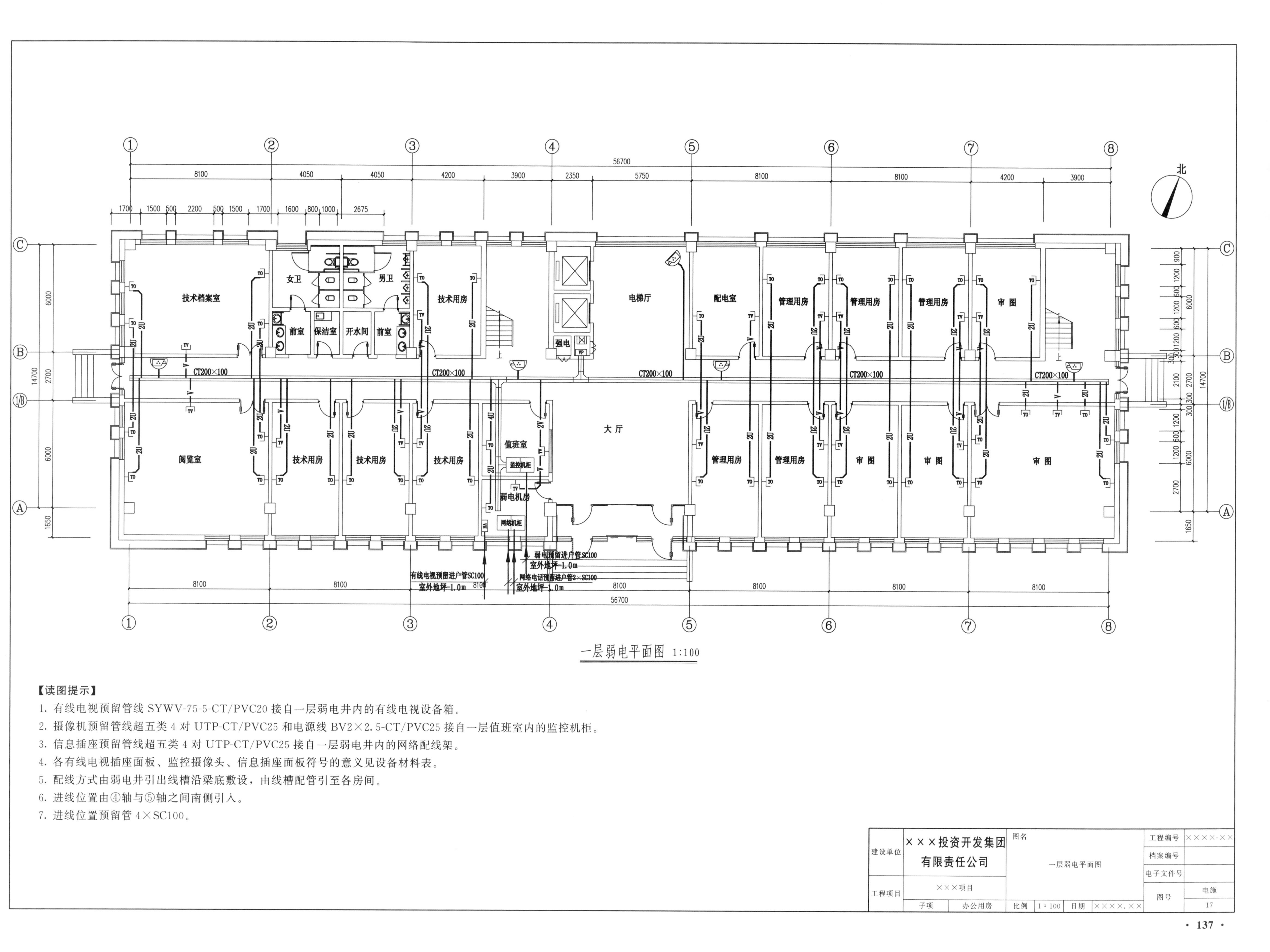

一层弱电平面图 1:100

【读图提示】

1. 有线电视预留管线 SYWV-75-5-CT/PVC20 接自一层弱电井内的有线电视设备箱。
2. 摄像机预留管线超五类 4 对 UTP-CT/PVC25 和电源线 BV2×2.5-CT/PVC25 接自一层值班室内的监控机柜。
3. 信息插座预留管线超五类 4 对 UTP-CT/PVC25 接自一层弱电井内的网络配线架。
4. 各有线电视插座面板、监控摄像头、信息插座面板符号的意义见设备材料表。
5. 配线方式由弱电井引出线槽沿梁底敷设，由线槽配管引至各房间。
6. 进线位置由④轴与⑤轴之间南侧引入。
7. 进线位置预留管 4×SC100。

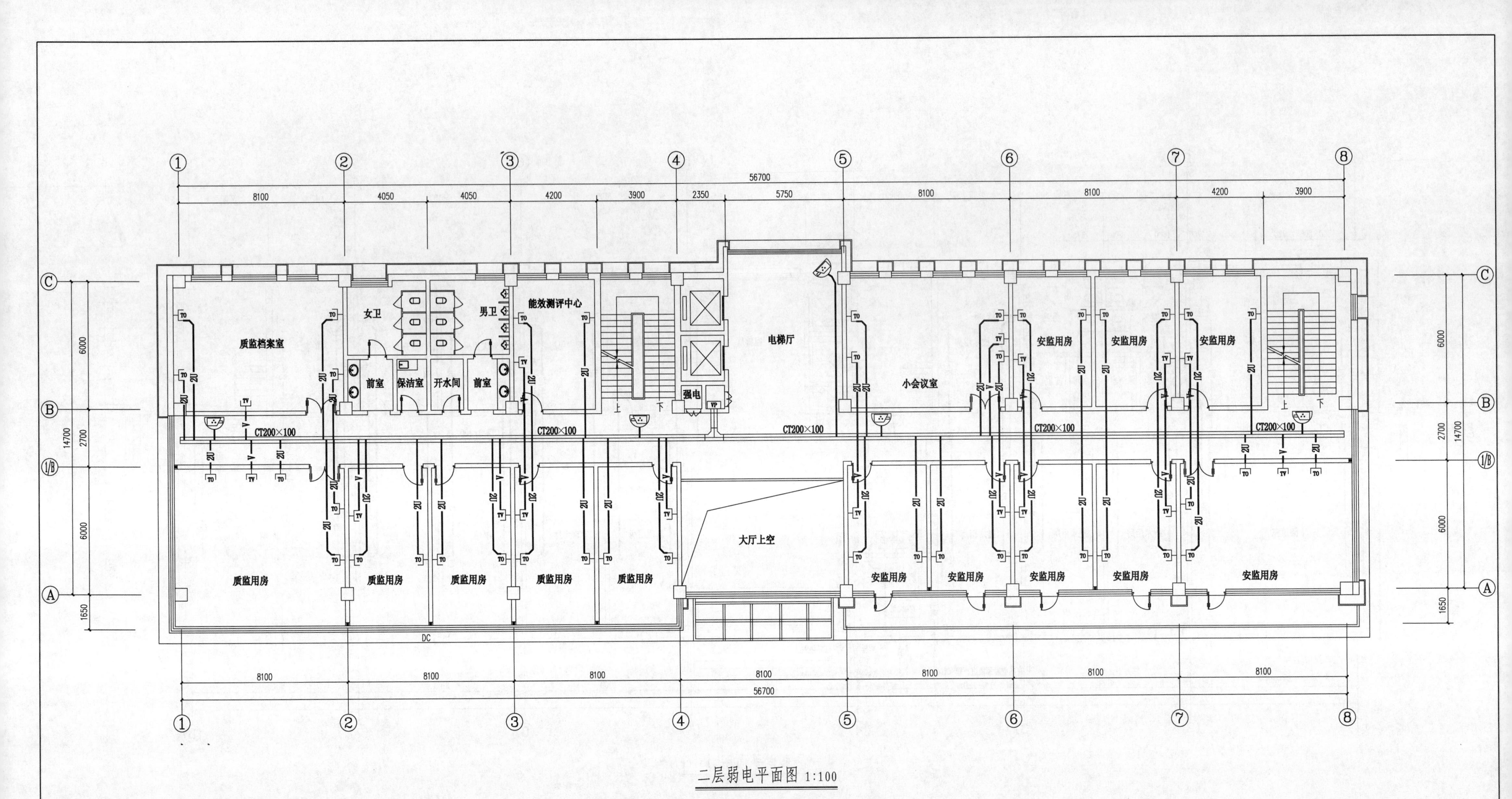

二层弱电平面图 1:100

【读图提示】

1. 有线电视预留管线 SYWV-75-5-CT/PVC20 接自二层弱电井内的有线电视设备箱。
2. 摄像机预留管线超五类 4 对 UTP-CT/PVC25 和电源线 BV2×2.5-CT/PVC25 接自一层值班室内的监控机柜。
3. 信息插座预留管线超五类 4 对 UTP-CT/PVC25 接自二层弱电井内的网络配线架。
4. 各有线电视插座面板、监控摄像头、信息插座面板符号的意义见设备材料表。
5. 配线方式由弱电井引出线槽沿梁底敷设，由线槽配管引至各房间。

建设单位	×××投资开发集团有限责任公司		图名		工程编号	××××-××
			二层弱电平面图		档案编号	
					电子文件号	
工程项目	×××项目				图号	电施 18
子项	办公用房	比例	1∶100	日期	××××.××	

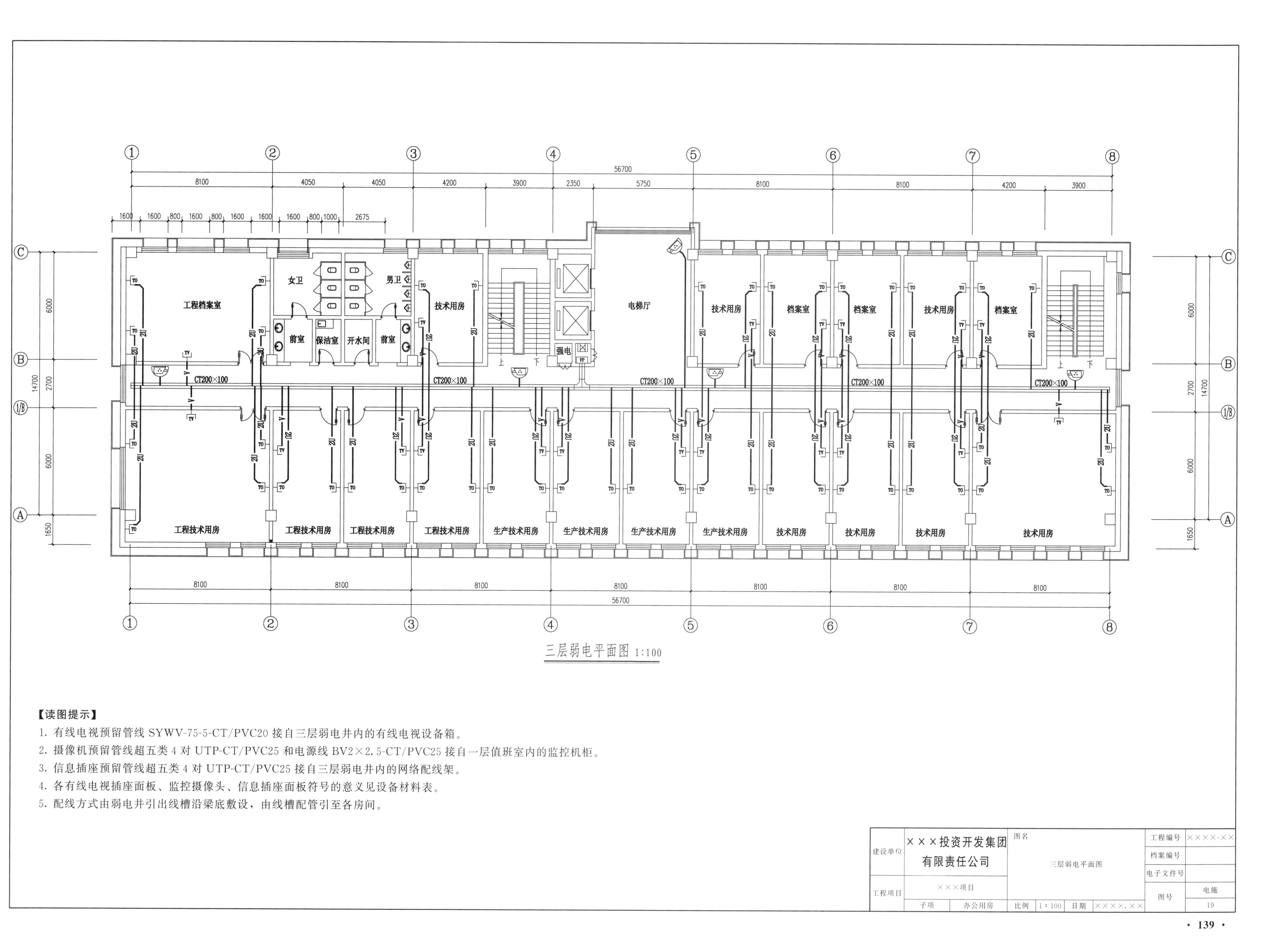

三层弱电平面图 1:100

【读图提示】

1. 有线电视预留管线 SYWV-75-5-CT/PVC20 接自三层弱电井内的有线电视设备箱。
2. 摄像机预留管线超五类 4 对 UTP-CT/PVC25 和电源线 BV2×2.5-CT/PVC25 接自一层值班室内的监控机柜。
3. 信息插座预留管线超五类 4 对 UTP-CT/PVC25 接自三层弱电井内的网络配线架。
4. 各有线电视插座面板、监控摄像头、信息插座面板符号的意义见设备材料表。
5. 配线方式由弱电井引出线槽沿梁底敷设，由线槽配管引至各房间。

建设单位	×××投资开发集团有限责任公司		图名	工程编号	××××-××
			三层弱电平面图	档案编号	
工程项目	×××项目			电子文件号	
	子项	办公用房		图号	电施 19
			比例 1:100　日期 ××××.××		

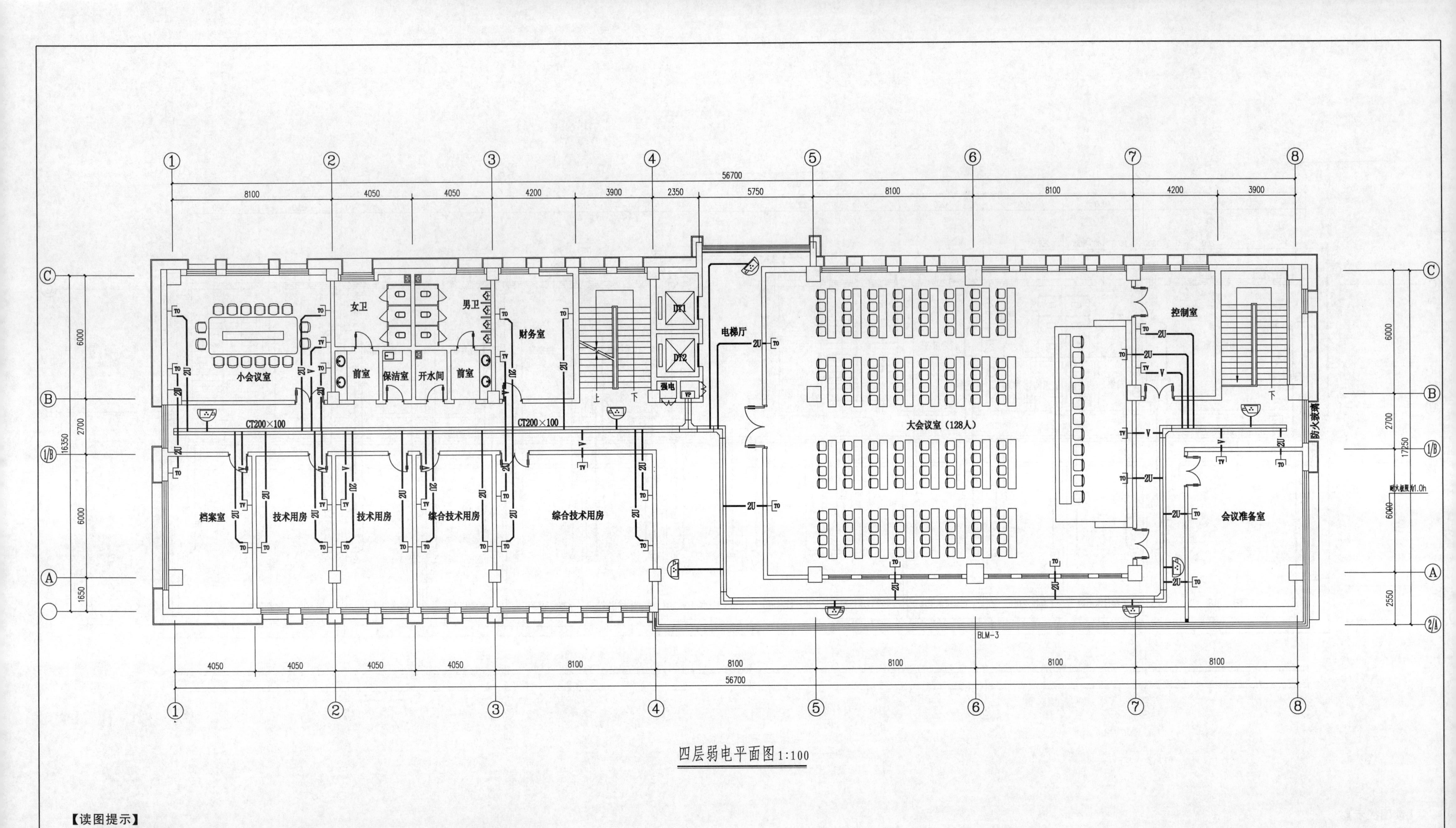

【读图提示】

1. 有线电视预留管线 SYWV-75-5-CT/PVC20 接自四层弱电井内的有线电视设备箱。
2. 摄像机预留管线超五类 4 对 UTP-CT/PVC25 和电源线 BV2×2.5-CT/PVC25 接自一层值班室内的监控机柜。
3. 信息插座预留管线超五类 4 对 UTP-CT/PVC25 接自四层弱电井内的网络配线架。
4. 各有线电视插座面板、监控摄像头、信息插座面板符号的意义见设备材料表。
5. 配线方式由弱电井引出线槽沿梁底敷设，由线槽配管引至各房间。

建设单位	×××投资开发集团有限责任公司		图名	四层弱电平面图		工程编号	××××-××
						档案编号	
						电子文件号	
工程项目	×××项目					图号	电施
	子项	办公用房	比例	1∶100	日期 ××××.××		20

火灾自动报警及联动控制系统设计说明

一、建筑概况

1. 工程名称：×××投资开发集团有限责任公司×××建设项目办公用房等配套设施。
2. 总建筑面积：4006.36m^2。
3. 建筑层数：地上4层，建筑总高度为18.60m。

二、设计依据

1.《火灾自动报警系统设计规范》(GB 50116—2013)；2.《民用建筑电气设计规范》(JGJ 16—2008)；
3.《建筑设计防火规范》(GB 50016—2014)；　　4. 全套建筑平面图及给排水、暖通专业作业图。

三、设计说明

1. 消防系统的组成

① 火灾自动报警系统；　② 消防联动控制系统；　③ 电梯监视控制系统；
④ 消防直通对讲电话系统；⑤ 消防联动设备电源监视系统；⑥ 电气火灾监控系统。

2. 消防控制室

本工程在一层设置消防值班室，消防值班室内设置消防主机。消防控制室应有相应的竣工图纸、各分系统控制逻辑关系的说明书、设备使用说明书、系统操作规程、应急预案、值班制度、维护保养制度及值班记录等文件资料。

3. 火灾自动报警系统

本工程采用集中报警系统，报警区域根据楼层划分。消防控制室可接收消防报警探测器的火灾报警信号及手动报警按钮、消火栓按钮的动作信号，显示消防水池、水箱水位及消防泵主、备电源状态。消防自动报警系统按双回路放射式设计，任一点断线不应影响报警。

① 系统总线上应设置总线短路隔离器，每只总线短路隔离器保护的火灾探测器、手动报警按钮和模块等消防设备的总数不应超过32点；总线穿越防火分区时，应在穿越处设置总线短路隔离器。

② 在本楼适当位置设手动报警按钮、消防对讲电话出线口及消防广播，手动报警按钮及对讲电话底出线口底边距地1.4m，消防广播安装高度3.0m或吸顶。在配电室、电梯机房、水泵房等处设消防专用电话出线口，其底边距地0.3m。

③ 在消火栓箱内设消火栓报警按钮，接线盒在消火栓箱的开门侧，底距地1.5m。

4. 消防联动控制系统

联动控制分为总线控制和硬线控制两种方式，通过连接在系统总线上的模块，可以实现对消防系统各种设备的监视与控制，火灾发生时手动切断一般照明等非消防电源，启动紧急广播、应急照明系统等。消防联动控制器应能按设定的逻辑向各相关的受控设备发出联动控制信号，并接收相关设备的联动反馈信号。各受控设备接口的特性参数应与消防联动控制器发出的联动控制信号相匹配。消防水泵、防烟和排风机的控制设备，除应采用联动控制方式外，还应在消防控制室设置手动直接控制装置。需要火灾自动报警系统联动控制的消防设备，其联动触发信号应采用两个独立的报警触发装置报警信号的"与"逻辑组合。

(1) 消火栓泵控制：应将消火栓泵控制柜的启动、停止按钮用专用线路直接连接至消防控制室内的消防联动控制器的手动控制盘，并应直接手动控制消火栓泵的启动、停止。消火栓泵的动作信号应反馈至消防联动控制器。消火栓按钮的动作信号作为报警信号及启动消火栓泵的联动触发信号，由消防联动控制器联动控制消火栓泵的启动。

① 联动控制方式，应由消火栓系统出水干管上设置的低压压力开关、高位消防水箱出水管上设置的流量开关或报警阀压力开关等信号作为触发信号，直接控制启动消火栓泵，联动控制不应受消防联动控制器处于自动或手动状态影响。当设置消火栓按钮时，消火栓按钮的动作信号应作为报警信号及启动消火栓泵的联动触发信号，由消防联动控制器联动控制消火栓泵的启动。

② 手动控制方式，应将消火栓泵控制箱（柜）的启动、停止按钮用专用线路直接连接至设置在消防控制室内的消防联动控制器的手动控制盘，并应直接手动控制消火栓泵的启动、停止。

③ 消火栓泵的动作信号应反馈至消防联动控制器。

(2) 应急照明控制：消防应急照明和疏散指示系统，由消防联动控制器联动应急照明集中电源和应急照明分配电装置实现。当确认火灾后，由发生火灾的报警区域开始，顺序启动全楼疏散通道、消防应急照明和疏散指示系统，系统全部投入应急状态的启动时间不应大于5s。

(3) 非消防电源控制：本设计配电所内预留模块箱，由报警控制器在火灾确认后切断设有分励脱扣器的低压出线回路，模块箱内控制模块的数量由消防公司确定。供非消防电源切断及漏电报警。

(4) 火灾警报及消防应急广播：

① 消防应急广播系统的联动控制信号应由消防控制器发出。当确认火灾后，应同时向全楼进行广播。消防应急广播单次发出语音时间宜为10～30s，应与火灾声警报器分时交替工作，可采取1次火灾声警报器播放、1次或2次消防应急广播播放的交替工作方式循环播放。在消防控制室应能手动或按预设控制逻辑联动控制选择分区启动或停止应急广播系统，并应能监听消防应急广播。在通过传声器进行应急广播时，应自动对广播内容进行录音。消防控制室内应显示消防应急广播的广播分区的工作状态。火灾自动报警系统应设置火灾声光警报器，并应在确认火灾后启动建筑内所有的声光警报器。消防应急广播与普通广播或背景音乐广播合用时，应具有强制切入消防应急广播的功能。每个报警区域内应均匀设置火灾报警器，其声压级不应小于60dB。

② 火灾声警报器设置带有语音提示功能时，应同时设置语音同步器。火灾自动报警系统应能同时启动和停止所有火灾声警报器工作。

5. 电梯监视控制系统

火灾发生时，根据火灾情况及场所，由消防中心电梯监控盘发出指令，除消防电梯保持运行外，其余电梯均强制返回一层并开门，迫降首层后切断其非消防电源。电梯运行状态信息和停于首层或转换层的反馈信号，应传送给消防控制室显示，轿厢内应设置能与消防控制室通话的专用电话。

6. 消防直通对讲电话系统

在消防中心内设置消防直通对讲电话主机，除在各层的手动报警按钮处设置消防对讲电话插孔外，在变配电室、电梯轿厢、电梯机房、水箱间、管理值班等处设置消防直通对讲电话分机。消防专用电话分机，应固定安装在明显且便于使用的部位，并应有区别于普通电话的标识。直通对讲电话分机接线采用多线制，对讲电话插孔接线采用总线制。电话主机同各现场电话设备间均采用RVS-2×1.0线，穿JDG20镀锌钢管暗敷。消防控制室设置直接报警的外线电话。

7. 平面内所有火灾自动报警线路及信号线均采用NH-RVS-2×1.0，2～4根均穿JDG20，5～7根均穿JDG25，8～10根均穿JDG32，DC24V电源线采用NH-BV-2×2.5，穿JDG20镀锌管，并在适当的位置增设DC24V电源设备，以保证电压能达到24V。所有顶板接线盒至消防设备这一段线路穿金属耐火（阻燃）波纹管。

8. 所有消防管线均应敷设在不燃烧体结构层内且保护层厚度不应少于30mm。当采用明敷时应刷防火涂料。

9. 所有管线及桥架穿越防火分区或楼板时必须做防火封堵。具体做法见12D5-162～164页。

10. 火灾自动报警系统的每回路地址编码总数应留15%～20%。

11. 模块严禁设置在配电（控制）柜（箱）内。本报警区域的模块不应控制其他报警区域的设备。未集中设置的模块附近应有尺寸不小于100mm×100mm的标识。

12. 火灾自动报警系统应设置交流电源和蓄电池备用电源。火灾自动报警系统的供电线路、消防联动控制线应采用耐火铜芯电线电缆，报警总线、消防应急广播和消防专用电话等传输线路应采用阻燃或耐火电线电缆。

13. 不同电压等级的线缆不应穿入同一根保护管内，当合用同一线槽时，线槽内应有隔板分隔。

14. 电气火灾监控系统

① 为防止电气火灾，本工程设置电气火灾监控系统，用于监测配电系统漏电状况，有效防止漏电火灾的发生。漏电报警信号线送至本工程一层消防控制室内显示，电气火灾监控系统控制器设在消防控制室。

② 本工程配电室内总配电箱的进线电源开关处设置防火漏电探测器。配电室内消防用电电源开关等处均设置防火漏电探测器。漏电信号仅用于报警，不切断电路。

③ 电气火灾监控系统可检测漏电电流、过电流信号，并发出声光报警信号，报出故障位置，监视故障点变化。存储各种故障信号。

④ 选用的剩余电流保护装置的额定剩余动作电流，应不小于被保护电气线路和设备的正常运行时泄漏电流最大值的2倍。

⑤ 本系统从一层消防控制室至各配电箱的通信线路，均预留管线SC20热镀锌钢管，平面图中不做表示。

⑥ 系统的深化设计由承包商负责，设计院负责审核及与其他系统接口的协调事宜。

15. 消防电源监控系统

(1) 在消防配电箱内设消防电源监控模块器。主机设在消防控制室。

(2) 消防电源监控系统应具有以下功能：针对消防设备的电源进行实时监控，通过检测消防设备电源的电流、电压值和开关状态判断电源是否存在断路、短路、过压、欠压、过流以及缺相、错相、过载等状态并进行报警和记录。

四、接地

1. 消防控制室接地电阻值应小于1Ω。
2. 采用联合接地时接地电阻值应小于1Ω，应用专用接地干线由消防控制室引至接地体。
3. 由消防控制室接地板引至各消防电子设备的专用接地线应选用铜芯绝缘导线，其线的截面积不应小于4mm^2。
4. 消防控制室接地板与建筑接地体之间，应采用线芯截面面积不小于25mm^{2}的铜芯绝缘导线连接。

建设单位	×××投资开发集团有限责任公司	图名	火灾自动报警及联动控制系统设计说明	工程编号	××××-××
				档案编号	
				电子文件号	
工程项目	×××项目			图号	电施
子项	办公用房	比例		日期 ××××.××	21

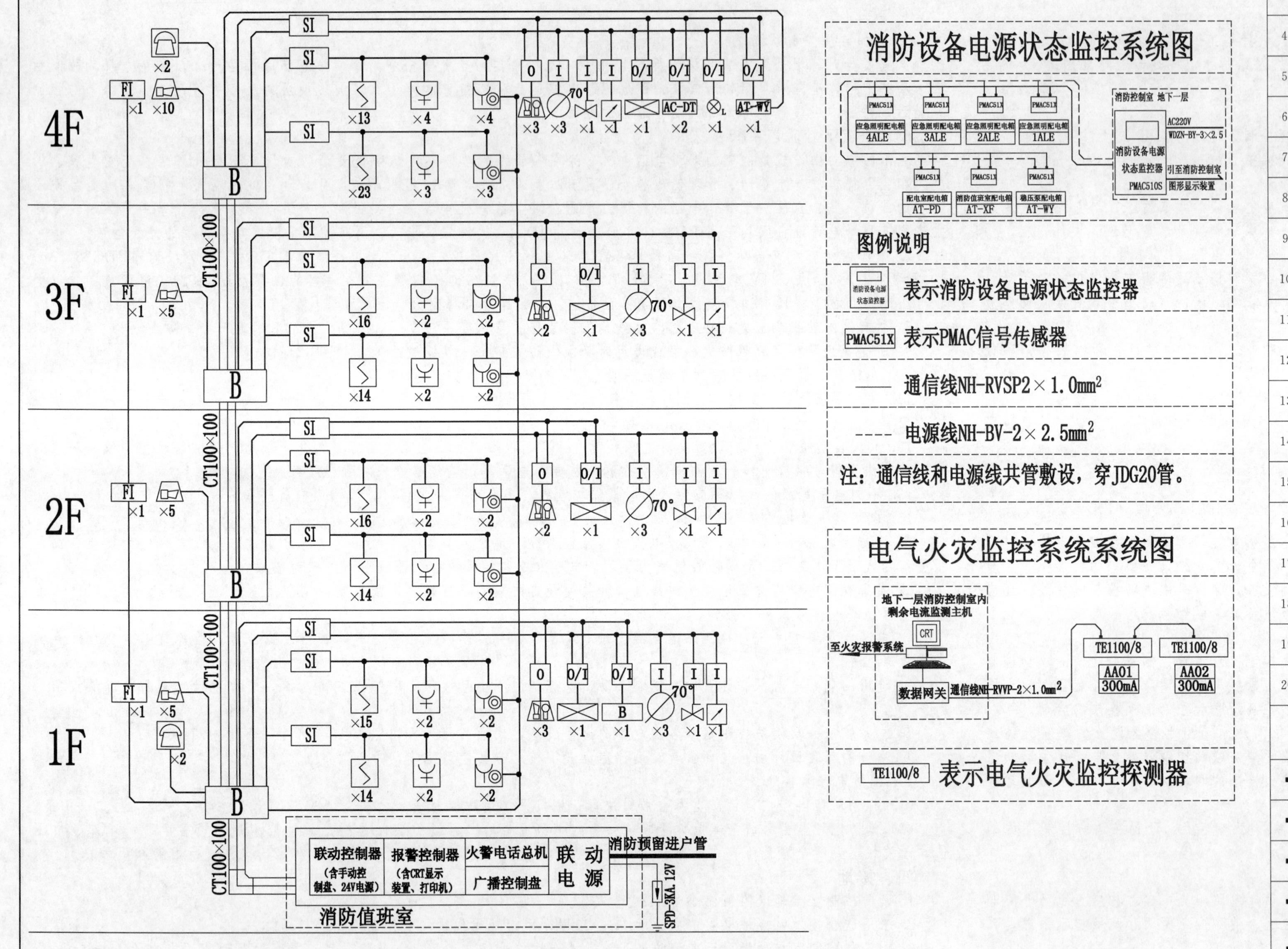

消防设备图例

序号	图例	名　称	型号规格	安装方式
1		编码感烟探测器	TX3100A	吸顶/嵌入式
2		编码感温探测器	TX3100A	吸顶/嵌入式
3		手动报警按钮	TX3140	暗装，底边距地1.4m
4		消火栓手动报警按钮	TX3152	消火栓箱内安装
5		消防电话分机	HY5716B	壁装，底边距地1.4m
6		扬声器	TX3353	吸顶/嵌入式
7		声光报警控制器	TX3301	明装，底边距地2.4m
8	B	消防端子箱(400×300×200)		底边距地0.5m
9	SI	短路隔离器	TX3223	吸顶/嵌入式
10		水流指示器		吸顶安装
11	O	输出模块	TX3214A	吸顶安装
12	I	输入模块	TX3208A	吸顶安装
13	O/I	输入/输出模块	TX3208A	吸顶安装
14	FI	火灾显示盘	TX3403	壁装，底边距地1.4m
15		应急照明配电箱(强启)		位置见强电图
16	AT-WY	排烟风机控制箱		
17	AT-DT	电梯控制箱		位置见强电图
18		水流指示器		详见水暖施工图
19		信号阀		详见水暖施工图
20	⊗L	水位传感器		详见水暖施工图

火灾自动报警型示意表

——S——	报警信号线：NH-RVS-2×1.5
——B——	消防广播线：NH-RVS-2×1.5
——H——	消防电话线：NH-RVS-2×1.5
——K——	联动控制线：NH-KVV-8×1.5
——D——	报警电源线：主线 NH-BV-2×4.0 支线 NH-BV-2×2.5

建设单位	×××投资开发集团有限责任公司	图名	火灾自动报警及联动控制系统图 消防设备图例	工程编号	××××-××
				档案编号	
				电子文件号	
工程项目	×××项目			图号	电施 22
子项	办公用房	比例	日期 ××××.××		

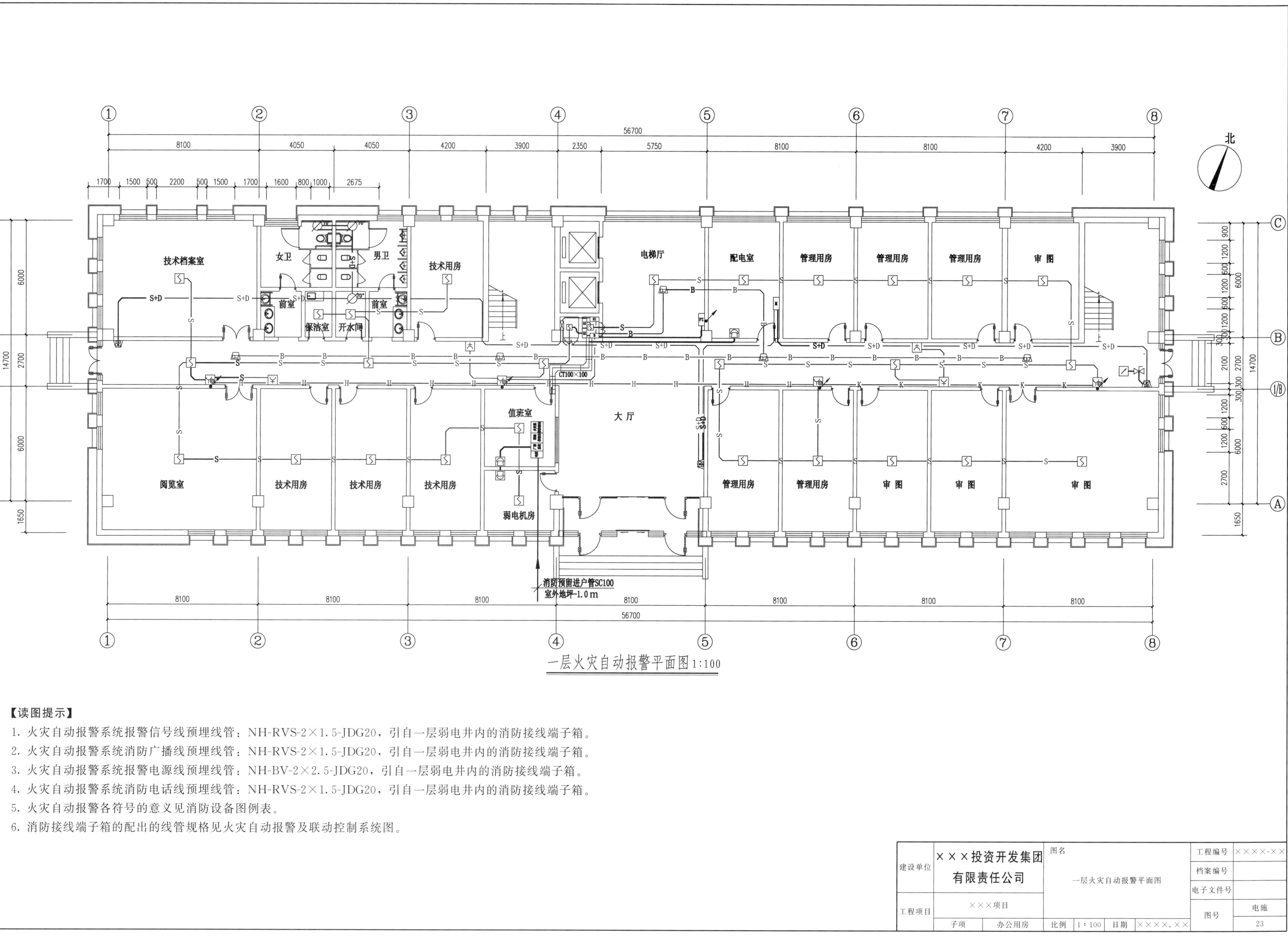

一层火灾自动报警平面图1:100

【读图提示】

1. 火灾自动报警系统报警信号线预埋线管：NH-RVS-2×1.5-JDG20，引自一层弱电井内的消防接线端子箱。
2. 火灾自动报警系统消防广播线预埋线管：NH-RVS-2×1.5-JDG20，引自一层弱电井内的消防接线端子箱。
3. 火灾自动报警系统报警电源线预埋线管：NH-BV-2×2.5-JDG20，引自一层弱电井内的消防接线端子箱。
4. 火灾自动报警系统消防电话线预埋线管：NH-RVS-2×1.5-JDG20，引自一层弱电井内的消防接线端子箱。
5. 火灾自动报警各符号的意义见消防设备图例表。
6. 消防接线端子箱的配出的线管规格见火灾自动报警及联动控制系统图。

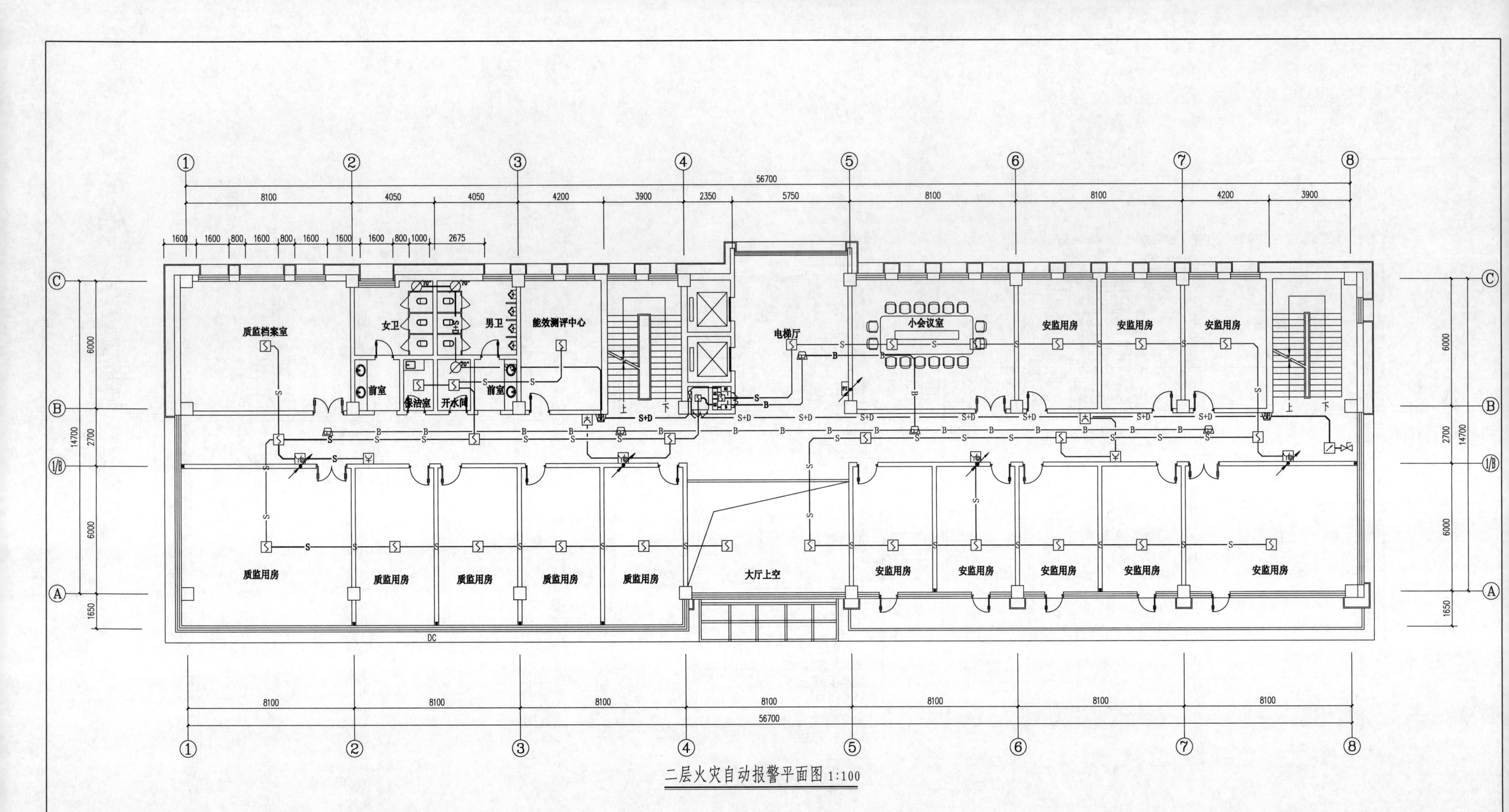

二层火灾自动报警平面图 1:100

【读图提示】

1. 火灾自动报警系统报警信号线预埋线管：NH-RVS-2×1.5-JDG20，引自二层弱电井内的消防接线端子箱。
2. 火灾自动报警系统消防广播线预埋线管：NH-RVS-2×1.5-JDG20，引自二层弱电井内的消防接线端子箱。
3. 火灾自动报警系统报警电源线预埋线管：NH-BV-2×2.5-JDG20，引自二层弱电井内的消防接线端子箱。
4. 火灾自动报警系统消防电话线预埋线管：NH-RVS-2×1.5-JDG20，引自二层弱电井内的消防接线端子箱。
5. 火灾自动报警各符号的意义见消防设备图例表。
6. 消防接线端子箱的配出的线管规格见火灾自动报警及联动控制系统图。

建设单位	×××投资开发集团有限责任公司		图名	二层火灾自动报警平面图		工程编号	××××-××
						档案编号	
						电子文件号	
工程项目	×××项目					图号	电施 24
子项	办公用房		比例	1∶100	日期 ××××.××		

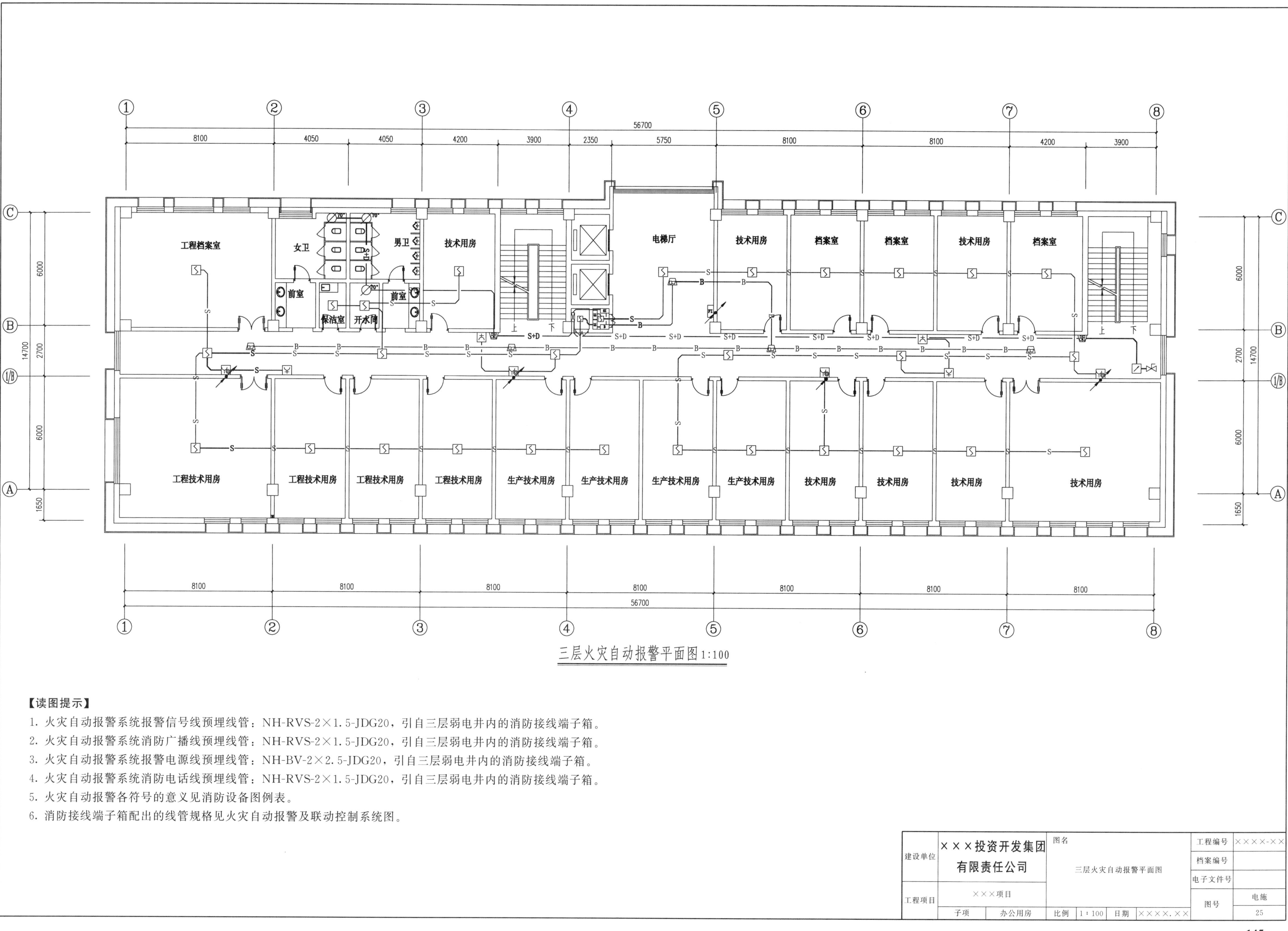

三层火灾自动报警平面图1:100

【读图提示】

1. 火灾自动报警系统报警信号线预埋线管：NH-RVS-2×1.5-JDG20，引自三层弱电井内的消防接线端子箱。
2. 火灾自动报警系统消防广播线预埋线管：NH-RVS-2×1.5-JDG20，引自三层弱电井内的消防接线端子箱。
3. 火灾自动报警系统报警电源线预埋线管：NH-BV-2×2.5-JDG20，引自三层弱电井内的消防接线端子箱。
4. 火灾自动报警系统消防电话线预埋线管：NH-RVS-2×1.5-JDG20，引自三层弱电井内的消防接线端子箱。
5. 火灾自动报警各符号的意义见消防设备图例表。
6. 消防接线端子箱配出的线管规格见火灾自动报警及联动控制系统图。

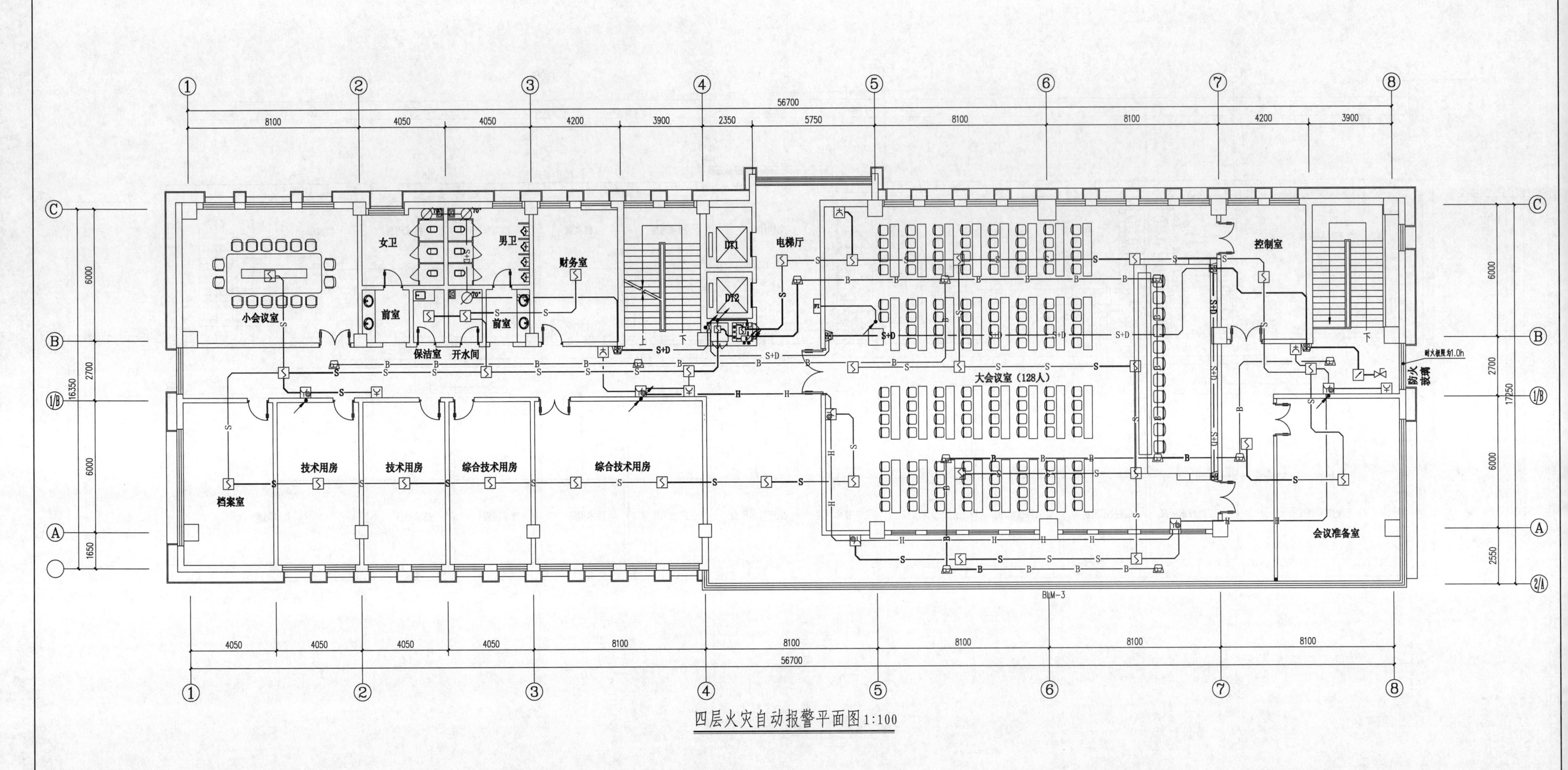

四层火灾自动报警平面图1:100

【读图提示】

1. 火灾自动报警系统报警信号线预埋线管：NH-RVS-2×1.5-JDG20，引自四层弱电井内的消防接线端子箱。
2. 火灾自动报警系统消防广播线预埋线管：NH-RVS-2×1.5-JDG20，引自四层弱电井内的消防接线端子箱。
3. 火灾自动报警系统报警电源线预埋线管：NH-BV-2×2.5-JDG20，引自四层弱电井内的消防接线端子箱。
4. 火灾自动报警系统消防电话线预埋线管：NH-RVS-2×1.5-JDG20，引自四层弱电井内的消防接线端子箱。
5. 火灾自动报警各符号的意义见消防设备图例表。
6. 消防接线端子箱配出的线管规格见火灾自动报警及联动控制系统图。

建设单位	×××投资开发集团有限责任公司		图名	四层火灾自动报警平面图				工程编号	××××-××
								档案编号	
								电子文件号	
工程项目	×××项目							图号	电施 26
	子项	办公用房	比例	1∶100	日期	××××.××			

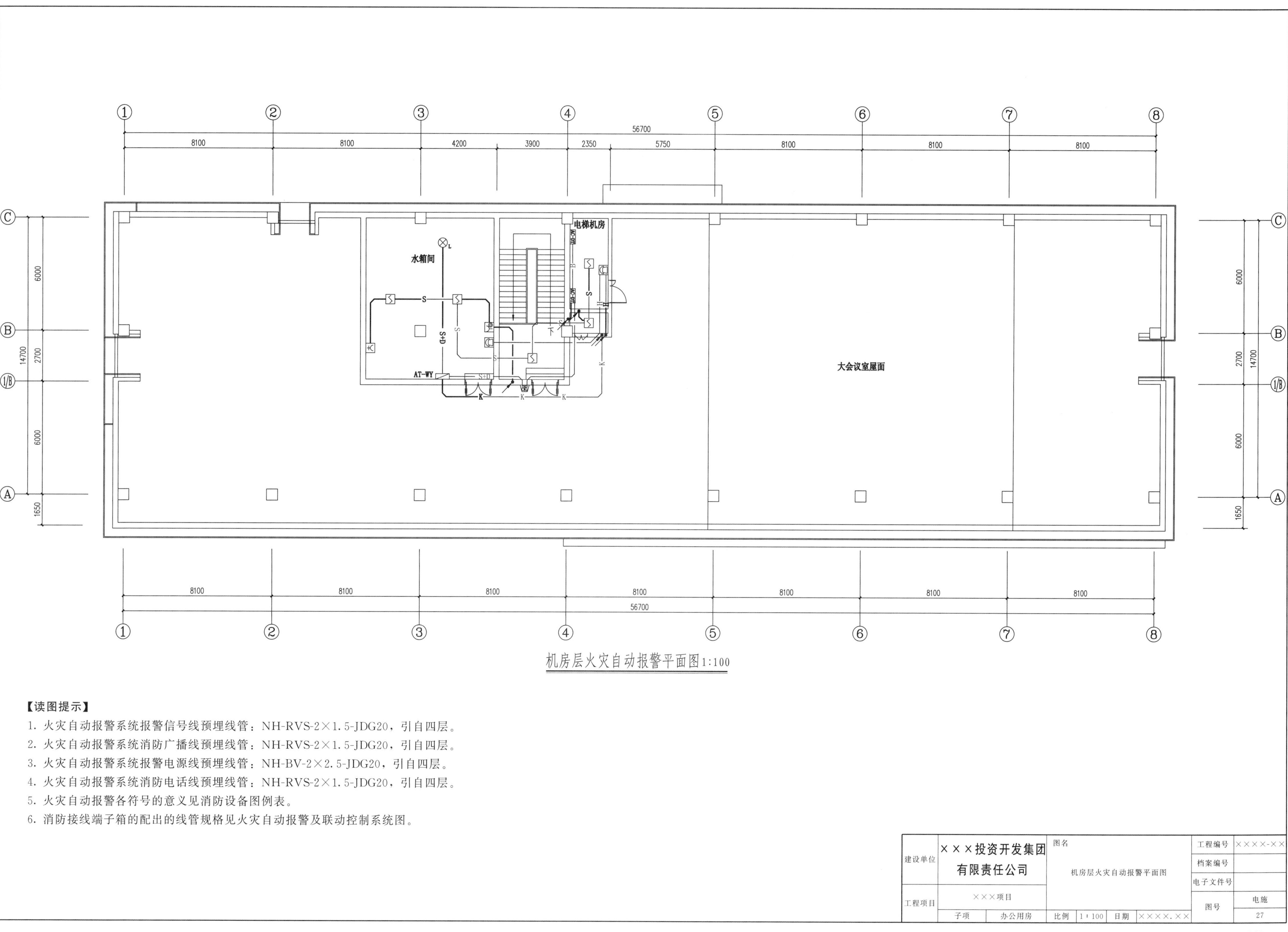

机房层火灾自动报警平面图1:100

【读图提示】

1. 火灾自动报警系统报警信号线预埋线管：NH-RVS-2×1.5-JDG20，引自四层。
2. 火灾自动报警系统消防广播线预埋线管：NH-RVS-2×1.5-JDG20，引自四层。
3. 火灾自动报警系统报警电源线预埋线管：NH-BV-2×2.5-JDG20，引自四层。
4. 火灾自动报警系统消防电话线预埋线管：NH-RVS-2×1.5-JDG20，引自四层。
5. 火灾自动报警各符号的意义见消防设备图例表。
6. 消防接线端子箱的配出的线管规格见火灾自动报警及联动控制系统图。

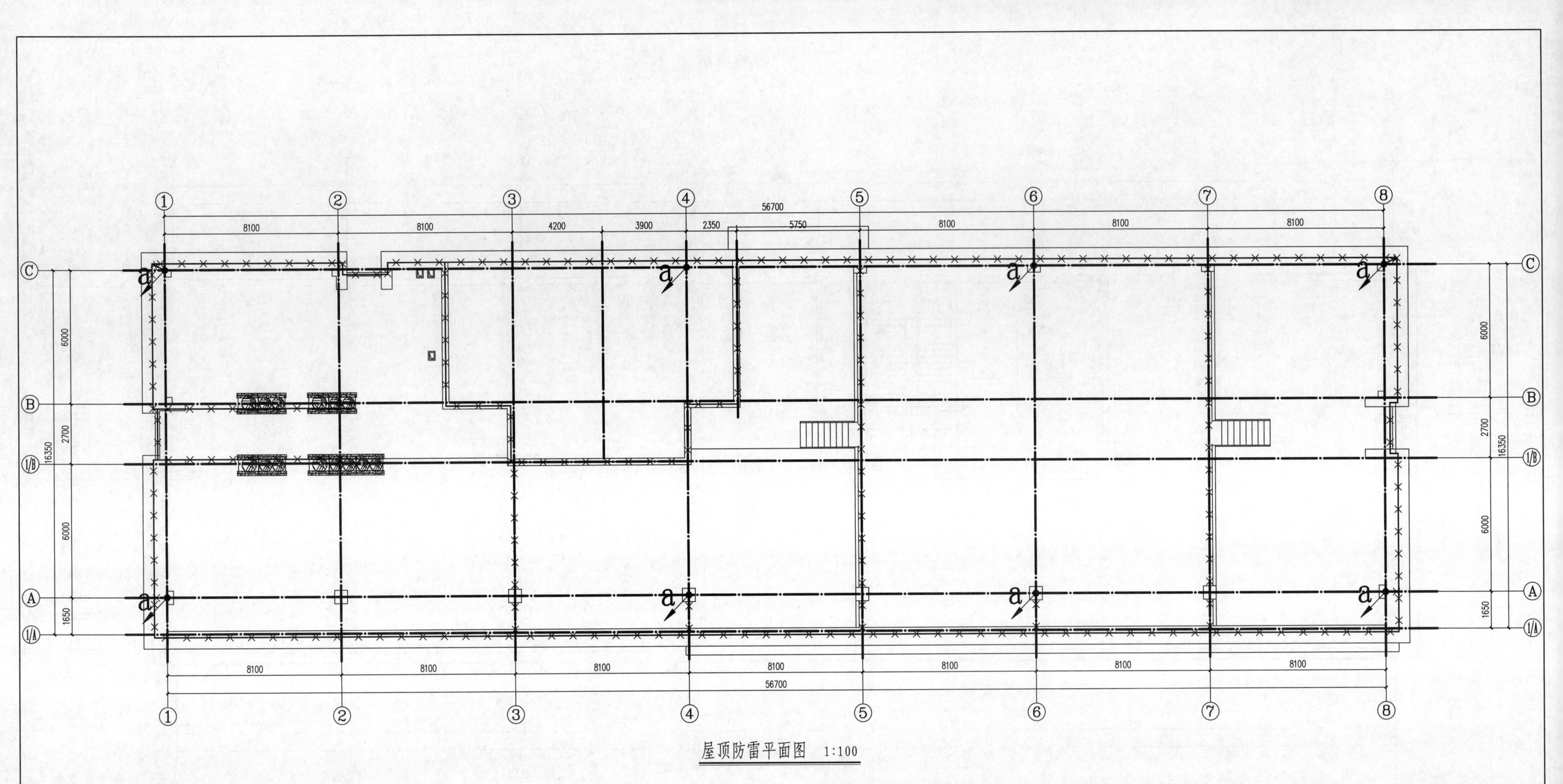

屋顶防雷平面图 1:100

注：(1) 本工程按三类防雷设计。

(2) 在屋顶女儿墙上做一环状避雷带，并于屋面上装设不大于 20m×20m 或 24m×16m 的避雷网格。突出屋面的所有金属构件均应采用 ϕ10 圆钢就近与避雷网焊接，屋面上的避雷带与屋面上做造型的金属架可靠焊接。

(3) 利用建筑物结构柱中对角两根不小于 ϕ16 的可靠连接的钢筋作为一组引下线，引下线间距不大于 25m。

(4) 接地电阻要求不大于 1Ω。

(5) 所有防雷材料均采用热镀锌件。做法参照国家建筑标准设计“建筑物防雷设施安装”。

(6) 室外地平上 500mm 处预留接地阻值测试点（四个楼角处），具体做法见 15D10。大于 25m。

(7) 屋顶上设备的金属构件应与防雷装置可靠连接。

(8) 防接触电压应符合下列规定之一：

① 利用建筑物金属构架和建筑物互相连接的钢筋在电气上是贯通且不少于 10 根柱子组成的自然引下线，作为自然引下线的柱子包括位于建筑物四周和建筑物内的。

② 引下线 3m 范围内地表层的电阻率不小于 50kΩ·m，或敷设 5cm 厚沥青层或 15cm 厚砾石层。

③ 外露引下线，其距地面 2.7m 以下的导体用耐 1.2/50μs 冲击电压 100kV 的绝缘层隔离，或用至少 3mm 厚的交联聚乙烯层隔离。

④ 用护栏、警告牌使接触引下线的可能性降至最低限度。

(9) 防跨步电压应符合下列规定之一：

① 利用建筑物金属构架和建筑物互相连接的钢筋在电气上是贯通且不少于 10 根柱子组成的自然引下线，作为自然引下线的柱子包括位于建筑物四周和建筑物内的。

② 引下线 3m 范围内土壤地表层的电阻率不小于 50kΩ·m，或敷设 5cm 厚沥青层或 15cm 厚砾石层。

③ 用网状接地装置对地面做均衡电位处理。

④ 用护栏、警告牌使进入距引下线 3m 范围内地面的可能性减小到最低限度。

建设单位	×××投资开发集团有限责任公司		图名			工程编号	××××-××
			屋顶防雷平面图			档案编号	
						电子文件号	
工程项目	×××项目					图号	电施
	子项	办公用房	比例	1：100	日期 ××××.××		28

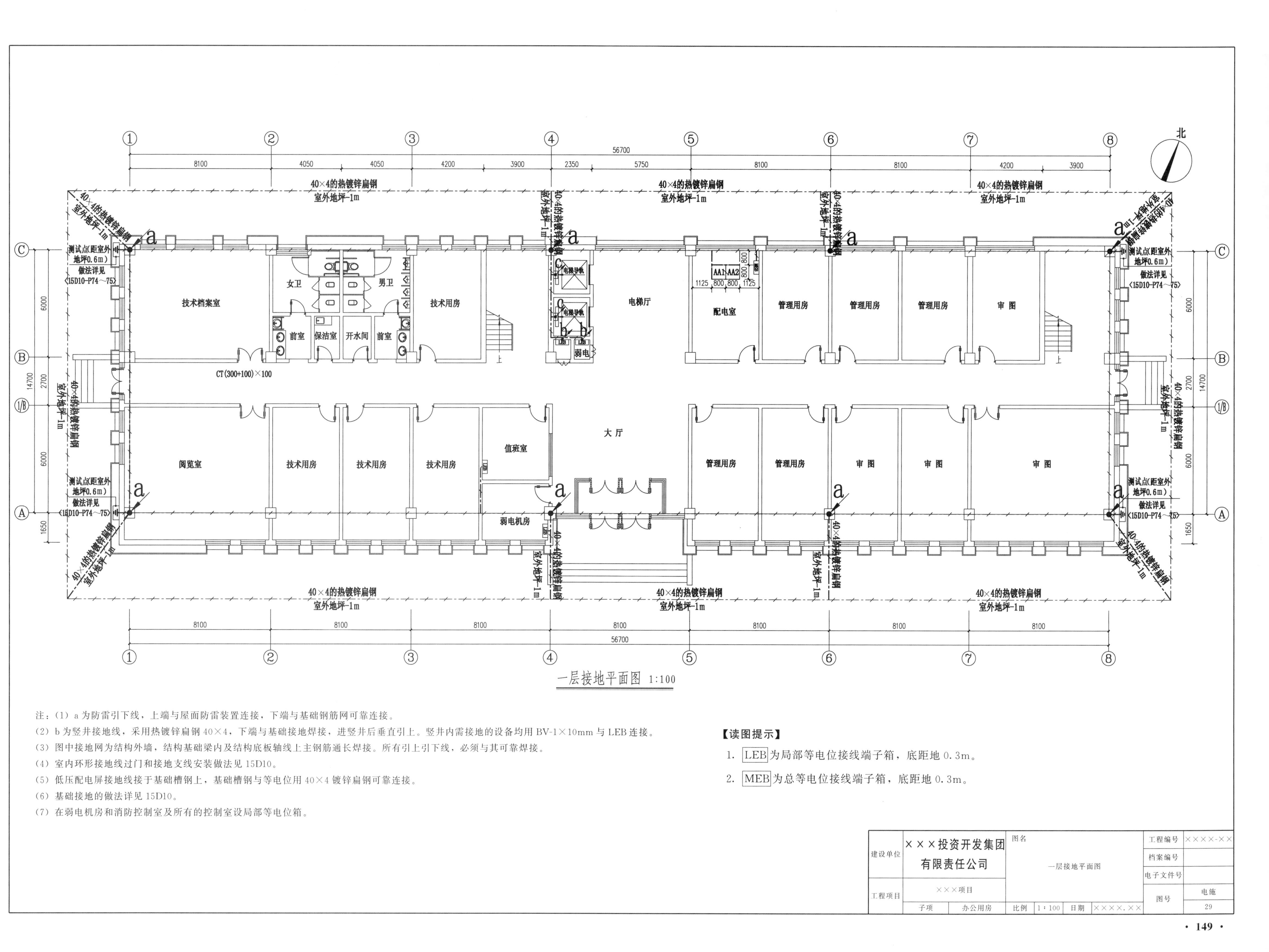

一层接地平面图 1:100

注：(1) a为防雷引下线，上端与屋面防雷装置连接，下端与基础钢筋网可靠连接。

(2) b为竖井接地线，采用热镀锌扁钢40×4，下端与基础接地焊接，进竖井后垂直引上。竖井内需接地的设备均用BV-1×10mm与LEB连接。

(3) 图中接地网为结构外墙，结构基础梁内及结构底板轴线上主钢筋通长焊接。所有引上引下线，必须与其可靠焊接。

(4) 室内环形接地线过门和接地支线安装做法见15D10。

(5) 低压配电屏接地线接于基础槽钢上，基础槽钢与等电位用40×4镀锌扁钢可靠连接。

(6) 基础接地的做法详见15D10。

(7) 在弱电机房和消防控制室及所有的控制室设局部等电位箱。

【读图提示】

1. LEB为局部等电位接线端子箱，底距地0.3m。
2. MEB为总等电位接线端子箱，底距地0.3m。

建设单位	×××投资开发集团有限责任公司	图名	一层接地平面图	工程编号	××××-××
				档案编号	
				电子文件号	
工程项目	×××项目			图号	电施 29
子项	办公用房	比例	1:100	日期	××××.××

第三节　实例三　×××发电有限公司——×××县×××项目生活区宿舍楼

×××县×××项目生活区宿舍楼

××××年××月

出图专用章：

注册建筑师章：

注册结构工程师章：

设计证书编号：建筑行业甲级×××

×××集团有限公司

图 纸 目 录

建筑专业

序号	图号	图 纸 名 称	图幅	备注
1	建施 01	总平面图	A2+1/4	
2	建施 02	建筑设计说明(一)	A2+1/4	
3	建施 03	建筑设计说明(二)	A2+1/4	
4	建施 04	工程做法表　室内工程做法选用表	A2+1/4	
5	建施 05	一层平面图	A2+1/4	
6	建施 06	二层平面图	A2+1/4	
7	建施 07	三层平面图	A2+1/4	
8	建施 08	四层平面图	A2+1/4	
9	建施 09	屋顶平面图	A2+1/4	
10	建施 10	南立面图	A2+1/4	
11	建施 11	北立面图	A2+1/4	
12	建施 12	西立面图　东立面图	A2+1/4	
13	建施 13	1—1 剖面图　2—2 剖面图	A2+1/4	
14	建施 14	3—3 剖面图	A2+1/4	
15	建施 15	1 号楼梯大样(一)	A2+1/4	
16	建施 16	1 号楼梯大样(二)	A2+1/4	
17	建施 17	1 号楼梯大样(三)	A2+1/4	
18	建施 18	2 号楼梯大样(一)	A2+1/4	
19	建施 19	2 号楼梯大样(二)	A2+1/4	
20	建施 20	1 号卫生间大样　1 号宿舍大样	A2+1/4	
21	建施 21	2 号卫生间大样　2 号宿舍大样	A2+1/4	
22	建施 22	墙身大样 1　墙身大样 2	A2+1/4	
23	建施 23	墙身大样 3　墙身大样 4	A2+1/4	
24	建施 24	墙身大样 5　节点大样 1、2	A2+1/4	
25	建施 25	门窗表　门窗大样	A2+1/4	

结构专业

序号	图号	图 纸 名 称	图幅	备注
1	结施 01	结构设计说明(一)	A2+1/4	
2	结施 02	结构设计说明(二)	A2+1/4	
3	结施 03	基础平面布置图	A2+1/4	
4	结施 04	柱墙平面布置图	A2+1/4	
5	结施 05	柱配筋表(一)	A2+1/4	
6	结施 06	柱配筋表(二)	A2+1/4	
7	结施 07	−0.150 处梁配筋图	A2+1/4	
8	结施 08	4.420 处梁配筋图	A2+1/4	
9	结施 09	8.020 处梁配筋图	A2+1/4	
10	结施 10	11.420 处梁配筋图	A2+1/4	
11	结施 11	14.720 处梁配筋图	A2+1/4	
12	结施 12	4.420 处板配筋图	A2+1/4	
13	结施 13	8.020 处板配筋图	A2+1/4	
14	结施 14	11.420 处板配筋图	A2+1/4	
15	结施 15	14.720 处板配筋图	A2+1/4	
16	结施 16	1 号楼梯大样(一)	A2+1/4	
17	结施 17	1 号楼梯大样(二)	A2+1/4	
18	结施 18	2 号楼梯大样(一)	A2+1/4	
19	结施 19	2 号楼梯大样(二)	A2+1/4	

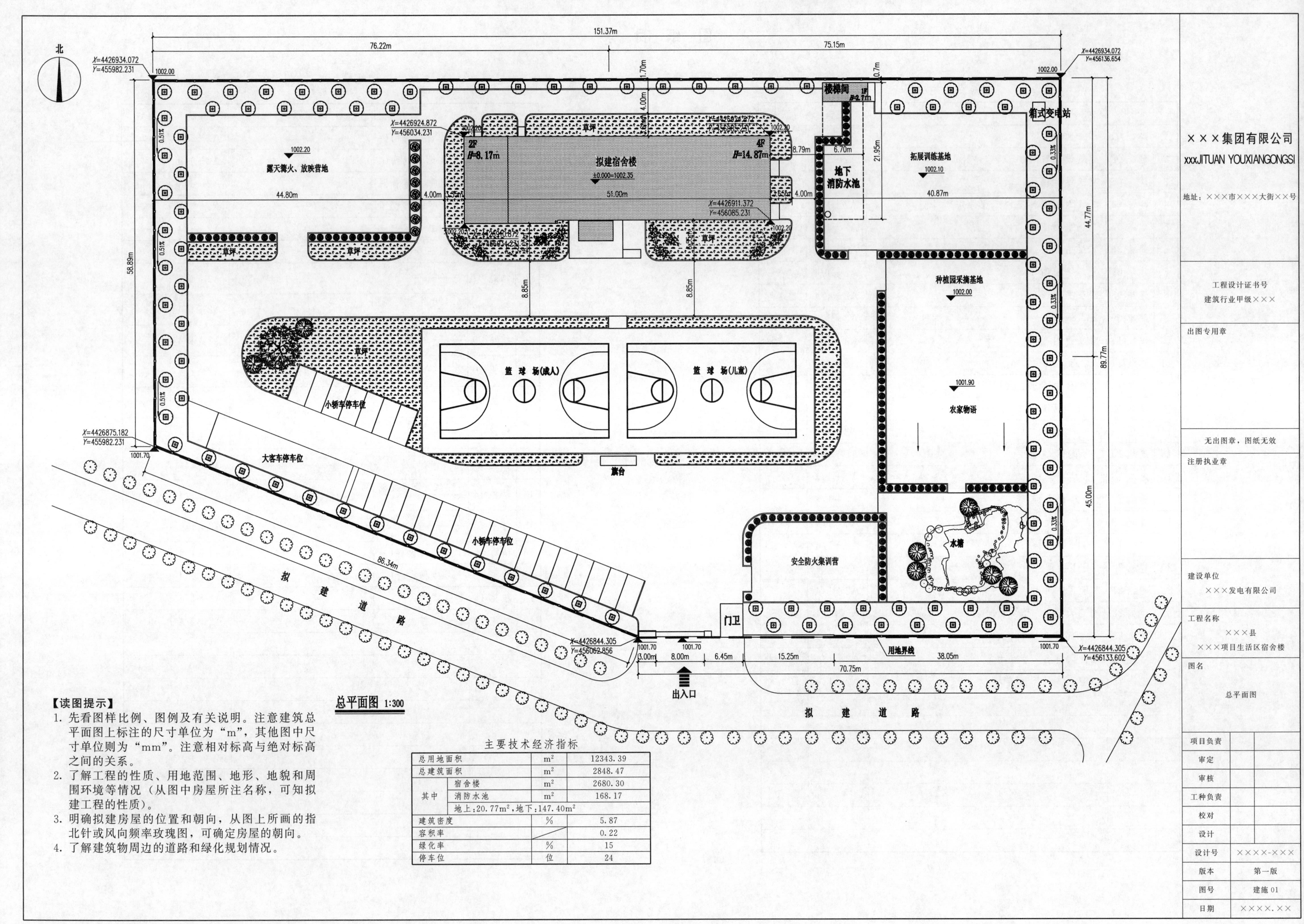

总平面图 1:300

主要技术经济指标

总用地面积		m^2	12343.39
总建筑面积		m^2	2848.47
其中	宿舍楼	m^2	2680.30
	消防水池	m^2	168.17
	地上:20.77m^2,地下:147.40m^2		
建筑密度		%	5.87
容积率			0.22
绿化率		%	15
停车位		位	24

【读图提示】

1. 先看图样比例、图例及有关说明。注意建筑总平面图上标注的尺寸单位为“m”，其他图中尺寸单位则为“mm”。注意相对标高与绝对标高之间的关系。
2. 了解工程的性质、用地范围、地形、地貌和周围环境等情况（从图中房屋所注名称，可知拟建工程的性质）。
3. 明确拟建房屋的位置和朝向，从图上所画的指北针或风向频率玫瑰图，可确定房屋的朝向。
4. 了解建筑物周边的道路和绿化规划情况。

建筑设计说明（一）

一、设计依据

1. 文件依据

（1）由×××设计公司设计，并经建设单位评审后认可的建筑方案。

（2）由建设单位提供的地质勘探资料及地形图。

2. 现行的国家和×××省有关建筑设计规范、规程和规定

《建筑设计防火规范》（GB 50016—2014）

《民用建筑设计通则》（GB 50352—2005）

《宿舍建筑设计规范》（JGJ 36—2016）

《无障碍设计规范》（GB 50763—2012）

《办公建筑设计规范》（JGJ 67—2006）

《屋面工程技术规范》（GB 50345—2012）

《建筑玻璃应用技术规程》（JGJ 113—2015）

《建筑内部装修设计防火规范》（GB 50222—2017）

《建筑工程设计文件编制深度规范》（2016 年版）

参考图集：×××省工程建设标准设计《12 系列建筑标准设计图集》，中国建筑标准设计研究院国家建筑标准设计图集及现行的相关国家、地方、行业规范、规程、规定。

二、项目概况

1. 建设地点：×××省×××市×××县城西南方向，距县城约 15km 的×××乡内。

2. 建筑名称：×××县×××发电项目生活区宿舍楼。

3. 建设单位：×××发电有限公司。

4. 设计的主要范围：土建、给排水、空调、强弱电的施工图设计。

5. 设计标准

（1）本工程为×××活动用房，冬季采暖期不使用；

（2）总建筑面积为：2680.30m²，地上四层；

（3）建筑高度为 14.87m（室外地坪至屋面结构板高度）；

（4）结构形式为框架剪力墙结构，耐火等级为二级；

（5）建筑抗震设防类别为丙类，抗震设防烈度为 8 度，设计使用年限为 50 年；

（6）外墙外保温合理使用年限为 25 年。

三、设计标高

1. 本工程±0.000 的绝对标高见总平面图。

2. 各层标高为完成面标高，屋面标高为结构面标高。

3. 本工程总图及标高以“米”（m）为单位，其他尺寸以“毫米”（mm）为单位。

四、墙体工程

1. 墙体的基础部分详见结施。

2. 外墙为 300mm 厚加气混凝土砌块填充墙，外贴 100mm 厚岩棉板保温板（燃烧性能 A 级），干密度：150kg/m³、压缩强度：50kPa，涂料饰面做法详见 12J3-1-A 型。

3. 内墙大部分采用 200mm 厚加气混凝土砌块填充墙，局部为 100mm/300mm 厚。

4. 砌块强度等级不小于 MU3.5，用水泥砂浆砌筑，结构墙体详见结施图。

5. 填充墙的构造柱、水平配筋带、圈梁、门窗过梁等做法见结施图。

6. 需做基础的隔墙除另有要求者外，均随混凝土垫层做元宝基础，上底宽 500mm，下底宽 300mm，高 300mm；位于楼层的隔墙可直接安装于结构梁（板）面上，特殊见结施图纸。

7. 砌筑墙预留洞见建施和设备图；通风管道穿越砌筑墙时应查阅设备专业图纸，墙体砌至洞底标高待设备安装后再封砌上部墙体或先安装设备后砌筑墙体，水电管线施工应密切配合，做好预留、预埋。

8. 女儿墙：为现浇钢筋混凝土，具体见墙身详图和结施图。

9. 砌筑墙体预留洞过梁和门窗过梁见结施；轻质墙上留洞应按结构总说明加强；砌块砌筑时，所有窗下墙和挂有配电箱消火栓等较重设备的洞口下均需加 100mm 厚 C20 细石混凝土压顶，内配 4Φ8 纵筋Φ6@200 分布筋，纵筋两端入墙 200mm。

10. 两种材料的墙体交接处，应根据饰面材质在做饰面前加钉金属网或在施工中加贴加强型玻璃丝网格布，防止裂缝。

五、屋面工程

1. 本工程的屋面防水等级为Ⅱ级，设防做法为一道防水设防，柔性防水层采用 SBC120 双面聚乙烯丙纶复合防水卷材（卷材≥0.9mm，黏结料≥1.3mm，芯材厚度≥0.6mm），四周卷至泛水高度。

2. 屋面细部构造中的女儿墙、山墙、水落口、变形缝、伸出屋面管道、屋面出入口，反梁过水孔、设备基础和屋面窗等部位防水薄弱环节应进行加强措施。

3. 防水薄弱环节的加强措施应做多道防水，复合用材、连接密封、局部增强，并应满足使用功能、温差变形、施工条件和可操作性等要求。

4. 细部构造中容易形成热桥的部位均应进行保温处理。

5. 屋面做法及屋面节点索引见建施 09“屋顶平面图”，雨篷等见各层平面图及有关详图。

6. 屋面排水组织见屋顶平面图。

7. 隔汽层的设置：本工程的所有屋面设置隔汽层，其构造见屋面做法。

8. 屋面上的各设备基础及避雷装置的防水构造见 12J5-1-A14-3/12J5-1-F1-1。

9. 屋顶保温材料采用 120mm 厚阻燃自熄型挤塑聚苯板，挤塑聚苯板的性能指标：干密度 28kg/m³，压缩强度：0.20MPa，抗拉强度：0.20MPa，尺寸稳定性：30%蓄热系数：0.32W/(m²·K)，燃烧性能等级：B_1。

10. 屋顶与外墙交界处、屋顶开口部位四周的保温层，应采用 500mm 宽 120mm 厚岩棉保温板（A 级）水平防火隔离带。防水层上设 40mm 厚细石混凝土保护层，保温层上设火山灰找坡层，均为不燃材料。

六、门窗工程

1. 建筑外门窗抗风压性能由厂家计算，其他指标应符合《12 系列建筑标准设计图集》12J4-1 编制说明三中窗的物理性能要求的有关指标。

2. 门窗玻璃的选用应遵照《建筑玻璃应用技术规程》（JGJ 113—2015）和《建筑安全玻璃管理规定》发改运行［2003］2116 号及地方主管部门的有关规定。

3. 门窗立面均表示结构洞口尺寸，门窗加工尺寸要按照装修面厚度由承包商予以调整。

4. 门窗立樘：外门窗立樘详见墙身节点，内门窗立樘除图中另有注明者外，立樘均居墙中，卫生间门扇离地 20mm。

5. 所有门窗、门联窗均采用外灰内白色断桥铝合金框中空玻璃窗（5 透明＋12A＋5 透明），传热系统 2.2。

6. 断桥铝合金门窗应根据工程所在地区气候条件和国家相关规定进行设计核算主受力杆的强度，使其满足抗风、抗震、防渗、防变形等要求，由厂家经计算后确定门窗尺寸和五金配件，并提供样品及构造大样，由设计师审定后安装，所有窗及门联窗开启扇均设纱窗。

7. 为了更好地保证外墙保温节点的合理性及门窗施工质量，所有外门窗均做热镀锌方钢附框（40mm×20mm×2mm）。

8. 门窗的各项物理性能指标：抗风压性能：4 级，水密性能：3 级，气密性能：6 级，空气隔声性能：4 级。

9. 门窗的面板缝隙应采取良好的密封措施；玻璃四周应用弹性好且耐久的密封条密封，开启扇应采用双道密封，并用弹性好且耐久的密封条密封，门窗周边与墙体或其他围护结构连接处应为弹性构造，采用防潮型保温材料填塞，缝隙采用密封胶密封，其他未注明处详见门窗表中标注说明。

×××集团有限公司
XXXJITUAN YOUXIANGONGSI
地址：×××市×××大街××号

工程设计证书号
建筑行业甲级×××

出图专用章

无出图章，图纸无效

注册执业章

建设单位
×××发电有限公司

工程名称
×××县
×××项目生活区宿舍楼

图名
建筑设计说明（一）

项目负责		
审定		
审核		
工种负责		
校对		
设计		
设计号	××××-×××	
版本	第一版	
图号	建施 02	
日期	××××.××	

建筑设计说明（二）

10. 建筑安全玻璃应用范围：

（1）单块玻璃面积超过 $1.5m^2$、玻璃底边离最终装修面小于500mm的落地窗。

（2）玻璃采光顶、吊顶。

（3）室内隔断、浴室围护和屏风。

（4）楼梯、阳台、平台走廊的栏板和中庭内栏板。

（5）公共建筑的出入口、门厅等部位。

（6）易遭受撞击、冲击而造成人体伤害的其他部位。安全玻璃均采用钢化夹层玻璃。

七、外装修工程

1. 外装修设计和做法索引见立面图及外墙详图。各种类型外墙均应测试水密性、气密性和变形性能。要求隐藏所有的连接件，防雷保护装置隐藏导体电缆，不同金属材料分离隔开以防止电化学反应。

2. 设有外墙外保温的建筑构造详见索引标准图及外墙详图。

3. 根据《建筑设计防火规范》（GB 50016—2014）6.7.4条规定，本工程为涂料饰面，外墙外保温采用外贴100mm厚岩棉板保温板（燃烧性能A级），性能指标：干密度：$150kg/m^3$，压缩强度：50kPa；保温材料表面设置保护层，一层至顶层防护厚度均为10mm。

4. 外装修选用的各项材料其材质、规格、颜色等，均由施工单位提供样板，经建设和设计单位确认后进行封样，并据此验收。

5. 除不锈钢外，金属材料需经防锈处理后上调和漆或经氟碳喷涂工艺，以保证美观及使用耐久性。

八、内装修工程

1. 内装修工程执行《建筑内部装修设计防火规范》（GB 50222—2017），楼地面部分执行《建筑地面设计规范》（GB 50037—2013），各房间室内装修详见做法选用表及二次装修设计。

2. 楼地面构造交接处和地坪高度变化处，除图中另有注明外均位于齐平门扇开启面处。

3. 凡设有地漏房间应做防水层，图中未注明整个房间做坡度者，除特殊注明外，均在地漏周围1m范围内做1%坡度坡向地漏；地面涂膜防水，四周卷起250mm高；凡管道穿过有水房间地面时需预埋套管；高出地面完成面30mm，详见12J11；砌体墙根部浇注200mm高C20混凝土，厚度与墙同宽；有水房间的楼地面应低于相邻房间20mm或做挡水门槛。

4. 防静电、防震、防腐蚀、防爆、防辐射、防尘、屏蔽等特殊装修，详见工程做法。

5. 室内墙面采用光滑宜清洁的材料，墙角、窗台、窗口竖边等棱角部位必须做成小圆角。

6. 内装修选用的各项材料，均由施工单位制作样板和选样，经确认后进行封样，并据此进行验收。

7. 内装修选用的各项材料应符合《民用建筑室内环境污染控制规范》的规范要求。

（1）根据民用建筑工程室内环境污染物浓度限量的不同，将本工程划分为Ⅰ类。

（2）民用建筑室内环境污染浓度限量要求：

氡（Bq/m^3）≤200；甲醛（mg/m^3）≤0.08；苯（mg/m^3）≤0.09；氨（mg/m^3）≤0.2；TVOC（mg/m^3）≤0.5。

九、防火工程

1. 本工程防火设计执行《建筑设计防火规范》（GB 50016—2014）。

2. 本工程为宿舍建筑，建筑高度小于15m，体积小于 $10000m^3$，故室内不设自动喷淋灭火系统和室内消火栓，手提灭火器布置详见设施图纸。

3. 本工程一层、二层为一个防火分区，三、四层为一个防火分区，防火分区建筑面积均小于 $2500m^2$。

4. 本工程设有两部疏散楼梯，一部疏散楼梯直通室外，另外一部疏散楼梯设在距离直通室外门小于15m处，疏散距离及宽度均满足规范要求。

5. 防火墙应直接设置在建筑的基础或框架、梁等承重结构上，框架、梁等承重结构的耐火极限不应低于防火墙的耐火极限。

6. 建筑内的防火隔墙应从楼地面基层隔断至梁、楼板或屋面板的底面基层。

7. 防火墙的构造应能在防火墙任意一侧的屋架、梁、楼板等受到火灾的影响而破坏时，不会导致防火墙倒塌。

8. 电缆井、管道井、排烟道、排气道、垃圾道等竖向井道，应分别独立设置。井壁的耐火极限不应低于1.00h，井壁上的检查门采用丙级防火门。

9. 建筑内的电缆井、管道井应在每层楼板处采用不低于楼板耐火极限的不燃材料或防火封堵材料封堵。

10. 本工程的耐火等级为二级，各个构件的燃烧性能和耐火极限（h）不应低于下列要求：

防火墙：不燃烧3.00h；承重墙：不燃烧2.50h；非承重墙：不燃烧1.00h；

楼梯间墙：不燃烧2.00h；疏散走道两侧的隔墙：不燃烧1.00h；

房间隔墙：不燃烧0.50h；柱：不燃烧2.50h；梁：不燃烧1.50h；

楼板：不燃烧1.00h；屋顶承重构件：不燃烧1.00h；

疏散楼梯：不燃烧1.00h；吊顶（包括吊顶格栅）：不燃烧0.25h。

11. 防烟、排烟、供暖、通风和空气调节系统中的管道及建筑内的其他管道，在穿越防火隔墙、楼板和防火墙处的孔隙应采用防火封堵材料封堵。

12. 风管穿过防火隔墙、楼板和防火墙时，穿越外风管上的防火阀、排烟防火阀两侧各2.0m范围内的风管应采用耐火风管或风管外壁应采取防火保护措施，且耐火极限不应低于该防火分隔体的耐火极限。

13. 附设在建筑内的消防值班室，应采用耐火极限不低于2.00h的防火隔墙和1.50h的楼板与其他部位分隔。开向建筑内的门采用乙级防火门。

14. 内、外装修设计应符合现行规范的有关规定。二次装修不得改变防火分区或拆改防火分隔，消防疏散通道不得做任何形式的阻断，防火卷帘下部不得布置任何无关设施。

15. 本工程室内不设置自动喷水灭火系统，上、下层开口之间的实体墙高度不小于1.2m。

十、室外工程

凡靠外墙未做铺砌地面处均做900mm宽散水，详见墙身大样。凡室外台阶散水及坡道下均做300mm厚中砂防冻胀层。

十一、无障碍设计工程

1. 在主要出入口处均设有坡度为1/20无障碍坡道，入口平台宽度2.0m，满足规范要求。

2. 走廊最小宽度为1.8m，满足规范要求。

3. 楼梯和台阶距踏步起点和终点300mm设有提示盲道。

4. 楼梯踏面和踢面的材质颜色宜区分和对比。

5. 楼梯、台阶上行及下行的第一阶宜在颜色或材质上与平台有明显区分。

十二、其他

1. 本工程所选用标准图中有关结构工种的预埋件、预留洞，如楼梯、平台栏杆、门窗、建筑配件等应与各个工种密切配合，确认无误后方可施工。

2. 预埋木砖及贴邻墙体的木质面均做防腐处理，露明铁件均做防锈处理。

3. 楼板留洞的封堵：待设备管线安装完毕后，用C20细石混凝土封堵密实，管道竖井每层进行封堵。

4. 凡隐藏部位和隐藏工程，应及时会同有关部门进行检查及验收。

***本工程施工及验收均应严格执行国家现行的建筑安装工程施工及验收规范及×××省有关建筑工程法规，本说明未尽之处在施工中进行协商、配合，共同解决。**

***本套施工图需经施工图审查机构审查后方可施工。**

×××集团有限公司
xxxJITUAN YOUXIANGONGSI
地址：×××市×××大街××号

工程设计证书号
建筑行业甲级×××

出图专用章

无出图章，图纸无效

注册执业章

建设单位
×××发电有限公司

工程名称
×××县
×××项目生活区宿舍楼

图名
建筑设计说明（二）

项目负责	
审定	
审核	
工种负责	
校对	
设计	
设计号	××××-×××
版本	第一版
图号	建施03
日期	××××.××

工程做法表

屋面

屋1：上人平屋面（用于三层室外平台和四层屋面）
1. 10厚防滑地砖铺平拍实，缝宽5～8mm，1∶1水泥砂浆填缝
2. 30厚1∶3干硬性水泥砂浆结合层
3. 干铺350号沥青油毡一层
4. SBC120双面聚乙烯丙纶复合防水卷材（卷材≥0.9mm，黏结料≥1.3mm，芯材厚度≥0.6mm）四周卷至泛水高度
5. 30厚C20细石混凝土找平层
6. 火山灰找2%坡最薄处30厚
7. 120厚挤塑聚苯乙烯泡沫塑料板（$28kg/m^3$）
距女儿墙及屋面出口500mm范围改用相同厚度的岩棉板（A级）
8. 隔汽层：1.5厚聚氨酯防水涂料
9. 钢筋混凝土现浇屋面板详见结施，随打随抹光

屋2：不上人平屋面（用于楼梯间屋面）
1. 40厚细石混凝土保护层，每<6m留20宽缝，缝内填防水油膏
2. 干铺350号沥青油毡一层
3. SBC120双面聚乙烯丙纶复合防水卷材（卷材≥0.9mm，黏结料≥1.3mm，芯材厚度≥0.6mm）四周卷至泛水高度
4. 20厚1∶2.5水泥砂浆找平层
5. 火山灰找2%坡最薄处30厚
6. 120厚挤塑聚苯乙烯泡沫塑料板（$28kg/m^3$）
距女儿墙及屋面出口500mm范围改用相同厚度的岩棉板（A级）
7. 钢筋混凝土现浇屋面板详见结施，随打随抹光

地面

地1：地砖地面
1. 铺10厚地砖，干水泥擦缝
2. 撒素水泥面（洒适量清水）
3. 20厚1∶3干硬性水泥砂浆结合层
4. 刷素水泥浆一道
5. 60厚C20细石混凝土
6. 50厚挤塑聚苯板保温层（$28kg/m^3$）
7. 0.8mm厚聚氨酯防潮层，上翻150mm
8. 刷基层处理剂一遍
9. 40厚C20细石混凝土找平层
10. 150厚卵石或碎石灌M5水泥砂浆
11. 素土夯实

地2：防滑地砖地面（有防水）
1. 铺10厚防滑地砖，干水泥擦缝
2. 撒素水泥面（洒适量清水）
3. 20厚1∶3干硬性水泥砂浆结合层
4. 1.5厚聚氨酯防水浆料分两遍涂刷，四周墙面上翻250高
5. 刷素水泥浆一道
6. 60厚（最高处）C20细石混凝土向地漏找坡，随打随抹平，最低处40厚
7. 50厚挤塑聚苯板保温层（$28kg/m^3$）
8. 0.8mm厚聚氨酯防潮层，上翻150mm
9. 刷基层处理剂一遍
10. 40厚C20细石混凝土找平层
11. 150厚卵石或碎石灌M5水泥砂浆
12. 素土夯实

地3：水泥砂浆地面
1. 20厚1∶2水泥砂浆压实抹光
2. 刷素水泥浆结合层一道
3. 30厚C20细石混凝土
4. 1.5厚聚氨酯防水浆料分两遍涂刷，四周墙面上翻250高
5. 刷素水泥浆一道
6. 60厚C20细石混凝土
7. 50厚挤塑聚苯板保温层（$28kg/m^3$）
8. 0.8mm厚聚氨酯防潮层，上翻150mm
9. 刷基层处理剂一遍
10. 40厚C20细石混凝土找平层
11. 150厚卵石或碎石灌M5水泥砂浆
12. 素土夯实

楼面

楼1：地砖楼面（80厚）
1. 铺10厚地砖，干水泥擦缝
2. 撒素水泥面（洒适量清水）
3. 50厚1∶4干硬性水泥砂浆结合层
4. 素水泥浆结合层一道
5. 20厚1∶2.5干硬性水泥砂浆
6. 钢筋混凝土楼板随打随抹平详见结施

楼2：地砖楼面（有防水）100厚
1. 铺10厚防滑地砖
2. 撒素水泥面（洒适量清水）
3. 20厚1∶3干硬性水泥砂浆
4. 1.5厚聚氨酯防水浆料分两遍涂刷，四周墙面上翻250高
5. 刷基层处理剂一遍
6. 20厚1∶2.5水泥砂浆找平层，四周抹小八字角
7. 50厚（最高处）C20细石混凝土向地漏找坡1%
8. 素水泥砂浆一道
9. 钢筋混凝土楼板随打随抹平详见结施

楼3：地砖楼面（50厚，用于楼梯间踏步及休息平台处）
1. 铺20厚灰色花岗岩踏步，干水泥擦缝
2. 撒素水泥面（洒适量清水）
3. 30厚1∶3干硬性水泥砂浆结合层
4. 素水泥浆结合层一道
5. 钢筋混凝土楼板随打随抹平详见结施

内墙面

内1：刮腻子墙面（用于砌块墙）
1. 2厚面层耐水腻子分遍刮平，刷乳胶漆
2. 5厚1∶0.5∶2.5水泥石灰膏砂浆抹平
3. 8厚1∶1∶6水泥石灰膏砂浆，打底扫毛
4. 刷加气混凝土界面处理剂一道

内2：刮腻子墙面（用于和混凝土墙、柱）
1. 2厚面层耐水腻子分遍刮平，刷乳胶漆
2. 5厚1∶0.5∶3水泥石灰膏砂浆分遍抹平
3. 刷素水泥砂浆一道（内掺建筑胶）

内3：瓷砖墙面
1. 5厚瓷砖，专用勾缝剂勾缝
2. 专用胶黏结层
3. 8厚1∶0.5∶2.5水泥石灰膏砂浆打底扫毛
4. 8厚1∶1∶6水泥石灰膏砂浆打底扫毛
5. 界面处理剂一道
6. 喷湿墙面

顶棚

棚1：刮腻子顶棚
1. 满刮大白腻子两道，刷乳胶漆
2. 板底腻子刮平
3. 钢筋混凝土板底

棚2：轻钢龙骨纸面石膏板吊顶，乳胶漆罩面
1. 轻钢龙骨双层骨架：主龙骨中距1000mm，次龙骨中距450mm，横撑龙骨中距900mm
2. 纸面石膏板，自攻螺丝固定，孔眼用腻子填平
3. 刷配套防潮涂料一遍
4. 表面装饰另行确定

棚3：成品铝扣板吊顶
成品铝扣板吊顶，由专业厂家设计、制作、安装

棚4：铝合金T形龙骨矿棉装饰板吊板
1. 铝合金配套龙骨，主龙骨中距900～1000mm，T形龙骨中距503mm，横撑中距503mm
2. 12～15厚500mm×500mm矿棉装饰板

室内工程做法选用表

房间名称	地面	楼面	内墙面	顶棚	踢脚	窗台
楼梯间	地1	楼1、3	内1	棚1	踢1	板1
健身房、咖啡厅	地1	—	内1	详见二次装修	踢1	板1
门厅、前厅、走廊	地1	楼1	内1	详见二次装修	踢1	板1
制作间	地2	—	内3	棚3	—	板1
卫生间、公共洗衣房	地2	楼2	内3	棚3	—	板1
宿舍、办公室、储藏	地1	楼1	内1	棚1、2	踢1	板1
阅览室	—	楼1	内1	棚4	踢1	板1
活动室、公共交流区	—	楼1	内1	详见二次装修	踢1	板1
管井、电井、电气间	地1	楼1	内1	棚1	—	—
消防值班室	地3	—	内1	棚4	踢2	板1

备注：1. 消防值班室地面做防静电地板300mm高，内装修与设备厂家配合施工。
2. 宿舍吊顶为局部吊顶。
3. 装修部位仅做参考，具体详见二次装修。

窗台板

板1：大理石窗台板
1. 30厚大理石窗台板
2. 20厚1∶2.5水泥砂浆

踢脚

踢1：地砖踢脚（100高）
1. 20厚地板砖，稀水泥浆擦缝
2. 配套胶黏剂黏结
3. 15厚1∶3水泥砂浆

踢2：成品木踢脚（100高）
成品木踢脚，由木地板设计、制作、安装

×××集团有限公司
xxxJITUAN YOUXIANGONGSI
地址：×××市×××大街××号

工程设计证书号
建筑行业甲级×××

出图专用章

无出图章，图纸无效

注册执业章

建设单位
×××发电有限公司

工程名称
×××县
×××项目生活区宿舍楼

图名
工程做法表
室内工程做法选用表

项目负责	
审定	
审核	
工种负责	
校对	
设计	
设计号	××××-×××
版本	第一版
图号	建施04
日期	××××.××

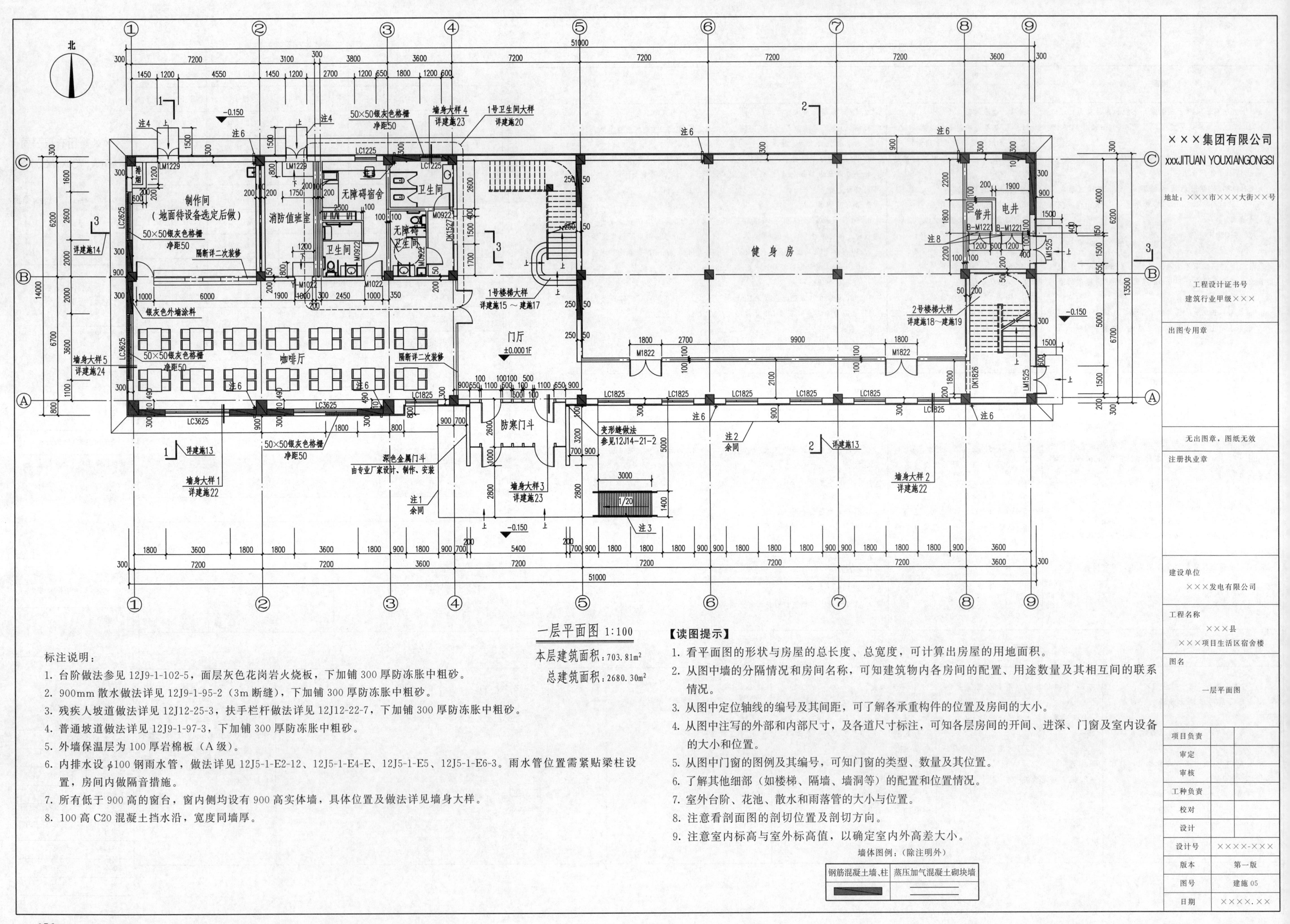

一层平面图 1:100

本层建筑面积：703.81m²

总建筑面积：2680.30m²

标注说明：

1. 台阶做法参见 12J9-1-102-5，面层灰色花岗岩火烧板，下加铺 300 厚防冻胀中粗砂。
2. 900mm 散水做法详见 12J9-1-95-2（3m 断缝），下加铺 300 厚防冻胀中粗砂。
3. 残疾人坡道做法详见 12J12-25-3，扶手栏杆做法详见 12J12-22-7，下加铺 300 厚防冻胀中粗砂。
4. 普通坡道做法详见 12J9-1-97-3，下加铺 300 厚防冻胀中粗砂。
5. 外墙保温层为 100 厚岩棉板（A 级）。
6. 内排水设 ϕ100 钢雨水管，做法详见 12J5-1-E2-12、12J5-1-E4-E、12J5-1-E5、12J5-1-E6-3。雨水管位置需紧贴梁柱设置，房间内做隔音措施。
7. 所有低于 900 高的窗台，窗内侧均设有 900 高实体墙，具体位置及做法详见墙身大样。
8. 100 高 C20 混凝土挡水沿，宽度同墙厚。

【读图提示】

1. 看平面图的形状与房屋的总长度、总宽度，可计算出房屋的用地面积。
2. 从图中墙的分隔情况和房间名称，可知建筑物内各房间的配置、用途数量及其相互间的联系情况。
3. 从图中定位轴线的编号及其间距，可了解各承重构件的位置及房间的大小。
4. 从图中注写的外部和内部尺寸，及各道尺寸标注，可知各层房间的开间、进深、门窗及室内设备的大小和位置。
5. 从图中门窗的图例及其编号，可知门窗的类型、数量及其位置。
6. 了解其他细部（如楼梯、隔墙、墙洞等）的配置和位置情况。
7. 室外台阶、花池、散水和雨落管的大小与位置。
8. 注意看剖面图的剖切位置及剖切方向。
9. 注意室内标高与室外标高值，以确定室内外高差大小。

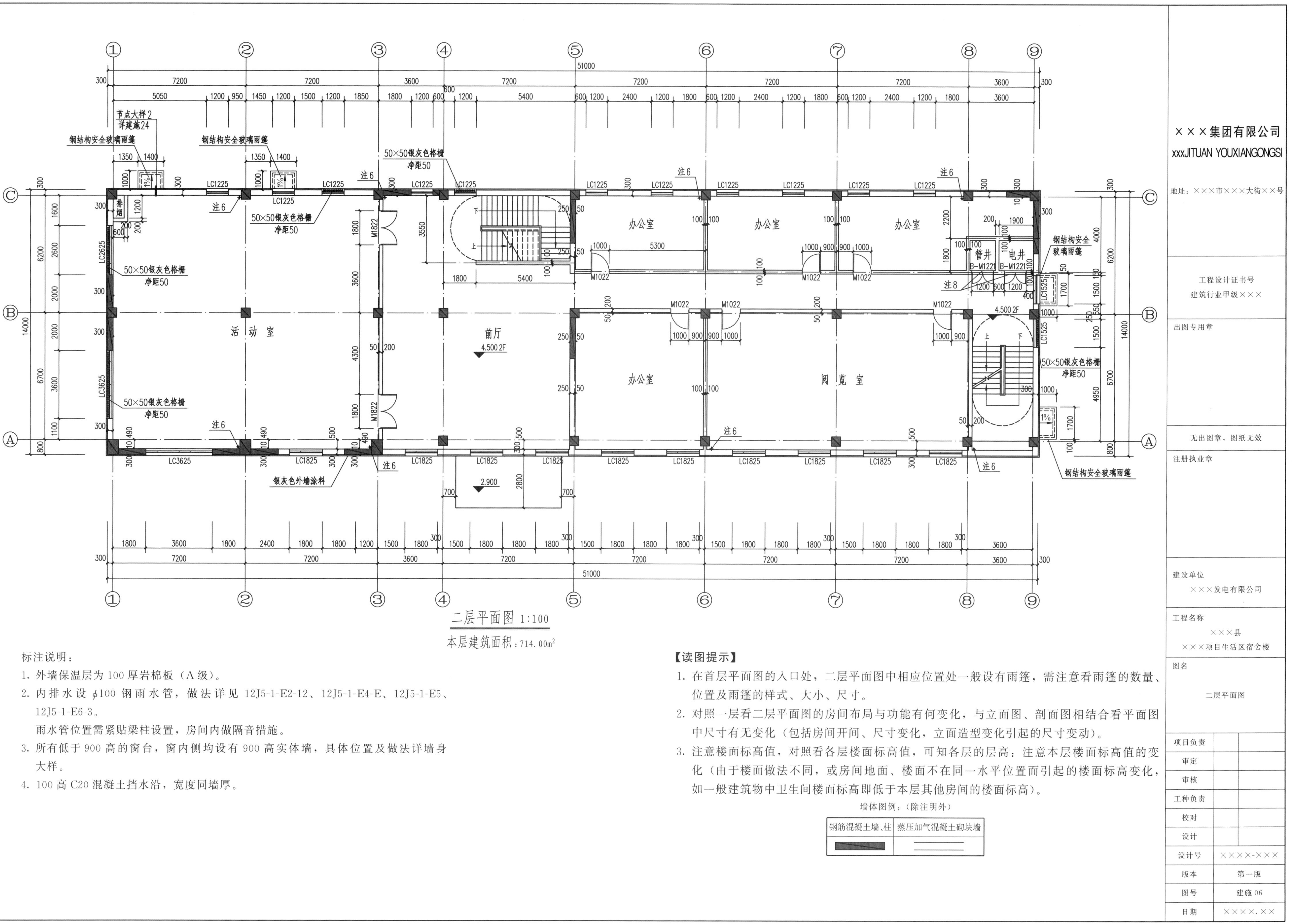

二层平面图 1:100

本层建筑面积：714.00m²

标注说明：

1. 外墙保温层为100厚岩棉板（A级）。
2. 内排水设 ϕ100 钢雨水管，做法详见 12J5-1-E2-12、12J5-1-E4-E、12J5-1-E5、12J5-1-E6-3。
   雨水管位置需紧贴梁柱设置，房间内做隔音措施。
3. 所有低于900高的窗台，窗内侧均设有900高实体墙，具体位置及做法详墙身大样。
4. 100高C20混凝土挡水沿，宽度同墙厚。

【读图提示】

1. 在首层平面图的入口处，二层平面图中相应位置处一般设有雨篷，需注意看雨篷的数量、位置及雨篷的样式、大小、尺寸。
2. 对照一层看二层平面图的房间布局与功能有何变化，与立面图、剖面图相结合看平面图中尺寸有无变化（包括房间开间、尺寸变化，立面造型变化引起的尺寸变动）。
3. 注意楼面标高值，对照看各层楼面标高值，可知各层的层高；注意本层楼面标高值的变化（由于楼面做法不同，或房间地面、楼面不在同一水平位置而引起的楼面标高变化，如一般建筑物中卫生间楼面标高即低于本层其他房间的楼面标高）。

墙体图例：（除注明外）

钢筋混凝土墙、柱	蒸压加气混凝土砌块墙

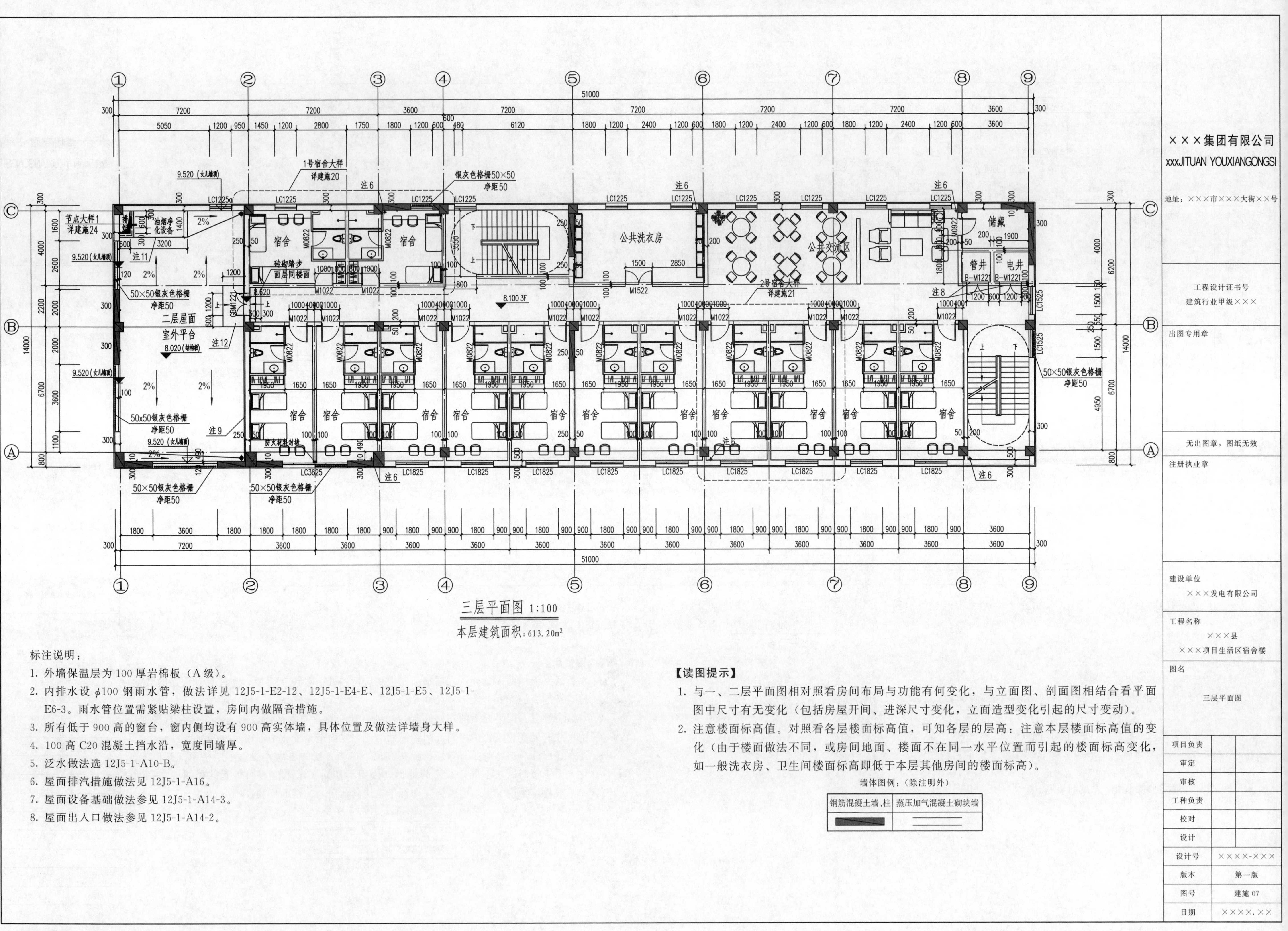

三层平面图 1:100

本层建筑面积：613.20m²

标注说明：

1. 外墙保温层为100厚岩棉板（A级）。
2. 内排水设 ϕ100 钢雨水管，做法详见12J5-1-E2-12、12J5-1-E4-E、12J5-1-E5、12J5-1-E6-3。雨水管位置需紧贴梁柱设置，房间内做隔音措施。
3. 所有低于900高的窗台，窗内侧均设有900高实体墙，具体位置及做法详墙身大样。
4. 100高C20混凝土挡水沿，宽度同墙厚。
5. 泛水做法选12J5-1-A10-B。
6. 屋面排汽措施做法见12J5-1-A16。
7. 屋面设备基础做法参见12J5-1-A14-3。
8. 屋面出入口做法参见12J5-1-A14-2。

【读图提示】

1. 与一、二层平面图相对照看房间布局与功能有何变化，与立面图、剖面图相结合看平面图中尺寸有无变化（包括房屋开间、进深尺寸变化，立面造型变化引起的尺寸变动）。
2. 注意楼面标高值。对照看各层楼面标高值，可知各层的层高；注意本层楼面标高值的变化（由于楼面做法不同，或房间地面、楼面不在同一水平位置而引起的楼面标高变化，如一般洗衣房、卫生间楼面标高即低于本层其他房间的楼面标高）。

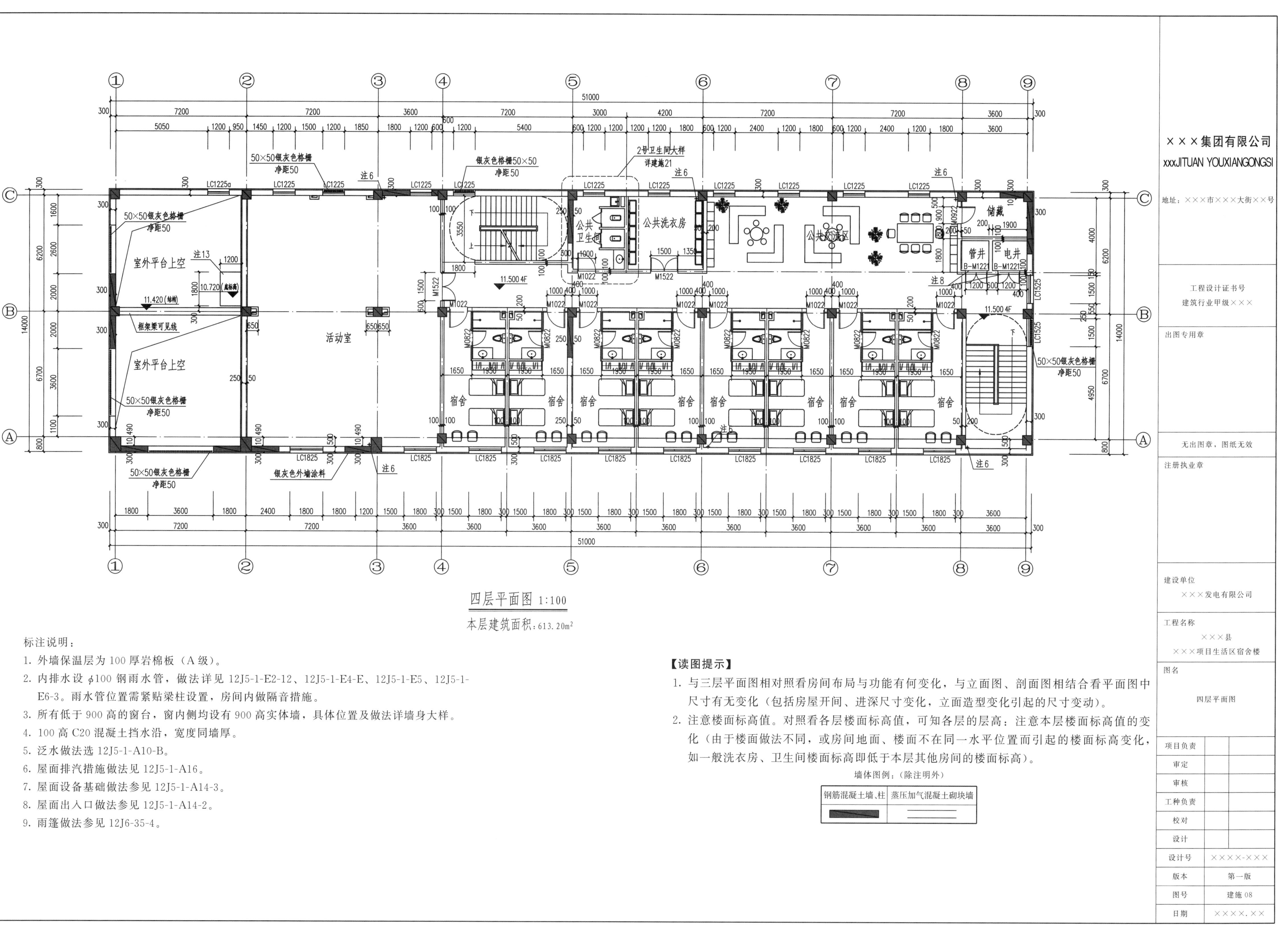
四层平面图 1:100
本层建筑面积：613.20m²
标注说明：
1. 外墙保温层为 100 厚岩棉板（A 级）。
2. 内排水设 ϕ100 钢雨水管，做法详见 12J5-1-E2-12、12J5-1-E4-E、12J5-1-E5、12J5-1-E6-3。雨水管位置需紧贴梁柱设置，房间内做隔音措施。
3. 所有低于 900 高的窗台，窗内侧均设有 900 高实体墙，具体位置及做法详墙身大样。
4. 100 高 C20 混凝土挡水沿，宽度同墙厚。
5. 泛水做法选 12J5-1-A10-B。
6. 屋面排汽措施做法见 12J5-1-A16。
7. 屋面设备基础做法参见 12J5-1-A14-3。
8. 屋面出入口做法参见 12J5-1-A14-2。
9. 雨篷做法参见 12J6-35-4。
【读图提示】
1. 与三层平面图相对照看房间布局与功能有何变化，与立面图、剖面图相结合看平面图中尺寸有无变化（包括房屋开间、进深尺寸变化，立面造型变化引起的尺寸变动）。
2. 注意楼面标高值。对照看各层楼面标高值，可知各层的层高；注意本层楼面标高值的变化（由于楼面做法不同，或房间地面、楼面不在同一水平位置而引起的楼面标高变化，如一般洗衣房、卫生间楼面标高即低于本层其他房间的楼面标高）。
墙体图例：（除注明外）
钢筋混凝土墙、柱
蒸压加气混凝土砌块墙
×××集团有限公司
xxxJITUAN YOUXIANGONGSI
地址：×××市×××大街××号
工程设计证书号
建筑行业甲级×××
出图专用章
无出图章，图纸无效
注册执业章
建设单位
×××发电有限公司
工程名称
×××县
×××项目生活区宿舍楼
图名
四层平面图
项目负责
审定
审核
工种负责
校对
设计
设计号 ××××-×××
版本 第一版
图号 建施 08
日期 ××××.××
室外平台上空
活动室
宿舍
公共卫生间
公共洗衣房
公共休闲区
储藏
管井
电井
50×50银灰色格栅
净距50
银灰色外墙涂料
框架梁可见线
2号卫生间大样
详建施21
11.500 4F
11.420 (结构)
10.720 (底标高)

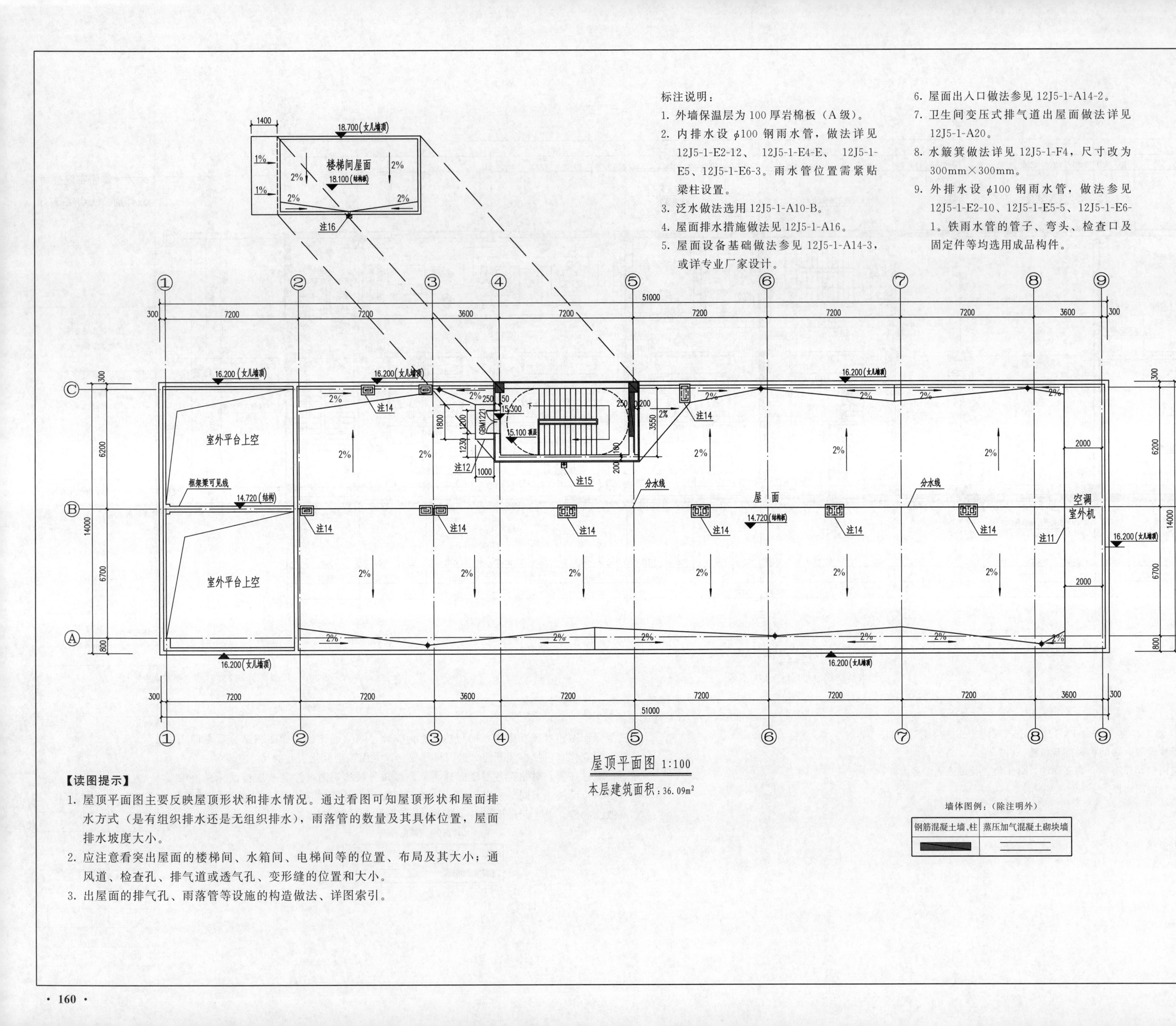

【读图提示】

1. 屋顶平面图主要反映屋顶形状和排水情况。通过看图可知屋顶形状和屋面排水方式（是有组织排水还是无组织排水），雨落管的数量及其具体位置，屋面排水坡度大小。
2. 应注意看突出屋面的楼梯间、水箱间、电梯间等的位置、布局及其大小；通风道、检查孔、排气道或透气孔、变形缝的位置和大小。
3. 出屋面的排气孔、雨落管等设施的构造做法、详图索引。

×××集团有限公司
xxxJITUAN YOUXIANGONGSI
地址：×××市×××大街××号

工程设计证书号
建筑行业甲级×××

出图专用章

无出图章，图纸无效

注册执业章

建设单位
×××发电有限公司

工程名称
×××县
××项目生活区宿舍楼

图名
屋顶平面图

项目负责	
审定	
审核	
工种负责	
校对	
设计	
设计号	××××-×××
版本	第一版
图号	建施09
日期	××××.××

南立面图 1:100

【读图提示】

建筑立面图主要表示建筑物的外貌，反映建筑各立面的造型、门窗形式和位置，各部分的标高、外墙面的装修材料和做法。具体应注意阅读以下内容。

1. 首先从图名可知所看立面图的朝向。相应方向房屋的整个外貌形状、造型，凸凹及其相互间的联系情况。该方向房屋的屋面、门窗、雨篷、阳台、台阶、花池、勒脚、出屋面的楼梯间、电梯间等细部的形式和位置（可参照立面效果图来看）。
2. 阅读立面标高、立面尺寸。应注意室外地坪标高，出入口地面标高，门窗顶部、底部标高，檐口标高及雨篷、勒脚等处的标高。立面尺寸主要有表明建筑物外形高度方向的三道尺寸。即建筑物总高度、分层高度和细部高度。
3. 结合立面效果图看立面装修颜色、装修材料和做法，建筑装饰物的形状、大小、位置及其做法。
4. 表明局部或外墙索引。

北立面图　1:100

（图例）	银灰色格栅
（图例）	浅灰色外墙涂料
（图例）	银灰色外墙涂料
（图例）	深色金属门斗
10	彩色玻璃颜色编号彩色玻璃为窗玻璃内侧贴彩色玻璃膜，需看样订货

读图提示同建施10。

×××集团有限公司
xxxJITUAN YOUXIANGONGSI
地址：×××市×××大街××号

工程设计证书号
建筑行业甲级×××

出图专用章

无出图章，图纸无效

注册执业章

建设单位
×××发电有限公司

工程名称
×××县
×××项目生活区宿舍楼

图名
北立面图

项目负责	
审定	
审核	
工种负责	
校对	
设计	
设计号	××××-×××
版本	第一版
图号	建施 11
日期	××××.××

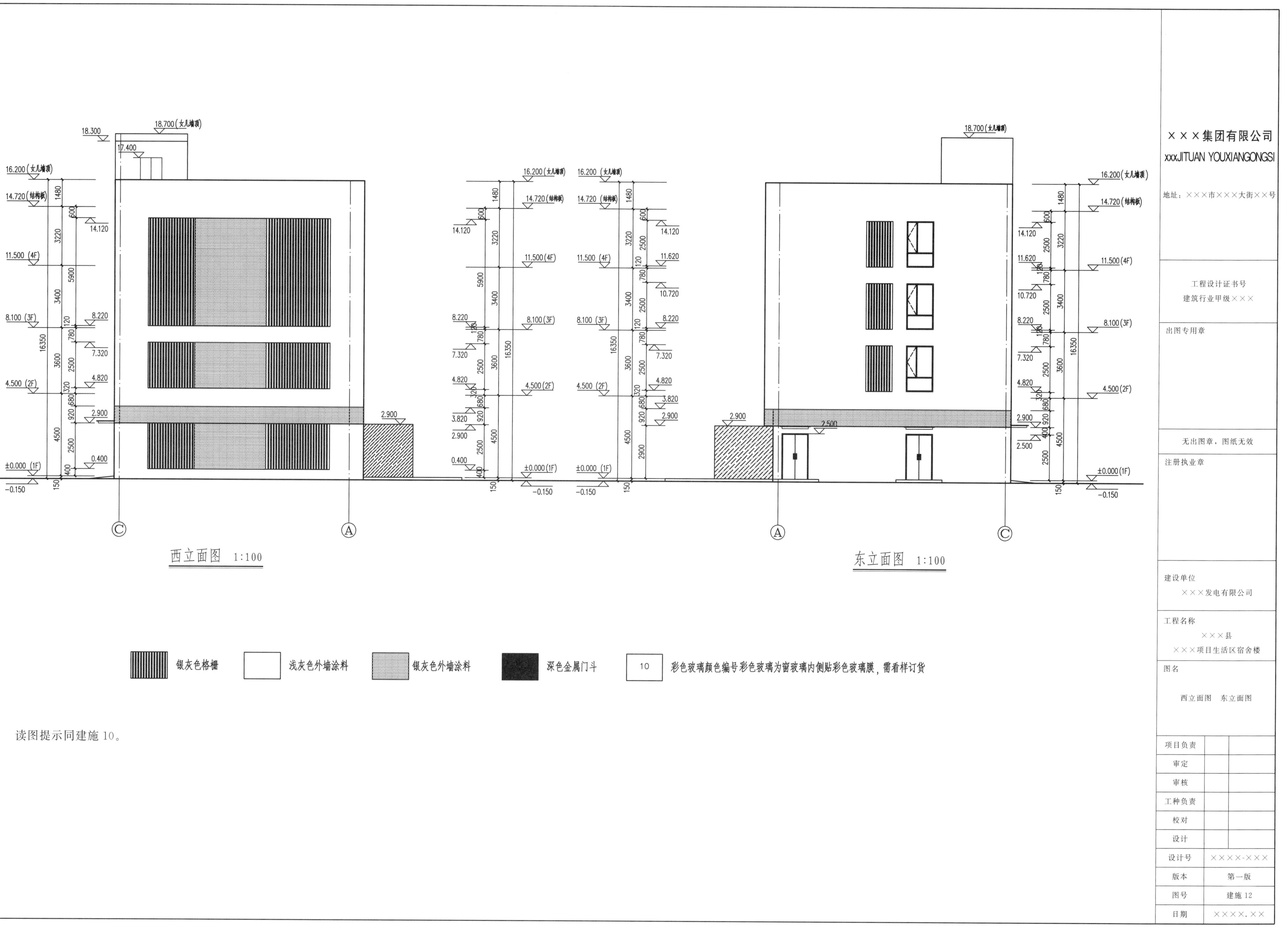
18.700(女儿墙顶)
18.300
17.400
16.200(女儿墙顶)
14.720(结构板)
14.120
11.620
11.500(4F)
10.720
8.220
8.100(3F)
7.320
4.820
4.500(2F)
3.820
2.900
2.500
0.400
±0.000(1F)
-0.150
16350
西立面图 1:100
东立面图 1:100
银灰色格栅
浅灰色外墙涂料
银灰色外墙涂料
深色金属门斗
10
彩色玻璃颜色编号彩色玻璃为窗玻璃内侧贴彩色玻璃膜，需看样订货
×××集团有限公司
xxxJITUAN YOUXIANGONGSI
地址：×××市×××大街××号
工程设计证书号
建筑行业甲级×××
出图专用章
无出图章，图纸无效
注册执业章
建设单位
×××发电有限公司
工程名称
×××县
×××项目生活区宿舍楼
图名
西立面图 东立面图
项目负责
审定
审核
工种负责
校对
设计
设计号 ××××-×××
版本 第一版
图号 建施12
日期 ××××.××

读图提示同建施10。

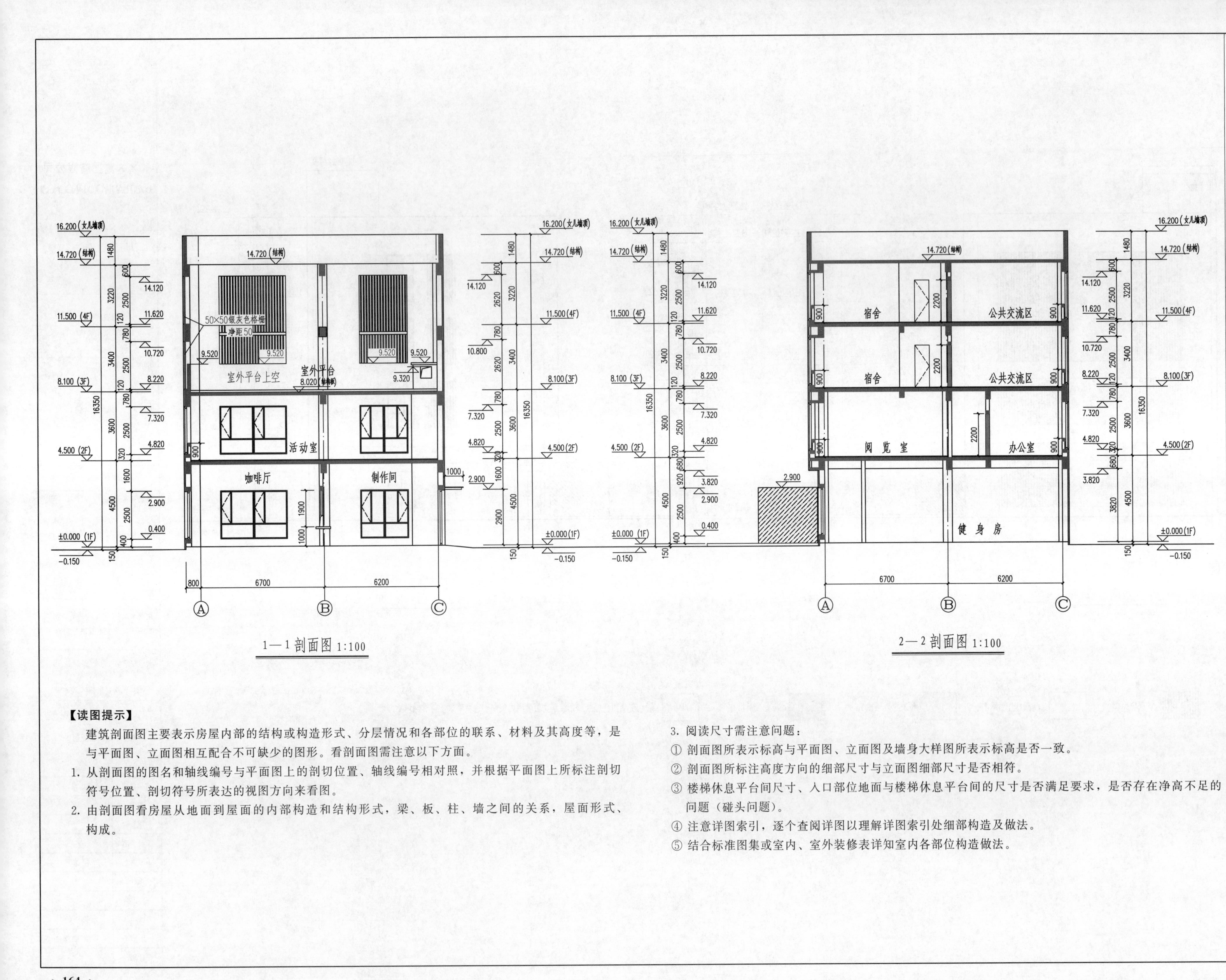

1—1 剖面图 1:100

2—2 剖面图 1:100

【读图提示】

建筑剖面图主要表示房屋内部的结构或构造形式、分层情况和各部位的联系、材料及其高度等，是与平面图、立面图相互配合不可缺少的图形。看剖面图需注意以下方面。

1. 从剖面图的图名和轴线编号与平面图上的剖切位置、轴线编号相对照，并根据平面图上所标注剖切符号位置、剖切符号所表达的视图方向来看图。
2. 由剖面图看房屋从地面到屋面的内部构造和结构形式，梁、板、柱、墙之间的关系，屋面形式、构成。
3. 阅读尺寸需注意问题：

① 剖面图所表示标高与平面图、立面图及墙身大样图所表示标高是否一致。
② 剖面图所标注高度方向的细部尺寸与立面图细部尺寸是否相符。
③ 楼梯休息平台间尺寸、入口部位地面与楼梯休息平台间的尺寸是否满足要求，是否存在净高不足的问题（碰头问题）。
④ 注意详图索引，逐个查阅详图以理解详图索引处细部构造及做法。
⑤ 结合标准图集或室内、室外装修表详知室内各部位构造做法。

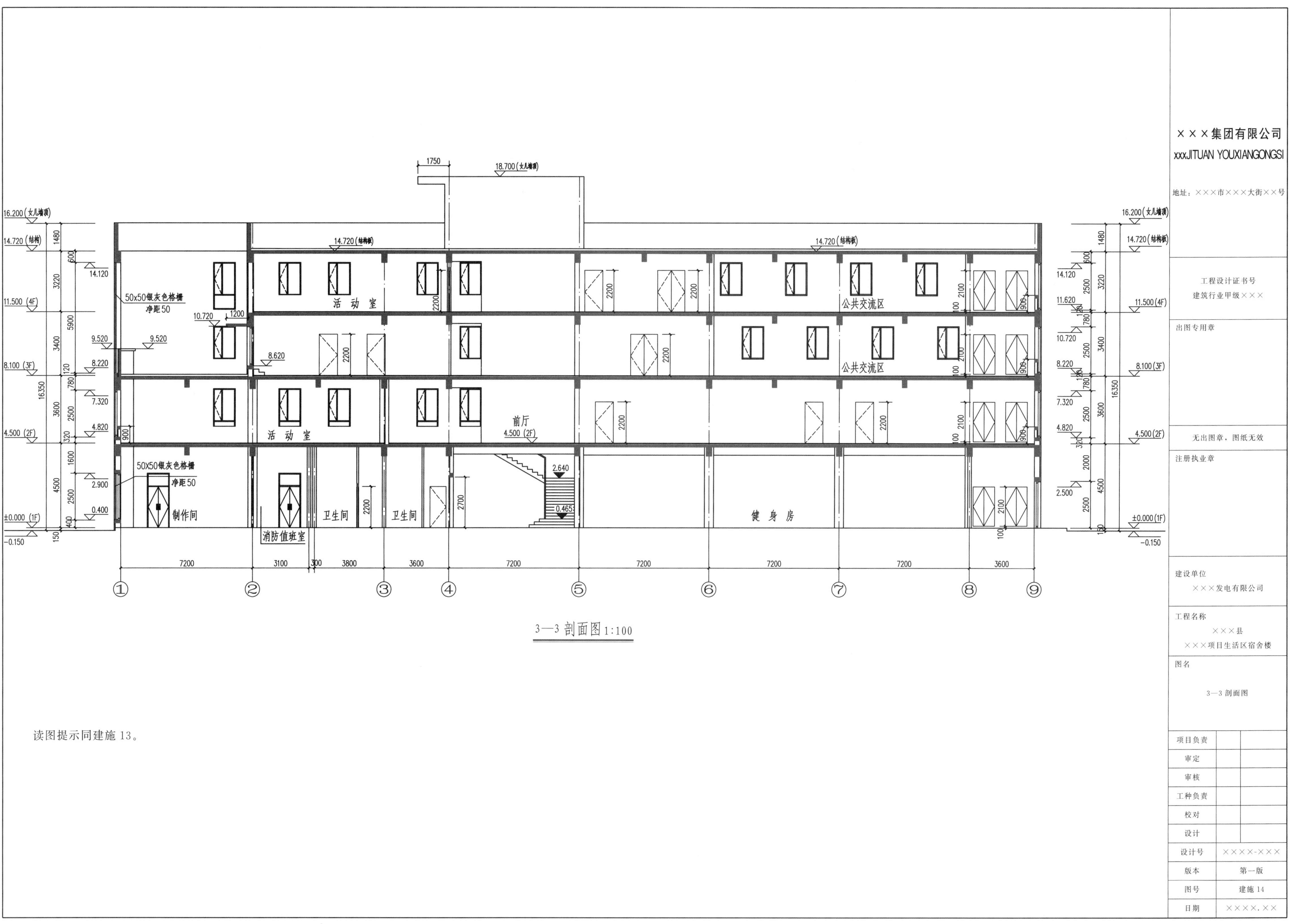

3—3 剖面图 1:100

读图提示同建施 13。

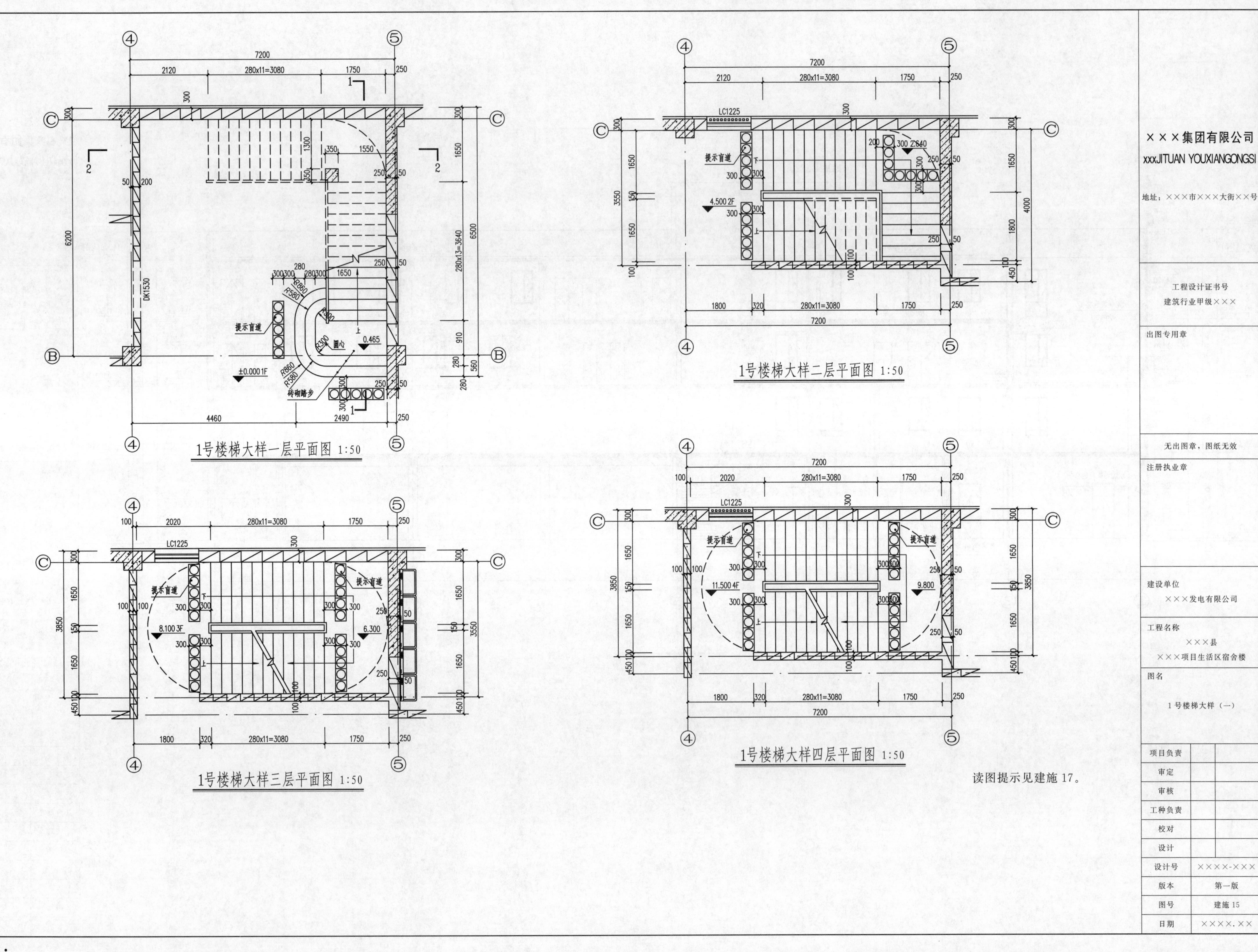
1号楼梯大样一层平面图 1:50
1号楼梯大样二层平面图 1:50
1号楼梯大样三层平面图 1:50
1号楼梯大样四层平面图 1:50
提示盲道
砖砌踏步
圆心
±0.000 1F
0.465
4.500 2F
2.640
8.100 3F
6.300
11.500 4F
9.800
DK1530
LC1225
7200
2120
280x11=3080
1750
250
300
6200
6500
280x13=3640
4460
2490
3850
3550
4000
2020
1800
320
1650
150
100
450
读图提示见建施17。
×××集团有限公司
xxxJITUAN YOUXIANGONGSI
地址：×××市×××大街××号
工程设计证书号
建筑行业甲级×××
出图专用章
无出图章，图纸无效
注册执业章
建设单位
×××发电有限公司
工程名称
×××县
×××项目生活区宿舍楼
图名
1号楼梯大样（一）
项目负责
审定
审核
工种负责
校对
设计
设计号
××××-×××
版本
第一版
图号
建施15
日期
××××.××

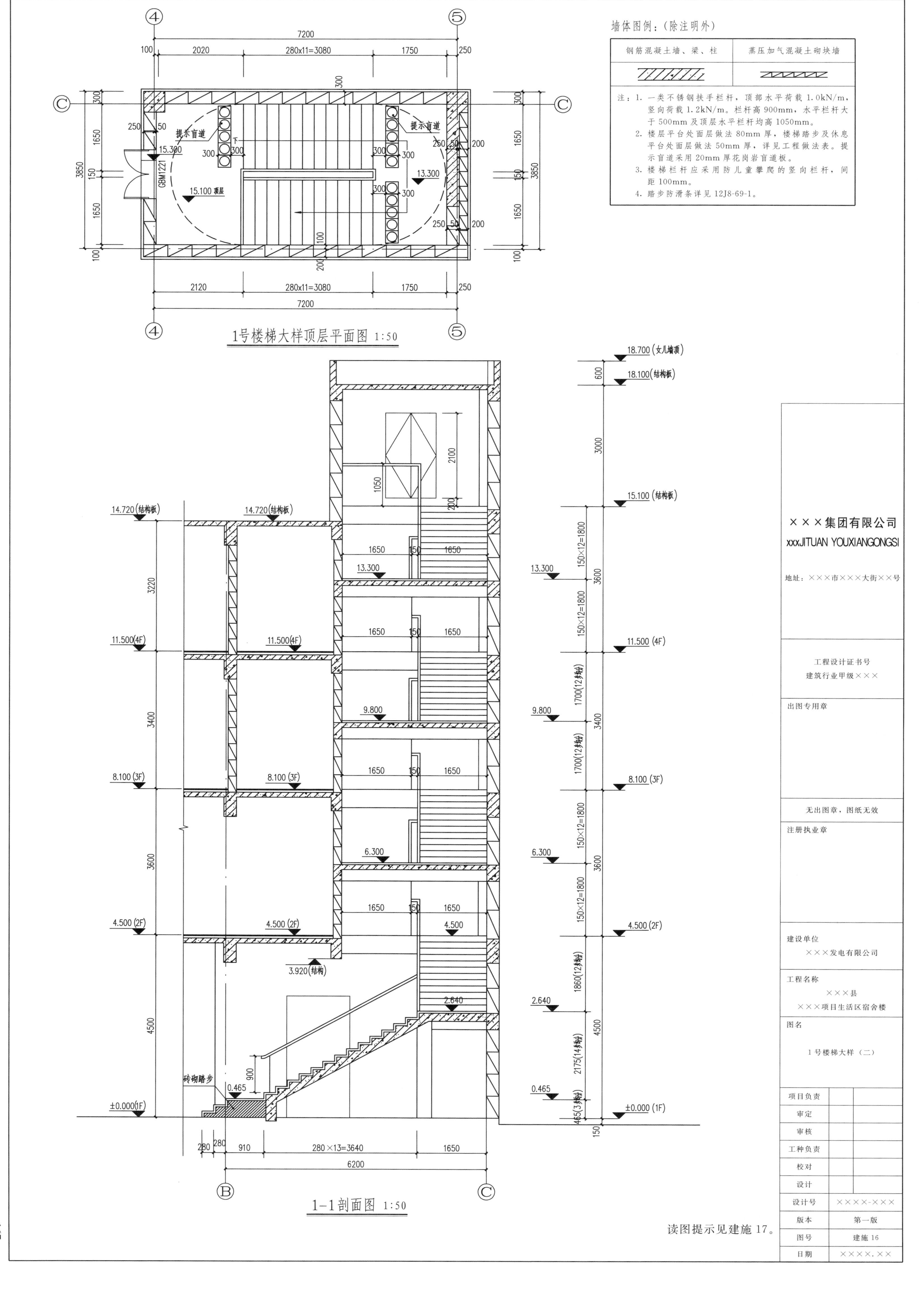
1号楼梯大样顶层平面图 1:50
1-1剖面图 1:50
墙体图例：(除注明外)
钢筋混凝土墙、梁、柱
蒸压加气混凝土砌块墙
注：1. 一类不锈钢扶手栏杆，顶部水平荷载 1.0kN/m，竖向荷载 1.2kN/m。栏杆高 900mm，水平栏杆大于 500mm 及顶层水平栏杆均高 1050mm。
2. 楼层平台处面层做法 80mm 厚，楼梯踏步及休息平台处面层做法 50mm 厚，详见工程做法表。提示盲道采用 20mm 厚花岗岩盲道板。
3. 楼梯栏杆应采用防儿童攀爬的竖向栏杆，间距 100mm。
4. 踏步防滑条详见 12J8-69-1。
提示盲道
15.100 顶层
15.300
13.300
GBM1221
7200
2020
280x11=3080
1750
2120
3850
1650
18.700 (女儿墙顶)
18.100 (结构板)
15.100 (结构板)
14.720 (结构板)
13.300
11.500 (4F)
9.800
8.100 (3F)
6.300
4.500 (2F)
3.920 (结构)
2.640
0.465
±0.000 (1F)
砖砌踏步
150×12=1800
1700(12步)
1860(12步)
2175(14步)
465(3步)
280×13=3640
6200
×××集团有限公司
xxxJITUAN YOUXIANGONGSI
地址：×××市×××大街××号
工程设计证书号
建筑行业甲级×××
出图专用章
无出图章，图纸无效
注册执业章
建设单位
×××发电有限公司
工程名称
×××县
×××项目生活区宿舍楼
图名
1号楼梯大样（二）
项目负责
审定
审核
工种负责
校对
设计
设计号
××××-×××
版本
第一版
图号
建施 16
日期
××××.××
读图提示见建施 17。

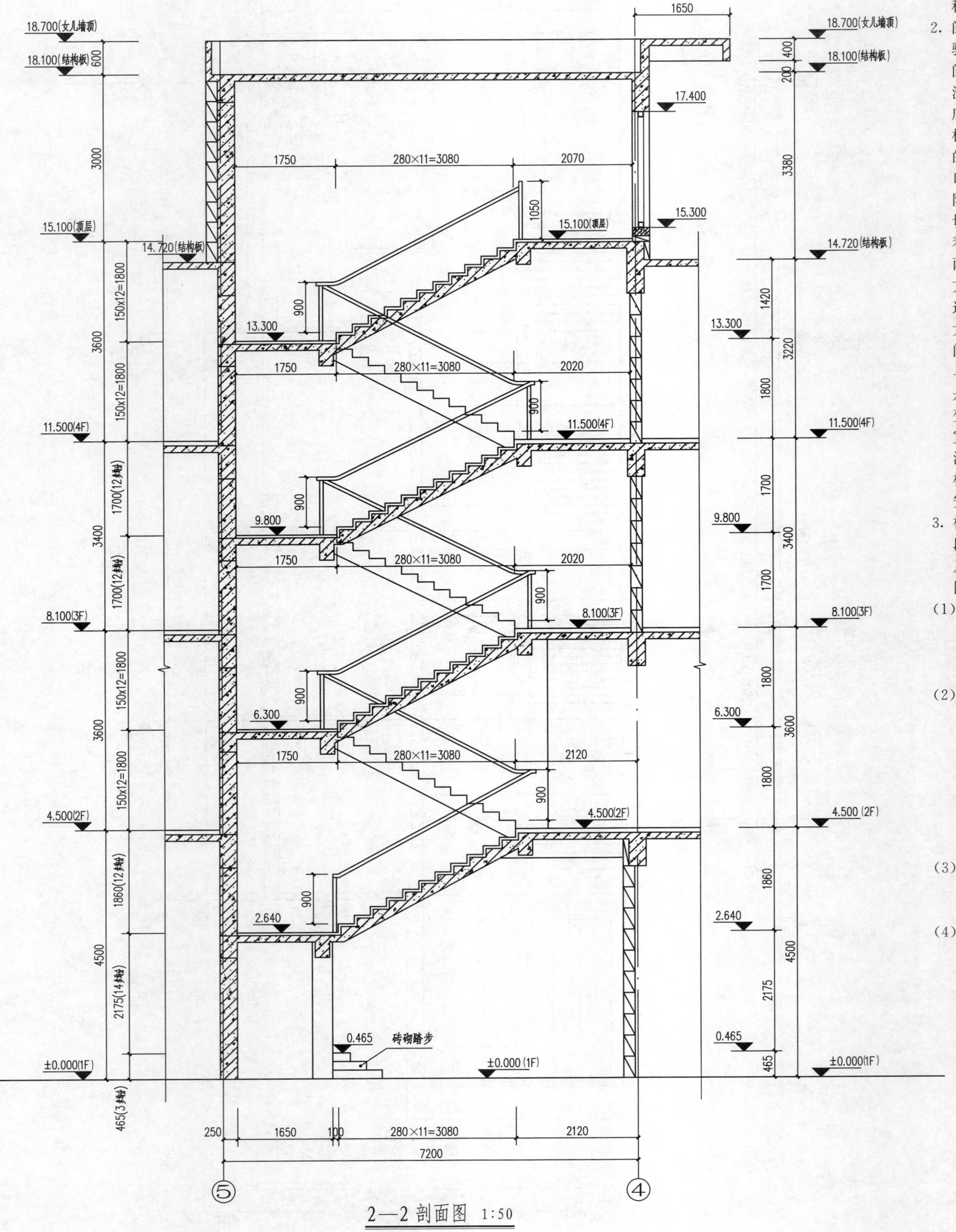

2—2 剖面图 1:50

墙体图例：(除注明外)

钢筋混凝土墙、梁、柱	蒸压加气混凝土砌块墙

注：1. 一类不锈钢扶手栏杆，顶部水平荷载 1.0kN/m，竖向荷载 1.2kN/m。栏杆高 900mm，水平栏杆大于 500mm 及顶层水平栏杆均高 1050mm。
2. 楼层平台处面层做法 80mm 厚，楼梯踏步及休息平台处面层做法 50mm 厚，详见工程做法表。
3. 楼梯栏杆应采用防儿童攀爬的竖向栏杆，间距 100mm。
4. 踏步防滑条详见 12J8-69-1。

【读图提示】

1. 平面图中楼梯的布置，首先理清本工程楼梯的种类，各种楼梯的数量，具体布置在哪一层、什么位置。然后再具体看每一种楼梯的具体构成形式及做法。
2. 阅读每种楼梯详图的方法、步骤及需注意的问题如下。首先阅读楼梯平面图，读图时主要注意各层楼梯平面图的特点。底层平面图被剖切到的梯段栏板只有一个，主要反映上楼梯的方向；及室内地面与楼梯入口地面间的关系（是否设有台阶，如何设置）；楼梯剖面图剖切符号的位置。顶层平面图可看到的梯段及栏板（栏杆）有两个或三个，主要反映下楼的方向；另中间层及顶层平面图还反映楼梯休息平台的形状、大小，楼梯井的形状、大小。阅读时注意核对休息平台宽度与梯段宽度之间的关系，看其是否满足强制性条文：梯段改变方向时，平台扶手处的最小宽度不应小于梯段净宽的要求。注意有儿童经常使用的楼梯的梯井净宽大于 0.2m 时，采取的安全措施、做法。
3. 楼梯剖面图主要反映楼梯梯段段数、步级数以及楼梯的类型及其结构形式。阅读楼梯剖面图主要注意以下几点。

（1）梯段数及地面、休息平台面、楼面等处所标注的标高与房屋的层数、地面、楼面标高是否一致。

（2）栏杆的高度是否满足强制性条文：栏杆高度不应小于 1.05m，高层建筑的栏杆高度应再适当提高，但不宜超过 1.2m 要求。以及楼梯平台上部及下部过道处的净高不应小于 2m，梯段净高不应小于 2.2m 的要求。

（3）注意核对梯段的步级数与平面图中相应梯段的踏步数间的关系是否正确。

（4）注意详图索引，逐个查阅详图以理解详图索引处细部构造及其做法。

×××集团有限公司
xxxJITUAN YOUXIANGONGSI
地址：×××市×××大街××号

工程设计证书号
建筑行业甲级×××

出图专用章

无出图章，图纸无效

注册执业章

建设单位
×××发电有限公司

工程名称
×××县
×××项目生活区宿舍楼

图名
1号楼梯大样（三）

项目负责	
审定	
审核	
工种负责	
校对	
设计	
设计号	××××-×××
版本	第一版
图号	建施 17
日期	××××.××

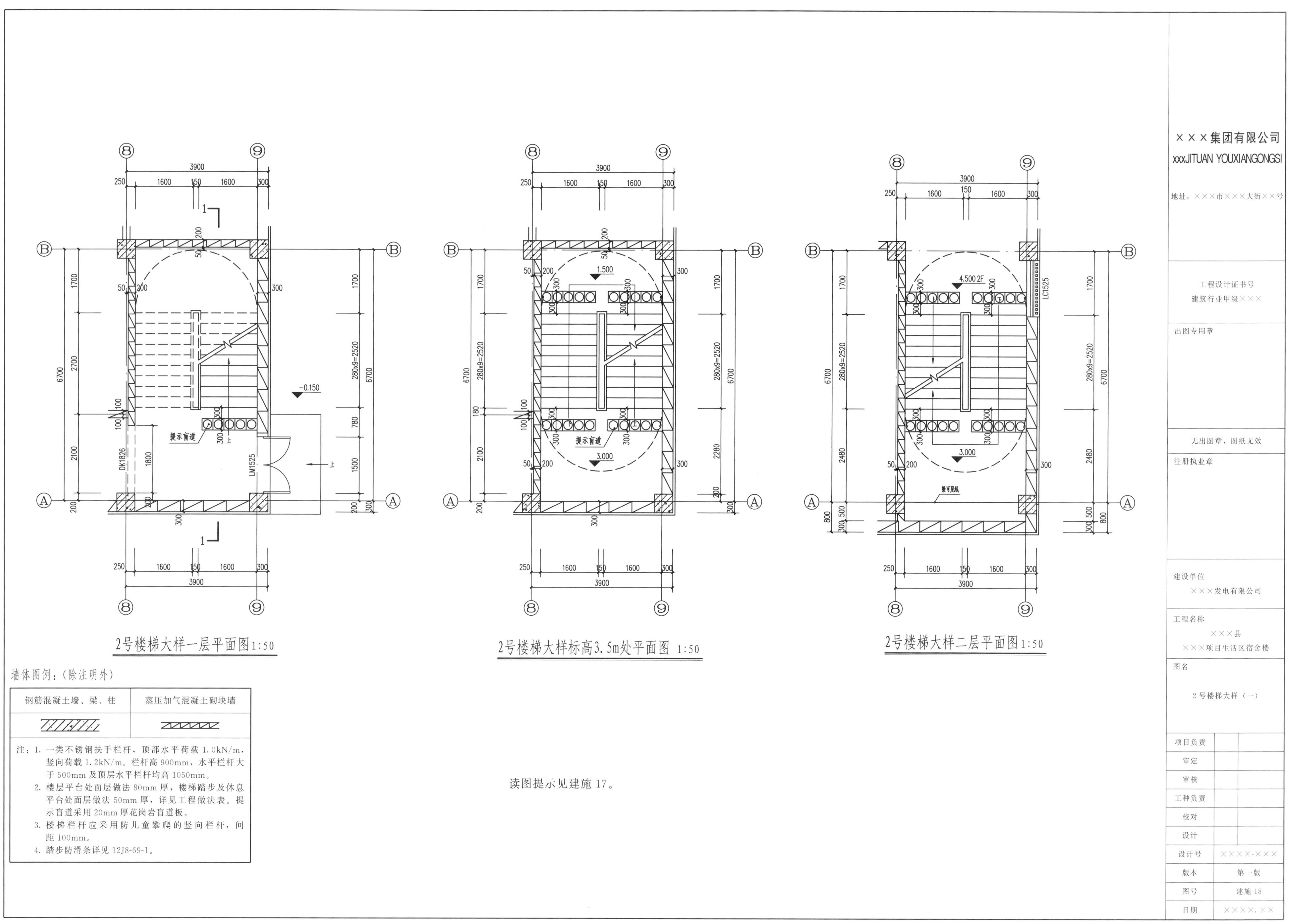
×××集团有限公司
xxxJITUAN YOUXIANGONGSI
地址：×××市×××大街××号
工程设计证书号
建筑行业甲级×××
出图专用章
无出图章，图纸无效
注册执业章
建设单位
×××发电有限公司
工程名称
×××县
×××项目生活区宿舍楼
图名
2号楼梯大样（一）
项目负责
审定
审核
工种负责
校对
设计
设计号 ××××-×××
版本 第一版
图号 建施18
日期 ××××.××
2号楼梯大样一层平面图 1:50
2号楼梯大样标高3.5m处平面图 1:50
2号楼梯大样二层平面图 1:50
提示盲道
DK1826
LM1525
LC1525
-0.150
1.500
3.000
4.500 2F
280x9=2520
3900
6700
墙体图例：（除注明外）
钢筋混凝土墙、梁、柱
蒸压加气混凝土砌块墙
注：1. 一类不锈钢扶手栏杆，顶部水平荷载1.0kN/m，竖向荷载1.2kN/m。栏杆高900mm，水平栏杆大于500mm及顶层水平栏杆均高1050mm。
2. 楼层平台处面层做法80mm厚，楼梯踏步及休息平台处面层做法50mm厚，详见工程做法表。提示盲道采用20mm厚花岗岩盲道板。
3. 楼梯栏杆应采用防儿童攀爬的竖向栏杆，间距100mm。
4. 踏步防滑条详见12J8-69-1。
读图提示见建施17。

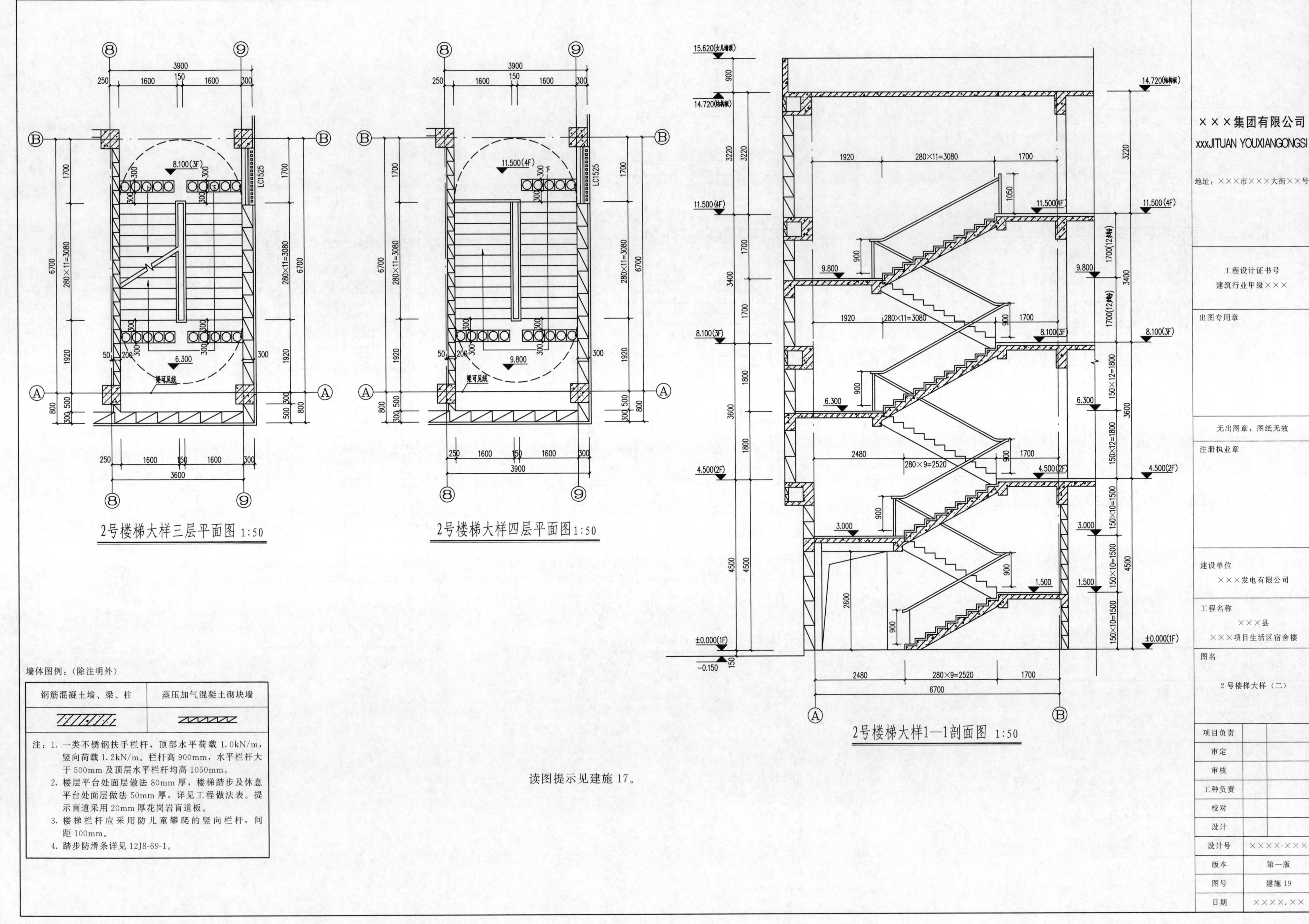
2号楼梯大样三层平面图 1:50
2号楼梯大样四层平面图 1:50
2号楼梯大样1—1剖面图 1:50
墙体图例：（除注明外）
钢筋混凝土墙、梁、柱
蒸压加气混凝土砌块墙
注：1. 一类不锈钢扶手栏杆，顶部水平荷载 1.0kN/m，竖向荷载 1.2kN/m。栏杆高 900mm，水平栏杆大于 500mm 及顶层水平栏杆均高 1050mm。
2. 楼层平台处面层做法 80mm 厚，楼梯踏步及休息平台处面层做法 50mm 厚，详见工程做法表。提示盲道采用 20mm 厚花岗岩盲道板。
3. 楼梯栏杆应采用防儿童攀爬的竖向栏杆，间距 100mm。
4. 踏步防滑条详见 12J8-69-1。
读图提示见建施 17。
×××集团有限公司
xxxJITUAN YOUXIANGONGSI
地址：×××市×××大街××号
工程设计证书号
建筑行业甲级×××
出图专用章
无出图章，图纸无效
注册执业章
建设单位
×××发电有限公司
工程名称
×××县
×××项目生活区宿舍楼
图名
2号楼梯大样（二）
项目负责
审定
审核
工种负责
校对
设计
设计号 ××××-×××
版本 第一版
图号 建施 19
日期 ××××.××

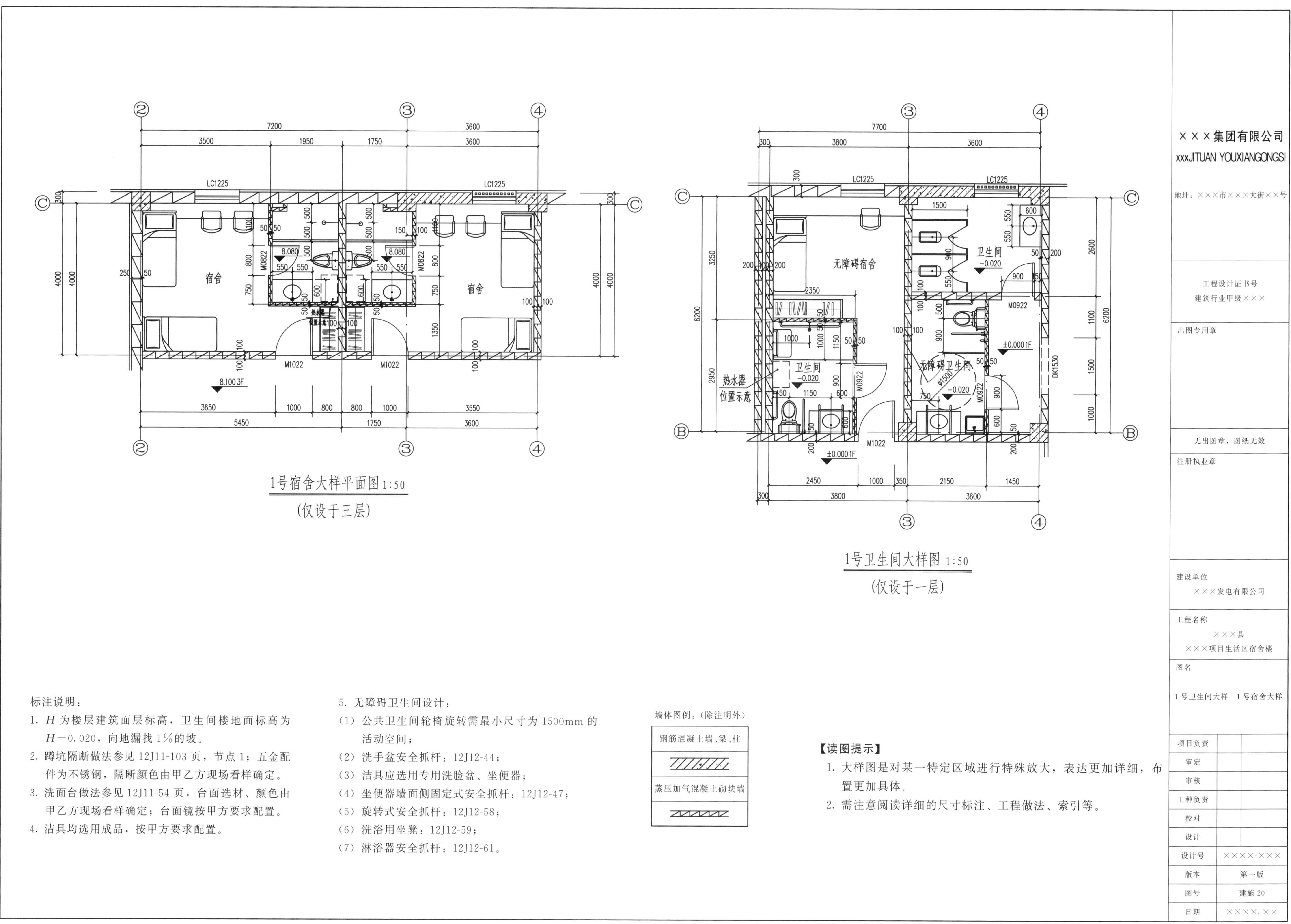

1号宿舍大样平面图 1:50

(仅设于三层)

1号卫生间大样图 1:50

(仅设于一层)

标注说明：

1. H 为楼层建筑面层标高，卫生间楼地面标高为 $H-0.020$，向地漏找1%的坡。
2. 蹲坑隔断做法参见12J11-103页，节点1；五金配件为不锈钢，隔断颜色由甲乙方现场看样确定。
3. 洗面台做法参见12J11-54页，台面选材、颜色由甲乙方现场看样确定；台面镜按甲方要求配置。
4. 洁具均选用成品，按甲方要求配置。
5. 无障碍卫生间设计：

(1) 公共卫生间轮椅旋转需最小尺寸为1500mm的活动空间；

(2) 洗手盆安全抓杆：12J12-44；

(3) 洁具应选用专用洗脸盆、坐便器；

(4) 坐便器墙面侧固定式安全抓杆：12J12-47；

(5) 旋转式安全抓杆：12J12-58；

(6) 洗浴用坐凳：12J12-59；

(7) 淋浴器安全抓杆：12J12-61。

墙体图例：(除注明外)

钢筋混凝土墙、梁、柱
蒸压加气混凝土砌块墙

【读图提示】

1. 大样图是对某一特定区域进行特殊放大，表达更加详细，布置更加具体。
2. 需注意阅读详细的尺寸标注、工程做法、索引等。

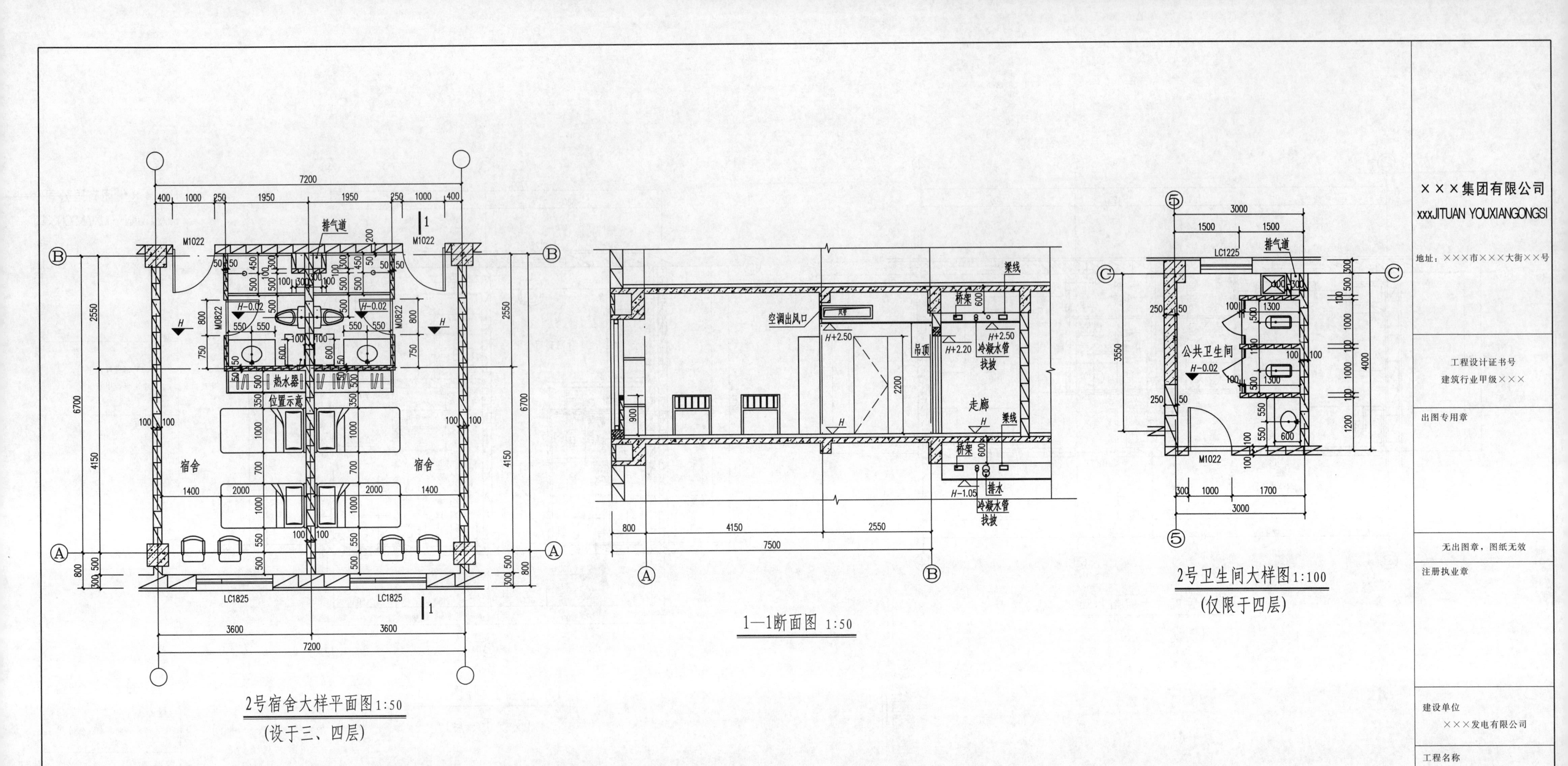

标注说明：

1. H 为楼层建筑面层标高，卫生间楼地面标高为 $H-0.020$，向地漏找 1%的坡。
2. 蹲坑隔断做法参见 12J11-103 页，节点 1；五金配件为不锈钢，隔断颜色由甲乙方现场看样确定。
3. 洗面台做法参见 12J11-54 页，台面选材、颜色由甲乙方现场看样确定；台面镜按甲方要求配置。
4. 洁具均选用成品，按甲方要求配置。

墙体图例：(除注明外)

钢筋混凝土墙、梁、柱
蒸压加气混凝土砌块墙

【读图提示】

1. 大样图是对某一特定区域进行特殊放大，表达更加详细，布置更加具体。
2. 需注意阅读详细的尺寸标注、工程做法、索引等。

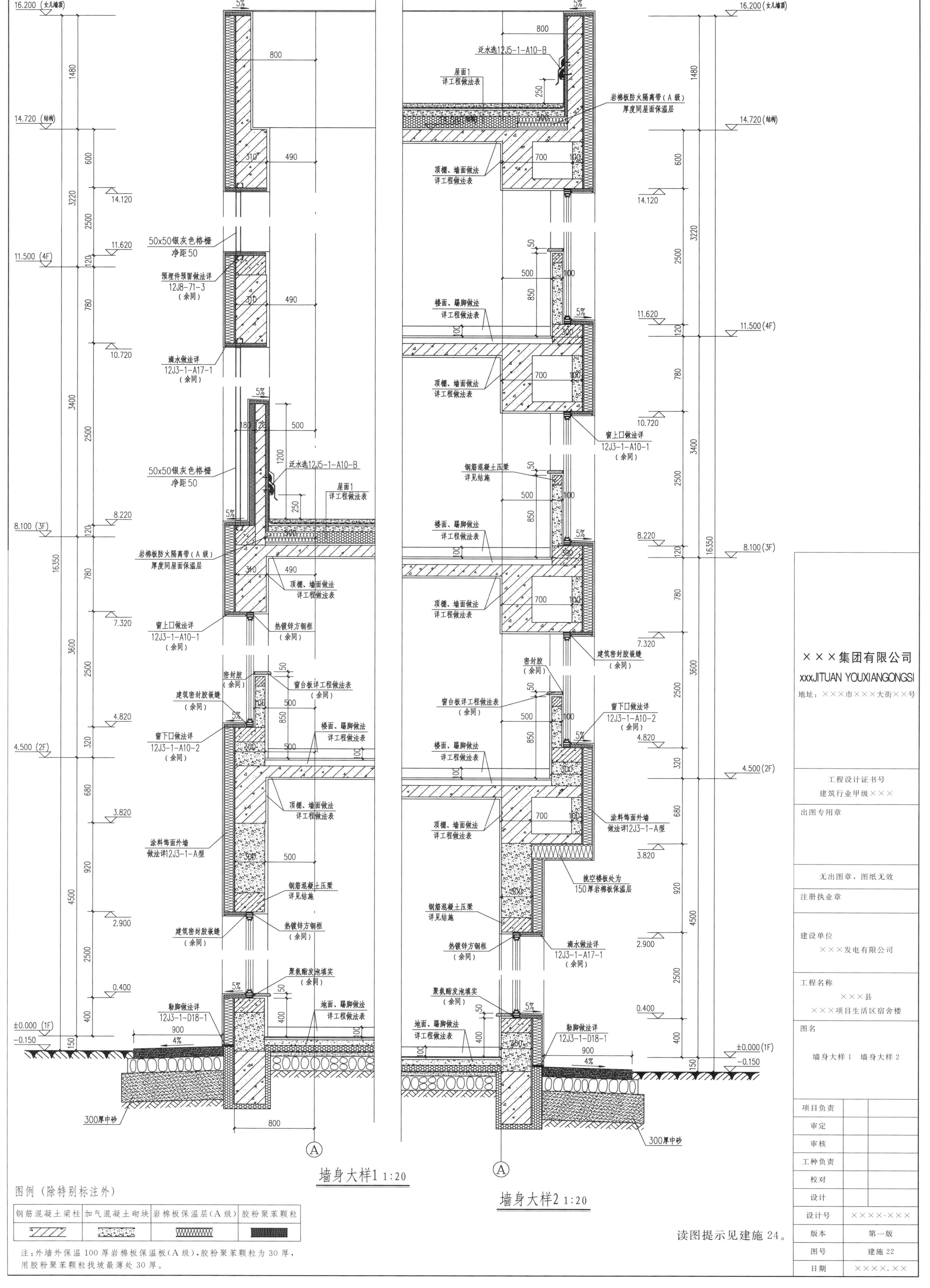

墙身大样1 1:20
墙身大样2 1:20
图例（除特别标注外）
钢筋混凝土梁柱
加气混凝土砌块
岩棉板保温层（A级）
胶粉聚苯颗粒
注：外墙外保温100厚岩棉板保温板（A级），胶粉聚苯颗粒为30厚，
用胶粉聚苯颗粒找坡最薄处30厚。
读图提示见建施24。
16.200（女儿墙顶）
14.720（结构）
14.120
11.620
11.500（4F）
10.720
8.220
8.100（3F）
7.320
4.820
4.500（2F）
3.820
2.900
0.400
±0.000（1F）
-0.150
16350
泛水选12J5-1-A10-B
屋面1
详工程做法表
岩棉板防火隔离带（A级）
厚度同屋面保温层
顶棚、墙面做法
详工程做法表
50x50银灰色格栅
净距50
预埋件预留做法详
12J8-71-3
（余同）
滴水做法详
12J3-1-A17-1
（余同）
窗上口做法详
12J3-1-A10-1
（余同）
热镀锌方钢框
（余同）
密封胶
（余同）
窗台板详工程做法表
（余同）
建筑密封胶嵌缝
（余同）
窗下口做法详
12J3-1-A10-2
（余同）
楼面、踢脚做法
详工程做法表
涂料饰面外墙
做法详12J3-1-A型
钢筋混凝土压梁
详见结施
挑空楼板处为
150厚岩棉板保温层
聚氨酯发泡填实
（余同）
勒脚做法详
12J3-1-D18-1
地面、踢脚做法
详工程做法表
300厚中砂
×××集团有限公司
xxxJITUAN YOUXIANGONGSI
地址：×××市×××大街××号
工程设计证书号
建筑行业甲级×××
出图专用章
无出图章，图纸无效
注册执业章
建设单位
×××发电有限公司
工程名称
×××县
×××项目生活区宿舍楼
图名
墙身大样1 墙身大样2
项目负责
审定
审核
工种负责
校对
设计
设计号
××××-×××
版本
第一版
图号
建施22
日期
××××.××

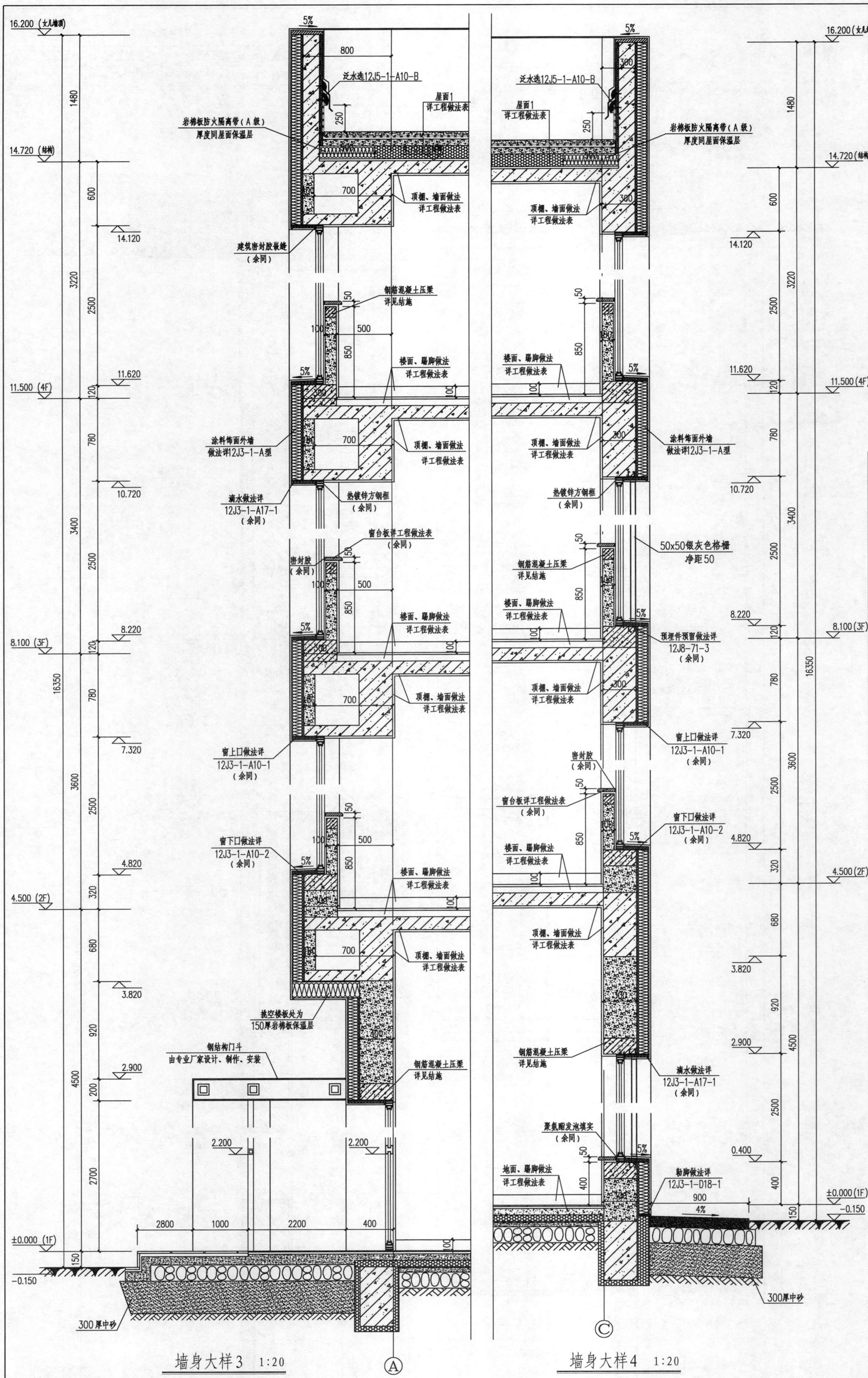

16.200（女儿墙顶）
14.720（结构）
14.120
11.620
11.500（4F）
10.720
8.220
8.100（3F）
7.320
4.820
4.500（2F）
3.820
2.900
2.200
±0.000（1F）
-0.150
0.400

1480 600 3220 2500 120 780 3400 2500 16350 120 780 3600 2500 320 680 920 4500 200 2700 150 400

5%
800
泛水选12J5-1-A10-B
屋面1
详工程做法表
250
岩棉板防火隔离带（A级）
厚度同屋面保温层
300
700
顶棚、墙面做法
详工程做法表
建筑密封胶嵌缝
（余同）
钢筋混凝土压梁
详见结施
50
100
500
850
楼面、踢脚做法
详工程做法表
涂料饰面外墙
做法详12J3-1-A型
滴水做法详
12J3-1-A17-1
（余同）
热镀锌方钢框
（余同）
窗台板详工程做法表
（余同）
密封胶
（余同）
50x50银灰色格栅
净距50
预埋件预留做法详
12J8-71-3
（余同）
窗上口做法详
12J3-1-A10-1
（余同）
窗下口做法详
12J3-1-A10-2
（余同）
挑空楼板处为
150厚岩棉板保温层
400
钢结构门斗
由专业厂家设计、制作、安装
聚氨酯发泡填实
（余同）
地面、踢脚做法
详工程做法表
勒脚做法详
12J3-1-D18-1
900
4%
2800 1000 2200 400
300厚中砂

Ⓐ Ⓒ

墙身大样3　1:20

墙身大样4　1:20

读图提示见建施24。

×××集团有限公司 xxxJITUAN YOUXIANGONGSI	
地址：×××市×××大街××号	
工程设计证书号 建筑行业甲级×××	
出图专用章	
无出图章，图纸无效	
注册执业章	
建设单位 ×××发电有限公司	
工程名称 ×××县 ×××项目生活区宿舍楼	
图名 墙身大样3　墙身大样4	
项目负责	
审定	
审核	
工种负责	
校对	
设计	
设计号	××××-×××
版本	第一版
图号	建施23
日期	××××.××

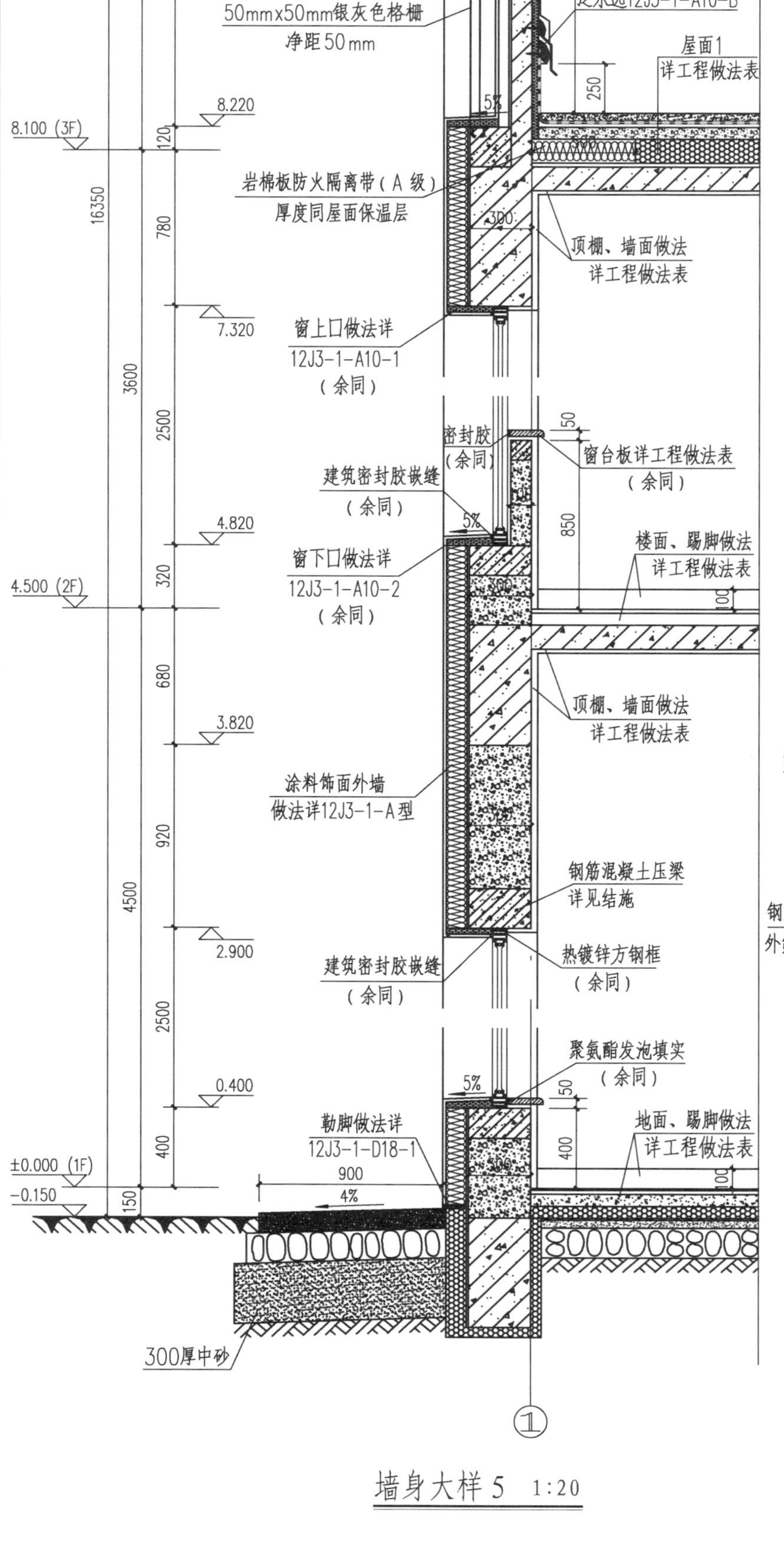

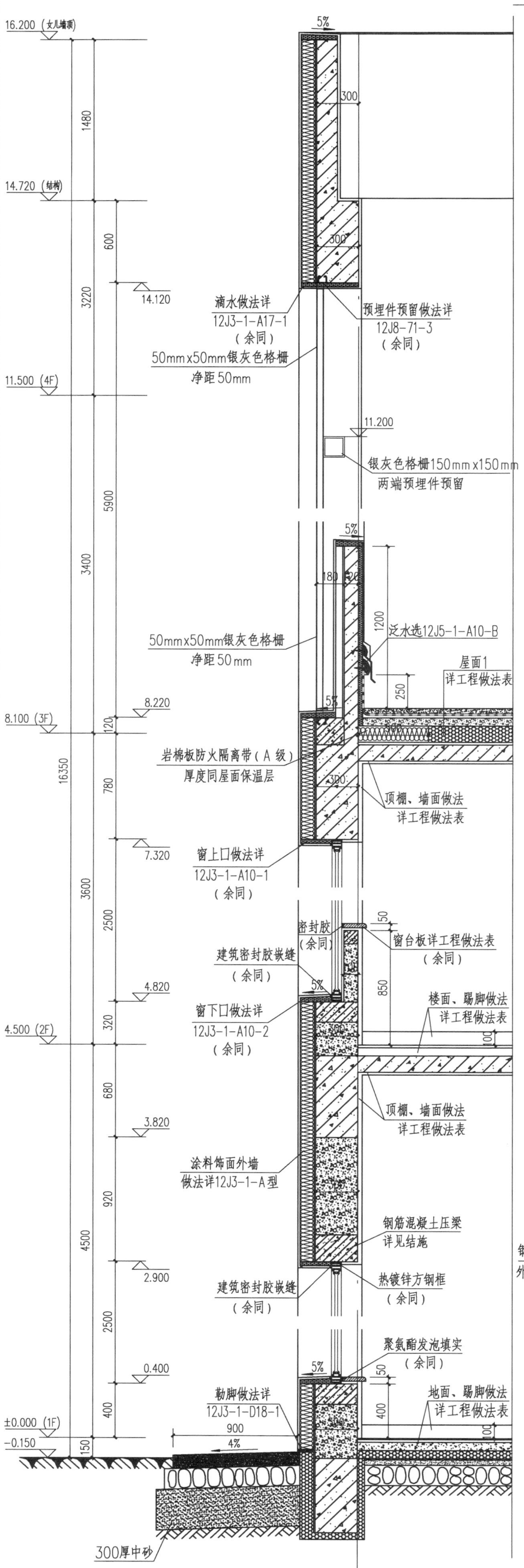

墙身大样5 1:20

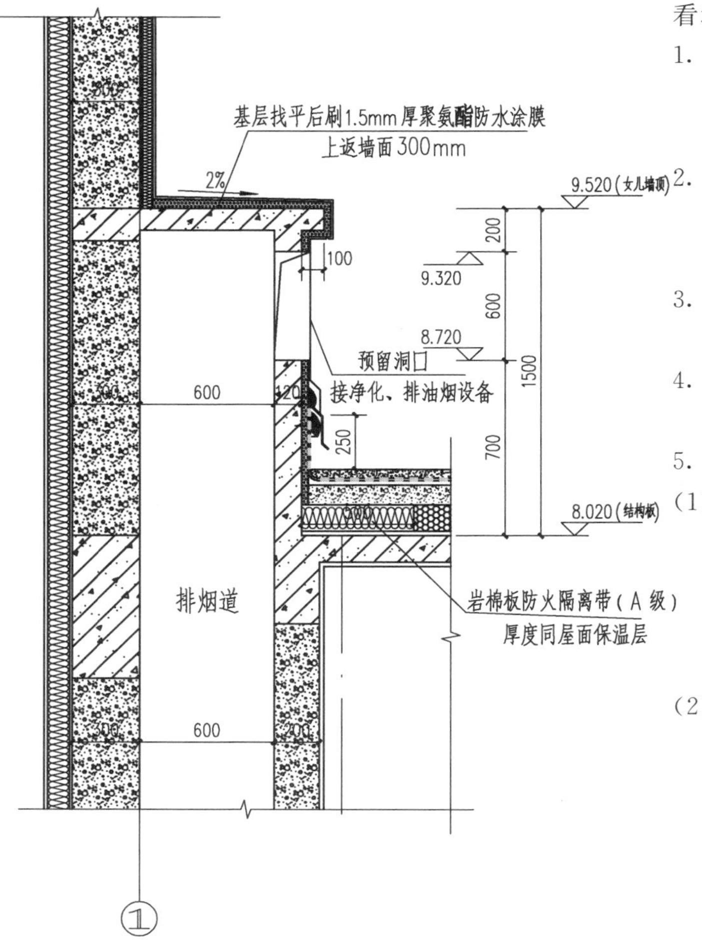

节点大样1 1:20

（排烟道出屋面）

【读图提示】

看墙身大样图需注意以下方面。

1. 注意看墙身大样图的图名和轴线编号与平面图或立面图上剖切位置处的内容是否一致。
2. 注意屋顶与墙面装饰细部构造、做法及尺寸。需与立面图及剖面图及立面效果图对照阅读。
3. 注意屋顶与墙面装饰尺寸、标高是否与立面图、剖面图一致。
4. 注意墙体、梁、柱之间的位置关系，它们与轴线之间的定位关系。
5. 注意如下部位节点构造。

（1）室内、外地坪处的外墙节点构造。如基础墙厚、室内外标高，散水、明沟或采光井，台阶或坡道，暖气管沟，踢脚、墙裙，首层室内外窗台，室外勒脚等做法。

（2）表明楼层处的外墙节点构造。如过梁、圈梁、主梁、次梁、顶棚、楼板、楼地面、踢脚、雨罩、阳台、楼层的室内外窗台等。如钢筋混凝土剪力墙结构、框架结构的外墙，若将钢筋混凝土剪力墙或框架梁、柱直接作为外墙使用，由于钢筋混凝土材料的导热系数大，易出现冷桥（或热桥）现象，使墙身受损，影响人们的正常使用，故常需要在钢筋混凝土外墙或框架梁的外侧或内侧做保温处理。具体做法一般在墙身大样图中表述，需注意阅读。

（3）表明屋顶处的外墙节点构造，如过梁、圈梁、主梁、次梁、顶棚、楼板、屋面、挑檐板、女儿墙、天沟、下水口、雨水斗、雨水管等做法。

（4）表明各处材料的做法，如内墙、外墙做法，地面、楼面、屋面做法等。

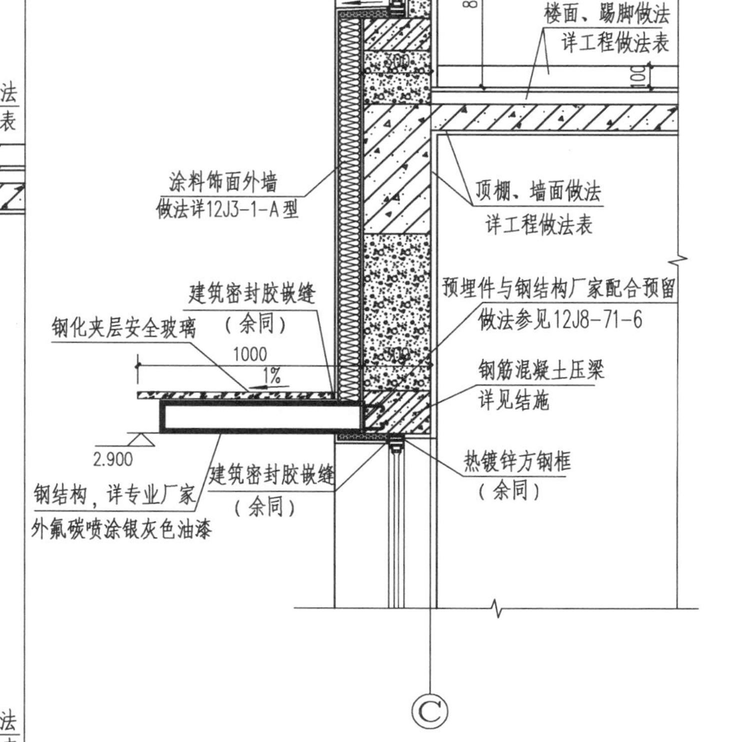

节点大样2 1:20

图例（除特别标注外）

钢筋混凝土梁柱	加气混凝土砌块	岩棉板保温层（A级）	胶粉聚苯颗粒

注：外墙外保温100厚岩棉板保温板（A级），胶粉聚苯颗粒为30厚，用胶粉聚苯颗粒找坡最薄处30厚。

×××集团有限公司

xxxJITUAN YOUXIANGONGSI

地址：×××市×××大街××号

工程设计证书号 建筑行业甲级×××	
出图专用章	
无出图章，图纸无效	
注册执业章	
建设单位 ×××发电有限公司	
工程名称 ×××县 ×××项目生活区宿舍楼	
图名 墙身大样5 节点大样1、2	
项目负责	
审定	
审核	
工种负责	
校对	
设计	
设计号	××××-×××
版本	第一版
图号	建施24
日期	××××.××

门窗表

序号	编号	洞口尺寸 宽/mm	洞口尺寸 高/mm	窗台高 门槛高 /mm	数量 一层	数量 二层	数量 三层	数量 四层	数量 顶层	数量 合计	备注
1	LM1229	1200	2900	—	2	—	—	—	—	2	外灰内白色断桥铝合金中空玻璃门联窗，详大样
2	LM1525	1500	2500	—	2	—	—	—	—	2	同上
3											
4	GBM1221	1200	2100	—	—	—	1	—	1	2	成品保温防盗门
5	B-M1221	1200	2100	100	2	2	2	2	—	8	成品丙级防火门
6	Y-M1022	1000	2200	—	1	—	—	—	—	1	成品乙级防火门，带自动闭门器、顺序器
7											
8	M0822	800	2200	—	—	—	13	8	—	21	成品木装饰门，详二次装修
9	M0922	900	2200	—	3	—	1	1	—	5	同上
10	M1022	1000	2200	—	1	6	13	9	—	29	同上
11	M1522	1500	2200	—	—	—	1	2	—	3	同上
12	M1822	1800	2200	—	2	2	—	—	—	4	同上
13											
14	LC1225	1200	2500	—	2	11	9	10	—	32	外灰内白色断桥铝合金中空玻璃窗，详大样
15	LC1225a	1200	2500	—	—	—	1	1	—	2	外灰内白色断桥铝合金单玻窗
16	LC1525	1500	2500	—	—	2	2	2	—	6	外灰内白色断桥铝合金中空玻璃窗，详大样
17	LC1825	1800	2500	—	7	10	9	10	—	36	同上
18	LC2625	2600	2500	—	1	1	—	—	—	2	同上
19	LC3625	3600	2500	—	3	2	1	—	—	6	同上
20											
21											
22											

说明：1. 所有门窗、门联窗均采用外灰内白色断桥铝合金框料，白色透明中空玻璃(6透明+12A+6透明)，传热系数2.20。

2. 门窗、门联窗及玻璃幕墙应根据国家及地方有关规范、规程和本地气候条件使其满足抗风、抗震、防渗、防变形的要求由厂家经计算后确定门窗五金配件，并提供样品及构造大样，由业主和建筑师审定后安装。

3. 图中所标的外围尺寸为未装修面的洞口尺寸。

4. 图中所示立面均为外看立面。

5. 门窗中单块玻璃面积超过1.5m²，玻璃底边离最终装修面小于500mm的落地窗，出入口门厅玻璃等均采用安全防撞玻璃。

6. 门窗订货前，所有门窗洞口尺寸及数量应在现场进行核实，如有不符者，以现场实际尺寸数量为准。

7. 门窗玻璃的选用应遵照《建筑玻璃应用技术规程》(JGJ 113—2015)和《建筑安全玻璃管理规定》发改运行[2003]2116号及地方主管部门的有关规定。

8. 所有窗及门联窗开启扇均设纱窗，开启扇设置限位器，开启宽度小于150mm。

9. 所有外窗均设热镀锌方钢附框(40mm×20mm×2mm)。

10. 门窗开启线表示方法：实线表示外开，虚线表示内开。箭头表示推拉门窗，无线表示固定窗。

11. 首层卫生间外窗玻璃内侧贴磨砂玻璃膜。

门窗大样

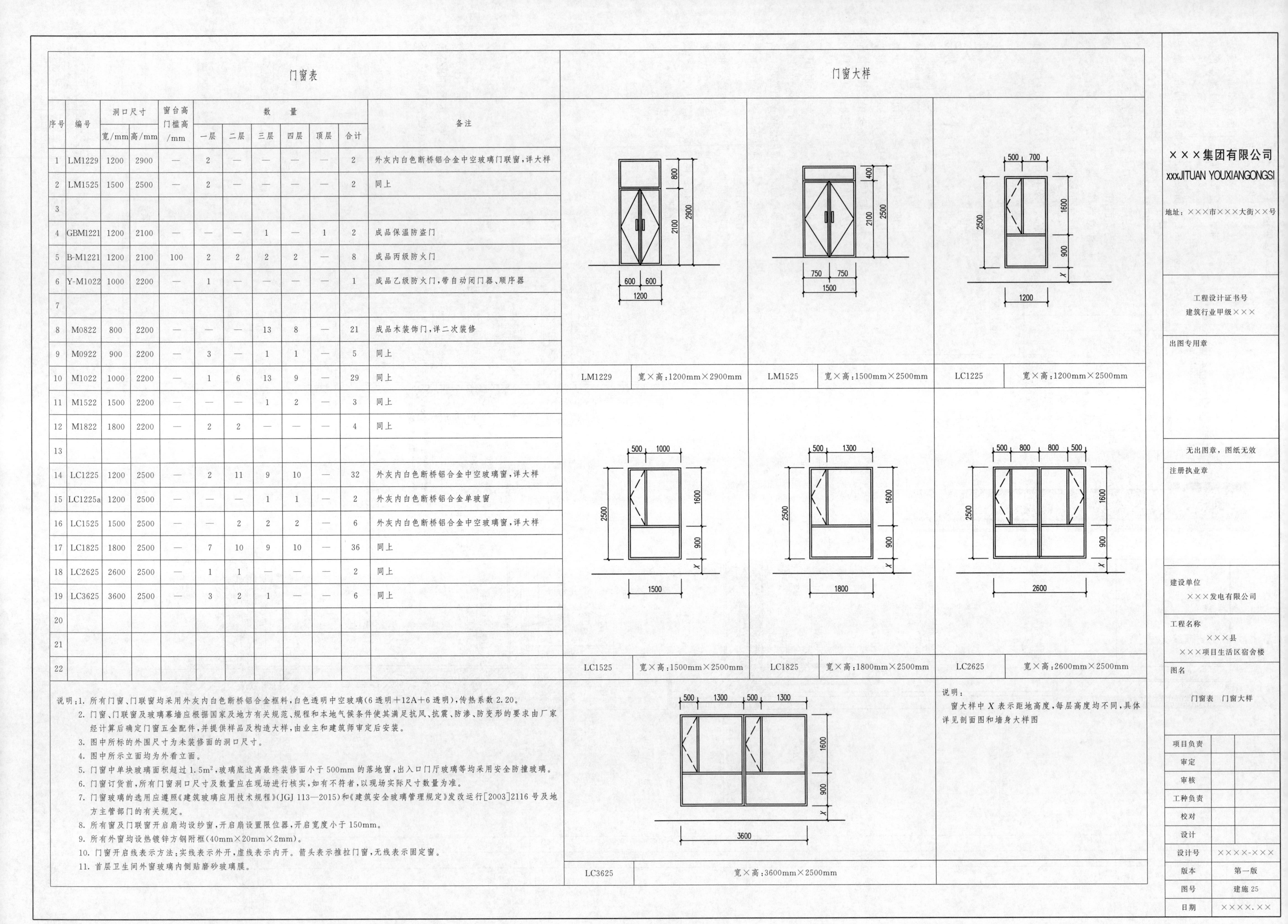

说明：

窗大样中 X 表示距地高度，每层高度均不同，具体详见剖面图和墙身大样图

×××集团有限公司
xxxJITUAN YOUXIANGONGSI
地址：×××市×××大街××号

工程设计证书号
建筑行业甲级×××

出图专用章

无出图章，图纸无效

注册执业章

建设单位 ×××发电有限公司

工程名称 ×××县 ×××项目生活区宿舍楼

图名 门窗表 门窗大样

项目负责		
审定		
审核		
工种负责		
校对		
设计		
设计号	××××-×××	
版本	第一版	
图号	建施25	
日期	××××.××	

结构设计说明（一）

一、工程概况

1. 本工程是×××项目生活区宿舍楼，位于×××县。

在设计使用年限内未经技术鉴定或设计许可，不得改变结构的用途和使用环境。

2. 本工程概况见下表：

项目名称	地下层数	地上层数	高度/m	结构形式	框架抗震等级	剪力墙抗震等级	基础类型
主体部分	—	4	14.720	框架剪力墙	三级	二级	独立基础

二、建筑结构的安全等级及设计使用年限

建筑结构的安全等级	二级	建筑抗震设防类别	标准设防类（丙类）		
结构设计使用年限	50年	地基基础设计安全等级	丙级	施工质量控制等级	B级

三、自然条件

1. 场地基本风压：$W_0=0.55\text{kN/m}^2$（50年一遇），地面粗糙度：B类，场地基本雪压：$S_0=0.25\text{kN/m}^2$。

2. 场地标准季节性冻深为地表下1.83m。

3. 地震参数见下表：

场地地震设防烈度	8度	设计基本地震加速度	0.20g	建筑场地土类别	Ⅲ类
抗震设防烈度	8度	设计地震分组	第二组	特征周期 T_g	0.55s

4. 场地的工程地质及地下水条件，详见基础施工图。

四、设计规范、规程及选用图集

1. 《建筑结构荷载规范》（GB 50009—2012）

《钢筋焊接及验收规程》（JGJ 18—2012）

《混凝土结构设计规范》（2015年版）（GB 50010—2010）

《建筑结构可靠度设计统一标准》（GB 50068—2001）

《建筑抗震设计规范》（2016年版）（GB 50011—2010）

《砌体结构设计规范》（GB 50003—2011）

《建筑地基基础设计规范》（GB 50007—2011）

《砌体填充墙结构构造》（12G614-1）

《建筑工程抗震设防分类标准》（GB 50223—2008）

《钢筋机械连接技术规程》（JGJ 107—2016）

2. 计算程序采用中国建筑科学研究院 PKPM 2012版

3. 选用图集

《建筑物抗震构造详图》（11G329—1）

《混凝土结构施工图平面整体表示方法制图规则和构造详图》（16G101—1）以下简称16G101—1

《混凝土结构施工图平面整体表示方法制图规则和构造详图》（16G101—2）以下简称16G101—2

《混凝土结构施工图平面整体表示方法制图规则和构造详图》（16G101—3）以下简称16G101—3

《混凝土结构施工钢筋排布规则与构造详图》（12G901—1）以下简称12G901—1

《混凝土结构施工钢筋排布规则与构造详图》（12G901—3）以下简称12G901—3

《砌体填充墙结构构造》（12G614—1）以下简称12G614—1

《16系列结构标准设计图集》

五、设计均布活荷载标准值

1. 楼面、屋面均布活荷载

类别	标准值/（kN/m²）	类别	标准值/（kN/m²）	类别	标准值/（kN/m²）	类别	标准值/（kN/m²）
宿舍	2.0	会议室	2.0	卫生间	2.5	上人屋面	2.0
办公室	2.0	储藏间	2.5	楼梯	3.5	不上人屋面	0.5
公共洗衣房	2.0	走廊	2.5				

2. 施工和检修荷载

（1）挑檐、悬挑雨篷的承载力计算时，沿板宽每隔1.0m取一个1.0kN集中荷载；在验算挑檐、悬挑雨篷的倾覆时，沿板宽每隔2.5m取一个1.0kN集中荷载。

（2）首层施工活荷载标准值取5.0kN/m²（不与覆土荷载同时组合）。

3. 栏杆荷载

楼梯、阳台的栏杆活荷载标准值取值为：栏杆顶部的水平荷载取1.0kN/m。

六、材料

1. 混凝土

（1）构件的混凝土强度等级见下表：

层号	柱	梁	楼板	楼梯	其他构件
基础顶面～地梁	C35	C35	C35	C30	C30
1～3层	C35	C35	C35	C30	C30

（2）女儿墙与外露混凝土强度等级均为C30；其余非承重构件、构造柱、圈梁混凝土为C25。

（3）混凝土结构的耐久性应符合下表规定：

环境类别		最大水胶比	最低混凝土强度等级	最大氯离子含量/%	最大碱含量/（kg/m³）
一		0.60	C20	0.30	不限制
二	a	0.55	C25	0.20	3.0
	b	0.50(0.55)	C30(C25)	0.15	3.0

注：1. 氯离子含量系指其占胶凝材料总量的百分比。

2. 处于严寒和寒冷地区二b、三a类环境中的混凝土应使用引气剂，并可采用括号中的有关参数。

3. 当使用非碱活性骨料时，对混凝土中的碱含量可不做限制。

4. 当同一构件同时处于两种环境时氯离子含量从严控制。

（4）混凝土严禁使用对人体产生危害、对环境产生污染的外加剂。

（5）下列结构中混凝土严禁采用含有氯盐配制的早强剂及早强减水剂。

① 相对湿度大于80%环境中使用的结构、处于水位变化部位的结构、露天结构及经常受水淋、受水流冲刷的结构；

② 大体积混凝土；直接接触酸、碱或其他侵蚀性介质的结构；

③ 经常处于温度为60℃以上的结构，需经蒸养的钢筋混凝土预制构件；

④ 有装饰要求的混凝土，特别是要求色彩一致的或是表面有金属装饰的混凝土；

⑤ 骨料具有碱活性的混凝土结构。

（6）采用混凝土外加剂时，应符合《混凝土外加剂应用技术规范》（GB 50119—2013）的要求：

① 含有氯盐的早强型普通减水剂，早强剂、防水剂和氯盐类防冻剂，严禁用于预应力混凝土、钢筋混凝土和钢纤维混凝土结构；

② 含有硝酸铵、碳酸铵的早强型普通减水剂，早强剂和含有硝酸铵、碳酸铵、尿素的防冻剂，严禁用于办公，居住等有人员活动的建筑工程。

（7）混凝土还应符合《普通混凝土用砂、石质量及检测方法标准》（JGJ 52—2006）及《普通混凝土配合比设计规程》（JGJ 55—2011）的要求。

（8）结构基础所用的砂、石，应进行碱活性检验。砂中氯离子含量不得大于0.06%（以干砂的质量百分率计）。

2. 钢筋、钢板、型钢及焊条

（1）钢筋符号为Φ时，主筋为HPB300级钢，$f_y=f'_y=270\text{N/mm}^2$。

（2）钢筋符号为Φ时，主筋为HPB335级钢，$f_y=f'_y=300\text{N/mm}^2$。

（3）钢筋符号为Φ时，主筋为HPB400级钢，$f_y=f'_y=360\text{N/mm}^2$。

（4）钢筋的强度标准值应具有不小于95%的保证率。

（5）在施工中，当需要以强度等级较高的钢筋替代原设计中的纵向受力钢筋时，应按照钢筋受拉承载力设计值相等的原则换算，并应满足最小配筋率要求，并且需经设计院结构工程师同意后方可施工。

（6）对于抗震等级为一、二、三级的框架和斜撑构件（含梯段），其纵向受力钢筋采用普通钢筋时应满足以下要求（即牌号带“E”钢筋）：

钢筋的抗拉强度实测值与屈服强度实测值的比值不应小于1.25；

钢筋的屈服强度实测值与屈服温度标准值的比值不应大于1.30；

钢筋在最大拉力下的总伸长率实测值不应小于9%。

（7）型钢、钢板、螺栓用Q235，材质应符合《碳素结构钢》（GB/T 700—2006）的要求。

（8）焊条：E43焊接HPB300级钢筋及Q235B钢材；E50焊接HRB335级钢筋；E55焊接HRB400级钢筋。

3. 填充墙材料

填充墙体材料除满足下列要求，尚应符合《墙体材料应用统一技术规范》（GB 50574—2010）要求。

（1）蒸压加气混凝土砌块填充墙，容重≤10.0kN/m³，砌块强度等级不小于A5.0，蒸压加气混凝土砌块砂浆强度等级Ma5.0。

（2）防火分区墙采用蒸压加气混凝土砌块，容重≤10.0kN/m³，砌块强度等级不小于A5.0，蒸压加气混凝土砌块砂浆强度等级Ma5.0。

（3）室内地坪以下及潮湿环境，蒸压加气混凝土砌块砌体应采用专用砂浆砌筑。

七、钢筋混凝土构造

1. 构件中普通钢筋的混凝土保护层厚度（从最外层钢筋外边缘至混凝土表面的距离）：

① 本工程女儿墙及露天暴露混凝土结构的环境为二b类；

② 本工程卫生间构件的混凝土结构的环境为二a类；

③ 本工程基础的环境为二b类；

④ 本工程地面以上室内混凝土结构的环境为一类。

混凝土结构的混凝土保护层厚度　　单位：mm

环境类别	板、墙、壳	梁、柱、杆	
一	15	20	当梁、柱、墙纵向受力钢筋的混凝土保护层厚度大于50mm时，应设置保护层防裂钢筋网片 具体详见13G101-11
二a	20	25	
二b	25	35	
注：1. 混凝土强度等级不大于C25时，表中保护层数值应增加5mm。 2. 钢筋混凝土基础宜设置混凝土垫层，基础中钢筋的混凝土保护层厚度应从垫层顶面算起，且不应小于40mm，无垫层时不应小于70mm。 3. 构件中受力钢筋的保护层厚度不应小于钢筋的公称直径d。			

2. 钢筋锚固

钢筋的锚固长度要求详见16G101-1第57～61页。

3. 钢筋的连接

（1）HRB400钢筋直径≥16mm时优先采用等强直螺纹连接。

（2）除图中特别注明之构件，当受力钢筋直径>25mm时，采用等强直螺纹连接，接头的性能等级为一级。

（3）当受拉钢筋的直径d>25mm及受压钢筋的直径d>28mm时，不应采用绑扎搭接接头。

（4）接头应设置在受力较小处，抗震设计避开梁端、柱墙箍筋加密区范围，如必须在该区连接，应采用机械连接或焊接。

（5）在同一跨度或同一层高内的同一受力钢筋连接接头不宜大于2个。

4. 绑扎搭接

（1）纵向受拉钢筋的搭接长度

纵向受拉钢筋的搭接长度（抗震l_{lE}、非抗震l_l）

搭接长度 l_{lE}、l_l		纵向钢筋搭接长度修正系数 ζ_l			
抗震	非抗震	纵向钢筋接头百分率（%）	≤25	50	100
$l_{lE}=\zeta_l L_{aE}$	$l_l=\zeta_l L_a$	ζ_l	1.2	1.4	1.6

注：1. 式中ζ_l为纵向受拉钢筋搭接长度修正系数，当纵向钢筋搭接接头百分率为表中的中间值时，可按内插取值。

2. 当直径不同的钢筋搭接时，L_l、L_{lE}按直径较小的钢筋计算。

3. 任何情况下不应小于300mm。

（2）位于同一连接区段内的受拉钢筋搭接接头面积百分率：

梁类、板类及墙类构件≤25%；柱类构件≤50%。

5. 机械连接

（1）纵向受拉钢筋机械连接应符合16G101第59页的要求。

（2）混凝土结构中钢筋连接接头采用Ⅱ级接头；当在同一连接区段内须实施100%钢筋的连接时，应采用Ⅰ级接头，当施工需采用一级接头时，接头位置需经设计单位同意；次梁中钢筋连接接头可采用Ⅲ级接头。

（3）钢筋机械连接还须符合《钢筋机械连接技术规程》（JGJ 107—2016）。

×××集团有限公司

xxxJITUAN YOUXIANGONGSI

地址：×××市×××大街××号

工程设计证书号　建筑行业甲级×××

出图专用章

无出图章，图纸无效

注册执业章

建设单位　×××发电有限公司

工程名称　×××县　×××项目生活区宿舍楼

图名　结构设计说明（一）

项目负责	
审定	
审核	
工种负责	
校对	
设计	
设计号	××××-×××
版本	第一版
图号	结施01
日期	××××.××

结构设计说明（二）

6. 楼板

（1）楼板内主筋应锚入梁或墙内，除图中注明者外，板构造做法详见 16G101-1 P100～102 页；板错标高时，钢筋锚固做法见 16G101 P108、109 页。

（2）现浇钢筋混凝土楼板分布钢筋的直径及间距见下表（ϕ 仅仅表示直径，钢筋级别同板受力钢筋）

受拉钢筋直径/mm	分布钢筋直径、间距
8～10	ϕ6@200
12～14	ϕ8@200
16～18	ϕ10@200

注：单向板分布筋选用时满足上表外，尚应满足：

板厚 h/mm	h<100	100≤h<140	140≤h<180	180≤h<200
分布筋	ϕ6@200	ϕ8@250	ϕ8@200	ϕ10@250

200 厚以上的板见相应图标注及说明。

a. 洞口尺寸≤300 的孔洞不另设加强筋，板筋从洞边绕过，不得截断。

b. 当为圆形洞口时，除注明的洞口直线加筋外，应沿洞口边增设放射性封头筋。

（3）填充砌体中构造柱顶端与楼板相连处，应按建筑施工图中要求的位置，在板底预留插筋或埋件，详见《砌体填充墙结构构造》（12G614-1）P15 页。楼板及楼梯栏杆埋件或留洞按建筑图要求设置。

（4）板跨度（双向板指板短跨）≥3.9m 时，模板按跨度的 0.3%起拱。对悬臂板>1.2m 时，按悬臂长度的 0.5%起拱，且起拱高度不小于 20mm（注明者除外）。

（5）当板底与梁底平时，板的下部钢筋伸入梁内须置于梁的下部纵向钢筋之上；双向板的底部，短跨钢筋置下排，长跨钢筋置上排，上部钢筋反之。

（6）为了防止温度裂缝，当板跨大于等于 3.9m 时且上部无负筋位置设 ϕ6@200 双向的钢筋网，板的上、下表面沿纵、横两个方向的配筋率均不小于 1%，钢筋网与板上部负筋搭接 300。

（7）悬挑板阴阳角放射筋构造见 16G101-1 P103。

7. 框架柱

（1）框架柱钢筋构造详见 16G101-1。

（2）柱子与圈梁、混凝土腰带、现浇过梁连接时，应按建筑图中位置及相应圈梁、过梁配筋说明或图纸，由柱子留出相应的钢筋，其直径、根数应符合 12G614-1 的要求。

（3）上下层柱截面尺寸变化或截面形式变化时，柱纵筋连接方式见 16G101-1。

（4）柱子到顶时，其纵向钢筋应锚入梁内或板内，构造详 16G101-1。

（5）柱内应预埋钢筋作防雷地极引线，其位置、数量及做法详见电施图纸。焊接工作应选派合格焊工操作，不得损伤结构钢筋。

（6）框架柱纵向钢筋连接位置详图集 16G101-1 第 63 页。

（7）当地下室顶板作为上部结构嵌固时，地下室柱内纵向钢筋多出一层，柱内钢筋的锚固见 16G101-1P64 页。

（8）框架柱箍筋每隔一根纵向钢筋宜在两个方向有箍筋或拉筋约束，当采用拉筋且箍筋与纵向钢筋有绑扎时，拉筋宜紧靠纵向钢筋并钩住箍筋；当拉筋间距符合箍筋肢距要求，纵向钢筋与箍筋有可靠拉结时，拉筋也可紧靠箍筋并钩住纵筋。做法详见本说明箍筋、拉筋构造做法。

（9）柱的纵筋不得与箍筋、拉筋或预埋件等焊接。

（10）框架柱内设置芯柱，其纵向钢筋应在芯柱的上下层中锚固，做法与框架柱构造要求相同。

（11）其他要求按图集 16G101-1 中相应节点大样进行施工。

8. 框架梁、次梁

（1）主次梁高度相同时，次梁下部纵向钢筋应置于主梁下部纵向钢筋之上，次梁的上部钢筋应放置于主梁钢筋之上，梁的钢筋位置应安放准确，确保钢筋受力高度及保护层厚度，详图一

（2）梁跨度等于或大于 4m 时，模板按跨度的 0.3%起拱，悬臂梁按悬臂长度的 0.6%起拱。

（3）当梁与柱外皮齐平时，梁外侧的纵向钢筋应置于柱主筋的内侧，具体做法详见图集 12G901-1 第 2～37 页构造（三）。

（4）腰筋设置要求按 16G101 P28 页要求。

主梁

次梁

图一

（5）梁与剪力墙相交做法按 16G101 P78～81 页做法。

（6）梁与圆柱相交及与方柱斜交时箍筋起始位置详图集 16G101-1 第 88 页。

（7）本工程梁配筋采用平面整体表示法（简称平法），施工人员必须仔细阅读 16G101-1 图集，理解各种规定，严格按设计要求施工。

（8）梁预埋构造柱插筋构造见 12G614-1 P10 页。

9. 填充墙

（1）填充墙位置应严格按照建筑施工图的要求进行施工，未经结构工程师同意，不得更改。

（2）后砌填充墙应沿框架柱或剪力墙全高设置 2Φ6（墙厚大于 200mm 时为 3Φ6）竖向间距 600mm。

（3）框架柱、剪力墙预留墙体拉结钢筋做法详见 12G614-1 第 8、9 页。

（4）构造柱、水平系梁、过梁预留墙体拉结钢筋做法详见 12G614-1 第 10 页。

（5）所有砌体填充墙应沿墙全长贯通锚拉，与框架柱锚拉做法详见 12G614-1 第 11～13 页。

（6）填充墙与构造柱拉结及填充墙顶部构造详图见 12G614-1 第 16 页。

（7）砌体填充墙应按建筑平面图设置构造柱，构造柱设置应符合以下原则：

① 未与相邻墙体或柱拉结的墙体端部、交叉部位、拐角处；

② 墙长超过 5m 或者层高 2 倍时，墙中间设构造柱，构造柱的配筋截面详见 12G614-1 第 15 页（注明者除外），主筋锚入上下层梁或板内。

③ 外墙上所有带雨篷的门洞两侧均应设置构造柱，且与雨篷梁可靠拉结，构造柱尺寸 240mm×墙厚，纵筋为 4Φ14，箍筋为Φ8@200。

（8）长度大于 5m 的墙，墙顶部与梁板按《砌体填充墙结构构造》（12G614-1）第 16 页。

（9）构造柱上、下端应与梁板预留插筋锚拉；构造柱应在主体结构及砌筑砌体完成后浇筑，不得与框架同时浇注，砌体与构造柱相接处应留马牙槎，构造柱的施工应严格按 16G329（二）的要求进行。

（10）当填充墙高>4.0m 时，应在墙中间或门过梁处（或在窗洞口窗台处）设钢筋混凝土腰带，腰带应与两端构造柱或框架柱拉结，腰带断面为（墙宽×180），配筋为 4Φ12，箍筋Φ6@200。

（11）填充墙无洞口墙体构造柱及水平系梁布置详见 12G614-1。

（12）砌体填充墙其洞口过梁现浇过梁在墙体上的支承长度应≥250。

（13）当填充墙上门窗洞口过梁按下表选用：

过梁断面及配筋表（梁长＝洞宽＋2×250）

	洞宽/mm	h/mm	①	②	③
内墙过梁	L_0≤1000	120	2Φ12	2Φ12	Φ6@200
	L_0≤1500	180	2Φ14	2Φ12	Φ6@150
	L_0≤2000	200	2Φ16	2Φ14	Φ8@200
	L_0≤2500	250	2Φ18	2Φ14	Φ8@150
	L_0≤3000	300	2Φ20	2Φ16	Φ8@150
	洞宽/mm	h/mm	①	②	③
外墙过梁	L_0≤1000	120	3Φ14	2Φ12	Φ6@200
	L_0≤1500	180	3Φ14	2Φ12	Φ6@150
	L_0≤2000	200	3Φ16	2Φ14	Φ8@150
	L_0≤2500	250	3Φ18	2Φ14	Φ8@150
	L_0≤3000	300	3Φ20	2Φ16	Φ8@100

注：本工程过梁如按预制考虑，断面及配筋详上表。混凝土强度等级为 C20。

（14）当洞口上方有梁通过，且该梁底与门窗洞顶距离过近，放不下过量时可在梁下挂板，做法详图二。

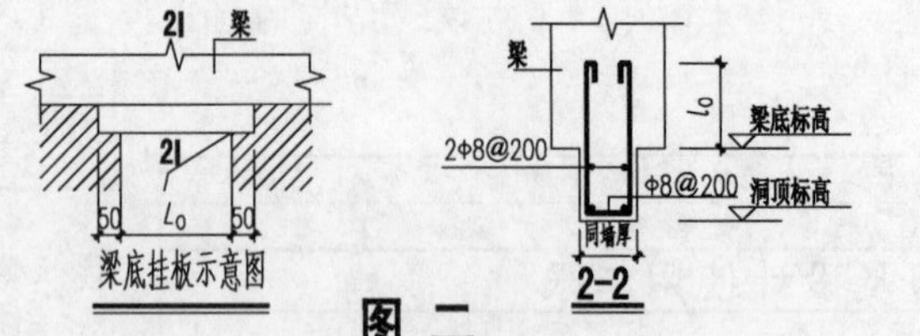

图二

（15）当后砌填充墙墙肢长度小于 240mm 无法砌筑时，可采用 C20 混凝土浇筑，做法详见 12G614-1 第 9 页节点 11。

（16）连接钢筋、铁件、预埋件处于 2 类环境类别时，应进行防腐防锈处理。

（17）填充墙墙体所用钢筋、预埋件、焊条的材料要求见 12G614-1 的 4.5、4.6、4.7 节的要求。

（18）填充墙的拉结与混凝土墙、柱、梁、板采用化学植筋的方法连接时，应符合《混凝土结构后锚固技术规程》（JGJ 145）的相关规定，并应按《砌体结构工程施工质量验收规范》（GB 50203—2011）的要求进行实体检测。

10. 楼梯间和人流通达填充墙要求

（1）楼梯间四角柱箍筋均全长加密。

（2）楼梯间填充墙和人流通达填充墙应采用钢丝网砂浆面层加强，网眼 38mm×38mm，丝径（BWG）18。

（3）人流通达填充墙具体位置见建筑施工图。

（4）楼梯间采用砌体填充墙时，应设置间距不大于层高且不大于 4m 的钢筋混凝土构造柱，并应采用钢丝网砂浆面层加强。

11. 其它

（1）本工程图纸标注中（除注明外），标高以“米”计，其余均以“毫米”计。

（2）钢筋混凝土结构的施工遵照现行《混凝土结构工程施工质量验收规范》（GB 50204—2015）。

（3）基坑应采取安全有效的护坡，开槽后经勘察、设计单位验槽合格后，方可进行施工。

（4）钢筋混凝土构件施工中应与建筑、设备等各工种的图纸密切配合，浇注混凝土前应仔细检查埋件、插铁、预留孔洞及预埋管是否遗漏，位置是否正确，经查对无误，方可浇注。

（5）对钢筋布置较密的构件及梁柱节点核心区混凝土应采取措施，切实捣固密实。

（6）不同等级混凝土接缝处的施工，宜先浇注高等级混凝土，然后再浇注低等级混凝土，也可以同时浇注。此时应特别注意，不应使低等级混凝土扩散到高等级混凝土结构部位中去，以确保高强混凝土结构质量。

（7）本工程如遇冬期施工，需按现行国家规范和规程，采取切实可行的措施，确保混凝土质量符合设计要求。

（8）吊钩不得采用经冷加工过的 HPB300 钢筋。

（9）由于电梯及各设备房内的设备等尚未定货，或未确定承建部分，故未能详尽考虑其对土建的要求，相应部分仅作参考，应在施工前确定定货，以便对结构作相应修改。

（10）未经设计许可，不得变更结构的用途和使用环境。未经过设计施工图纸会审及施工图审查单位审查，图纸不得用于施工。

（11）所有施工图纸和技术文件未盖本单位出图专用章均无效。

（12）本工程建筑物应进行沉降观测，沉降观测要求依照《建筑变形测量规范》（JGJ 8—2016）。

（13）幕墙包括高层建筑外墙玻璃门窗，石材干挂幕墙、商标、广告牌等必须在上部结构施工前请有资质的单位进行设计，幕墙设计单位必须与上部结构设计单位配合，提供支点的反力供上部结构的验算。

（14）所有混凝土构件均应按各专业要求，如建筑吊顶、门窗、栏杆、管道支架等设置预埋件，施工单位应将需要的埋件留全。

（15）预埋件严禁采用冷加工钢筋。

×××集团有限公司

XXXJITUAN YOUXIANGONGSI

地址：×××市×××大街××号

工程设计证书号

建筑行业甲级×××

出图专用章

无出图章，图纸无效

注册执业章

建设单位

×××发电有限公司

工程名称

×××县

×××项目生活区宿舍楼

图名

结构设计说明（二）

项目负责	
审定	
审核	
工种负责	
校对	
设计	
设计号	××××-×××
版本	第一版
图号	结施 02
日期	××××.××

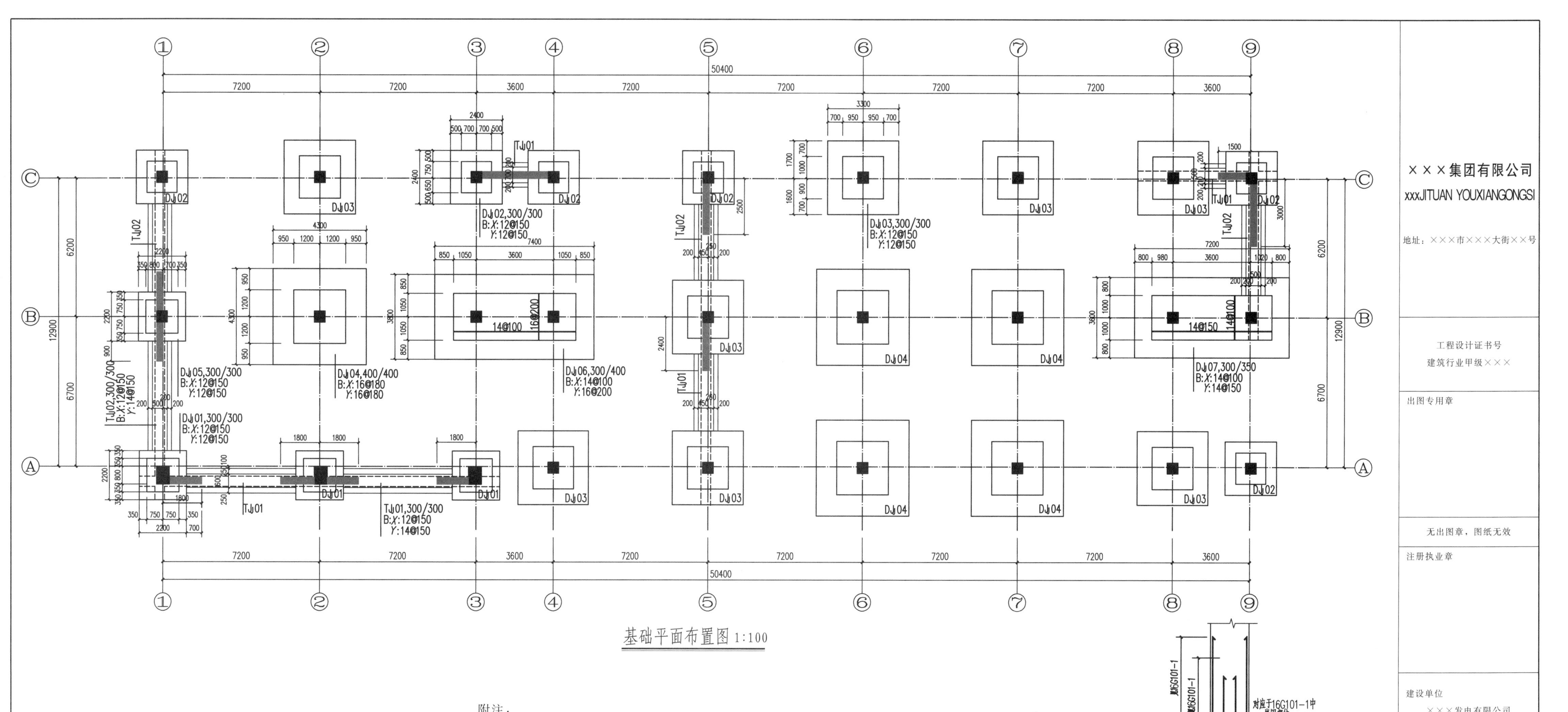

基础平面布置图 1:100

【读图提示】

阅读基础图应注意的问题如下。

1. 通过阅读基础说明知道本工程基础底面放置在什么位置（基础持力层的位置），相应位置地基承载力特征值的大小；基础图中所采用的标准图集，基础部分所用材料情况，基础施工需注意的事项。
2. 阅读基础平面图时，首先对照建筑一层平面图，核对基础施工时定位轴线位置、尺寸是否正确；柱、剪力墙等构件的数量、位置是否正确；核对房屋开间、进深尺寸是否正确；基础平面尺寸有无重叠、碰撞现象；地沟及其他设施、电施所需管沟是否与基础存在重叠、碰撞现象。
3. 注意各种管沟穿越基础的位置，相应基础部位采用的处理方法（如基础局部是否加深、具体处理方法，相应基础洞口处是否加设过梁等构件）；管沟转角等部位加设的构件类型及其数量。

附注：

1. 地基基础设计依据《×××项目岩土工程勘测报告》。
   基础采用混凝土独立基础及混凝土条形基础，持力层为第一层粉土层，地基承载力特征值为：$f_{ak}=160$kPa。
2. 基槽开挖清除全部杂填土，不应扰动原状土，基槽开挖至设计标高以上 200～300mm 时，进行标准钎探，并及时组织建设、监理、地勘、设计单位进行验槽，验收合格后再人工开挖到设计标高，并及时进行基础施工。
3. 基础采用 C30 混凝土，最小水泥用量 300kg/m^3，最大水灰比 0.50，最大氯离子含量 0.10（水泥用量的百分比），基础垫层采用 C15 混凝土浇筑，保护层厚度为 40mm。基础、垫层及基础梁的防护应满足《工业建筑防腐蚀设计规范》（GB 50046—2008）4.8.5 条的相关规定。
4. 钢筋等级为 HRB400。基础底标高为−2.100m。
5. 基坑回填土、地面、散水、踏步等基础之下的回填土，必须分层夯实，每层厚度不大于 250mm，压实系数>0.94。
6. 本工程±0.000 等于绝对高程 1002.35m。
7. 避雷、接地做法详见电气专业图纸。

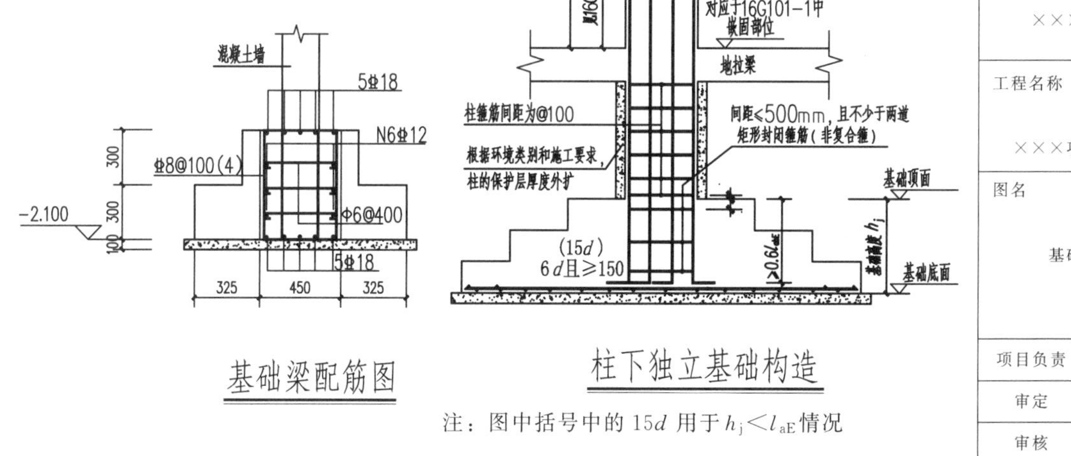

基础梁配筋图

柱下独立基础构造

注：图中括号中的 15d 用于 $h_1<l_{aE}$ 情况

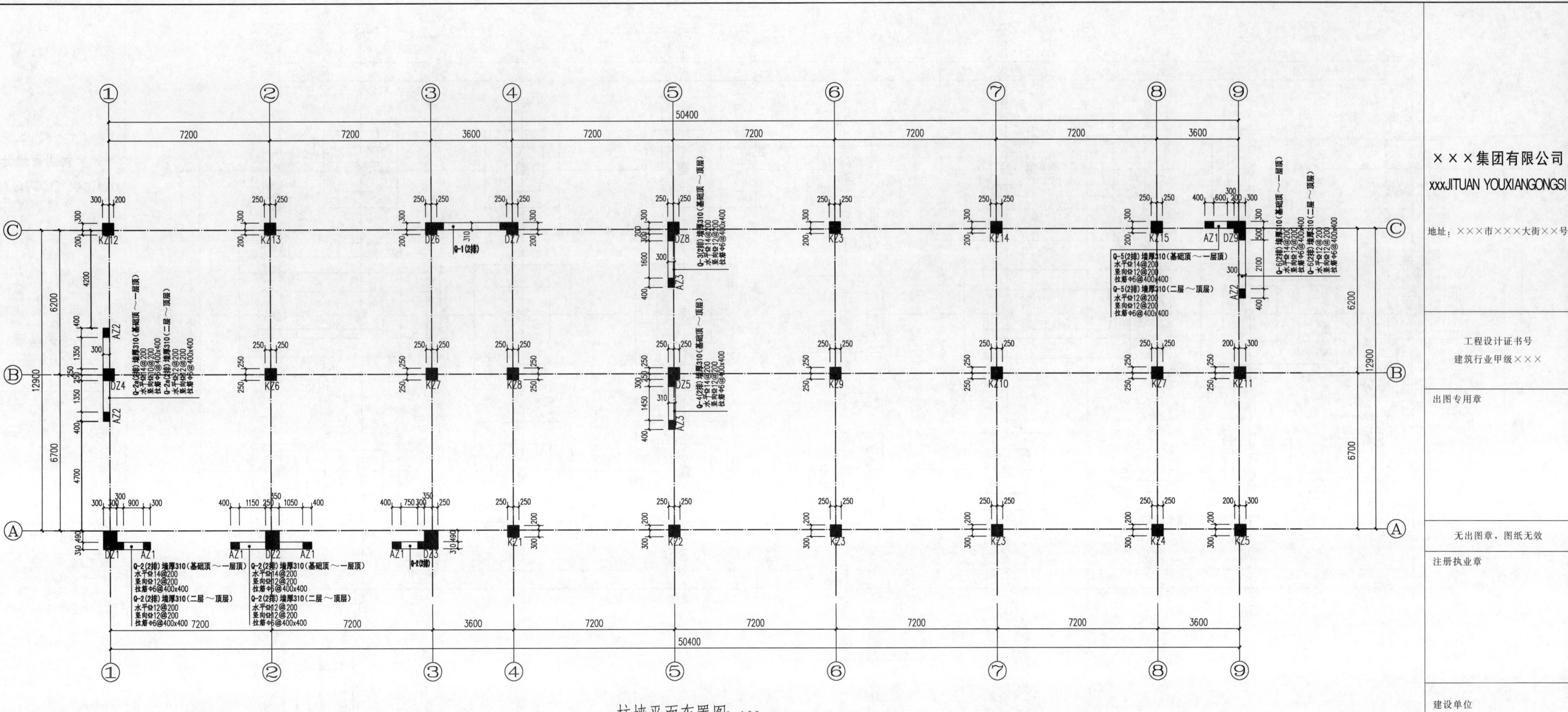

柱墙平面布置图1:100

角柱及楼梯间角柱柱箍筋全长加密

注：主筋为角筋＋H＋B，箍筋等肢距布置。

【读图提示】

1. 阅读该图需注意剪力墙及剪力墙柱的类型、编号、数量及其具体定位。
2. 剪力墙中是否有连梁，连梁的类型、编号、数量及其具体定位。
3. 剪力墙的边缘构件类型，剪力墙的配筋方式。剪力墙水平分布筋、竖向分布筋及拉结筋的钢筋用量。
4. 阅读该图需注意柱的类型、柱的编号、数量及其具体定位。
5. 注意理解图中标注编号不同柱的概念及其不同作用。
6. 柱平面布置图结合柱配筋表（结施 05、结施 06），仔细核对每根柱中钢筋的型号、数量、位置。注意柱在高度方向上截面尺寸有无变化，如何变化，柱截面尺寸变化处钢筋的处理方法。柱筋在高度方向的连接方式、连接位置、连接部位的加强措施。
7. 柱配筋图，若采用平面表示法，则需结合相应图集阅读，在阅读时要注意建立柱配筋情况的空间立体概念，必要时需将柱配筋草图勾画出来，予以帮助理解柱配筋图。

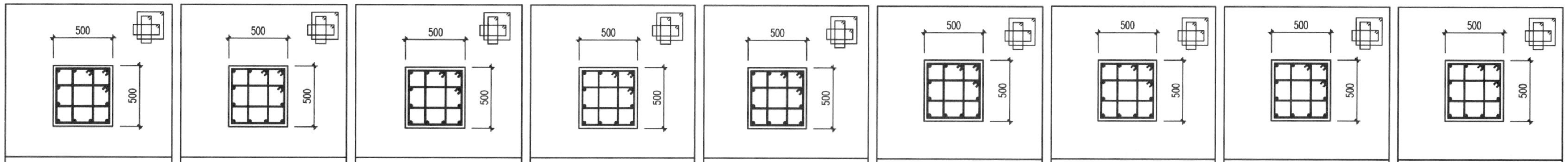

截面	500×500	500×500	500×500	500×500	500×500	500×500	500×500	500×500	500×500
编号	KZ1	KZ1	KZ2	KZ2	KZ2	KZ3	KZ3	KZ4	KZ4
标高	基础顶面～-0.150	-0.150～14.720	基础顶面～-0.150	-0.150～4.420	4.420～14.720	基础顶面～-0.150	-0.150～14.720	基础顶面～-0.150	-0.150～14.720
纵筋	4Φ22(角筋)+8Φ20	4Φ22(角筋)+8Φ18	4Φ22(角筋)+8Φ18	4Φ20(角筋)+8Φ16	4Φ20(角筋)+8Φ16	4Φ18(角筋)+8Φ18	4Φ18(角筋)+8Φ18	4Φ20(角筋)+8Φ18	4Φ20(角筋)+8Φ18
箍筋	Φ8@100	Φ8@100/200	Φ8@100	Φ8@100/200(节点核芯区Φ10@100)	Φ8@100/200	Φ8@100	Φ8@100/200	Φ8@100	Φ8@100/200

截面	500×500	500×500	500×500	500×500	500×500	500×500	500×500	500×500	500×500
编号	KZ5	KZ5	KZ6	KZ6	KZ7	KZ7	KZ7	KZ8	KZ8
标高	基础顶面～-0.150	-0.150～14.720	基础顶面～-0.150	-0.150～14.720	基础顶面～-0.150	-0.150～4.420	4.420～14.720	基础顶面～-0.150	-0.150～14.720
纵筋	4Φ20(角筋)+8Φ18	4Φ20(角筋)+8Φ18	4Φ22(角筋)+8Φ20	4Φ22(角筋)+8Φ20	4Φ22(角筋)+8Φ18	4Φ22(角筋)+8Φ18	4Φ22(角筋)+8Φ18	4Φ22(角筋)+8Φ18	4Φ22(角筋)+8Φ18
箍筋	Φ8@100	Φ8@100/200	Φ8@100	Φ8@100/200	Φ8@100	Φ8@100/200(节点核芯区Φ10@100)	Φ8@100/200	Φ8@100	Φ8@100/200

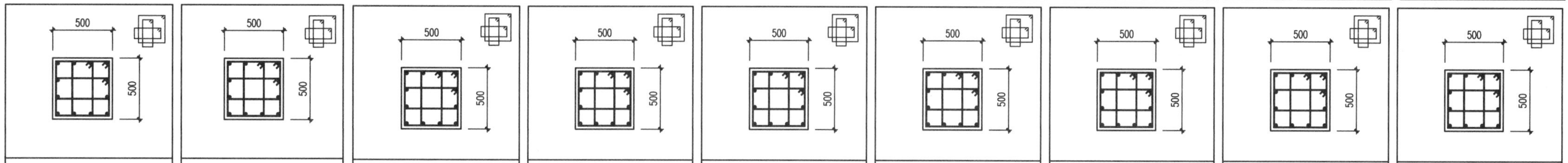

截面	500×500	500×500	500×500	500×500	500×500	500×500	500×500	500×500	500×500
截面标注						6Φ25, 2Φ25	6Φ25, 2Φ25	4Φ25, 2Φ20	4Φ25, 2Φ20
编号	KZ9	KZ9	KZ9	KZ10	KZ10	KZ11	KZ11	KZ11	KZ11
标高	基础顶面～-0.150	-0.150～4.420	4.420～14.720	基础顶面～-0.150	-0.150～14.720	基础顶面～-0.150	-0.150～4.420	4.420～11.420	11.420～14.720
纵筋	4Φ18(角筋)+8Φ18	4Φ18(角筋)+8Φ18	4Φ18(角筋)+8Φ16	4Φ18(角筋)+8Φ18	4Φ18(角筋)+8Φ16	4Φ25(角筋)+16Φ25	4Φ25(角筋)+10Φ25+4Φ20	4Φ25(角筋)+8Φ25+4Φ20	4Φ25(角筋)+8Φ25+4Φ20
箍筋	Φ8@100	Φ8@100/200	Φ8@100/200	Φ8@100	Φ8@100/200	Φ8@100	Φ8@100/200(节点核芯区Φ16@100)	Φ8@100/200(节点核芯区Φ10@100)	Φ8@100/200

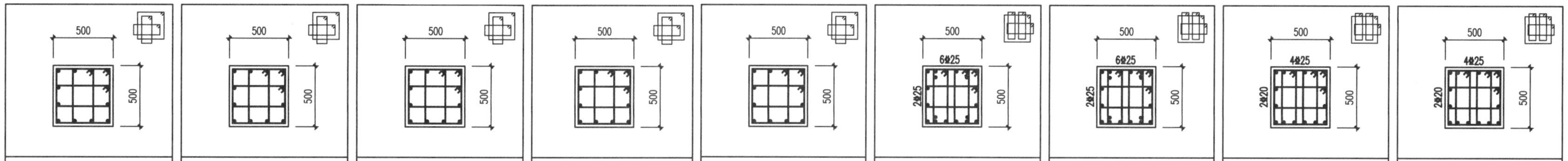

截面	500×500	500×500	500×500	500×500	500×500	500×500	500×500	500×500	500×500
截面标注								3Φ20, 4Φ25	3Φ20, 4Φ25
编号	KZ12	KZ12	KZ12	KZ13	KZ13	KZ14	KZ14	KZ15	KZ15
标高	基础顶面～-0.150	-0.150～11.420	11.420～14.720	基础顶面～-0.150	-0.150～14.720	基础顶面～-0.150	-0.150～14.720	基础顶面～-0.150	-0.150～4.420
纵筋	4Φ22(角筋)+8Φ18	4Φ22(角筋)+8Φ18	4Φ22(角筋)+8Φ18	4Φ20(角筋)+8Φ18	4Φ20(角筋)+8Φ18	4Φ18(角筋)+8Φ16	4Φ18(角筋)+8Φ16	4Φ25(角筋)+8Φ25+6Φ20	4Φ25(角筋)+8Φ25+6Φ20
箍筋	Φ8@100	Φ8@100/200(节点核芯区Φ10@100)	Φ8@100/200	Φ8@100	Φ8@100/200	Φ8@100	Φ8@100/200	Φ8@100	Φ8@100/200(节点核芯区Φ12@100)

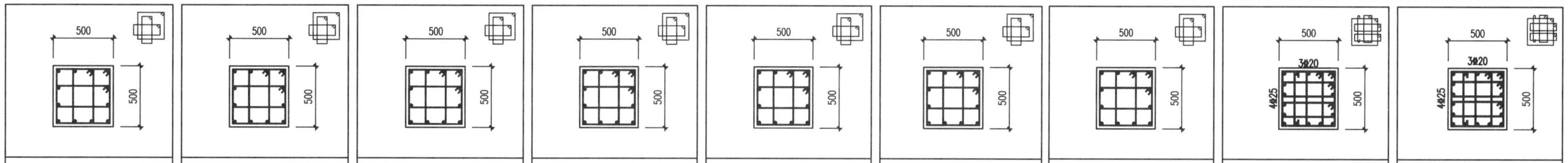

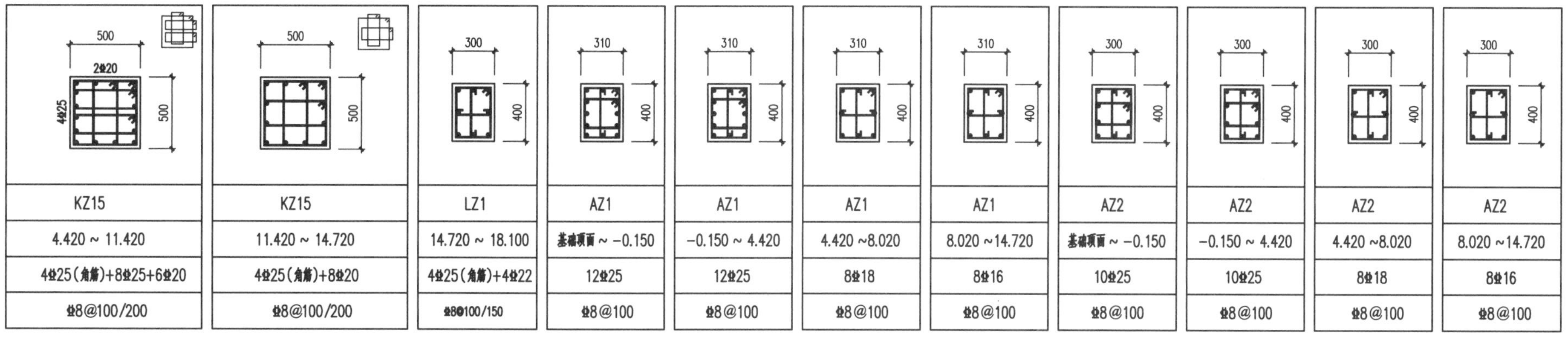

截面	500×500	500×500	300×400	310×400	310×400	310×400	310×400	300×400	300×400	300×400	300×400
截面标注	2Φ20, 4Φ25										
编号	KZ15	KZ15	LZ1	AZ1	AZ1	AZ1	AZ1	AZ2	AZ2	AZ2	AZ2
标高	4.420～11.420	11.420～14.720	14.720～18.100	基础顶面～-0.150	-0.150～4.420	4.420～8.020	8.020～14.720	基础顶面～-0.150	-0.150～4.420	4.420～8.020	8.020～14.720
纵筋	4Φ25(角筋)+8Φ25+6Φ20	4Φ25(角筋)+8Φ20	4Φ25(角筋)+4Φ22	12Φ25	12Φ25	8Φ18	8Φ16	10Φ25	10Φ25	8Φ18	8Φ16
箍筋	Φ8@100/200	Φ8@100/200	Φ8@100/150	Φ8@100	Φ8@100	Φ8@100	Φ8@100	Φ8@100	Φ8@100	Φ8@100	Φ8@100

×××集团有限公司

xxxJITUAN YOUXIANGONGSI

地址：×××市×××大街××号

工程设计证书号

建筑行业甲级×××

出图专用章

无出图章，图纸无效

注册执业章

建设单位 ×××发电有限公司

工程名称 ×××县 ×××项目生活区宿舍楼

图名 柱配筋表（一）

项目负责	
审定	
审核	
工种负责	
校对	
设计	
设计号	××××-×××
版本	第一版
图号	结施 05
日期	××××.××

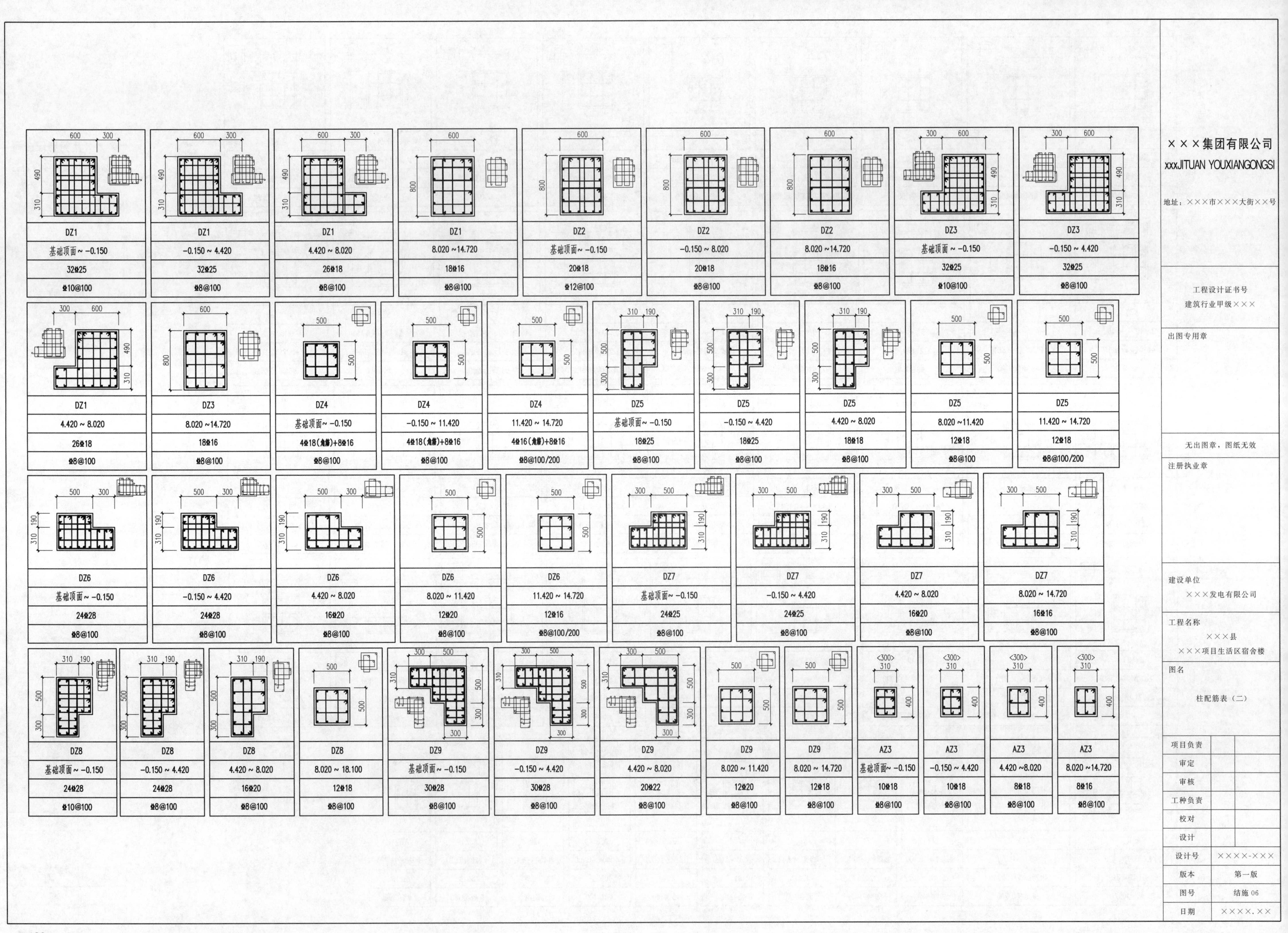
DZ1
基础顶面～−0.150
32Φ25
Φ10@100
DZ1
−0.150～4.420
32Φ25
Φ8@100
DZ1
4.420～8.020
26Φ18
Φ8@100
DZ1
8.020～14.720
18Φ16
Φ8@100
DZ2
基础顶面～−0.150
20Φ18
Φ12@100
DZ2
−0.150～8.020
20Φ18
Φ8@100
DZ2
8.020～14.720
18Φ16
Φ8@100
DZ3
基础顶面～−0.150
32Φ25
Φ10@100
DZ3
−0.150～4.420
32Φ25
Φ8@100
DZ1
4.420～8.020
26Φ18
Φ8@100
DZ3
8.020～14.720
18Φ16
Φ8@100
DZ4
基础顶面～−0.150
4Φ18(角筋)+8Φ16
Φ8@100
DZ4
−0.150～11.420
4Φ18(角筋)+8Φ16
Φ8@100
DZ4
11.420～14.720
4Φ16(角筋)+8Φ16
Φ8@100/200
DZ5
基础顶面～−0.150
18Φ25
Φ8@100
DZ5
−0.150～4.420
18Φ25
Φ8@100
DZ5
4.420～8.020
18Φ18
Φ8@100
DZ5
8.020～11.420
12Φ18
Φ8@100
DZ5
11.420～14.720
12Φ18
Φ8@100/200
DZ6
基础顶面～−0.150
24Φ28
Φ8@100
DZ6
−0.150～4.420
24Φ28
Φ8@100
DZ6
4.420～8.020
16Φ20
Φ8@100
DZ6
8.020～11.420
12Φ20
Φ8@100
DZ6
11.420～14.720
12Φ16
Φ8@100/200
DZ7
基础顶面～−0.150
24Φ25
Φ8@100
DZ7
−0.150～4.420
24Φ25
Φ8@100
DZ7
4.420～8.020
16Φ20
Φ8@100
DZ7
8.020～14.720
16Φ16
Φ8@100
DZ8
基础顶面～−0.150
24Φ28
Φ10@100
DZ8
−0.150～4.420
24Φ28
Φ8@100
DZ8
4.420～8.020
16Φ20
Φ8@100
DZ8
8.020～18.100
12Φ18
Φ8@100
DZ9
基础顶面～−0.150
30Φ28
Φ8@100
DZ9
−0.150～4.420
30Φ28
Φ8@100
DZ9
4.420～8.020
20Φ22
Φ8@100
DZ9
8.020～11.420
12Φ20
Φ8@100
DZ9
8.020～14.720
12Φ18
Φ8@100
AZ3
基础顶面～−0.150
10Φ18
Φ8@100
AZ3
−0.150～4.420
10Φ18
Φ8@100
AZ3
4.420～8.020
8Φ18
Φ8@100
AZ3
8.020～14.720
8Φ16
Φ8@100
×××集团有限公司
xxxJITUAN YOUXIANGONGSI
地址：×××市×××大街××号
工程设计证书号
建筑行业甲级×××
出图专用章
无出图章，图纸无效
注册执业章
建设单位
×××发电有限公司
工程名称
×××县
×××项目生活区宿舍楼
图名
柱配筋表（二）
项目负责
审定
审核
工种负责
校对
设计
设计号
××××-×××
版本
第一版
图号
结施 06
日期
××××.××

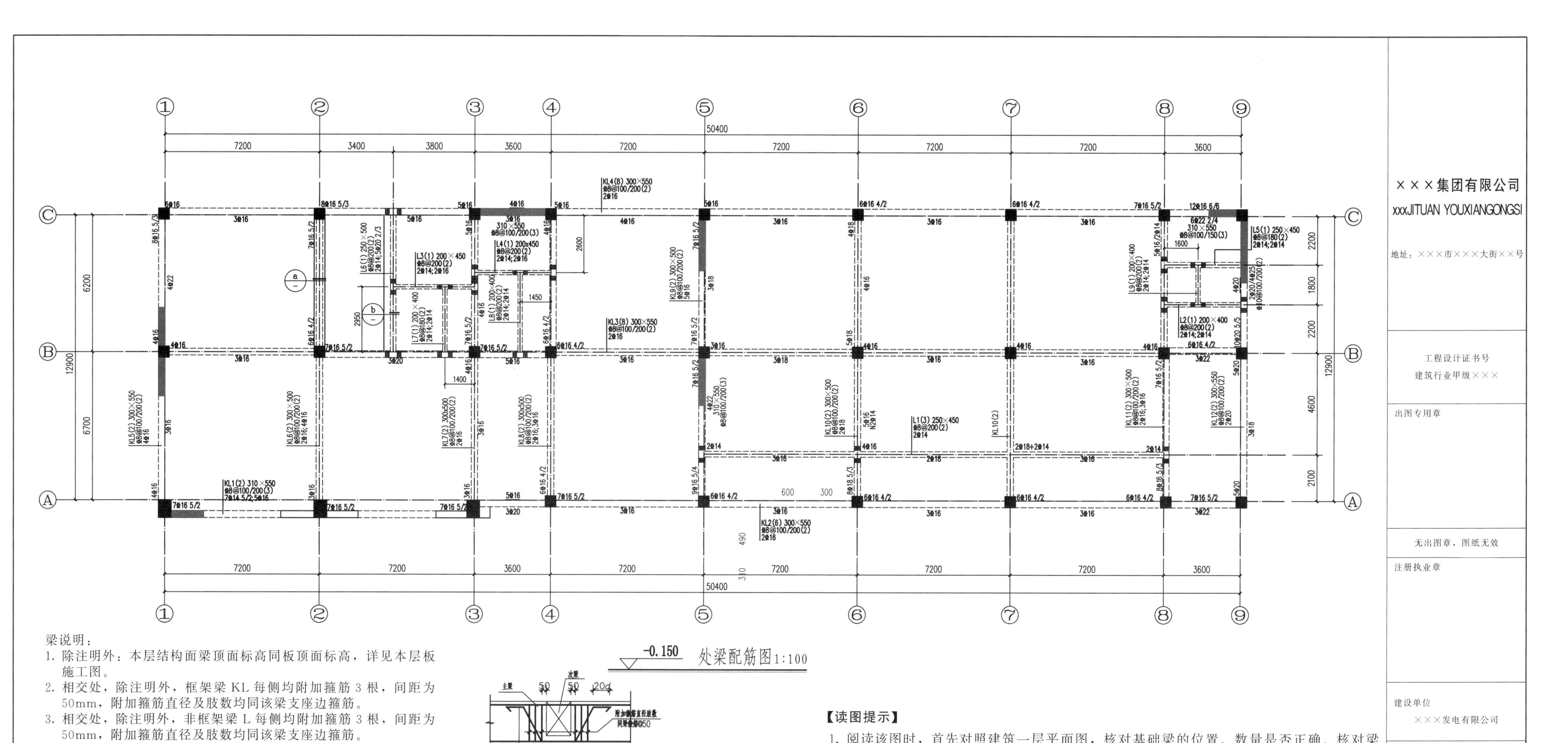

−0.150 处梁配筋图 1:100

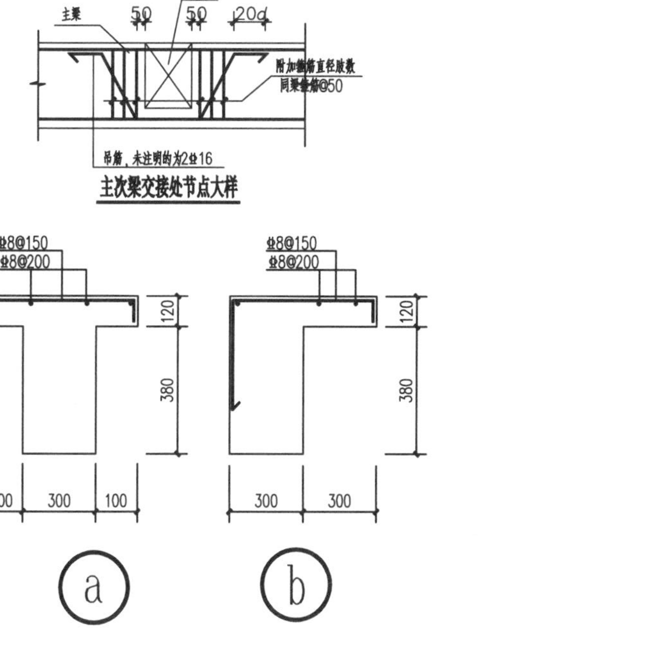

梁说明：

1. 除注明外：本层结构面梁顶面标高同板顶面标高，详见本层板施工图。
2. 相交处，除注明外，框架梁 KL 每侧均附加箍筋 3 根，间距为 50mm，附加箍筋直径及肢数均同该梁支座边箍筋。
3. 相交处，除注明外，非框架梁 L 每侧均附加箍筋 3 根，间距为 50mm，附加箍筋直径及肢数均同该梁支座边箍筋。
4. 未标注梁支座顶筋根数、直径同贯通筋。
5. 框架梁跨中顶筋与支座筋直径不同时，采用跨中顶筋与支座筋搭接，需满足受拉钢筋的搭接要求。
6. 梁跨中顶筋加下划线表示：跨中顶筋与支座筋搭接，需满足受拉钢筋的搭接要求。
7. 未标注梁腰筋及拉筋的做法为：梁腹高≥450mm，
   梁宽≤350mm 时，沿梁两侧配置Φ10@200，拉筋直径为Φ8mm，间距为 400mm。
   梁宽≤550mm 时，沿梁两侧配置Φ12@200，拉筋直径为Φ8mm，间距为 400mm。
8. 非框架梁 L 支座与柱、墙相连时，主筋、箍筋按框架梁 KL 构造（箍筋加密）。
9. 梁号非连续，仅在本层施工图有效。
10. 不论是否同一梁号，相邻跨钢筋直径相同时，施工时尽量拉通。
11. 编号为 KL 的框架梁，支座为柱墙顶部时，梁钢筋锚固及搭接应按屋面框架梁 WKL 构造。
12. 编号为 KL 的框架梁，端支座为墙时，梁端钢筋锚固和箍筋应按连梁 LL 构造。
13. 未标注悬挑梁顶筋根数、直径同支座顶筋；未标注箍筋直径、肢数同集中标注，间距为 100mm。
14. 除注明外，梁中心线位置均居轴线中或梁边线与柱、墙边线平。
15. 本层梁抗震等级为二级。

【读图提示】

1. 阅读该图时，首先对照建筑一层平面图，核对基础梁的位置、数量是否正确。核对梁尺寸是否影响管沟净尺寸要求。
2. 注意梁的类型、各种梁的编号、数量及其具体位置、标高。
3. 仔细核对每根梁立面图与剖面图的配筋关系，以准确核对梁中钢筋的型号、数量、位置。
4. 梁配筋图，若采用平面表示法，则需结合相应图集阅读，在阅读时要注意建立梁配筋情况的空间立体概念，必要时需将梁配筋草图勾画出来或画出梁抽筋图，予以帮助理解梁配筋情况。
5. 注意梁中所配各类钢筋的连接方式、钢筋的搭接、锚固要求。
6. 注意主梁、次梁相交处，主梁、次梁受力钢筋之间的关系。

×××集团有限公司
xxxJITUAN YOUXIANGONGSI
地址：×××市×××大街××号

工程设计证书号
建筑行业甲级×××

出图专用章

无出图章，图纸无效

注册执业章

建设单位 ×××发电有限公司

工程名称 ×××县 ×××项目生活区宿舍楼

图名 −0.150 处梁配筋图

项目负责	
审定	
审核	
工种负责	
校对	
设计	
设计号	××××-×××
版本	第一版
图号	结施 07
日期	××××.××

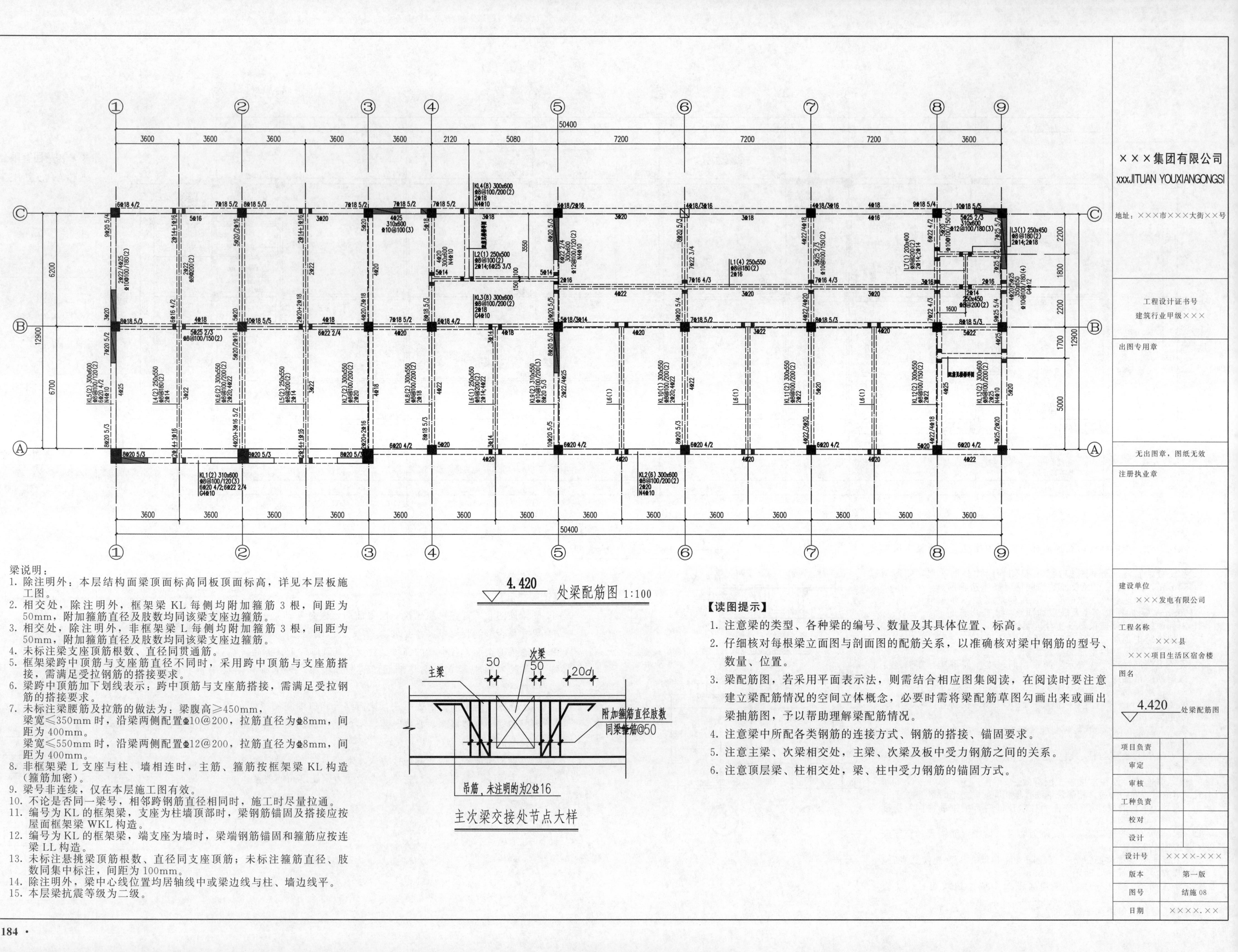
4.420 处梁配筋图 1:100
梁说明：
1. 除注明外：本层结构面梁顶面标高同板顶面标高，详见本层板施工图。
2. 相交处，除注明外，框架梁 KL 每侧均附加箍筋 3 根，间距为 50mm，附加箍筋直径及肢数均同该梁支座边箍筋。
3. 相交处，除注明外，非框架梁 L 每侧均附加箍筋 3 根，间距为 50mm，附加箍筋直径及肢数均同该梁支座边箍筋。
4. 未标注梁支座顶筋根数、直径同贯通筋。
5. 框架梁跨中顶筋与支座筋直径不同时，采用跨中顶筋与支座筋搭接，需满足受拉钢筋的搭接要求。
6. 梁跨中顶筋加下划线表示：跨中顶筋与支座筋搭接，需满足受拉钢筋的搭接要求。
7. 未标注梁腰筋及拉筋的做法为：梁腹高≥450mm，
梁宽≤350mm 时，沿梁两侧配置ф10@200，拉筋直径为ф8mm，间距为 400mm。
梁宽≤550mm 时，沿梁两侧配置ф12@200，拉筋直径为ф8mm，间距为 400mm。
8. 非框架梁 L 支座与柱、墙相连时，主筋、箍筋按框架梁 KL 构造（箍筋加密）。
9. 梁号非连续，仅在本层施工图有效。
10. 不论是否同一梁号，相邻跨钢筋直径相同时，施工时尽量拉通。
11. 编号为 KL 的框架梁，支座为柱墙顶部时，梁钢筋锚固及搭接应按屋面框架梁 WKL 构造。
12. 编号为 KL 的框架梁，端支座为墙时，梁端钢筋锚固和箍筋应按连梁 LL 构造。
13. 未标注悬挑梁顶筋根数、直径同支座顶筋；未标注箍筋直径、肢数同集中标注，间距为 100mm。
14. 除注明外，梁中心线位置均居轴线中或梁边线与柱、墙边线平。
15. 本层梁抗震等级为二级。
主梁
次梁
50
20d
附加箍筋直径肢数同梁箍筋@50
吊筋，未注明的为2ф16
主次梁交接处节点大样
【读图提示】
1. 注意梁的类型、各种梁的编号、数量及其具体位置、标高。
2. 仔细核对每根梁立面图与剖面图的配筋关系，以准确核对梁中钢筋的型号、数量、位置。
3. 梁配筋图，若采用平面表示法，则需结合相应图集阅读，在阅读时要注意建立梁配筋情况的空间立体概念，必要时需将梁配筋草图勾画出来或画出梁抽筋图，予以帮助理解梁配筋情况。
4. 注意梁中所配各类钢筋的连接方式、钢筋的搭接、锚固要求。
5. 注意主梁、次梁相交处，主梁、次梁及板中受力钢筋之间的关系。
6. 注意顶层梁、柱相交处，梁、柱中受力钢筋的锚固方式。
×××集团有限公司
xxxJITUAN YOUXIANGONGSI
地址：×××市×××大街××号
工程设计证书号
建筑行业甲级×××
出图专用章
无出图章，图纸无效
注册执业章
建设单位
×××发电有限公司
工程名称
×××县
×××项目生活区宿舍楼
图名
4.420 处梁配筋图
项目负责
审定
审核
工种负责
校对
设计
设计号 ××××-×××
版本 第一版
图号 结施 08
日期 ××××.××

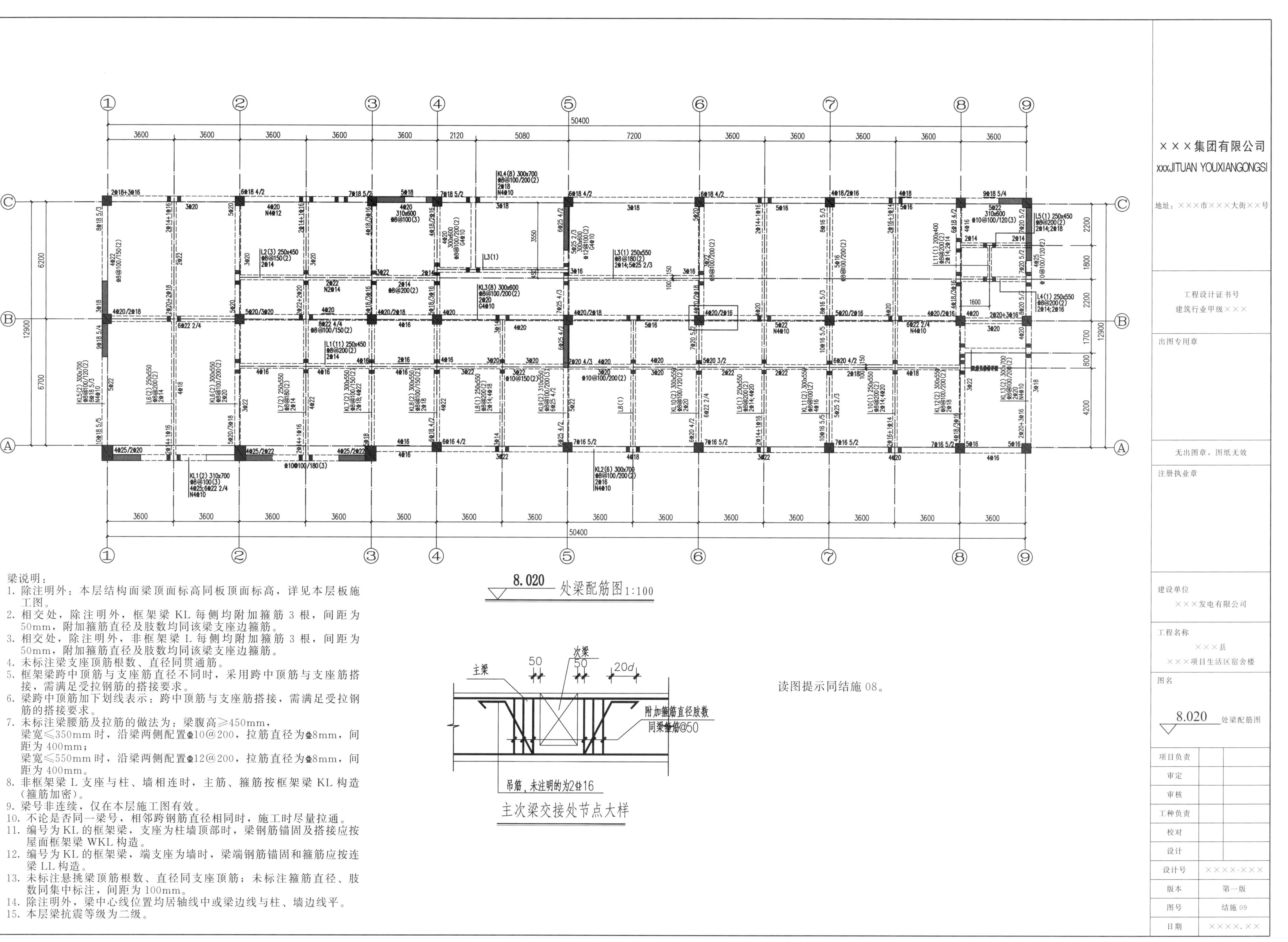
8.020 处梁配筋图 1:100
梁说明：
1. 除注明外：本层结构面梁顶面标高同板顶面标高，详见本层板施工图。
2. 相交处，除注明外，框架梁 KL 每侧均附加箍筋 3 根，间距为 50mm，附加箍筋直径及肢数均同该梁支座边箍筋。
3. 相交处，除注明外，非框架梁 L 每侧均附加箍筋 3 根，间距为 50mm，附加箍筋直径及肢数均同该梁支座边箍筋。
4. 未标注梁支座顶筋根数、直径同贯通筋。
5. 框架梁跨中顶筋与支座筋直径不同时，采用跨中顶筋与支座筋搭接，需满足受拉钢筋的搭接要求。
6. 梁跨中顶筋加下划线表示：跨中顶筋与支座筋搭接，需满足受拉钢筋的搭接要求。
7. 未标注梁腰筋及拉筋的做法为：梁腹高≥450mm，梁宽≤350mm 时，沿梁两侧配置⌀10@200，拉筋直径为⌀8mm，间距为 400mm；梁宽≤550mm 时，沿梁两侧配置⌀12@200，拉筋直径为⌀8mm，间距为 400mm。
8. 非框架梁 L 支座与柱、墙相连时，主筋、箍筋按框架梁 KL 构造（箍筋加密）。
9. 梁号非连续，仅在本层施工图有效。
10. 不论是否同一梁号，相邻跨钢筋直径相同时，施工时尽量拉通。
11. 编号为 KL 的框架梁，支座为柱墙顶部时，梁钢筋锚固及搭接应按屋面框架梁 WKL 构造。
12. 编号为 KL 的框架梁，端支座为墙时，梁端钢筋锚固和箍筋应按连梁 LL 构造。
13. 未标注悬挑梁顶筋根数、直径同支座顶筋；未标注箍筋直径、肢数同集中标注，间距为 100mm。
14. 除注明外，梁中心线位置均居轴线中或梁边线与柱、墙边线平。
15. 本层梁抗震等级为二级。
主梁
次梁
50
20d
附加箍筋直径肢数
同梁箍筋@50
吊筋，未注明的为2⌀16
主次梁交接处节点大样
读图提示同结施 08。
×××集团有限公司
xxxJITUAN YOUXIANGONGSI
地址：×××市×××大街××号
工程设计证书号
建筑行业甲级×××
出图专用章
无出图章，图纸无效
注册执业章
建设单位
×××发电有限公司
工程名称
×××县
×××项目生活区宿舍楼
图名
8.020 处梁配筋图
项目负责
审定
审核
工种负责
校对
设计
设计号 ××××-×××
版本 第一版
图号 结施 09
日期 ××××.××

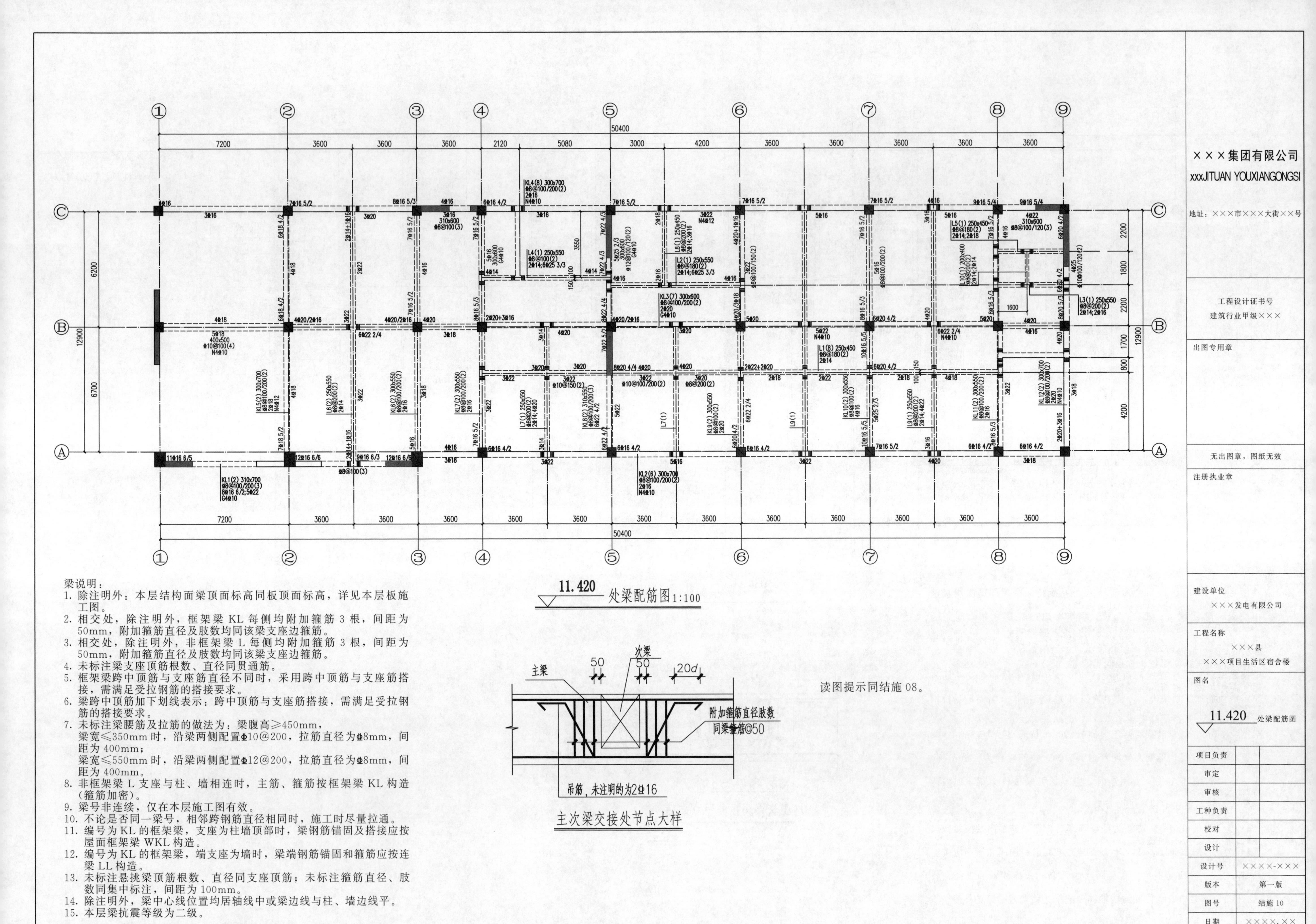

11.420 处梁配筋图 1:100
梁说明：
1. 除注明外：本层结构面梁顶面标高同板顶面标高，详见本层板施工图。
2. 相交处，除注明外，框架梁 KL 每侧均附加箍筋 3 根，间距为 50mm，附加箍筋直径及肢数均同该梁支座边箍筋。
3. 相交处，除注明外，非框架梁 L 每侧均附加箍筋 3 根，间距为 50mm，附加箍筋直径及肢数均同该梁支座边箍筋。
4. 未标注梁支座顶筋根数、直径同贯通筋。
5. 框架梁跨中顶筋与支座筋直径不同时，采用跨中顶筋与支座筋搭接，需满足受拉钢筋的搭接要求。
6. 梁跨中顶筋加下划线表示：跨中顶筋与支座筋搭接，需满足受拉钢筋的搭接要求。
7. 未标注梁腰筋及拉筋的做法为：梁腹高≥450mm，
梁宽≤350mm 时，沿梁两侧配置⌀10@200，拉筋直径为⌀8mm，间距为 400mm；
梁宽≤550mm 时，沿梁两侧配置⌀12@200，拉筋直径为⌀8mm，间距为 400mm。
8. 非框架梁 L 支座与柱、墙相连时，主筋、箍筋按框架梁 KL 构造（箍筋加密）。
9. 梁号非连续，仅在本层施工图有效。
10. 不论是否同一梁号，相邻跨钢筋直径相同时，施工时尽量拉通。
11. 编号为 KL 的框架梁，支座为柱墙顶部时，梁钢筋锚固及搭接应按屋面框架梁 WKL 构造。
12. 编号为 KL 的框架梁，端支座为墙时，梁端钢筋锚固和箍筋应按连梁 LL 构造。
13. 未标注悬挑梁顶筋根数、直径同支座顶筋；未标注箍筋直径、肢数同集中标注，间距为 100mm。
14. 除注明外，梁中心线位置均居轴线中或梁边线与柱、墙边线平。
15. 本层梁抗震等级为二级。
主梁
次梁
50
50
20d
附加箍筋直径肢数
同梁箍筋@50
吊筋，未注明的为2⌀16
主次梁交接处节点大样
读图提示同结施 08。
×××集团有限公司
xxxJITUAN YOUXIANGONGSI
地址：×××市×××大街××号
工程设计证书号
建筑行业甲级×××
出图专用章
无出图章，图纸无效
注册执业章
建设单位
×××发电有限公司
工程名称
×××县
×××项目生活区宿舍楼
图名
11.420 处梁配筋图
项目负责
审定
审核
工种负责
校对
设计
设计号 ××××-×××
版本 第一版
图号 结施 10
日期 ××××.××

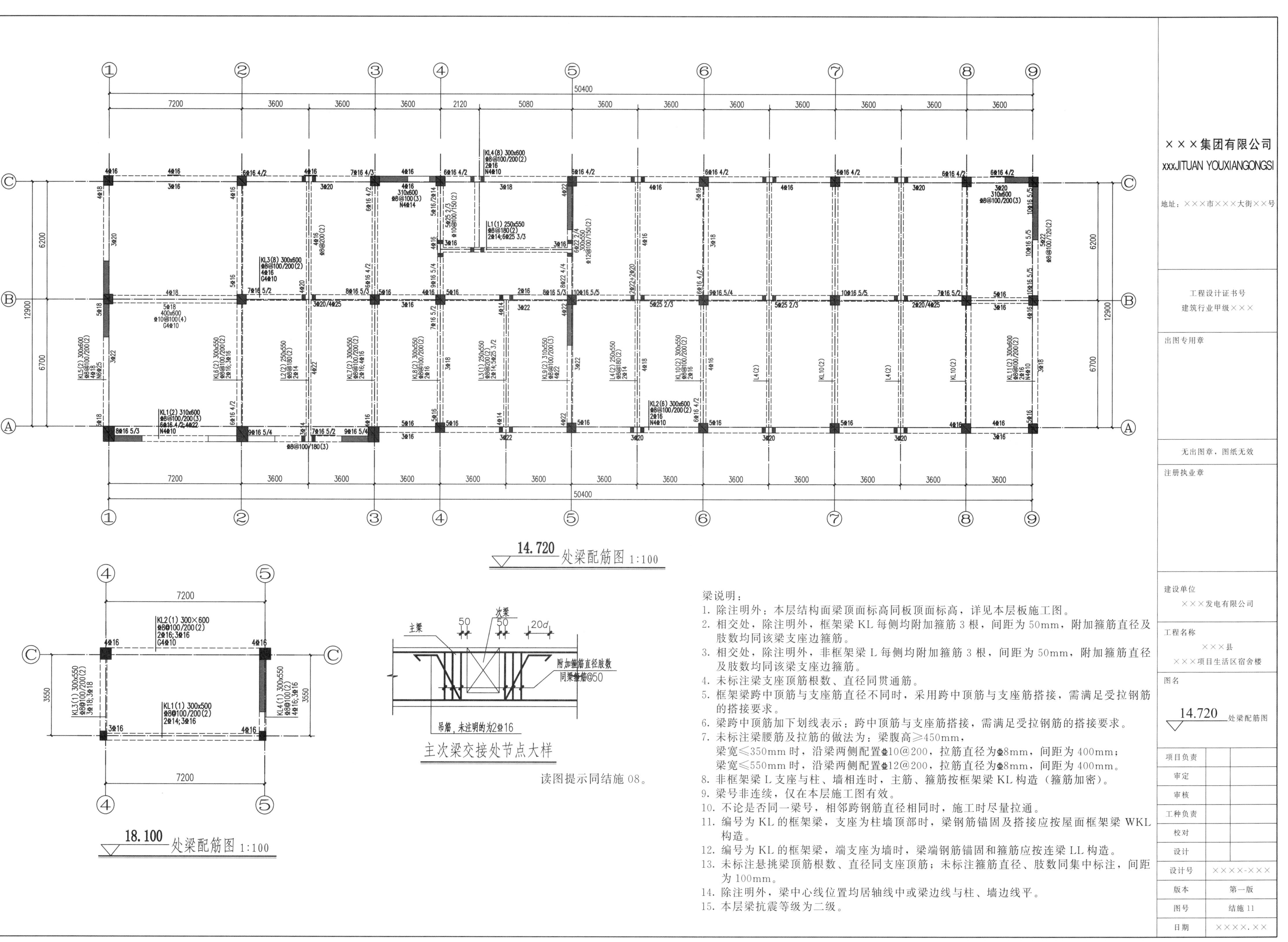
14.720 处梁配筋图 1:100
18.100 处梁配筋图 1:100
主次梁交接处节点大样
主梁
次梁
附加箍筋直径肢数同梁箍筋@50
吊筋，未注明的为2⌀16
读图提示同结施 08。
梁说明：
1. 除注明外：本层结构面梁顶面标高同板顶面标高，详见本层板施工图。
2. 相交处，除注明外，框架梁 KL 每侧均附加箍筋 3 根，间距为 50mm，附加箍筋直径及肢数均同该梁支座边箍筋。
3. 相交处，除注明外，非框架梁 L 每侧均附加箍筋 3 根，间距为 50mm，附加箍筋直径及肢数均同该梁支座边箍筋。
4. 未标注梁支座顶筋根数、直径同贯通筋。
5. 框架梁跨中顶筋与支座筋直径不同时，采用跨中顶筋与支座筋搭接，需满足受拉钢筋的搭接要求。
6. 梁跨中顶筋加下划线表示：跨中顶筋与支座筋搭接，需满足受拉钢筋的搭接要求。
7. 未标注梁腰筋及拉筋的做法为：梁腹高≥450mm，
梁宽≤350mm 时，沿梁两侧配置⌀10@200，拉筋直径为⌀8mm，间距为 400mm；
梁宽≤550mm 时，沿梁两侧配置⌀12@200，拉筋直径为⌀8mm，间距为 400mm。
8. 非框架梁 L 支座与柱、墙相连时，主筋、箍筋按框架梁 KL 构造（箍筋加密）。
9. 梁号非连续，仅在本层施工图有效。
10. 不论是否同一梁号，相邻跨钢筋直径相同时，施工时尽量拉通。
11. 编号为 KL 的框架梁，支座为柱墙顶部时，梁钢筋锚固及搭接应按屋面框架梁 WKL 构造。
12. 编号为 KL 的框架梁，端支座为墙时，梁端钢筋锚固和箍筋应按连梁 LL 构造。
13. 未标注悬挑梁顶筋根数、直径同支座顶筋；未标注箍筋直径、肢数同集中标注，间距为 100mm。
14. 除注明外，梁中心线位置均居轴线中或梁边线与柱、墙边线平。
15. 本层梁抗震等级为二级。
×××集团有限公司
xxxJITUAN YOUXIANGONGSI
地址：×××市×××大街××号
工程设计证书号
建筑行业甲级×××
出图专用章
无出图章，图纸无效
注册执业章
建设单位
×××发电有限公司
工程名称
×××县
×××项目生活区宿舍楼
图名
14.720 处梁配筋图
项目负责
审定
审核
工种负责
校对
设计
设计号 ××××-×××
版本 第一版
图号 结施 11
日期 ××××.××

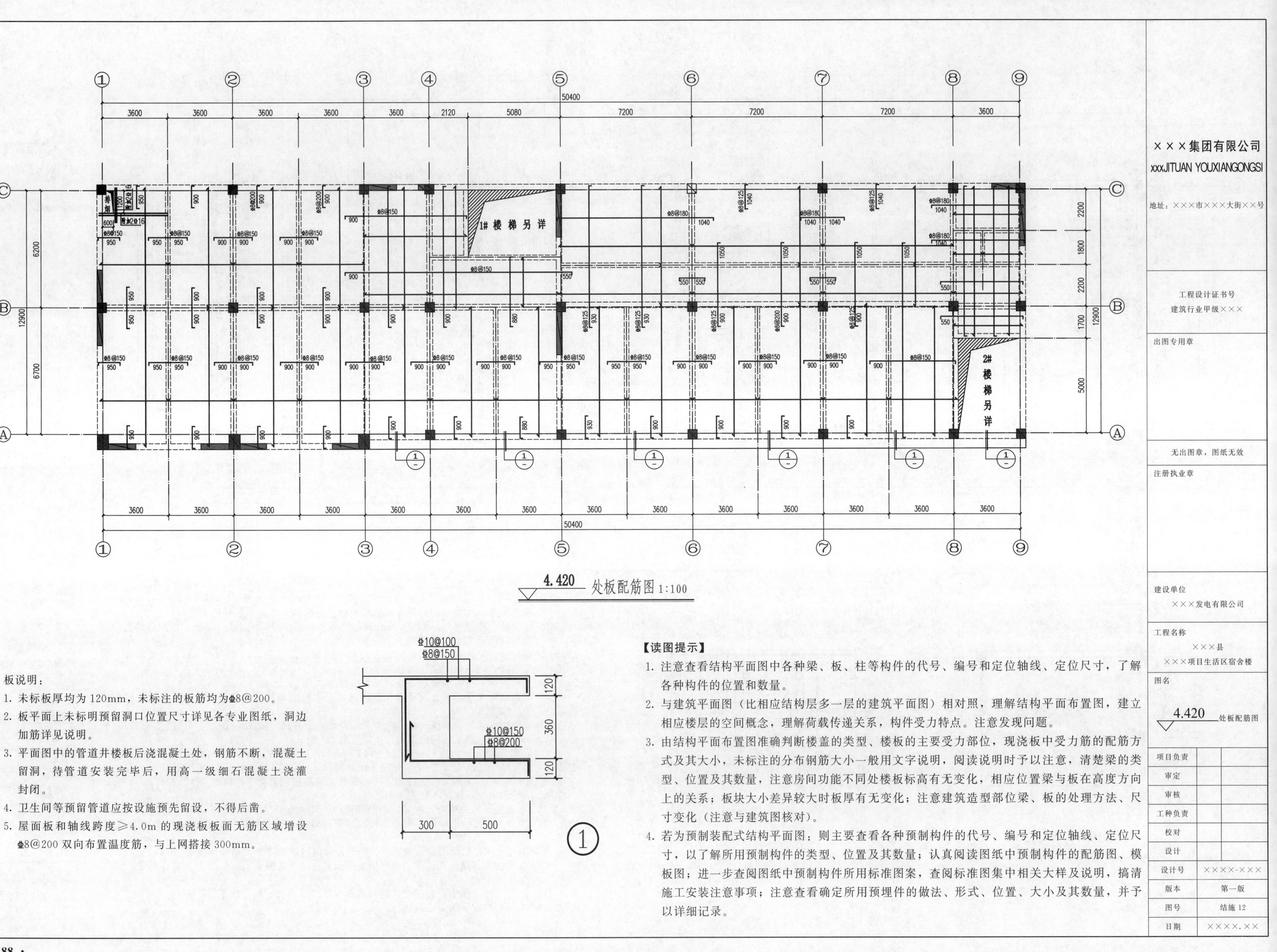

4.420 处板配筋图 1:100

板说明：

1. 未标板厚均为 120mm，未标注的板筋均为ф8@200。
2. 板平面上未标明预留洞口位置尺寸详见各专业图纸，洞边加筋详见说明。
3. 平面图中的管道井楼板后浇混凝土处，钢筋不断，混凝土留洞，待管道安装完毕后，用高一级细石混凝土浇灌封闭。
4. 卫生间等预留管道应按设施预先留设，不得后凿。
5. 屋面板和轴线跨度≥4.0m 的现浇板板面无筋区域增设ф8@200 双向布置温度筋，与上网搭接 300mm。

【读图提示】

1. 注意查看结构平面图中各种梁、板、柱等构件的代号、编号和定位轴线、定位尺寸，了解各种构件的位置和数量。
2. 与建筑平面图（比相应结构层多一层的建筑平面图）相对照，理解结构平面布置图，建立相应楼层的空间概念，理解荷载传递关系，构件受力特点。注意发现问题。
3. 由结构平面布置图准确判断楼盖的类型、楼板的主要受力部位，现浇板中受力筋的配筋方式及其大小，未标注的分布钢筋大小一般用文字说明，阅读说明时予以注意，清楚梁的类型、位置及其数量，注意房间功能不同处楼板标高有无变化，相应位置梁与板在高度方向上的关系；板块大小差异较大时板厚有无变化；注意建筑造型部位梁、板的处理方法、尺寸变化（注意与建筑图核对）。
4. 若为预制装配式结构平面图：则主要查看各种预制构件的代号、编号和定位轴线、定位尺寸，以了解所用预制构件的类型、位置及其数量；认真阅读图纸中预制构件的配筋图、模板图；进一步查阅图纸中预制构件所用标准图案，查阅标准图集中相关大样及说明，搞清施工安装注意事项；注意查看确定所用预埋件的做法、形式、位置、大小及其数量，并予以详细记录。

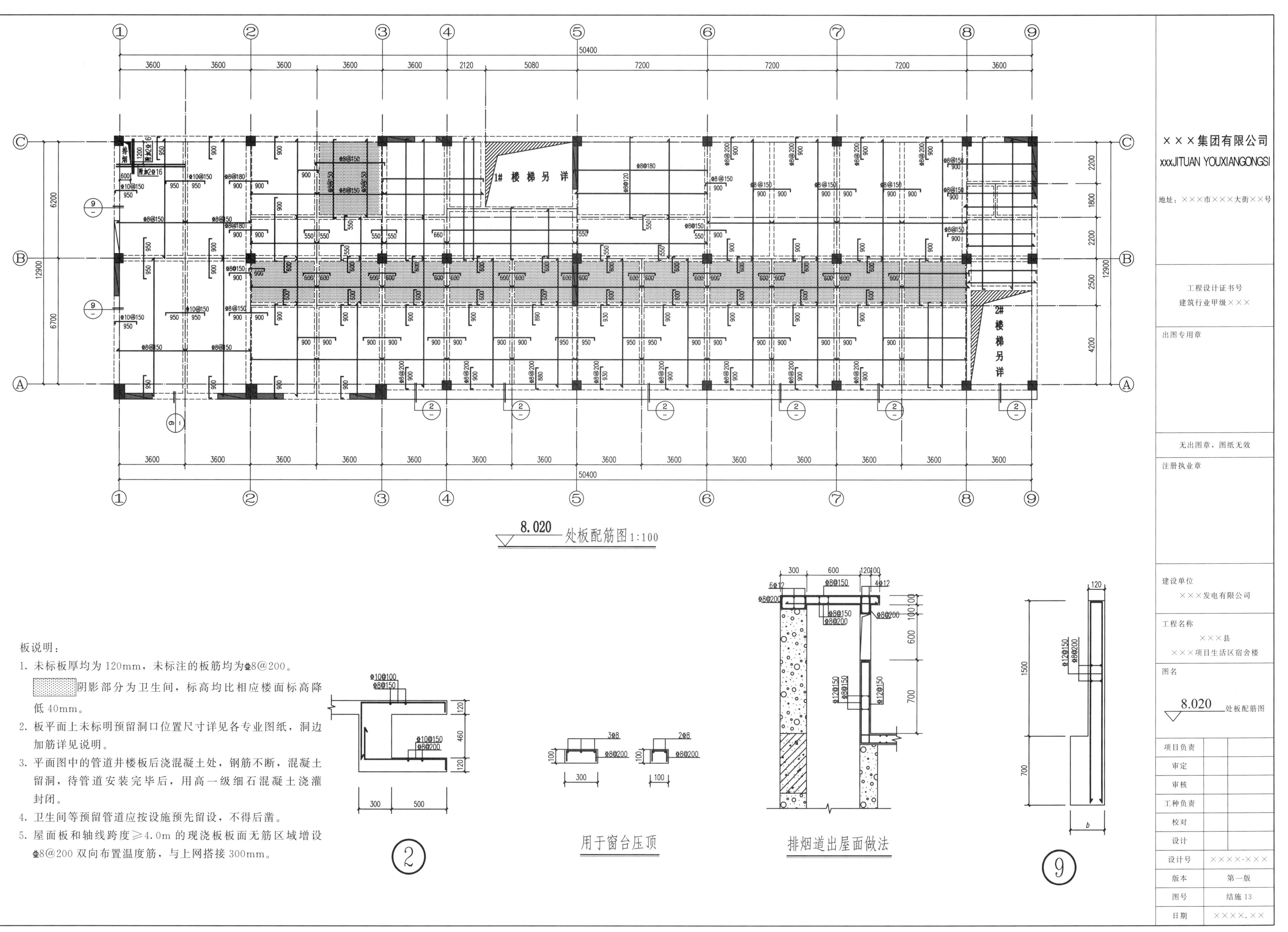
8.020 处板配筋图 1:100
1# 楼梯另详
2# 楼梯另详
50400
12900
板说明：
1. 未标板厚均为120mm，未标注的板筋均为⌀8@200。
阴影部分为卫生间，标高均比相应楼面标高降低 40mm。
2. 板平面上未标明预留洞口位置尺寸详见各专业图纸，洞边加筋详见说明。
3. 平面图中的管道井楼板后浇混凝土处，钢筋不断，混凝土留洞，待管道安装完毕后，用高一级细石混凝土浇灌封闭。
4. 卫生间等预留管道应按设施预先留设，不得后凿。
5. 屋面板和轴线跨度≥4.0m 的现浇板板面无筋区域增设⌀8@200 双向布置温度筋，与上网搭接 300mm。
②
用于窗台压顶
排烟道出屋面做法
⑨
×××集团有限公司
xxxJITUAN YOUXIANGONGSI
地址：×××市×××大街××号
工程设计证书号
建筑行业甲级×××
出图专用章
无出图章，图纸无效
注册执业章
建设单位
×××发电有限公司
工程名称
×××县
×××项目生活区宿舍楼
图名
8.020 处板配筋图
项目负责
审定
审核
工种负责
校对
设计
设计号 ××××-×××
版本 第一版
图号 结施 13
日期 ××××.××

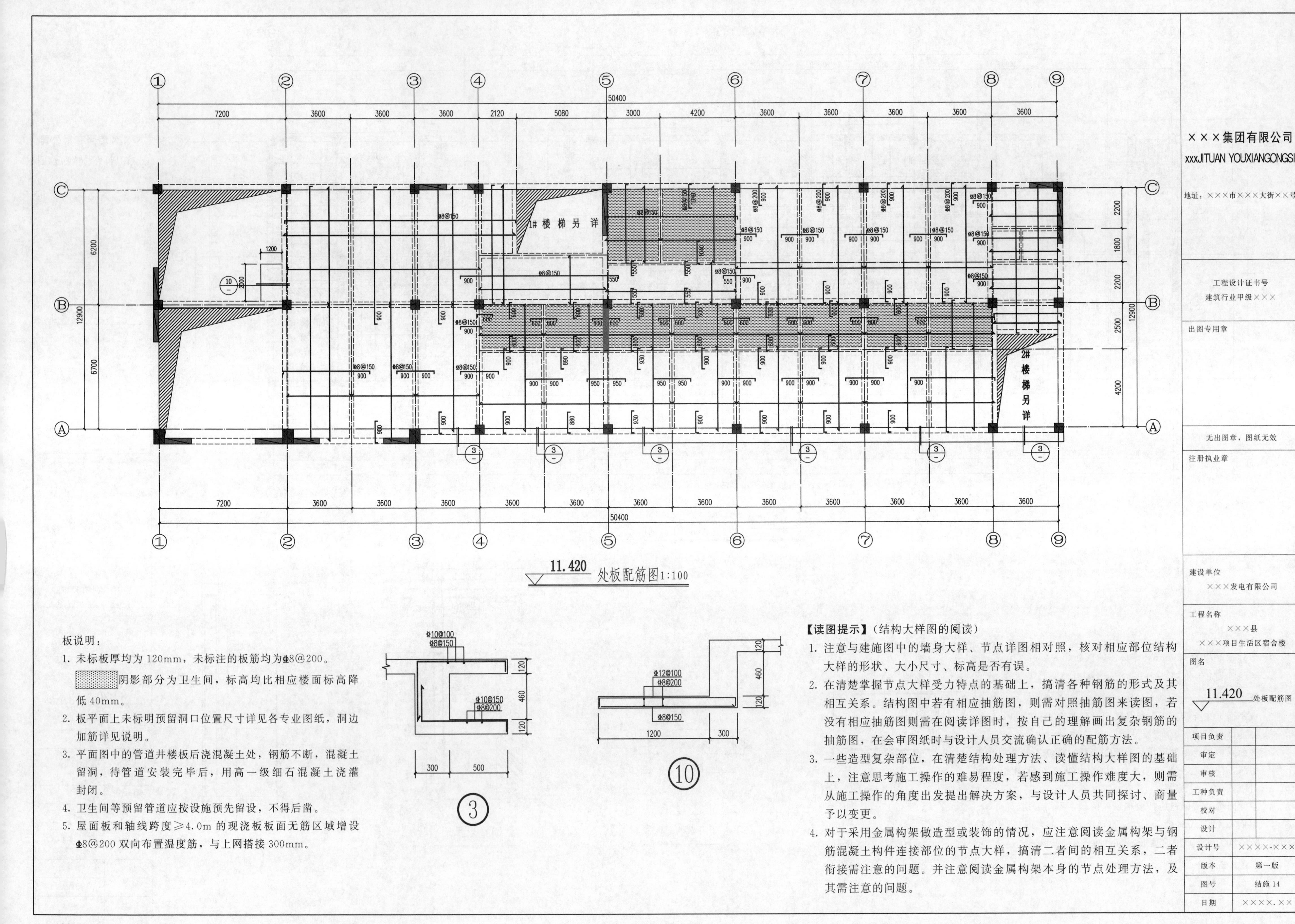

板说明：

1. 未标板厚均为120mm，未标注的板筋均为ф8@200。
   阴影部分为卫生间，标高均比相应楼面标高降低40mm。
2. 板平面上未标明预留洞口位置尺寸详见各专业图纸，洞边加筋详见说明。
3. 平面图中的管道井楼板后浇混凝土处，钢筋不断，混凝土留洞，待管道安装完毕后，用高一级细石混凝土浇灌封闭。
4. 卫生间等预留管道应按设施预先留设，不得后凿。
5. 屋面板和轴线跨度≥4.0m的现浇板板面无筋区域增设ф8@200双向布置温度筋，与上网搭接300mm。

【读图提示】（结构大样图的阅读）

1. 注意与建施图中的墙身大样、节点详图相对照，核对相应部位结构大样的形状、大小尺寸、标高是否有误。
2. 在清楚掌握节点大样受力特点的基础上，搞清各种钢筋的形式及其相互关系。结构图中若有相应抽筋图，则需对照抽筋图来读图，若没有相应抽筋图则需在阅读详图时，按自己的理解画出复杂钢筋的抽筋图，在会审图纸时与设计人员交流确认正确的配筋方法。
3. 一些造型复杂部位，在清楚结构处理方法、读懂结构大样图的基础上，注意思考施工操作的难易程度，若感到施工操作难度大，则需从施工操作的角度出发提出解决方案，与设计人员共同探讨、商量予以变更。
4. 对于采用金属构架做造型或装饰的情况，应注意阅读金属构架与钢筋混凝土构件连接部位的节点大样，搞清二者间的相互关系，二者衔接需注意的问题。并注意阅读金属构架本身的节点处理方法，及其需注意的问题。

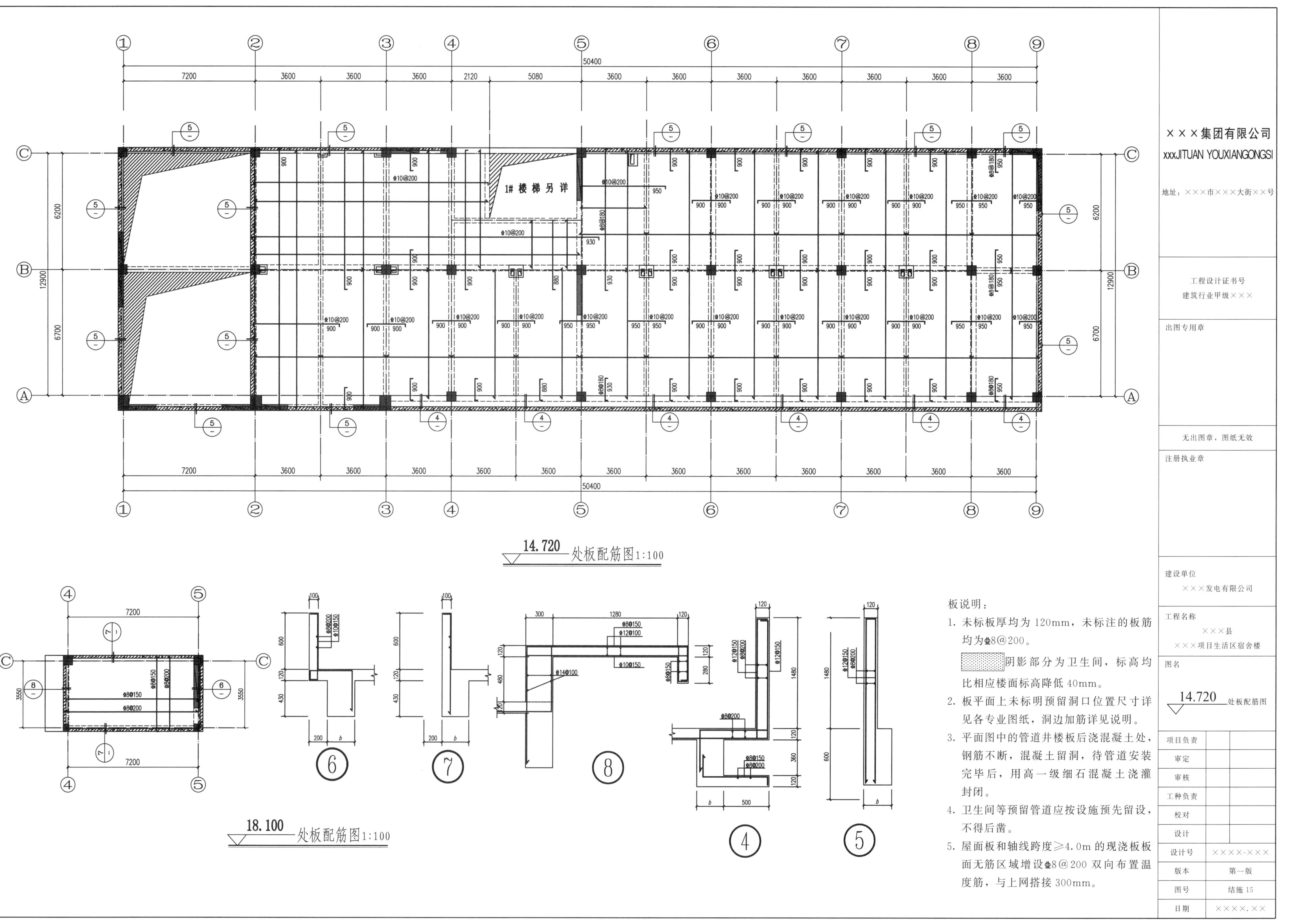
14.720 处板配筋图1:100
1# 楼梯另详
18.100 处板配筋图1:100
板说明：
1. 未标板厚均为120mm，未标注的板筋均为⌀8@200。
阴影部分为卫生间，标高均比相应楼面标高降低40mm。
2. 板平面上未标明预留洞口位置尺寸详见各专业图纸，洞边加筋详见说明。
3. 平面图中的管道井楼板后浇混凝土处，钢筋不断，混凝土留洞，待管道安装完毕后，用高一级细石混凝土浇灌封闭。
4. 卫生间等预留管道应按设施预先留设，不得后凿。
5. 屋面板和轴线跨度≥4.0m的现浇板板面无筋区域增设⌀8@200双向布置温度筋，与上网搭接300mm。
×××集团有限公司
xxxJITUAN YOUXIANGONGSI
地址：×××市×××大街××号
工程设计证书号
建筑行业甲级×××
出图专用章
无出图章，图纸无效
注册执业章
建设单位
×××发电有限公司
工程名称
×××县
×××项目生活区宿舍楼
图名
14.720 处板配筋图
项目负责
审定
审核
工种负责
校对
设计
设计号 ××××-×××
版本 第一版
图号 结施15
日期 ××××.××

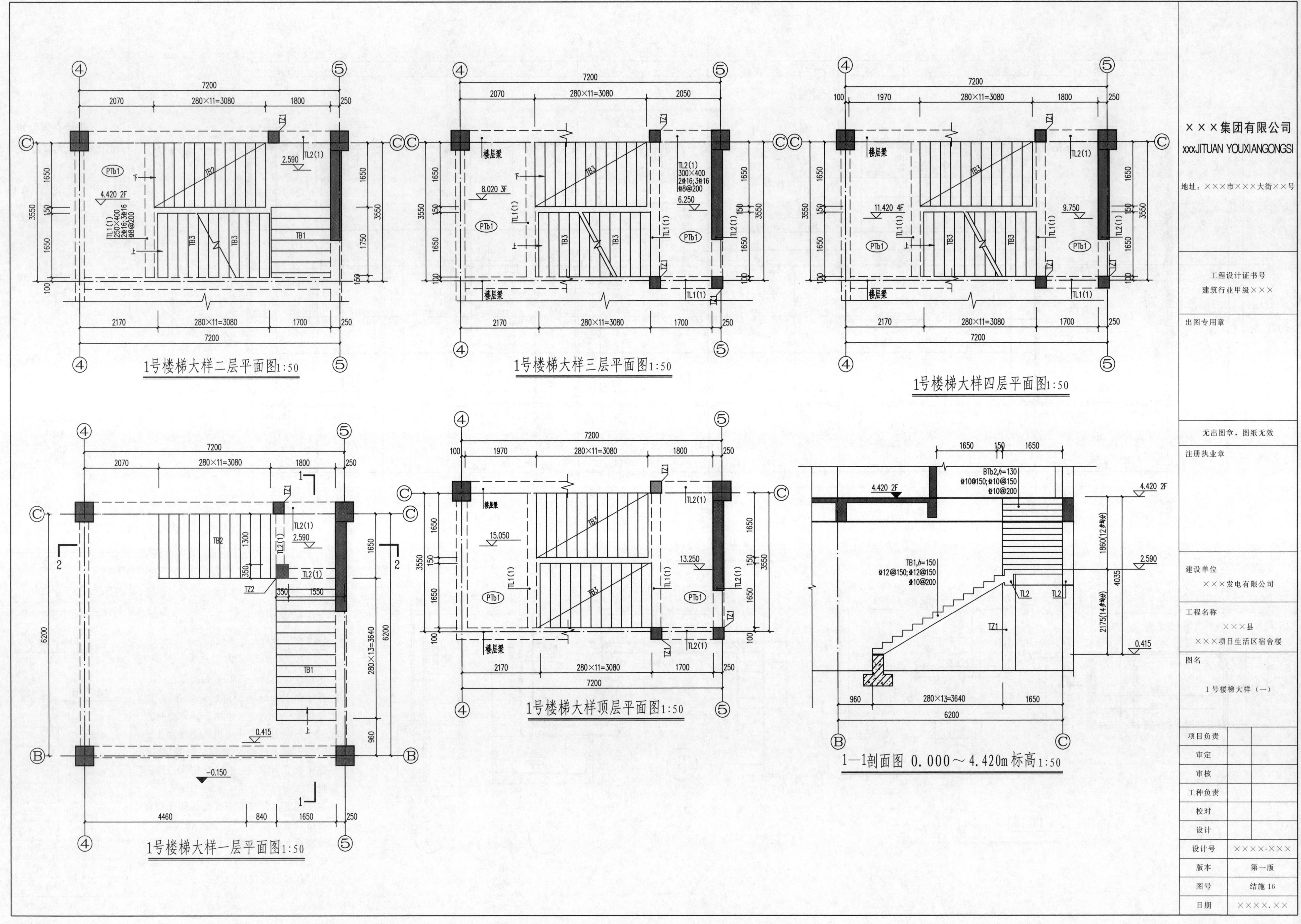
1号楼梯大样二层平面图1:50
1号楼梯大样三层平面图1:50
1号楼梯大样四层平面图1:50
1号楼梯大样一层平面图1:50
1号楼梯大样顶层平面图1:50
1—1剖面图 0.000～4.420m标高1:50
×××集团有限公司
xxxJITUAN YOUXIANGONGSI
地址：×××市×××大街××号
工程设计证书号
建筑行业甲级×××
出图专用章
无出图章，图纸无效
注册执业章
建设单位
×××发电有限公司
工程名称
×××县
×××项目生活区宿舍楼
图名
1号楼梯大样（一）
项目负责
审定
审核
工种负责
校对
设计
设计号 ××××-×××
版本 第一版
图号 结施16
日期 ××××.××

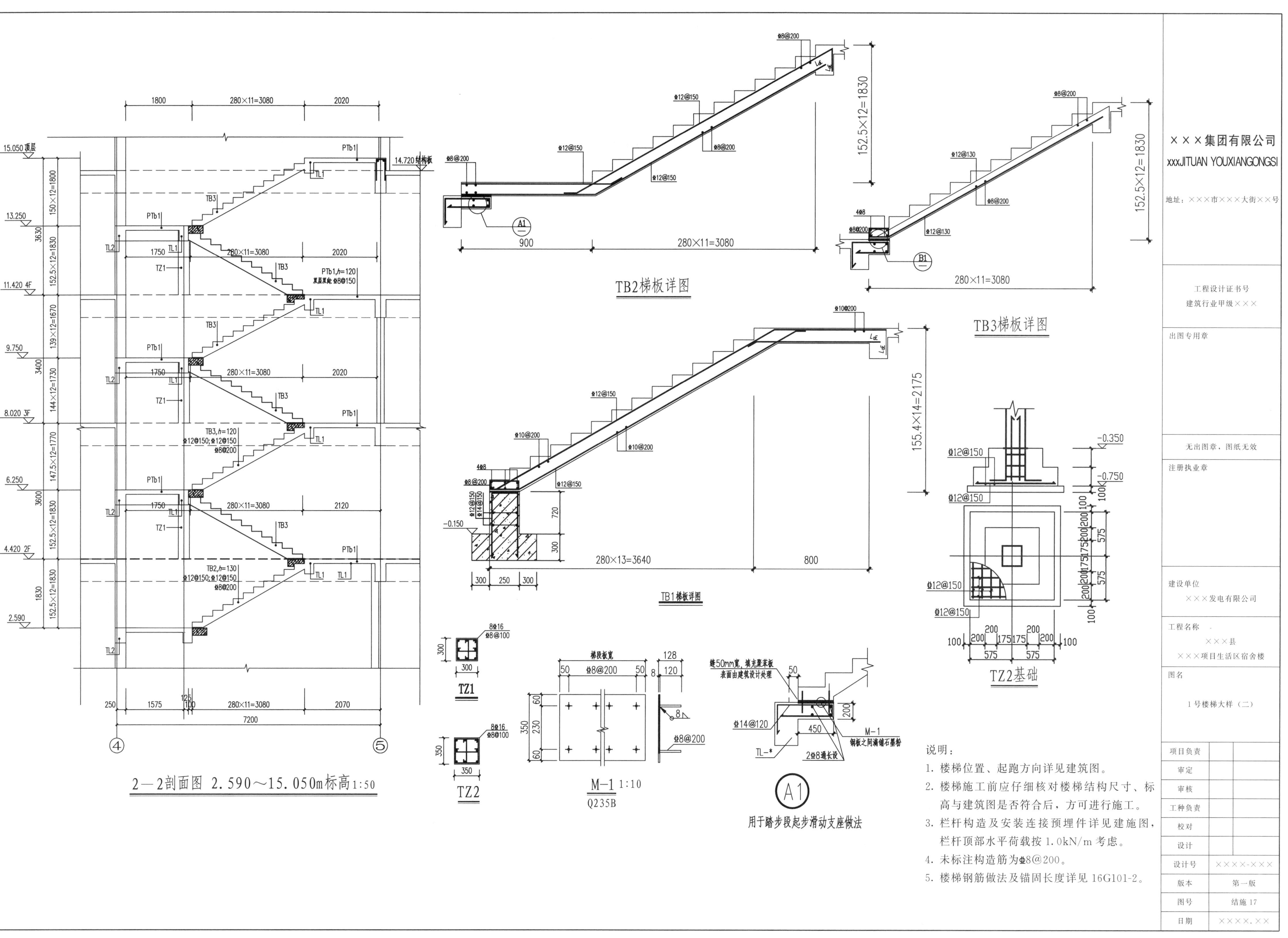

2—2剖面图 2.590～15.050m标高1:50
15.050 顶层
13.250
11.420 4F
9.750
8.020 3F
6.250
4.420 2F
2.590
14.720 结构板
1800
280×11=3080
2020
1750
2120
1575
2070
250
7200
PTb1
PTb1,h=120
TB3
TB3,h=120
TB2,h=130
TL1
TL2
TZ1
TB2梯板详图
TB3梯板详图
TB1梯板详图
155.4×14=2175
280×13=3640
800
TZ1
TZ2
TZ2基础
M-1 1:10
Q235B
梯段板宽
缝50mm宽，填充聚苯板 表面由建筑设计处理
钢板之间满铺石墨粉
2⌀8通长设
用于踏步段起步滑动支座做法
说明：
1. 楼梯位置、起跑方向详见建筑图。
2. 楼梯施工前应仔细核对楼梯结构尺寸、标高与建筑图是否符合后，方可进行施工。
3. 栏杆构造及安装连接预埋件详见建施图，栏杆顶部水平荷载按 1.0kN/m 考虑。
4. 未标注构造筋为⌀8@200。
5. 楼梯钢筋做法及锚固长度详见 16G101-2。
×××集团有限公司
xxxJITUAN YOUXIANGONGSI
地址：×××市×××大街××号
工程设计证书号
建筑行业甲级×××
出图专用章
无出图章，图纸无效
注册执业章
建设单位
×××发电有限公司
工程名称
×××县
×××项目生活区宿舍楼
图名
1号楼梯大样（二）
项目负责
审定
审核
工种负责
校对
设计
设计号 ××××-×××
版本 第一版
图号 结施17
日期 ××××.××

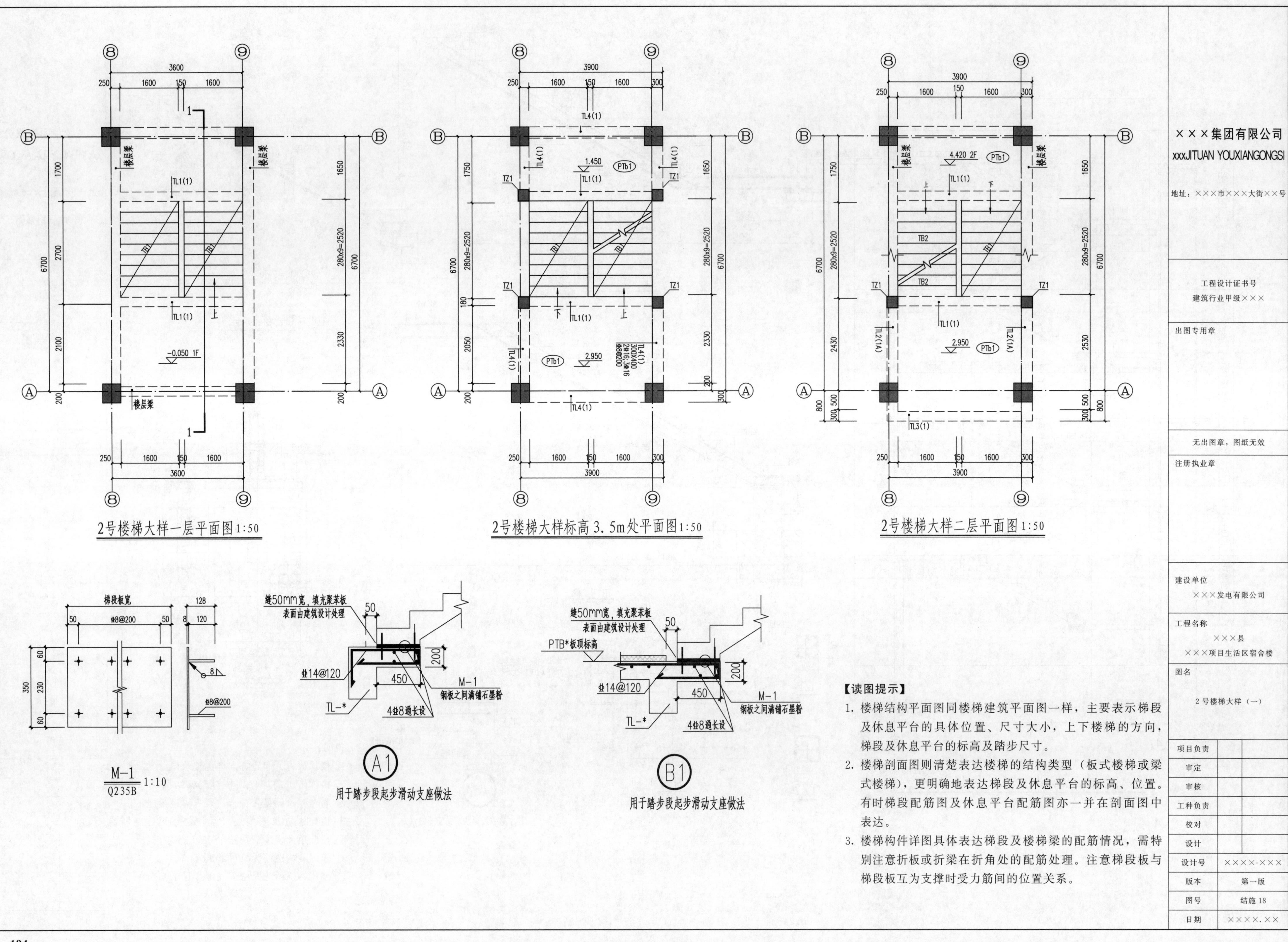

【读图提示】

1. 楼梯结构平面图同楼梯建筑平面图一样，主要表示梯段及休息平台的具体位置、尺寸大小，上下楼梯的方向，梯段及休息平台的标高及踏步尺寸。
2. 楼梯剖面图则清楚表达楼梯的结构类型（板式楼梯或梁式楼梯），更明确地表达梯段及休息平台的标高、位置。有时梯段配筋图及休息平台配筋图亦一并在剖面图中表达。
3. 楼梯构件详图具体表达梯段及楼梯梁的配筋情况，需特别注意折板或折梁在折角处的配筋处理。注意梯段板与梯段板互为支撑时受力筋间的位置关系。

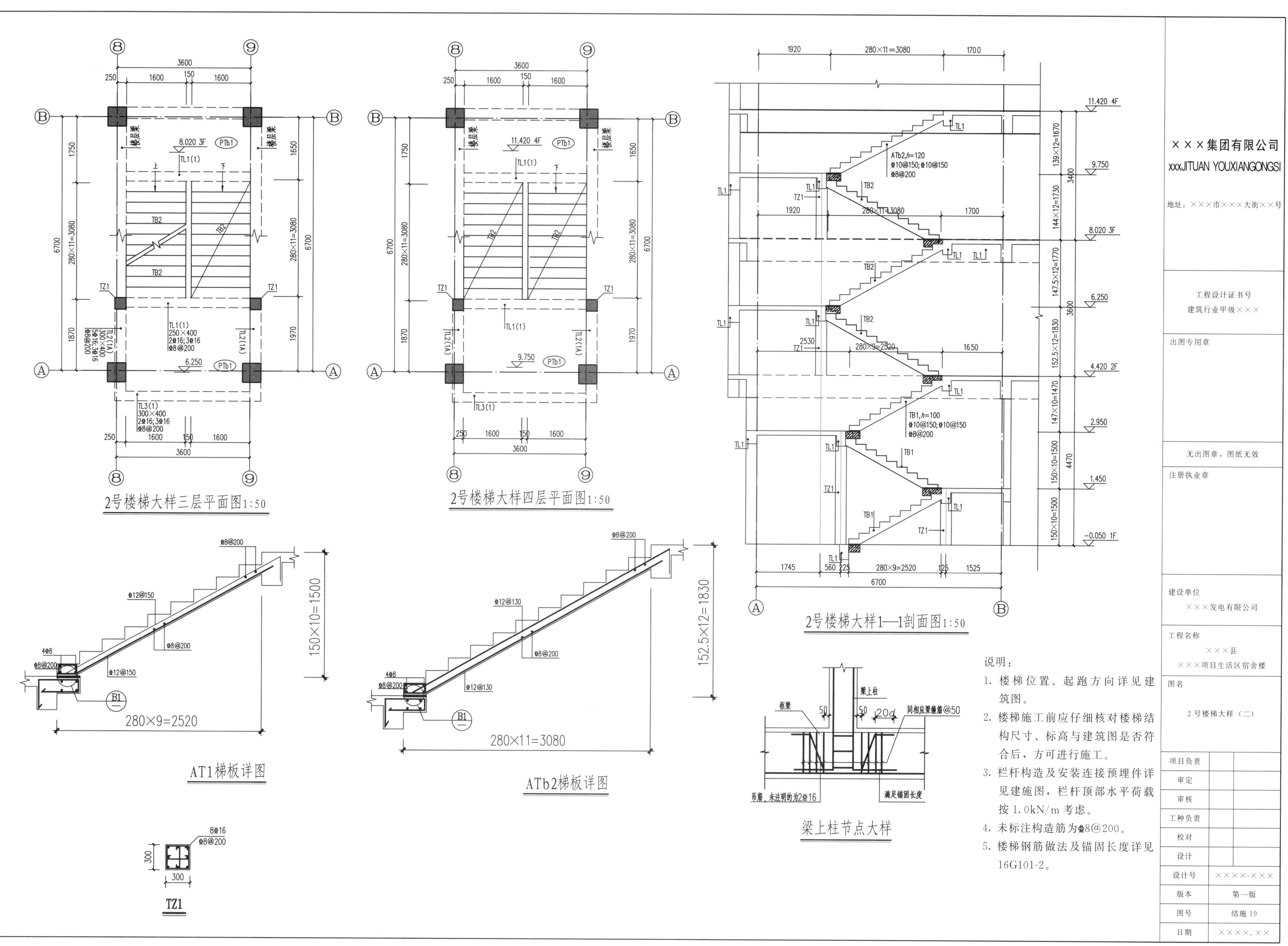
2号楼梯大样三层平面图1:50
2号楼梯大样四层平面图1:50
2号楼梯大样1—1剖面图1:50
AT1梯板详图
ATb2梯板详图
梁上柱节点大样
TZ1
8.020 3F
11.420 4F
9.750
6.250
4.420 2F
2.950
1.450
-0.050 1F
PTb1
TB1
TB2
TL1(1)
TL2(1A)
TL3(1)
TZ1
楼层梁
280×11=3080
280×9=2520
150×10=1500
152.5×12=1830
139×12=1670
144×12=1730
147.5×12=1770
147×10=1470
ATb2,h=120
TB1,h=100
框梁
梁上柱
同相应梁箍筋@50
吊筋，未注明的为2⌀16
满足锚固长度
说明：
1. 楼梯位置、起跑方向详见建筑图。
2. 楼梯施工前应仔细核对楼梯结构尺寸、标高与建筑图是否符合后，方可进行施工。
3. 栏杆构造及安装连接预埋件详见建施图，栏杆顶部水平荷载按1.0kN/m考虑。
4. 未标注构造筋为⌀8@200。
5. 楼梯钢筋做法及锚固长度详见16G101-2。
×××集团有限公司
xxxJITUAN YOUXIANGONGSI
地址：×××市×××大街××号
工程设计证书号
建筑行业甲级×××
出图专用章
无出图章，图纸无效
注册执业章
建设单位
×××发电有限公司
工程名称
×××县
×××项目生活区宿舍楼
图名
2号楼梯大样（二）
项目负责
审定
审核
工种负责
校对
设计
设计号 ××××-×××
版本 第一版
图号 结施19
日期 ××××.××

×××中心校足球馆

工程地点　　××市
设计编号　　××××-××
设计阶段　　施工图
设计证书编号　　××××××-××

院　　长 ________
总工程师 ________

×××建筑勘察设计有限公司
××××年××月

建筑设计说明

一、工程名称

×××中心校足球馆

二、项目概况

1. 建筑地点
2. 建设单位：×××体育局
3. 本工程建筑层数：一层
4. 本工程建筑高度：7.5m；建筑占地面积：495.76m²；总建筑面积：495.76m²
5. 建筑结构形式：框架结构，合理使用年限为50年。
6. 防火设计的耐火等级为二级；抗震设防烈度为七度

三、设计依据

1. 根据甲方提供的地形图，设计任务书及甲方批准的设计文件
2. 建设单位与城市规划主管部门认可的建筑设计方案
3. 建设单位与设计单位签订的《委托设计合同书》
4.《民用建筑设计通则》(GB 50352—2005)
5.《建筑设计防火规范》(GB 50016—2014)
6.《民用建筑隔声设计规范》(GB 50118—2010)
7.《公共建筑节能设计标准》(GB 50189—2015)
8.《屋面工程质量验收规范》(GB 50207—2012)
9.《屋面工程技术规范》(GB 50345—2012)
10.《建筑制图标准》(GB/T 50104—2010)
11.《全国民用建筑工程设计技术措施·规划·建筑》(2009 版)
12.《体育建筑设计规范》JGJ 31—2003
13.《无障碍设计规范》GB 50763—2012

四、设计标高

1. 本工程室内设计标高±0.000 由现场确定
2. 各层所标注标高为建筑完成面标高，屋面标高为结构顶标高
3. 本工程标高及总平面尺寸以 m 为单位，其他尺寸以 mm 为单位

五、墙体工程

1. 墙体的基础部分详见结施图
2. 其他墙体：外墙为 100 厚，容重为 150kg/m³，复合板岩棉板夹芯成品墙
3. 墙体留洞及封堵：墙体上的留洞见平面及设备、电气图。各工种必须密切配合完成；砌筑墙体预留洞过梁见结施说明

六、防水、防潮

墙身防潮：有钢筋混凝土地圈梁处不设防潮层。

(1) 无地圈梁时在室内地面下标高－0.06 处做水泥砂浆防潮层，做法为 20 厚 1：2 水泥砂浆 3% 防水剂。

(2) 当墙身两侧地面标高不同时，在埋土一侧墙身从地圈梁顶下 150mm 处做 20 厚水泥砂浆防水(1：2水泥砂浆加 5% 防水剂）抹至地面（高标高）下 0.06m 处。

七、屋面工程

1. 本工程的屋面防水等级为Ⅱ级（15 年）
2. 钢结构屋面做法详见结构图纸
3. 屋面排水为无组织外排水
4. 屋面应严格按照 GB 50345—2012《屋面工程施工质量验收规范》规定的细部构造及施工要求进行施工

八、门窗工程

1. 外门窗除特殊注明外，均立墙中；内门除注明外，一般门樘立墙中，管井检修门门樘与开启方向墙面平；所有内窗均立墙中

2. 门窗玻璃的选用应遵照《建筑玻璃应用技术规程》(JGJ 113—2009)，窗户的使用年限为 15 年

3. 门窗选料，玻璃见门窗表；定做门窗必须核对门窗数量，洞口尺寸确认无误后方可批量加工安装，外门窗抗风压性能分级等级为 6，气密性能分级等级为 6，水密性能分级等级为 3，保温性能根据外窗传热系数定，隔声性能分级等级为 3

4. 玻璃五金：本工程玻璃除特殊注明者外，均为双层中空玻璃 70 系列，塑钢框中空玻璃窗 5＋12A＋5，凡≥1.5m² 的窗璃，均为安全玻璃

5. 工程中应做安全玻璃的部位：单块面积≥1.5m² 的窗玻璃、落地门窗、或玻璃底边离最终装修面小于 500mm 的落地窗、室内玻璃隔断、首层入口门厅处玻璃门窗。安全玻璃选型结合具体工程确定

九、玻璃幕墙工程

1. 本工程幕墙设计主要依据标准

(1)《玻璃幕墙工程技术规范》(JGJ 102—2003)
(2)《金属与石材幕墙工程技术规范》(JGJ 133—2001)
(3)《建筑幕墙》(GB/T 21086—2007)
(4)《建筑玻璃应用技术规程》(JGJ 113—2009)
(5)《建筑安全玻璃管理规定》（发改运行 [2003] 2116 号）
(6)《建筑装饰装修工程质量验收规范》(GB 50210—2001)
(7)《高级建筑装饰工程质量验收标准》(DBJ/T 01-27—2003)
(8) 其他现行国家、地方标准和消防部门的要求。

2. 本工程的幕墙立面及其详图仅表示立面形式、分格、开启方式、颜色和材料要求，其中玻璃部分应执行《建筑玻璃应用技术规定》(JGJ 113—2015)

3. 性能要求

玻璃幕墙的强度计算由玻璃幕墙分包单位负责，幕墙设计人或幕墙承包应根据当地气候条件和建筑高度对幕墙设计提出性能指标。包括在风荷载地震重力作用下的变形、水密性、气密性、采光、遮阳、开启、保温、隔声、防火、防雷、抗震、防腐、清洗等各性能要求的说明。因材料不同，以上性能指标可根据规范要求有选择地提供。

4. 幕墙构造要求

(1) 幕墙构造要符合《玻璃幕墙工程技术规范》(JGJ 102—2003) 和《金属与石材幕墙工程技术规范》(JGJ 133—2001) 的要求。

(2) 幕墙工程应满足防火墙两侧、窗间墙、窗槛墙的防火要求，同时应满足外围护结构的各项物理、力学性能要求。幕墙工程的承包商应依据建筑设计要求，进行深化设计，提供预埋件和受力部位的详细资料。

(3) 玻璃幕墙的气密性不低于规定的 3 级，保温性能为 5 级，抗风压 5 级，水密性 4 级，隔声性能 4 级。

5. 安全规定

(1) 玻璃幕墙全部采用安全玻璃，具体类型、规格详工程做法；

(2) 使用中容易受到撞击的部位，应设置明显的警示标态；

(3) 当与玻璃幕墙相邻的楼面外缘无实体墙时，应设置防撞护栏；

(4) 防火设计应符合《建筑设计防火规范》(GB 50016—2014) 规定：在玻璃幕墙与其周边防火分区分隔构件的缝隙、与楼板或隔墙外沿间的缝隙、与实体墙面洞口边缘间的缝隙等，应进行防火封堵设计。玻璃幕墙与各层楼板、隔墙外沿间的缝隙，采用岩棉封堵，其高度不小于 100L，并应填充密实；楼层间水平防火封堵的岩棉采用厚度 1.5L 的镀锌钢板承托。

十、室内外装修工程

1. 本工程施工应符合《建筑装饰装修工程质量验收规范》(GB 50210—2001) 和《建筑内部装修设计防火规范》(GB 50222—1995)
2. 外装修做法见立面图及墙身节点
3. 外露柱面及混凝土墙面去油刷素水泥一道后，作相应的内墙粉刷
4. 内外装修材料及色彩需先做出小样会同建设单位和设计单位认可后方可施工
5. 墙面、地面、顶棚、梁柱上用于固定各种设备、管线支架、建筑配件以及建筑装修的固定件，除图中注明的做法外亦可采用钢制胀管螺栓、塑料胀管、射钉等安装材料以代替混凝土、砖墙中预埋木砖或铁件等做法，此类作法在工程施工安装时均须保证强度及牢固，具体采用何种方法，施工单位会同建设单位根据经济情况、施工能力与施工条件自行商定
6. 消防立管及上下水管周围均用轻钢龙骨钢丝网粉刷到吊顶上

十一、油漆工程

1. 室内金属制品露明部分均做防锈漆打底，刷灰色调和漆二度，所有不露明的金属刷防锈二度，不刷面漆
2. 所有刷漆金属制品在刷漆前应先除油去锈
3. 凡木料与砌体接触部分应满浸防腐油或氟化钠

十二、室外工程

1. 建筑物四周做 900 宽水泥砂浆散水，散水每隔 6m，以及散水和外墙之间均设 20 宽伸缩缝，缝内填沥青油膏灌缝
2. 散水坡的坡度为 4%，其外边高出室外地面 20，台阶的坡度 1%
3. 台阶：12J1-155-台6，散水：12J1-152-散 3，台阶、散水下均设 300 厚中砂防冻层

十三、无障碍工程

1. 无障碍设计执行《无障碍设计规范》(GB 50763—2012) 的规定
2. 残疾人在建筑内部可通过走道到达所有功能用房，每层平面无高差，所有走道和门洞宽度满足规定要求。
3. 本工程实施无障碍设计的部位：建筑入口，入口平台及门

十四、本工程防火设计

1. 设计依据

《建筑设计防火规范》(GB 50016—2014)，《建筑内部装修设计防火规范》(GB 50222—1995)，现行有关国家和地方设计规范及规定、标准。

2. 消防车道

用地范围内建筑四周均为道路或广场，可以形成外部消防车环道，主要道路宽≥7m，辅助道路和隐形消防车道宽≥4m，道路上空 4m 范围内均无障碍物，满足规范有关消防与停靠的要求。

3. 安全疏散

首层任一点直通室外安全出口的直线距离不超过 30m。

4. 防火分区

本工程设计共分为一个防火分区，均符合防火分区面积和疏散要求，符合规范《建筑设计防火规范》(GB 50016—2014)

5. 防火门

防火门的安装，按承包商提供的图纸施工，疏散用的平开防火门设闭门器，双扇平开防火门安装闭门顺序器，常开防火门需安装信号控制关闭和反馈装置。

6. 防火构造

(1) 外保温系统防火执行《建筑设计防火规范》(GB 50016—2014)，保温材料的燃烧性能墙面为 A 级，屋面为 B1 级，屋顶开口部位四周设宽度不小于 500mm 岩棉防火隔离带。

(2) 所有砌体墙（除说明者外）均砌至梁底或板底，如有管道穿越防火墙、隔墙、楼板时，采用不燃材料填塞其周围的空隙，管道保温材料采用不燃烧材料。所有井道（除风井外）待管道安装后，在每层楼板处用后浇板作防火分隔。电缆井、管道井、排烟井、排气道等均分别独立设置；其井壁为耐火极限大于 1.00h 的不燃烧体；电缆井、管道井每层在楼板处用相当于楼板耐火极限的不燃烧体作防火分隔，其与房间、走道等相连通的孔洞采用不燃材料填塞其周围的空隙。

(3) 本工程内装修墙地面材料均为不燃或难燃。燃烧性能达到 A 级或 B1 级，符合《建筑物内部装修防火规范》的相关规定。

十五、其他注意事项

1. 本建筑所选材料生产厂家应具有相应的生产资质，材料应符合国家有关规范的要求，并满足本设计的需要
2. 图中所选用标准图中有对结构工种的预埋件、预留洞，如楼梯、平台钢栏杆、门窗、配件等，本图所标注的各种留洞应与各工种密切配合后，确认无误后方可施工，所有本工程涉及预埋件的采用膨胀螺栓代替
3. 两种材料的墙体交接处，应根据饰面材质在做饰面前加钉金属网或在施工中加贴玻璃丝网格布，防止裂缝
4. 预埋木砖及贴邻墙体的木质面均做防腐处理，露明铁件均做防锈处理
5. 门窗过梁按结构图要求选用
6. 施工中应严格执行国家各项施工质量验收规范
7. 本说明未尽事宜及对本设计不明了之处，请及时与设计单位联系，协商解决
8. 凡我院出具的设计文件，须加盖注册师章及出图专用章，否则图纸无效

【读图提示】

1. 了解设计概况和结构选型。
2. 注意工程配套使用规范、规程、图集。
3. 注意施工注意事项。

×××建筑勘察设计有限公司						
院审		专业组长		建设单位	×××体育局	
审核		校对		工程项目	×××中心校足球馆	
设计负责人		设计		建筑设计说明	设计号	×××××
					图号	建施-1
专业负责人		制图			日期	××××.××

建筑消防设计专篇说明

一、设计依据

1.《建筑设计防火规范》(GB 50016—2014)

2.《民用建筑设计通则》(GB 50352—2005)

3.《建筑内部装修设计防火规范》(GB 50222—1995)

4.《公共建筑节能设计标准》(DBJ 03-27—2017)

5.《屋面工程技术规范》(GB 50345—2012)

6.《体育建筑设计规范》(JGJ 31—2003)

二、工程概况

1. 本工程建筑名称：×××足球馆；建筑层数：1 层；建筑高度：7.5m；本工程建筑总面积为：495.76m²，建筑基底面积为：495.76m²。

2. 防火设计的建筑分类为三类；其耐火等级：二级。

三、防火分区

本建筑为一个防火分区；两个安全出口直通室外。场地内任意一点至最近疏散门距离小于 30m。

四、墙体工程

所有砌体墙（除说明者外）均砌至梁底或板底，有管道穿越防火墙、隔墙、楼板时，采用不燃材料填塞其周围的空隙，管道保温材料采用不燃烧材料。

五、外保温防火设计

1. 建筑物主体保温采用 A 级复合岩棉保温防火材料。

2. 建筑节能保温工程施工应严格按国家标准《建筑节能工程施工质量验收规范》(GB 50411—2007) 及《民用建筑外保温系统及外墙装饰防火暂行规定》(公通字［2009］46 号) 执行。

3. 具体做法详国标 06J123（墙体节能建筑构造）外墙保温岩棉板系列。

4. 其他有关消防措施见各专业图。

节能设计总说明

1. 节能设计依据：《公共建筑节能设计标准》(GB 50189—2015)

2. 节能计算软件：斯维尔节能设计软件 BECS

3. 工程名称：×××中心校足球馆

4. 建设单位：×××体育局

5. 建筑占地面积：495.76m²，总建筑面积：495.76m²

6. 建筑层数：地上 1 层。采暖形式：暖气片，节能率 50%

7. 本工程项目地处严寒地区的 C 区

8. 具体指标

(1) 体型系数 0.31；屋顶无透明部分；

(2) 建筑各个朝向的窗墙比：南 0.25、东 0.33、西 0.33、北 0.26，均满足规范各方向窗墙面积比限值。

9. 围护结构的保温做法与热工性能：

(1) 屋面保温做法为 100 厚挤塑聚苯板，其燃烧性能为 B1 级；

(2) 外墙保温做法为 100 厚憎水性岩棉，其燃烧性能为 A 级；

(3) 外窗为塑钢框中空玻璃窗（5＋12A＋5），传热系数：2.50。

10. 其他措施

周边地面保温采用 70 厚挤塑聚苯板；非周边地面保温采用 70 厚挤塑聚苯板。

11. 外墙外保温节能做法参 10J121《外墙外保温建筑构造》。

12. 外墙外保温系统基本要求：

(1) 应能适应基层的正常变形而不产生裂缝或空鼓；

(2) 应能长期承受自重而不产生有害的变形；

(3) 应能承受风荷载的作用而不产生破坏；

(4) 应能耐受室外气候的长期反复作用而不产生破坏；

(5) 在罕遇地震发生时不应从基层上脱落；

(6) 用于高层建筑时，应采取防火构造措施；

(7) 组成部分应具有物理-化学稳定性，所有组成材料应彼此相容并应具有防腐性，同时应具有防生物侵害性能；

(8) 在正确使用和正常维护的条件下，使用年限应不少于 25 年。

建筑节能设计专篇说明

1. 工程名称×××中心校足球馆；建筑类型：公共建筑。

2. 总建筑面积 495.76m²；层数（地上）1 层；建筑体积 3691.68m³；外表面积 1136.21m；体形系数 0.31。

3. 本工程项目地处气候分区严寒地区的 C 区；采暖期室外计算温度－5.50℃；采暖度日数 4226。

4. 建筑维护结构各部分的节能措施与热工性能见下表。

建筑维护结构		采暖的节能措施与构造			传热系数/[W/(m²·K)]	备注	
屋顶		100 厚挤塑聚苯板			0.34		
外墙		100 厚复合岩棉板			0.39		
单一朝向外窗	南	塑钢框中空玻璃窗 70 系列平开窗 5+12A+5	窗墙面积比	0.25	2.50	气密性	不低于 6 级
	东			0.33	2.50		不低于 6 级
	西			0.33	2.50		不低于 6 级
	北			0.26	2.50		不低于 6 级
地面	周边	70 厚挤塑聚苯板			1.94	热阻值(m²·K)/W	
	非周边	70 厚挤塑聚苯板			1.94	热阻值(m²·K)/W	

×××建筑勘察设计有限公司							
院审		专业组长		建设单位	×××体育局		
审核		校　对		工程项目	×××中心校足球馆		
设计负责人		设　计		消防、节能设计说明	设计号	×××××	
专业负责人		制　图			图　号	建施-2	
					日　期	××××.××	

工程做法表

名称	地面	外墙1(保温外墙做法1)	外墙2(保温外墙做法2)	钢结构屋面	内墙面	乳胶漆墙裙	踢脚	顶棚
做法	1. 铺13厚塑胶面层 2. 20厚1∶2水泥砂浆抹平压光 3. 素水泥浆一道 4. 50厚C20细石混凝土垫层随打随抹平上加双向$\phi^b 4$@200防裂钢丝网片(沿外墙内侧贴20×60聚苯板保温层与垫层平) 5. 30厚聚苯板保温层(上铺锡箔)容重>20kg/m³ 6. 20厚水泥砂浆防潮层 7. 周边地面铺70厚挤塑聚苯板 8. 防潮层聚氨酯涂膜一遍,四周涂刷高度250 9. 150厚卵石灌M2.5混合砂浆垫层 10. 素土夯实	1. 喷高级防水涂料两遍 2. 喷或刷底涂料一遍 3. 饰面基层(硅橡胶弹性低漆及柔性耐水腻子) 4. 6厚聚合物抗裂砂浆 双层双向铅丝网片(与墙拉结具体由专业施工单位施工) 5. 80厚防火岩棉保温层 6. EC-6型砂浆粘接剂将聚苯板与墙体粘住 7. 20厚1∶2.5水泥砂浆内抹灰 8. 黏土空心砌块	1. 8-10厚石质板墙,水泥浆擦缝(2厚涂料) 2. 4厚1∶1水泥砂浆加水重20%建筑胶镶粘 3. 15厚1∶3水泥砂浆 单层双向耐碱涂塑玻纤网格布5mm×5mm并≥160g/m² 4. 30厚胶粉聚苯保温颗粒 5. 钢筋混凝土	1. 0.6厚压型钢板 2. 100厚挤塑聚苯板保温层 3. 0.5厚压型钢板 4. C型檩条,大小间距详结构 5. 刚架专业厂家制作安装	1. 刮腻子两道 2. 15厚1∶1∶6水泥石灰砂浆,分两次抹灰 3. 5厚1∶0.5∶3水泥石灰砂浆打底	1. 乳胶漆面漆两道,封底漆一道 2. 封底漆一道(干燥后再做面涂) 3. 5厚1∶0.5∶2.5水泥石灰膏砂浆找平 4. 9厚1∶0.5∶3水泥石灰膏砂浆打底扫毛 5. 素水泥浆一道甩毛(内掺建筑胶)-(混凝土空心砌块时做此道)	橡胶板踢脚 12J1-67-踢10-B	白色钢结构防火涂料 12J1-107-涂206-B

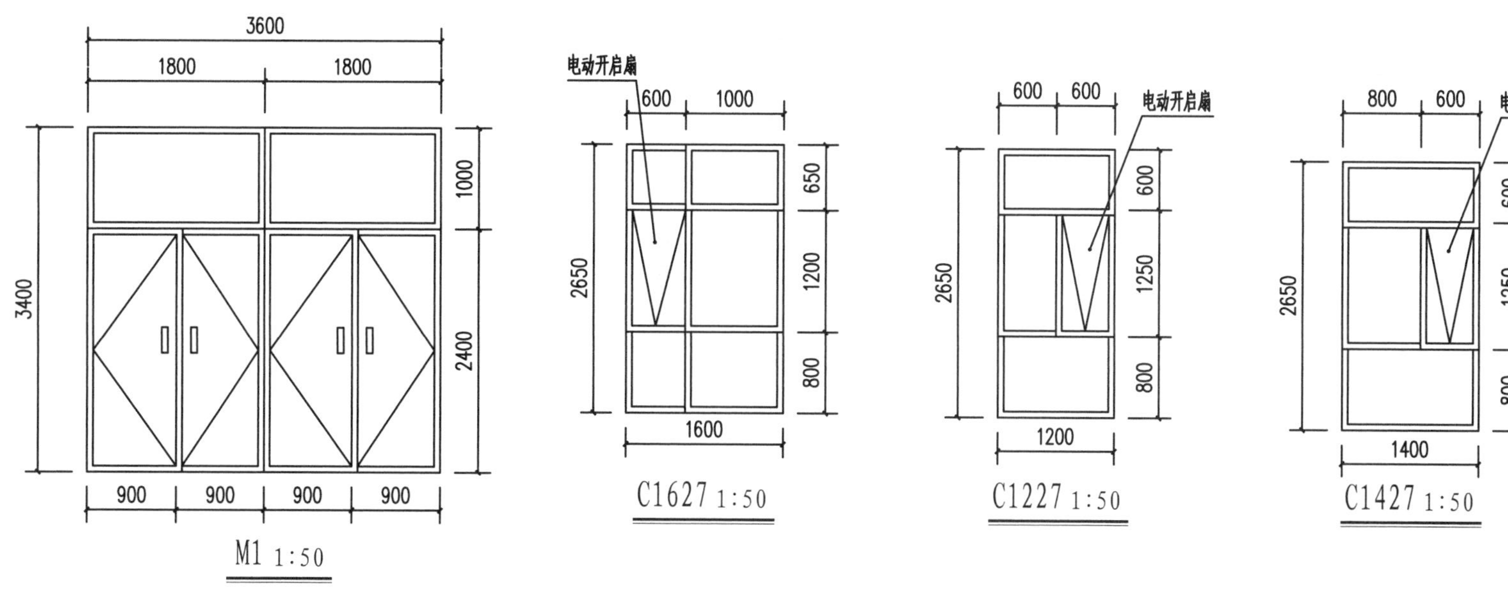

门窗表

类型	设计编号	洞口尺寸/mm	数量	选用型号	备注
普通门	FM乙1521	1500×2100	1		乙级防火门成品订货
	M1	3600×3400	1	详大样	全玻平开门
普通窗	C0823	850×2300	6	详大样	单框双玻塑钢框内平开窗
	C1211	1200×1150	12	详大样	单框双玻塑钢框推拉窗
	C1227	1200×2650	12	详大样	单框双玻塑钢框下悬窗
	C1411	1400×1150	12	详大样	单框双玻塑钢框推拉窗
	C1427	1400×2650	12	详大样	单框双玻塑钢框下悬窗
	C1627	1600×2650	4	详大样	单框双玻塑钢框下悬窗

说明：

1. 窗开启线表示方法：实线表示外开，虚线表示内开，无线表示固定窗，图中所标尺寸均为洞口尺寸。
2. 图中所标的外围尺寸除特别标注外均不包括装修饰面及保温层的洞口尺寸。
3. 表中所注窗台高均指未安装窗台板前的高度，所加工的窗应考虑窗台板厚度。
4. 图中所示立面均为外看立面。
5. 门窗订货前，所有门窗洞口尺寸及数量应在现场进行核实，如有不符者，以现场实际尺寸数量为准。
6. 门窗生产厂家应由甲乙方共同认可，厂家负责提供安装详图，并配套提供五金配件。预埋件位置视产品而定，但每边不得少于二个。
7. 所有玻璃为断桥铝合金中空玻璃窗。
8. 门窗中单块玻璃面积超过1.5m² 的采用安全玻璃。
9. 门窗玻璃的选用应遵照《建筑玻璃应用技术规程》(JGJ 113—2009)。
10. 门窗制作、安装应根据国家有关规定满足其强度、热工、声学及安全性等技术要求，外窗传热系数应≤2.27W/(m²·K)，铝合金门窗、门联窗及玻璃幕墙应根据国家有关规范及本地气候条件使其满足抗风、抗震、防渗、防变形的要求，由厂家经计算后确定门窗五金配件，并提供样品及构造大样，由业主和建筑师审定后安装。
11. 所有外窗需加钢质附框。

【读图提示】

1. 建筑构造做法及装修做法，会查相应图集并找到对应工程做法。
2. 注意门、窗类型、尺寸、数量、做法。

×××建筑勘察设计有限公司						
院审		专业组长		建设单位	×××体育局	
审核		校　对		工程项目	×××中心校足球馆	
设计负责人		设　计		工程做法、门窗表	设计号	×××××
					图　号	建施-3
专业负责人		制　图			日　期	××××.××

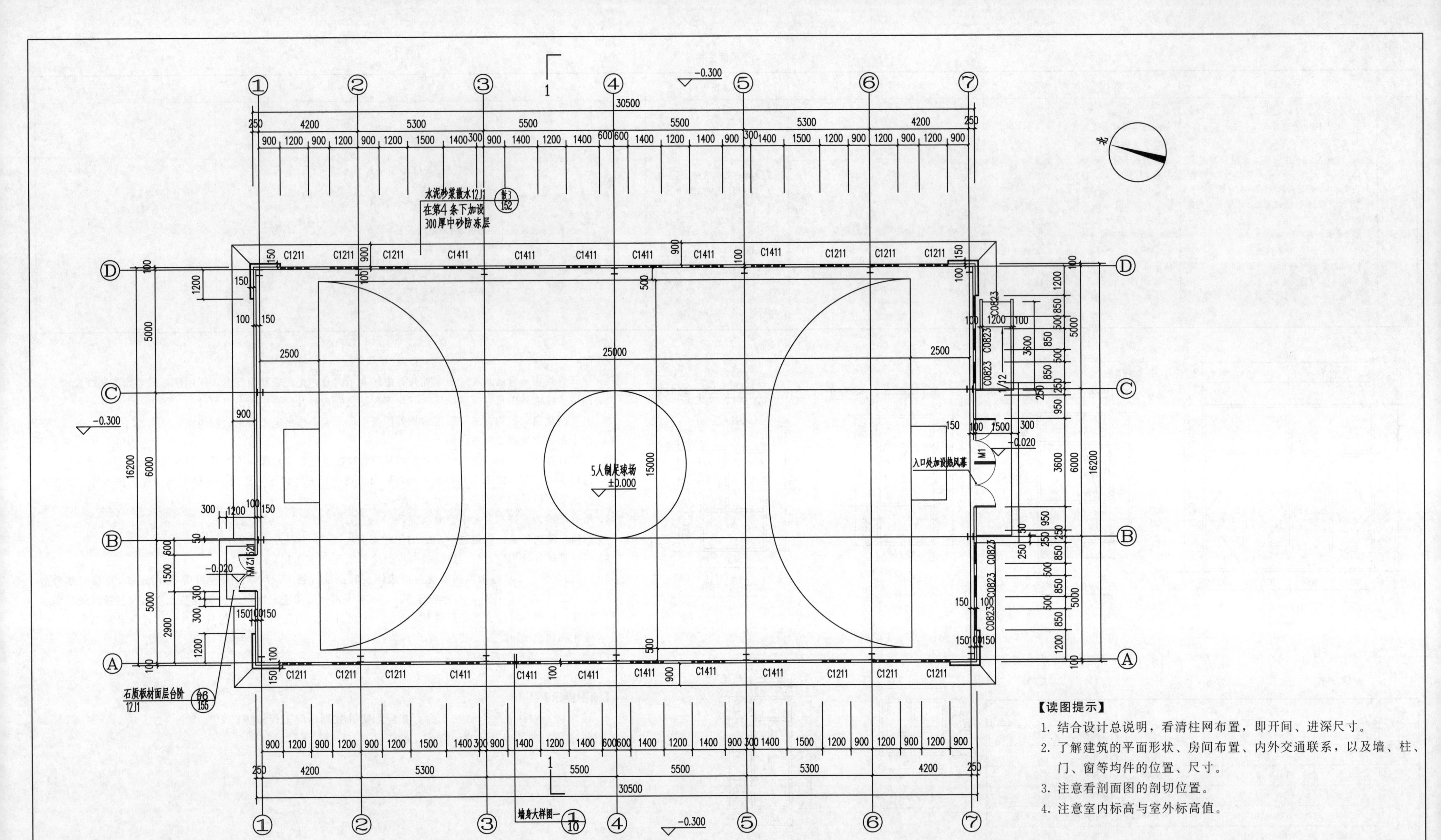

一层平面图 1:100

【读图提示】

1. 结合设计总说明，看清柱网布置，即开间、进深尺寸。
2. 了解建筑的平面形状、房间布置、内外交通联系，以及墙、柱、门、窗等构件的位置、尺寸。
3. 注意看剖面图的剖切位置。
4. 注意室内标高与室外标高值。

说明：

1. 花岗岩台阶详 12J1-155-台 6，垫层选卵石，300 厚，增设 300 厚中砂。
2. 散水详 12J-152-散 3，增设 300 厚中砂防冻层。
3. 图中雨水管采用 ϕ100 镀锌钢雨水管，管底距散水 150 高。
4. 所有室内球类比赛场窗做加强型防护网（内径 ϕ2.8mm×外径 ϕ4.0mm，网孔 50mm×50mm，预留开窗把手的孔洞）；高度大于 1.8m 的高窗做电动开启扇，带电动遮阳窗帘（具体做法与厂家协商确定）。

×××建筑勘察设计有限公司							
院审		专业组长		建设单位	×××体育局		
审核		校对		工程项目	×××中心校足球馆		
设计负责人		设计		一层平面图	设计号	×××××	
					图号	建施-4	
专业负责人		制图			日期	××××.××	

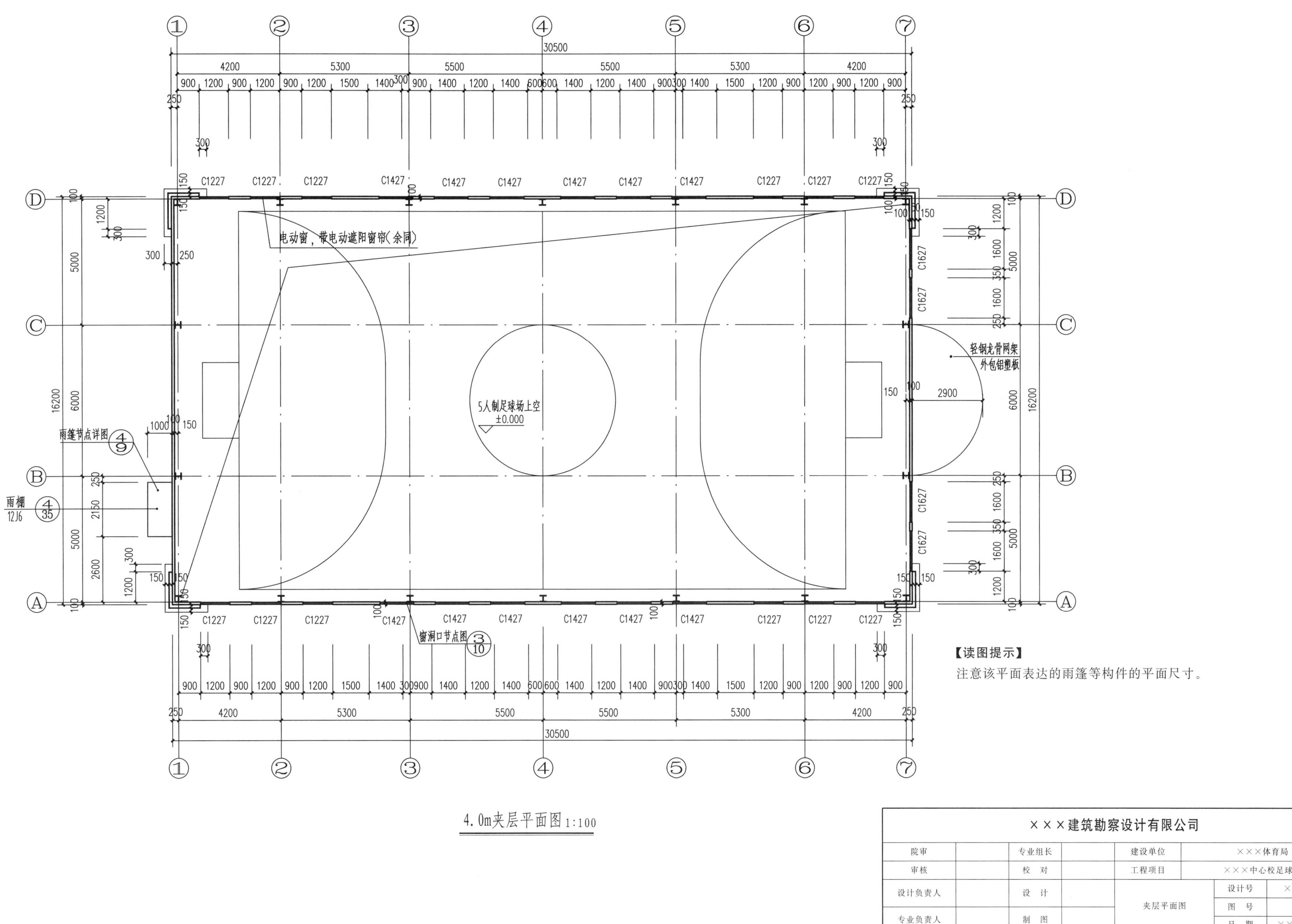

4.0m夹层平面图 1:100

【读图提示】

注意该平面表达的雨篷等构件的平面尺寸。

×××建筑勘察设计有限公司							
院审		专业组长		建设单位	×××体育局		
审核		校　对		工程项目	×××中心校足球馆		
设计负责人		设　计		夹层平面图		设计号	×××××
						图　号	建施-5
专业负责人		制　图				日　期	××××.××

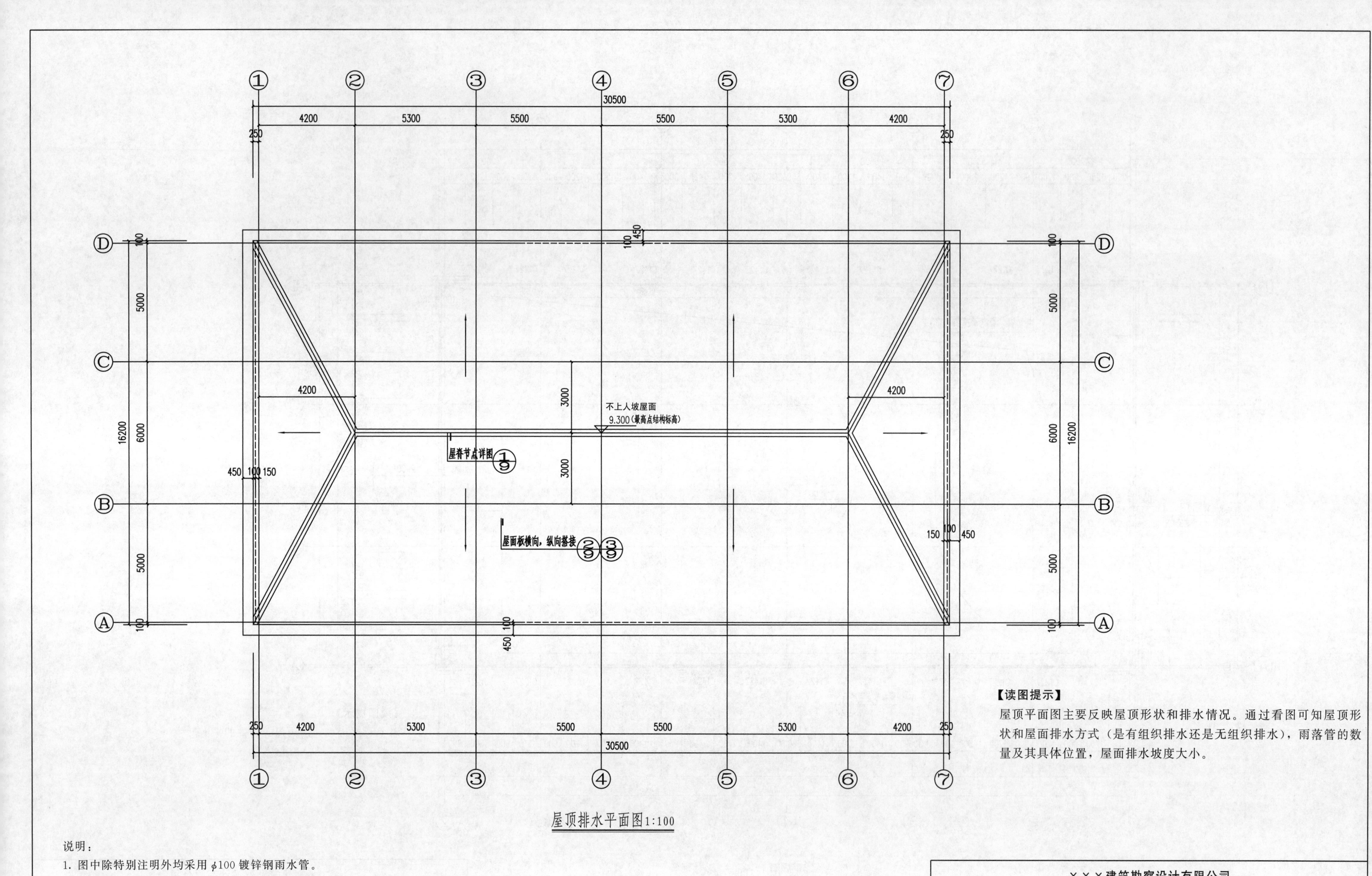

屋顶排水平面图1:100

说明：

1. 图中除特别注明外均采用 ϕ100 镀锌钢雨水管。
2. 屋面雨水口做法见 12J5-1-E3-A，雨水管做法见 12J5-1-E2-3，镀锌钢雨水管详图见 12J5-1-E5-3.5。

【读图提示】

屋顶平面图主要反映屋顶形状和排水情况。通过看图可知屋顶形状和屋面排水方式（是有组织排水还是无组织排水），雨落管的数量及其具体位置，屋面排水坡度大小。

×××建筑勘察设计有限公司							
院审		专业组长		建设单位	×××体育局		
审核		校 对		工程项目	×××中心校足球馆		
设计负责人		设 计		屋顶排水平面图		设计号	×××××
						图 号	建施-6
专业负责人		制 图				日 期	××××.××

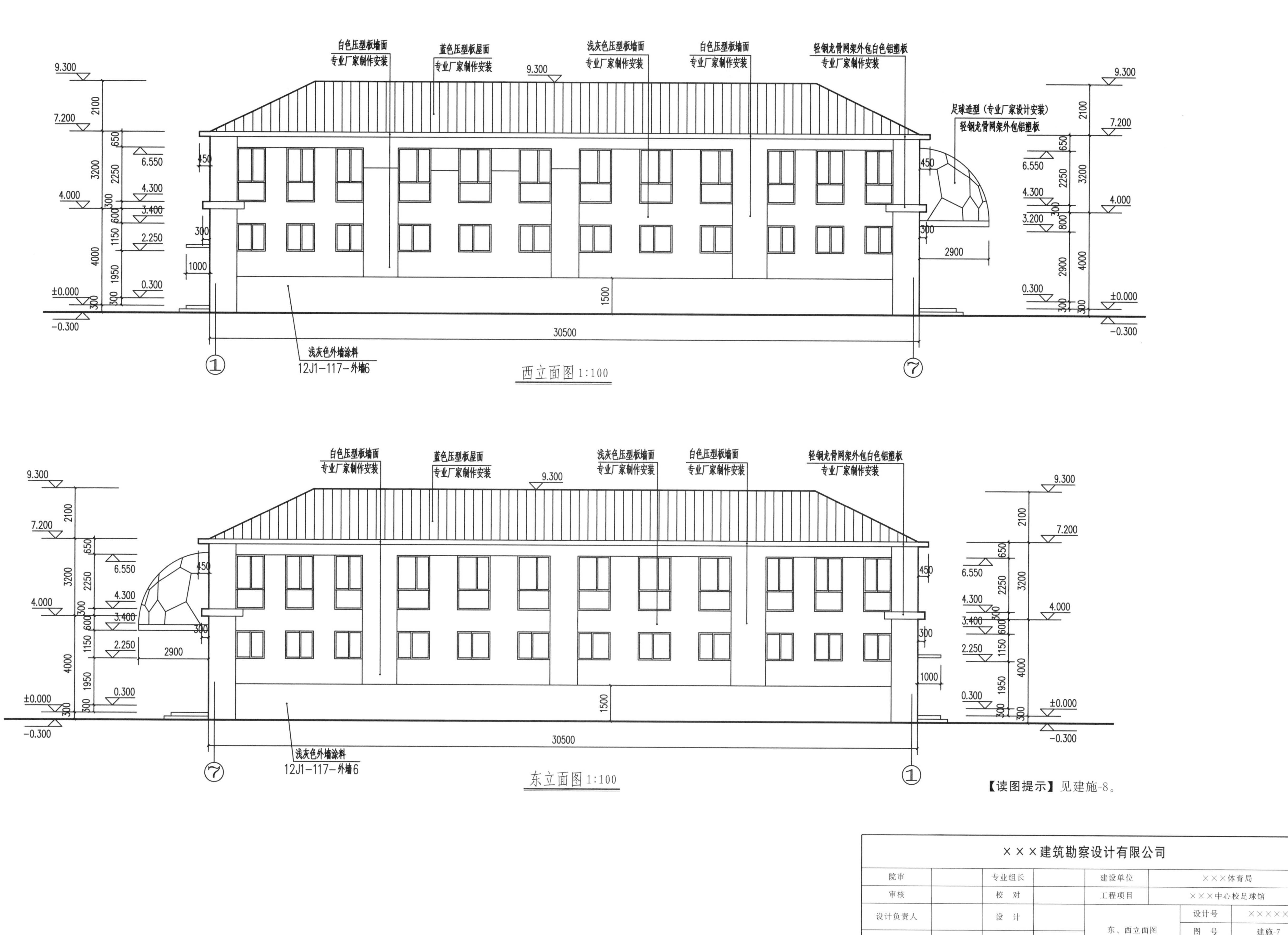

西立面图 1:100

东立面图 1:100

【读图提示】见建施-8。

×××建筑勘察设计有限公司					
院审		专业组长		建设单位	×××体育局
审核		校　对		工程项目	×××中心校足球馆
设计负责人		设　计		东、西立面图	设计号　××××× 图　号　建施-7
专业负责人		制　图			日　期　××××.××

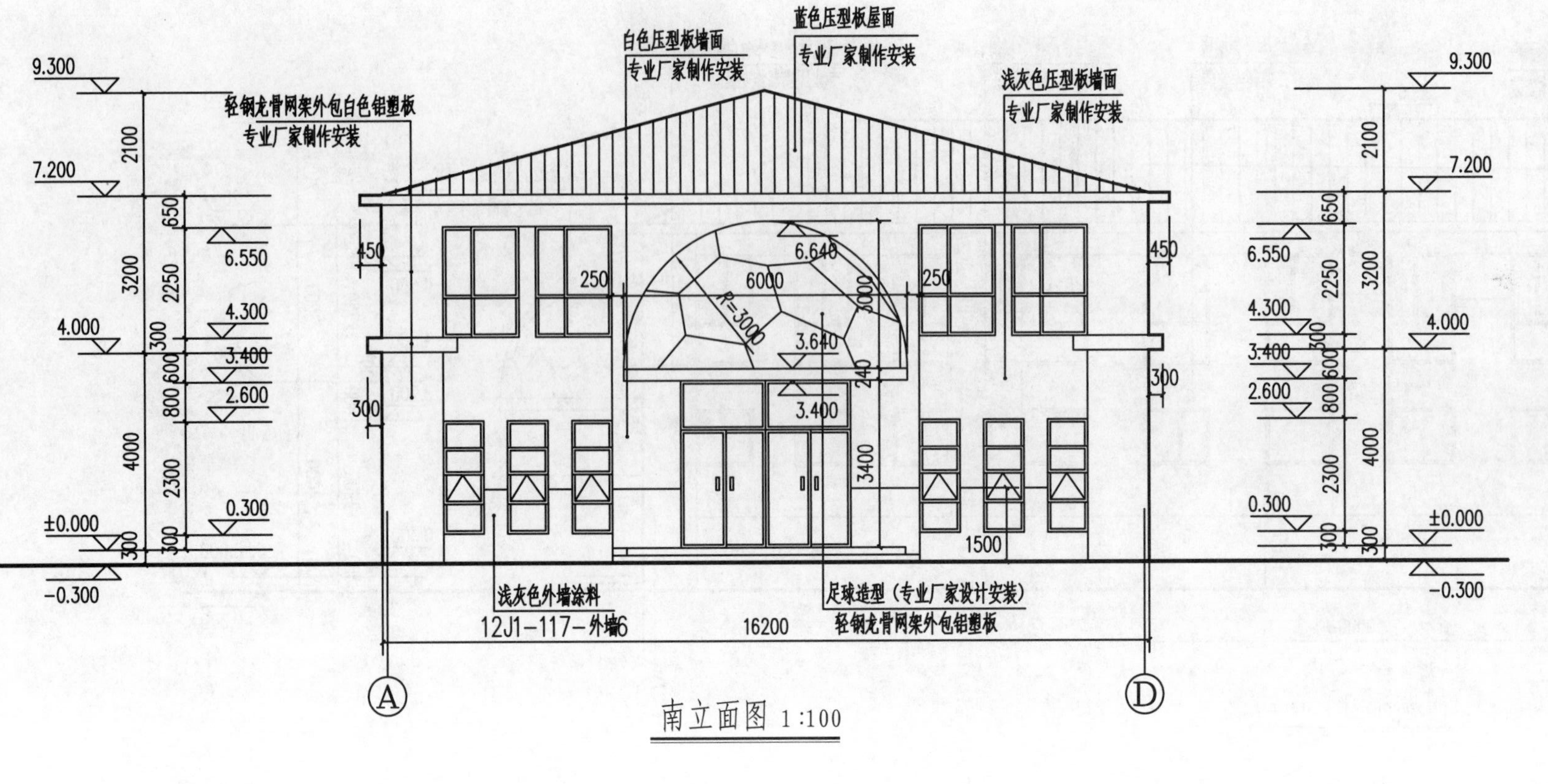

南立面图 1:100

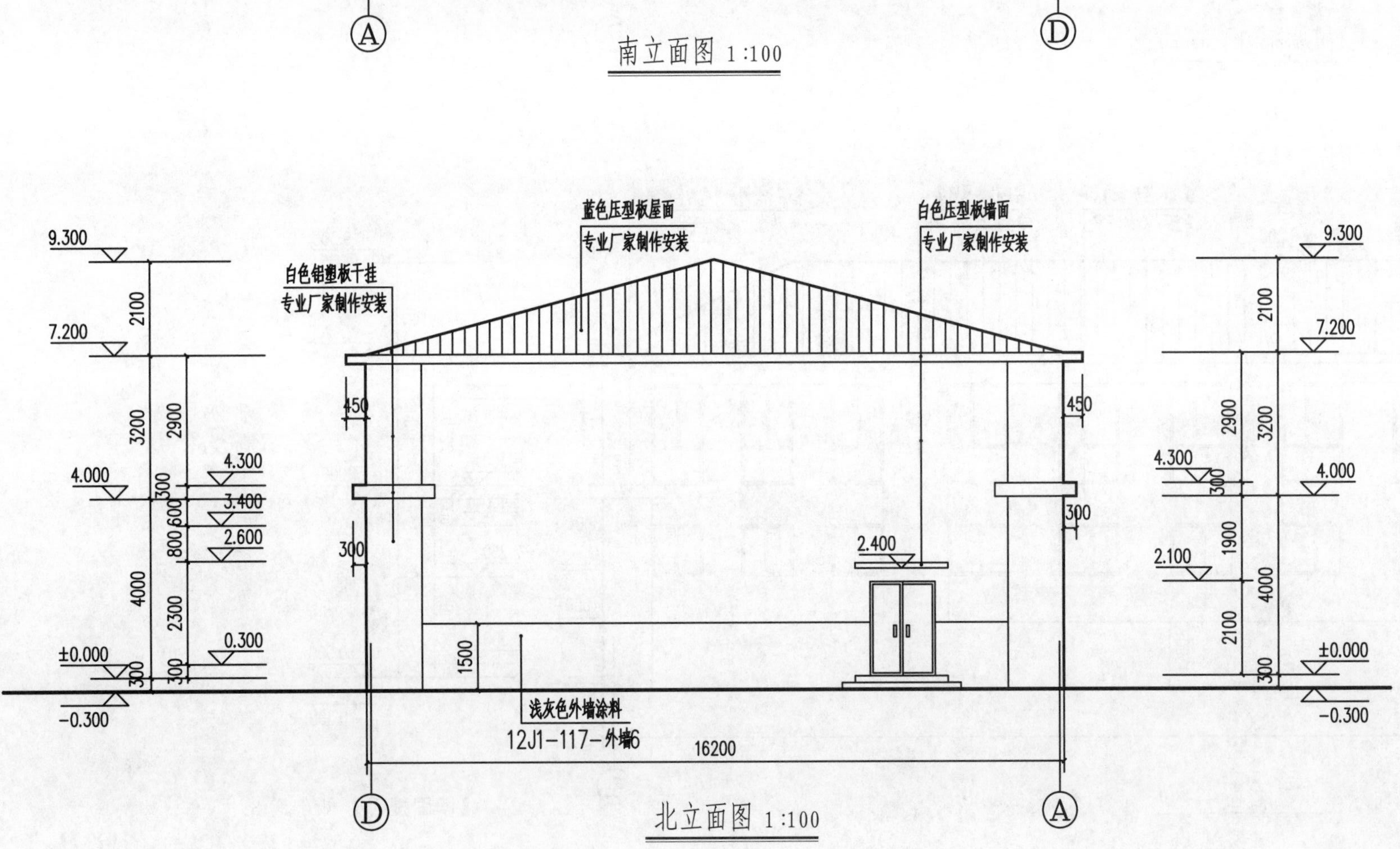

北立面图 1:100

【读图提示】

建筑立面图主要表示建筑物的外貌，反映建筑各立面的造型、门窗形式和位置，各部分的标高、外墙面的装修材料和做法。具体应注意阅读以下内容：

1. 首先从图名可知所看立面图的朝向。相应方向房层的整个外貌形状、造型。数量及其相互间的联系情况。该方向房屋的屋面、门窗、雨篷、阳台、台阶、花池、勒脚等细部的形式和位置。
2. 阅读立面标高、立面尺寸。应注意室外地坪标高，出入口地面标高，门窗顶部、底部标高，檐口标高及雨篷、勒脚等处的标高。立面尺寸主要有表明建筑物外形高度方向的三道尺寸。即建筑物总高度、分层高度和细部高度。
3. 结合立面效果图看立面装修颜色、装修材料做法，建筑装饰的形状、大小、位置及其做法。
4. 表明局部或外墙索引。

×××建筑勘察设计有限公司							
院审		专业组长		建设单位	×××体育局		
审核		校 对		工程项目	×××中心校足球馆		
设计负责人		设 计		南、北立面图		设计号	×××××
						图 号	建施-8
专业负责人		制 图				日 期	××××.××

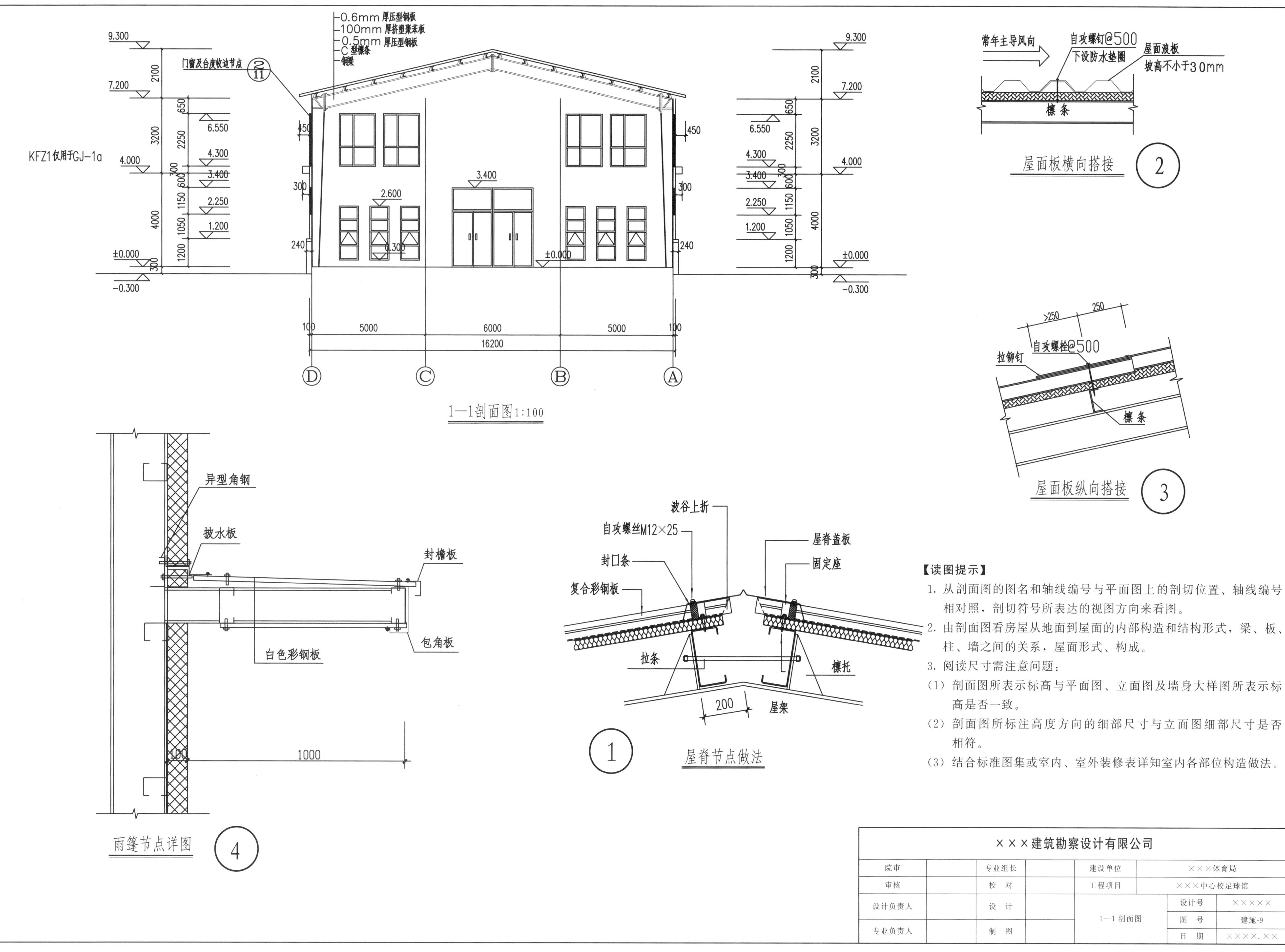

0.6mm 厚压型钢板
100mm 厚挤塑聚苯板
0.5mm 厚压型钢板
C型檩条
钢梁
门窗及台度收边节点
KFZ1仅用于GJ-1a
9.300
7.200
6.550
4.300
4.000
3.400
2.600
2.250
1.200
±0.000
-0.300
2100
3200
4000
300
650
2250
600
1150
1050
1200
450
240
5000
6000
16200
100
D
C
B
A
1—1剖面图1:100
常年主导风向
自攻螺钉@500
下设防水垫圈
屋面波板
波高不小于30mm
檩条
屋面板横向搭接
2
>250
250
拉铆钉
自攻螺栓@500
屋面板纵向搭接
3
异型角钢
披水板
封檐板
白色彩钢板
包角板
1000
雨篷节点详图
4
波谷上折
自攻螺丝M12×25
封口条
复合彩钢板
屋脊盖板
固定座
拉条
檩托
200
屋架
屋脊节点做法
1
【读图提示】
1. 从剖面图的图名和轴线编号与平面图上的剖切位置、轴线编号相对照，剖切符号所表达的视图方向来看图。
2. 由剖面图看房屋从地面到屋面的内部构造和结构形式，梁、板、柱、墙之间的关系，屋面形式、构成。
3. 阅读尺寸需注意问题：
（1）剖面图所表示标高与平面图、立面图及墙身大样图所表示标高是否一致。
（2）剖面图所标注高度方向的细部尺寸与立面图细部尺寸是否相符。
（3）结合标准图集或室内、室外装修表详知室内各部位构造做法。
×××建筑勘察设计有限公司
院审
专业组长
建设单位
×××体育局
审核
校对
工程项目
×××中心校足球馆
设计负责人
设计
1—1剖面图
设计号
×××××
专业负责人
制图
图号
建施-9
日期
××××.××

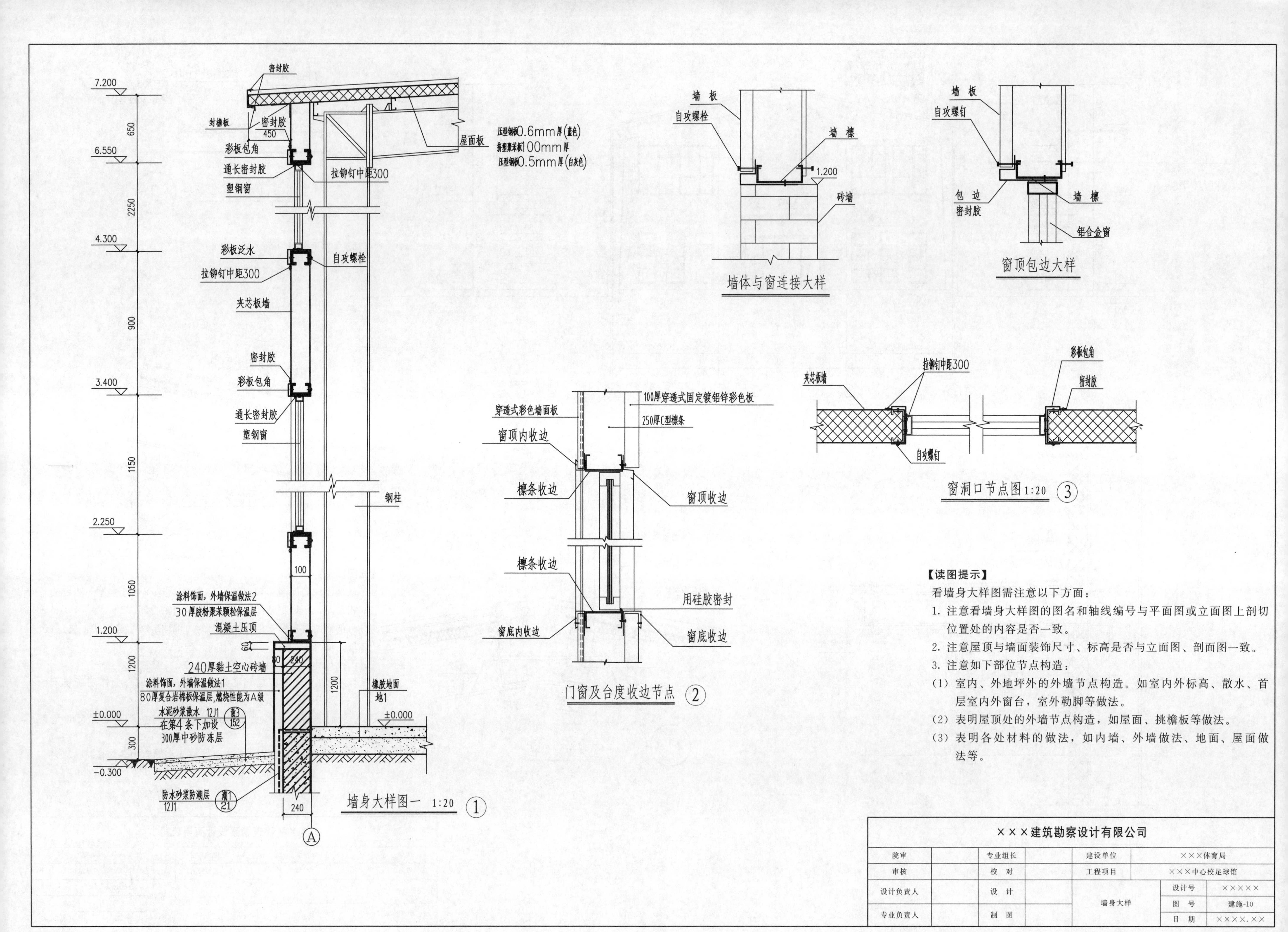

【读图提示】

看墙身大样图需注意以下方面：

1. 注意看墙身大样图的图名和轴线编号与平面图或立面图上剖切位置处的内容是否一致。
2. 注意屋顶与墙面装饰尺寸、标高是否与立面图、剖面图一致。
3. 注意如下部位节点构造：

（1）室内、外地坪外的外墙节点构造。如室内外标高、散水、首层室内外窗台，室外勒脚等做法。

（2）表明屋顶处的外墙节点构造，如屋面、挑檐板等做法。

（3）表明各处材料的做法，如内墙、外墙做法、地面、屋面做法等。

×××建筑勘察设计有限公司							
院审		专业组长		建设单位	×××体育局		
审核		校 对		工程项目	×××中心校足球馆		
设计负责人		设 计		墙身大样		设计号	×××××
						图 号	建施-10
专业负责人		制 图				日 期	××××.××

钢结构设计说明

1 设计依据

1.1 本工程施工图按建设方提供的资料及要求进行设计，建设地点：××。

1.2 国家现行建筑结构设计规范、规程。

1.3 钢结构设计、制作、安装、验收应遵循下列规范、规程：

《建筑结构荷载规范》(GB 50009—2012)；
《建筑抗震设计规范》(GB 50011—2010)(2016 年版)；
《钢结构设计规范》(GB 50017—2003)；
《门式刚架轻型房屋钢结构技术规范》(GB 51022—2015)；
《冷弯薄壁型钢结构技术规范》(GB 50018—2002)；
《钢结构工程施工质量验收规范》(GB 50205—2001)；
《钢结构焊接规范》(GB 50661—2011)；
《钢结构高强度螺栓连接技术规程》(JGJ 82—2011)；
《涂覆涂料前钢材表面处理 表面清洁度的目视评定 第 1 部分：未涂覆过的钢材表面和全面清除原有涂层后的钢材表面的锈蚀等级和处理等级》(GB/T 8923.1—2011)；
《建筑工程抗震设防分类标准》(GB 50223—2008)。

2 本说明为本工程钢结构部分说明，基础及钢筋混凝土部分详基础设计说明

3 主要设计条件

3.1 本工程结构安全等级为一级，其重要性系数为 1.1。

3.2 本工程主体结构设计使用年限为 50 年。

3.3 基本风压值为 0.70kN/m^2(基本风压值为本地区 100 年重现期的基本风压)，地面粗糙度为 B 类。

刚架、檩条、墙梁及围护结构风荷载系数按《门式刚架轻型房屋钢结构技术规范》(GB 51022—2015)。

3.4 本工程建筑抗震设防类别为重点设防类，抗震设防烈度为 7 度；设计基本加速度为 0.15g；

所在场地设计地震分组为第二组，场地类别为Ⅱ类。

3.5 屋面荷载标准值

(1) 屋面恒荷载(含檩条自重)：0.50kN/m^2；

(2) 活荷载：0.50kN/m^2(刚架)(未经设计单位同意，施工、使用过程中荷载标准值不得超过上述荷载)；

(3) 雪荷载：0.40kN/m^2(对雪荷载比较敏感的建筑按 100 年一遇的基本雪压考虑)。

4 本施工图中标高均为相对标高，室内±0.000 对应绝对标高参总平面图

5 本工程所有结构施工图中标注的尺寸除标高以“米”(m)为单位外，其他尺寸均以“毫米”(mm)为单位。所有尺寸均以标注为准，不得以比例尺量取图中尺寸

6 材料

6.1 本工程钢结构材料应遵循下列材料规范：

《碳素结构钢》(GB/T 700—2006)；
《低合金高强度结构钢》(GB/T 1591—2008)；
《钢结构用扭剪型高强螺栓连接副》(GB/T 3632—2008)；
《熔化焊用钢丝》(GB/T 14957—94)；
《埋弧焊用碳钢焊丝和焊剂》(GB/T 5293—1999)；
《埋弧焊用低合金钢焊丝和焊剂》(GB/T 12470—2003)；
《非合金钢及细晶粒钢焊条》(GB/T 5117—2012)；
《热强钢焊条》(GB/T 5118—2012)；
《钢结构防火涂料应用技术规范》(CECS 24：90)。

6.2 本工程所采用的钢材除满足国家材料规范要求外，还需满足下列要求：

(1) 钢材的屈服强度实测值与抗拉强度实测值的比值不应大于 0.85。

(2) 钢材应具有明显的屈服台阶，且伸长率不应小于 20%。

(3) 钢材应具有良好的焊接性和合格的冲击韧性。

(4) 焊接承重及重要的非焊接承重结构采用的钢材还应具有冷弯试验合格保证。

6.3 钢构件所用钢材、连接材料和涂装材料应具有质量合格证书，并符合设计文件的要求和国家现行有关标准的规定。

6.4 本工程门式刚架梁、柱、梁柱端头板及连接板件均采用 Q235B 钢。

6.5 本工程屋面檩条采用 Q235B 冷弯薄壁型钢，隅撑、柱间支撑、屋面横向水平支撑材质均采用 Q235B。檩条采用卷边槽形冷弯薄壁型钢，拉条采用圆钢，撑杆采用圆钢外套圆管。截面形式详见结施。

6.6 除图中特殊注明外，所有结构加劲板，连接板厚度均为 8mm。

6.7 高强螺栓、螺母和垫圈采用《优质碳素结构钢》(GB/T 699—88)中规定的钢材制作；其热处理、制作和技术要求应符合《钢结构用高强度大六角头螺栓、大六角头螺母、垫圈技术条件》(GB/T 1231—2006)的规定，本工程刚架构件现场连接采用 10.9 级摩擦型高强螺栓。高强螺栓结合面不得涂漆，连接处构件接触面采用喷砂处理，抗滑移系数大于等于 0.35。

6.8 檩条与檩托、隅撑、隅撑与刚架斜梁、系杆与梁柱等次要连接采用普通螺栓，普通螺栓应符合现行国家标准《六角头螺栓 C 级》(GB 5780—2016)的规定，基础锚栓采用 Q235B。

6.9 本工程所有钢构件规格、型号未经本院同意严禁任意替换。

7 钢结构制作与加工

7.1 钢结构构件制作时，应按照《钢结构工程施工质量验收规范》(GB 50205—2001)进行制作。

7.2 所有钢构件在制作前均放 1∶1 放施工大样，复核无误后方可下料。

7.3 钢材加工前应进行校正，使之平整，以免影响制作精度。

7.4 除地脚锚栓外，钢结构构件上螺栓钻孔直径比螺栓直径大 1.5～2.0mm。

7.5 檩条及墙梁、采用 M12 普通螺栓将檩条及墙梁固定于檩托板。

7.6 焊接

7.6.1 焊接时应选择合理的焊接工艺及焊接顺序，以减小钢结构中产生的焊接应力和焊接变形。

7.6.2 组合 H 型钢的腹板与翼缘的焊接应采用自动埋弧焊机焊，且四道连接焊缝均应双面满焊，不得单面焊接。

7.6.3 组合 H 型钢因焊接产生的变形应以机械或火焰矫正调直，具体做法应符合 GB 50205—2001 的相关规定。

7.6.4 Q345 与 Q345 钢之间焊接应采用 E50 型焊条；Q235 与 Q235 钢间及 Q345 与 Q235 钢之间焊接应采用 E43 型焊条。

7.6.5 构件角焊缝厚度范围见表 1、表 2。

7.6.6 焊缝质量等级：端板与柱、梁翼缘和腹板的连接焊缝为全熔透坡口焊，质量等级为二级，其他为三级。所有非施工图所示构件拼接用对接焊缝质量应达到二级。

7.6.7 板材对接接头要求等强焊接，焊透全截面，并用引弧板施焊，引弧板割去处应予打磨平整，腹板与翼缘对接接头应错开 200mm 以上，并注意避开加劲助。

7.6.8 柱下墙与支座板连接部位，柱翼缘板及腹板均须刨平与支座板顶紧后焊接。

7.6.9 图中未注明的焊缝高度均为 6mm。

7.6.10 应保证切割部位准确、切口整齐，切割前应将钢材切割区域表面的铁锈、污物等清除干净，切割后应清除毛刺、熔渣和飞溅物。

8 钢结构的运输、检验、堆放

8.1 在运输及操作过程中应采取措施防止构件变形和损坏。

8.2 结构安装前应对构件进行全面检查：如构件的数量、长度、垂直度，安装接头处螺栓孔之间的尺寸是否符合设计要求等。

8.3 构件堆放场地应事先平整夯实，并做好四周排水。

8.4 构件堆放时，应先放置枕木垫平，不宜直接将构件放置于地面上。

8.5 檩条卸货后，如因其他原因未及时安装，应用防水雨布覆盖，以防止檩条出现“白化”现象。

9 钢结构安装

9.1 柱脚及基础锚栓

9.1.1 应在混凝土短柱上用墨线及经纬仪将各柱中心线弹出，用水准仪将标高引测到锚栓上。

9.1.2 基础底板，锚栓尺寸经复验符合 GB 50205 要求且基础混凝土强度等级达到设计强度等级的 75%后方可进行钢柱安装。

9.1.3 钢柱脚、地脚螺栓采用螺母可调平方案，钢柱脚应设置钢抗剪件，详见结施。待刚架、支撑等配件安装就位，结构形成空间单元且经检测、校核几何尺寸确认无误后，应对柱底板和基础(或混凝土短柱)顶面间的空隙采用 C40 微膨胀自流性细石混凝土或专用灌浆料填实，可采用压力灌浆，应确保密实。

9.1.4 柱脚在地面以下的部分采用 C20 混凝土包裹(保护层厚度不应小于 50mm)，并应使包裹的混凝土高出地面不小于 150mm。

9.2 结构安装

9.2.1 刚架安装顺序：应先安装靠近山墙的有柱间支撑的两榀刚架，而后安装其他刚架。

9.2.2 头两榀刚架安装完毕后，应在两榀刚架间将水平系杆、檩条及柱间支撑、屋面水平支撑、隅撑全部装好，安装完成后应利用柱间支撑及屋面水平支撑调整构件间的垂直度及水平度；待调整正确后方可锁定支撑。而后安装其他刚架。

9.2.3 除头两榀刚架外，其余榀的檩条、墙梁、隅撑的螺栓均应校准后再行拧紧。

9.2.4 钢柱吊装：钢柱吊至基础短柱顶面后，采用经纬仪进行校正。

9.2.5 刚架屋面斜梁组装：斜梁跨度较大，在地面组装时应尽量采用立拼，以防斜梁侧向变形。

9.2.6 钢柱与屋面斜梁的接头，应在空中对接，预先将加工好的铝合金挂梯放于梁上以便空中穿孔。

9.2.7 檩条的安装应待刚架主结构调整定位后进行，檩条安装后应用拉杆调整平直度。

9.2.8 结构吊(安)装时，应采取有效措施，确保结构的稳定，并防止产生过大变形。

9.2.9 结构安装完成后，应详细检查运输，安装过程中涂层的擦伤，并补刷油漆，对所有的连接螺栓应逐一检查，以防漏拧或松动。

9.2.10 不得利用已安装就位的构件起吊其他重物，不得在构件上加焊非设计要求的其他物件。

9.2.11 门式钢架轻型房屋钢结构在安装过程中，应根据设计和施工工况要求，采取措施保证结构整体稳固性。

9.3 高强螺栓施工

9.3.1 钢构件加工时，在钢构件高强螺栓结合部位表面除锈、喷砂后立即贴上胶带密封，待钢构件吊装拼接时用铲刀将胶带铲除干净。

9.3.2 对于在现场发现的因加工误差而无法进行施工的构件螺栓孔，不得采用锤击螺栓强行穿入或用气割扩孔，应与设计单位及相关部门协商处理。

9.3.3 高强螺栓拧紧顺序应由中间向两端逐步交错成 Z 字型拧紧，拧紧完成后，应检查尾长是否符合要求。

10 钢结构涂装

10.1 除锈：除镀锌构件外，制作前钢构件表面均应进行喷砂(抛丸)除锈处理，不得用手工除锈代替，除锈质量等级应达到国标 GB 8923—88 中 Sa2.5 级标准。

10.2 防腐涂层

底漆二遍，红丹防锈漆，涂层厚度 65～80μm；

面漆二遍，灰色醇酸调和漆(亦可由防火漆兼作，其中一遍应于安装完后在工地涂刷)，涂层每层厚度 60～80μm；防腐涂料干漆膜总厚度室内不小于 125μm，室外为 150μm。

10.3 下列情况免涂油漆：

埋于混凝土中、与混凝土接触面、将焊接的位置、螺栓连接范围内，构件接触面。

11 钢结构防火工程

11.1 本工程防火等级为Ⅱ级，要求钢构件耐火极限为：钢柱 2.5h，钢梁 1.5h，屋面 1h。

11.2 钢结构梁、柱及檩条均采用厚型防腐涂料刷面。且所选用的钢结构防火涂料与防锈蚀油漆(涂料)之间应进行相容性试验，试验合格后方可使用。

12 钢结构维护

12.1 钢结构外围护为 1.5m 坎墙，外墙采用 M5 砂浆砌筑 MU10 烧结多孔砖。其余墙面为 100 厚岩棉现场复合板，具体做法详见建筑图。

12.2 钢结构使用过程中，应根据材料特性(如涂装材料使用年限，结构使用环境条件等)，定期对结构进行必要维护(如对钢结构重新进行涂装，更换损坏构件等)，以确保使用过程中的结构安全。

13 其他

13.1 本设计未考虑雨季施工，雨季施工时应采取相应的施工技术措施。

13.2 未尽事宜应按照现行施工及验收规范，规程的有关规定进行施工。

表 1 角焊缝的最小焊角尺寸 h_f(mm)

较厚焊件的厚度	手工焊接(h_f)	埋弧焊接(h_f)
≤4	4	3
5～7	4	3
8～11	5	4
12～16	6	5
17～21	7	6
22～26	8	7
27～36	9	8

表 2 角焊缝的最大焊角尺寸 h_f(mm)

较薄焊件的厚度	最大焊角尺寸 h_f
4	5
5	6
6	7
8	10
10	12
12	14
14	17

××× 建筑勘察设计有限公司

院审		专业组长		建设单位	×××体育局
审核		校 对		工程项目	×××中心校足球馆
设计负责人		设 计		结构设计说明	设计号 ×××××
					图 号 结施-1
专业负责人		制 图			日 期 ××××.××

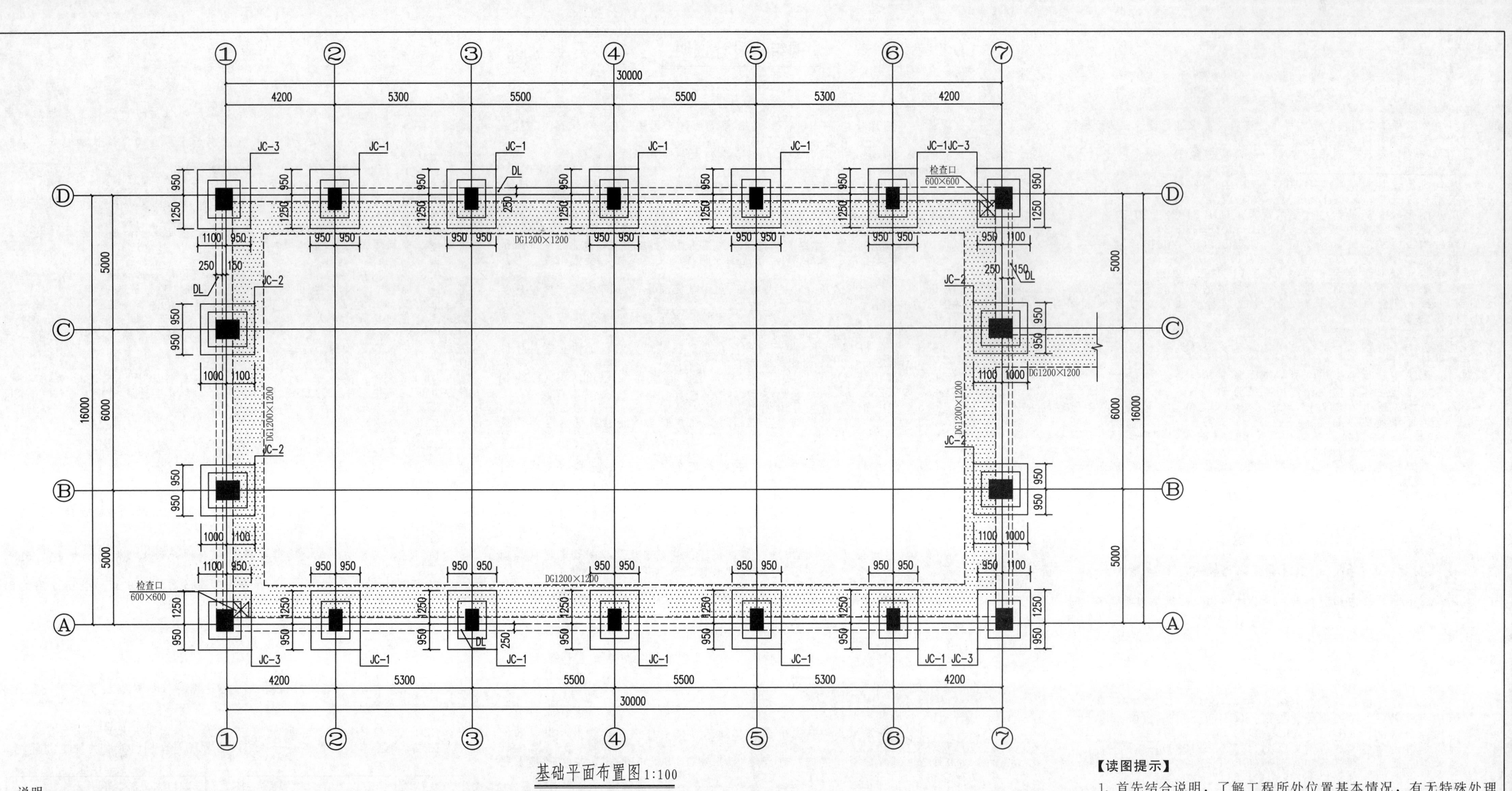

基础平面布置图1:100

说明：

1. 根据××工程有限责任公司提供《××中心校足球馆岩土工程勘察报告》（××-××-××），基础类型选择独立基础，选第②层粉土层为持力层，地基承载力特征值f_{ak}=150kPa。
2. 地基基础的设计等级为丙级。
3. 如土质有变化，请及时通知设计单位，另外，基槽开挖后，须用钎探并结合轻便手钻探探察基底下土层结果，同时还需察明有无洞穴、坟墓、旧城址、古河道等，并将施工勘察结果及时反馈相关单位，对其进行合理处理。
4. 基槽开挖后，须通知地勘、设计单位验槽，待确认无误后，方可进行下道工序施工。
5. 独立基础，基础梁采用C30混凝土，HPB300、HRB400级钢筋浇注；垫层混凝土强度为C15，厚度100mm，垫层均宽出基础外边100mm。
6. 基础中纵向受力钢筋的保护层厚度为：40mm。
7. 未标注的独立基础底标高为－2.200m。
8. 基础回填土应分层夯实，压实系数不小于0.94，且待地沟盖板施工完毕后两侧同时回填。
9. 柱内应预埋钢筋作防雷引下线，其位置、数量及做法详见电气施工图，焊接不得损伤结构钢筋。
10. 本工程插筋未考虑钢筋锈蚀影响，施工时应采取可靠的保证措施。
11. 本工程相对标高±0.000相对应的绝对标高值详见建施。
12. 场地土标准冻深为1.800m。
13. 室内地沟选用（16MG03）图集，主沟1200×1200选用GZ1212-1，地沟盖板选GB-5，过梁选GL12-2；地沟盖板顶标高－0.120m，地沟拐弯及穿墙时设地沟过梁。
14. 地沟详细尺寸及位置见设施。

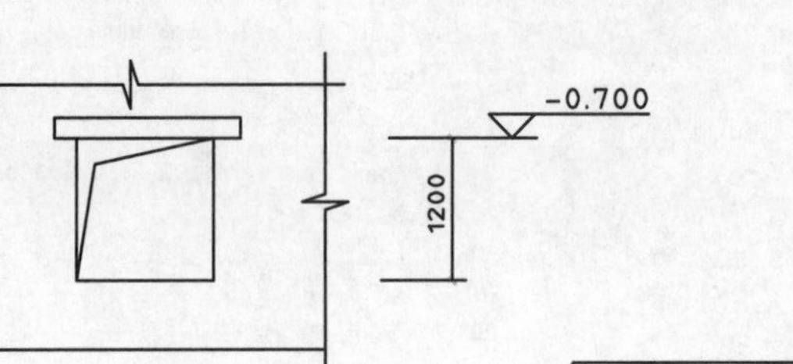

地沟入口大样图

【读图提示】

1. 首先结合说明，了解工程所处位置基本情况，有无特殊处理要求。
2. 看基础平面图时应注意柱网的布置及基础布置方式、基础类型。
3. 注意基底标高及基础尺寸，并考虑如何放线、护坡与否。

×××建筑勘察设计有限公司							
院审		专业组长		建设单位	×××体育局		
审核		校对		工程项目	×××中心校足球馆		
设计负责人		设计		基础平面布置图		设计号	××××
						图号	结施-2
专业负责人		制图				日期	××××.××

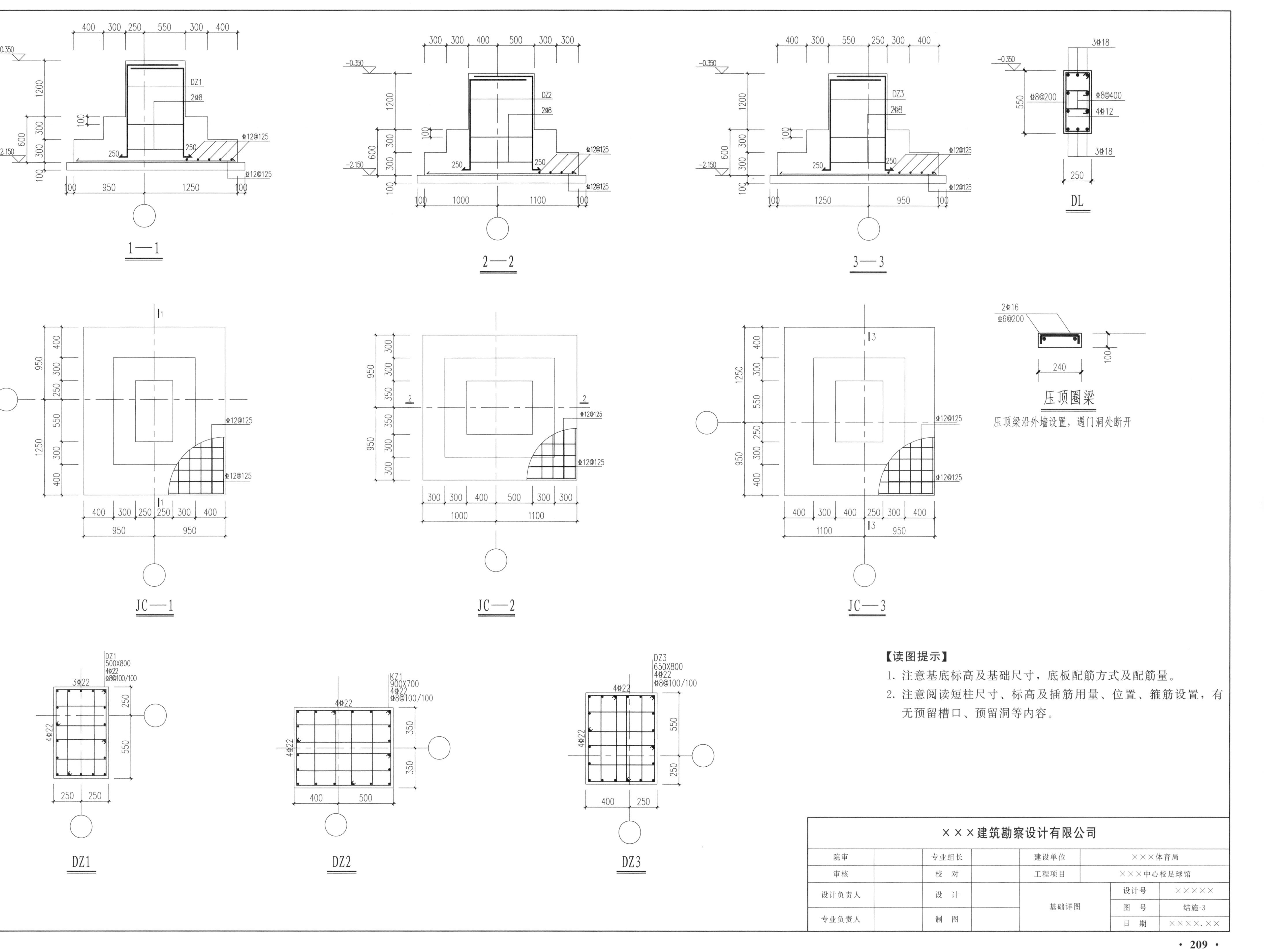
1—1
2—2
3—3
DL
JC—1
JC—2
JC—3
压顶圈梁
压顶梁沿外墙设置，遇门洞处断开
DZ1
DZ2
DZ3
DZ1 500X800 4Φ22 Φ8@100/100
KZ1 900X700 4Φ22 Φ8@100/100
DZ3 650X800 4Φ22 Φ8@100/100
Φ12@125
2Φ8
3Φ18
Φ8@400
Φ8@200
4Φ12
2Φ16
Φ6@200
【读图提示】
1. 注意基底标高及基础尺寸，底板配筋方式及配筋量。
2. 注意阅读短柱尺寸、标高及插筋用量、位置、箍筋设置，有无预留槽口、预留洞等内容。
×××建筑勘察设计有限公司
院审
审核
设计负责人
专业负责人
专业组长
校 对
设 计
制 图
建设单位
×××体育局
工程项目
×××中心校足球馆
基础详图
设计号
×××××
图 号
结施-3
日 期
××××.××

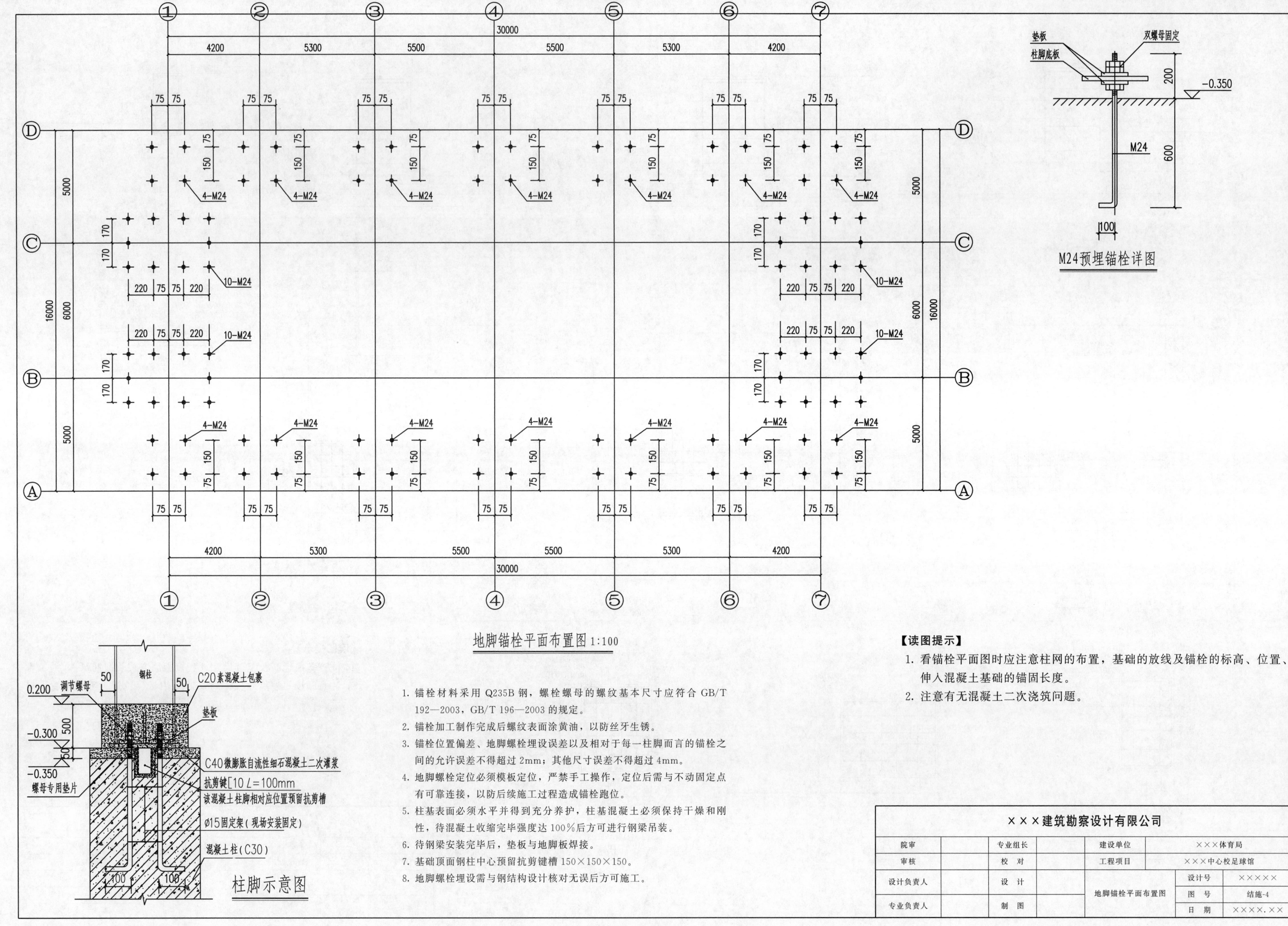

M24预埋锚栓详图

地脚锚栓平面布置图 1:100

柱脚示意图

1. 锚栓材料采用 Q235B 钢，螺栓螺母的螺纹基本尺寸应符合 GB/T 192—2003，GB/T 196—2003 的规定。
2. 锚栓加工制作完成后螺纹表面涂黄油，以防丝牙生锈。
3. 锚栓位置偏差、地脚螺栓埋设误差以及相对于每一柱脚而言的锚栓之间的允许误差不得超过 2mm；其他尺寸误差不得超过 4mm。
4. 地脚螺栓定位必须模板定位，严禁手工操作，定位后需与不动固定点有可靠连接，以防后续施工过程造成锚栓跑位。
5. 柱基表面必须水平并得到充分养护，柱基混凝土必须保持干燥和刚性，待混凝土收缩完毕强度达 100%后方可进行钢梁吊装。
6. 待钢梁安装完毕后，垫板与地脚板焊接。
7. 基础顶面钢柱中心预留抗剪键槽 150×150×150。
8. 地脚螺栓埋设需与钢结构设计核对无误后方可施工。

【读图提示】

1. 看锚栓平面图时应注意柱网的布置，基础的放线及锚栓的标高、位置、伸入混凝土基础的锚固长度。
2. 注意有无混凝土二次浇筑问题。

×××建筑勘察设计有限公司							
院审		专业组长		建设单位	×××体育局		
审核		校 对		工程项目	×××中心校足球馆		
设计负责人		设 计		地脚锚栓平面布置图		设计号	×××××
						图 号	结施-4
专业负责人		制 图				日 期	××××.××

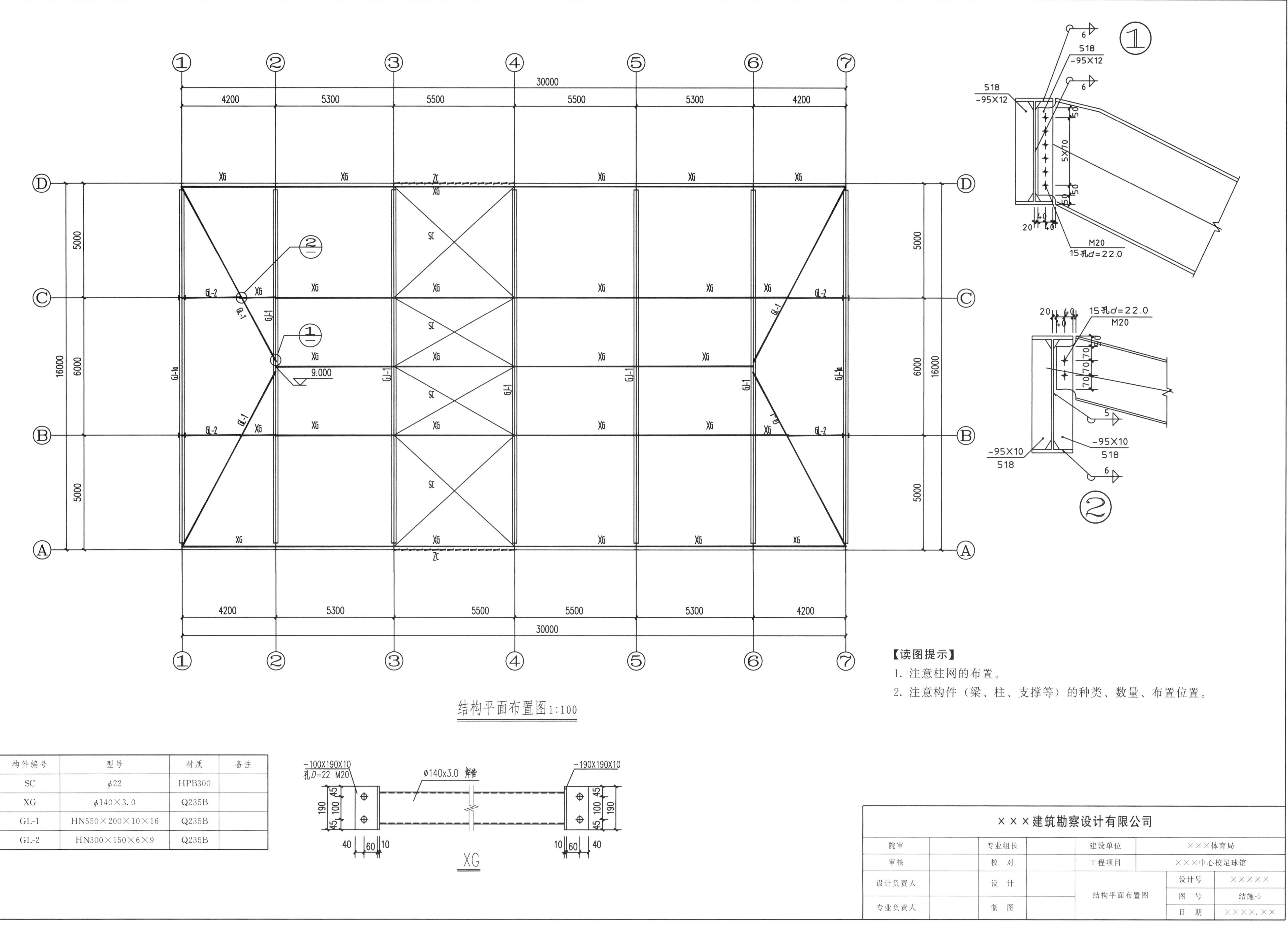

结构平面布置图1:100

【读图提示】

1. 注意柱网的布置。
2. 注意构件（梁、柱、支撑等）的种类、数量、布置位置。

构件编号	型号	材质	备注
SC	ϕ22	HPB300	
XG	ϕ140×3.0	Q235B	
GL-1	HN550×200×10×16	Q235B	
GL-2	HN300×150×6×9	Q235B	

×××建筑勘察设计有限公司

院审		专业组长		建设单位	×××体育局
审核		校　对		工程项目	×××中心校足球馆
设计负责人		设　计		结构平面布置图	设计号 ××××
					图　号 结施-5
专业负责人		制　图			日　期 ××××.××

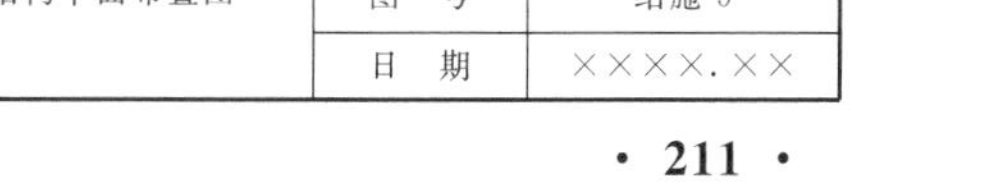

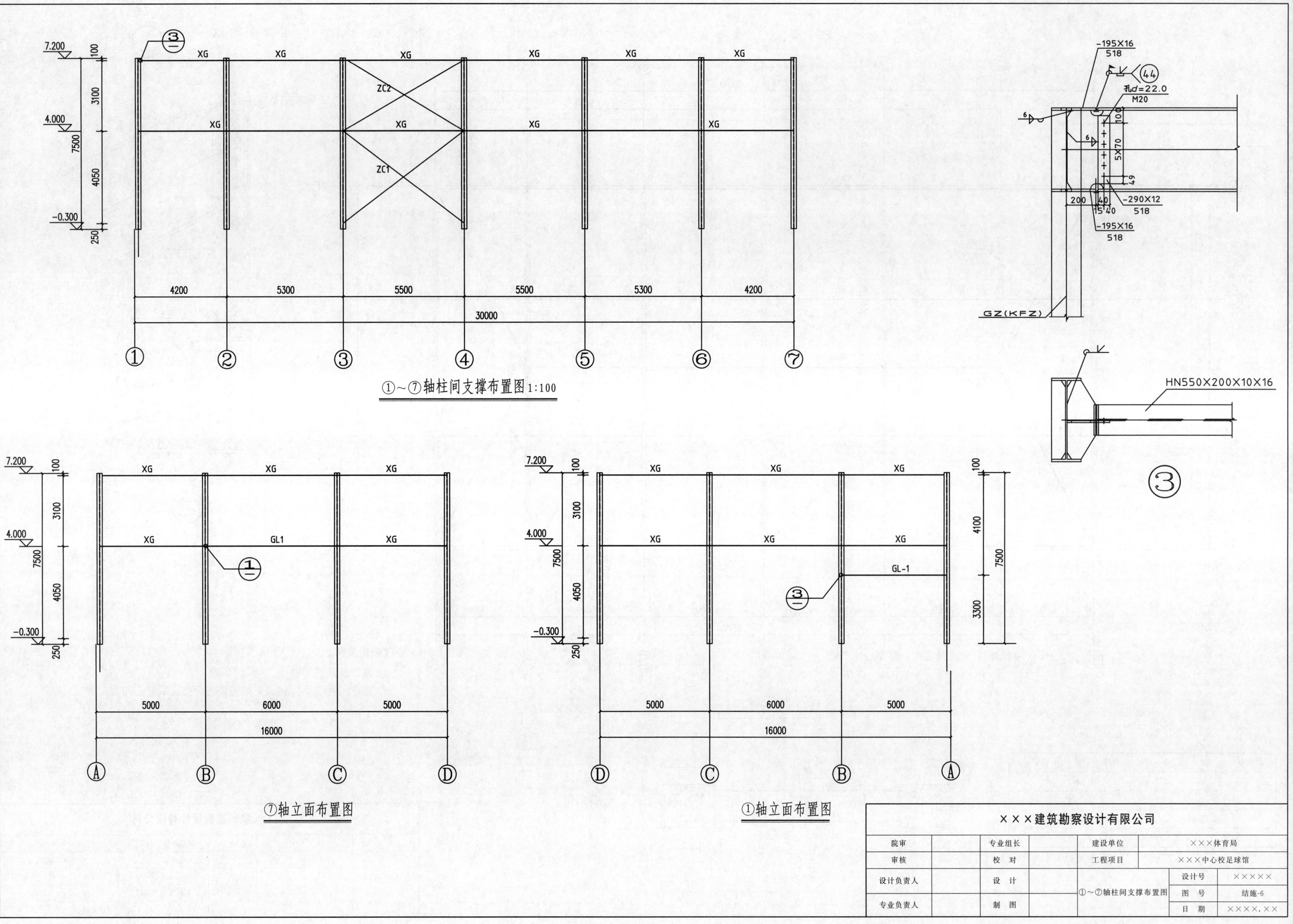

×××建筑勘察设计有限公司							
院审		专业组长		建设单位	×××体育局		
审核		校　对		工程项目	×××中心校足球馆		
设计负责人		设　计		①~⑦轴柱间支撑布置图	设计号	×××××	
					图　号	结施-6	
专业负责人		制　图			日　期	××××.××	

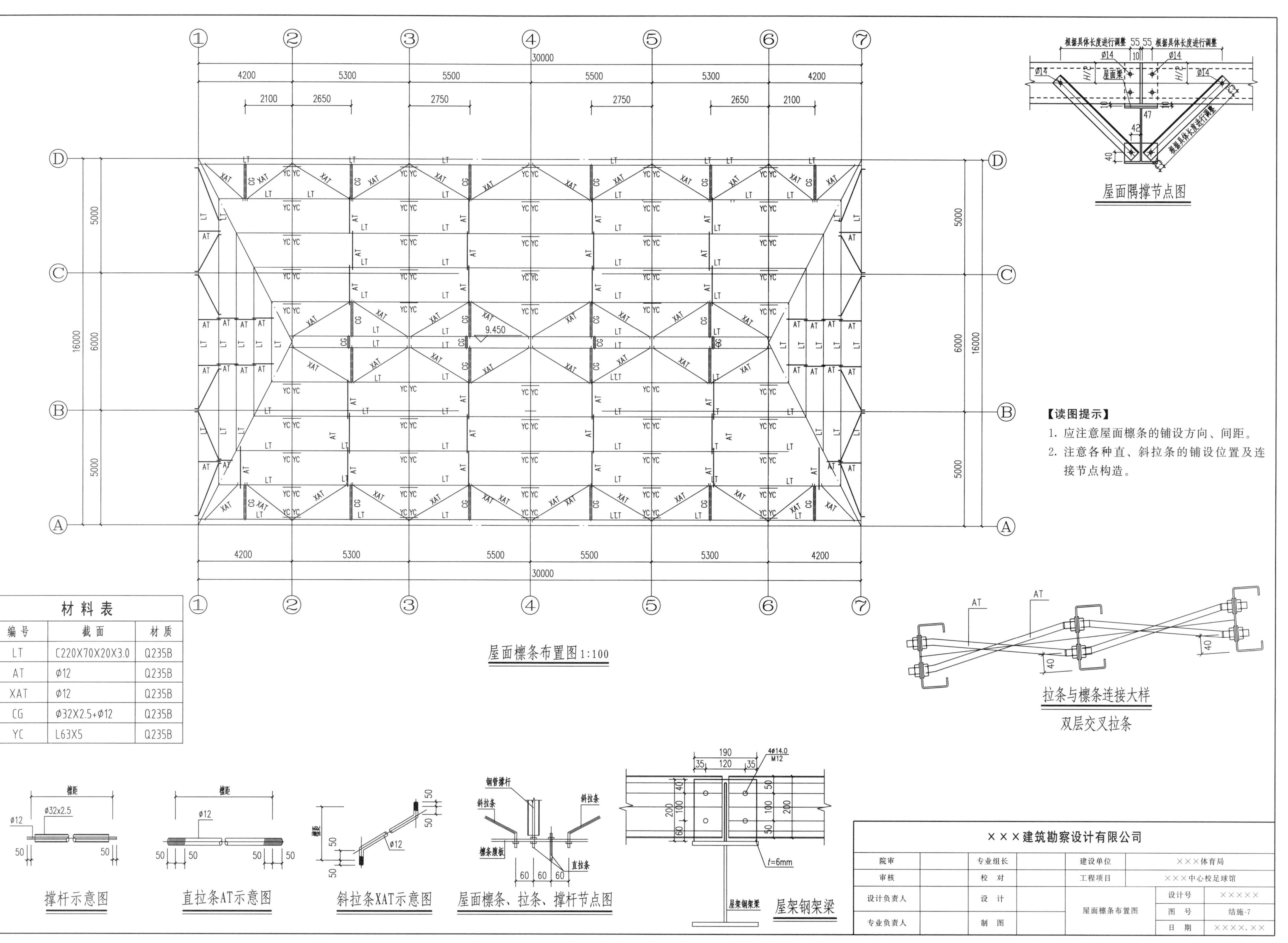

屋面檩条布置图1:100

编号	截面	材质
LT	C220X70X20X3.0	Q235B
AT	ϕ12	Q235B
XAT	ϕ12	Q235B
CG	ϕ32X2.5+ϕ12	Q235B
YC	L63X5	Q235B

材料表

【读图提示】

1. 应注意屋面檩条的铺设方向、间距。
2. 注意各种直、斜拉条的铺设位置及连接节点构造。

×××建筑勘察设计有限公司						
院审		专业组长		建设单位	×××体育局	
审核		校　对		工程项目	×××中心校足球馆	
设计负责人		设　计		屋面檩条布置图	设计号	×××××
					图　号	结施-7
专业负责人		制　图			日　期	××××.××

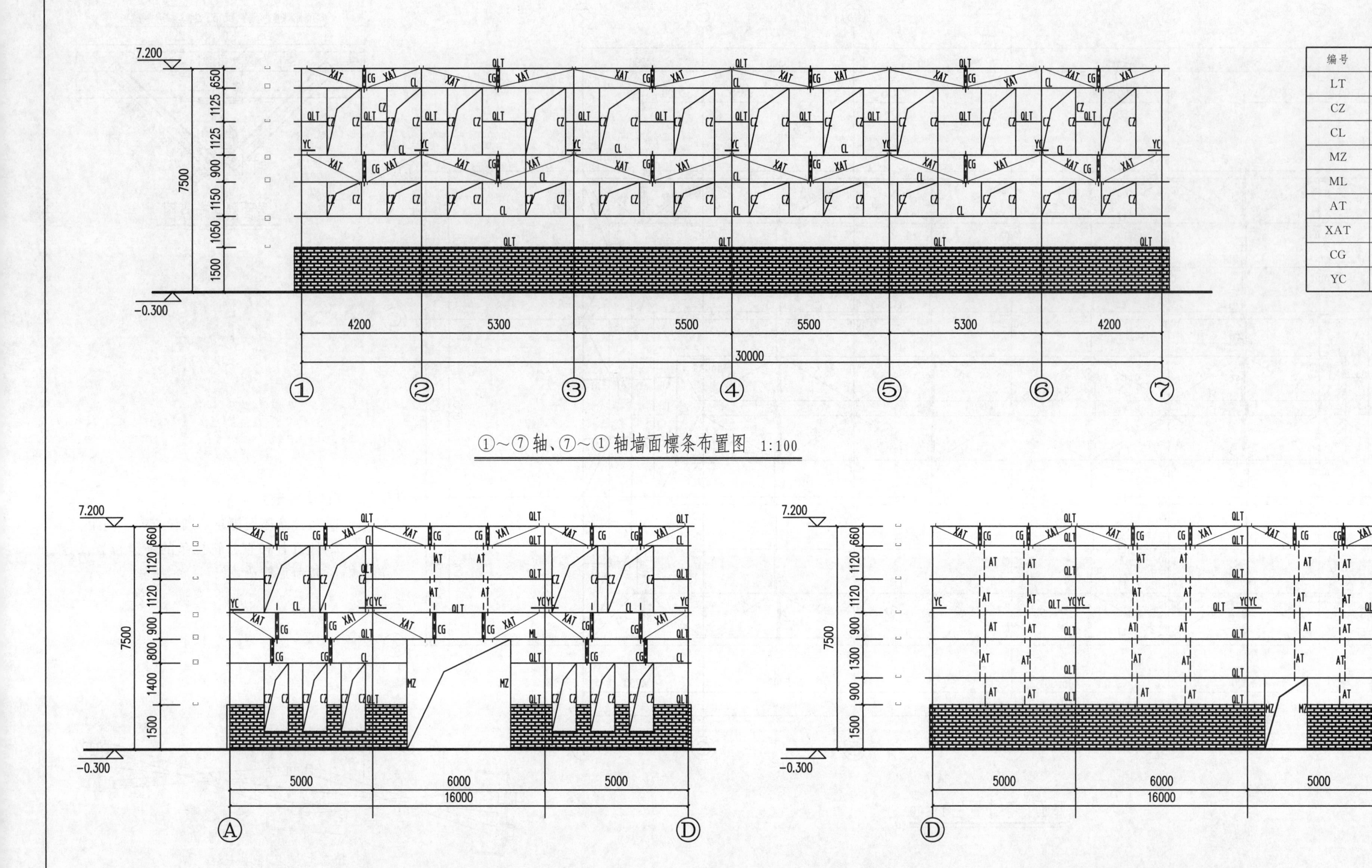

①～⑦轴、⑦～①轴墙面檩条布置图 1:100

⑦轴墙面檩条布置图 1:100

①轴墙面檩条布置图 1:100

材料表

编号	截面	材质
LT	C250×75×20×3.0	Q235B
CZ	[16a	Q235B
CL	[16a	Q235B
MZ	[16a	Q235B
ML	[16a	Q235B
AT	ϕ12	Q235B
XAT	ϕ12	Q235B
CG	ϕ32×2.5+ϕ12	Q235B
YC	L63×5	Q235B

【读图提示】

1. 应注意墙面檩条的铺设方向、间距。
2. 注意各种直、斜拉条的铺设位置及连接节点构造。
3. 注意墙梁与门、窗洞口的连接构造。

×××建筑勘察设计有限公司						
院审		专业组长		建设单位	×××体育局	
审核		校　对		工程项目	×××中心校足球馆	
设计负责人		设　计		墙面檩条布置图	设计号	×××××
					图　号	结施-8
专业负责人		制　图			日　期	××××.××

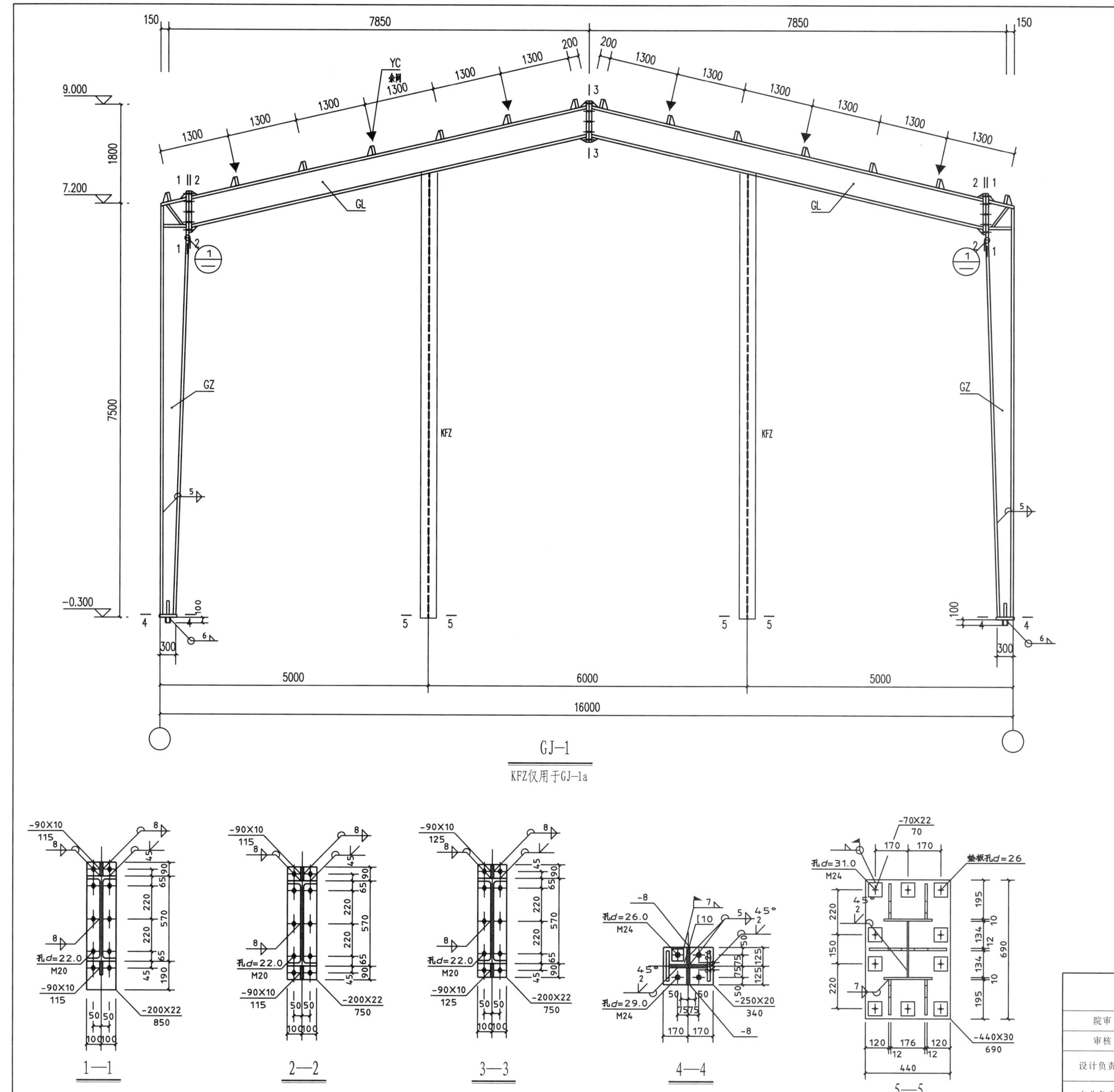

GJ—1

KFZ仅用于GJ—1a

材料表：

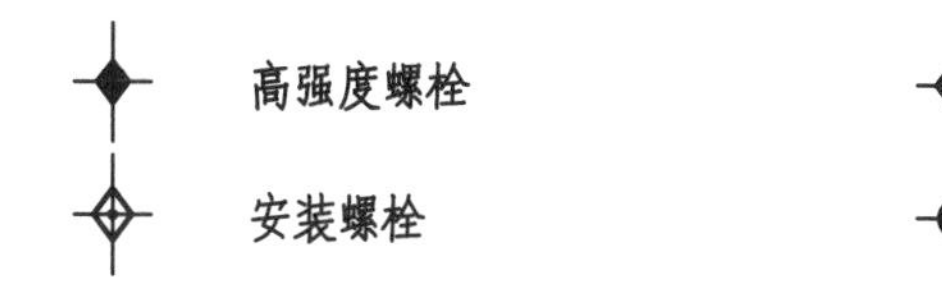

编号	截面	材质
GZ	H(300～550)×200×8×10	Q235B
GL	HN550×200×10×16	Q235B
KFZ	H300×250×6×10	Q235B
YC	L63×5	Q235B

图　例

◆ **高强度螺栓**　　◇ **永久螺栓**

◇ **安装螺栓**　　● **螺栓孔**

说明：1. 本设计按《钢结构设计规范》(GB 50017—2003) 进行设计。
2. 材料：未特殊注明的钢板及型钢为 Q235 钢，焊条为 E43 系列焊条。
3. 构件的拼接连接采用 10.9 级摩擦型连接高强度螺栓，连接接触面的处理采用钢丝刷清除浮锈。
4. 柱脚基础混凝土强度等级为 C30，锚栓钢号为 Q235 钢。
5. 图中未注明的角焊缝最小焊脚尺寸为 8mm，一律满焊。
6. 对接焊缝的焊缝质量不低于二级。
7. 钢结构的制作和安装需按照《钢结构工程施工质量及验收规范》(GB 50205—2001) 的有关规定进行施工。
8. 钢构件表面除锈后用两道红丹打底，构件的防火等级按建筑要求处理。

【读图提示】

1. 首先看刚架的各个构件梁、柱尺寸及表示方法，各种焊缝符号、螺栓符号代表的涵义。
2. 掌握梁与柱、梁与梁、柱脚的连接构造及传力方式。
3. 结合螺栓的构造要求，看是否满足边距、端距、中心距的最小尺寸要求，以及焊缝长度的构造要求（包括最小焊缝长度、最大焊缝长度、搭接焊、绕角焊等）。

×××建筑勘察设计有限公司							
院审		专业组长		建设单位	×××体育局		
审核		校对		工程项目	×××中心校足球馆		
设计负责人		设计		GJ-1 详图		设计号	×××××
						图号	结施-9
专业负责人		制图				日期	××××.××

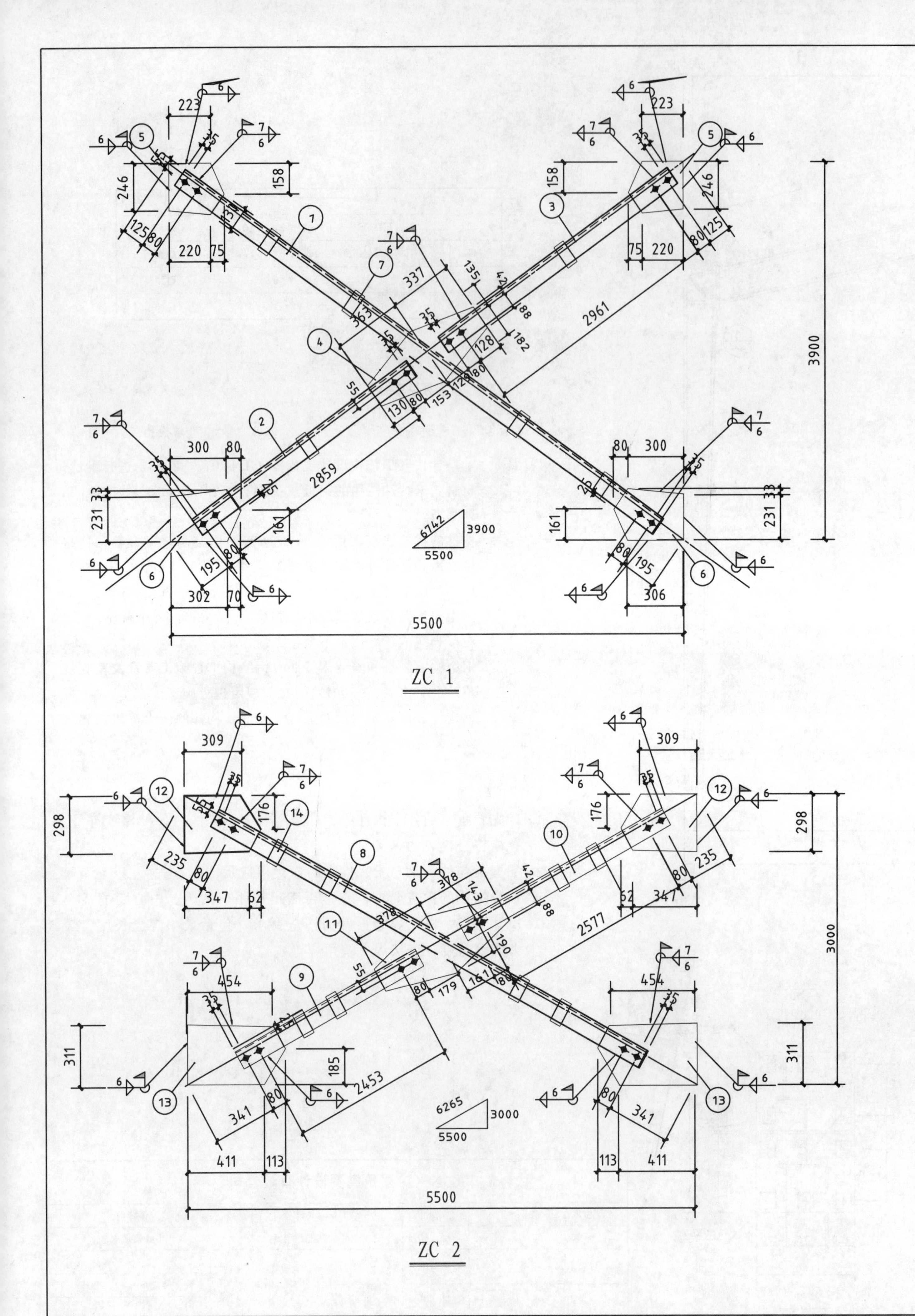

材料表

构件编号	零件号	截面	长度/mm	数量 正	数量 反	重量/kg 单重	重量/kg 总重	合计	材质	备注
ZC1	1	L100×6	6562	1	1	61.4	122.8	297.2	Q235 钢	
	2	L100×6	3089	1	1	28.9	57.9			
	3	L100×6	3191	1	1	29.9	59.8			
	4	−317×12	700	1		20.8	20.8			
	5	−246×12	295	2		6.8	13.6			
	6	−264×12	380	2		9.4	18.8			
	7	−60×12	130	8		0.7	5.9			
ZC2	8	L100×6	5759	1	1	53.9	107.8	293.5	Q235 钢	
	9	L100×6	2683	1	1	25.1	50.2			
	10	L100×6	2807	1	1	26.3	52.6			
	11	−333×12	756	1		23.6	23.6			
	12	−298×12	409	2		11.4	22.8			
	13	−311×12	524	2		15.3	30.6			
	14	−60×12	130	8		0.7	5.9			
本图构件总重 590.7kg										

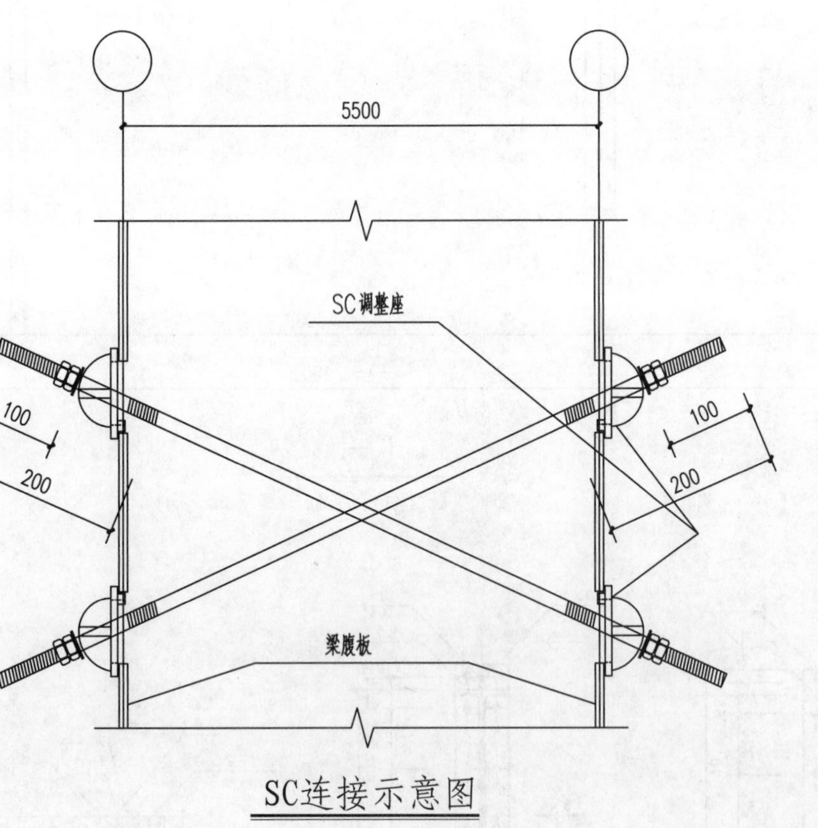

SC连接示意图

【读图提示】

1. 首先看支撑形式及组成支撑的构件间关系，各种焊缝符号、螺栓符号代表的涵义。
2. 掌握支撑构件与支座构件间的连接构造及传力方式。

×××建筑勘察设计有限公司						
院审		专业组长		建设单位	×××体育局	
审核		校　对		工程项目	×××中心校足球馆	
设计负责人		设　计		支撑详图	设计号	×××××
					图　号	结施-10
专业负责人		制　图			日　期	××××.××